Schulte Löhr Vosen

Markscheidekunde

für das Studium und die betriebliche Praxis

Vierte neubearbeitete Auflage

von

W. Löhr †   H. Vosen

Springer-Verlag Berlin Heidelberg New York 1969

Markscheider Dr.-Ing. eh. WILHELM LÖHR †

Markscheider Dipl.-Ing. HELMUT VOSEN
Leiter des Instituts für Markscheidewesen
der Westfälischen Berggewerkschaftskasse Bochum

Das Buch enthält 333 Abbildungen
37 zum Teil farbige Tafeln
(1 Anaglyphenbild mit Brille)
52 Messungs- und Berechnungsbeispiele

ISBN 978-3-642-47439-2   ISBN 978-3-642-47437-8 (eBook)
DOI 10.1007/978-3-642-47437-8

Alle Rechte vorbehalten
Kein Teil dieses Buches darf ohne schriftliche Genehmigung des Springer-Verlages
übersetzt oder in irgendeiner Form vervielfältigt werden. Copyright © by Springer-
Verlag, Berlin/Heidelberg 1932, 1941, 1958 and 1969.
Library of Congress Catalog Card Number 68-56945

Softcover reprint of the hardcover 4th edition 1969

Die Wiedergabe von Gebrauchsnamen, Handelsnamen, Warenbezeichnungen usw.
in diesem Buche berechtigt auch ohne besondere Kennzeichnung nicht zu der Annahme, daß solche Namen im Sinne der Warenzeichen- und Markenschutz-Gesetz-
gebung als frei zu betrachten wären und daher von jedermann benutzt werden dürften

Titel Nr. 0942

Vorwort zur vierten Auflage

Seit dem Erscheinen der 3. Auflage dieses Buches ist ziemlich genau ein Jahrzehnt vergangen. In diesem verhältnismäßig kurzen Zeitabschnitt haben sich in vielen Teilgebieten des Markscheidewesens und in den benachbarten Sachgebieten so viele Neuerungen ergeben, daß eine gründliche Neubearbeitung des Stoffes für die vorliegende 4. Auflage notwendig war.

Bevor jedoch hierauf eingegangen wird, sei ehrend und dankbar des Mannes gedacht, der im Jahre 1932 dieses Lehrbuch mit begründet hat, Markscheider Dr.-Ing. eh. WILHELM LÖHR. Lange Krankheit, die schließlich 1964 zu seinem Tod führte, verhinderte nach dem Abschluß der Arbeiten am 1. Teil der vorliegenden Auflage seine weitere Mitwirkung. Dennoch ist auch der 2. Teil noch insofern von ihm mitgeprägt, als die Neugliederung sowie notwendige Erweiterungen und Kürzungen mit ihm gemeinsam konzipiert worden sind. WILHELM LÖHRS Lebenswerk ist an anderer Stelle gewürdigt worden. Der Beitrag jedoch, den er mit seiner „Markscheidekunde" für die Ausbildung des Nachwuchses und die Unterrichtung der in der Praxis Tätigen geleistet hat, verdient es, hier nochmals besonders hervorgehoben zu werden.

In den letzten Jahren haben sowohl der deutsche Bergbau selbst als auch die Schulen für die Ausbildung seiner Führungskräfte entscheidende Entwicklungsphasen durchgemacht und grundlegende Änderungen erfahren. Mechanisierung, Rationalisierung und Konzentration sind für die Bergwerke mit beachtlichen Erfolgen verbunden; sie haben Auswirkungen auf alle Betriebsbereiche und Fachgebiete und schließlich auch auf die Ausbildungsstätten. Ingenieurschulen für Bergwesen einerseits und Bergfachschulen andererseits bilden heute nach modernen Stoffplänen den Nachwuchs für die verschiedenen Führungsebenen heran, während die meisten Bergschulen alter Art den Unterricht eingestellt haben.

Bedingt durch die oben geschilderten besonderen Umstände, hat sich die Bearbeitung der vorliegenden Auflage über einen verhältnismäßig langen Zeitraum erstreckt. Dies bringt es mit sich, daß in den bereits drucktechnisch abgeschlossenen Teilen neueste Entwicklungen nur kurz mit nachträglichen Einschaltungen erwähnt werden konnten, hat aber auch den Vorteil, daß in anderen Abschnitten die Behandlung von inzwischen eingetretenen Neuerungen noch möglich war.

Die 4. Auflage soll — wie ihre Vorläufer — eine gründliche Einführung geben in die wichtigsten Gebiete der Markscheidekunde, nämlich die bergbaulichen Vermessungen und deren Auswertung bis zur Darstellung sowie die Riß-, Plan- und Kartenwerke des Bergbaus. Das Buch soll allen künftigen Führungskräften des Bergbaus, insbesondere aber den in den Markscheidereien tätigen Fachkräften, während ihrer Ausbildung ein Lernmittel und später während der praktischen Berufsausübung Ratgeber und Hilfsmittel sein. Aber auch viele andere Berufsgruppen, die dem Bergbau und der Bergvermessung nahestehen, werden beim Studium und in der betrieblichen Praxis diesem Buch manche Anregungen entnehmen können.

Im 1. Teil des Buches, der sich mit den „Messungen" befaßt, wurde u. a. ein neuer Abschnitt über mittelbare Entfernungsmessungen eingefügt, in dem auch eine kurze Einführung in das Gebiet der „Entfernungsmessung mit elektromagnetischen Wellen" und deren Anwendung im Bergbau enthalten ist. Der Abschnitt über die Orientierungsmessungen wurde neu gegliedert und die Kapitel über die Orientierung mit optischen Verfahren und mit nordweisenden Vermessungskreiselgeräten neu bearbeitet. Der Abschnitt über Absteckungen und Angaben wurde um ein Kapitel über Schächte und Blindschächte erweitert.

Der zweite Hauptteil, die „Darstellungen", ist zum großen Teil neu gegliedert worden. Während bei den „Geometrischen Darstellungen" ein Abschnitt über die Seiger- und Flachrisse als Ursprungsrisse eingefügt wurde, sind die Ausführungen über die „Perspektivischen Darstellungen" etwas kürzer gefaßt worden. Das Kapitel über das Grubenbild ist ergänzt worden durch Hinweise auf die Besonderheiten der Grubenbilder in den verschiedenen Bergbauzweigen. Ein neuer Abschnitt über die topographischen Karten vervollständigt schließlich diesen Teil.

Bei der Überarbeitung des Anhangs wurde den Instrumententafeln besondere Aufmerksamkeit gewidmet; sie wurden — dem Stand der Technik entsprechend — erneuert und ergänzt. Sinngemäß gilt dies auch für die Zeichen- und Rißtafeln, die zudem durch Beigabe einer Betriebspunkteigenschaftskarte (s. Tasche am hinteren Buchdeckel) eine sinnvolle Ergänzung fanden. Diese Karte wurde dankenswerterweise in voller Auflagenhöhe von der Fried. Krupp Bergwerke AG zur Verfügung gestellt.

Um dem an speziellen Fragen besonders interessierten Leser deren Weiterverfolgung zu erleichtern, sind erstmals in dieser Auflage Literaturhinweise im Text gemacht und das zugehörige Literaturverzeichnis im Anhang wiedergegeben worden. Dies kommt auch den oft geäußerten Wünschen nach eingehenderer Behandlung des einen oder anderen Teilgebietes entgegen, die aber nicht möglich gewesen wäre, ohne den Rahmen dieses Buches zu sprengen. Aus dem gleichen Grunde ist auch auf eine Behandlung der Abbaueinwirkungen, ihrer Feststellung und ihrer Vorausberechnung bewußt verzichtet worden.

Das nachfolgende ausführliche Inhaltsverzeichnis zeigt aber ohnedies, daß das Buch jedem, der sich im Studium oder im praktischen Betrieb mit markscheiderischen Aufgaben zu beschäftigen hat, Wissenswertes und Nützliches zu bieten vermag.

Die Autoren sind vielen Fachkollegen und Mitarbeitern für wertvolle Anregungen, für die Bereitstellung von Unterlagen, für die Mitwirkung an Rechenbeispielen u. a. m. zu Dank verpflichtet. Von den 333 Abbildungen im Textteil des Buches mußten 125 neu gezeichnet, geändert oder ergänzt werden. Der Westfälischen Berggewerkschaftskasse, Bochum, sei dafür gedankt, daß die notwendigen Zeichenarbeiten in ihrem Institut für Markscheidewesen ausgeführt werden konnten, und zwar fast ausschließlich von Herrn EGBERT HEMMER, dem für die sorgfältige Ausführung herzlicher Dank gebührt.

Besonderer Dank gilt dem Springer-Verlag für die verständnisvolle Zusammenarbeit und für die vorzügliche Ausstattung des Buches.

Bochum, im April 1969

H. Vosen

Inhaltsverzeichnis

Einleitung 1
  1. Begriff und Aufgabe der Markscheidekunde 1
  2. Markscheiderische Arbeiten 1

Erster Teil
Messungen

Grundbegriffe 3
  3. Meßpunkte, Meßlinien und Bezugsflächen 3
  4. Richtungen und Winkel in der söhligen Ebene 4
  5. Winkel in der seigeren Ebene 6
  6. Koordinaten 7
  7. Höhen 9
  8. Genauigkeit der Messungen und Meßfehler 10
  9. Berechnung der mittleren Fehler 11
 10. Fehlergrenzen 16
 11. Einteilung der Messungen 17
 12. Punktvermarkung 17
 13. Punktbezeichnung 19

Längenmessungen 19
 14. Längeneinheit 20
 15. Längenmeßgeräte 20
 16. Fehler der Längenmeßgeräte 22
 17. Prüfung der Längenmeßgeräte 23
 18. Ausfluchten von Meßlinien 25
 19. Ausführung von Längenmessungen 26
 20. Fehler und Genauigkeit der Längenmessungen 28

Winkelmessungen 30
 21. Winkeleinheit 31
    1. Gradmaß, S. 31 – 2. Bogenmaß, S. 31

Gemeinsame Einrichtungen der Winkelmeßinstrumente 33
 22. Aufstell- und Aufhängevorrichtungen 33
 23. Schrauben 35
 24. Libellen 35
 25. Spiegel 37
 26. Prismen 37
 27. Linsen 38
 28. Lupe und Mikroskop 40
 29. Zielvorrichtungen 41
 30. Kreisteilungen 43
 31. Ableseeinrichtungen 43

Einfache Winkelmeßinstrumente 47
  Instrumente zum Abstecken fester Horizontalwinkel 47
 32. Winkelprismen 47

Instrumente zur Messung von Neigungswinkeln 49
33. Gefällmesser und Aufsatzgeräte 49
34. Gradbogen 50

Der Theodolit und seine Anwendung 51

35. Einteilung 51
36. Einrichtung des Theodolits 51
37. Feinmeßtheodolite 53
38. Nachtragetheodolite 57
39. Aufstellung des Theodolits 61
40. Fehler des Theodolits, ihr Nachweis und ihre Berichtigung 62
41. Messung von Horizontalwinkeln 64
   1. Einfache Winkelmessung, S. 65 — 2. Richtungs- oder Satzmessung, S. 67 — 3. Wiederholungswinkelmessung, S. 68
42. Winkelmessungen mit dem Hängetheodolit 72
43. Messung von Neigungswinkeln mit dem Theodolit 75
44. Winkelmessung und -berechnung im Dreieck 76
45. Zentrierung exzentrisch gemessener Winkel 78
46. Winkelmessung mit exzentrischem Fernrohr 80
47. Fehler der Winkelmessung 81
48. Zwangszentrierverfahren 82

1. Lagemessungen

Grundlagen 84

49. Gestalt der Erde 84
50. Einteilung der Erde durch Längen- und Breitenkreise 84
51. Größe der Erde 84
52. Vermessungshorizonte 85

Koordinatensysteme 86

53. Geographische Koordinaten 86
54. Ermittlung der geographischen Breite und Länge 87
55. Beziehungen zwischen Winkel- und Längenmaß der Längen- und Breitengrade 88
56. Abbildung der Erdoberfläche in der Kartenebene — Kartenprojektion 88
57. Rechtwinklig-sphärische Koordinaten 89
58. Gauß-Krügersche Koordinaten 91
59. Koordinatenumformungen 94

Landesvermessung 98

60. Dreiecksmessung (Triangulierung) 98
61. Kleindreiecksmessung 101
62. Trigonometrische Punktbestimmung durch Einschneideverfahren .. 105
63. Vorwärtseinschneiden 105
64. Rückwärtseinschneiden 108
   1. Lösung der RE-Aufgabe mit dem Hilfswinkel μ, S. 108 — 2. Lösung der RE-Aufgabe mit dem Collinschen Hilfspunkt Q, S. 110 — 3. Graphische Lösung der RE-Aufgabe, S. 114
65. Genauigkeit von trigonometrischen Punktbestimmungen 115

Polygonmessung 115

66. Zweck und Einteilung 115
67. Polygonzüge über Tage 117
68. Polygonzüge unter Tage 119
69. Längen- und Winkelmeßfehler in den Polygonzügen 120
70. Koordinatenberechnung der Polygonpunkte 120
   1. Berechnung der Richtungswinkel, S. 121 — 2. Berechnung der Koordinatenunterschiede, S. 121 — 3. Berechnung der Koordinaten, S. 122 — 4. Berechnung der Anschlußrichtungen, S. 123 — 5. Berech-

nung der Abschlußfehler, S. 123 – 6. Sicherungsrechnungen, S. 126 – 7. Ermittlung der Fehler in der Längenausdehnung L und in der seitlichen Querabweichung W, S. 128

71. Kleinpunktberechnung 129
72. Koordinaten-Auswertegerät „Coorapid" 132

Lageaufnahmen 133
Stückvermessung und Kleinaufnahme 133
73. Stückvermessung über Tage 133
74. Kleinaufnahme in der Grube 136

Schachtvermessungen 137
75. Schachtvermessung mit zwei Loten 138
76. Schachtvermessung mit einem Lot und polarisiertem Licht 138
  1. Gerät und Durchführung der Messung, S. 139 – 2. Auswertung der Meßergebnisse, S. 141

Flächenbestimmung 142
77. Flächenaufnahme und -berechnung aus Messungszahlen 142
  1. Die Aufnahmelinie schneidet die Fläche, S. 142 – 2. Die Aufnahmelinie liegt außerhalb der Fläche, S. 143
78. Flächeninhaltsermittlung aus Rissen und Plänen (graphische Flächenbestimmung) 144
79. Flächeninhaltsermittlung mit Planimetern 146
80. Flächeninhaltsberechnung aus Koordinaten 149
81. Flächenteilung eines Grubenfeldes 150

II. Höhenmessungen

82. Zweck und Einteilung 151

Unmittelbare Höhenmessungen 152
83. Schachtteufenmessungen mit Stahlmeßbändern 152
84. Teufenermittlung aus der Schwingungsdauer eines Schachtlotes ... 154

Trigonometrische Höhenmessungen 156
85. Messungen über Tage 156
  1. Ermittlung der Höhe eines Meßpunktes, S. 156 – 2. Ermittlung der Höhe eines Bauwerks, S. 158
86. Messungen unter Tage 160
  1. Gradbogenmessung, S. 160 – 2. Theodolitmessung, S. 161

Geometrische Höhenmessungen 164
87. Messungen mit dem Staffelzeug 164
88. Messungen mit Kanalwaagen und Schlauchwaagen 165
  1. Kanalwaage, S. 165 – 2. Einfache Schlauchwaage, S. 165 – 3. Präzisions-Schlauchwaage, S. 167

Nivellierinstrumente und Nivellierlatten 168
89. Nivelliere mit Röhrenlibellen 168
  1. Bau- und Ingenieur-Nivelliere, S. 170 – 2. Feinnivelliere, S. 170
90. Nivelliere mit Selbsteinwägung 172
91. Nivellierlatten 175

Messungen mit Nivellierinstrumenten 177
92. Aufstellung der Nivelliere 177
93. Prüfung und Berichtigung der Nivellierinstrumente 178
  1. Nivelliere mit Röhrenlibellen, S. 178 – 2. Nivelliere mit Selbsteinwägung, S. 180
94. Ausführung und Berechnung von technischen Nivellements 180
  1. Einfaches Festpunktnivellement, S. 181 – 2. Längennivellement, S. 184 – 3. Flächennivellement, S. 186

95. Ausführung und Berechnung von Feinnivellements	187
96. Grundlegende Nivellements der Landesaufnahme und anderer Behörden	190
97. Leitnivellements des Oberbergamtes Dortmund	191
98. Bodensenkungsnivellement und Anlage von Beobachtungslinien	192
99. Genauigkeit und Fehler der Nivellements	193
Barometrische Höhenmessungen	195
100. Begriff. Berechnung der barometrischen Höhenstufe und des Höhenunterschiedes. Verfahren	195

III. Tachymetermessungen

101. Begriff. Verfahren, Anwendung	197
102. Messungen mit einfachen Tachymetern	199
1. Ableitung der Tachymeterformeln, S. 199 — 2. Ausführung einfacher tachymetrischer Messungen mit Meßbeispiel, S. 201	
103. Messungen mit selbstreduzierenden Tachymetern	203
1. Tachymeter mit veränderlichem Strichabstand, S. 204 — 2. Diagramm- oder Kurventachymeter, S. 205	
104. Messungen mit Doppelbildtachymeter	207
1. Theodolite mit Doppelbildvorsatz, S. 207 — 2. Selbstreduzierende Doppelbildtachymeter, S. 208	
105. Messungen mit Einstandentfernungsmessern	210
106. Genauigkeit und Prüfung tachymetrischer Geräte und Verfahren	212

IV. Mittelbare Entfernungsmessung

107. Messung mit Basislatten	214
108. Messung mit Hilfe elektromagnetischer Wellen	216

V. Orientierungsmessungen

109. Begriff und Aufgabe	220
Orientierung mit mechanischen Loten	221
110. Punktübertragung durch mechanische Schachtlotungen	221
111. Ermittlung der Ruhelage der Lote durch Schwingungsbeobachtungen und Berechnung der Seigerlage	222
112. Richtungsübertragung durch das Doppellotverfahren	225
1. Zentrische Messung, S. 225 — 2. Exzentrische Messung, S. 225 — 3. Untertägige Messung nach Fox, S. 227 — 4. Genauigkeit der Doppellotung, S. 230	
113. Richtungsübertragung durch das Einrechnungsverfahren	230
114. Einfluß der Lotkonvergenz auf die Lotentfernung	234
Orientierung mit optischen Verfahren	235
115. Optische Punkt- und Richtungsübertragung durch Schächte	235
1. Punktübertragung durch optische Ablotung, S. 235 — 2. Richtungsübertragung durch optische Ebenen, S. 236	
116. Richtungsübertragung mit polarisiertem Licht	236
Orientierung mit nordweisenden Vermessungskreiselgeräten	238
117. Einführung, Geräte und Verfahren	238
118. Meridianweisermessung mit Beispiel	240

VI. Magnetische Messungen

119. Ermittlung der Deklination und ihrer Änderungen	242
Magnetische Feinmessungen	245
120. Magnetische Feinmeßinstrumente	246
121. Ausführung einer Magnetorientierung	247

Kompaß- und Bussolenmessungen 250
   122. Hänge-, Setz- und Aufstellkompasse (Bussolen) 250
      1. Der Hängekompaß, S. 250 — 2. Der Setzkompaß, S. 251 — 3. Der Aufstellkompaß, S. 254
   123. Fehler der Kompaßinstrumente 255
   124. Ausführung von einfachen Kompaßmessungen unter Tage mit dem Hängekompaß 256
   125. Ausführung von Bussolenmessungen über Tage 260
   126. Ermittlung der Nadelabweichung an einer Orientierungslinie 261
   127. Fehlerfortpflanzung in Kompaß- und Theodolitzügen 262

VII. Geologische Aufnahmen unter Tage

   128. Ermittlung der Lage und Erstreckung der Gebirgsschichten 263
   129. Gebirgsschichtenaufnahme 265
   130. Stratigraphische Feinaufnahme der Gebirgsschichten 267
   131. Die Aufnahme von Schlechten und Klüften 269

VIII. Absteckungen und Angaben

Absteckungsarbeiten über Tage 270
   132. Einfache Achsabsteckungen 270
   133. Kurvenabsteckungen 270
      1. Absteckung durch Kreisbogenschlag, S. 270 — 2. Absteckung der Hauptpunkte eines Kreisbogens von der Tangente aus, S. 271 — 3. Absteckung von Kleinpunkten eines Kreisbogens nach rechtwinkligen Koordinaten von der Haupttangente aus, S. 273 — 4. Absteckung von Punkten eines Kreisbogens nach dem Sehnenverfahren durch Polarkoordinaten, S. 274 — 5. Absteckung von Punkten eines Kreisbogens nach Näherungsverfahren, S. 275
   134. Berechnung und Absteckung eines Übergangsbogens von mäßiger Länge 277
   135. Abstecken von Querlinien 279
   136. Vorarbeiten für Anschlußbahnen. Trassierungen 279
      1. Anfertigung von Längen- und Querschnitten der Bahnlinie, S. 279 — 2. Erdmassenberechnung, S. 281 — 3. Angaben für die Ausführung des Unterbaus, S. 283 — 4. Angaben für den Oberbau, S. 283

Angaben unter Tage beim Auffahren von Grubenbauen nach Richtung und Höhe 284
   137. Richtungsangaben mit einfachen Winkelmeßinstrumenten — Stundenhängen 284
      1. Stundenhängen mit dem Hängekompaß, S. 284 — 2. Stundenhängen mit einem Nachtragetheodolit, S. 286
   138. Richtungsangaben mit einem Feinmeßtheolit — Durchschlagsangaben 286
   139. Einhalten und Verlängern der Auffahrrichtungen 287
   140. Ermittlung und Prüfung des Ansteigeverhältnisses in Strecken.... 289
   141. Ausgleichen des Gefälles in söhligen und geneigten Strecken...... 291
   142. Kurvenauffahrungen 293
      1. Abstecken nach einer Kurvenzeichnung, S. 293 — 2. Abstecken nach dem Einrückverfahren, S. 294
   143. Angaben für Tagesschächte und Blindschächte 295
      1. Angabe des Ansatzpunktes, S. 296 — 2. Angaben für Schächte mit rundem Querschnitt, S. 296 — 3. Angaben für Schächte mit rechteckigem Querschnitt, S. 297 — 4. Angaben für das gleichzeitige Abteufen und Hochbrechen von Schächten, S. 298

IX. Bildmessungen (Photogrammetrie)

144. Zweck und Einteilung 298
145. Luftbildmessung 298
146. Erdbildmessung 302

Zweiter Teil

Darstellungen

147. Zweck, Einteilung und Inhalt bildlicher Darstellungen 304

I. Geometrische Darstellungen

148. Entstehung und Einteilung der Rißarten 307
   1. Projektionen. Grundriß, Seigerriß, Flachriß, S. 307 — 2. Schnitte. Querschnitte, Längsschnitte, Längenschnitte, söhlige Schnitte, bankrechte Schnitte, S. 308 — 3. Einteilung der Rißarten nach ihrem Inhalt, S. 312

Die Herstellung der Risse 312

149. Gemeinsame Vermessungsgrundlagen 312
   1. Geodätische Grundlagen, S. 312 — 2. Markscheiderische Vermessungsgrundlagen, S. 313
150. Zeichentechnische Grundlagen 313
   1. Maßstäbe, S. 313 — 2. Blatteinteilung und Blattbezeichnung, S. 314 — 3. Blatt- und Bildgröße, S. 316 — 4. Schriftart und Farbgebung, S. 316 — 5. Zeichengrundstoffe, S. 317 — 6. Normen und Rißmuster, S. 318
151. Die Herstellung der Grundrisse 319
   1. Koordinatennetze, S. 319 — 2. Auftragen von Punkten nach rechtwinkligen Koordinaten, S. 320 — 3. Zulage der rechtwinkligen Lageaufnahme, S. 321 — 4. Zulage von Hängetheodolit-, Kompaß- und Tachymeterzügen, S. 322 — 5. Ausgleich von Meß- und Zulagefehlern S. 325 — 6. Ausarbeitung der Zeichnungen, S. 326
152. Konstruktion der Seigerrisse 326
153. Die Herstellung der Flachrisse 328
154. Die Konstruktion der Schnitte 331
155. Seiger- und Flachrisse als Ursprungsrisse 332
   1. Grundlagen, S. 333 — 2. Formbeschreibung durch Wertlinien, S. 336 — 3. Hilfsmittel für die Herstellung und den Gebrauch der Ursprungsrisse, S. 337

II. Perspektivische Darstellungen

156. Parallelperspektive 338
   1. Die dimetrische Darstellung, S. 339 — 2. Die trimetrische Darstellung, S. 339 — 3. Die Militärperspektive, S. 339 — 4. Die isometrische Darstellung, S. 340
157. Isometrische Darstellung von gestörten Lagerstättenteilen 344
158. Polar- oder Zentralperspektive 346
159. Hilfsmittel bei der Herstellung perspektivischer Zeichnungen 347
   1. Affinzeichner von Fox-Breithaupt, S. 347 — 2. Universal-Perspektivzeichner von Scharf-Rellensmann, S. 348 — 3. Projektionszeichengerät von Haibach, S. 350 — 4. Universaldarstellungsgerät von Routschek, S. 350

III. Raumbildliche Darstellungen

160. Stereoskopische Raumbilder 351
161. Anaglyphen-Raumbilder 351

IV. Die Darstellung der Lagerungsverhältnisse

162. Darstellung der Faltung 355
163. Darstellung der Gebirgsstörungen 357
     1. Querschlägige und spitzwinklige Sprünge, S. 357 — 2. Wechsel. S. 357 — 3. Blätter, S. 358
164. Darstellung der durch Gebirgsstörungen hervorgerufenen Abbaugrenzen (Kreuzlinien zwischen Flöz und Störung) 364
165. Die zeichnerische Ausrichtung der Gebirgsstörungen 365
166. Darstellung der Mächtigkeit, Art und Zusammensetzung der Gebirgsschichten 367

V. Vervielfältigungen von zeichnerischen Darstellungen

167. Abzeichnungen im gleichen Maßstab 368
168. Verkleinern und Vergrößern von Zeichnungen 369
169. Lichtpausverfahren 370
170. Photographische Verfahren 371
171. Drucktechnische Verfahren 373

VI. Sonderkonstruktionen

172. Herstellung von Schichtlinienplänen 373
173. Ermittlung des Ausgehenden einer Gebirgsschicht 375
174. Ermittlung des Streichens und des Einfallens einer Schicht aus 3 Bohrlochaufschlüssen 376
175. Ermittlung des Streichens einer Störung aus 2 Bohrlochaufschlüssen und dem Einfallwinkel 378
176. Ermittlung des Schnittwinkels 378
177. Ermittlung der Angaben für einen Schrägstoß 379
178. Darstellung von Schutzbereichs- und Einwirkungsgrenzen 381
     1. Schutzbereich gegen das Deckgebirge, S. 381 — 2. Schutzbereich an Markscheiden usw., S. 383 — 3. Sicherheitspfeiler für besonders zu schützende Bauwerke, S. 383 — 4. Schutzzonen für Schächte, S. 383

VII. Vorratsberechnungen

179. Ermittlung des Kohlenvorrats in einem begrenzten Flözteil 386
180. Ermittlung des Kohlenvorrats in mächtigen Flözen 388
181. Kohlenvorratsberechnungen für ein ganzes Grubenfeld 389

VIII. Riß-, Karten- und Planwerke für den Bergbau

Das Berechtsamsrißwerk 391
182. Risse, Karten und Pläne der Bergbauberechtigungen 391
     1. Mutungs- und Verleihungsrisse, S. 391 — 2. Lageriß für die Vereinigung von Bergwerken, S. 392 — 3. Lagerisse für die Teilung eines Bergwerkes und für den Austausch von Feldesteilen, S. 393 — 4. Lageriß für die Umwandlung von Längenfeldern, S. 393 — 5. Lageriß für die Zulegung eines Bergwerksfeldes, S. 393 — 6. Lagerisse für die Streckung von Erdöl- und Erdgasgewinnungsfeldern, S. 393

Das Zulegerißwerk 394
183. Risse, Pläne und Unterlagen des Zulegerißwerks 394
     1. Zulegerisse, S. 394 — 2. Netzpläne, S. 395 — 3. Beobachtungsbücher, Berechnungshefte und Reinschriften, S. 396 — 4. Die Rißarten des Zulegerißwerks, S. 396

Das Grubenrißwerk 396
Das Grubenbild 396
184. Begriff, Einteilung und Zweck 396

Inhaltsverzeichnis XIII

185. Die Rißarten des Grubenbildes 397
   1. Titelblätter, S. 397 — 2. Tagerisse, S. 398 — 3. Bohrrisse, S. 398 —
   4. Sohlenrisse, S. 399 — 5. Abbaurisse, S. 400 — 6. Schnittrisse, S. 403
186. Kenntlichmachung befahrbarer und nichtbefahrbarer Grubenbaue. 404
187. Nachtragung der Grubenbilder 405
188. Die Grubenbilder in den verschiedenen Bergbauzweigen.......... 406

Das Lagerstättenarchiv 407
189. Zweck und Inhalt 407
190. Risse und Karten des Flözarchivs............................ 408
   1. Der Betriebspunktriß, S. 408 — 2. Stratigraphische, Grob- und
   Feinstrukturkarten, S. 409 — 3. Tektonische Karten, S. 410 —
   4. Flözeigenschaftskarten, S. 410

Betriebliche Risse, Karten und Pläne 410
191. Zweck, Einteilung und rißliche Grundlagen................... 410
192. Pläne gemäß § 67 ABG.. 411
193. Abbautechnische, betriebstechnische und betriebswirtschaftliche
   Risse, Karten und Pläne...................................... 412

Der Gebrauch des Grubenrißwerks 415
194. Die Anwendung des Grubenrißwerks bei markscheiderischen Arbeiten und bei betrieblichen Maßnahmen..................... 415

Risse, Karten und Pläne für Sonderzwecke............................. 416
195. Zweck, Einteilung und Inhalt 416
   1. Darstellungen der Boden- und Gebirgsbewegungsvorgänge, S. 416
   — 2. Lagerstättenkundliche Risse und Karten, S. 416 — 3. Verwaltungskarten, S. 417
196. Übersichts- und Lagerstättenkarten der deutschen Bergbaugebiete 417

IX. Das Liegenschaftskataster

197. Katasterkarten... 419
198. Katasterbücher... 420

X. Topographische Karten

199. Allgemeines.. 421
200. Die topographischen Kartenwerke 421
   1. Deutsche Grundkarte 1 : 5000 — DGK 5, S. 421 — 2. Vergrößerung 1 : 10000 aus der topographischen Karte 1 : 25000 — TKV 10,
   S. 422 — 3. Topographische Karte des rheinisch-westfälischen
   Steinkohlenbezirks 1 : 10000, S. 422 — 4. Topographische Karte
   1 : 25000 — TK 25, S. 422 — 5. Topographische Karte 1 : 50000 —
   TK 50, S. 422

XI. Grubenfelder

201. Geviertfelder.. 423
202. Längenfelder... 424
   1. Längenfelder mit kleiner Vierung, S. 424 — 2. Längenfelder mit
   großer Vierung, S. 426 — 3. Gesetz zur Bereinigung der Längenfelder
   vom 1. 6. 1954, S. 427

Anhang

Maße 430
Literaturverzeichnis 432
Sachverzeichnis 436

Tafel-Anhang

I. Zahlentafeln
1. Seigerteufe und Sohle
2. Verwandlung von alter in neue Winkelteilung
3. Verwandlung von neuer in alte Winkelteilung

II. Graphische Tafeln (Rechenbilder)
4. Oben: Verbesserungen der aus Messungen erhaltenen söhligen Längen infolge Lotkonvergenz
   Unten: Verbesserungen der aus Messungen erhaltenen söhligen Längen infolge Verzerrung durch die Gausssche Abbildung
5. Gesamtverbesserungen einer aus Messungen erhaltenen söhligen Länge von 1000 m infolge Lotkonvergenz und Verzerrung durch die Gausssche Abbildung
6. Ermittlung von Seigerteufen und Sohlen
7. Oben: Ermittlung von Schnittwinkeln
   Unten: Ermittlung von Schrägwinkeln
8. Flächenverbesserung für die Gausssche Abbildung

III. Instrumententafeln
9. Sekunden-Theodolit „Th 2" der Fa. Carl Zeiss, Oberkochen
10. Sekunden-Theodolit „FT 2 N" der Fa. Otto Fennel GmbH & Co., Kassel
11. Sekunden-Theodolit „Theo 010" der Fa. Jenoptik Jena GmbH
12. Universal-Theodolit „T 2" der Fa. Wild, Heerbrugg
13. Theodolit „Th 3" der Fa. Carl Zeiss, Oberkochen
14. Universal-Theodolit „FT 1 A" der Fa. Otto Fennel GmbH & Co., Kassel
15. Skalen-Theodolit „Th 4" der Fa. Carl Zeiss, Oberkochen
16. Kleiner Repetitionstheodolit „TEKAT" der Firma F. W. Breithaupt & Sohn, Kassel
17. Kleintheodolit „Theo 120" der Fa. Jenoptik Jena GmbH
18. Doppelkreis-Reduktionstachymeter „DK-RT" der Fa. Kern & Co. AG, Aarau
19. Reduktionstachymeter „Redta 002" der Fa. Jenoptik Jena GmbH
20. Bussolentheodolit „BT I" der Fa. Ertel, München
21. Automatisches Feinnivellier „Ni 1" der Fa. Carl Zeiss, Oberkochen
22. Präzisionsnivellier „N 3" der Fa. Wild, Heerbrugg
23. Automatisches Nivellierinstrument „NA 2" der Fa. Wild, Heerbrugg
24. Automatisches Baunivellier „Auban" der Fa. Otto Fennel GmbH & Co., Kassel
25. Baunivellier „Ni 4" mit Automatik der Fa. Carl Zeiss, Oberkochen
26. Kreiseltheodolit „KT 2" der Fa. Otto Fennel GmbH & Co., Kassel
27. Elektro-optischer Entfernungsmesser „SM 11" der Fa. Carl Zeiss, Oberkochen
28. Optischer Umzeichner „Pantophot III" der Fa. Macop, Goslar
29. Umbildungsgerät „Klimsch-Variograph" der Fa. Klimsch & Co., Frankfurt/M.

IV. Zeichen- und Rißtafeln
30. Zeichenerklärung für den Tageriß
31. Zeichenerklärung für Grubenrisse, 1. Teil
32. Zeichenerklärung für Grubenrisse, 2. Teil
33. Geologische und petrographische Farben und Zeichen
34. Zeichen für betriebliche Sonderrisse
35. Ausschnitte aus dem Grubenbild eines Steinkohlenbergwerks

In der Tasche:
Zeichen für Wetterführungspläne
Betriebspunkteigenschaftskarte, Flöz Sonnenschein
Anaglyphenbrille

Verzeichnis der Messungs- und Berechnungsbeispiele

1. Berechnung des mittleren Fehlers der Einzelmessung und des arithmetischen Mittels für die Länge einer Polygonseite.................... 12
2. Berechnung des mittleren Fehlers für die durch verschieden lange Züge ermittelte Höhe eines Punktes...................................... 13
3. Berechnung der mittleren Winkelfehler aus „gleich genau" durchgeführter Doppelmessung eines Polygonzuges 14
4. Berechnung der mittleren Fehler der Längeneinheit aus „ungleich genau" vorgenommener Doppelmessung der Seiten eines Polygonzuges 15
5. Berechnung der mittleren Kilometerfehler einer aus mehreren doppelt gemessenen Nivellementsstrecken bestehenden Höhenmessung 16
6. Längenmessung für einen Polygonzug über Tage 28
7. Längenfeinmessung für eine Durchschlagsangabe.................... 29
8. Umrechnung alter Winkelteilung in neue Teilung und umgekehrt 31
9. Berechnung der Angabe oder Empfindlichkeit einer Libelle............ 37
10. Messung von Haupt- und Ergänzungswinkel im Polygonzug 66
11. Satzbeobachtung beim Rückwärtseinschnitt 66
12. Wiederholungswinkelmessung 68
13. Hängetheodolitmessung und Berechnung (1. Beispiel) 70
14. Hängetheodolitmessung und Berechnung (2. Beispiel) 72
15. Neigungswinkelmessung mit dem Theodolit 76
16. Dreiecksberechnung 76
17. Zentrierung exzentrisch gemessener Richtungen..................... 78
18. Umrechnung Gaussscher (Bochumer) in Gauss-Krügersche Koordinaten (mit Logarithmen)... 96
19. Umrechnung Gaussscher (Bochumer) in Gauss-Krügersche Koordinaten (mit der Rechenmaschine) 98
20. Berechnung der genäherten Koordinaten beim Vorwärtseinschneiden (mit Logarithmen).. 106
21. Berechnung der genäherten Koordinaten beim Vorwärtseinschneiden (mit der Rechenmaschine)... 107
22. Berechnung eines Rückwärtseinschnittes im Trig.Form. 11 (mit Logarithmen).. 113
23. Berechnung eines Rückwärtseinschnittes im VermVordruck 11 (mit der Rechenmaschine)... 114
24. Berechnung der Koordinaten eines Polygonzuges im Trig.Form. 19 (mit Logarithmen).. 122
25. Berechnung der Koordinaten eines Polygonzuges (mit der Rechenmaschine)... 124
26. Berechnung der Koordinaten einer Hängetheodolitmessung............ 126
27. Ermittlung der Fehler in der Längenausdehnung L und in der Querabweichung W eines Polygonzuges 128
28. Berechnung von Kleinpunkten 130
29. Schachtvermessung mit polarisiertem Licht (SVP) 140
30. Berechnung von Flächen aus Messungszahlen 142
31. Berechnung des Flächeninhalts eines Grubenfeldes 148
32. Teufenermittlung mit Schachtmeßband 153
33. Teufenermittlung aus der Schwingungsdauer eines Schachtlotes 154
34. Messung und Berechnung der Höhe eines Bauwerks 158

XVI Verzeichnis der Messungs- und Berechnungsbeispiele

35. Gradbogenmessung.. 162
36. Schieflagemessung mit einfacher Schlauchwaage 166
37. Festpunktnivellement 183
38. Längennivellement 185
39. Feinnivellement 189
40. Fehlerverteilung bei einem Festpunktnivellement 195
41. Berechnung einer barometrischen Höhenmessung 196
42. Tachymeteraufnahme 202
43. Berechnung einer Doppellotung 228
44. Einrechnung zwischen zwei Schächten 232
45. Messung mit Meridianweiser 241
46. Auswertung einer Meridianweisermessung 242
47. Ermittlung der Deklination 243
48. Messung und Berechnung einer Magnetorientierung 248
49. Kompaßmessung 258
50. Gebirgsschichtenaufnahme in einem Querschlag 266
51. Aufnahme eines petrographischen Flözschnittes.................... 268
52. Absteckung der Hauptpunkte eines Kreisbogens 271

Einleitung

1. Begriff und Aufgabe der Markscheidekunde

Das Wort „*Markscheide*" bezeichnet im bergmännischen Sprachgebrauch die Grenze zwischen zwei Bergwerksfeldern — Mark = Grenze, scheiden = abtrennen, einteilen. — Die Markscheidekunde ist also in des Wortes ursprünglicher Bedeutung die Lehre von der Festlegung der Grubenfeldgrenzen, d. h. der Gebiete, in denen der Bergbauberechtigte das ihm verliehene Mineral abbauen darf. Die Markscheidekunde im weiteren Sinne befaßt sich jedoch mit *allen* Messungen, Berechnungen und bildlichen Darstellungen für bergbauliche Zwecke über und unter Tage.

Bei den markscheiderischen *Messungen* handelt es sich immer um *Aufnahmen* von bestehenden oder um *Angaben* für geplante Anlagen. Die Ergebnisse der *Aufnahmen* dienen in erster Linie als Unterlagen für bildliche Darstellungen, d. h. für die Anfertigung von Rissen, Karten und Plänen, während durch *Angaben* die in den Karten und Plänen eingezeichneten bergmännischen Entwürfe z. B. von Tagesgegenständen oder von neu aufzufahrenden Grubenräumen in die Örtlichkeit übertragen werden sollen.

Durch *Berechnungen* werden u. a. die Lage und Höhe von Meßpunkten, die Längen von Meßlinien und die Größe bzw. der Inhalt von Flächen und Massen, z. B. von Grubenfeldern mit ihren Mineralvorräten, ermittelt. Auch können durch geeignete Messungen und Berechnungen die durch die Gewinnung der Mineralien eintretenden Abbaueinwirkungen auf Tagesoberfläche und Grubenbaue erfaßt und berücksichtigt werden.

Seit Erlaß der ersten Bergordnungen im 12. und 13. Jahrhundert oblag dem mit der Festlegung der Markscheiden betrauten Markscheider auch die Klärung und Darstellung der Lagerungsverhältnisse des verliehenen Minerals, ohne die eine Streckung der Grubenfelder oder eine Planung der ersten auf den Abbau des Minerals gerichteten Maßnahmen z. B. das Ansetzen und Auffahren von Stollen und Sohlen nach Richtung und Höhe mit Aussicht auf Erfolg nicht möglich war.

Nach Aufnahme des Betriebes ergaben sich aus den bergtechnischen und bergwirtschaftlichen Bedürfnissen des Bergbaus weitere markscheiderische Aufgaben, die entsprechend der fortschreitenden Entwicklung der Bergbautechnik einem steten Wandel unterworfen sind.

2. Markscheiderische Arbeiten

Nach dem Wortlaut des § 2 der zur Zeit noch geltenden Markscheider-Ordnung (MO.) vom 23. März 1923*, die die bergbehördlichen Vorschriften für die Ausführung der markscheiderischen Arbeiten enthält, werden letztere in drei große Arbeitsgebiete eingeteilt, und zwar in

I. *Arbeiten*, die der *Erwerbung*, *Begrenzung* und *Sicherung* des *Bergwerkseigentums* und seiner *Zubehöre* dienen; hierunter fallen:

a) Die *Bearbeitung* der *Berechtsamsverhältnisse* durch Aufnahme des Fundpunktes, durch Streckung der Grubenfelder und koordinatenmäßige Festlegung seiner

---
* Siehe Fußnote auf S. 2.

Fund- und Feldeseckpunkte sowie durch Anfertigung von Berechtsamsrissen gemäß § 17, 42 und 51 des Allgem. Preuß. Berggesetzes (ABG) vom 24. Juni 1865.

b) Die *Verwaltung des Grundbesitzes* der Bergwerksgesellschaften und die Anfertigung von Pacht- und Grundbesitzübersichtskarten.

II. *Arbeiten*, die der *Gewinnung der Mineralien dienen*; hierher gehören:

a) Die *Klärung der Lagerungsverhältnisse* durch Aufnahme und Kartierung von geologischen Aufschlüssen über und unter Tage, durch Mitwirkung bei der Durchführung und geologischen Auswertung von geophysikalischen Aufschlußmessungen sowie durch Anfertigung von Lagerstätten-Entwurfskarten (Projektionsrissen).

b) Die *Feststellung des Mineralreichtums* und damit verbunden die *Bewertung* der Grubenfelder durch Ermittlung der bauwürdigen, bedingt bauwürdigen und unbauwürdigen Mineralvorräte sowie durch Anfertigung von Mineralvorrats- und Mineralgütekarten.

c) Die *Aufstellung eines Lagerstättenarchivs* nach lagerstättenkundlichen, rohstofflichen, mengen- und gütemäßigen Feststellungen durch makropetrographische Untersuchungen und rohstoffliche Probeaufnahmen sowie deren Auswertungen, ferner durch Anfertigung von Betriebspunktrissen und Lagerstätteneigenschaftskarten.

d) Die *Aufschließung der Baufelder* durch Anfertigung von umfassenden Ausrichtungsplänen und durch Angabe von Schachtansatzpunkten, Sohlen, Richtstrecken, Abteilungsquerschlägen, Blindschächten u. ä.

e) Der *Abbau der Lagerstätten* durch Mitwirkung bei der Auswahl der bauwürdigen und bedingt bauwürdigen Mineralien, bei der Festlegung der Abbaureihenfolge und der Wahl des Abbau- und Versatzverfahrens sowie durch Anfertigung von langfristigen Vorrichtungs- und Abbauzeitplänen.

III. *Arbeiten*, die dem *Betrieb* der Bergwerke dienen; hierunter fallen:

a) Die *Herstellung planmäßiger Unterlagen* für die Durchführung und Überwachung der Betriebe über und unter Tage durch Vermessung der Tagesoberfläche und Aufnahme der Grubenbaue und Gebirgsaufschlüsse, ferner durch Anfertigung und Nachtragung der gemäß § 72 des ABG vorgeschriebenen Grubenbilder sowie von betrieblichen Plänen bergtechnischen und bergwirtschaftlichen Inhalts.

b) *Absteckungen* und *Angaben* für Anlagen über Tage und für Auffahrungen unter Tage, z. B. durch Vorarbeiten (Trassierungen) für den Bau von Anschlußbahnen und -wegen, Ent- und Bewässerungsanlagen sowie durch Angabe von Ansatzpunkten, Richtungen und Höhen für die Auffahrungen wichtiger Grubenbaue.

c) Die *Feststellung* der durch den Abbau hervorgerufenen *Boden- und Gebirgsbewegungen* sowie ihrer Auswirkungen auf Grubenbaue und Tagesoberfläche (Bergschäden) durch Ausführung von Höhenmessungen, durch Anlage und Beobachtung von Festlinien über und unter Tage, durch Schachtabseigerungen, durch Ausführung von abbaudynamischen Messungen, durch Vorausberechnung der Abbaueinwirkungen und durch Berechnung und Festsetzung der Anteilverhältnisse benachbarter Gruben bei gemeinsam verursachten Bergschäden.

d) *Sicherheitliche Maßnahmen* durch rißliche Festlegung von Gefahrenzonen in der Grube, z. B. durch Ermittlung der Grenzen von Wasser- und Brandfeldern, sowie gebirgsschlaggefährdeten Zonen und durch Angabe von bergpolizeilich vorgeschriebenen und betrieblich notwendigen Sicherheitspfeilern und Schutzgebieten sowie durch Überwachung der Einhaltung dieser Grenzen.

Für die technische Ausführung der vorstehend angeführten markscheiderischen Arbeiten sind als Ersatz für die zum Teil veralteten Vorschriften der MO. vom Jahre 1923 neue Richtlinien* in gemeinsamer Arbeit von Vertretern der Bergbehörden, der Hochschulen und der Praxis entworfen worden, mit deren Erlaß in Bälde zu rechnen ist.

---

* Im Land Nordrhein-Westfalen und im Saarland inzwischen erlassen als neue Markscheider-Ordnung [82, 83].

Erster Teil

Messungen

Grundbegriffe

Den Messungen, Berechnungen und Darstellungen werden in der Regel einfache mathematische Größen wie Punkte, Linien, Flächen und Winkel zugrunde gelegt.

3. Meßpunkte, Meßlinien und Bezugsflächen

Meßpunkte werden als „Festpunkte" im Gelände und in der Grube entweder dauerhaft vermarkt oder als „verlorene Punkte" nur vorübergehend kenntlich gemacht. Bei Längenmessungen wird an diesen Punkten das Längenmeßgerät angehalten, bei Winkelmessungen stellt man über oder unter ihnen das Meßinstrument auf — Standpunkte — und zielt die in benachbarten Punkten angebrachten Zeichen an — Zielpunkte. Nach dem Meßverfahren oder den dabei benutzten Instrumenten unterscheidet man Dreiecks-, Polygon-, Theodolit-, Kompaß-, Tachymeter- und Höhenpunkte.

Meßlinien. Als Meßlinie oder -seite bezeichnet man die Verbindungslinie zweier Meßpunkte. Man unterscheidet waagerechte = *söhlige*, lotrechte = *seigere* und geneigte = *flache* Meßlinien. Werden aneinanderstoßende Meßlinien wieder zum Anfangspunkt zurückgeführt, so bilden sie ein Vieleck oder Polygon. Man nennt die aneinandergereihten Meßlinien *Züge* und spricht je nach der Form von geschlossenen oder offenen Zügen und je nach dem Meßverfahren und den benutzten Instrumenten von Polygon-, Kompaß- bzw. Bussolen-, ferner von Tachymeter-, Gradbogen- und Nivellementszügen.

Bezugsflächen. Man unterscheidet ebene (söhlige) und gekrümmte Bezugsflächen. In der Vermessungskunde (Geodäsie) wird in der Regel für die Festlegung der Lage und Höhe der Meßpunkte eine Bezugsfläche benutzt, die *normal*, d. h. rechtwinklig zu der jeweiligen Richtung der Schwerkraft (Lotrichtung) verläuft. Eine solche Fläche entsteht, wenn man sich die mittlere *Meeres*oberfläche unter dem Festland fortgesetzt denkt. Auf diese Fläche, die man auch als *Normal-Nullfläche* bezeichnet, werden die zu vermessenden Punkte der Erdoberfläche und der Grubenbaue übertragen (projiziert).

In Vermessungsgebieten *geringen* Ausmaßes, wie sie für die meisten markscheiderischen Messungen und Berechnungen in Betracht kommen, kann die durch die Kugelgestalt der Erde bedingte Krümmung der Erdoberfläche vernachlässigt werden. Als Bezugsfläche benutzt man in solchen Fällen eine *söhlige Ebene*, die man sich durch einen Punkt des zu vermessenden Geländes gelegt denkt.

In *ausgedehnten* Gebieten sowie für alle Höhenmessungen, die die Ermittlung von Höhenzahlen, s. Abschn. 7, S. 9, bezwecken, ist als Bezugsfläche jedoch *nur* die Normal-Nullfläche zugrunde zu legen.

4. Richtungen und Winkel in der söhligen Ebene

Um die Himmelsrichtung einer Meßlinie in der söhligen Ebene angeben zu können, geht man von bestimmten Anfangs- oder Ausgangsrichtungen aus, und zwar entweder von dem „astronomischen Meridian" durch einen bestimmten für ein größeres Vermessungsgebiet geltenden Ausgangs- bzw. Bezugspunkt oder von einer „Parallelen zu diesem astronomischen Meridian" oder aber von dem „magnetischen Meridian".

Unter dem *astronomischen Meridian* versteht man die Schnittlinie der Meridianebene, die man sich durch einen Punkt der Erdoberfläche und die beiden Himmelspole hindurchgelegt denkt, mit der Erdkugel. Sie verläuft in der *genauen* Nordrichtung.

Als *magnetischen Meridian* bezeichnet man dagegen eine *ungefähr* nach Norden verlaufende Richtung, in die sich ein freibeweglich aufgehängter Magnet unter dem Einfluß der erdmagnetischen Richtkraft einstellt.

Die *Himmelsrichtung* — im folgenden kurz als „Richtung" bezeichnet —, in der eine Meßlinie verläuft, wird in der Vermessungskunde durch die Größe des söhligen *Winkels* ausgedrückt, den eine der oben genannten Ausgangsrichtungen mit der Meßlinie einschließt. Eine Meßlinie, die z. B. von Westen nach Osten verläuft, erhält also die Winkelbezeichnung 90° in Altgraden bzw. 100^g in Neugraden, s. auch Abschn. 21, S. 31. Man unterscheidet im wesentlichen Richtungs- und Brechungswinkel, s. Abb. 1 und Abb. 2, S. 6.

a) Richtungswinkel, s. Abb. 1

Den Winkel, den der astronomische Meridian mit einer Meßlinie bildet, nennt man *Azimut* A, während der Winkel, der von einer Parallelen zum

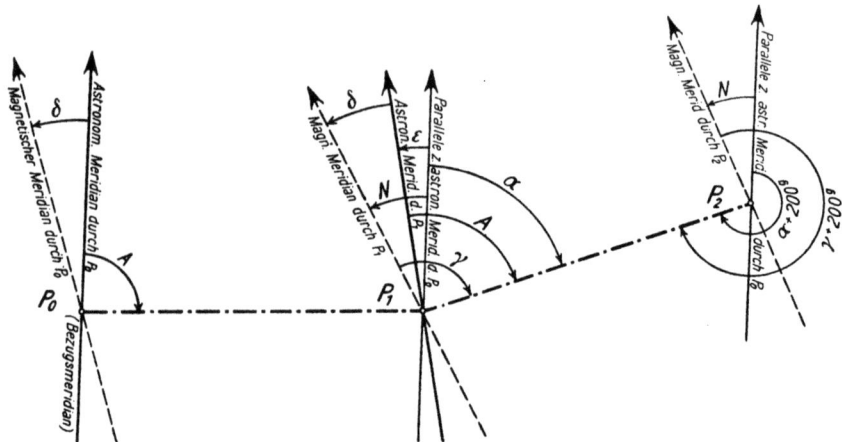

Abb. 1. Azimut *A*, Richtungswinkel α, Meridiankonvergenz ε, Streichwinkel γ, Deklination δ und Nadelabweichung *N*

astronomischen Meridian und einer Meßlinie gebildet wird, *Richtungswinkel* α heißt*. Den Winkel zwischen dem magnetischen Meridian und einer Meßlinie bezeichnet man als *Streichwinkel* γ.

Zwischen dem astronomischen Meridian durch einen beliebigen Punkt z. B. P_1 in der Abb. 1 und der Parallelen zum Meridian durch den Ausgangspunkt P_0 liegt ein kleiner Winkel, den man die *Meridiankonvergenz* ε nennt**.

Azimut, Richtungswinkel, Streichwinkel und die weiter unten behandelten Brechungswinkel werden rechtsherum gezählt; sie können alle Werte des Vollkreises von 0^g bis 400^g annehmen.

Der söhlige Winkel, der von der Parallelen zum astronomischen Meridian und dem magnetischen Meridian gebildet wird, heißt *magnetische Nadelabweichung N*, während als *magnetische Deklination* δ der Winkel zwischen dem astronomischen und dem magnetischen Meridian bezeichnet wird.

Zwischen den vorgenannten Winkeln bestehen folgende, aus Abb. 1 ersichtliche Beziehungen.

1. Der *Streichwinkel* einer Meßlinie ist gleich dem Richtungswinkel dieser Linie plus der magnetischen Nadelabweichung, also $\gamma = \alpha + N$. Hieraus folgt für den Richtungswinkel $\alpha = \gamma - N$ und für die magnetische Nadelabweichung $N = \gamma - \alpha$.

2. Der *Richtungswinkel* der Meßlinie P_2 bis P_1 ist gleich dem Richtungswinkel der Meßlinie P_1 bis P_2 plus 200^g, oder algebraisch ausgedrückt:

$$\alpha_2^1 = \alpha_1^2 + 200^g.$$

Das gleiche gilt auch für den Streichwinkel, also

$$\gamma_2^1 = \gamma_1^2 + 200^g.$$

b) *Brechungswinkel*, s. Abb. 2, S. 6.

Die Winkel zwischen zwei aneinanderstoßenden Meßlinien in der söhligen Ebene werden als Brechungswinkel β bezeichnet. In Polygonzügen nennt man sie Polygonwinkel und unterscheidet dabei auf jedem Standpunkt zwischen Haupt- und Ergänzungswinkel, deren Summe 400^g ergeben soll.

Aus den Brechungswinkeln β werden die Richtungswinkel α der einzel-

---

* Vielfach wird der Richtungswinkel auch mit dem griechischen Buchstaben ν bezeichnet. Die neue „Anweisung für die Bestimmung von Vermessungspunkten in Nordrhein-Westfalen" (RdErl. d. I. M. v. 1. 12. 1958) [2] sieht für die Bezeichnung des Richtungswinkels den Buchstaben t vor.

** In der Geodäsie wird die Meridiankonvergenz allgemein mit dem griechischen Buchstaben γ bezeichnet. Von diesem Brauch ist hier abgewichen, da in der Markscheidekunde der Streichwinkel von jeher mit γ bezeichnet und auch so genormt worden ist.

nen Seiten eines Polygonzuges, wie aus der Abb. 2 zu ersehen ist, folgendermaßen berechnet:

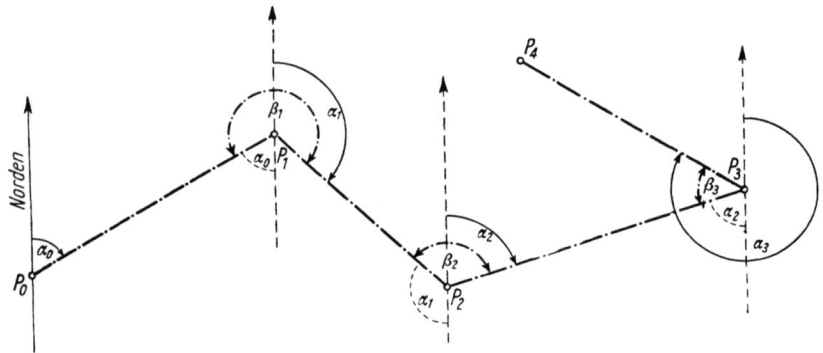

Abb. 2. Berechnung der Richtungswinkel aus den Brechungswinkeln eines Polygonzuges

$$\alpha_1 = \alpha_0 + \beta_1 - 200^g$$
$$\alpha_2 = \alpha_1 + \beta_2 - 200^g$$
$$\alpha_3 = \alpha_2 + \beta_3 + 200^g$$
$$\vdots \qquad \vdots \qquad \vdots \qquad \vdots$$

allgemein $\qquad \alpha_n = \alpha_{n-1} + \beta_n \pm 200^g$

oder in Worten ausgedrückt: Der Richtungswinkel α_n einer beliebigen Polygonseite ist gleich dem Richtungswinkel α_{n-1} der vorhergehenden Polygonseite plus dem Brechungswinkel β_n zwischen den beiden Seiten $\pm 200^g$.

Der Betrag von 200^g wird addiert, wenn die Summe $\alpha_{n-1} + \beta_n$ kleiner ist als 200^g und subtrahiert, wenn die Summe größer als 200^g ist.

Umgekehrt kann der Brechungswinkel nötigenfalls auch aus dem Unterschied der bekannten Richtungswinkel der beiden, den Brechungswinkel einschließenden Seiten errechnet werden, also

$$\beta_1 = \alpha_1 - \alpha_0 + 200^g$$
$$\beta_2 = \alpha_2 - \alpha_1 + 200^g$$
$$\beta_3 = \alpha_3 - \alpha_2 - 200^g$$
$$\vdots \qquad \vdots \qquad \vdots \qquad \vdots$$

allgemein $\qquad \beta_n = \alpha_n - \alpha_{n-1} \pm 200^g$

Diese Formel ist z. B. bei der Berechnung des Abgabewinkels einer Richtungsangabe, s. Abschn. 138, S. 286 u. f., anzuwenden.

5. Winkel in der seigeren Ebene

Um die Richtung von geneigten Meßlinien in der seigeren Ebene anzugeben, geht man entweder von einer Waagerechten oder von einer Lotrechten aus.

Die Größe der Neigung ist sodann entweder durch den *Neigungswinkel* α, der von der Waagerechten und der Meßlinie gebildet wird, oder durch den *Zenitwinkel* z, der von der Lotrechten und der geneigten Linie eingeschlossen wird, s. Abb. 3, bestimmt.

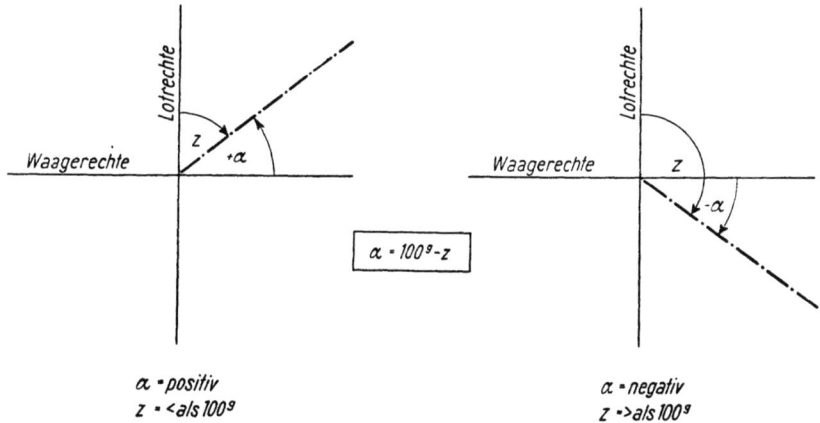

Abb. 3. Neigungs- und Zenitwinkel

Je nachdem, ob eine Linie ansteigt oder abfällt, ist der Neigungswinkel α, der alle Werte von 0^g bis 100^g annehmen kann, mit einem positiven oder negativen Vorzeichen zu versehen.

6. Koordinaten

Eine wesentliche Aufgabe der Vermessungskunde ist die Festlegung der gegenseitigen Lage von Meßpunkten durch *Koordinaten*, d. h. durch zwei zusammengehörige Größen, bestehend entweder aus einer Länge und einem Winkel — Polarkoordinaten — oder aus zwei rechtwinklig zueinander verlaufenden Längen — rechtwinklige Koordinaten. Man unterscheidet daher:

a) *Polarkoordinaten und rechtwinklige Teilkoordinaten*

In der *söhligen* Ebene, die im Rißwesen *söhlige Bildebene* oder *Grundrißebene* genannt wird, s. Abb. 4, versteht man unter den *Polarkoordinaten* des Punktes P_2 in bezug auf P_1 die söhlige Länge s der Verbindungslinie P_1 bis P_2 und den zu dieser Linie gehörenden Richtungswinkel α_s. Als *rechtwinklige Teilkoordinaten* oder als *Koordinatenunterschiede* des Punktes P_2 in bezug auf P_1 bezeichnet man dagegen die in der Regel in nordsüdlicher Richtung verlaufende söhlige Entfernung Δx (Teilabszisse) und die zugehörende in ostwestlicher Richtung verlaufende söhlige Entfernung Δy (Teilordinate).

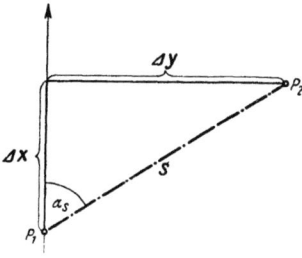

Abb. 4. Polarkoordinaten α_s und s und rechtwinklige Teilkoordinaten Δy und Δx in der Grundrißebene

In der *seigeren* Ebene, die im Rißwesen *seigere Bildebene* oder *Aufrißebene* heißt, s. Abb. 5, ist die Lage des Punktes P_2 zum Punkt P_1 gleichfalls entweder durch Polarkoordinaten oder durch rechtwinklige Teilkoordinaten bestimmt. Als *Polarkoordinaten* bezeichnet man in diesem Fall die flache Länge f der Verbindungslinie P_1 bis P_2 und den zu dieser Linie gehörenden Neigungswinkel α_f; als *rechtwinklige Teilkoordinaten* dagegen die söhlige Entfernung s und den seigeren Abstand h, die bergmännisch „Sohle" und „Seigerteufe" genannt werden.

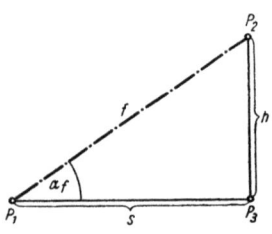

Abb. 5. Polarkoordinaten α_f und f und rechtwinklige Teilkoordinaten (Sohle s und Seigerteufe h) in der Aufrißebene

Die söhlige Länge s in Abb. 4 sowie die Polarkoordinaten f und α_f in Abb. 5 werden vielfach unmittelbar gemessen, während die rechtwinkligen Teilkoordinaten Δy und Δx sowie die Sohle s und die Seigerteufe h in der Regel aus den jeweiligen Polarkoordinaten zu berechnen sind. So ist

nach Abb. 4: $\qquad \sin \alpha_s = \dfrac{\Delta y}{s}, \qquad\qquad \cos \alpha_s = \dfrac{\Delta x}{s},$

und hieraus $\qquad \underline{\Delta y = s \cdot \sin \alpha_s}, \qquad \underline{\Delta x = s \cdot \cos \alpha_s}$

nach Abb. 5: $\qquad \sin \alpha_f = \dfrac{h}{f}, \qquad\qquad \cos \alpha_f = \dfrac{s}{f},$

und hieraus $\qquad \underline{h = f \cdot \sin \alpha_f}, \qquad \underline{s = f \cdot \cos \alpha_f}.$

b) *Rechtwinklig-ebene Koordinaten*

In jedem Vermessungsgebiet werden die rechtwinklig-ebenen Koordinaten der Meßpunkte auf einen gemeinsamen Ausgangspunkt, den man *Koordinatennullpunkt* nennt, bezogen.

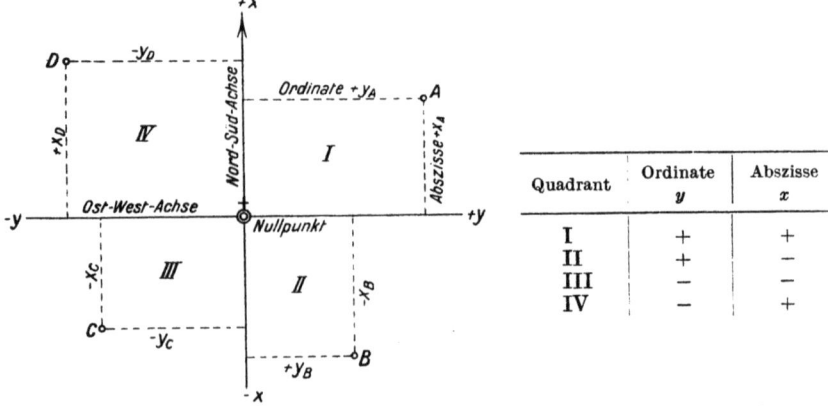

Abb. 6. Rechtwinklig-ebenes Koordinatensystem und Vorzeichen der Koordinaten in den 4 Quadranten des Systems

Legt man durch den Koordinatennullpunkt zwei meist in den Haupthimmelsrichtungen verlaufende Linien oder Achsen, so erhält man ein *Koordinatensystem*, durch welches das aufzunehmende Gebiet in vier Teile oder Quadranten eingeteilt wird, s. Abb. 6. Innerhalb der einzelnen Quadranten bezeichnet man die rechtwinkligen Entfernungen der Punkte von den beiden Achsen des Systems als rechtwinklig ebene Koordinaten, und zwar wird die ostwestliche Entfernung eines Punktes von der Nord-Süd-Achse *Ordinate y* und die nordsüdliche Entfernung von der Ost-West-Achse *Abszisse x* genannt und mit entsprechenden Vorzeichen versehen. Gewöhnlich erhalten die Ordinaten nach Osten das positive, nach Westen das negative Vorzeichen, während die Abszissen nach Norden positiv und nach Süden negativ sind, s. Abb. 6. Demnach ergibt sich für die Entfernungen y und x in den vier Quadranten das in Abb. 6, rechts, wiedergegebene Vorzeichenschema.

Die *Berechnung* der rechtwinklig-ebenen Koordinaten der Festpunkte ist im Abschn. 70 ,,Koordinatenberechnung der Polygonpunkte", S. 120 u. f., ausführlich behandelt. Es sei jedoch schon hier darauf hingewiesen, daß das vorstehend beschriebene nur für ein verhältnismäßig kleines Aufnahmegebiet anwendbare System mit seinen in jedem Quadranten wechselnden Vorzeichen inzwischen durch das für die kartenmäßige Darstellung aller Länder der Erde besser geeignete ,,Gauss-Krüger-System", das nur positive Koordinatenwerte hat, ersetzt worden ist. Hierüber und über andere Koordinatensysteme s. S. 86 u. f.

7. Höhen

Die Höhenlage der Meßpunkte wird über und unter Tage durch *Höhenzahlen* ausgedrückt, die den lotrechten Abstand der Punkte über oder unter der als Bezugsfläche dienenden Normal-Nullfläche, s. Abschn. 3, S. 3, angeben.

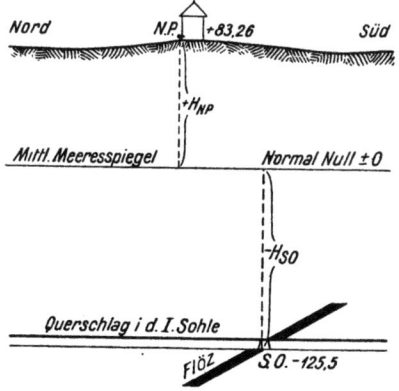

Abb. 7. Höhen über und unter Normal-Null im Querschnitt

Der Schnitt dieser gekrümmten Fläche mit der seigeren Bildebene erscheint in den verhältnismäßig sehr kurzen Schnittrissen, s. Abschn. 154, S. 331, als söhlige Linie, die meistens durch die Bezeichnung ,,Normal-Null", abgekürzt NN., oder die Höhenangabe ± 0 noch näher gekennzeichnet wird, s. Abb. 7.

In dieser Abbildung liegt z. B. der Nivellementspunkt N.P. über Tage $+83{,}26$ m über NN., während sich die Schienenoberkante (SO.) im Querschlag der 1. Sohle $-125{,}5$ m unter NN. befindet, d. h. dieser Punkt in der Grube liegt $83{,}26$ m $+ 125{,}5$ m $= 208{,}76$ m unter der Tagesoberfläche.

Die Ausführung der Höhenmessungen und die Berechnung der Höhenzahlen sind ausführlich in den Abschn. 94 u. 95, S. 180 u. f. behandelt.

8. Genauigkeit der Messungen und Meßfehler

Die Genauigkeit, mit der eine Messung ausgeführt werden kann, hängt ab:

1. von der bei der Messung aufgewandten *Sorgfalt* des Messenden, von der *Wahrnehmungsempfindlichkeit* seiner Augen und von seiner besonderen *Veranlagung*,
2. von der *Güte, Beschaffenheit* und *Berichtigung* (Justierung) der bei der Messung benutzten *Instrumente* und *Geräte*,
3. von dem *Meßverfahren*, z. B. ob eine Länge durch direkte oder indirekte Methoden ermittelt worden ist,
4. von der *Geländegestaltung*, z. B. von der Messung im ebenen, flachen oder steilen Gelände und
5. von der *Witterung*, z. B. von dem Einfluß der Temperatur und Feuchtigkeit auf die zu verwendenden Meßgeräte.

Die Genauigkeit eines Meßergebnisses läßt sich allgemein dadurch steigern, daß man die Messung mehrfach wiederholt. Allerdings wächst die Genauigkeit nicht mit der Anzahl der Wiederholungen, sondern auf Grund des Fehlerfortpflanzungsgesetzes nur mit der Quadratwurzel aus der Wiederholungszahl. Wird z. B. eine Länge 9 mal unter den gleichen Bedingungen mit dem gleichen Gerät und der gleichen Sorgfalt oder, wie man sagt, „gleich genau" gemessen, so ist das Ergebnis der Gesamtmessung aus der 9maligen Wiederholungsmessung nur 3 mal genauer als die Einzelmessung.

Infolge der Unvollkommenheit der menschlichen Sinne und der Meßgeräte sind aber *alle* Messungen ungenau, d. h. mit mehr oder weniger kleinen *Meßfehlern* behaftet.

Man unterscheidet grobe, regelmäßige und unregelmäßige Meßfehler.

1. Die *groben* Fehler — z. B. bei der Längenmessung das Verzählen einer Meßbandlänge oder bei der Winkelmessung grobe Ablesefehler — können immer durch geeignete Maßnahmen, z. B. bei der Längenmessung durch Wiederholung der Messung in umgekehrter Richtung oder durch andere Meßkontrollen vermieden werden.

2. Die *regelmäßigen* Fehler werden z. B. durch einseitige Temperatureinflüsse, durch Benutzung zu kurzer oder zu langer Längenmeßgeräte, durch den Einfluß des Banddurchhanges bei schwebenden Messungen usw. hervorgerufen. Sie wirken sich auf das Meßergebnis stets im gleichen Sinn, entweder nur positiv oder nur negativ aus. So erhält man z. B. durch Anwendung eines zu kurzen Meßbandes immer eine zu große Länge. Sie lassen sich aber bei einiger Sorgfalt und Benutzung geprüfter und berichtigter Meßgeräte sowie durch Berücksichtigung der einseitigen Temperatureinflüsse durch Rechnung in der Regel ausschalten.

3. Die *unregelmäßigen* Fehler dagegen werden durch Unvollkommenheiten der benutzten Meßgeräte und Ungenauigkeiten der Beobachtungen sowie durch wechselnde Witterungseinflüsse verursacht. Sie wirken auf das Meßergebnis sowohl positiv wie auch negativ. Sie sind unvermeidlich und können auch bei Anwendung größter Sorgfalt und bester Meßgeräte und -verfahren nicht ganz ausgemerzt werden.

9. Berechnung der mittleren Fehler

Durch das Auftreten der unbekannten, rein zufälligen, unregelmäßigen Fehler ist das Ergebnis z. B. einer Längen- oder Winkelmessung nie ganz genau. Es weicht stets von der absoluten, d. h. wirklichen oder *wahren* Größe der jeweils durch Messung zu bestimmenden Länge oder des zu ermittelnden Winkels um mehr oder weniger große Beträge ab. Zwecks Genauigkeitssteigerung wird man nun im allgemeinen Wiederholungsmessungen anstellen. Bildet man aus den gleich genau gemessenen Einzelergebnissen l einer solchen Messungsreihe das *einfache arithmetische Mittel* x, indem man die Summe der Einzelmessungen $[l]$ durch die Anzahl der Wiederholungen n dividiert

$$x = \frac{[l]}{n},$$

so stellt dieses Mittel den *wahrscheinlichsten* oder *günstigsten* Wert der Messungsreihe dar, welcher der unbekannten wahren Größe der Länge oder des Winkels am nächsten kommt. Die Abweichungen der Einzelmessungen l von dem wahrscheinlichsten Wert des Gesamtergebnisses, d. h. von dem arithmetischen Mittel x, bezeichnet man als die wahrscheinlichsten Verbesserungen oder *scheinbaren** Fehler v der Messungen. Es ist daher

$$\begin{aligned} v_1 &= x - l_1 \\ v_2 &= x - l_2 \\ &\vdots \\ v_n &= x - l_n. \end{aligned}$$

Um beurteilen zu können, welche Genauigkeit sowohl bei den Einzelmessungen als auch bei dem Gesamtergebnis der Messungsreihe erreicht worden ist, berechnet man aus den Verbesserungen v als Maßstab für die Genauigkeit

1. den *mittleren Fehler m der Einzelmessung*, indem man die mit wechselnden Plus- und Minuszeichen versehenen Verbesserungen v zwecks Ausschaltung der Vorzeichenunsicherheit zunächst quadriert, die Quadratzahlen zusammenzählt und die so erhaltene Summe $[vv]$ durch die Anzahl der überschüssigen Messungen $n-1$ dividiert. Sodann zieht man hieraus die Wurzel, wobei zu beachten ist, daß das Ergebnis natürlich wieder mit der Unsicherheit der Vorzeichen $\pm$ behaftet ist. Man erhält sodann

$$m = \pm \sqrt{\frac{[vv]}{n-1}},$$

2. den *mittleren Fehler M des einfachen arithmetischen Mittels*, indem man den mittleren Fehler m der Einzelmessung durch die Wurzel aus der Anzahl n der Wiederholungsmessungen dividiert. Man erhält

$$M = \pm \frac{m}{\sqrt{n}} = \pm \sqrt{\frac{[vv]}{n(n-1)}}.$$

---

* Die *wahren* Fehler der Messung erhält man, wenn man die Abweichungen der Einzelmessungen von der *wahren* Größe des Meßergebnisses, die nur in den seltensten Fällen bekannt ist, errechnet.

Das nachfolgende Beispiel einer 9maligen Längenmessung *einer* Seite im Hauptpolygonnetz zeigt die zahlenmäßige Berechnung der beiden mittleren Fehler.

Meßergebnisse der Einzelmessungen m	scheinbare Fehler $v = x - l$ +	-	vv
$l_1 = 92,352$	0	0	0
$l_2 = 92,354$		2	4
$l_3 = 92,348$	4		16
$l_4 = 92,356$		4	16
$l_5 = 92,343$	9		81
$l_6 = 92,356$		4	16
$l_7 = 92,357$		5	25
$l_8 = 92,347$	5		25
$l_9 = 92,355$		3	9
$[l] = 831,168$	+18	−18	192
$x = \dfrac{[l]}{n} = \dfrac{831,168}{9} = 92,352$	$[v] = \pm 0$		$= [vv]$

Der mittlere Fehler m einer Einzelmessung beträgt also

$$m = \pm \sqrt{\frac{[vv]}{n-1}} = \pm \sqrt{\frac{192}{8}} = \pm \sqrt{24} = \underline{\pm 4,9 \text{ mm}}.$$

Der mittlere Fehler M des arithmetischen Mittels 92,352 m beträgt dagegen

$$M = \pm \frac{m}{\sqrt{n}} = \pm \frac{4,9}{\sqrt{9}} = \pm \frac{4,9}{3} = \underline{\pm 1,6 \text{ mm}}.$$

Werden Einzelmessungen einer Messungsreihe nicht „gleich genau", z. B. mit zwei Instrumenten verschiedener Genauigkeit oder auch mit einem Instrument über verschieden lange Meßwege ermittelt, so führt man zwecks Berücksichtigung dieser Ungleichwertigkeiten der Meßergebnisse Gewichte oder besser Gewichtszahlen p ein. Wird beispielsweise die Höhe eines Punktes durch ein geometrisches Nivellement von $s = 1$ km Länge bestimmt, so wird dem Meßergebnis die Gewichtszahl $p = 1$ zugeordnet. Ermittelt man die gleiche Höhe mit Hilfe eines anderen Nivellementszuges, der 2 km lang ist, so erhält diese Messung die Gewichtszahl 1/2. Das bedeutet, daß die Gewichtszahl bei gleichartigen Nivellementszügen um so kleiner wird, je länger der Meßweg ist; also:

$$p = \frac{1}{s_{\text{km}}}.$$

Das gleiche gilt auch für die Längenmessung, bei der oft zur Gewichtsbestimmung die Länge des Meßbandes ins Verhältnis gesetzt wird zur Streckenlänge s, also z. B.

$$p = \frac{50}{s_{\text{m}}}.$$

Grundbegriffe

Bei der trigonometrischen Höhenmessung erfolgt die Berechnung der Gewichte nach der Formel

$$p = \frac{1}{s^2}.$$

Man kann die Gewichte auch zu den mittleren Fehlern der Messungen in Beziehung bringen; sie verhalten sich alsdann umgekehrt wie die Quadrate der mittleren Fehler.

Nach Einführung von Gewichten entsteht aus dem einfachen das *allgemeine arithmetische Mittel*

$$x_p = \frac{[p\,l]}{[p]}.$$

Den mittleren Fehler einer Einzelmessung mit dem Gewicht 1 bezeichnet man als *Gewichtseinheitsfehler* m. Er wird berechnet nach der Formel

$$m = \pm \sqrt{\frac{[p\,v\,v]}{n-1}}.$$

Als mittleren Fehler des allgemeinen arithmetischen Mittels x_p ergibt sich

$$M = \pm \frac{m}{\sqrt{p}}.$$

Bei dem nun folgenden Beispiel ist die Höhe eines Punktes von 4 verschiedenen Höhenbolzen aus durch verschieden lange Nivellementszüge bestimmt worden:

Lfd. Nr. der Niv.-Züge	Meßergebnisse l m	Zuglänge s km	$p = \frac{1}{s}$	$p \cdot l$ m	$v = x_p - l$ mm +	$v = x_p - l$ mm −	pv +	pv −	pvv
1	+25,014	2,0	0,5	12,507	1		0,5		0,5
2	+25,012	1,0	1,0	25,012	3		3,0		9,0
3	+25,019	3,3	0,3	7,506		4		1,2	4,8
4	+25,020	2,5	0,4	10,008		5		2,0	10,0
			2,2 = $[p]$	55,033 = $[p \cdot l]$			+3,5 $[pv] \approx \pm 0$	3,2	24,3 = $[pvv]$

$$x_p = \frac{[p\,l]}{[p]} = \frac{55{,}033}{2{,}2} = 25{,}015 \text{ m}$$

Der mittlere Fehler m für 1 km Zuglänge beträgt also

$$m = \pm \sqrt{\frac{[p\,v\,v]}{n-1}} = \pm \sqrt{\frac{24{,}3}{3}} = \pm \sqrt{8{,}1} = \pm \underline{2{,}8 \text{ mm}}.$$

Der mittlere Fehler M des allgemeinen arithmetischen Mittels 25,015 m beträgt dagegen:

$$M = \pm \frac{m}{\sqrt{[p]}} = \pm \frac{2{,}8}{\sqrt{2{,}2}} = \pm \frac{2{,}8}{1{,}48} = \pm \underline{1{,}9 \text{ mm}}.$$

Bei den Längenmessungen der Seiten eines Polygonzuges begnügt man sich meistens mit einer einfachen Hin- und Zurückmessung, d. h. einer *Doppel*messung. In einem solchen Falle erhält man aus den Beobachtungsdifferenzen d einer gleich genau vorgenommenen Doppelmessung als mittleren Fehler m der Einzelmessung

$$m = \pm \sqrt{\frac{[dd]}{2n}}$$

und als mittlerer Fehler M der Doppelmessung

$$M = \pm \frac{m}{\sqrt{2}} = \pm \frac{1}{2} \sqrt{\frac{[dd]}{n}}.$$

Auch die Berechnung der mittleren Winkelfehler eines doppelt gemessenen Polygonzuges, dessen Polygonwinkel bei der Hin- und Rückmessung mit gleicher Genauigkeit gemessen worden sind, erfolgt in derselben Weise wie bei der doppelten Längenmessung, wie das nachstehende Zahlenbeispiel zeigt.

Lfd. Nr.	Winkelmessung		Beobachtungs- differenz d		dd
	Hinmessung g	Rückmessung g	+ cc	− cc	cc
1	215,6826	215,6830		4	16
2	166,1892	166,1886	6		36
3	85,8810	85,8812		2	4
4	312,4562	312,4560	2		4
$n = 4$	780,2090	780,2088	8	6	60
	Untersch. = 2		U. = 2		

Der mittlere Fehler einer Einzelmessung ist

$$m = \pm \sqrt{\frac{dd}{2n}} = \pm \sqrt{\frac{60}{8}} = \pm \sqrt{7{,}5} = \pm \underline{2{,}7^{cc}}.$$

Der mittlere Fehler der Doppelmessung ist

$$M = \pm \frac{m}{\sqrt{2}} = \pm \frac{2{,}7}{1{,}414} = \pm \underline{1{,}9^{cc}}.$$

Bei einer „ungleich genau" vorgenommenen Doppelmessung ergibt sich nach Einführung von Gewichten als mittlerer Fehler einer *Einzelmessung*

$$m = \pm \sqrt{\frac{[pdd]}{2n}}$$

und als mittlerer Fehler der Doppelmessung

$$M = \pm \frac{m}{\sqrt{2}} = \pm \frac{1}{2} \sqrt{\frac{[pdd]}{n}}.$$

Sind z. B. 6 ungleich lange Seiten eines Polygonzuges mit einem 30 m Stahlmeßband doppelt gemessen, so gestaltet sich die Berechnung des mittleren Fehlers für die Längeneinheit 30 m wie folgt.

Grundbegriffe

Lfd. Nr.	Hinmessung l_1	Rückmessung l_2	Mittel $l_m = \frac{l_1+l_2}{2}$	$d = l_1 - l_2$	dd	$p = \frac{30}{l_m}$	pdd
	m	m	m	mm			
1	22,384	22,386	22,385	−2	4	1,34	5,36
2	18,653	18,652	18,652	+1	1	1,61	1,61
3	28,136	28,139	28,138	−3	9	1,07	9,63
4	16,785	16,787	16,786	−2	4	1,79	7,16
5	23,561	23,558	23,560	+3	9	1,27	11,43
6	21,263	21,261	21,262	+2	4	1,41	5,64
$n=6$	130,782	130,783	130,783	+6 / −7 / −1			40,83 $=[pdd]$

Der mittlere Fehler für die Messung *einer* Seitenlänge ist also

$$m = \pm \sqrt{\frac{[pdd]}{2n}} = \pm \sqrt{\frac{40,83}{12}} = \pm \sqrt{3,4} = \underline{\pm\,1,8\,\text{mm}/30\,\text{m}}.$$

Der mittlere Fehler für die Doppelmessung ist

$$M = \pm \frac{m}{\sqrt{2}} = \pm \frac{1,8}{1,4} = \underline{\pm\,1,3\,\text{mm}/30\,\text{m}}.$$

Bei der geometrischen Höhenmessung (Nivellement) benutzt man bei der Fehlerrechung die Differenzen d zwischen Hin- und Rückmessung. Aus den auf S. 14, unten, angegebenen Formeln für „ungleich genau" vorgenommene Doppelmessungen erhält man, wenn man nach S. 12, unten, als Gewicht $p = \dfrac{1}{s_{\text{km}}}$ einsetzt,

$$m_{\text{km}} = \pm \sqrt{\frac{1}{2n}\left[\frac{dd}{s_{\text{km}}}\right]} \quad \text{in mm}$$

als mittleren Fehler des Höhenunterschieds einer *einmal* gemessenen Nivellementsstrecke von 1 km Länge und

$$M_{\text{km}} = \pm \frac{m_{\text{km}}}{\sqrt{2}} = \pm \frac{1}{2}\sqrt{\frac{1}{n}\left[\frac{dd}{s_{\text{km}}}\right]} \quad \text{in mm}$$

als mittleren Fehler des aus der *Doppelmessung* einer 1 km langen Strecke gewonnenen Höhenunterschieds.

In diesen Formeln bedeuten
d die Differenz in mm zwischen Hin- und Rückmessung der einzelnen Nivellementsstrecke,
s_{km} die einfache Entfernung in km zwischen Anfangs- und Endpunkt einer Strecke,
n die Anzahl der Strecken.

Die Berechnung der *mittleren Kilometerfehler* einer aus 4 Nivellementsstrecken bestehenden Höhenmessung zeigt nachfolgendes Beispiel.

Lfd. Nr.	Länge s der Nivellementsstrecke km	Höhenunterschiede aus der		$=h_1-h_2$ mm	dd	$\dfrac{dd}{s}$
		Hinmessung h_1 m	Rückmessung h_2 m			
1	2,05	+6,908	+6,912	−4	16	7,8
2	1,32	−3,415	−3,413	−2	4	3,0
3	1,29	−7,156	−7,159	+3	9	7,0
4	0,98	−5,537	−5,536	−1	1	1,0
$n=4$					$\left[\dfrac{dd}{s}\right]=18,8$	

Der mittlere Kilometerfehler der *einmaligen* Messung einer Nivellementsstrecke ist also

$$m_{\text{km}} = \pm \sqrt{\frac{1}{2n}\left[\frac{dd}{s_{\text{km}}}\right]} = \pm \sqrt{\frac{1}{2\cdot 4}\cdot 18,8} = \pm \sqrt{2,35} = \underline{\pm 1,5 \text{ mm}}.$$

Der mittlere Kilometerfehler der *doppelt* gemessenen Strecke beträgt

$$M_{\text{km}} = \pm \frac{m_{\text{km}}}{\sqrt{2}} = \pm \frac{1,5}{1,4} = \underline{\pm 1,1 \text{ mm}}.$$

10. Fehlergrenzen

Als Fehlergrenzen für markscheiderische Messungen, die im allgemeinen nicht überschritten werden sollen, gelten zur Zeit noch die in der alten Markscheider-Ordnung vom 23. März 1923 enthaltenen Vorschriften*.

Für *übertägige* Messungen werden vielfach die Bestimmungen des Runderlasses des Reichsministeriums des Innern vom 15. August 1950 — des sogenannten FP-Erlasses — sowie die der Vermessungsanweisungen der Länder, z. B. der „Anweisung für die Bestimmung von Vermessungspunkten in Nordrhein-Westfalen, Teil I, vom 1. 12. 1958" [2[, zugrunde gelegt.

Für *übertägige* Anschlußmessungen und Polygonzüge, die der Orientierung des untertägigen Aufnahmenetzes dienen, sowie für alle *untertägigen* Messungen, sofern sie für die Anfertigung und Nachtragung der Zulegerisse benutzt werden, sind bestimmte Fehlergrenzen, die den besonderen Verhältnissen im Bergbau angepaßt sind, in Aussicht genommen. Sie sollen später in entsprechenden Richtlinien zusammengefaßt werden*.

Bei Messungen für besondere Zwecke, wie z. B. bei Angaben für Durchschläge, müssen weitergehende fehlertheoretische Überlegungen angestellt werden, auf die hier jedoch nicht eingegangen werden soll.

Überschreiten die aus den Meßergebnissen berechneten mittleren Fehler die geforderten oder erforderlichen Grenzen, so ist eine Wiederholung der Messung angebracht, wobei unter Umständen bessere meßtechnische Voraussetzungen, d. h. bessere Instrumente, günstigere Meßverfahren oder günstigere Meßbedingungen zu wählen sind.

---

* In Nordrhein-Westfalen gilt seit dem 27. 6. 1968 eine neue Markscheideordnung [82].

11. Einteilung der Messungen

Die markscheiderischen Messungen lassen sich nach der späteren rißlichen Darstellung auf einer horizontalen oder vertikalen Bildebene und entsprechend ihrer Aufgabe, die Lage und Höhe von Punkten zu bestimmen, in *Horizontal-* oder *Lagemessungen* und in *Vertikal-* oder *Höhenmessungen* einteilen. Bei der praktischen Ausführung der Messungen ist jedoch diese Trennung nicht immer einzuhalten, da mit gleichen Instrumenten oft gleichzeitig Messungen sowohl in der söhligen wie in der seigeren Ebene vorzunehmen sind.

Nach der Genauigkeit, mit der die Messungen ausgeführt werden, unterscheidet man *Feinmessungen*, die vorwiegend für die Hauptzugnetze über und unter Tage bestimmt sind, und *Nachtragungsmessungen*, die zur Ergänzung der Aufnahmen von Tagesgegenständen und Grubenbauen dienen.

Vielfach werden aber auch Messungen nach den bei der Ausführung benutzten Instrumenten, z. B. als *Theodolit-, Kompaß-, Gradbogenmessungen* oder nach dem Zweck, z. B. als *Lageaufnahmen, Schachtteufenmessungen* oder nach der Figur, die die Zugseiten miteinander bilden, z. B. als *Polygonmessungen* oder als *Dreiecksmessungen* bezeichnet. Diese verschiedenen Meßverfahren erfordern stets die Messung von bestimmten Längen und bestimmten Winkeln, die daher zunächst getrennt in den beiden Abschnitten „Längenmessungen", s. S. 19 u. f., und „Winkelmessungen", s. S. 30 u. f., behandelt werden sollen.

12. Punktvermarkung

Vor Ausführung einer Messung sind geeignete Meßpunkte als Anfangs- und Endpunkte der Längen, als Scheitelpunkte der Winkel oder als Höhenfestpunkte auszuwählen und so zu vermarken, daß von ihnen aus die jeweiligen Längen-, Winkel- oder Höhenmessungen bequem vorgenommen, jederzeit nachgeprüft und später fortgesetzt bzw. ergänzt werden können.

Über Tage kann die Vermarkung der Meßpunkte für die Lagemessung, z. B. der Polygonpunkte, am einfachsten durch unten zugeschweißte, 30 bis 50 cm lange eiserne Rohre von 2 bis 3 cm Durchmesser erfolgen, die in den Boden so weit eingetrieben werden, daß sie gerade mit der Erdoberfläche abschneiden, s. S. 19, Abb. 13, links. Weiter benutzt man hier als Festpunkte vorhandene Grenz- oder Bordsteine, in die ein Kreuz eingemeißelt wird, s. Abb. 13, rechts. Für dauerhafte Vermarkungen werden auch etwas tiefer in den Boden eingelassene Betonklötze verwendet, die im Innern ein lotrechtes, oben herausragendes Rohr tragen. Bringt man über diesen Punkten Schutzkappen mit verschließbarem Deckel nach Art der bei Wasserleitungshydranten benutzten Kappen an, so ist eine sichere Erhaltung der Punkte auch in verkehrsreichen Gebieten gewährleistet.

In der Grube werden die Endpunkte der Kompaßzüge durch Ringeisen in den Stoßstempeln des Streckenausbaues, s. S. 18, Abb. 8, die Winkelpunkte der Theodolitmessungen durch Ringeisen oder Firstennägel in den Kappen, s. Abb. 9, oder besser noch in Firstenplöcken, s. Abb. 10, vermarkt.

Für Armaufstellungen sind mitunter im Stoß eingelassene und durch ein Verschlußstück geschützte Gewindebolzen in Gebrauch, auf deren

Abb. 8. Kompaßpunkt mit Stufe

Abb. 9. Theodolitpunkt mit Stufe

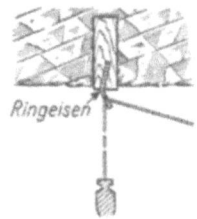

Abb. 10. Firstpflock mit Ringeisen als Theodolitpunkt

vorstehendem Gewindeteil für die Messungsdauer der Aufstellungsarm des Winkelmeßinstrumentes oder Zielzeichens aufgeschraubt wird.

Zur leichteren Auffindung und Kennzeichnung der Kompaß- und Theodolitpunkte in der Grube werden in unmittelbarer Nähe derselben *Stufen*, d. h. Marken aus Blech oder Holz von dreieckiger, viereckiger oder ovaler Form, angeschlagen, auf denen stets die Nummer des Punktes und bei Nachtragungsmessungen außerdem noch Monat und Jahr der Anbringung verzeichnet sind, s. Abb. 8, 9 und 11.

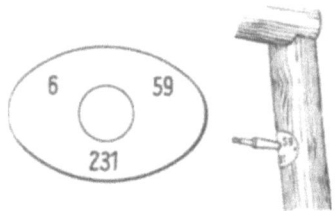

Abb. 11. Festpunkt für Hängetheodolitmessung

Bei Hängetheodolitmessungen wird ein gelochtes ovales Nummerblech als Stufe benutzt, durch das ein „Pfriem" zur Aufhängung des Hängetheodolits bzw. Zielzeichens in den Holzausbau geschlagen wird.

Bei Höhenmessungen findet die Punktvermarkung allgemein durch Höhenbolzen statt, die über Tage in der Regel an Haussockeln, in der Grube an geeigneten Stellen, meist einige Dezimeter über der Sohle der Gesteinsstrecken, in den Stoß eingelassen werden. Als Höhenpunkt gilt die höchste Stelle des runden Bolzenkopfes, s. Abb. 12.

Abb. 12. Höhenpunktvermarkung

Seit längerer Zeit werden für die Vermarkung von Höhenbolzen über Tage Bolzenschußgeräte verwendet, die es erlauben, Spezialbolzen an Fundamenten, Mauersockeln usw. in kürzester Zeit anzubringen. Hierzu hat H. KRATZSCH [44] festgestellt, daß sich ein solches Gerät, z. B. der Bolzensetzer T 6 der Firma Tornado Ramset GmbH, oder das Bolzensetzwerkzeug DX 100 der Hilti-Montage-Technik G. m. b. H. auch für die Vermarkung untertägiger Polygonpunkte vorteilhaft verwenden läßt. Das Gerät DX 100 soll demnächst in schlagwettersicherer Ausführung lieferbar sein.

13. Punktbezeichnung

Während der Dauer der Messung sind im Gelände und in der Grube die Meßpunkte sichtbar zu bezeichnen. Dies geschieht über Tage durch 2 bis 3 m lange, mehrfarbig gestrichene, hölzerne Fluchtstäbe, die am unteren Ende eine eiserne Spitze haben. Die Fluchtstäbe werden mit Hilfe eines Schnurlotes oder einer Anschlaglibelle (Lattenrichter) lotrecht gestellt. Um einen sicheren Stand des Fluchtstabes zu gewährleisten, verwendet man zweckmäßigerweise kleine eiserne Dreibeine oder durch Doppelringe verbundene Streben, die den Stab in der lotrechten Lage festhalten, s. Abb. 13.

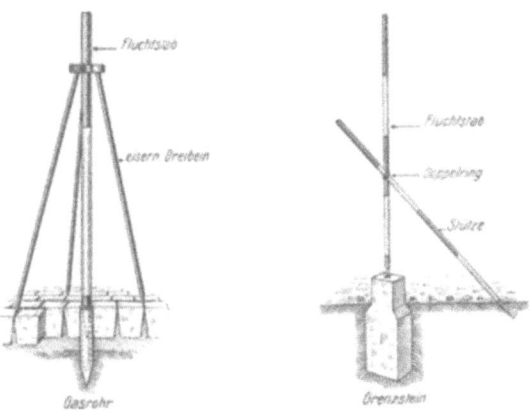

Abb. 13. Polygonpunktvermarkung über Tage und Sichtbarmachung durch Fluchtstäbe

In der Grube werden die Zielpunkte am einfachsten durch Schnurlote, die man in die Ringeisen oder Firstennägel einhängt, bezeichnet, s. Abb. 9 und 10. Man zielt bei der Messung die von rückwärts beleuchtete Lotschnur oder die zentrische Lotspitze an.

Bei der Messung von Neigungswinkeln mit Visierinstrumenten muß an Fluchtstäben und Lotschnüren ein besonderes Zeichen für die Einstellung des waagerechten Zielfadens angebracht sein, s. auch S. 162 u. f.

Da in Strecken mit starkem Wetterzug das Schwanken der Schnurlote die genaue Anzielung der Punkte erschwert, benutzt man hier auch wohl besondere Zielzeichen, die als Stabsignale, Scheibensignale, s. S. 83, Abb. 60 u. 61, oder selbstleuchtende Signale ausgebildet sind und auf Stativen oder Wandarmen aufgestellt werden.

Längenmessungen

Wenn wir hier von Längenmessungen sprechen, so verstehen wir darunter zunächst nur die *unmittelbare* Messung der Entfernung zweier Meßpunkte durch Aneinanderreihen eines Längenmeßgerätes. *Mittelbare* Längenmessungen sollen bei der Beschreibung der zu ihrer Ausführung benutzten Instrumente und Verfahren in den Hauptabschnitten III „Tachymetermessungen" und IV „Mittelbare Entfernungsmessungen", S. 197 u. f., besonders behandelt werden.

14. Längeneinheit

Die Einheit der Länge ist das *Meter*, das angenähert dem 40millionsten Teil des Erdumfanges entspricht. Dieses aus Erdmessungen, s. Abschn. 51, S. 84, bestimmte Maß wird als internationales „Urmeter" durch den Abstand zweier Striche auf einem im Internationalen Büro für Maß und Gewicht bei Paris aufbewahrten Platin-Iridium-Stab gekennzeichnet. Eine genaue Nachbildung des Urmeters, nach dem die Eichung von „Normalmetern" und „Prüfmeterstäben" vorgenommen wird, befindet sich im Besitz der Physikalisch-Technischen Bundesanstalt in Braunschweig, die das deutsche Urmaß durch Interferenzmessungen der unveränderlichen Wellenlänge bestimmter Lichtstrahlen fortlaufend prüft. Die Prüf- oder Normalmeter, s. S. 23, Abb. 17, oben, dienen u. a. zur Prüfung der bei Längen- und Höhenmessungen verwendeten Meßgeräte. In Deutschland ist das metrische Maßsystem 1872 eingeführt und durch verschiedene Gesetze festgelegt worden. Das letzte Maß- und Gewichtsgesetz wurde am 13. 12. 1935 erlassen.

Die gebräuchlichen Unterteilungen und Vielfachen des Meters sind nebst den von diesen Größen abgeleiteten Flächen- und Raummaßen aus dem Anhang, S. 430, zu entnehmen. In der Zusammenstellung sind ferner einige ältere, auch bergmännische Maße mit ihren Beziehungen zum heutigen Metersystem enthalten.

15. Längenmeßgeräte

Als Längenmeßgeräte benutzt man für genaue Messungen Stahlmeßbänder oder Meßlatten. Für Messungen geringerer Genauigkeit stehen Rollbandmaße und für Kompaßmessungen Meßketten aus magnetisch unwirksamem Material zur Verfügung.

Das *Meßband* aus gewöhnlichem oder nichtrostendem Stahl ist das meistbenutzte Gerät für markscheiderische Längenmessungen.

Über Tage verwendet man vielfach Stahlmeßbänder von 20 m Länge, 20 mm Breite und 0,4 mm Dicke. Daneben werden jedoch auch öfter die weiter unten beschriebenen leichteren Bänder benutzt. An den Enden der Bänder sind Handgriffe angebracht. Der Nullpunkt und der Endpunkt der Teilung liegen gewöhnlich auf dem Band — Strichmaß —, s. Abb. 14.

Abb. 14. Stahlmeßband mit Spannungsmesser, Strichmaß

Die ganzen und halben Meter der Teilung werden durch Messingniete, die Dezimeter entweder durch Messingniete oder durch Löcher bezeichnet. Bei den ganzen geraden Metern sind Vierkantscheiben, bei den ganzen ungeraden Metern runde Scheiben und bei 5, 10 und 15 m Zahlenplatten mit entsprechenden Ziffern angebracht.

In der Grube benutzt man, da hier auch häufig schwebende Längenmessungen vorgenommen werden müssen, zweckmäßigerweise leichtere Stahlmeßbänder von 20, 30 oder 50 m Länge, 12 mm Breite und 0,4 mm

Dicke. Die vollen Meter sind durch Zahlenplatten mit entsprechenden Ziffern, die halben Meter durch runde Scheiben, die einzelnen Dezimeter und gegebenenfalls auch Zentimeter durch kleine eingestanzte Löcher kenntlich gemacht.

In ähnlicher Ausführung werden vielfach bei sehr genauen Messungen Meßbänder aus einer gegen Wärmeänderung fast unempfindlichen Nickelstahllegierung — Invar — benutzt.

Für die Schachtteufenmessung hat man besondere *Schachtmeßbänder* aus Stahl, die bis zu 1000 m Länge hergestellt werden. Die Stahlmeßbänder sind beim Transport und zur Aufbewahrung auf eisernen Ringen oder in Metallkapseln aufgerollt. Für die Schachtmeßbänder benutzt man zum Auf- und Abrollen kleine Haspel mit Kurbel und Feststellvorrichtung. Nach dem Gebrauch werden die Stahlmeßbänder gereinigt und nötigenfalls gegen Rostbildung leicht eingefettet.

Für Längenmessungen auf elektrifizierten Strecken der Bundesbahn ist die Verwendung von isolierten Bändern vorgeschrieben. Man benutzt hierfür meist 20 m lange lackierte Stahlmeßbänder mit cm-Teilung, die in ihrer gesamten Länge von einer durchsichtigen, isolierenden Kunststoff-Folie umhüllt sind.

Die *Meßlatten* sind 3 oder 5 m lange, rotweiß oder schwarzweiß gestrichene und an den Enden mit stumpfen oder schneidenförmigen Stahlkappen versehene Holzstäbe von ovalem Querschnitt, auf deren Oberfläche in einer vertieften Rille die Meter und Dezimeter durch Messingnägel bezeichnet sind. Im bergbaulichen Vermessungswesen werden sie, wenn überhaupt, nur über Tage, insbesondere im hügeligen Gelände, benutzt. Zur Bedienung der Meßlatten ist nur ein Meßgehilfe erforderlich.

Das *Rollbandmaß* ist ein mit geätzter Zentimeterteilung versehenes, dünnes, schmales Stahlmeßband von $13 \times 0,2$ mm Querschnitt, das in den Längen 20, 25, 30 und 50 m hergestellt wird. Vereinzelt werden auch Leinenrollbandmaße benutzt, die jedoch wenig maßhaltig und starkem Verschleiß unterworfen sind.

Die *Meßkette* von meist 20 m Länge besteht aus geflochtenem Messingdraht. Anfang und Ende der Meßkette werden durch Messinghaken, die geraden Meter durch Wirbel, die ungeraden durch kleine Messingringe bezeichnet, wobei Zehnerwirbel und Fünferringe noch besonders kenntlich gemacht sind. Die Meßkette wird auf eine Holzrolle aufgerollt, s. Abb. 15.

Abb. 15. Meßkette

Die Meßkette wird in der Grube in erster Linie bei der Kompaß- und Gradbogenmessung zur Bestimmung der Länge der Zugseiten und zum Aufhängen des Winkelmeßinstrumentes benutzt. Sie kann ferner bei der

Ausführung von „Kleinaufnahmen in der Grube", s. Abschn. 74, S. 136. zur Einmessung der Streckenstöße, der Störungen und Grenzen der Gebirgsschichten sowie zu ähnlichen Einzelaufnahmen verwendet werden.

Die bei der *optischen* sowie bei der *elektrooptischen* und der *elektromagnetischen* Distanzmessung verwendeten Geräte sind bei der Behandlung dieser Verfahren in den Hauptabschnitten III und IV, S. 197 u. f. beschrieben.

16. Fehler der Längenmeßgeräte

Bei der Herstellung der Längenmeßgeräte wird das Sollmaß kaum jemals ganz genau erreicht. Außerdem treten Änderungen in der Länge auf, die beim Stahlmeßband von der jeweiligen Temperatur und der Zugspannung, bei den hölzernen Meßlatten von der Temperatur und der Feuchtigkeit, bei der Meßkette im wesentlichen nur von der Zugspannung abhängen. Die Stahlmeßbänder sind im allgemeinen für eine bestimmte Normaltemperatur = + 20 °C und für eine bestimmte Normalspannung = 10 kp (Kilopond) geeicht.

Der *Einfluß der Temperatur* läßt sich aus der Formel

$$\Delta l = l \cdot (t - 20) \cdot 0{,}0115 \text{ in mm} \left[\text{mm} = \text{m} \cdot {}^\circ\text{C} \cdot \frac{\text{mm}}{\text{m} \cdot {}^\circ\text{C}} \right]*$$

berechnen, wenn l die Länge in Metern, t die Temperatur in °C bei der Messung, 20 °C die Normaltemperatur und 0,0115 die Längenänderung des Stahlmeßbandes in Millimetern auf 1 m Bandlänge bei 1 °C Temperaturänderung ist. Für eine Länge von 100 m bewirkt beispielsweise 1 °C Abweichung von der Normaltemperatur eine Längenänderung von angenähert 1 mm.

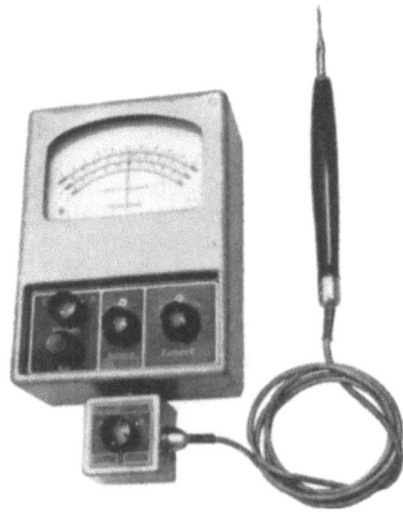

Abb. 16. Temperaturmeßgerät „Thermophil" mit Meßfühler

Die Ermittlung der Temperatur, die das Stahlmeßband zum Zeitpunkt der Messung tatsächlich hat, ist mit Hilfe der üblicherweise hierzu verwendeten Thermometer auch unter günstigen Verhältnissen nur mit einer Genauigkeit von etwa ±2 °C möglich. Es sind deshalb in letzter Zeit andere Temperaturmeßgeräte eingesetzt worden, die auf elektrischem bzw. elektronischem Wege die Bandtemperatur zu messen gestatten. Der Fehler wird dabei kleiner als 1 °C sein. Das einzige Gerät dieser Art, das auch in schlagwettersicherer Ausführung lieferbar ist, dürfte z. Z. das „Thermophil" der Firma Ultrakust, München, sein, s. Abb. 16.

---

* Die in eckige Klammern gesetzte Gleichung stellt die Dimensionsgleichung dar.

Längenmessungen

Der *Einfluß der Spannung* hängt von der Zugkraft, mit der das Band straffgezogen wird, ferner vom Querschnitt des Bandes und der Elastizität des Materials ab. So bewirkt z. B. bei einer Länge von 100 m schon 1 kp Unterschied in der Bandbelastung eine Längenänderung von 1 mm. Den Einfluß der Spannung kann man ausschalten, wenn man bei Feinmessungen stets mit einem Spannungsmesser, s. Abb. 14, S. 20, die Normalspannung des Bandes von 10 kp einhält.

Lange Schachtmeßbänder erleiden bei vertikalem Freihang auch *Dehnungen durch das eigene Gewicht* des Bandes. Die hierdurch bedingten Verbesserungen der Länge sind leicht nach einer von RACK [60] angegebenen einfachen Formel mit dem Rechenschieber zu berechnen. Es ist

$$\Delta\lambda = (a_1^2 - a_2^2) \cdot 2.$$

Hierbei bedeuten $\Delta\lambda$ die Dehnung in mm, a_1 und a_2 die obere und untere Ablesung am Teufenband bei A und B in Hektometer, s. nebenstehende Abb. Wurden z. B. $a_1 = 485{,}734$ m und $a_2 = 21{,}157$ m abgelesen, so erhält man

$$\Delta\lambda = (4{,}85^2 - 0{,}21^2) \cdot 2 = 46{,}95 = \text{rd. } 47 \text{ mm}.$$

Die Durchführung einer Schachtteufenmessung mit einem Schachtmeßband ist mit einem Rechenbeispiel auf S. 153 beschrieben.

Für die hölzernen *Meßlatten* beträgt die Ausdehnungszahl bei Wärmeänderungen nur 0,0035 mm/m, doch kann hier der Einfluß der Feuchtigkeit den der Temperatur erheblich überschreiten.

17. Prüfung der Längenmeßgeräte

Die Prüfung der *Stahlmeßbänder* erfolgt, um etwaige Veränderungen der Länge zu ermitteln oder auch nur, um die zulässige Weiterverwendbarkeit der Bänder nachzuprüfen, von Zeit zu Zeit an Vergleichseinrichtungen, sog. Komparatoren. Diese sind besonders angelegte Meßbahnen, deren genaue Länge zwischen Anfangs- und Endmarke mit Normalmeterstäben mehrmals sorgfältig unter Berücksichtigung der Temperatur bestimmt wird, s. Abb. 17, oben. Dann wird das Band mit dem

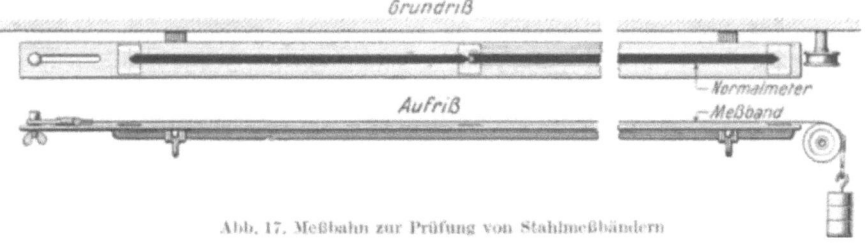

Abb. 17. Meßbahn zur Prüfung von Stahlmeßbändern

Nullstrich auf den Anfangspunkt der Meßbahn gelegt und durch Anhängen eines Gewichtes von 10 kp straff gespannt, s. Abb. 17, unten. Aus dem Unterschied der Endstriche von Meßband und Meßbahn und der vorher berechneten genauen Länge der Meßbahn läßt sich die Länge des Bandes für die zur Zeit der Messung herrschende Temperatur ermitteln. Durch Berücksichtigung des Wärmeeinflusses ist sodann die Länge des Bandes bei der Normaltemperatur + 20 °C festzustellen.

Beispiel: *Meßbandvergleichung* am 5. Januar 1961, vormittags. Mittlere Temperatur $t° = +11{,}5$ °C.

a) *Ausmessen der Meßbahn* mit den Normalmeterstäben Nr. 61a und 61b, die beide bei $+18$ °C genau 1 m lang sind, also die Gleichung haben $1 \text{ m} + (t° - 18°) \cdot 0{,}0115 \text{ mm}$.

1. Messung der Meßbahnlänge = 20 Stablängen + 3,3 mm
2. Messung der Meßbahnlänge = 20 Stablängen + 3,2 mm

im Mittel Meßbahnlänge = 20 Stablängen + 3,25 mm bei $+11{,}5$ °C.

Jede Stablänge ist bei $+11{,}5$ °C $= 1 \text{ m} + (11{,}5 \text{ °C} - 18 \text{ °C}) \cdot 0{,}0115 \text{ mm}$ $= 1 \text{ m} - 0{,}075 \text{ mm}$, daher Meßbahnlänge bei $+11{,}5$ °C

$$20 \text{ m} - 20 \cdot 0{,}075 \text{ mm} + 3{,}25 \text{ mm} = 20 \text{ m} + 1{,}75 \text{ mm}.$$

b) *Vergleich der Stahlmeßbänder* Nr. 1394 — Endmaß — und Nr. 6975 — Strichmaß — von Fennel, Kassel, bei 10 kp Spannung.

Stahlmeßband Nr. 1394 = Meßbahnlänge − 3,0 mm ⎫
Stahlmeßband Nr. 6975 = Meßbahnlänge − 3,3 mm ⎬ bei $+ 11{,}5$ °C

also ist Meßband Nr. 1394

$$= 20 \text{ m} + 1{,}75 \text{ mm} - 3{,}0 \text{ mm} = 20 \text{ m} - 1{,}25 \text{ mm bei} + 11{,}5 \text{ °C}$$

und Meßband Nr. 6975

$$= 20 \text{ m} + 1{,}75 \text{ mm} - 3{,}3 \text{ mm} = 20 \text{ m} - 1{,}55 \text{ mm bei} + 11{,}5 \text{ °C}.$$

Die Bänder werden bei der Normaltemperatur von $+20$ °C länger sein, da diese um 20 °C − 11,5 °C = $+ 8{,}5$ °C höher liegt als die Temperatur während der Bandprüfung. Die Längung beträgt also $20 \cdot 8{,}5 \cdot 0{,}0115 = 1{,}95$ mm.

Für das Stahlmeßband Nr. 1394 ergibt sich demnach für die Länge bei $+20$ °C

$$20 \text{ m} - 1{,}25 \text{ mm} + 1{,}95 \text{ mm} = \underline{20 \text{ m} + 0{,}7 \text{ mm}}$$

und für das Stahlmeßband Nr. 6975

$$20 \text{ m} - 1{,}55 \text{ mm} + 1{,}95 \text{ mm} = \underline{20 \text{ m} + 0{,}4 \text{ mm}}.$$

Ist die Meßbahn von Meter zu Meter mit kleinen Millimeterskalen versehen, so läßt sich auch die Unterteilung des Stahlmeßbandes von Meter zu Meter vergleichen.

Schachtmeßbänder prüft man zweckmäßigerweise auf glatter Unterlage durch abschnittsweisen Vergleich mit einem kürzeren Meßband, dessen Länge bei gleicher Zugspannung vorher auf einer Meßbahn genau bestimmt wurde.

Meßlatten lassen sich auch auf der Meßbahn für Meßbänder prüfen, wenn auf dieser Bahn zwei mit Schneiden versehene Bolzen eingesetzt werden, deren Schneiden-Entfernung etwas größer ist als die Lattenlänge. Man benutzt in diesem Falle zur Bestimmung des kleinen Abstandes zwischen dem letzten Normalmeterstab oder dem Lattenende und dem einen Bolzen einen *Meßkeil*, der $^1/_{10}$ mm Länge unmittelbar angibt und $^1/_{100}$ mm zu schätzen erlaubt.

Meßketten können mit jedem gewöhnlichen Stahlmeßband oder auf einem Brett, in das von Meter zu Meter kleine Nägel eingeschlagen sind, geprüft werden. Die meist erheblichen Dehnungen, die die Meßketten im Gebrauch erleiden, werden durch Verkürzen der einzelnen Meter, und zwar durch Neubinden an den Haken, Ringen oder Wirbeln der Kette beseitigt.

Nivellierlatten werden entweder mit besonderen Kontrollmetern geprüft, die mit geeigneten Anlege- und genauen Ablesevorrichtungen versehen sind, oder mit besonderen Komperatoren.

18. Ausfluchten von Meßlinien

Ist die zu bestimmende Länge einer Linie nicht allzu groß, so genügt es, wenn Anfangs- und Endpunkt in der auf S. 19 besprochenen Weise bezeichnet sind. Bei großen Längen ist dagegen, um eine möglichst geradlinige Messung zu erreichen, das vorherige Einschalten bzw. Einweisen von Zwischenpunkten, die man über Tage durch Fluchtstäbe, in der Grube durch Lote sichtbar macht, erforderlich. Zu diesem Zweck stellt sich der Beobachter möglichst einige Meter hinter einem Endpunkt auf und weist durch Zeichengebung den von einem Gehilfen lotrecht gehaltenen Fluchtstab oder das Licht der Grubenlampe an den entsprechenden Zwischenpunkten von seitwärts her in die Verbindungslinie der beiden Endpunkte mit bloßem Auge ein.

Sind Anfangs- und Endpunkt der auszufluchtenden Meßlinie unzugänglich (z. B. 2 Hausecken) oder infolge einer Bodenerhebung nicht gegenseitig sichtbar, so läßt sich folgendes Verfahren anwenden, s. Abb. 18:

Von einem seitwärts der Meßlinie gelegenen Punkt P_1, von dem der Anfangspunkt P_A der Meßlinie zu sehen ist, wird ein Punkt P_2 so in die Hilfslinie P_1 bis P_A eingewiesen, daß man von P_2 gleichzeitig auch den Endpunkt P_E der Meßlinie sehen kann. Sodann werden von P_2 aus ein Punkt P_3, von diesem aus ein Punkt P_4 usw. in gleicher Weise

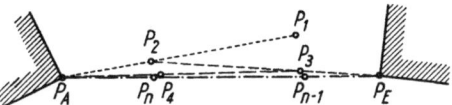

Abb. 18. Einweisen von Zwischenpunkten bei unzugänglichen Anfangs- und Endpunkten

wie P_2 eingewiesen. Dieses Verfahren wird so lange fortgesetzt, bis sich keine Abweichungen der zuletzt eingewiesenen Punkte P_{n-1} und P_n von der direkten Verbindungslinie P_A bis P_E mehr feststellen lassen.

Soll eine Linie verlängert werden, so kann der Beobachter sich selbst mit einem möglichst weit vom Körper abgehaltenen Stab oder Schnurlot in die durch die beiden Endpunkte gegebene Gerade einrichten.

Ist eine große Länge sehr genau auszufluchten, so nimmt man die Einweisung der Zwischenpunkte mit dem Fernrohr eines in einem Endpunkt zentrisch aufgestellten Instrumentes vor, ein Verfahren, das sich insbesondere bei den schlechten Beleuchtungsverhältnissen in der Grube empfiehlt.

19. Ausführung von Längenmessungen

Über Tage wird die Messung von Linien, z. B. Polygonseiten, mit einem *Stahlmeßband* als Strichmaß wie folgt ausgeführt:

Das abgerollte Meßband wird vom Anfangspunkt der Meßlinie aus auf den Endpunkt, der durch einen Fluchtstab sichtbar gemacht ist, ausgerichtet und sodann straff angezogen. Während nun die Nullmarke des Bandes über die Vermarkung des Anfangspunktes, also z. B. über die Mitte eines eingeschlagenen Rohres gehalten wird, markiert man die Lage der Endmarke durch einen Nagel oder einen Kreidestrich. Nach erneutem Anziehen des Bandes wird die Richtigkeit der Markierung überprüft. Dann wird das ganze Band um eine Bandlänge vorgezogen, und der soeben geschilderte Vorgang beginnt von neuem. So wird die Messung bis kurz vor dem Endpunkt der ganzen Länge fortgesetzt. Bei der letzten, über den nunmehr vom Fluchtstab befreitem Endpunkt hinausgezogenen Meßbandlage liest der Beobachter die ganzen Meter am Meßband ab, zählt die vollen Dezimeter hinzu und mißt den Überschuß in Zentimetern mit einem Zollstock oder einem kleinen Maßstab. Die Ablesung wird zu dem Produkt aus Meßbandlänge mal der Anzahl der vollen Bandlagen hinzugezählt und damit die Gesamtlänge erhalten. Das Ergebnis ist in ein Beobachtungsbuch unter Angabe des Tages und Ortes der Messung sowie der benutzten Geräte einzutragen. Um sich bei langen Linien vor Zählfehlern in den ganzen Meßbandlagen zu schützen, benutzt man zweckmäßig besondere Zählnadeln, die der Vordermann bei der Messung jeweils in oder neben das Endzeichen der einzelnen Meßbandlagen steckt. Der Hintermann sammelt diese Zählnadeln wieder ein. Aus ihrer Zahl ergibt sich die Anzahl der ganzen Meßbandlagen. Es empfiehlt sich, zur genaueren Aneinanderreihung an den Anfangs- und Endpunkten der einzelnen Meßbandlagen einfache Vorrichtungen, z. B. Bleiklötze mit aufgesetzten Messingspitzen, zu verwenden.

In *geneigtem Gelände* mißt man flache Längen und ermittelt mit einem einfachen Neigungsmesser, s. S. 49, die Neigungen für jede Meßbandlage.

Zu den *Lattenmessungen* benötigt man jeweils zwei Meßlatten, von denen die eine schwarz und weiß, die andere weiß und rot gestrichene Meterfelder aufweist. In ebenem Gelände werden die vom Meßgehilfen am hinteren Ende erfaßten Latten, mit schwarz beginnend, nacheinander in die Vermessungsrichtung geworfen und dann vorsichtig zurückgezogen, bis ihr Nullpunkt am Anfangspunkt der Messung oder an der vorhergehenden Latte anliegt. Das Reststück am Endpunkt der Meßlinie wird an der Lattenteilung bei gewöhnlichem Messungen auf Zentimeter abgelesen. In unebenem Gelände wendet man entweder gestaffelte Messung an, bei der der Endpunkt der einen Latte auf den Anfangspunkt der nächsten durch ein Lot übertragen wird, oder man mißt in geneigter Richtung und bestimmt den Neigungswinkel jeder Lattenlage oder die von der flachen Länge abzuziehende Verkürzung mit einem Aufsatzneigungsmesser, s. Abschn. 33, S. 49. Auch die geneigte Messung mit Zwischenräumen, die entweder berechnet oder am Neigungsmesser ab-

Längenmessungen

gelesen oder durch Schrägmesser mechanisch bestimmt werden können, ist in diesem Falle üblich. Bei sehr steilem Gelände empfiehlt es sich jedoch, die Staffelmessung, s. S. 164, anzuwenden.

Bei gleichmäßig steigendem oder fallendem Gelände werden die Neigungswinkel der einzelnen Polygonseiten meist mit dem Höhenkreis des Theodolits, s. S. 75 u. f., gemessen.

Längenmessungen mit dem *Rollbandmaß* oder der *Meßkette* kommen über Tage hauptsächlich bei der Lageaufnahme oder Stückvermessung zur Bestimmung der Entfernung der Eckpunkte der Tagesgegenstände von den Aufnahmelinien und der Begrenzungen dieser Gegenstände vor, s. S. 133 u. f. Man mißt teils auf dem Boden, teils schwebend. An der Meßkette liest man die ganzen Meter ab und bestimmt den Überschuß, Dezimeter und Zentimeter, mit einem Zollstock, beim Rollbandmaß können gleich die Längen auf Zentimeter abgelesen werden.

Jede Messung der Länge einer Meßlinie ist in der Regel *doppelt* auszuführen, und zwar einmal vorwärts und einmal rückwärts. Aus den Ergebnissen beider Messungen wird das arithmetische Mittel als in den Rechnungsgang einzusetzende Länge bestimmt, s. Beispiele S. 28 u. 29. Sollte sich zwischen beiden Messungen ein erheblicher Unterschied zeigen, so muß die Längenmessung zur Aufdeckung des Fehlers noch einmal wiederholt werden.

Unter Tage werden die Längen der Polygonlinien mit dem Stahlmeßband entweder auf der Sohle oder schwebend gemessen.

Bei der *Messung auf der Sohle* wird zunächst der Anfangspunkt der Polygonlinie vom Festpunkt in der Firste durch ein Schnurlot zweckmäßig auf ein zwischen den Schienen der Förderbahn festgeklemmtes Brett übertragen und dort durch einen Nagel oder Pfriemen bezeichnet. Dann wird das Meßband ausgezogen und am Ende ein zweites Brett zur Bezeichnung des Endpunktes ausgelegt. Danach erfolgt die Einrichtung des Meßbandes in die Meßrichtung, indem der erste Meßgehilfe vom Anfangspunkt aus die Grubenlampe des vorderen Gehilfen in die Richtung nach einer im Endpunkt der Linie aufgehängten Grubenlampe einweist. Der vordere Gehilfe zieht nun, während der Hintermann die Nullmarke genau anhält, das Meßband straff und schlägt einen Nagel oder steckt einen Pfriemen neben den Endstrich der Meßbandteilung. Darauf rückt das Meßband um eine Länge vor, und zwar bleibt jetzt der vordere Gehilfe an seinem Platz, während der Hintermann mit seinem Brett vorgeht, das Ende des Bandes ergreift und so weit vorzieht, daß der bisherige Vordermann jetzt den Anfangspunkt an sein Zeichen anhalten kann. Mit vertauschten Rollen weist bei der zweiten Meßbandlage der zweite Gehilfe den ersten ein und so fort. Am Endpunkt der Linie wird die Lampe von der Lotschnur abgenommen und der Festpunkt wie zu Beginn der Messung durch das Lot auf das auf der Sohle liegende Brett bzw. auf den hier eingeschlagenen Nagel übertragen. Sodann liest man die letzte Teillänge, und zwar die ganzen Meter und Dezimeter, am Meßband ab und mißt den Überschuß auf Zentimeter oder Millimeter mit einem Zollstock oder einem anderen Maßstab. Zählt man diese Ablesung zu

Beispiel einer einfachen Längenmessung für einen Polygonzug über Tage ausgeführt am 10. Mai 1955 vorm. Bochum. Wiesental

Linie	Gemessene Länge		Mittel aus beiden Messungen	Bemerkungen und Handzeichnung
	1. Messung m	2. Messung m	m	
54—55	120,98	120,95	120,96	Meßband Nr. 1394 von Fennel, Kassel
55—56	78,10	78,11	78,10	
56—57	82,74	82,74	82,74	
57—54	132,02	132,04	132,03	
Summe	413,84	413,84	413,83	

dem aus vollen Meßbandlagen ermittelten Wert hinzu, so ergibt sich die Gesamtlänge der Polygonseite, die in das Beobachtungsbuch eingetragen wird. Die Messung wird alsdann am besten in umgekehrter Richtung wiederholt.

Die *schwebende Messung* der Polygonlinien unter Tage wird in *geneigten* Grubenbauen durchweg in der Ziellinie der Winkelmessung vorgenommen. Um hier Richtung und Neigung gut einhalten zu können, weist man z. B. auf Spreizen angebrachte Zwischenpunkte mit dem Fernrohr des Theodolits ein und mißt dann die innerhalb einer Meßbandlänge befindlichen Teilstücke für sich. Die Summe der Teilstücke ergibt die Gesamtlänge der Linie, s. auch Abb. 119, S. 162.

Noch häufiger findet die schwebende Längenmessung bei Polygonzügen mit verlorenen Punkten statt, bei denen ein unmittelbarer Austausch von Winkelmeßinstrument und Zielzeichen erfolgt, s. S. 57, Abschn. 38. Man wählt hier verhältnismäßig kurze Polygonlinien und ein langes Stahlmeßband, so daß jede Linie mit *einer* Meßbandlänge ermittelt werden kann. Diese Art der Längenmessung wird vielfach auch bei der Durchführung der Nachtragsmessungen mit dem Hängetheodolit so angewendet, daß man das Meßband z. B. zwischen dem Aufhängepunkt des Kugellotes und der Kippachse des Hängetheodolits ausspannt.

Die Schachtteufenmessung ist im Abschnitt II „Höhenmessungen" auf S. 152 u. f. besonders behandelt.

20. Fehler und Genauigkeit der Längenmessungen

Bei der Längenmessung wirken außer den im Abschn. 16, S. 22, behandelten Fehlern der Meßgeräte, die bei der Einweisung der Zwischenpunkte sowie beim Anhalten und bei der Aneinanderreihung der Meßband oder Lattenlagen auftretenden Fehler, bei Grubenmessungen außerdem Fehler in der Übertragung der Festpunkte auf die Sohle und bei schwebenden Messungen Fehler infolge Durchhanges des Meßbandes ein.

Beispiel einer Längenfeinmessung für eine Durchschlagsangabe
ausgeführt am 11. Februar 1955, nachm. Zeche Glückauf, 8. Sohle, Hauptabteilung,
Flöz Sonnenschein, Grundstrecke nach Osten

Linie	Gemessene Länge		Mittel aus beiden Messungen	Verbesserungen			Verbesserte Länge	Bemerkung und Handzeichnung
	1. Messung	2. Messung		infolge Bandvergleich	infolge Temperaturunterschied	insgesamt		
	m	m	m	mm	mm	mm	m	
436–437	74,345	74,350	74,348	+1,5	+ 3,4	+ 4,9	74,353	Meßband Nr. 6975 von Fennel, $l = 20$ m $+ 0,4$ mm bei 20 °C. Zugspannung 10 kp. Mittl. Temperatur $= + 24$ °C
437–438	68,903	68,901	68,902	+1,4	+ 3,2	+ 4,6	68,907	
438–439	80,689	80,693	80,691	+1,6	+ 3,7	+ 5,3	80,696	
439–440	28,254	28,256	28,255	+0,6	+ 1,3	+ 1,9	28,257	
Summe	252,191	252,200	252,196	+5,1	+11,6	+16,7	252,213	

Einweisefehler ergeben immer eine zu große Länge, da bei seitlich liegenden Zwischenpunkten an Stelle der kürzesten, geraden Verbindung eine gebrochene Linie gemessen wird. Bei einer Länge von 50 m und einem Einweisfehler von 1 dm erreicht der hierdurch entstandene Längenfehler erst eine Größe von 0,1 mm. Das bedeutet, daß man bei einigermaßen sorgfältigem Einweisen diesen Längenfehler vernachlässigen kann.

Beim *Anhalten* und beim *Aneinanderreihen* wird das Meßband häufig beim Anspannen etwas vorgezogen, wodurch man die Gesamtlänge zu kurz erhält. Bei den Meßlatten wird dagegen durch Zurückstoßen derselben beim Aneinanderlegen leicht eine lange Strecke gemessen.

Beim *Durchhang* des Meßbandes erhält man gleichfalls eine zu große Länge, da bei jeder Meßbandlage ein Bogenstück als Entfernung zwischen Anfangs- und Endpunkt gemessen wird, während die direkte Verbindungslinie der beiden Meßpunkte, die Sehne, das richtige Maß darstellt, s. Abb. 19.

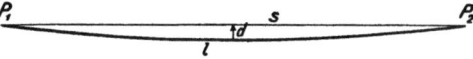

Abb. 19. Durchhang eines Stahlmeßbandes bei schwebender Messung

Der Unterschied zwischen Bogenlänge l und Sehnenlänge s ergibt die infolge des Durchhanges d eintretende Verkürzung v jeder Meßbandlänge. Sie läßt sich bei angenähert söhligen Meßlinien aus folgender Formel berechnen:

$$v = l - s = \frac{8 d^2}{3 l}, \quad \left[m = \frac{m^2}{m} \right]^* \text{ s. Fußnote S. 22}$$

Die Größe des Durchhangs d, die abhängig ist vom Gewicht G, von der Länge l und von der Zugkraft P, mit der das Band belastet ist, beträgt

$$d = \frac{G \cdot l}{8 P}, \quad \left[m = \frac{kp \cdot m}{kp} \right]$$

Nach Einsetzung dieses Wertes in die obige Gleichung erhält man

$$v = \frac{G^2 \cdot l}{24\,P^2}, \quad \left[\mathrm{m} = \frac{\mathrm{kp}^2 \cdot \mathrm{m}}{\mathrm{kp}^2}\right]$$

Man kann den Einfluß der Durchbiegung herabmindern, wenn man das Meßband bei der schwebenden Längenmessung an einem oder mehreren Zwischenpunkten um den Betrag des Durchhanges anhebt. Ist nämlich n die Anzahl der freischwebenden Zwischenlängen, so wird

$$v = \frac{G^2 \cdot l}{24\,P^2 \cdot n^2}, \quad \left[\mathrm{m} = \frac{\mathrm{kp}^2 \cdot \mathrm{m}}{\mathrm{kp}^2}\right]$$

Beispiel: Ein Meßband von 50 m freischwebender Länge, 12 mm Breite und 0,4 mm Dicke, das zwischen Null- und Endmarke 1,9 kp wiegt, erleidet bei 10 kp Zugkraft einen Durchhang von 1,20 m. Die Verkürzung v des Bandes ohne Unterstützung beträgt dann 75 mm, bei einmaligem Anheben des Bandes um den Betrag der Durchbiegung in der Mitte aber nur 19 mm. Hebt man im letzteren Falle das Band auch noch bei 12,5 und 37,5 m um je 0,3 m an, so verringert sich der Gesamteinfluß des Durchhanges auf 4,7 mm.

Als *Gesamtwirkung* aller Fehlereinflüsse hat sich bei Verwendung guter Stahlmeßbänder gezeigt, daß eine mit aufgelegtem Band gemessene Strecke von 100 m Länge auf etwa 2 bis 3 cm genau erhalten werden kann. Das entspricht einem Fehlerverhältnis von 1 : 5000 bis 1 : 3300. Es genügt für die Mehrzahl der praktischen Bedürfnisse. Man braucht daher auch die Längen der Polygonlinien bei den Aufnahme- und Nachtragungsmessungen im allgemeinen nur bis auf Zentimeter zu ermitteln.

Muß in besonderen Fällen z. B. bei Anschlußmessungen, im Hauptpolygonnetz über und unter Tage, bei Durchschlagsangaben und abbaudynamischen Messungen eine höhere Genauigkeit erzielt werden, so ist neben größerer Sorgfalt bei der Ausführung der Messung die Prüfung des Bandes, die Feststellung und Berücksichtigung der Temperatur sowie die Einhaltung der Normalspannung mit dem Spannungsmesser erforderlich. Auf diese Weise läßt sich dann eine Länge von 100 m auf 2 bis 3 mm genau bestimmen. Die hier erreichte Genauigkeit ist also rund 10mal größer als bei der oben angeführten gewöhnlichen Längenmessung. Sie beträgt in diesem Fall 1 : 50000 bzw. 1 : 33000.

Die Genauigkeit der Längenmessung mit *Meßlatten* entspricht bei Anwendung gleicher Sorgfalt im allgemeinen der Genauigkeit von Stahlbandmessungen.

Bei der Messung mit der *Meßkette* rechnet man infolge der starken Dehnung des Messingdrahtes beim Gebrauch nur mit einer Genauigkeit von etwa 5 cm auf 20 m Länge.

Winkelmessungen

Durch unmittelbare Messung werden in der söhligen Ebene Brechungs- und Streichwinkel, in der seigeren Ebene Neigungswinkel und Zenitwinkel bestimmt, während man Richtungswinkel und magnetische Nadelabweichungen durch Berechnung erhält. Für die Messung der verschiedenen Winkelarten sind im allgemeinen auch verschiedene Winkelmeßinstrumente und Meßverfahren im Gebrauch, doch können z. B. Brechungs-

und Neigungswinkel auch mit demselben Instrument gemessen werden, sofern es entsprechende Meßvorrichtungen besitzt. Andererseits verwendet man je nach Zweck und verlangter Genauigkeit für die Messung derselben Winkelart häufig verschiedene Instrumente.

21. Winkeleinheit

1. Gradmaß. Als Einheit des Winkelmaßes ist im deutschen Vermessungswesen der *Grad* neuer Teilung als der 400ste Teil des Vollkreises gültig. Er wird auch „Neugrad" oder „Gon" genannt. Der Grad ist unterteilt in 100 Minuten und jede Minute in 100 Sekunden, so daß die Winkelwerte auch als Dezimalzahlen geschrieben werden können, z. B. $36,7324^g$ für $36^g\ 73^c\ 24^{cc}$ (Zentesimalteilung) s. Anhang, S. 430.

Vor der Einführung des Neugrades im Jahre 1937 galt auch im Vermessungswesen der in der übrigen Technik heute noch angewandte Grad als der 360ste Teil des Vollkreises mit der Unterteilung in 60 Minuten zu je 60 Sekunden (Sexagesimalteilung). Auch bei astronomischen Messungen hat man diese Winkelteilung beibehalten.

Wenn in Ausnahmefällen mit Instrumenten älterer Teilung gearbeitet wird oder Winkel alter Teilung aus früheren Messungen weiter verwendet werden, so müssen die Winkel und Richtungen vor ihrer Einführung in die Berechnung in Werte neuer Teilung umgerechnet werden.

Zu diesem Zweck sind die Grade alter Teilung mit $^{10}/_9$, die Altminuten mit $^{100}/_{54}$ und die Altsekunden mit $^{1000}/_{324}$ zu multiplizieren, um Winkelwerte neuer Teilung zu erhalten. Umgekehrt werden durch Multiplikation der Neugrade mit 0,9, der Neuminuten mit 0,54 und der Neusekunden mit 0,324 die entsprechenden Werte im alten Winkelmaß erhalten. Für diese Umrechnung stehen geeignete Tabellen zur Verfügung. In der Zahlentafel 2 des Anhangs sind die Neuwerte für Grade, Minuten und Sekunden getrennt wiedergegeben, so daß hiernach die Umrechnung alter in neue Teilung vorgenommen werden kann.

Beispiel: Der Winkel $296°\ 15'\ 47''$ ist in neuem Gradmaß zu ermitteln. Aus der Tafel ist zu entnehmen

$$
\begin{aligned}
\text{für } 296° &= 328^g\ 88^c\ 89^{cc} \\
\text{,,} \quad 15' &= 27^c\ 78^{cc} \\
\text{,,} \quad \ 47'' &= 1^c\ 45^{cc}
\end{aligned}
$$

also $296°\ 15'\ 47'' = 329^g\ 18^c\ 12^{cc} = 329,1812^g$.

Die Zahlentafel 3 des Anhangs ermöglicht die Umwandlung neuer in alte Teilung.

Beispiel: Der Winkel $384,7689^g$ ist in altem Gradmaß zu ermitteln. Die Tafel ergibt

$$
\begin{aligned}
\text{für } 384^g &= 345°\ 36' \\
\text{,,} \quad 76^c &= 41'\ 02,4'' \\
\text{,,} \quad 89^{cc} &= 28,8''
\end{aligned}
$$

also $384,7689^g = 346°\ 17'\ 31,2''$.

2. Bogenmaß. Unter dem Bogenmaß eines Winkels, z. B. α, versteht man das Verhältnis aus der zugehörigen Bogenlänge b und der Länge des entsprechenden Radius r. Es ist also

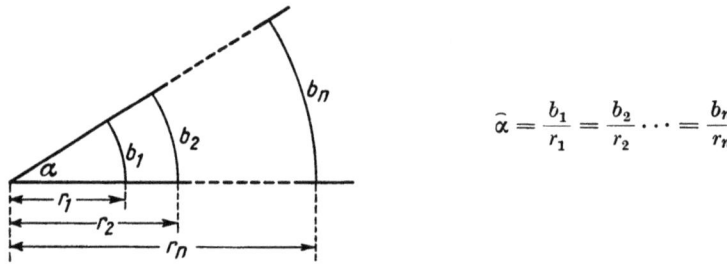

$$\widehat{\alpha} = \frac{b_1}{r_1} = \frac{b_2}{r_2} \cdots = \frac{b_n}{r_n}$$

Wenn der Radius $r = 1$ ist (Einheitskreis), so ist die Bogenlänge unmittelbar ein Maß für den Winkel. Ein Winkel von 400^g entspricht danach im Einheitskreis dem Kreisumfang, also 2π, ein gestreckter Winkel (200^g) dem Halbkreis, also π, und ein Rechter (100^g) schließlich dem Viertelkreisbogen, also $\pi/2$.

Es läßt sich hier die Proportion aufstellen

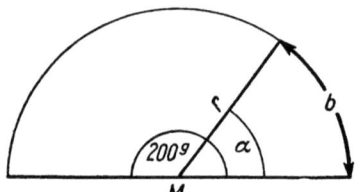

$$\frac{\alpha^g}{200^g} = \frac{b}{r \cdot \pi}$$

und hieraus $\alpha^g = \dfrac{b}{r} \cdot \dfrac{200^g}{\pi}$.

Den konstanten Bruch $\dfrac{200^g}{\pi} = 63{,}661\ldots^g$ bezeichnet man mit dem griechischen Buchstaben ϱ^*.

Nach dem oben Gesagten drückt das Verhältnis b/r den Winkel α im Bogenmaß aus. Man kann also die Gleichung auch schreiben

$$\alpha^g = \widehat{\alpha} \cdot \varrho^g.$$

Löst man die obige Proportion nach b auf, so erhält man

$$b = \frac{\alpha^g \cdot r \cdot \pi}{200^g}$$

und damit die vielfach in der Praxis zur Berechnung der Länge eines Bogens b angewandte Formel, wenn der Radius r und der zugehörige Zentriwinkel α bekannt sind,

$$b = \frac{\alpha^g}{\varrho^g} \cdot r.$$

---

*Die Werte für ϱ in Alt- und Neugrad sind im Anhang, S. 430, enthalten.

Gemeinsame Einrichtungen der Winkelmeßinstrumente

Bevor die Winkelmeßinstrumente selbst behandelt werden, sollen die an den Instrumenten oder an einem Teil von ihnen gemeinsamen Einrichtungen und Zubehörteile gesondert besprochen werden.

22. Aufstell- und Aufhängevorrichtungen

Die Mehrzahl unserer Meßinstrumente wird in Verbindung mit Aufstell- oder Aufhängevorrichtungen gebraucht. Diese sollen eine feste und für den Beobachter bequeme Lage des Instrumentes bei der Messung gewährleisten.

Als *Aufstellvorrichtungen* kommen in erster Linie über und unter Tage Stative, seltener unter Tage Spreizen, Wandarme und ähnliche Einrichtungen in Betracht.

Die am häufigsten benutzte Aufstellvorrichtung ist das *Tellerstativ*, s. S. 52, Abb. 47 und Tafel 9 des Anhangs, das aus einem ausgeschnittenen plattenförmigen Stativkopf und drei hölzernen Beinen mit eisernen Schuhen besteht. Teller und Beine werden entweder durch Anziehen dreier Flügelschrauben oder durch Niederdrücken von kurzen Hebeln fest miteinander verbunden, wenn nicht selbstklemmende Vorrichtungen, z. B. Kugelgelenke eine genügend starre Verbindung ergeben. Für Tagesmessungen haben die Stativbeine meist eine unveränderliche Länge, während bei Grubenmessungen einschiebbare Beine zweckmäßiger sind, damit ihre Länge den vielfach geneigten und häufig sehr engen Grubenräumen angepaßt werden kann. Die Stativteller müssen für alle Winkelmeßinstrumente eine genügend große Öffnung haben, um das Instrument auf dem Stativ so verschieben zu können, daß es genau lotrecht über oder unter dem Festpunkt steht.

Für verschiedene Instrumententypen werden Spezialstative geliefert. So baut z. B. die Firma Ertel für ihr automatisches Baunivellier BNA ein „Horizontierstativ", das mit Hilfe eines Kugelgelenks im Stativkopf ohne die Benutzung von Fußschrauben eine schnelle Horizontierung erlaubt, s. Abb. 136, S. 175.

Die Firma Kern stellt neben den „Normalstativen" 3 Sonderstative her:

1. Das *Kipptellerstativ* hat als Aufnahmeplatte für das Instrument im Stativkopf einen kardanisch aufgehängten Kippteller, s. Abb. 20, S. 34. Dieser ist nach allen Seiten kippbar und in jeder beliebigen Stellung fest klemmbar. Im Kippteller eingebaute Kreuzlibellen gestatten zusammen mit dem Kippteller eine schnelle Grobhorizontierung, so daß für die Feinhorizontierung nur noch Bruchteile einer Umdrehung der Fußschraube mit horizontaler Achse notwendig sind.

2. Das *Gelenkkopfstativ*, s. Abb. 21, S. 34, ähnelt in seiner Wirkungsweise dem oben genannten Horizontierstativ der Firma Ertel. Die zur Befestigung des Instrumentes auf dem Stativ dienende Zentralschraube wird hierbei jedoch gleichzeitig bei der Horizontierung benutzt.

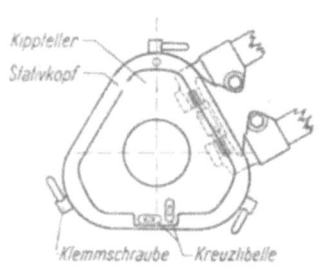
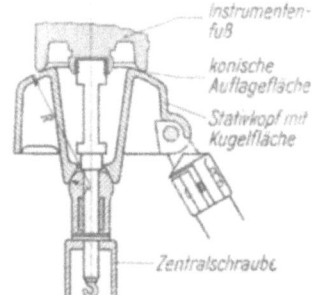

Abb. 20. Kipptellerstativ der Firma Kern   Abb. 21. Gelenkkopfstativ der Firma Kern

3. Das *Zentrierstativ* ist ein Gelenkkopfstativ, bei dem ein ausziehbarer Zentrierstock fest mit dem Aufnahmeteller verbunden ist, s. Abb. 22.

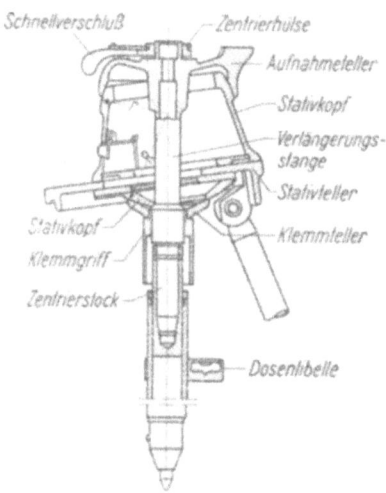

Der Gelenkkopf kann außerdem zwecks Zentrierung auf dem Stativteller verschoben werden. Bei diesem Stativ ist eine Horizontierung auf 3^c bis 4^c und eine Zentriergenauigkeit von 0,5 bis 1 mm in einem Arbeitsgang möglich, bevor das Instrument aufgesetzt ist.

Bei Grubenmessungen verwendet man auch vereinzelt *Spreizen* aus Holz oder Metall, die meist verstellbar eingerichtet sind und dann entweder waagerecht zwischen den Streckenstößen oder lotrecht zwischen Sohle und Firste eingespannt werden. Auf oder an den Spreizen wird das Instrument befestigt.

Wandarme aus Metall werden hin und wieder in geneigten Grubenbauten benutzt. Das Gewinde der

Abb. 22. Zentrierstativ der Firma Kern

Arme wird in einen Stempel so eingeschraubt, daß der Teller einigermaßen waagerecht liegt. Für Sonderinstrumente und die hierbei benötigten Zielzeichen werden statt der Tellerarme häufig Wandarme mit schwenkbaren Zapfen, auf die ein Untersatz für das Instrument gesteckt wird, gewählt. Neben den einschraubbaren Armen sind auch solche mit Klemmvorrichtungen, die an stählernen Grubenstempeln befestigt werden, als Tragstützen im Gebrauch. Besondere Gelenkzapfen und Zentrierstücke, die eine Zentrierung des Instrumentes unter Festpunkten in der Firste ermöglichen, lassen sich erforderlichenfalls noch zwischenschalten.

Als *Aufhängevorrichtung* werden gleichfalls einschraubbare, einschlagbare oder anklemmbare Pfriemen verwendet, an die das Instrument oder das Zielzeichen mittels einer Ansteckhülse angehängt wird, s. S. 58, Abb. 51.

Die Aufhängevorrichtungen beim Kompaß und Gradbogen werden als Instrumententeile angesehen und im Zusammenhang mit diesen Instrumenten beschrieben.

23. Schrauben

Von den verschiedenartigen Schrauben an den Instrumenten und ihrem Zubehör sollen hier Fest- und Feinstell-, sowie Berichtigungsschrauben unterschieden werden.

Als *Feststellschrauben* dienen z. B. Flügelschrauben am Stativ und die Zentralschraube, die die Verbindung des Instrumentes mit dem Stativ oder dem Tellerarm bewirkt. Weiter gehören hierher die Klemmschrauben, die den Teilkreis an der Achse, den Zeigerkreis am Teilkreis oder die Kippachse des Fernrohrs am Fernrohrträger festklemmen, s. S. 52, Abb. 47 u. S. 54, Abb. 48a.

Feinstellschrauben ermöglichen auch bei festgeklemmten Instrumententeilen eine begrenzte Bewegung dieser Teile gegeneinander. Sie wirken, wenn sie in Verbindung mit Klemmschrauben angebracht sind, auf ein Ansatzstück, das von der Gegenseite her durch eine Spiralfeder in seiner Lage gehalten wird. Hierher gehören ferner die Stellschrauben des Instrumentendreifußes sowie Kippschrauben und Triebschrauben für die Bewegung innerer Instrumententeile. Ist der Kopf einer Feinstellschraube mit einer Einteilung versehen, so kann diese Schraube auch zur Messung kleiner Verschiebungen benutzt werden.

Berichtigungsschrauben werden zu gelegentlicher Berichtigung der Lage einzelner Instrumententeile — Libellen, Strichkreuz, Zeiger — benötigt. Sie sind äußerlich häufig daran erkennbar, daß der hervorragende zylindrische Kopf eine Durchbohrung trägt, durch die zum leichten Lösen oder Anziehen der Schraube ein Stahlstift gesteckt wird.

24. Libellen

Die Libellen dienen zur Herstellung oder Prüfung waagerechter und lotrechter Linien und Ebenen, um so die Messungen auf die auf S. 3 näher beschriebenen Bezugsebenen und -flächen beziehen zu können. Sie werden als Röhrenlibellen und als Dosenlibellen angefertigt.

Die *Röhrenlibelle* ist ein tonnenförmig ausgeschliffenes Glasröhrchen, das mit einer Flüssigkeit, z. B. Äther, nahezu gefüllt ist, s. S. 36, Abb. 23. Der übrigbleibende Raum wird als Libellenblase bezeichnet. Zur Beobachtung des Standes dieser Blase ist das Glasröhrchen außen von der Mitte aus meist mit einer 2-mm-Einteilung versehen. Wenn bei einer berichtigten Libelle die Mitte der Blase mit dem Mittelpunkt der Libelleneinteilung M zusammenfällt, sagt man, ,,die Libelle spielt ein", d. h. in diesem Fall verläuft die *Libellenachse waagerecht* und *parallel* zur Setzlinie der Libelle, worunter man die Projektion der Libellenachse auf die

Libellenfassung (Unterlage) versteht. Als Libellenachse bezeichnet man die durch die Mitte M der Libelleneinteilung an den inneren Ausschliffbogen der Glasröhre in ihrer Längsrichtung gelegte Tangente.

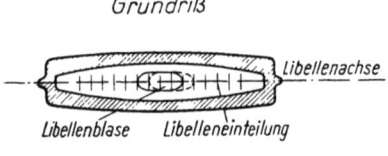

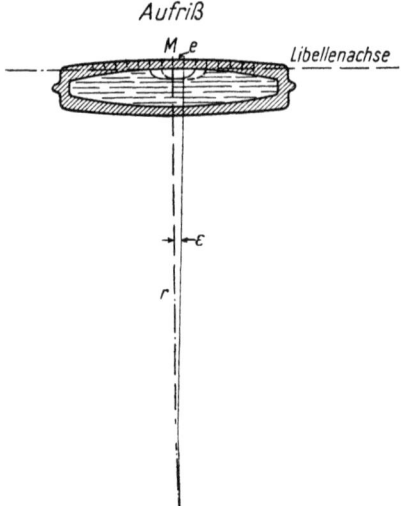

Abb. 23. Form, Einteilung und Ausschlag einer Röhrenlibelle

Soll die Röhrenlibelle als *Wendelibelle* gebraucht werden, so muß sie an den beiden gegenüberliegenden Innenflächen nach genau gleichem Halbmesser ausgeschliffen sein. Die Einteilung ist dann auch beiderseits angebracht.

Das Glasröhrchen der Libelle ist in der Regel mit einer Metallfassung umgeben, damit es gegen Beschädigungen geschützt und mit den verschiedenen Instrumententeilen verbunden werden kann. Wird die Röhrenlibelle parallel zu ihrer Längsachse mit einem Metallineal oder mit Aufhängehaken oder mit Aufsatzstützen versehen, so ist sie auch als selbständiges Meßgerät, und zwar als Setz-, Hänge- oder Reiterlibelle, zur Herstellung bzw. Prüfung waagerechter Flächen, Schnüre oder Achsen zu verwenden. In Verbindung mit Meßinstrumenten dient die Röhrenlibelle zur Lotrechtstellung der Stehachse z. B. eines Theodolits oder eines Nivelliers.

Die *Dosenlibelle* besteht aus einem flachen, runden Glasgefäß, dessen Deckel an der Unterseite nach einem bestimmten Kugelhalbmesser ausgeschliffen ist. Auf der Deckeloberseite befinden sich ein oder mehrere kleine, konzentrische Kreise, um das Einspielen der gleichfalls kreisrunden Libellenblase beobachten zu können. Sie dient zur Prüfung der Lotrechtstellung z. B. von Fluchtstäben und Nivellierlatten sowie zur Grobhorizontierung von Meßinstrumenten.

Prüfung und Berichtigung der mit dem Oberbau eines Theodolits fest verbundenen Röhrenlibellen. Zur Prüfung stellt man nach vorhergehender Grobhorizontierung des Theodolits die Röhrenlibelle parallel zur Verbindungslinie zweier Fußschrauben des Dreifußes, s. Abb. 24, S. 37. Durch gleichzeitiges Drehen der beiden Fußschrauben in entgegengesetzter Richtung, d. h. entweder beide nach innen oder nach außen, wird die Libellenblase zum Einspielen gebracht. Sodann dreht man die Libelle mit dem Oberbau um 200^g. Zeigt sich nach der Drehung ein an der Libellenteilung abzulesender Ausschlag, so gibt dieser den doppelten Fehler an

Die eine Hälfte des Ausschlags ist nun mit Hilfe der lotrecht wirkenden Berichtigungsschraube an der Libellenfassung und die andere Hälfte mit Hilfe der beiden Fußschrauben zu beseitigen. Das Verfahren ist so oft zu wiederholen, bis sich kein Ausschlag mehr zeigt.

Libellenangabe. Unter der *Angabe* oder *Empfindlichkeit* einer Libelle versteht man den kleinen Winkel ε, um den man die Libelle neigen muß, damit die Libellenblase um ein Teilungsintervall weiterwandert, s. S. 36, Abb. 23.

Diese Angabe kann bei Röhrenlibellen, die mit dem Fernrohr verbunden sind, unter Benutzung der Feinstell- oder Kippschraube des Fernrohres und einer in bekannter Entfernung s aufgestellten Nivellierlatte bestimmt werden. Sind die Libellen am Fernrohrträger oder am Unterbau des Instrumentes angebracht, so benutzt man zur Neigung der Libelle die zur Latte zeigende Fußschraube.

Nun macht man an der Latte die Ablesung a_1 und liest den Stand eines Libellenblasenendes an der Libellenteilung ab, wobei die Libellenachse jeweils zur Latte gerichtet sein muß. Sodann läßt man mit der Feinstell- oder Kippschraube des Fernrohrs bzw. mit der zur Latte gerichteten Fußschraube die Blase um n Teilungsintervalle weiter wandern und macht alsdann an der Latte die Ablesung a_2. Den Winkel $n \cdot \varepsilon$, um den die Libelle geneigt worden ist, erhält man aus

$$n \cdot \varepsilon = \frac{a_1 - a_2}{s} \cdot \varrho$$

und hieraus

$$\varepsilon = \frac{a_1 - a_2}{n \cdot s} \cdot \varrho.$$

Zahlenbeispiel:

$a_1 = 1{,}457$ m $\qquad n = 5$ Intervalle
$a_2 = 1{,}427$ m $\qquad s = 30$ m

$$\varepsilon = \frac{0{,}030 \cdot 636620}{5 \cdot 30} = 127^{cc}.$$

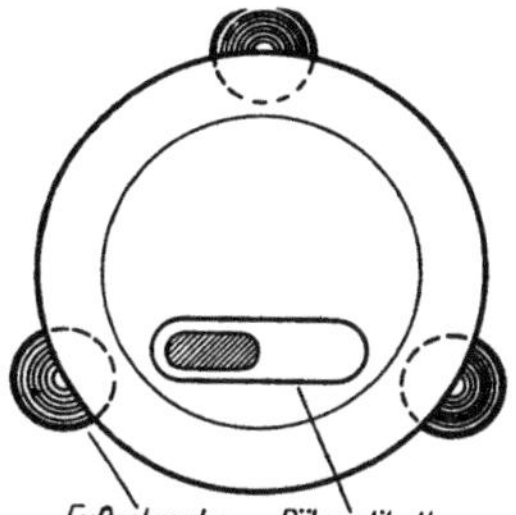

Abb. 24. Prüfung einer Röhrenlibelle

25. Spiegel

Die Verwendung von Spiegeln beruht auf der Zurückwerfung des Lichtes an spiegelnden Flächen. Jeder auf einen Spiegel fallende Lichtstrahl wird bekanntlich so zurückgeworfen, daß der Winkel zwischen dem auffallenden Strahl und der Rechtwinkligen auf die Spiegelebene — Spiegelnormale — gleich dem Winkel zwischen zurückgeworfenem Strahl und der Spiegelnormalen ist, s. S. 47, Abb. 42.

An Meßinstrumenten benutzt man Spiegel zur Beobachtung von Libellen, zur Ablenkung von Lichtstrahlen und zur Bestimmung von rechten und gestreckten Winkeln.

26. Prismen

Beim Durchgang eines Lichtstrahles durch ein Glasprisma findet sowohl beim Eintritt als auch beim Austritt aus dem Prisma eine Brechung des Lichtes und damit eine Ablenkung des Strahles aus der bisherigen Richtung statt. Das Brechungsgesetz von SNELLIUS besagt, daß der Sinus des Winkels ε zwischen dem auffallenden Strahl und der Normalen auf der Trennungsfläche zu dem Sinus des Winkels ε' zwischen dieser Normalen und dem gebrochenen Lichtstrahl für zwei gegebene Medien. z. B. Luft und Glas, in einem konstanten Verhältnis steht, also

$$\frac{\sin \varepsilon}{\sin \varepsilon'} = \text{const.}$$

Beim Übergang von Luft in Glas ist dieses Verhältnis etwa 1,6.

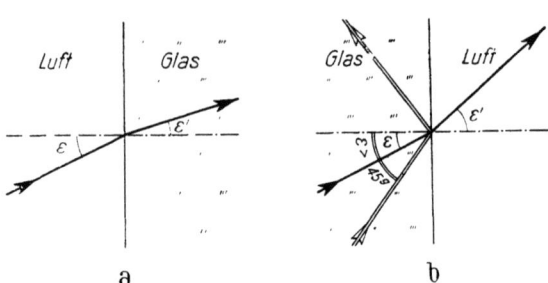

Abb. 25. Brechung und Reflexion eines Lichtstrahls, a) beim Übergang von Luft in Glas, b) beim Übergang von Glas in Luft

Der einfallende Strahl wird also zur Normalen hin gebrochen, wenn et vom optisch dünneren Medium, z. B. Luft, in das optisch dichtere Medium, z. B. Glas, übertritt, s. Abb. 25a. Er wird von der Normalen weggebrochen, wenn der Übergang vom dichteren ins dünnere Medium erfolgt, s. Abb. 25b, Daraus folgt, daß ein Lichtstrahl aus einem Glasprisma nicht mehr austreten kann, wenn der Winkel ε größer als 45ᵍ ist, s. Abb. 25b. Der Lichtstrahl wird dann an der Grenzfläche wie an einer Spiegelfläche zurückgeworfen. Im übrigen wird im Prisma auch der steil auftreffende Lichtstrahl an einer Außenfläche zurückgeworfen, wenn man diese Fläche so hinterlegt, daß sie als Spiegel wirkt. Das Anwendungsgebiet der Prismen entspricht vielfach demjenigen der Spiegel, doch wird die Benutzung von Prismen vorgezogen, da sie optisch bessere Eigenschaften besitzen und nicht berichtigt zu werden brauchen.

27. Linsen

Als Linse bezeichnet man einen durch zwei Kugelteilflächen, im Sonderfalle durch eine Kugelfläche und eine Ebene begrenzten durchsichtigen Glaskörper. Ist die Linse in der Mitte dicker als an den Rändern, so spricht man von einer *Sammellinse*, ist sie dagegen in der Mitte dünner als an den Rändern, so hat man eine *Zerstreuungslinse*. Weitere Unterteilungen der beiden Linsenarten sind aus der Abb. 26 ersichtlich. Die Verbindungslinie der Mittelpunkte der Schliffkurven bildet die optische Achse der Linsen. Auf dieser Achse liegt auch der optische Mittelpunkt, und zwar bei bikonvexen und bikonkaven Linsen im Innern derselben. Ferner liegen auf der Linsenachse auch die beiden Brennpunkte F_1 und F_2, die vom optischen Mittelpunkt gleichen Abstand haben. Man bezeichnet diesen Abstand als *Brennweite f*, s. Abb. 27 bis 29.

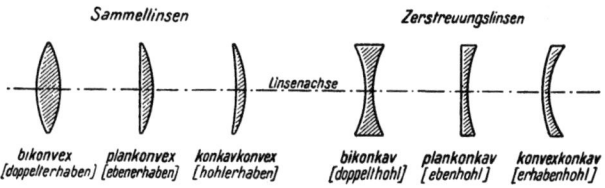

Abb. 26. Verschiedene Linsenarten

Die von einem Gegenstand auf eine Sammellinse fallenden Lichtstrahlen werden, mit Ausnahme der durch den optischen Mittelpunkt gehenden Strahlen, aus ihrer Richtung abgelenkt, und zwar schneiden alle parallel zur Achse auftreffenden Strahlen einander im jenseitigen Brennpunkt F_2 der Linse, während umgekehrt die durch den diesseitigen Brennpunkt F_1 verlaufenden Strahlen jenseits der Linse parallel zu ihrer Achse austreten, s. Abb. 27 und 28.

Aus den Schnittpunkten der von gleichen Punkten des Gegenstandes ausgehenden, durch den optischen Mittelpunkt und parallel zur Achse verlaufenden Strahlen läßt sich die Lage und Größe des jenseits der Linse vom Gegenstand entstehenden Bildes ermitteln. Hierbei kann man folgende drei Fälle unterscheiden:

1. Ist die Gegenstandsweite *a*, d. h. die Entfernung des Gegenstandes von der Linse, größer als die doppelte Brennweite 2 *f*, dann wird auf der dem Gegenstand *A B* gegenüberliegenden Seite der Linse im Abstand der Bildweite *b* ein *umgekehrtes, verkleinertes* Bild *B′A′* erzeugt, s. Abb. 27.

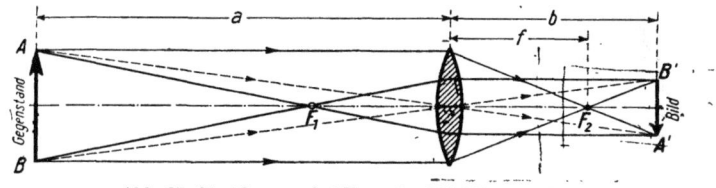

Abb. 27. Strahlengang bei Fernrohr-Objektiven (1. Fall)

2. Liegt der Gegenstand zwischen einfacher und doppelter Brennweite, so erhält man auf der dem Gegenstand *A B* gegenüberliegenden Seite der Linse ein *umgekehrtes, vergrößertes* Bild *B′A′*, s. Abb. 28.

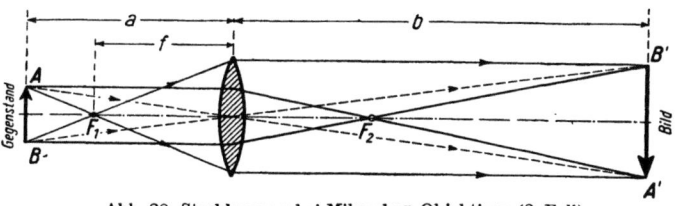

Abb. 28. Strahlengang bei Mikroskop-Objektiven (2. Fall)

3. Ist die Gegenstandsweite a kleiner als die einfache Brennweite f, so ergibt sich auf der gleichen Seite der Linse, auf der sich der Gegenstand $A'B'$ befindet, ein *aufrechtes, vergrößertes* Bild $A''B''$, s. Abb. 29.

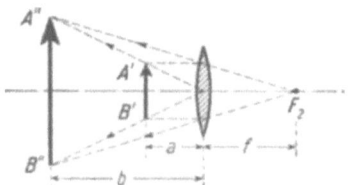

Abb. 29. Strahlengang bei Lupen (3. Fall)

Die Linsen werden in erster Linie bei optischen Zielvorrichtungen der Meßinstrumente, den Fernrohren, aber auch bei den Ablesevorrichtungen — Lupe, Mikroskop — verwendet.

Um die Mängel des durch eine einfache Linse entstehenden Bildes, wie Farbenzerlegung an den Rändern, Bildverzerrung, Bildwölbung usw. zu beheben, läßt man mehrere verschiedenartige Linsen zusammenwirken. So verbindet man z. B. beim Fernrohrobjektiv eine bikonvexe Linse aus Kronglas mit einer konkavkonvexen Linse aus Flintglas. Auch das Fernrohrokular besteht aus einer solchen Linsenkombination, z. B. aus zwei plankonvexen Linsen.

28. Lupe und Mikroskop

Die *Lupe* ist in einfacher Form eine Sammellinse mit kurzer Brennweite. Sie dient zur vergrößerten Betrachtung kleiner, nahe gelegener Gegenstände. Die Bilderzeugung oder der Strahlengang bei der Lupe entspricht dem oben erwähnten Fall 3, d. h. durch die Lupe wird ein aufrechtes, vergrößertes Bild erhalten. Die Vergrößerung einer Lupe ist etwa 2- bis 10fach. Sie wird um so stärker, je kleiner die Brennweite der Lupenlinse ist.

Lupen werden an älteren Theodoliten zur unmittelbaren Ablesung des Teil- und Zeigerkreises verwendet, s. Abb. 30. Sie sind mit einer Metallfassung versehen und für verschiedene Augen in ihrer Entfernung zur Ablesestelle etwas verstellbar.

Abb. 30. Ableselupe

Das *Mikroskop* zeigt eine Zusammenfassung der oben unter 2 und 3 angeführten Fälle des Strahlenverlaufes bei Linsen. Die eine dieser Linsen, das Objektiv, erzeugt von dem zwischen einfacher und doppelter Brennweite befindlichen Gegenstand, z. B. der Kreisteilung, ein umgekehrtes vergrößertes Bild, welches das als Lupe wirkende Okular noch stärker vergrößert. Bei fast allen modernen Theodoliten werden Mikroskope für die Kreisablesung benutzt. Durch die Okularlinse eines solchen Ablesemikroskopes, s. Abb. 31, wird gleichzeitig auch der in der Bildebene auf einem dünnen Glasplättchen angebrachte Zeiger — Strich, Nonius oder Skala — vergrößert gesehen. Die deutliche

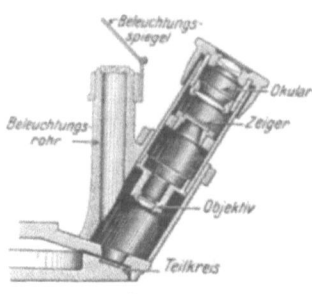

Abb. 31. Ablesemikroskop

Sichtbarmachung des Zeigers für Beobachter mit verschiedener Sehweite erfolgt durch Ein- oder Ausschrauben des Mikroskop-Okulars. Bei neueren Instrumenten ist das Okular des Ablesemikroskops meist neben dem Fernrohrokular angebracht, s. z. B. S. 54, Abb. 48a und b.

Das *Abstimmen* der Skala auf die Teilung sollte nur von der Herstellerfirma vorgenommen werden. Die Vergrößerung der Ablesemikroskope an Winkelmeßinstrumenten ist ungefähr 20- bis 50fach.

29. Zielvorrichtungen

Die Mehrzahl der Winkelmeßinstrumente besitzt Zielvorrichtungen, deren Achse bei der Messung nacheinander in die Richtung jedes Winkelschenkels gebracht wird. Auch die Nivellierinstrumente sind mit solchen Zielvorrichtungen ausgerüstet.

An einfachen Instrumenten, wie z. B. bei kleinen Stativkompassen hat man als Zielvorrichtung ein *Diopter*, d. h. eine Durchsehebene. Dieses in lotrechten Linealen angebrachte Diopter besteht an der dem Auge zugewandten Seite aus einem feinen Sehspalt oder Sehloch, an der dem Ziel zugekehrten Seite aus einem in einem breiteren Spalt eingespannten lotrechten Faden. Derartige Diopter finden auch bei Winkelmeßinstrumenten, z. B. beim Theodolit, in abgewandelter Form als Hilfszielvorrichtungen Verwendung. Sie bestehen hier in Augennähe vielfach aus einer kleinen Bohrung oder einer Kerbe (Kimme) und in Augenferne aus einem Korn. Eine genaue Erfassung der Zielzeichen läßt sich nur mit einem Fernrohr erreichen.

Das *Fernrohr* ist deshalb die Hauptzielvorrichtung unserer Meßinstrumente. Es besteht für diesen Zweck im wesentlichen aus dem Objektiv — Gegenstandslinse —, dem Okular — Augenlinse — und dem zwischen beiden befindlichen Faden- oder Strichkreuz. Der Strahlengang im Fernrohr ergibt sich aus einer Zusammenfassung der auf S. 39 und 40, erwähnten Fälle 1 und 3. Von dem Zielzeichen, das in mehr als doppelter Brennweite vom Fernrohrobjektiv entfernt sein muß, wird durch letzteres ein umgekehrtes, verkleinertes Bild zwischen einfacher und doppelter Brennweite erzeugt, das man mit dem als Lupe wirkenden Fernrohrokular vergrößert betrachtet, s. Abb. 32.

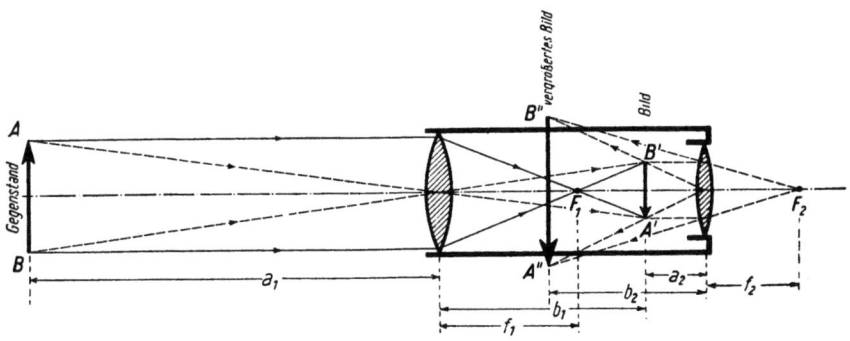

Abb. 32. Strahlengang beim astronomischen Fernrohr

Man bezeichnet ein solches Fernrohr als astronomisches oder nach seinem Erfinder als KEPLERsches Fernrohr. Die Verbindungslinie vom optischen Mittelpunkt der Objektivlinse zum Schnittpunkt des Strichkreuzes bildet die Zielachse des Fernrohres.

Die Bildweite b_1 hängt von der bei jeder Zielung veränderten Gegenstandsweite a_1 ab. Damit das Bild gleichzeitig mit dem Strichkreuz vom Okular aus deutlich zu sehen ist, wird der Strichkreuzrahmen bei den älteren Fernrohren mit Hilfe eines durch eine Triebschraube betätigten Okularauszuges in die Bildebene gebracht, s. Abb. 33a.

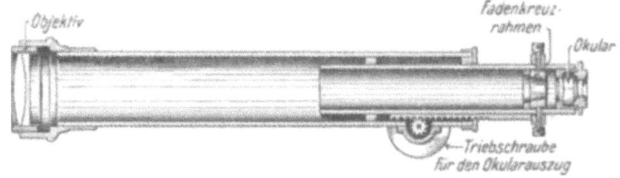

Abb. 33a. Horizontalschnitt durch ein Meßfernrohr älterer Bauart mit Okularauszug

Heutzutage stellt man jedoch nur noch Fernrohre ohne Okularauszug, d. h. von *unveränderlicher* Länge, her, s. Abb. 33b.

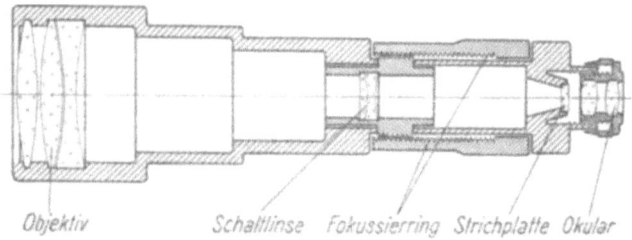

Abb. 33b. Horizontalschnitt durch ein Meßfernrohr neuerer Bauart mit innerer Schaltlinse

In diesen Fernrohren werden die vom Objektiv kommenden Strahlen durch eine mittels einer Triebschraube verschiebbare innere Schalt- oder Zwischenlinse aus ihrer Richtung abgelenkt und früher oder später zum Schnitt gebracht. Hierdurch wird die stets wechselnde Bildweite dem unveränderlichen Abstand Objektiv bis Strichkreuz angepaßt und damit das Bild in die Strichkreuzebene geschoben. Diesen Vorgang bezeichnet man als „Fokussieren".

Die Sichtbarmachung des Strichkreuzes erfolgt durch geringes Hereinoder Herausschrauben des Okulars, dessen Einstellung vielfach an einem geteilten Ring für verschiedene Augen abgelesen werden kann.

Das photographisch auf ein dünnes Glasplättchen gebrachte *Strichkreuz* sitzt in einem Rahmen, der meist durch Schrauben in seiner Lage gehalten wird und um geringe Beträge verschoben und gedreht werden kann.

Die Ausführung des Strichkreuzes ist, wie Abb. 34 zeigt, nach Zweck und Hersteller des Instrumentes verschieden.

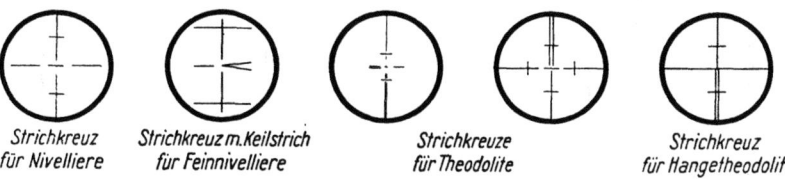

| Strichkreuz | Strichkreuz m. Keilstrich | Strichkreuze | Strichkreuz |
| für Nivelliere | für Feinnivelliere | für Theodolite | für Hängetheodolit |

Abb. 34. Strichkreuze in verschiedenen Ausführungen

Die *Vergrößerung* der Fernrohre unserer Meßinstrumente ist etwa 10- bis 50fach. Als Vergrößerung bezeichnet man das Verhältnis der beiden Winkel, unter denen ein entfernter Gegenstand erstens mit dem freien Auge und zweitens mit dem Fernrohr gesehen wird. Unter dem *Gesichts-* oder *Sehfeld* versteht man den Öffnungswinkel des Kegelraumes, der im Fernrohr überblickt wird. Er ist etwa 1^g bis 2^g groß, d. h. man kann an einer 100 m entfernt stehenden Nivellierlatte im Fernrohr einen Abschnitt von 1,5 m bis 3 m überblicken.

30. Kreisteilungen

Alle Meßinstrumente und auch Zeichengeräte, mit denen Winkel beliebiger Größe gemessen, abgenommen oder aufgetragen werden sollen, besitzen Kreisteilungen im Gradmaß. Bei dem Theodolit, und dem Kompaß ist diese Teilung auf einem Vollkreis angebracht. Bei dem Gradbogen, der Gradscheibe und dem Zulegetransporteur haben wir meist nur geteilte Halbkreise. Der Durchmesser der Teilkreise wechselt von etwa 50 mm bei kleinen Theodoliten und Kompassen bis zu 400 mm bei großen Gradbögen. Die Einteilung wird bei manchen Teilkreisen nur auf ganze Grade durchgeführt, bei anderen geht sie aber auch bis auf $1/2$, $1/5$ oder $1/10^g$. Hinsichtlich der Bezifferung der Teilung ist zu beachten, daß Theodolite, Gradscheiben und Transporteure im allgemeinen durchlaufende, rechtsinnige Bezifferung haben, während die Kompaßteilungen und die Teilungen an den Grundkreisen der Hängetheodolite linksläufig beziffert sein müssen. Bei Gradbögen und anderen Neigungsmessern sowie auch teilweise bei den Höhenkreisen der Theodolite älterer Bauart sind die Bezifferungen der Viertelkreisteilungen vom Nullpunkt nach links und rechts von 0^g bis 100^g angeordnet.

Nach dem im März 1960 erschienenen Normblatt DIN 18721 sollen die Höhenkreise von Theodoliten in Zukunft nur noch nach Zenitdistanzen durchlaufend beziffert werden. Bei Zielung zum Zenit ist die Anzeige 0^g; beim Senken des Fernrohrobjektivs steigt sie, wenn in Fernrohrlage I gemessen wird, sie fällt beim Messen in Fernrohrlage II.

31. Ableseeinrichtungen

Sie bestehen im wesentlichen aus einem Zeiger, der diejenige Stelle der Kreisteilung anzeigt, an der der zu messende Winkel meist mit Hilfe einer Lupe oder eines Mikroskopes, s. Abschn. 28, S. 40, unten, abgelesen wird.

Einfache Zeiger sind z. B. die Nordspitze der Magnetnadel des Kompasses und der Lotfaden des Gradbogens oder der Ablesestrich des Zeigerkreises eines Theodolits. Die Stellung des Zeigers gegen die benachbarten Striche der Kreisteilung wird geschätzt, und zwar in der Regel auf $^1/_{10}$ der Teilungseinheit. Beim Theodoliten wird der Ablesestrich stets gewöhnlich mit einem Nonius, einer Skala oder einer ähnlichen Einrichtung in Verbindung gebracht. Die älteren Theodolite besitzen zwei gleichartige Ablesestellen, die um 200^g gegeneinander versetzt sind.

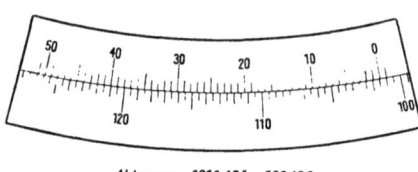

Ablesung = 101^g 42^c = 101,42^g
Abb. 35. 50teiliger Nonius

Der *Nonius* ist ein Hilfsmaßstab mit kurzer gleichmäßiger Teilung, dessen Teilungseinheit etwas kleiner ist als die Einheit der abzulesenden Kreisteilung. Den Unterschied zwischen Kreis- und Noniuseinheit nennt man die Nonienangabe, die man erhält, wenn man den kleinsten Wert der Kreiseinteilung durch die Anzahl der Nonienteile dividiert. Beträgt z. B. der kleinste Unterteil des Teilkreises 50^c und besitzt der Nonius 50 Teile, so ist die Nonienangabe 50^c : 50 = 1^c, s. Abb. 35.

Als Ablesestrich gilt der Nullstrich des Nonius, dessen Bezifferung im übrigen mit der Teilkreisbezifferung gleichlaufend ist. Die Ablesung am Nonius erfolgt in der Weise, daß man zunächst die rechts vom Nullstrich liegende Gradzahl nebst den etwa noch vorhandenen ganzen Unterteilen des Grades am Teilkreis ermittelt. Dann sieht man nach, welcher Strich des Nonius sich mit einem beliebigen Strich der Kreisteilung deckt — in der Abb. 35 der 42. Noniusstrich —. Diesen Wert fügt man zu der vorher ermittelten Gradzahl hinzu und erhält damit die gesamte Ablesung — 101^g 42^c.

Findet eine genaue Deckung zweier Striche nicht statt, liegt also die Treffstelle zwischen zwei Noniusstrichen, so kann die Ablesung schätzungsweise bis auf die Hälfte der Nonienangabe vorgenommen werden.

Bei der Neugradteilung hat man in der Regel 10-, 20-, 40- oder 50-teilige Nonien, deren Angaben von 2^c bis zu $^1/_2$^{c} reichen.

An Höhenkreisen mit Viertelkreisbezifferungen sind vielfach Doppelnonien angebracht, von denen jeweils der mit dem Kreise gleichgerichtet bezifferte Teil zur Ablesung benutzt wird, s. S. 75, Abb. 56.

Während die vorgenannten Zeiger die Kreisteilung unmittelbar berühren, sind dieselben bei Verwendung von Ablesemikroskopen auf einem dünnen Glasplättchen in der Bildebene des Mikroskopes angebracht.

Besteht der Zeiger nur aus einem einzigen Strich, so spricht man von einem Srich- oder Schätzmikroskop, s. Abb. 36, bei Anwendung kurzer Nonien von einem Nonienmikroskop, s. Abb. 37, und bei Benutzung verschiedenartiger Skalen von einem Skalenmikroskop, s. Abb. 38. Außerdem werden vielfach sogenannte Koinzidenzmikroskope benutzt, s. Abb. 41, S. 46 unten.

Im Skalenmikroskop wird der Winkel an einer der Bezifferung der Kreiseinteilung entgegen gerichtet bezifferten n-teiligen Skala vom rechten Nullstrich der Skala bis zum jeweiligen Kreisteilungsstrich unmittelbar abgelesen. So erfolgt in Abb. 38 bei einer Teilkreiseinheit von 1^g die Ablesung an der Skala auf 5^c, wobei 1^c noch geschätzt werden kann.

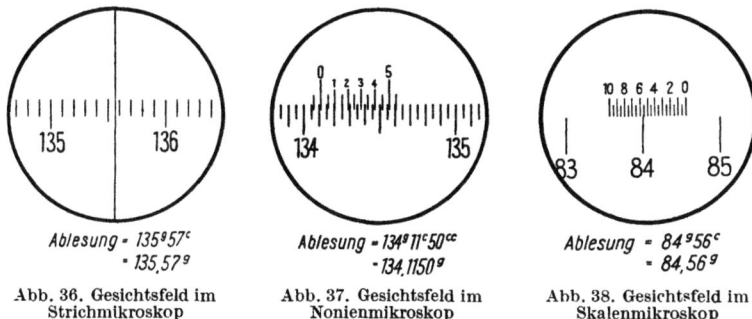

Abb. 36. Gesichtsfeld im Strichmikroskop

Abb. 37. Gesichtsfeld im Nonienmikroskop

Abb. 38. Gesichtsfeld im Skalenmikroskop

Um das vor allem bei vielteiligen Skalen mit sehr geringem Strichabstand oft mühsame Ablesen zu erleichtern, sind die Theodolite vielfach mit *optischen Mikrometern* ausgestattet. Diese Einrichtung besteht z. B. aus einer Mikrometerschraube, einer planparallelen Glasplatte und einer kleinen Mikrometerskala, s. Abb. 40, S. 46, oben. Die Ablesung, s. Abb. 39, kommt folgendermaßen zustande:

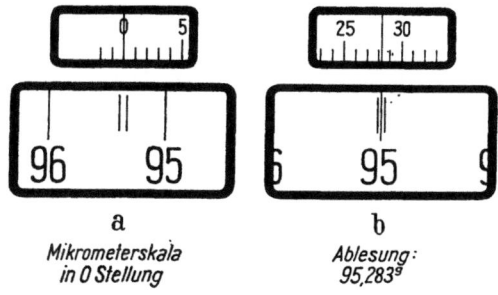

a
Mikrometerskala
in 0 Stellung

b
Ablesung:
95,283^g

Abb. 39 a u. b. Ablesung mittels optischen Mikrometers

Der Abstand des nächsten Strichs der Kreisteilung — 95^g in Abb. 39a — bis zum festen meist als Doppelstrich ausgebildeten Zeiger wird dadurch gemessen, daß durch die mit Hilfe der Mikrometerschraube erfolgte Drehung der planparallelen Platte das Teilungsbild solange verschoben wird, bis der Teilstrich vom Zeiger umschlossen wird, s. Abb. 39b. Der Verschiebungsbetrag wird an der Mikrometerskala, die gemeinsam mit den Kreisbildern in einem vielfach neben dem Fernrohr angebrachten Ableseokular abgebildet wird, abgelesen — 28,3^c in Abb. 39b. Die Gesamtablesung lautet demnach im vorliegenden Beispiel 95,283^g.

Zur schnelleren Ablesung und bequemeren Mittelbildung sind alle modernen Feinmeßtheodolite auch mit einer Einrichtung für die *optische Mittelbildung* ausgestattet.

Wie aus der Abb. 40 zu ersehen ist, werden die Ablesungen an den beiden um 200^g auseinander liegenden Ablesestellen des Glasteilkreises mit Hilfe von Prismen so zusammengespiegelt, daß sie im Ableseokular in *einem* Bild abgelesen werden können. Die z. B. zu den Gradzahlen 10 und 210 gehörenden Teilstriche erscheinen nebeneinander als Doppelstrich unter der Zahl 10; die auf dem Kopf stehende Zahl 210 wird ausgeblendet. Zur Bestimmung des Abstandes des nächsten Doppelteilstriches vom feststehenden einfachen Zeigerstrich wird mit Hilfe des in den Strahlengang eingebauten Planplattenmikrometers das Teilungsbild so weit verschoben, bis der Zeigerstrich in der Mitte des Doppelstriches steht — *Feldmitteneinstellung*. Nunmehr werden die 20^c-Teilintervalle von der nächstniedrigeren Gradzahl bis zum Zeiger abgezählt (0 Intervalle in der Abb. 40) und sodann an der Mikrometerskala der Verschiebungsbetrag in Minuten und Sekunden abgelesen; in unserem Beispiel ergibt sich als Ablesung $10,0640^g$. Dieser Wert ist das Mittel der Ablesungen an den beiden Ablesestellen.

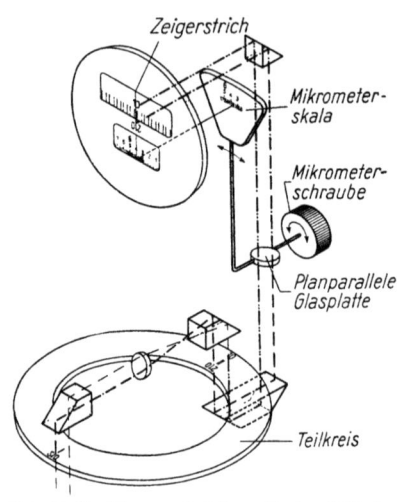

Abb. 40. Strahlengang bei der optischen Mittelbildung, Feldmitteneinstellung

Eine andere Art der optischen Mittelbildung ermöglicht das *Koinzidenzmikroskop*. Die beiden Ablesestellen erscheinen übereinander im Ablese-

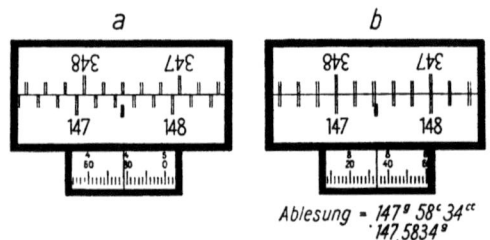

Ablesung = $147^g\ 58^c\ 34^{cc}$
$147,5834^g$

Abb. 41. Ablesung im Koinzidenzmikroskop

okular, wobei die eine aufrecht, die andere auf dem Kopf steht, s. Abb. 41. Um nun den Abstand zwischen den aufrechten und den benachbarten auf dem Kopf stehenden einfachen oder Doppelstrichen der Kreisteilung genau ausmessen zu können, bedient man sich wiederum eines optischen Mikrometers. Mit Hilfe der Mikrometerschraube verschiebt man die

Teilstriche so weit, bis sich zwei Striche einander genau gegenüberstehen, d. h. bis zu ihrer Koinzidenz, s. Abb. 41b. Die Ablesung erhält man nun durch Abzählen der 10^c-Teilintervalle zwischen den entsprechenden Gradzahlen — in der Abb. 41b von 147^g bis $347^g = 5$ Intervalle — und durch Ablesen des Reststückes (= Maß der Verschiebung) an dem Zeigerstrich der neben oder unter dem Bild der Ablesestellen erscheinenden Mikrometerskala in Minuten und Sekunden — in den Abb. 41b...834. Die Gesamtablesung, die das Mittel der beiden Ablesestellen am Teilkreis darstellt, ist also $147,5834^g$.

Bei dem *Ablesemikroskop* ist die Länge des Nonius oder der Skala oder der Hilfsteilung des Mikrometers auf den Abstand zweier Teilkreisstriche im Bilde abgestimmt. So müssen z. B. 10 Nonienteile gleich 9 Teilkreiseinheiten oder 20 Skalenteile gleich einer Teilkreiseinheit sein.

Die verschiedenen Ablesungen an den im Anhang, Tafel 9 bis 19 abgebildeten Theodoliten moderner Bauart sind zahlenmäßig bei jedem Instrument mit angegeben.

Einfache Winkelmeßinstrumente
Instrumente zum Abstecken fester Horizontalwinkel

Als feste Winkel, die bei der Ausführung von Lageaufnahmen, s. Abschn. 73 u. 74, S. 133 u. f., abzustecken sind, kommen meist rechte, seltener gestreckte Winkel in Betracht.

Man benutzte für diese Absteckungen früher vielfach den Winkelspiegel. Heute verwendet man fast ausschließlich Winkelprismen.

32. Winkelprismen

Das einfachste Winkelprisma ist ein Glasprisma von dreieckigem, rechtwinklig-gleichschenkligem Querschnitt, dessen Hypotenusenfläche als Spiegel hinterlegt ist,

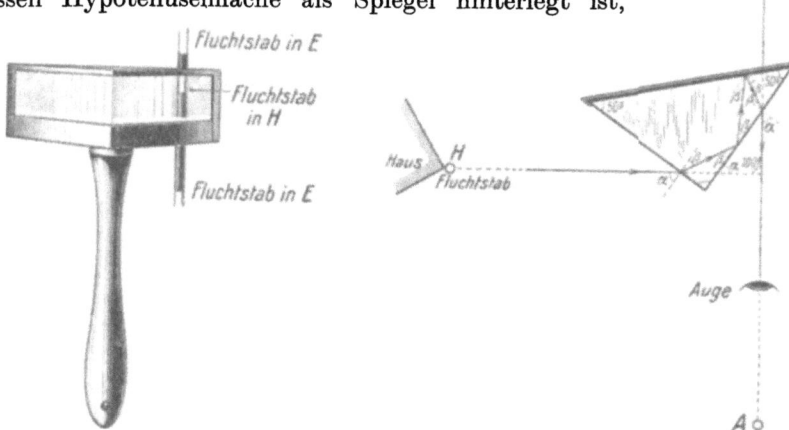

Abb. 42. Dreiseitiges Winkelprisma, Anwendung und Strahlengang

s. Abb. 42. Von den das Prisma durchdringenden Lichtstrahlen sind für die Absteckung rechter Winkel nur diejenigen verwendbar, die im Innern außer an der Hypotenusenfläche auch noch infolge flachen Auftreffens an einer Kathetenfläche zurückgeworfen werden. Der Gang dieser festen Strahlen, deren Ein- und Austritt immer in der Nähe einer Prismenkante erfolgt, ist in Abb. 42 rechts, s. S. 47 eingetragen. Wie man an den eingeschriebenen Winkelbezeichnungen leicht nachweisen kann, trifft der im Innern des Prismas doppelt zurückgeworfene Strahl unter demselben Winkel β auf die zweite Kathetenfläche, unter dem dieser Strahl die erste Kathetenfläche verläßt. Wegen des Brechungsgesetzes muß infolgedessen auch der Austrittswinkel α an der zweiten Kathetenfläche gleich dem Eintrittswinkel α an der ersten Kathetenfläche sein. Daraus folgt weiter, daß der Kreuzungswinkel zwischen dem eintretenden und dem austretenden Strahl gleich 100^g ist.

Beim *Gebrauch* des Winkelprismas geht man auf der Polygonlinie von A nach E vor und beobachtet die auf der Gegenseite des Außenpunktes H befindliche Kathetenfläche des Prismas, das mit seiner rechtwinkligen Kante dem Auge zugewendet ist. Das Bild des Außenpunktes, das in der Nähe der spitzen Kante erscheint und bei geringer Drehung des Prismas seine Stellung nicht ändern darf, wird mit dem über oder unter dem Prisma unmittelbar gesehenen Endpunkt E der Polygonlinie zur Deckung

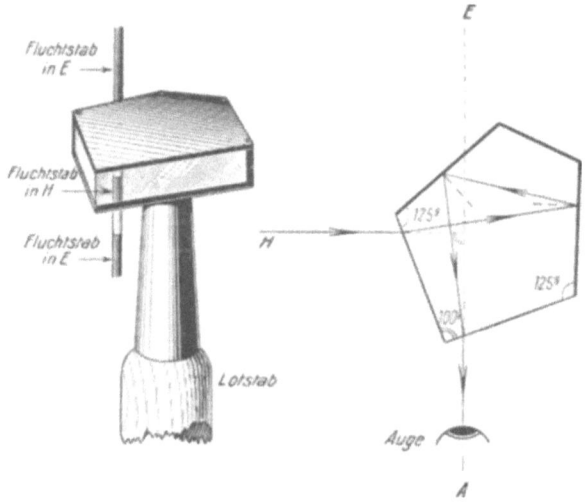

Abb. 43. Pentagonprisma, Anwendung und Strahlengang

gebracht, s. Abb. 42, links, und die Lage des Fußpunktes an der Spitze eines dem Prisma angehängten Schnurlotes oder an einem Lotstab auf dem Meßband abgelesen.

Die *Prüfung* des Winkelprismas erfolgt durch Aufsuchung des Fußpunktes einer Rechtwinkligen auch in umgekehrter Richtung. Eine Berichtigung ist jedoch nicht möglich.

Eine andere Art des Winkelprismas ist das fünfseitige *Pentagonprisma*, bei dem der Scheitelpunkt des rechten Winkels im Innern des Instrumentes liegt. Die Form und der Strahlengang dieses auch für Steilsichten verbesserten Prismas ist aus der Abb. 43 zu ersehen.

Schließlich sei noch das *Wollastonprisma* genannt, bei dem keine verspiegelten Flächen mehr vorhanden sind. Es findet als Doppelprisma bei den nachfolgend angeführten Kreuzvisieren Verwendung.

Zum Abstecken gestreckter Winkel oder zum Einrichten in eine Linie verwendet man *Doppelprismen*, *Prismenkreuze* oder *Kreuzvisiere*, mit denen bei Benutzung nur eines Prismas auch gleichzeitig rechte Winkel bestimmt werden können. Ist an Doppelprismen ein Prisma drehbar angeordnet und das Maß dieser Drehung an einer Teilung abzulesen, so kann man das Gerät im ebenen Gelände auch zur Messung beliebiger Brechungswinkel benutzen, s. Prismentrommel, S. 276, Abb. 215.

Instrumente zur Messung von Neigungswinkeln

Für die Messung von Neigungswinkeln sind oft kleine Sonderinstrumente im Gebrauch, die bei der Längenmessung in geneigtem Gelände oder in schwebenden Grubenbauen benutzt werden.

33. Gefällmesser und Aufsatzgeräte

Über Tage verwendet man vielfach *Freihandgefällmesser*, an denen man die Steigung oder das Gefälle in Neugrad oder in Prozenten ablesen kann, s. Abb. 44.

Zusätzlich eine 360°-Teilung und eine Teilung nach der Funktion 100 $(1-\cos\alpha)$ zur Reduktion schräg gemessener Längen auf die Horizontale hat der Gefällmesser „NECLI", s. Abb. 45. Je 2 Teilungen sind gemeinsam mit dem Bild des Zieles im Fernrohr sichtbar. Einfache Nivellements geringer Genauigkeit, die genäherte Bestimmung der Höhe von Bauwerken u. a. m. sind schnell und einfach ausführbar.

Für die Lattenmessung auf geneigtem Boden sind verschiedenartige *Aufsatzgeräte* im Gebrauch, bei denen entweder der Neigungswinkel α oder die bei 5 m flacher Länge abzuziehende Verkürzung $= 5 \cdot (1 - \cos\alpha)$ abgelesen werden.

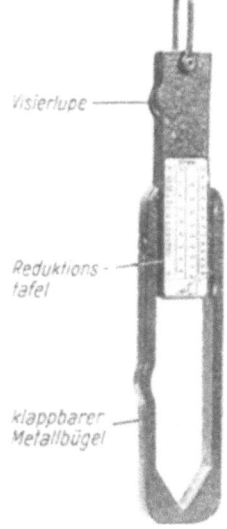

Abb. 44. Freihandgefällmesser von Möller

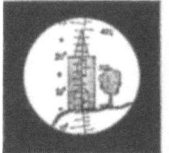
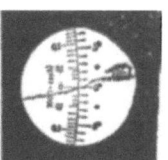

Abb. 45. Freihandgefällmesser „NECLI", von Breithaup links Ansicht, rechts Ablesebilder

Unter Tage wird für die mit dem Stahlmeßband gemessene flache Länge der Neigungswinkel durchweg mit den Höhenkreis des später beschriebenen Theodolits, s. S. 52 u. f., ermittelt.

34. Gradbogen

Bei Verwendung einer Meßkette oder in Verbindung mit einer straff gespannten Schnur benutzt man allgemein den *Gradbogen*, s. Abb. 46. Dieser besteht aus einem geteilten Halbkreis aus Messing oder Aluminiumblech, der an den Enden des Durchmessers zwei nach verschiedenen Seiten geöffnete Haken zum Anhängen an die Meßkette oder Schnur besitzt. Durch eine genau im Mittelpunkt des Teilkreises befindliche feine Öffnung ist ein dünner Faden gezogen, der, mit einem kleinen Gewicht beschwert, stets lotrecht hängt. Der Lotfaden zeigt an der Teilung, die von der Mitte des Bogens nach beiden Seiten von 0^g bis 100^g beziffert ist, den Winkel α an, der von der Nulllinie und der Lotlinie gebildet wird.

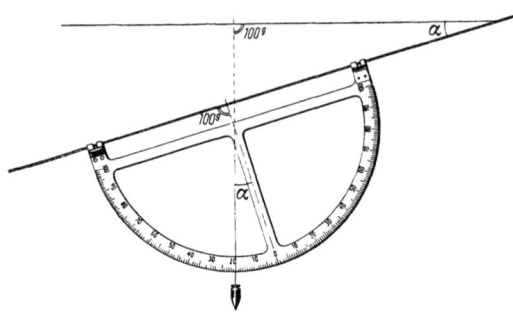

Abb. 46. Gradbogen

Dieser Winkel ist gleich dem zu ermittelnden Neigungswinkel α, wenn die Nullinie rechtwinklig zur Meßlinie (Schnur) verläuft, was nur bei paralleler Lage der 100^g bis 100^g-Linie zur Hakenlinie zutreffen kann. Man liest am Gradbogen die ganzen Grade unmittelbar ab, während zehntel Grade geschätzt werden.

Die *Prüfung* des Gradbogens hinsichtlich der Parallelität der Hakenlinie mit der 100^g bis 100^g-Linie der Teilung erfolgt durch Umhängen an derselben Stelle und jedesmaliges Ablesen der Teilung. Stimmen beide Ablesungen nicht überein, so kann man, um die jedesmalige Mittelung der Ablesungen zu vermeiden, eine Berichtigung durch Verstellung des einen, mit ovalen Schraubenlöchern versehenen Hakens vornehmen.

Die Meßkette wird auch bei straffem Anziehen infolge ihres eigenen Gewichtes und des Gradbogengewichtes immer eine geringe Durchbiegung erleiden, die die Bestimmung des wahren Neigungswinkels erschwert. Bei annähernd söhliger Meßlinie zeigt der in der Mitte der ausgespannten Meßkette aufgehängte Gradbogen den richtigen Neigungswinkel an, da an dieser Stelle die Hakenlinie parallel zur geraden Verbindung der Endpunkte der Meßlinie ist. Bei flachen Meßlinien rückt die richtige Aufhängestelle aber mit zunehmender Neigung nach oben. Sie liegt bei 72^g Neigung auf etwa $^2/_3$ der Länge von unten.

In der folgenden Zahlentafel sind für einen an einer Meßkette aufzuhängenden Gradbogen von etwa 70 g Gewicht die Entfernungen der günstigsten Beobachtungsstellen bei verschiedenen Neigungen vom *un-*

teren Endpunkt der Linie aus in Hundertteilen der Länge von SEELIS [75] angegeben.

Zahlentafel für den günstigsten Aufhängepunkt des Gradbogens

Neigungswinkel	0^g	16^g	33^g	50^g	67^g	78^g
Entfernung in Hundertteilen vom unteren Ende der Meßlinie aus ..	50%	52%	54%	57%	62%	70%

Der Gradbogen wird außer zur Bestimmung von Neigungswinkeln an einzelnen Meßlinien auch zur Ermittlung des Einfallwinkels von Lagerstätten, Gebirgsschichten und -störungen benutzt, s. S. 264, Abb. 206.

Der Theodolit und seine Anwendung

35. Einteilung

Das Hauptinstrument zur Messung von Brechungs- und Neigungswinkeln jedweder Art und Genauigkeit ist der Theodolit. Man unterscheidet *Standtheodolite* und *Hängetheodolite*, je nachdem, ob das Instrument beim Gebrauch auf ein Stativ gestellt oder aber an einem Pfriemen oder Anschraubstück aufgehängt wird.

Nach Lage des Fernrohrs am Instrument spricht man von *zentrischen* und *exzentrischen* Theodoliten, während nach Art der Ablesevorrichtung *Nonien-* und *Mikroskoptheodolite* unterschieden werden.

Für die Messung der Brechungswinkel ist die Unterscheidung in *einachsige* oder *einfache* und *zweiachsige* oder *Wiederholungstheodolite* von Bedeutung.

Ferner unterscheidet man *Feinmeßtheodolite* und *Nachtragetheodolite*. Die ersteren — auch „Sekundentheodolite" genannt — werden für wichtige Anschluß- und Orientierungsmessungen über und unter Tage, insbesondere für genaue Winkelmessungen im untertägigen Hauptzugnetz benutzt, während die Nachtragetheodolite für Winkelmessungen geringerer Genauigkeit z. B. in den Verbindungs- und Nebenzügen der unter- und übertägigen Vermessungsnetze verwandt werden.

36. Einrichtung des Theodolits

Obwohl heute kaum noch Instrumente älterer Bauart in Gebrauch sind, so soll die Einrichtung des Theodolits dennoch an einem älteren Gerät, einem Nonientheodolit, s. Abb. 47, S. 52, erläutert werden, zumal die einzelnen Instrumententeile hier besser sichtbar sind als bei einem völlig eingekapselten Theodolit moderner Bauart, s. Abb. 48, S. 54.

Der *Unterbau* dieses als Standinstrument ausgebildeten Theodolits besteht aus einem Dreifuß mit drei Stellschrauben und einer kurzen zylindrischen oder konischen Büchse. In letzterer sitzt die drehbare hohle Achse des waagerecht angeordneten Teilkreises, der auch Grundkreis genannt wird. Dieser kann nach Bedarf festgeklemmt und dann mit einer Feinstellschraube in geringem Ausmaße noch verstellt werden, s. auch Abb. 59, S. 82.

Der *Oberbau* besteht aus dem gleichfalls waagerechten Zeigerkreis, an dessen Rand die beiden um 200^g auseinander liegenden Nonien ange-

52 Messungen

bracht sind. Auf dem Zeigerkreis stehen die beiden Fernrohrträger, in deren oberen, gabelförmigen Ausschnitten die Kippachse des Fernrohres unter Federdruck drehbar gelagert ist. An der Kippachse sitzt neben dem Fernrohr der Höhenkreis. Sein lotrechter Zeigerkreis mit zugehöriger Höhenkreislibelle ist dagegen mit einem Fernrohrträger so verbunden, daß noch kleine Verstellungen dieses Zeigerkreises an einer Feinstellschraube gemacht werden können.

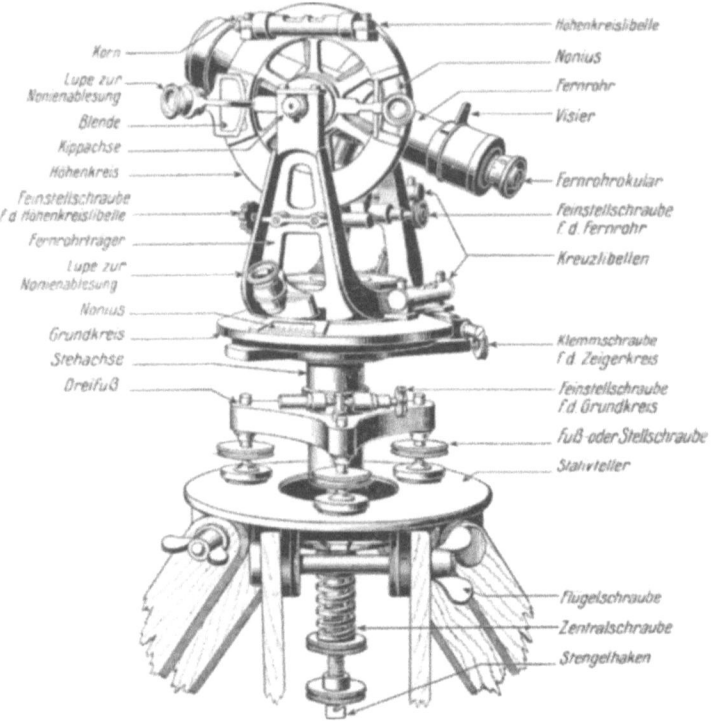

Abb. 47. Nonien-Theodolit von Fennel (ältere Bauart)

Mit Klemmschrauben lassen sich der Oberbau gegen den Teilkreis des Unterbaus und weiter das Fernrohr mit Höhenkreis gegen den Fernrohrträger oder die zugehörigen Zeiger feststellen. Die zu diesen Klemmschrauben gehörigen Feinstellschrauben erlauben wieder eine Verstellung der verbundenen Teile in geringem Ausmaße. Zur Lotrechtstellung der Hauptumdrehungsachse des Instrumentes, d. h. der Stehachse, ist eine Röhrenlibelle angebracht. An älteren Instrumenten befinden sich oft zwei um 100^g gegeneinander versetzte Röhrenlibellen, die auch als Kreuzlibellen bezeichnet werden. Von diesen Libellen ist die eine mit dem Zeigerkreis, die andere in der Regel mit dem Fernrohrträger fest verbunden. Auf dem Zielfernrohr ist eine aus Visier und Korn bestehende Hilfszielvorrichtung angebracht, während sich für die Zentrierung in der Grube auf der anderen Seite des Fernrohrs in der Mitte eine als eingekörntes Loch oder kleine Spitze ausgebildete Zentriermarke befindet. Manche Fernrohre sind außerdem mit einer parallel zur Zielachse angeordneten Röhrenlibelle — auch Fernrohrlibelle genannt — ausgestattet.

Bei Grubentheodoliten ist die Anbringung einer elektrischen Beleuchtungsvorrichtung, die durch eine kleine Trockenbatterie gespeist wird, und die insbesondere die Ablesestellen gut beleuchtet, recht vorteilhaft. Für Schlagwettergruben muß diese Beleuchtungseinrichtung nebst Stromquelle und Zuleitung schlagwettersicher ausgeführt sein. So liefert z. B. die Firma Breithaupt, Kassel, seit einigen Jahren eine schlagwettergeschützte Beleuchtungseinrichtung, die ohne besondere Zuleitung unmittelbar an dem Fernrohrträger des Theodolits befestigt wird, s. Abb. 50, S. 56. Das relativ kleine Kästchen enthält neben der Glühlampe vier Kleinst-Akkumulatoren, die eine ununterbrochene Brenndauer von vier Stunden erlauben. Wird die Einrichtung nur jeweils zur Ablesung kurzfristig eingeschaltet, so ist die Gesamtbrenndauer wesentlich höher. Entladene Zellen können in einem kleinen Ladegerät, das an jeden Netzstecker angeschlossen werden kann, aufgeladen werden.

37. Feinmeßtheodolite

Als Beispiel eines Feinmeßtheodolits sei nachstehend der in Abb. 48 dargestellte Theodolit ,,Tu'' der Askania-Werke, Berlin, näher beschrieben.

Seine neuzeitliche Formgebung bietet den empfindlichen Teilen Schutz vor Staub und Feuchtigkeit, Stoß und Schlag und vermeidet weitgehend thermische Einflüsse, z. B. auf die Röhrenlibelle, die zwischen den Fernrohrträgern im Oberbau eingebaut ist. Das Instrument ist mit zylindrischen Stahlachsen und einer Steckhülsenverbindung für die Zwangszentrierung von Theodolit und Zielzeichen ausgerüstet, s. S. 82 u. f., Abschn. 48.

Grund- und Höhenkreis bestehen aus spannungsfrei gefaßten Glasringen, die in Intervallen von $1/5^g$ geteilt sind. Die Ablesung erfolgt durch ein Koinzidenzmikroskop mit optischem Mikrometer. Die Teilungsbilder sowie die Skala des Mikrometers erscheinen gemeinsam in dem neben dem Fernrohr angebrachten Ablesemikroskop, s. Abb. 48a. Die Mikrometerskala, die ohne besondere Umschaltung sowohl für die Höhenkreisablesung (oberes Teilungsbild) als auch für die Grundkreisablesung (unteres Teilungsbild) benutzt werden kann, ermöglicht die Ablesung von 2^{cc}. Die Beleuchtung der Ablesestellen erfolgt durch einen einzigen Spiegel, kann jedoch auch durch eine ansteckbare elektrische Beleuchtungseinrichtung bewirkt werden. Die obengenannte schlagwettersichere Beleuchtungseinrichtung ist ebenfalls verwendbar.

Eine bequemere Handhabung ist durch Anordnung aller Bedienungsknöpfe an einer Seite und Zusammenfassen der Klemm- und Feinbewegungsschrauben in Doppelknöpfen erreicht worden.

Eine weitere Vereinfachung wird mit einem automatischen Höhenkreisindex erzielt, dessen stoßgeschütztes Kompensationspendel die sonst zum Einspielen der Höhenzeigerkreislibelle, s. Abschn. 43, S. 75 u. f., erforderliche Zeit einzusparen erlaubt. Die Wirkungsweise soll anhand der stark vereinfachten Abb. 49 erläutert werden. In der Abb. 49a sollen die Stehachse genau lotrecht und die Zielachse genau waagerecht sein. Das Bild der Höhenkreisablesung, die in diesem Fall genau 100^g betragen muß, gelangt über ein feststehendes Prisma und ein pendelnd

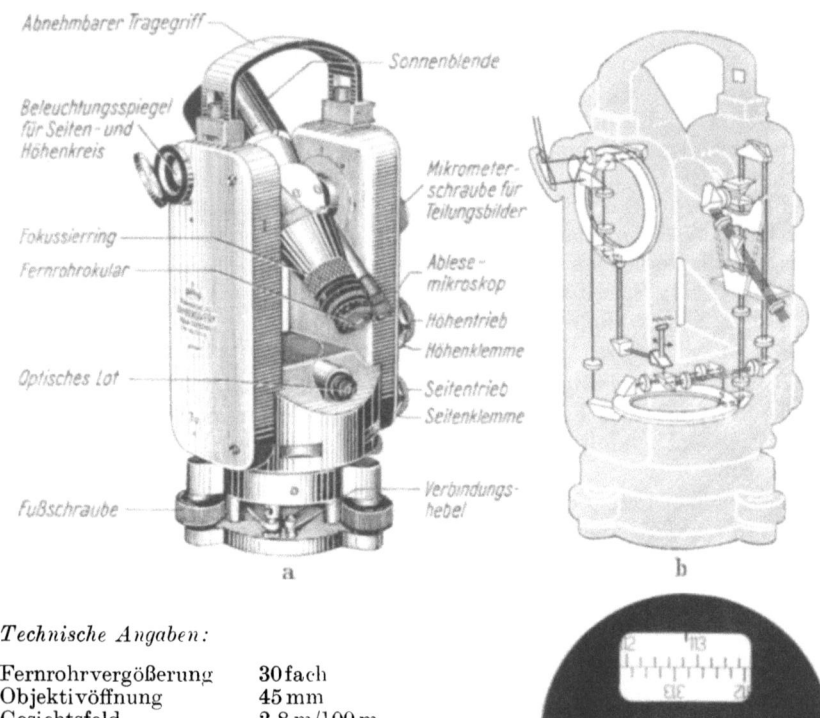

Technische Angaben:

Fernrohrvergößerung	30 fach
Objektivöffnung	45 mm
Gesichtsfeld	2,8 m/100 m
Kürzeste Zielweite	1,5 m
Teilungsintervall	20^c
Direkte Ablesung	2^{cc}
Schätzung	$0,2^{cc}$
Libellenempfindlichkeit	
a) Horizontierlibelle	$62^{cc}/2$ mm
b) Dosenlibelle	$18^c/2$ mm
Gewicht d. Instrumentes	4,6 kg

Abb. 48a—c. Feinmeßtheodolit „Tu" von Askania, a) Ansicht, b) Strahlengang, c) Ablesebeispiel

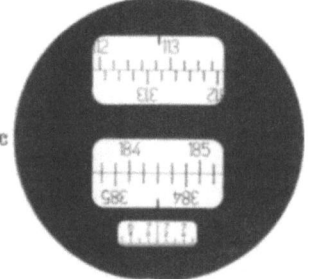

Ablesebeispiel:

Kreis	$184,4^g$
Mikrometer	$710,0^{cc}$
Gesamt	$184,4710,0^g$

aufgehängtes Prisma in das Ableseokular. Wird nun z. B. durch Einsinken eines Stativbeines bei weichem Untergrund eine Neigung der Stehachse eintreten, so muß, um die gleiche horizontale Zielung zu erreichen, das Fernrohr nachgestellt werden. Wie die Abb. 49b erkennen läßt, bewirkt nunmehr das Pendelprisma, daß der zur Ablesung dienende Lichtstrahl wiederum genau zur Kreisstelle 100^g geführt wird. Die Veränderung der Horizontierung übt also keinen Einfluß auf die Höhenwinkelablesung aus. Das Pendel wirkt in einem Bereich von $\pm 6^c$. Seine Einspielgenauigkeit liegt etwa bei der einer 3^{cc}-Libelle. Für das schnelle Abklingen der Pendelschwingungen sorgt eine Luftdämpfung.

Auf eine Einrichtung, die eine Verwendung des Theodolits „Tu" für die Wiederholungswinkelmessung möglich gemacht hätte, ist wegen der hohen Ablesegenauigkeit verzichtet worden. Es ist jedoch für die z. B. bei Satzmessungen erwünschte Kreisverstellung eine besondere Triebschraube vorhanden. Unbeabsichtige Kreisverdrehungen werden durch einen in Ruhestellung des Triebknopfes einrastenden Sperrhebel verhindert.

Ein optisches Lot ist in den Oberbau des Theodolits eingebaut, so daß es leicht überprüft werden kann. Von dem umfangreichen Zubehör sei hier nur einiges erwähnt, so z. B. das gebrochene Lotfernrohr für die Zentrierung des Dreifußes über Bodenpunkten oder unter Firstpunkten, Okularprismen oder Zenitokulare für Steilsichten, 2 m-Invar-Basislatte für optische Entfernungsmessung, Reiterlibelle u. a. m.

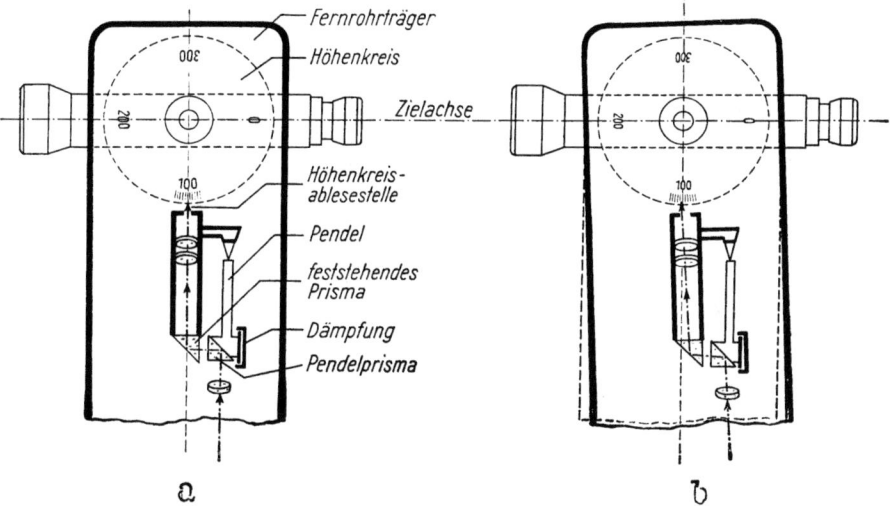

Abb. 49a u. b. Wirkungsweise des automatischen Höhenkreisindex beim Theodolit „Tu" von Askania, a) Theodolit horizontiert, b) Horizontierung gestört

Weitere Feinmeßtheodolite von bekannten Werkstätten geodätischer Instrumente sind im Anhang, Tafel 9 bis 12, abgebildet. Eine Beschreibung dieser Theodolite erübrigt sich, da alle sichtbaren Instrumententeile in den Abbildungen besonders bezeichnet und die wichtigsten technischen Angaben des jeweiligen Instrumentes mitgeteilt sind. Außerdem ist jedesmal die Ablesung des Grund- und teilweise auch des Höhenkreises mitdargestellt.

Von dem Theodolit „Th 3" der Firma Carl Zeiss, Oberkochen, s. Tafel 13 des Anhangs, seien jedoch einige erwähnenswerte Besonderheiten angeführt. Auch bei diesem Instrument ist kein besonderer Bedienungsknopf für die Höhenzeigerkreislibelle mehr vorhanden. Eines ihrer Blasenenden dient als Ableseindex für das Höhenkreismikrometer. Eine Beeinflussung der Höhenwinkelmessung durch eine eventuelle Stehachsenneigung wird dadurch vermieden.

Seitenfeinbewegung und Fernrohrfokussierung sind leichter und genauer möglich, weil sie mit Schnell- und Feingang, die im Verhältnis von 1:5 zueinander stehen, ausgestattet sind. Sie werden durch Ändern des Drehsinns der Bedienungsschrauben eingeschaltet.

Zur Beschleunigung des Ablesevorgangs kann man für Messungen geringerer Genauigkeitsstufe das Mikrometer ausschalten. Die Ablese-

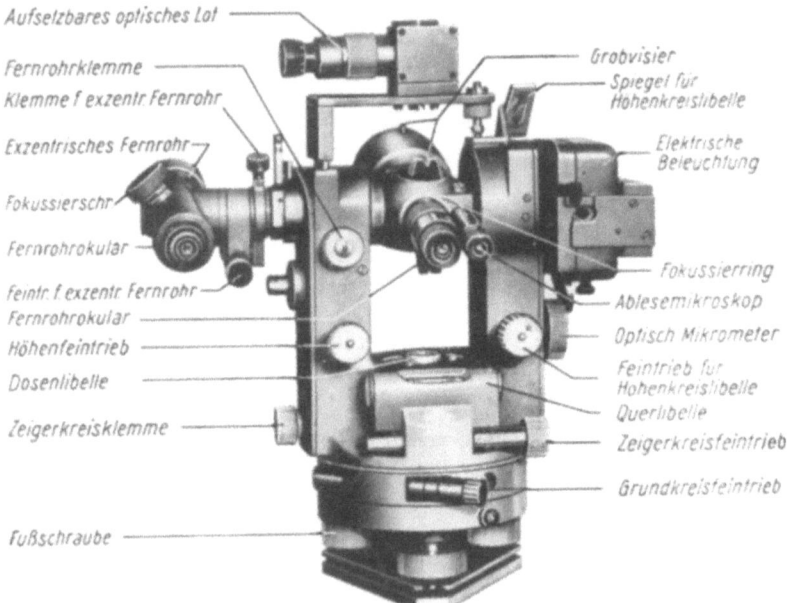

a

Technische Angaben:

Fernrohrvergrößerung	30 fach
Objektivöffnung	40 mm
Gesichtsfeld	2,5 m/100 m
Kürzeste Zielweite	2,0 m
Vergrößerung d. exzentr. Fernr.	18 fach
Gesichtsfeld d. exzentr. Fernr.	4,8 m/100 m
Teilungsintervall	0,5^g
Mikrometerablesung	1^c
Schätzung am Mikrometer	10^{cc}
Horizontierlibelle	140^{cc}/2 mm
Dosenlibelle	37^c/2 mm
Gewicht	4,8 kg

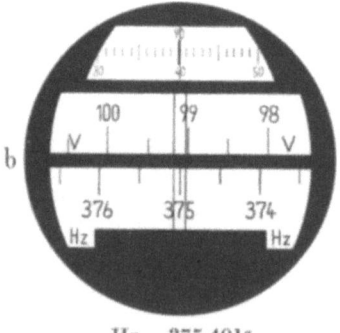

b

Hz = 375,401^g

Abb. 50. Theodolit Nr. I „TEINS" von Breithaupt mit exzentrischem Zusatzfernrohr, optischem Lot und elektrischer Beleuchtungseinrichtung, a) Ansicht, b) Ablesebeispiel

einrichtung wird dadurch zum einfachen Skalenmikroskop, das eine Ablesung auf 1ᶜ gestattet. Unter Benutzung des Mikrometers kann dagegen auf $1/10^c$ abgelesen werden. Eine Steigerung der Meßgenauigkeit ist schließlich durch Benutzung einer Kreisklemme zu erreichen, deren Drehknopf für Klemmen und Freigeben des Grundkreises jeweils nur um eine Vierteldrehung weiterzuschalten ist. Die dadurch ermöglichte Wiederholungswinkelmessung liefert Horizontalwinkel bis zu $\pm 3^{cc}$ genau*.

Auf den Theodolit Nr. I „TEINS" der Firma Breithaupt, Kassel, s. Abb. 50, sei schließlich noch kurz eingegangen. Dieser Wiederholungstheodolit mit Glaskreisen und Mikroskopablesung mit Mikrometer — Schätzung 10^{cc} — wird unseres Wissens zur Zeit als einziger Theodolit seiner Art mit seitlich aufsteckbarem Fernrohr geliefert. Durch dieses exzentrische Zusatzfernrohr werden Steilsichten bis 100^g nach unten möglich. Ein optisches Lot, das über dem zentrischen Fernrohr angebracht werden kann, erlaubt die Zentrierung unter Firstpunkten. Die auf S. 53 bereits erwähnte schlagwettergeschützte Beleuchtungseinrichtung kann auch bei diesem Theodolit verwendet werden.

38. Nachtragetheodolite

Zu den Nachtragemessungen in der Grube wurde früher fast ausschließlich das *Hängezeug*, bestehend aus Hängekompaß, s. S. 250, Abb. 191, und Gradbogen, s. S. 50, Abb. 46, gebraucht. Die fortschreitende Verwendung eines stählernen Ausbaues sowie elektrischer Maschinen und Leitungen im Untertagebetrieb hat jedoch bewirkt, daß heute der Kompaß in der Grube nur noch sehr wenig benutzt werden kann. Im Bezirk des Oberbergamtes Dortmund ist deshalb die Verwendung des Kompasses für Nachtragemessungen mit Verfügung vom 19. 12. 1951 verboten worden. Aus diesem Grunde ergab sich die Notwendigkeit zur Einführung anderer kleiner, leichter und einfacher Winkelmeßinstrumente, mit denen sich auch in engen Grubenräumen ein rascher Arbeitsfortschritt bei hinreichender Genauigkeit der Messungsergebnisse ohne Betriebsstörung erzielen läßt.

Die Aufgabe, für den vorgenannten Zweck geeignete Instrumente zu schaffen, ist durch den Bau handlicher *Standtheodolite* und kleiner Hängetheodolite gelöst worden. Als Beispiel ist ein moderner, 2,8 kg schwerer Theodolit der Fa. Jenoptik Jena GmbH im Anhang, Tafel 17, abgebildet.

Diese Standtheodolite, die hin und wieder auch in Verbindung mit Wandarmen verwendet werden, entsprechen hinsichtlich Einrichtung und Gebrauch im wesentlichen den größeren Theodoliten für Feinmessungen, so daß auf eine besondere Beschreibung der einzelnen Typen hier verzichtet werden kann.

Als Nachtragetheodolite werden sodann kleine *Hängetheodolite* benutzt, von denen eine ältere, aber heute noch lieferbare Bauart, nämlich der „Theo 6" der Firma Freiberger Präzisionsmechanik, in Abb. 51, S. 58, wiedergegeben ist. Dieses Instrument hängt an einem Stahlpfriemen, der entweder mittels Hammer und Schlagbolzen in die Zimmerung oder das

---

* Zum „Th 3" ist eine schlagwettersichere Beleuchtungseinrichtung lieferbar.

Gestein eingetrieben oder, mit Gewinde versehen, in Holzstempel eingedreht oder aber mittels eines Anschraubstückes an den Stahlausbau angeschraubt wird. Zum Anschluß an Festpunkte kann ein Pfriemen mit verstell- und verschwenkbarer Zentriervorrichtung oder eine Stativ-Aufhängevorrichtung benutzt werden; auch ist ausnahmsweise die Verwendung des Hängetheodolits in umgekehrter Lage auf einem Zapfenstativ möglich.

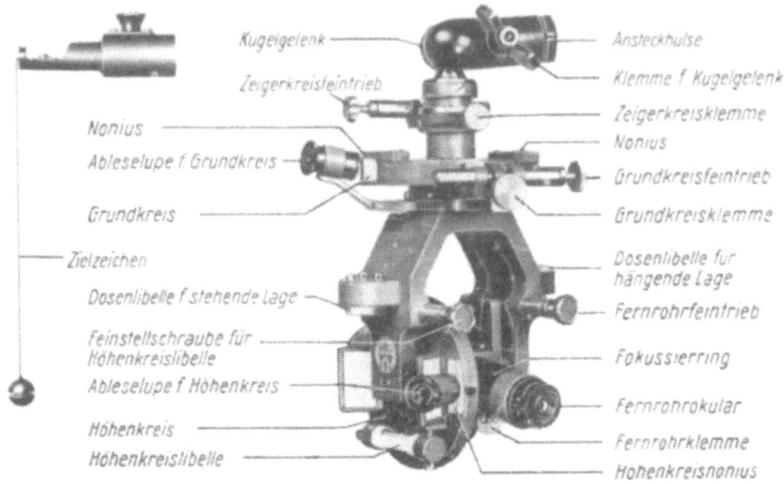

Abb. 51. Nachtragehängetheodolit „Theo 6" der Freiberger Präzisionsmechanik nebst Zielzeichen (ältere Bauart)

Der konische Ansteckzapfen des Pfriemens oder des Anschraubstückes trägt eine Nute, die in einen federnden Stift der Ansteckhülse des Instrumentes beim Aufstecken einschnappt und so ein Abgleiten verhindert, bevor durch die Flügelschraube das Festklemmen erfolgt ist. Zwischen Ansteckhülse und Theodolit befindet sich ein Kugelgelenk, in dem das Instrument bei der Lotrechtstellung der Umdrehungsachse so lange verschwenkt wird, bis die Dosenlibelle einspielt. Dann erfolgt auch hier die Klemmung mittels einer Flügelschraube. Der Grundkreis, der 8 cm Durchmesser besitzt, ist in halbe Grade geteilt und linksläufig beziffert, da er bei der Messung mit dem Fernrohr gedreht wird, während der Zeigerkreis stehenbleibt. Im übrigen ist auch der Zeigerkreis mit Klemm- und Feinstellschraube versehen und gegen die lotrechte Umdrehungsachse verstellbar, so daß mit dem Hängetheodolit Wiederholungsmessungen möglich sind. Als Zeiger werden auf beiden Seiten 25teilige Nonien zur Ablesung der Winkel auf 2^c und Schätzung auf 1^c benutzt. Das Fernrohr hat 20fache Vergrößerung und 1,2 m, mit Vorsatzlinse 0,7 m Mindestzielweite. Auf seiner Kippachse sitzt der in $1/2^c$ geteilte und nach Viertelkreisen bezifferte Höhenkreis von 7 cm Durchmesser, während der Zeigerkreis hierzu neben der Libelle 2 Doppelnonien als Zeiger trägt, an denen die Neigungswinkel bis auf 2^c durch eine schwenkbare Lupe abgelesen werden können. Als Zielzeichen benutzt man bei der Messung ein gegen das Instrument auswechselbares Lotsignal, s. Abb. 51, links, dessen an einem Kettchen hängende Zielkugel sich in gleicher Entfernung vom Aufhängepunkt befindet wie die Mitte des Fernrohres, so daß Zwangszentrierung, s. S. 82, Abschn. 48; stattfindet. Besondere Ansteckhülsen mit Haken zum Einhängen des Meßbandes erleichtern die schwebende Längenmessung.

Für die optische Entfernungsmessung wurden in letzter Zeit von H. KRATZSCH [45] Zusatzeinrichtungen nach dem Prinzip der Doppelbildmessung entwickelt, über die Näheres im Abschn. 104, S. 210, ausgeführt ist.

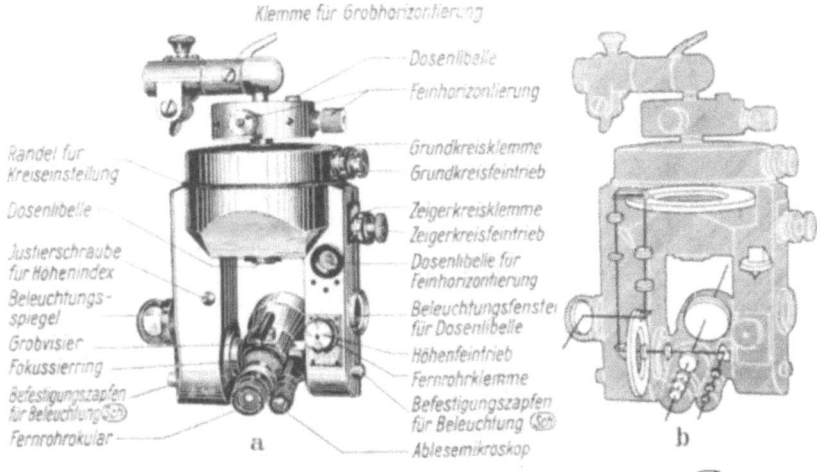

Technische Angabe:

Fernrohrvergrößerung	18fach
Objektivöffnung	30 mm
Gesichtsfeld	2,5 m/100 m
Kürzeste Zielweite	1,1 m
Teilungsintervalle Hz u. V.	1^g
Skalenintervall	10^c
Ablesung einschl. Schätzung	1^c
Dosenlibelle	8^c/2 mm
Einspiegelgenauigkeit	$0,5^c$
Gewicht	2,5 kg

Ablesung:
$V = 198,33^g$
$Hz = 53,84^g$

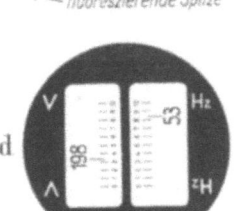

Abb. 52a—d. Hängetheodolit „TEMIN" von Breithaupt, a) Ansicht, b) Strahlengang, c) Zielzeichen, d) Ablesebeispiel

Die Fortschritte in der Instrumententechnik sind in den letzten Jahren bei zwei einander sehr ähnlichen Hängetheodoliten, dem „Theo 6.1" der Freiberger Präzisionsmechanik und dem „TEMIN" von Breithaupt, s. Abb. 52, zur Anwendung gekommen. Nachstehend seien an Hand des „TEMIN" die vorteilhaften Neuerungen erläutert.

Die bisher an Hängetheodoliten übliche Horizontierung mit Hilfe des Kugelgelenkes und einer Dosenlibelle dient bei diesem Instrument nur noch zur Grobhorizontierung. Ein neuartiges Horizontiersystem ermöglicht in Verbindung mit einer Präzisionsdosenlibelle von 8^c Angabe die Feinhorizontierung. Das Prinzip dieser Einrichtung ist aus einer stark vereinfachten Skizze, s. Abb. 53, ersichtlich. Die beiden rechtwinklig zueinander angeordneten Horizontierschrauben bewegen eine im Gehäuse kardanisch aufgehängte kegelstumpfartig ausgebildete Scheibe, mit der die Vertikalachse fest verbunden ist. Den notwendigen Gegendruck erzeugen zwei jeweils den Horizontierschrauben gegenüberliegende Spiralfedern. Die Feinhorizontierung geschieht so genau, daß auf die Anbringung einer besonderen Höhenzeigerkreislibelle sowie der dazugehörigen Feinbewegungsschraube verzichtet werden konnte. Etwa verbleibende Fehlereinflüsse auf die Höhenwinkelmessung sind kleiner als die Ablesemöglichkeit [23].

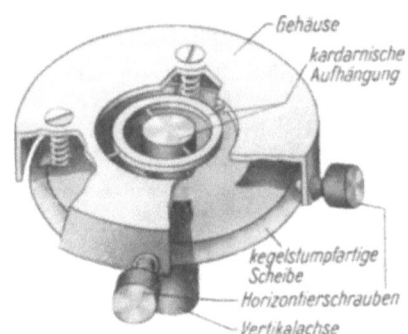

Abb. 53. Horizontiersystem des Hängetheodolits „TEMIN" von Breithaupt

Der Grundkreis ist mit einem Rändelring verbunden, mit dem jede beliebige Kreisablesung eingestellt werden kann. Die jeweils zusammengehörigen Klemm- und Feintriebschrauben sind auf je einer Achse als Doppelköpfe angebracht.

Der „TEMIN" besitzt Glaskreise, die in ganze Grade geteilt sind. Die Beleuchtung erfolgt durch einen Spiegel oder mit der auf S. 53 beschriebenen schlagwettergeschützten elektrischen Beleuchtungseinrichtung „TEAKU". Der Strahlengang bis zu dem neben dem Fernrohrokular angebrachten Okular des Skalenmikroskops ist aus Abb. 52b, S. 59 ersichtlich. Die Skalen sind 10teilig, so daß auf 1^c geschätzt werden kann. Es wird jeweils nur eine Kreisstelle abgelesen. Auf eine Mittelbildung aus zwei gegenüberliegenden Kreisablesungen konnte verzichtet werden, da infolge der genauen Zentrierung der Kreise etwaige Restfehler kleiner als die Ablesegenauigkeit sind.

Das auf der einen Fernrohrseite als Grobvisier angebrachte Kollimatorröhrchen, s. Abb. 52a ist mit einer selbstleuchtenden Dreiecksmarke versehen, wodurch das Auffinden des Zieles besonders erleichtert wird. Auch das als Doppelkegel ausgebildete Lotsignal, s. Abb. 52c ist in der Mitte und an der unteren Kegelspitze mit fluoreszierendem Material ausgestattet. Für das Anhalten des Meßbandes bei der Längenmessung sind an den Fernrohrträgern die Durchstoßpunkte der Kippachse durch eingelassene Punkte gekennzeichnet.

Zusammenfassend kann festgestellt werden, daß durch diese Neuerungen eine Reihe von Bedienungsvorgängen wegfallen, wodurch einerseits

Zeitersparnis erzielt und andererseits Bedienungsfehler vermieden werden.

39. Aufstellung des Theodolits

Zunächst wird das Stativ über oder unter dem Festpunkt so aufgestellt, daß der Stativteller einigermaßen waagerecht liegt und seine Öffnung sich ungefähr zentrisch über oder unter dem Punkt befindet, was mit einem vom Stengelhaken der Zentralschraube herunterhängenden oder vom Festpunkt in der Firste herabgelassenen Lot leicht festgestellt werden kann. Die Stativbeine werden dann fest in den Boden eingetreten und die Flügelschrauben, falls vorhanden, angezogen. Darauf wird das Instrument auf den Stativteller gesetzt und die Zentralschraube so weit angeschraubt, daß noch Verschiebungen auf dem Teller möglich sind.

Zwecks *Lotrechtstellung der Stehachse* wird jetzt der Oberteil des Instruments gegen den Unterbau so gedreht, daß die Röhrenlibelle parallel zur Verbindungslinie zweier Fußschrauben liegt, s. Abb. 54 links.

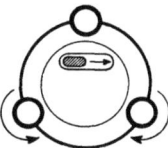 

Abb. 54. Lage der Röhrenlibelle zu den Dreifußschrauben bei der Horizontierung des Theodolits

Durch gleichzeitiges Drehen der beiden Schrauben in entgegengesetzter Richtung, d. h. nach innen oder außen, wird die Libellenblase zum Einspielen gebracht. Sodann dreht man den Oberteil um 100^g und bringt durch Drehen an der dritten Fußschraube die Libellenblase zum Einspielen, s. Abb. 54 rechts. Es ist außerdem dringend zu empfehlen, vor jeder Messung die Libellen gemäß Abschn. 24, S. 36 unten, zu prüfen und notwendigenfalls zu berichtigen. Bei Verwendung einer Dosenlibelle, die vielfach bei einfachen Instrumenten statt der Röhrenlibelle benutzt wird und meist zwischen den Fernrohrträgern angebracht ist, können alle drei Fußschrauben in beliebiger Reihenfolge gedreht werden.

Darauf erfolgt die *Zentrierung* des Theodolits durch Verschiebung des Theodolits auf dem Stativteller, und zwar über Tage, bis die Spitze des Schnurlotes sich über der Mitte des am Boden vermarkten Punktes befindet. In der Grube wird zunächst das Fernrohr mit Hilfe seiner Nivellierlibelle oder der Höhenkreiszeiger waagerecht gestellt und festgeklemmt. Alsdann ist der Theodolit auf dem Teller so zu verschieben, daß die Lotspitze genau über der auf dem Fernrohr angebrachten Zentriermarke einspielt.

Da bei der Verschiebung des Theodolits auf dem nicht ganz waagerechten Stativteller die Libellen wieder ausschlagen, so muß eine nochmalige Nachstellung der Fußschrauben erfolgen und danach auch die zentrische Stellung erneut überprüft werden. Schließlich ist die Zentralschraube mäßig stark anzuspannen.

Über Tage wird, insbesondere bei heftigem Wind, der das Schnurlot aus seiner Seigerlage abtreibt, vielfach ein starres Lot benutzt oder mit einem optischen Abloter zentriert. Auch in der Grube ist letzteres Verfahren vornehmlich in Strecken mit starkem Wetterzug gebräuchlich, wenn man hier nicht die Messung mit verlorenen Punkten und Zwangszentrierung, s. S. 82, bei der Instrument und Zielzeichen gegeneinander ausgetauscht werden, verwendet.

Bei der *optischen Zentrierung* läßt sich mit besonderen, auf Anwendung des Winkelprismas beruhenden Zusatzeinrichtungen zum Theodolit, dem sogenannten *optischen Lot*, oder mit dem Fernrohr selbst eine lotrechte Visur vom Instrumentenmittelpunkt nach unten oder oben herstellen, die durch Verschieben des Theodolits auf den Festpunkt gerichtet wird. Über Tage legt man hierbei zweckmäßigerweise auf den Meßpunkt eine Zentrierscheibe als Ziel, während unter Tage der Festpunkt in der Firste bei der Zentrierung gut zu beleuchten ist.

40. Fehler des Theodolits, ihr Nachweis und ihre Berichtigung

Bei der Messung von Brechungswinkeln mit einem Theodolit wird angenommen, daß die in jeder Richtung und Neigung mit dem Fernrohr ausgeführten Zielungen genau lotrecht auf den zum Festpunkt zentrisch gelegenen und richtig geteilten Grundkreis übertragen werden. Für Neigungswinkel muß dementsprechend die Übertragung der Ziellinien auch genau waagerecht auf den zur Kippachse zentrisch gelegenen und mit horizontaler Zeigerachse versehenen Höhenkreis erfolgen.

Es sind daher folgende Hauptforderungen an jeden Theodolit, s. Abb. 55, zu stellen:

1. die *Stehachse* (Hauptumdrehungsachse) soll lotrecht stehen,
2. die *Zielachse* soll rechtwinklig zur Kippachse und
3. die *Kippachse* soll rechtwinklig zur Stehachse sein.

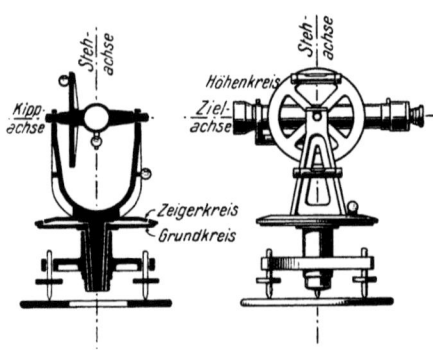

Abb. 55. Achsen und Kreise des Theodolits

Bei Nichterfüllung der vorstehenden Bedingungen entstehen folgende *Fehler*, die in der nachstehenden Reihenfolge *vor* der Winkelmessung möglichst zu berichtigen sind:

1. Der *Stehachsenfehler*. Dieser Fehler tritt auf, wenn die Haupt- oder Stehachse des Instrumentes nicht genau lotrecht ist, was sich beim Drehen des Instrumentes um diese Achse durch Ausschlagen der Libellen bemerkbar macht. Man berichtigt in diesem Falle, wie es auf S. 36, Abschn. 24, gezeigt ist. Da sich der Einfluß des Stehachsenfehlers nicht durch ein besonderes Beobachtungsverfahren ausscheiden läßt, so ist auf die Berichtigung dieses Fehlers besonders zu achten.

2. Der *Zielachsenfehler*. Wenn die Zielachse nicht rechtwinklig zur Kippachse liegt, so kann man diesen Fehler u. a. nachweisen, indem man bei feststehendem Grundkreis einen in Höhe der Kippachse liegenden

Punkt anzielt und am Teilkreis abliest. Sodann schlägt man das Fernrohr durch, zielt denselben Punt wieder an und liest wieder ab. Die Differenz der beiden Ablesungen ist der doppelte Zielachsenfehler.

Stellt man nun die Zeiger auf das Mittel der Ablesungen ein und verschiebt das Strichkreuz mit den auf seinen Rahmen wirkenden horizontalen Schräubchen so weit seitlich, bis der Vertikalfaden wieder mit dem Zielpunkt zusammenfällt, so ist der Zielachsenfehler beseitigt. Bei exzentrischem Fernrohr wird die Prüfung entweder nach einem sehr weit entfernten Zielpunkt vorgenommen, oder es sind zwei um den doppelten Betrag der Exzentrizität seitlich nebeneinander gelegene Zielpunkte zu wählen. Der Zielachsenfehler wird durch Messen der Brechungswinkel in beiden Fernrohrlagen ausgeschieden.

3. Der *Kippachsenfehler*. Als solchen bezeichnet man die Abweichung der Kippachse von der waagerechten Lage, wodurch bewirkt wird, daß das Fernrohr beim Kippen sich nicht in einer lotrechten Ebene bewegt. Man kann diesen Fehler nachweisen, indem man die Schnur eines langen Lotes anzielt und dann das Fernrohr kippt. Bleibt hierbei der Schnittpunkt des Fadenkreuzes nicht auf der Lotschnur, so kann der Fehler nur dann durch Heben oder Senken eines Lagers der Kippachse beseitigt werden, wenn entsprechende Berichtigungsschrauben vorhanden sind.

Auch der *Kippachsenfehler* wird durch Messung in beiden Fernrohrlagen ausgeschieden.

Besitzt der Theodolit eine auf die Kippachse aufsetzbare Reiterlibelle, so läßt sich die Berichtigung des *Stehachsen-* und des *Kippachsenfehlers* gemeinsam bewerkstelligen. Man prüft in diesem Falle zunächst, ob die Achse der Reiterlibelle mit der Kippachse in einer Vertikalebene liegt, indem man die zum Einspielen gebrachte Libelle quer zu ihrer Längsrichtung hin und her neigt und den durch wechselseitiges Ausschlagen der Blase angezeigten *Kreuzungsfehler* der Libelle mit ihren seitlichen Berichtigungsschrauben wegschafft. Dann wird die Achse der Reiterlibelle parallel zur Kippachse gemacht, indem man die Libelle einspielen läßt, umsetzt und einen etwaigen Ausschlag zur Hälfte an ihren lotrechten Berichtigungsschrauben beseitigt. Danach bringt man die Reiterlibelle mit den Stellschrauben des Dreifußes wieder zum Einspielen, dreht das ganze Instrument um 200^g und berichtigt nun den halben Ausschlag der Libelle durch Heben oder Senken eines Fernrohrlagers.

4. *Kreisteilungsfehler*. Sie können bei ungleichmäßiger Unterteilung des Grund- und Höhenkreises zu unrichtigen Winkelgrößen führen, sind aber an den aus bekannten feinmechanischen Werkstätten stammenden Instrumenten verschwindend klein ($< 1^{cc}$) und dürfen daher bei der gewöhnlichen Winkelmessung meist vernachlässigt werden. Der Einfluß eines Teilungsfehlers läßt sich im übrigen dadurch herabmindern, daß man den Teilkreis bei mehrmaliger Winkelmessung zwischendurch verstellt, s. Satzbeobachtung, S. 67.

5. *Exzentrizitätsfehler der Zeigerkreise*. Infolge geringer exzentrischer Lage des Mittelpunktes eines Zeigerkreises zum Mittelpunkt des Teilkreises können Winkelfehler entstehen, deren Einfluß je nach Lage

des Zeigers am Rande der Teilung wächst oder abnimmt. Durch Ablesung an zwei, einander gegenüberstehenden Zeigern und Mittelbildung aus diesen Ablesungen wird aber die Wirkung des Exzentrizitätsfehlers wieder aufgehoben. Ebenso ist bei Ablesung an nur einem Zeiger durch Messung in beiden Fernrohrlagen die Exzentrizität auszuschalten. Die beiden Zeiger brauchen nicht auf demselben Durchmesser zu liegen, doch ist es für die Mittelbildung erwünscht, daß der Unterschied der Ablesungen an den Zeigern wenigstens ungefähr 200^g beträgt.

6. Der *Zeigerfehler am Höhenkreis*. Bei genau waagerechter Zielung soll die Ablesung am Höhenkreis 0^g oder bei anderer Bezifferung desselben 100^g betragen. Eine Abweichung von diesen Werten bezeichnet man als Zeigerfehler, dessen Größe man als halben Unterschied eines in beiden Fernrohrlagen gemessenen Neigungswinkels bestimmen kann, wobei vor der Ablesung jeweils die Höhenkreislibelle einspielen muß. Stellt man die Zeiger mit der Feinstellvorrichtung des Zeigerkreises auf das Mittel der doppelten Messung ein und bringt dann die Höhenkreislibelle mit Hilfe ihrer Berichtigungsschraube zum Einspielen, so ist damit der Zeigerfehler beseitigt. Ist keine Höhenkreislibelle vorhanden, so berichtigt man die Zeigerstellung nach der Fernrohrlibelle, die allerdings dann erst auf ihre parallele Lage zur Zielachse geprüft und berichtigt werden muß, s. Abschnitt „Höhenmessungen", S. 178. Der Zeigerfehler läßt sich jedoch bei der Neigungswinkelmessung in beiden Fernrohrlagen durch Mittelbildung ausschalten.

7. Bei Grubentheodoliten ist ferner die richtige *Lage der Zentriermarke* auf dem Fernrohr zu prüfen, indem man das fertig aufgestellte Instrument um seine Hauptachse dreht und nachsieht, ob hierbei die Zentriermarke unter der Spitze des herabhängenden Schnurlotes bleibt. Ein durch Abweichen der Zentriermarke von der Lotspitze ermittelter Fehler ist durch einen Feinmechaniker zu beheben, wenn nicht eine verschiebbare Zentrierspitze vorhanden ist.

8. Die Winkelmessung wird erleichtert, wenn das Strichkreuz im Fernrohr so eingesetzt ist, daß der eine Strich genau lotrecht steht. Man kann die *lotrechte Lage des Vertikalfadens* prüfen durch Anzielen eines scharf bezeichneten Punktes und darauffolgender langsamer Kippung des Fernrohres. Verläßt hierbei der Punkt den Vertikalfaden, so erfolgt die Berichtigung durch Drehen des Fadenkreuzrahmens.

41. Messung von Horizontalwinkeln

Der zur Ermittlung der Größe eines Horizontalwinkels auszuführende Meßvorgang hängt im wesentlichen davon ab, ob der Teil- oder Hauptkreis des Instrumentes für die Dauer der Messung eines Winkels fest stehen bleibt, oder ob eine Drehung dieses Kreises mit dem Oberbau des Theodolits während der Messung vorgenommen wird. Hiernach unterscheidet man *einfache Winkelmessung* und *Wiederholungswinkelmessung*. Bei der *einfachen* Winkelmessung handelt es sich um die Ermittlung jeweils eines Winkels zwischen zwei Richtungen. Gehen vom Standpunkt des Instrumentes mehr als zwei Richtungen aus, sind also mehr als zwei Zielungen zur Ermittlung mehrerer im Kreise nebeneinander liegender Winkel vorzunehmen, so wendet man in der Regel die *Richtungs-* oder *Satzmessung* an.

1. Die *einfache* Messung eines Horizontalwinkels, z. B. eines Polygonwinkels, geht in folgender, an Hand des Meßbeispiels, S. 66 u. 67, zu erläuternden Weise vor sich. Man richtet das Fernrohr des horizontal und zentrisch im PM 55 aufgestellten Theodolits bei gelöstem Zeigerkreis mit der Hilfszielvorrichtung auf das Zielzeichen im rückwärts gelegenen Zielpunkt PM 54 des linken Winkelschenkels. Dann klemmt man den Zeigerkreis an den Teilkreis fest, stellt den Zielpunkt mittels der Triebschraube für die innere Schaltlinse deutlich ein und bringt darauf mit der Feinstellschraube des Zeigerkreises den Vertikalstrich des Strichkreuzes mit der Mittelachse des Zielpunktes genau zur Deckung. Hierauf liest man am Zeiger die Grade, Minuten und gegebenenfalls auch die Sekunden ab und trägt sie unter „Fernrohrlage I" — Spalte 3 — in das Winkelformular ein. Sodann löst man die Klemmschraube des Zeigerkreises, dreht den Oberbau des Theodolits mit dem Fernrohr, bis dieses in Richtung auf das Zielzeichen im vorwärts gelegenen Zielpunkt PM 56 des rechten Winkelschenkels zeigt. Festklemmen, Deutlichmachen und Feineinstellen des Zielpunktes sowie Ablesen des Zeigers und Eintragen in die Spalte 3 „Fernrohrlage I" werden in der gleichen Weise wie beim linken Winkelschenkel vorgenommen. Hierauf schlägt man das Fernrohr durch und mißt den Winkel nochmals in der zweiten Fernrohrlage, jedoch in umgekehrter Reihenfolge, indem man zuerst den rechten Zielpunkt PM 56 und dann den linken Punkt PM 54 anzielt und die entsprechenden Ablesungen macht, die sich jedoch von den Ablesungen in der ersten Fernrohrlage bei den Gradzahlen um 200^g unterscheiden. Sodann bildet man aus den Ablesungen in den beiden Fernrohrlagen — Spalten 3 und 4 — für jeden angezielten Punkt das arithmetische Mittel — Spalte 5 — und erhält den zu ermittelnden einfachen Winkel, indem man von dem Mittel der Ablesungen für den rechten Zielpunkt das Mittel der Ablesungen für den linken Punkt abzieht — Spalte 6 —

Besitzt der Zeigerkreis des Theodolits zwei um 200^g auseinander liegende Ablesestellen, so ist bei jeder Zielung an beiden Zeigern abzulesen und aus beiden Ablesungen zunächst das arithmetische Mittel zu bilden, bevor man den Mittelwert aus den beiden Fernrohrlagen errechnet, s. Meßbeispiel S. 68/69. Im übrigen erfolgt die Messung und Berechnung des zu ermittelnden Winkels in derselben Weise, wie sie vorstehend an Hand des Meßbeispiels für eine einfache Winkelmessung beschrieben worden ist.

In vielen Fällen wird die Messung des Winkels in beiden Fernrohrlagen genügen. Soll jedoch zur weiteren Prüfung und Genauigkeitssteigerung auf demselben Standpunkt noch der Ergänzungswinkel gemessen werden, so ist vorher eine Verstellung des Teilkreises vorzunehmen. Wo diese bei einfachen Theodoliten nicht möglich ist, muß eine Drehung des ganzen Instrumentes auf dem Stativteller erfolgen, wodurch wieder eine neue Horizontierung und Zentrierung erforderlich wird. Die Summe der auf einem Standpunkt gemessenen Winkel soll 400^g betragen. Ein sich er-

Messungen

Beispiel für die
ausgeführt am 7. März 1961,

Stand-punkt	Ziel punkt	Ablesung in Fernrohrlage I			Ablesung in Fernrohrlage II			Mittel aus beiden Fernrohrlagen		
		g	c	cc	g	c	cc	g	c	cc
1	2	3			4			5		
55	54	31	17	20	231	17	40	31	17	30
	56	295	22	20	95	22	20	295	22	20
55	56	388	60	00	188	59	80	388	59	90
	54	124	55	50	324	55	30	124	55	40
			54	90		54	70		54	80
										Soll =
										$d =$

gebender Widerspruch ist gleichmäßig auf die Einzelwinkel zu verteilen. Man erhält sodann den einzusetzenden verbesserten Winkel, s. Spalte 7 des Meßbeispiels Zur Sicherung gegen Rechenfehler bei den Mittelbildungen wird man in den Beobachtungsbüchern auf jeder Seite

Beispiel einer Satzbeobachtung keim Rückwärtseinschnitt
ausgeführt am 2. Oktober 1954 vorm.

Stand-punkt	Zielpunkt	Fernrohrlage I			Fernrohrlage II			Mittelwerte aus den beiden Fernrohrlagen		
		g	c	cc	g	c	cc	g	c	cc
1	2	3			4			5		
△ R.E. Bismarckturm	⊥ Petri-Kirche	0	07	06	200	07	26	0	07	16
	⊥ Melanchton-K.	18	90	56	218	90	76	18	90	66
	⊥ Marien-Kirche	35	55	33	235	55	49	35	55	41
	△ Bergschule	84	78	64	284	78	74	84	78	69
	△ Gasometer	312	09	66	112	09	74	312	09	70
	⊥ Liebfrauen-K.	363	31	36	163	31	54	363	31	45
	⊥ Petri-Kirche	(0	07	02)	(200	07	16)			
			72	61		73	53		73	07

I. Satz

II. Satz

	⊥ Petri-Kirche	65	63	02						
		usw.								

Summenproben vornehmen, die sich jedoch auf das Zusammenzählen der Minuten und Sekunden beschränken können, da Fehler in den ganzen Graden ohnedies wohl erkennbar sind.

Der Theodolit und seine Anwendung 67

Messung von Haupt-, und Ergänzungswinkel im Polygonzug
Bochum, Wiesental, mit Askania-Theodolit Tt Nr. 562 221

Brechungswinkel = Unterschied der Mittelwrete			Endgültig verbesserter Winkel			Bemerkungen und Handskizze
g	c	cc	g	c	cc	
6			7			
264	04	−20 90	264	04	70	Wetter: heiter
135	95	−20 50	135	95	30	
400	00	40	400	00	00	
400	00	00				
+0	00	40	$v = -\dfrac{40^{cc}}{2} = -20^{cc}$			

2. Bei der *Richtungs-* oder *Satzmessung* werden bei feststehendem Teilkreis sämtliche Zielpunkte in der ersten Fernrohrlage nacheinander von links nach rechts eingestellt, an den Zeigern abgelesen und in das Winkelformular, s. Meßbeispiel, Spalte 1 bis 3, eingetragen. Man bezeichnet eine

mit einem Feinmeßtheodolit
auf dem Bismarckturm in Bochum

Reduzierte Mittelwerte			Mittel aus allen Sätzen			Bemerkungen und Handzeichnung
g	c	cc	g	c	cc	
6			7			8
0	00	00				Instrument: Zeiss-Theodolit II Nr. 60 437 Wetter: klare Sicht?
18	83	50				
35	48	25				
84	71	53				
312	02	54				
363	24	29				
$6 \cdot 07^c 16^{cc} =$	30	11				
	42	96				
Probe	73	07				

solche in der *ersten* Fernrohrlage vorgenommene Messung als *Halbsatz*. Sodann schlägt man das Fernrohr durch und richtet es in der Reihenfolge von rechts nach links wieder auf alle Zielpunkte. Nach Ablesung und Eintragung in das Formular ist der erste *volle Satz* beendet. Zur Probe der unveränderten Lage des Teilkreises stellt man auch wohl als letztes Ziel in der ersten und als erstes Ziel in der zweiten Fernrohrlage den Ausgangspunkt nochmals ein. Darauf werden wieder für jede Richtung aus den Ablesungen in den beiden Fernrohrlagen die Mittelwerte gebildet, s. Spalte 5, und aus diesen die „reduzierten Mittel" abgeleitet, s. Spalte 6, indem man den Mittelwert der ersten Richtung, im Beispiel $00^g\ 07^c\ 16^{cc}$, von allen Mittelwerten der Spalte 5 abzieht.

Zur Sicherung gegen Rechenfehler sind für jeden vollen Satz Summenproben vorzunehmen, die sich jedoch wieder auf die abgelesenen Minuten und Sekunden beschränken. Multipliziert man nun den Mittelwert der

Beispiel einer Wiederholungswinkel-
ausgeführt am 3. Februar 1961,

Stand-punkt	Ziel-punkt	Fernrohrlage I								Fernrohrlage II								
		Zeiger I			Zeiger II			Mittel			Zeiger I			Zeiger II			Mittel		
		g	c	cc	c	cc	g	c	cc	g	c	cc	c	cc	g	c	cc
1	2	3			4		5			6			7		8		
PM 546	L_1 L_2 8 fach	0	00	00	01	00	0	00	50								
		(0	06)							0	51	00	51	50	0	51	25
PM 546	L_2 PM 547 2 fach	1	40	50	41	00	1	40	75								
		(202	12)							2	81	50	82	00	2	81	75

ersten Richtung, im Beispiel $07^c\ 16^{cc}$, mit der Anzahl der gemessenen Richtungen, hier mit 6, so erhält man $42^c\ 96^{cc}$. Zählt man diesen Wert zur Summe der reduzierten Mittel — Spalte 6 — also zu $30^c\ 11^{cc}$ hinzu, so erhält man den Wert $73^c\ 07^{cc}$, der mit der Summe der Mittelwerte — Spalte 5 — übereinstimmen muß.

Zur Erhöhung der Genauigkeit beobachtet man z. B. bei Anschlußmessungen an die trigonometrischen Punkte der Landesaufnahme zwei bis drei solcher Sätze, wobei jedoch *nach* jedem vollen Satz der Teilkreis zweckmäßig um etwa $200^g : n$ oder nach jedem Halbsatz um etwa $200^g : 2n$ zu verstellen ist. n gibt hier die Anzahl der Sätze an. Auch müssen bei mehreren Sätzen schließlich noch als endgültige Richtungen die Mittel aus allen Sätzen errechnet werden, s. Spalte 7 des Formulars.

3. Die *Wiederholungs-* oder *Repetitionswinkelmessung* ist ein Winkelmeßverfahren, das erlaubt, die Genauigkeit der Horizontalwinkelmessung

Der Theodolit und seine Anwendung 69

mit solchen Theodoliten, die hinsichtlich Teilkreis- und Ableseeinrichtung einfacher ausgestattet sind als die Feinmeßtheodolite neuerer Bauart, zu steigern. Hierdurch wird die geringere Schärfe der Ablesung — im Mittel 10^{cc} bis 20^{cc} — der höheren Zielgenauigkeit des Fernrohrs — 3^{cc} bis 5^{cc} — angepaßt.

Da aber die modernen Theodolite eine wesentlich höhere Ablesegenauigkeit besitzen, so entfällt weitgehend die Notwendigkeit, das Repetitionsverfahren allgemein für die genaue Ermittlung von Horizontalwinkeln anzuwenden. Die neuzeitlichen Feinmeßtheodolite sind daher meist nicht mehr für Wiederholungsmessungen eingerichtet.

Die heutige Anwendung der Wiederholungswinkelmessung beschränkt

messung mit einem Nonientheodolit
Schachtanlage Glückauf, BlSch. 14, Qu. Ort 3

Reduzierte Mittel			Brechungswinkel			Bemerkungen und Handzeichnung
g	c	cc	g	c	cc	
9			10			11
0	00	00				Nonientheodolit Nr. 49276 von Hildebrand
0	50	75	0	06	34	
401	41	00	200	70	50	

sich infolgedessen fast nur noch auf Sonderfälle, wie z. B. auf die Ermittlung des kleinen Anschlußwinkels bei der exzentrischen Doppellotung, s. Abschn. 112, S. 227, oder des parallaktischen Winkels bei der mittelbaren Entfernungsmessung mit Basislatten, s. Abschn. 107, S. 214.

Die Wiederholungswinkelmessung selbst besteht im wesentlichen darin, den zu ermittelnden Winkel auf dem Teilkreis des Theodolits mechanisch beliebig oft zu addieren bzw. zu repetieren. Dies ist aber nur dann möglich, wenn der Teilkreis drehbar eingerichtet und mit Festklemm- und Feinstellschraube oder mit einer Repetitionsklemme versehen ist. Bei n-facher Wiederholung des Winkels entspricht die Differenz zwischen der ersten und letzten Winkelablesung dem n-fachen Winkel.

Eine Vereinfachung der Berechnung läßt sich bei Instrumenten mit nur einem Zeiger erzielen, wenn bei der Messung von der 0^g-Einstellung am

70 Messungen

Teilkreis ausgegangen wird, da dann die Endablesung nur durch die Anzahl der Wiederholungen zu teilen ist, um den gewünschten Horizontalwinkel zu erhalten. Im einzelnen geht bei der Repetition die Messung wie folgt vor sich, s. Meßbeispiel, S. 68 u. 69.

Bei gelöstem Teil- und Zeigerkreis werden beide Kreise so gegeneinander gedreht, daß der Zeiger I sich ungefähr über dem Nullstrich des Teilkreises befindet. Sodann klemmt man den *Zeiger*kreis mit der zugehörigen Klemmschraube fest, liest Zeiger I und, wenn vorhanden auch Zeiger II ab, trägt die beiden Ablesungen in das Winkelformular — Spalte 3 und 4 — ein und bildet das Mittel — Spalte 5. Darauf richtet man das Fernrohr auf den linken Zielpunkt, klemmt jetzt den *Teil*kreis fest und stellt mit der zugehörigen Feinstellschraube den linken Zielpunkt genau ein. Alsdann löst man den *Zeiger*kreis, dreht das Fernrohr zum rechten Zielpunkt, klemmt den Zeigerkreis fest und stellt mit der Feinstellschraube das rechte Ziel genau ein, liest am Zeiger I den Winkel jedoch nur auf Grade und Minuten ab und trägt die Ablesung, die angenähert den einfachen Winkel angibt, eingeklammert in das Winkelformular — Spalte 3 — ein. Nun beginnt die eigentliche Repetition des Winkels. Man löst bei festgeklemmtem Zeigerkreis den *Teil*kreis, dreht das Fernrohr wieder zum linken Zielpunkt und stellt mit der Feinstellschraube den Punkt genau ein. Alsdann löst man den *Zeiger*kreis, dreht das Fernrohr zum rechten Zielpunkt, den man wieder genau einstellt. Dieses Verfahren ist in der

*1. Beispiel einer Hängetheodolit-*ausgeführt am 28. Januar 1955, Zeche Glückauf, 5. Sohle, 2. östl. Abt. Qu.,

Standpunkt	Zielpunkt	Richtungswinkel		Neigungswinkel Vorwärtsvisur Mittel Rückwärtsvisur		Flache Länge	Söhlige Länge	Seigerteufe	
		g	c	± g	c	m	m	±	m
PM 120	PM 119	159	00						
PM 120	HT 1	61	95			22,35	22,35		
HT 1	HT 2	160	20	+ 41 + 41 + 41	56 55 54	18,63	14,80	+	11,31
HT 2	HT 3	363	00	+ 42 + 42 + 42	31 32 33	27,41	21,57	+	16,91
HT 3	HT 4	264	50			16,28	16,28		

Bemerkung: Die unterstrichenen Richtungswinkel sind als Gegenrichtung bei der Zulage um 200ᵍ zu verändern.

Der Theodolit und seine Anwendung 71

ersten Fernrohrlage beliebig oft, z. B. 4 mal, zu wiederholen. Sodann schlägt man das Fernrohr durch und mißt den Winkel in der zweiten Fernrohrlage 4 mal in der gleichen Weise wie vorher. Nunmehr liest man an beiden Zeigern ab — Eintragung in Spalte 6 und 7 —, bildet in Spalte 8 das Mittel und zieht von diesem Mittel der Endablesung das Mittel der Anfangsablesung ab. Dieses „reduzierte Mittel" — Spalte 9 — dividiert man durch die Anzahl der gesamten Wiederholungen, d. h. hier durch 8, und erhält so den gesuchten Winkel — Spalte 10.

Bei Theodoliten mit Repetitionsklemme, z. B. beim Zeiss „Th 3", s. S. 57, sind nur *eine* Klemmschraube und *eine* Feinstellschraube für Teil- und Zeigerkreis vorhanden, die je nach Stellung der Repetitionsklemme auf den Teil- *oder* auf den Zeigerkreis wirken. Es muß also bei den einzelnen Einstellvorgängen auf sinngemäße Schaltung der Repetitionsklemme geachtet werden.

Soll der *Ergänzungswinkel* gemessen werden, so ist der Theodolit zunächst wieder neu zu zentrieren und zu horizontieren. Bei der Messung, die man in gleicher Weise wie vorstehend beschrieben, ausführt, ist nur zu beachten, daß linker und rechter Zielpunkt jetzt vertauscht sind.

Auf weitere im markscheiderischen Arbeitsgebiet nur selten angewandte Winkelmeßverfahren, wie z. B. die Winkelmessung mit *Horizontschluß* oder die Messung *in allen Kombinationen,* soll hier nicht eingegangen werden.

messung und Berechnung
Flöz Anna, Grundstrecke nach Osten, Überhauen zur Teilsohle

Höhe des Punktes bez. auf N.N.		Abstand d. Punktes von der Sohle	Höhe der Sohle bez. auf N.N.		Punkt	Bemerkungen und Handzeichnung
±	m	m	±	m		
−	615 60	2,20	−	617 80	PM 120	Hängetheodolit Nr. 47040 von Fennel und 30-m-Stahlmeßband
−	615 60	2,10	−	617 70	HT 1	
−	604 29	1,45	−	605 74	HT 2	
−	587 38	1,60	−	588 98	HT 3	
−	587 38	1,60	−	588 98	HT 4	

42. Winkelmessungen mit dem Hängetheodolit

1. Die Messung von Horizontalwinkeln mit dem Hängetheodolit wird heute meist in der gleichen Weise vorgenommen wie mit dem Standtheodolit, s. S. 64 u. f., Abschn. 41. Dies gilt insbesondere bei der Verwendung moderner Hängetheodolite mit Glaskreisen, bei denen nur noch eine Ablesestelle vorhanden ist, was wiederum eine Verringerung der Meßzeit mit sich bringt. Von noch größerer Bedeutung ist es jedoch, daß durch die Messung in zwei Fernrohrlagen neben der Ausschaltung von Ziel- und Kippachsenfehler, s. S. 62 u. f., Abschn. 40, eine einwandfreie Meßkontrolle erreicht wird.

2. Seltener wird das nachfolgend beschriebene Verfahren angewendet. Man stellt den bekannten Richtungswinkel der Anschlußseite vom Standpunkt zum rückwärtigen Zielpunkt am Zeiger ein und zielt bei fest-

2. Beispiel einer Hängetheodolit-
ausgeführt am 18. 1. 1955 vorm. Zeche Glückauf,
Aufnahme des Strebs von

Linie $P_n - P_{n+1}$	Ablesung: $a = 2\alpha_{n-1}^{n} + \beta_n \pm 200^g$ $b = 2\alpha_{n-1}^{n} + 2\beta n$		Richtung α_n^{n+1} $= a - \alpha_{n-1}^n$		Neigungswinkel Fernrohrlage I Fernrohrlage II Mittel			Flache Länge f_n^{n+1}	Sohle s_n^{n+1}	Seigerteufe Δh_n^{n+1}		Abstand von der Sohle für P_{n+1}	
	g	c	g	c	±	g	c	m	m	±	m	±	m
1	2		3		4			5	6	7		8	
PM63–PM64	Anfangsrichtung doppelt 383	50	einfach 191	75	entnommen Handbuch 1, Seite 55					–	1,45		
PM64–H1	4 26	90 10	213 213	15 05	– + –	5 5 5	08 10 09	11,70	11,66	+1 –	0,93	–	0,98
H1–H2	124 223	80 70	311 311	75 85	– + –	15 15 15	50 54 52	19,33	18,76	+2 –	4,67	–	1,30
H2–H3	232 241	45 10	320 320	60 55	– + –	16 16 16	88 94 91	23,67	22,84	+2 –	6,22	–	1,00
H3–H4	236 332	67 33	316 316	12 16	– + –	21 21 21	18 24 21	29,90	28,26	+2 –	9,78	–	2,40
H4–PM27	318 4	33 20	2 2	17 10	– + –	1 1 1	81 85 83	32,31	32,30	+3 –	0,93	–	1,60
								[s] = 113,82 [Δh]		– –	22,53 22,43	Ist Soll	
								Fehler =		+	0,10		

geklemmten Grundkreis unter Benutzung der *oberen* Klemm- und Feinstellschraube diesen Punkt an. Sodann löst man die Klemmschraube des Grundkreises und richtet nun das Fernrohr auf den vorwärts gelegenen Punkt. Nach Festklemmung und Feineinstellung des Grundkreises wird der durch mechanische Addition erhaltene Richtungswinkel der ersten neuen Zugseite abgelesen. Erforderlichenfalls werden auch gleichzeitig die Neigungswinkel der Zugseiten gemessen. Bei Messung des zweiten Brechungswinkels bleibt beim Anzielen des linken Punktes das vorher ermittelte Ergebnis der ersten Winkelmessung stehen. Mißt man nun in gleicher Weise wie vorher, so erhält man als folgende Ablesung den Richtungswinkel der zweiten Polygonseite $\pm 200^g$. Abwechselnd ergeben sich also immer die wirklichen oder die um 200^g zu verbessernden Richtungswinkel der Zugseiten, s. S. 70, 1. Meßbeispiel. Da bei diesem Verfahren

messung und Berechnung
7. Sohle, Hauptabteilung nach Süden, Flöz Sonnenschein
Ort 2 bis Ort 1, 7. Sohle

Höhe NN				
der Kippachse $\pm$ m	der Sohle $\pm$ m	P_{n+1}		Bemerkungen und Handzeichnung
9	10	11		12
− 591,70	− 593,15	PM 64		Hängetheodolit Nr. 69831 von Hildebrand und 50-m-Stahlmeßband entnommen Niv.-Buch 6, S. 22
− 592,62	− 593,60	H 1		
− 597,27	− 598,57	H 2		
− 603,47	− 604,47	H 3		
− 613,23	− 615,63	H 4		
− 614,13	− 615,73	PM 27		entnommen Niv.-Buch 6, S. 35
− 22,43				

die Brechungswinkel nur in einer Fernrohrlage je einmal gemessen und an einem Zeiger abgelesen werden, so findet eine Ausschaltung etwaiger Instrumentenfehler, wie Ziel- und Kippachsenfehler des Fernrohres oder Exzentrizität zwischen Teil- und Zeigerkreis, nicht statt.

In dem 1. Meßbeispiel ist in dem gewählten Formular nur die Berechnung der söhligen Längen und Seigerteufen (Höhenunterschiede) sowie der Höhen der Hängetheodolitpunkte (HT) und der darunter eingemessenen Sohlen, bezogen auf NN, durchgeführt worden, während die Berechnung der Koordinaten eines weiteren Meßbeispiels im Abschn. 70, S. 126/127 gezeigt wird.

3. Ein von BALS ausgearbeitetes Verfahren ermöglicht die Messung des Brechungswinkels in beiden Fernrohrlagen und darüber hinaus eine sinnreiche Rechenprobe der als Meßergebnis erhaltenen Richtungen der einzelnen Polygonlinien. Die Winkelmessung und die Eintragung der Meß- und Rechenergebnisse in das Formular des Beobachtungsbuches soll an Hand des 2. auf den Seiten 72/73 wiedergegebenen Meßbeispieles erläutert werden.

Nach Eintragung des aus früheren Messungen bekannten einfachen und doppelten Richtungswinkels der Anschlußpolygonseite PM 63 bis PM 64 in Spalte 3 = 191^g 75^c und in Spalte 2 = 383^g 50^c des Formulars stellt man zunächst den doppelten Richtungswinkel 383^g 50^c am Nonius I des unter PM 64 aufgestellten Hängetheodolits ein, mißt in üblicher Weise den Brechungswinkel PM 63 − PM 64 − H 1 und trägt das am Nonius II abgelesene Ergebnis $a = 4^g\,90^c$ in die Spalte 2 ein. Sodann mißt man nach Durchschlagen des Fernrohrs den Brechungswinkel noch einmal und erhält am Nonius I die Ablesung $b = 26^g\,10^c$, die man als doppelten Richtungswinkel der Polygonseite PM 64 bis H 1 gleichfalls in die Spalte 2 einträgt. Der einfache Richtungswinkel wird durch Halbierung des doppelt gemessenen erhalten und in Spalte 3, untere Zeile, eingetragen, im Beispiel 213^g 05^c. Zur Probe wird der einfache Richtungswinkel aus der Messung a durch folgende Rechnung ermittelt und in der oberen Zeile der Spalte 3 eingetragen:

$$\alpha_{64}^1 \text{ soll gleich sein } a - \alpha_{63}^{64}$$

oder in Zahlen: $\alpha_{64}^1 = 4^g\,90^c - 191^g\,75^c = 213^g\,15^c$.

Der vorher aus der Messung erhaltene Wert des Richtungswinkels weicht demnach um den kleinen, für die vorliegende Nachtragungsmessung nicht ins Gewicht fallenden Betrag von 10^c von dem errechneten Winkelwert 213^g 15^c ab. In die Berechnung wird der Wert 213^g 05^c eingesetzt.

Nach der Messung der Horizontalwinkel erfolgt die Messung der Neigungswinkel in beiden Fernrohrlagen sowie die Messung der flachen Längen der Polygonseiten. Die Meßergebnisse werden in das Beobachtungsbuch eingetragen und aus ihnen später Seigerteufen und Höhen der Polygonpunkte berechnet, wobei der Höhenfehler — im Beispiel $+0{,}10$ m — im Verhältnis zur Seitenlänge verteilt wird.

43. Messung von Neigungswinkeln mit dem Theodolit

Vor der Messung von Neigungswinkeln muß zunächst die Art der Bezifferung des Höhenkreises am Instrument festgestellt werden. Ist der Höhenkreis viermal von 0^g bis 100^g beziffert und liegt die Nullinie parallel zur Zielachse des Fernrohres, s. Abb. 56a, so ergeben beide Zeigerablesungen gleich den wirklichen Neigungswinkel. Liegt bei Viertelkreisbezifferung die Nullinie rechtwinklig zur Fernrohrachse, s. Abb. 56b, so liest man bei der Messung die Ergänzungen der Neigungswinkel zu 100^g ab. In beiden Fällen sind bei Nonientheodoliten die einander deckenden Striche in derjenigen Hälfte der Doppelnonien aufzusuchen, die mit der Kreisteilung gleichlaufend beziffert ist. Bei durchgehender Bezifferung mit parallel zur Fernrohrachse verlaufender 0^g- bis 200^g-Linie, s. Abb. 56c, ergibt sich der richtige Neigungswinkel durch Errechnung des Unterschiedes gegen 400^g oder 200^g. Neuerdings werden nur noch durchlaufend bezifferte Höhenkreise, deren 0^g- bis 200^g-Linie rechtwinklig zur Fernrohrachse liegt, s. Abb. 56d, hergestellt, s. hierzu auch S. 7, 1. Absatz. Zur Ermittlung der Neigungswinkel muß bei diesen Höhenkreisen jeweils der Unterschied der Ablesungen gegen 100^g oder 300^g gebildet werden.

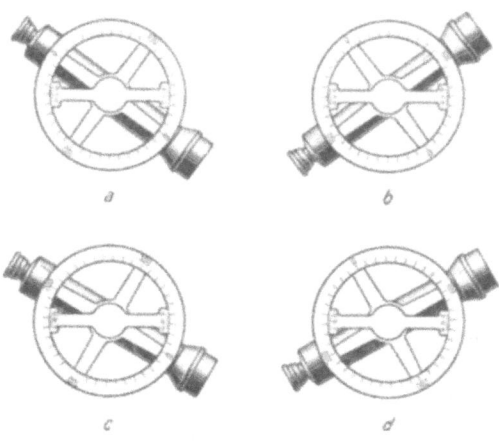

Abb. 56a—d. Höhenkreisbezifferung

Die *Messung* der Neigungswinkel erfolgt fast immer in Verbindung mit der Messung der Brechungswinkel. Das auf den Zielpunkt gerichtete Fernrohr wird mittels seiner Klemmschraube festgestellt und dann mit der zugehörigen Feinstellschraube so weit nachgedreht, bis der Querstrich des Fadenkreuzes sich mit der Höhenmarke am Zielzeichen deckt. Darauf wird mit der Feinstellschraube für den vertikalen Zeigerkreis die Höhenkreislibelle zum Einspielen gebracht und danach an beiden Zeigern abgelesen. In der zweiten Fernrohrlage ist die Messung zu wiederholen. Bei berichtigter Höhenkreislibelle werden die gemittelten Ablesungen in beiden Fernrohrlagen nur wenig voneinander abweichen, doch ergibt auch bei fehlerhafter Höhenkreislibelle oder unberichtigter Zeigerstellung das Mittel aus der Messung in beiden Fernrohrlagen immer den richtigen Winkel. Eine weitere Messungsprobe wird erzielt, wenn man die Neigungswinkel jeder Linie bei jeweils gleicher Instrumenten- und Zielhöhe in beiden Richtungen, also durch Vorwärts- und Rückwärtsvisur, bestimmt.

Nachstehend ist ein Zahlenbeispiel einer *Neigungswinkelmessung* mit einem Nonientheodolit wiedergegeben.

76 Messungen

Beispiel einer Neigungswinkelmessung
ausgeführt am 30. Juni 1955 vorm. Zeche Morgenglück,
Sattelnordflügel, Überhauen von

Stand-punkt	Ziel-punkt	Fernrohrlage I							Fernrohrlage II				
		Zeiger I			Zeiger II		Mittel			Zeiger I			Zeiger II	
		g	c	cc	c	cc	g	c	cc	g	c	cc	c	cc
164	163	47	14	00	13	50	47	13	75	152	85	50	85	00
										Unterschied gegen 200^g =				
164	165	346	80	00	79	00	346	79	50	253	20	00	20	00
		Unterschied gegen 400^g =			53	20			50	Unterschied gegen 200^g =				

44. Winkelmessung und -berechnung im Dreieck

Die Messung von Winkeln im Dreieck geschieht nach dem Verfahren der Satzmessung, s. Abschn. 41, Abs. 2, S. 66 u. f.

2 Beispiele von Dreiecksberechnungen

Gemessen: die Seiten b und c der Winkel $\alpha = 2R - (\beta + \gamma)$ $\frac{1}{2}(\beta+\gamma) = \frac{1}{2}\pi - \frac{1}{2}\alpha$ $\tan\frac{1}{2}(\beta-\gamma) = \frac{b-c}{b+c}\cot\frac{1}{2}\alpha$	$\beta = \frac{1}{2}(\beta+\gamma) + \frac{1}{2}(\beta-\gamma)$ $\gamma = \frac{1}{2}(\beta+\gamma) - \frac{1}{2}(\beta-\gamma)$		a
$b =$ $c =$	189,12 197,28		1. Beispiel
$b-c$ $b+c$	− 8,16 + 386,40	lg $(b-c)$ cpl lg $(b+c)$	0.91169n 7.41296
$\frac{1}{2}\alpha$ $\frac{1}{2}(\beta+\gamma)$ $\frac{1}{2}(\beta-\gamma)$	g c cc + 33 77 04 + 66 22 96 2 29 11	lg cot $\frac{1}{2}\alpha$ lg tan $\frac{1}{2}(\beta-\gamma)$	0.23170 8.55635n	b
Gemessen: die Seite a die Winkel β und γ $$m = \frac{a}{\sin\alpha}\,;\ a = m\cdot\sin\alpha$$ $$m = \frac{b}{\sin\beta}\,;\ b = m\cdot\sin\beta$$ $$m = \frac{c}{\sin\gamma}\,;\ c = m\cdot\sin\gamma$$			2. Beispiel c

Der Theodolit und seine Anwendung 77

mit einem Nonientheodolit
7. Sohle, 4. östl. Abteilung, Flöz Girondelle 5,
der Grundstrecke nach Ort 3

Fernrohrlage II Mittel			Neigungswinkel= Mittel aus Fernrohrlage I u.II			Bemerkungen und Handzeichnung
g	c	cc	g	c	cc	
152	85	25				Theodolit Nr. 64941 von Hildebrand
47	14	75	47	14	25	50-m-Stahlmeßband von Fennel
253	20	00				
53	20	00	53	20	25	

Die Summe der gemessenen oder berechneten Dreieckswinkel soll stets 200^g sein. Eine nach der Messung oder Berechnung sich ergebende kleine Abweichung gegenüber 200^g — in dem unten wiedergegebenen

im Trig. Form. 13/14*

$$a = \frac{b}{\sin \beta} \cdot \sin \alpha = m \cdot \sin \alpha$$

$$\text{Probe} \quad \frac{b}{\sin \beta} = \frac{c}{\sin \gamma} = m$$

Bemerkungen

	g	c	cc							
				lg m 2.35 049						
α	67	54	08	9.94092	a	2.29141	195,62			Theodolit Nr. 4608 von Fennel
β	63	93	85	9.92624	b	2.27673	189,12			
γ	68	52	07	9.94459	c	2.29508	197,28			
	200	00	00	Entnommen aus trig. Form.	Form. 1	α β γ ×	Form. 18	a b c × ×		
Fehler	±	0								
				lg m 2.50363						
α	50	87	−3 44	9.85537	a	2.35900	228,50			
β	78	74	−3 66	9.97533	b	2.47896	301,28			
γ	70	37	−3 99	9.95119	c	2.45482	284,99			
	200	00	09	Entnommen aus trig. Form.	Form. 1	α β γ × ×	Form. 18	a b c ×		
Fehler	−	09								

* Für die Berechnung mit der Rechenmaschine wird zweckmäßigerweise ein VermVor. nach [2, 3] benutzt.

Beispiel 9^{cc} — stellt die Summe der *wahren* Winkelfehler im Dreieck dar. Dieser Gesamtfehler wird bei „gleichgenauer" Winkelmessung gleichmäßig auf die 3 Dreieckswinkel verteilt, s. 2. Rechenbeispiel, sofern er die festgesetzte Fehlergrenze nicht überschreitet.

Bei gestreckten Polygonzügen oder beim Anschluß eines Polygonzuges an einen unzugänglichen trigonometrischen Punkt ergeben sich vielfach kleine Dreiecke, deren Berechnung häufig in einem Vordruck vorgenommen wird, wie es die beiden Rechenbeispiele auf S. 76/77 zeigen.

45. Zentrierung exzentrisch gemessener Winkel

Bei den Vermessungen über Tage kommt es vor, daß der Theodolit auf einem bestimmten Punkt, z. B. einer Turmspitze, nicht zentrisch aufgestellt werden kann. In diesem Falle ist die Winkelmessung von einem geeigneten seitwärts, also exzentrisch gelegenen Punkt aus durchzuführen. Um nun eine *Zentrierung*, d. h. eine rechnerische Übertragung des exzentrisch gemessenen Winkels auf den zentrischen Punkt vornehmen zu können, müssen im Punkt P' der Abb. 57 außer dem Brechungswinkel

Beispiel einer Zentrierung exzentrisch gemessener

Zielpunkte P_n	Beobachtete Richtungen α			Auf $P_s P_z$ reduzierte Richtungen $\varepsilon = \alpha - \alpha_z$			Entfernungen e und s	$\dfrac{e}{\sin \varepsilon}$ $\sin \varepsilon$ s
	g	c	cc	g	c	cc	m	
1	2			3			4	5
P_z	32	50	10	0	00	00	2,143	
P_1	50	51	12	18	01	02	2430	2143 0,27914 0,00012
P_2	132	90	35	100	40	25	3150	2143 0,99998 0,00032
P_3	203	72	85	171	22	75	4740	2143 0,43673 0,00009
P_4	363	49	88	330	99	78	3100	2143 0,88378 0,00028
Probe	$[\alpha] = [\varepsilon] + n \cdot \alpha_z$							$e \left[\dfrac{\sin \varepsilon}{s}\right] =$
$[\alpha] =$	783	14	30	620 162 783	63 50 14	80 50 30	$= [\varepsilon]$ $= n \cdot \alpha_z$		$2{,}143 \cdot 0{,}00025 =$ $0{,}00054$

Der Theodolit und seine Anwendung 79

β die Zentrierelemente, nämlich die genaue Entfernung e vom exzentrischen bis zum zentrischen Punkt und die von dieser Linie und den Strahlen nach den beiden Zielpunkten eingeschlossenen Winkel ε_1 und ε_2 ermittelt werden. Dabei wird in der Regel β, ε_1 und e gemessen, während sich ε_2 aus $\beta + \varepsilon_1$ ergibt. Es ist dann in den beiden Dreiecken PSZ_1 und $P'SZ_2$:

$$\beta' + \delta_1 = \beta + \delta_2,$$

also $\quad \beta' = \beta - \delta_1 + \delta_2.$

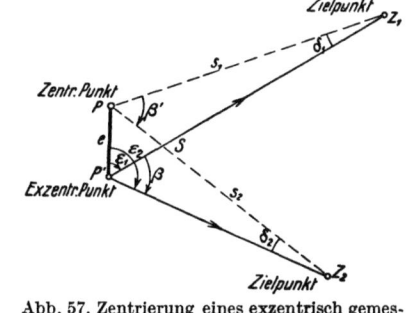

Abb. 57. Zentrierung eines exzentrisch gemessenen Winkels

Die in den Zielpunkten auftretenden Winkel δ_1 und δ_2 werden nach dem Sinussatz aus den Dreiecken $PP'Z_1$ und $PP'Z_2$ nach folgenden Formeln berechnet:

Richtungen in Trig. Form. 4

$\sin\delta = e \cdot \dfrac{\sin\varepsilon}{s}$		δ		Zentrierte Richtungen $A = \alpha + \delta$			Bemerkungen und Handzeichnung
±	±	c	cc	g	c	cc	
6		7		8			
+ 0,00026	+	01	66	50	52	78	
+ 0,00069	+	04	39	132	94	74	
+ 0,00019	+	01	21	203	74	06	
− 0,00060	−	03	82	363	46	06	
[sin δ] =	[δ] =			[A]−[δ]=[α]−α₂			
+ 0,00054	+	07	26	750	67	64 = [A]	
	−	03	82	−	03	44 = [δ]	
	+	03	44	750	64	20	
				783	14	30 = [α]	
				− 32	50	10 = α₂	
				750	64	20	

$$\sin \delta_1 = \frac{e}{s_1} \cdot \sin \varepsilon_1 \quad \text{und} \quad \sin \delta_2 = \frac{e}{s_2} \cdot \sin \varepsilon_2$$

oder bei kleinem δ $\quad \delta_1 = \frac{e}{s_1} \cdot \varrho \cdot \sin \varepsilon_1 \quad \text{und} \quad \delta_2 = \frac{e}{s_2} \cdot \varrho \cdot \sin \varepsilon_2 \,.$

Dabei brauchen die söhligen Entfernungen vom zentrischen Punkt zu den Zielpunkten — s_1 und s_2 — nur angenähert bekannt zu sein.

In ähnlicher Weise lassen sich auch die Zielpunkte, wenn sie wegen Sichthindernisse nicht unmittelbar angezielt werden können, zentrieren.

Das Zahlenbeispiel auf S. 78/79 zeigt eine mit der Rechenmaschine durchgeführte Berechnung der zu zentrierenden Richtungen $A = \alpha + \delta$.

Bezeichnungen in der Handzeichnung des Beispiels auf S. 78/79

P_z = Zentrum des trig. Punktes.
P_s = exzentr. Standpunkt
P_1, P_2, P_3, P_4 andere trig. Punkte.
e Exzentrizität auf P_z
s_1, s_2, s_3, s_4 Entfernungen des Punktes P_z von P_1, P_2, P_3, P_4.
$\alpha_z, \alpha_1, \alpha_2, \alpha_3, \alpha_4$ auf P_s beobachtete Richtungen.
$\varepsilon_1, \varepsilon_2, \varepsilon_3, \varepsilon_4$ auf P_sP_z als Nullrichtung reduzierte Richtungen.
A_1, A_2, A_3, A_4 Zentrierte Richtungen.

Rechenformeln

$\varepsilon_1 = \alpha_1 - \alpha_z, \quad A_1 = \alpha_1 + \delta_1,$
$\varepsilon_2 = \alpha_2 - \alpha_z, \quad A_2 = \alpha_2 + \delta_2,$
$\varepsilon_3 = \alpha_3 - \alpha_z, \quad A_3 = \alpha_3 + \delta_3 + \delta_z,$
$\varepsilon_4 = \alpha_4 - \alpha_z. \quad A_4 = \alpha_4 + \delta_4 + \delta_z.$

$$\sin \delta_1 = e \frac{\sin \varepsilon_1}{s_1},$$
$$\vdots$$
$$\sin \delta_z = e \frac{\sin \varepsilon_z}{s_z}.$$

Setzt man bei kleinen δ-Werten die meist genügende Näherungsformel $\delta^{cc} = e \cdot \varrho^{cc} \cdot \frac{\sin \varepsilon}{s}$ ein, so weichen im vorliegenden Falle die damit berechneten Richtungen A nur um 1^{cc} bis 2^{cc} von den vorstehend errechneten Ergebnissen ab.

46. Winkelmessung mit exzentrischem Fernrohr

Bei einem Theodolit mit seitlich gelagertem Fernrohr, das bei Messungen in steilen Überhauen und Gesteinsbergen gebraucht wird, fällt der Scheitelpunkt des gemessenen Winkels nicht mit der Lotrechten durch den Standpunkt zusammen, s. Abb. 58. Man erhält daher bei einmaliger Messung nicht den gesuchten Winkel β, sondern je nach Entfernung der Zielpunkte und Größe der Exzentrizität einen größeren oder kleineren Wert, z. B. β_1. Wird in solchem Falle

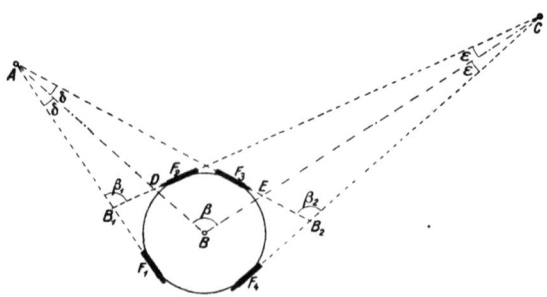

Abb. 58. Exzentrische Winkelmessung

aber die Messung in beiden Fernrohrlagen durchgeführt, so ergibt das Mittel aus β_1 und β_2, wie Abb. 58 und nachstehende Ableitung zeigt, den richtigen Brechungswinkel β.

In den Dreiecken AB_1D und CBD ist $\beta_1 + \delta = \beta + \varepsilon$
In den Dreiecken CB_2E und ABE ist $\beta_2 + \varepsilon = \beta + \delta$

also ist $\beta_1 + \beta_2 + \delta + \varepsilon = 2\beta + \delta + \varepsilon$
oder $\beta_1 + \beta_2 = 2\beta$
mithin $\dfrac{\beta_1 + \beta_2}{2} = \beta$.

47. Fehler der Winkelmessung

Neben den Instrumentenfehlern wirken auf die Genauigkeit einer Winkelmessung Messungsfehler ein, die in der Hauptsache bei der Zentrierung des Standpunktes und der Zielzeichen, bei der Einstellung des Zieles und bei der Ablesung der Zeiger gemacht werden.

1. Der *Zentrier-* oder *Exzentrizitätsfehler*. Er wirkt sich besonders ungünstig bei kurzen Zielweiten aus. Infolgedessen ist bei den häufig sehr kurzen Zielweiten in der Grube eine besonders scharfe Zentrierung erforderlich. Der Fehler hat den größten Einfluß auf die Winkelmessung, wenn er quer zu den Ziellinien liegt, während er in Richtung der Ziellinien schadlos ist. Der Zentrierfehler, der über Tage bei Verwendung des Schnurlotes die Größe von einigen Millimetern erreichen kann, läßt sich unter Tage für gewöhnlich sehr klein halten, da Lotspitze und Zentriermarke gut zu beobachten und daher scharf aufeinander einzustellen sind. Der bei der Winkelmessung durch eine im Stand- oder im Zielpunkt auftretende Exzentrizität e entstehende Winkelfehler ε berechnet sich nach der Formel

$$\varepsilon^{cc} = \frac{e}{s} \cdot \varrho^{cc}.$$

Für nachstehende Zentrierfehler (Exzentrizitäten) e und Zielweiten s ergeben sich folgende Winkelfehler:

Zentrier-fehler e	Entfernung s der Zielpunkte in m					
	2	5	10	20	50	100
0,5 mm	1,57^c	65^{cc}	31^{cc}	15^{cc}	6^{cc}	3^{cc}
1 mm	3,18^c	1,27^c	65^{cc}	31^{cc}	12^{cc}	6^{cc}
5 mm	15,89^c	6,36^c	3,18^c	1,57^c	65^{cc}	31^{cc}

Der Zentrierfehler läßt sich durch Anwendung eines der im folgenden Abschn. 48 beschriebenen Zwangszentrierverfahren nahezu ausschalten.

2. Der *Zielfehler* hängt von der Form, Größe, Entfernung und Beleuchtung des Zielzeichens sowie von der Vergrößerung des benutzten Fernrohres und der Gestalt des Strichkreuzes ab. Die Größe dieses Fehlers beträgt etwa 3^{cc} bis 5^{cc}.

3. Der *Ablesefehler* wird von der Unterteilung des Teilkreises, von der Art des Zeigers und von der Vergrößerung der Ablesevorrichtung beeinflußt. Seine Größe schwankt zwischen 50^{cc} bei einfachen Nonientheodoliten und 2^{cc} bei feineren Mikroskoptheodoliten.

Bei allen Messungsfehlern spielt die Übung des Beobachters eine wesentliche Rolle. Ungefähr kann man annehmen, daß mit einem 10- bis 12 cm-Nonientheodolit ein einigermaßen geübter Beobachter bei einmaliger Messung eines Brechungswinkels in jeder Fernrohrlage eine Genauigkeit von 20^{cc} bis 30^{cc} erzielt. Bei Feinmeßtheodoliten und Zwangszentrierung läßt sich eine Genauigkeit von 4^{cc} bis 6^{cc} erreichen.

Die Genauigkeit der Neigungswinkelmessung entspricht derjenigen bei den Brechungswinkeln, wenn beide Teilkreise gleiche Durchmesser und gleiche Ablesevorrichtungen haben. Da der Höhenkreis eines Theodolits meist etwas kleiner als sein Grundkreis ist, so wird auch die Genauigkeit der gemessenen Neigungswinkel gewöhnlich etwas geringer sein.

48. Zwangszentrierverfahren

Durch dieses Verfahren soll der unvermeidliche Zentrierfehler, s. Abschn. 47, möglichst ausgeschaltet werden. Zu diesem Zweck werden bei der Winkelmessung Theodolit und Zielzeichen gegeneinander so vertauscht, daß der Schnittpunkt der Ziel- und Kippachse des Instrumentes jeweils zwangsläufig nach Lage und Höhe an die Stelle des Zielpunktes am Signal gebracht wird und umgekehrt. Als Aufstellungsvorrichtungen für Theodolit und Zielzeichen sind mindestens drei Stative, Spreizen, Wandarme oder Pfriemen erforderlich. Über Tage ist die Stativaufstellung bei Zwangszentrierung gebräuchlich. Aber auch in der Grube findet, abgesehen von der Zwangszentrierung, die durch Verwendung von Pfriemen bei der Messung mit dem Hängetheodolit gegeben ist, s. S. 72 u. f., die Stativaufstellung immer mehr Anwendung. Die früher weit verbreiteten Sonderausrüstungen für untertägige Zwangszentrierverfahren wie

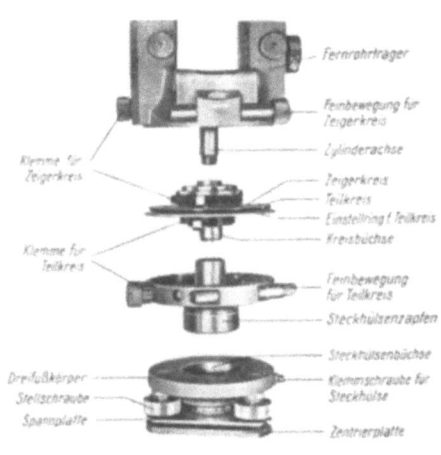

Abb. 59. Steckhülsenvorrichtung und Stehachsensystem von BREITHAUPT

KÜNTZEL-HILDEBRAND-Aufstellung, Freiberger und Waldenburger Aufstellung haben ihre Bedeutung heute fast ganz verloren. Beim Zwangszentrierverfahren wird in der Regel mit verlorenen Punkten gearbeitet, doch muß an den An- und Abschlußpunkten des Zuges eine Zentrierung möglich oder die Erhaltung dieser Meßpunkte durch andere Maßnahmen, wie z. B. eingelassene Gewindebolzen, gesichert sein.

Bei der von BREITHAUPT eingeführten *Steckhülsenvorrichtung*, s. Abb. 59, S. 82, bleiben die Dreifüße während der Messung auf den Tellern der Stative oder der Wandarme stehen. Der Theodolit wird sodann mit dem Zapfen der Steckhülse in die Dreifußbuchse eingesetzt und festgeklemmt. Das gleiche geschieht mit dem Zapfen der Signale, die meist als Scheibensignale ausgebildet sind. Die Verwendung von am Stahlausbau in der Grube anklemmbaren Wandarmen der Firma Breithaupt zeigt die Abb. 60. Eine andere Art der Wandarmausführung der Firma Jenoptik ist auf der Tafel 17 des Anhangs dargestellt.

Abb. 60. BREITHAUPT-Zwangszentriereinrichtung mit Wandarmen

Abb. 61. Zeiss-Polygonausrüstung

Ein Beispiel für die Verwendung von Stativen bei der Zwangszentrierung zeigt die Abb. 61. Der hierin dargestellte Zeiss-Theodolit „Th 3" ist auch mit Steckhülsen versehen, so daß Theodolit und Zielzeichen gegeneinander ausgetauscht werden können. An Stelle der in den Abb. 60 u. 61 wiedergegebenen einfachen Scheibensignale können auch solche Zielzeichen benutzt werden, die mit einer schlagwettersicheren Beleuchtungseinrichtung ausgerüstet sind.

I. Lagemessungen

Grundlagen

49. Gestalt der Erde

Die Notwendigkeit, bei Vermessungsarbeiten in größeren Gebieten die wirkliche Form der Erdoberfläche zu berücksichtigen, erfordert die genaue Kenntnis der Gestalt und Größe unserer Erde. Aus astronomischen, geodätischen und geophysikalischen Messungen ergibt sich, daß die Erde die Gestalt einer an den Polen abgeplatteten Kugel hat. Da die Abplattung nur verhältnismäßig gering ist, so soll für die nachstehenden einfachen Betrachtungen angenähert die *Kugel* als Erdgestalt angenommen werden.

Die wahre Gestalt der Erde, die entsteht, wenn man sich die Meeresoberfläche unter dem Festland fortgesetzt denkt, bezeichnet man als *Geoid*. Ihm entspricht als mathematische Form der Erde am besten ein *Ellipsoid*, d. h. ein Körper, den man sich durch Umdrehung einer Ellipse um ihre kleine Achse entstanden denkt. Von der Geoidfläche weicht die durch Höhen und Tiefen gebildete *physische* Erdoberfläche noch etwas ab.

50. Einteilung der Erde durch Längen- und Breitenkreise, s. Abb. 62.

Legt man durch den Mittelpunkt der Erdkugel rechtwinklig zur Erdachse eine Ebene, so schneidet diese die Erdoberfläche in einem Kreis, den man als *Äquator* bezeichnet, und der die Erde in je eine gleichgroße nördliche und südliche Hälfte teilt. Der Bogen vom Äquator bis zu jedem Erdpol läßt sich nach Norden in $+90°$ und nach Süden in $-90°$ unterteilen, so daß die durch diese Teilpunkte, parallel zum Äquator in westöstlicher Richtung gezogenen Kreise je einen Grad Abstand voneinander haben. Man nennt sie auch *Parallel-* oder *Breitenkreise*. Der Äquator wird als Vollkreis in $360°$ geteilt. Zieht man durch die so erhaltenen Teilpunkte, rechtwinklig zum Äquator, in nordsüdlicher Richtung Kreise, die man als *Meridian-* oder *Längenkreise* bezeichnet, so schneiden sich diese in den beiden Erdpolen. Die Zählung der Meridiane erfolgt von einem durch Übereinkommen bestimmten Längenkreis, dem Null-Meridian der Sternwarte von Greenwich bei London, nach Osten bis $+180°$ und nach Westen bis $-180°$, s. Abb. 62.

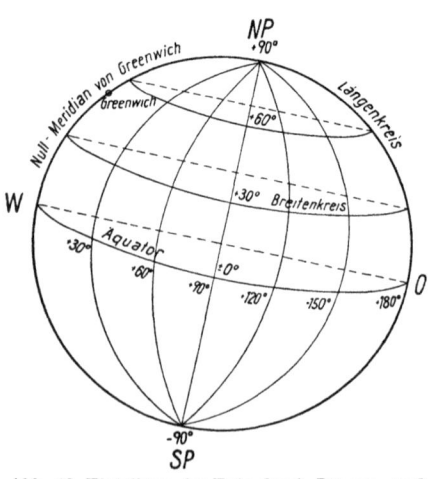

Abb. 62. Einteilung der Erde durch Längen- und Breitenkreise

51. Größe der Erde

Die Größenverhältnisse der Erde werden aus *Erd-* oder *Gradmessungen*

Grundlagen 85

abgeleitet. Es handelt sich dabei um die Ermittlung der Bogenlänge b zweier auf einem Meridiankreis gelegener Punkte der Erdoberfläche, z. B. $P1$ und $P2$ in der Abb. 63 und des zugehörigen Erdzentriwinkels α. Man bestimmt die Entfernung der Punkte $P1$ bis $P2 = b$ mit Hilfe einer Basismessung und eines anschließenden Dreiecksnetzes, s. Abschn. 60, S. 98 u. f., und mittels des Erdzentriwinkels α, der sich aus dem Unterschied der in den Punkten $P1$ und $P2$ gemessenen Zenitwinkel Z_1 und Z_2 ergibt. Diese Zenitwinkel werden von den Lotlinien der Punkte und der Richtung nach einem Fixstern, z. B. dem Nordpolarstern, gebildet. Der Halbmesser r und weiter der Umfang $2\pi r$ der Erde lassen sich gemäß der auf S. 32 angegebenen Formel angenähert wie folgt errechnen:

$$r = \frac{b}{\alpha} \cdot \varrho°.$$

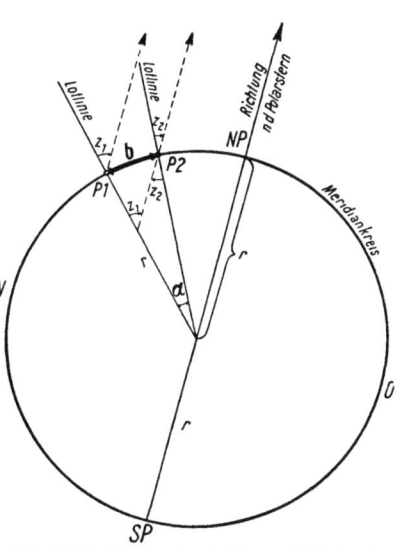

Abb. 63. Ermittlung der Größenverhältnisse der Erde durch Gradmessungen

Führt man Erdmessungen an verschiedenen Stellen des Meridians vom Äquator bis zur Polnähe aus, so erhält man auch das Maß der Abplattung und die wahre Form des Meridianbogens. So ergibt sich z. B. für die Äquatorhalbachse des Erdellipsoids rund 6378 km und für die halbe Erd- oder Polachse rund 6357 km, woraus man als Maß der Abplattung etwa $1/300$ erhält.

Aus den von bekannten Geodäten und Astronomen wie z. B. 1825 von C. F. GAUSS und 1841 von W. BESSEL ausgeführten Gradmessungen ergaben sich für die Erddimensionen folgende Werte:

Mittlerer Erdhalbmesser	$r =$	rund	6370 km
Erdumfang	$2\pi r =$	,,	40000 km
Erdoberfläche	$4\pi r^2 =$	,,	510000000 km²
Erdinhalt	$4/3 \pi r^3 =$	,,	$10^{12} = 1$ Billion km³.

52. Vermessungshorizonte

Man unterscheidet nach Abb. 64, S. 86:

1. den *scheinbaren Horizont*, das ist eine an die Erdkugel tangierende *Horizontalebene* als Bezugsfläche für die Vermessungen *kleiner* Gebiete und für grundrißliche Darstellungen,

2. den *wahren oder Landeshorizont*, worunter man die Geoidfläche als Bezugsfläche für Vermessungen *großer* Gebiete und für sämtliche Höhenmessungen — Normal-Nullfläche = NN — versteht,

3. den *astronomischen Horizont*, der parallel zum scheinbaren Horizont verläuft und als Bezugsfläche für astronomische Messungen gilt.

86 Lagemessungen

Die sich aus dem Unterschied zwischen scheinbarem und wahrem Horizont ergebende *Erdkrümmung k*, die auf etwa 3,5 km söhliger Länge (Sichtweite s) bereits 1 m beträgt, muß bei der Übertragung der Vermessungen größerer Gebiete auf die Horizontalebene und bei genauen Höhenmessungen berücksichtigt werden. Sie wird aus den in Abb. 64 abzulesenden Beziehungen errechnet:

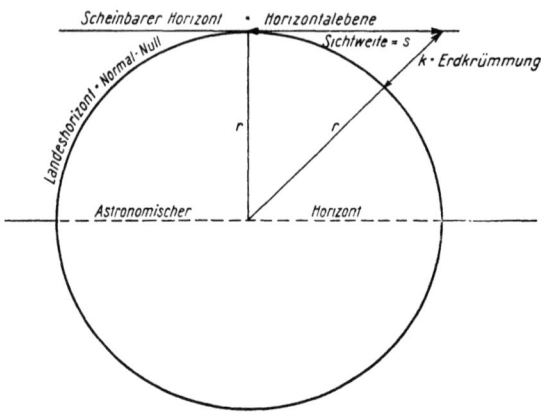

Abb. 64. Vermessungshorizonte und Erdkrümmung

$$(r + k)^2 = s^2 + r^2$$
$$r^2 + 2rk + k^2 = s^2 + r^2$$
$$k(2r + k) = s^2$$
$$k = \frac{s^2}{2r + k}$$

oder $\quad k \approx \dfrac{s^2}{2r}$,

da die Größe der Erdkrümmung k gegenüber dem doppelten Erdradius $2r$ vernachlässigt werden kann.

Koordinatensysteme

Zur Bestimmung der Lage eines Punktes auf der Erdoberfläche benutzt man *Koordinaten*. Man unterscheidet geographische, sphärische und ebene Koordinaten. Letztere sind bereits im Abschn. 6, S. 7, behandelt.

53. Geographische Koordinaten

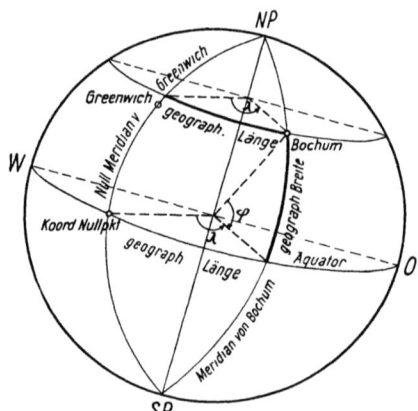

Abb. 65. Geographische Länge und Breite

Das von den Breiten- und Längenkreisen gebildete Gradnetz der Erde dient als wichtigstes Hilfsmittel für die Lagebestimmung eines Ortes (Punktes) auf der Erdoberfläche. Hierbei geht man vom Äquator und von dem Nullmeridian von Greenwich aus. Den Bogenabstand eines Punktes, z. B. des Ortes Bochum, vom Äquator in nordsüdlicher Richtung nennt man seine *geographische Breite* und den Bogenabstand des gleichen Punktes vom Nullmeridian von Greenwich seine *geographische Länge*, s. Abb. 65. Beide Bogenabstände werden als *geographische Koordinaten* eines Punktes bezeichnet und im alten Gradmaß 0° bis 360° angegeben. Die Bogenlänge auf der Erdkugeloberfläche wird also bei der geographischen Breite durch den Winkel φ ausgedrückt, den die Lotlinie des Punktes im Erdmittelpunkt mit der Äquatorebene einschließt, während man das Bogenstück der geographischen Länge durch den Winkel λ bezeichnet, den die Meridianebene des Punktes mit der Meridianebene des Nullpunktes Greenwich in der Erdachse bildet, wobei dieser Winkel in der Äquator- oder in irgendeiner anderen Parallelkreisebene liegen kann, s. Abb. 65. Zur eindeutigen Kennzeichnung der Lage eines Punktes in geographischen Koordinaten ist außer der Winkelgröße von φ und λ auch die Angabe der Himmelsrichtung durch Buchstaben oder Vorzeichen erforderlich. So unterscheidet man nördliche und südliche Breite vom Äquator — n. B. und s. B. — sowie östliche und westliche Länge von Greenwich — ö. Gr. und w. Gr. —.

54. Ermittlung der geographischen Breite und Länge

Da weder die Entfernungen vom Äquator oder vom Nullmeridian auf der Erdoberfläche noch die entsprechenden Winkel im Erdmittelpunkt unmittelbar gemessen werden können, muß die Bestimmung der geographischen Koordinaten auf andere Weise, und zwar unter Zuhilfenahme des gestirnten Himmels erfolgen. Man spricht in diesem Falle von einer astronomischen Messung.

Wie man aus Abb. 66 erkennt, ist im Standpunkt B auf der Erdoberfläche der Neigungswinkel einer Parallelen zur Erdachse gleich der geographischen *Breite* des Ortes. Die Verbindungslinie vom Standpunkt zum Himmelspol kann wegen der unendlich großen Entfernung als parallel zur Erdachse angesehen werden, so daß die geographische Breite φ durch Messung des Neigungswinkels dieser Verbindungslinie — der *Polhöhe* — mit dem Höhenkreis des Theodolits erhalten wird. Am Himmelspol ist zwar kein Zielpunkt vorhanden, doch kann die Lage desselben aus der oberen und unteren Stellung des in geringem Abstande um den Pol kreisenden Polarsternes bestimmt werden.

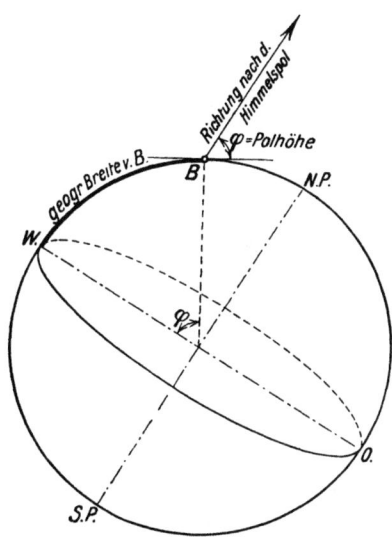

Abb. 66. Ermittlung der geographischen Breite aus der Polhöhe

Da die Bahnen der Sonne und anderer Sterne in ihrer Lage zur Erdachse bekannt sind, können auch diese Gestirne zur Feststellung der geographischen Breite herangezogen werden. In Bochum beträgt z. B. die Polhöhe und damit die geographische Breite $\varphi = +51° \, 29'$.

Die geographische *Länge* λ eines Ortes ermittelt man aus dem Zeitunterschied, der zwischen der Erreichung der höchsten Stellung der Sonne an diesem Punkt und an einem Punkt des Nullmeridians von

Greenwich besteht. Dieser Zeitunterschied Δt, der durch drahtlos übermittelte Zeitzeichen bestimmt werden kann, verhält sich zur Gesamtumdrehungszeit der Erde, also zu 24^h, wie die geographische Länge λ des Punktes zu $360°$. Es ist demnach

$$\frac{\Delta t}{24} = \frac{\lambda°}{360°},$$

woraus sich $\quad \lambda° = \dfrac{360°}{24} \cdot \Delta t = 15° \cdot \Delta t \quad$ ergibt.

Da der Zeitunterschied zwischen Bochum und Greenwich $28^m\,53^s$ beträgt, so errechnet sich die geographische Länge λ von Bochum zu $+7°\,13'$.

55. Beziehungen zwischen Winkel- und Längenmaß der Längen- und Breitengrade

Aus dem Umfang der Erdkugel errechnet sich die Länge eines Grades auf dem Meridiankreis oder auf dem Äquator angenähert zu $\dfrac{40000\,\text{km}}{360°} \approx$ ≈ 111 km/Grad. Demgemäß ist hier eine Bogenminute ≈ 1850 m, eine Bogensekunde ≈ 31 m. Für die geographischen Längen λ ist zu beachten, daß der Halbmesser und damit der Umfang eines Breitenkreises nach den Polen zu immer kleiner wird, und zwar erfolgt die Abnahme mit dem Kosinus der geographischen Breite φ. Mit diesem Kosinus müssen also auch die Äquatormaße multipliziert werden, wenn man die linearen Werte für die geographische Länge λ eines Ortes ermitteln will. So ist z. B. auf einem Breitenkreis mit $\varphi = 51°$, der südlich von Bochum verläuft ein Längengrad nur $\dfrac{111\,\text{km}}{\cos 51°} \approx 70$ km, eine Längenminute nur ≈ 1150 m, und eine Längensekunde nur ≈ 19 m lang.

Die vorstehend in Metern angegebenen linearen Werte für eine Breiten- und eine Längensekunde lassen schon erkennen, daß die unmittelbare Bestimmung geographischer Koordinaten aus astronomischen Messungen für das praktische Vermessungswesen meist unbrauchbar ist, da die in der Praxis geforderte Zentimetergenauigkeit in den Längen eine Winkelmeßgenauigkeit von $0{,}001''$ erfordern würde. Man beschränkt sich daher auch bei einer Landesvermessung darauf, außer dem Ausgangspunkt nur wenige weitere, im Lande verteilte trigonometrische Punkte auf astronomischem Wege direkt zu ermitteln, und wendet sonst zur Bestimmung der genauen Lage aller übrigen Trig.-Punkte des zu vermessenden Gebietes das Verfahren der Dreiecksmessung an, s. Abschn. 60, S. 98 u. f.

56. Abbildung der Erdoberfläche in der Kartenebene — Kartenprojektion

Die auf der ganzen Erdoberfläche gleichartigen geographischen Koordinaten und das mit ihnen im Zusammenhang stehende Gradnetz von Breiten- und Längenkreisen werden lediglich bei den Nachbildungen der gesamten Erdoberfläche in Globen und bei der Darstellung großer Teile der Erdoberfläche in Karten kleinen Maßstabes — Landkarten und topographische Karten, s. S. 421, — verwandt.

Da die infolge der Kugelgestalt der Erde gekrümmte Erdoberfläche in der Kartenebene nicht naturgetreu abgebildet werden kann, so entstehen bei ihrer Übertragung in Karten Verzerrungen. Die Abbildung kann nun je nach Lage des darzustellenden Gebietes und dem Zweck der Karte so erfolgen, daß man dieses Gebiet entweder auf eine den Mittelpunkt des Gebietes berührende Bildebene überträgt oder daß man zuerst auf eine die Erdkugel an geeigneter Stelle umhüllende Zylinder- oder Kegelmantelfläche projiziert und diese Fläche dann in der Kartenebene abrollt.

Da der Karteninhalt jedoch nur auf der Grundlage eines Karten- oder Gradnetzes eingezeichnet werden kann, so besteht zunächst die Aufgabe, eine zweckentsprechende Abbildung bzw. Übertragung (Projektion) dieses Netzes in die Kartenebene vorzunehmen. Auf die verschiedenen Arten der Kartenprojektion soll hier nicht weiter eingegangen werden.

57. Rechtwinklig-sphärische Koordinaten

Für die Darstellung kleiner und kleinster Teile der Erdoberfläche in großmaßstäblichen Riß- und Kartenwerken, wie sie in der Technik, in Wirtschaft und Verkehr ständig gebraucht werden, sind die geographischen Koordinaten, wie bereits erwähnt, ungeeignet. Auch wäre es unverständlich, wenn man die mit einem Längenmeßgerät unmittelbar gemessenen Entfernungen im Winkelmaß angeben wollte.

Um nun aber dennoch die durch geographische Koordinaten bestimmten Trig.-Punkte auch für die Herstellung der genannten Kartenwerke benutzen zu können, rechnet man ihre geographischen Koordinaten in rechtwinklig-sphärische und dann weiter in rechtwinklig-ebene Koordinaten um. Eine solche Umrechnung ist z. B. von dem früheren Reichsamt für Landesaufnahme im Jahre 1920 für sämtliche Trig.-Punkte des rheinisch-westfälischen Kohlengebietes durchgeführt und von der Westfälischen Berggewerkschaftskasse in Bochum [42] veröffentlicht worden.

Das den *rechtwinklig-sphärischen* Koordinaten zugrunde liegende System besteht aus einem beliebig gelegenen Koordinaten-Nullpunkt — meist ein bekannter Trig.-Punkt —, durch den man sich den Meridian als Abszissenachse und einen Großkreis der Erde als Ordinatenachse gelegt denkt, s. Abb. 67. Die rechtwinklig-sphärischen Koordinaten z. B. des Punktes P1 werden hier von den beiden Bogenstücken x und y auf den genannten Kreisen gebildet. Je nach der Art der Abbildung dieser beiden Bogenstücke in der Kartenebene unterscheidet man SOLDNERsche und GAUSSsche Koordinaten. Bei beiden Arten erleiden die Abszissen x und alle in nordsüdlicher Richtung verlaufenden Strecken eine gleiche aber mit wachsender Entfernung vom Koordinaten-Nullpunkt zu-

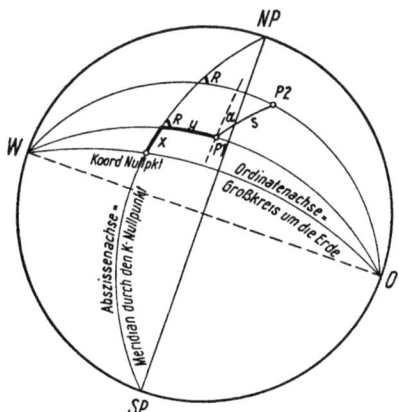

Abb. 67. Rechtwinklig-sphärische Koordinaten x und y

nehmende Vergrößerung. Die Ordinaten *y* und alle in *ostwestlicher* Richtung verlaufenden Strecken dagegen werden bei der SOLDNERschen Abbildung in ihren wirklichen Längen übertragen, Abb. 68, links. Bei GAUSS hingegen ist die Verzerrung in allen Richtungen gleich, s. Abb. 68, rechts. Das hat zur Folge, daß bei SOLDNER die Längen, abgesehen von denjenigen in nordsüdlicher Richtung, und die Flächen weniger verzerrt sind als bei GAUSS. Andererseits ist aber bei SOLDNER die Längenverzerrung in allen Richtungen verschieden groß. Dadurch tritt bei SOLDNER eine erhebliche Winkel- bzw. Richtungsverzerrung ein, die bei GAUSS verschwindend klein bleibt. Dieser Winkeltreue verdankt die GAUSSsche Abbildung, die man deshalb auch als „konform" bezeichnet, daß sie allgemein als zweckentsprechender angesehen wird.

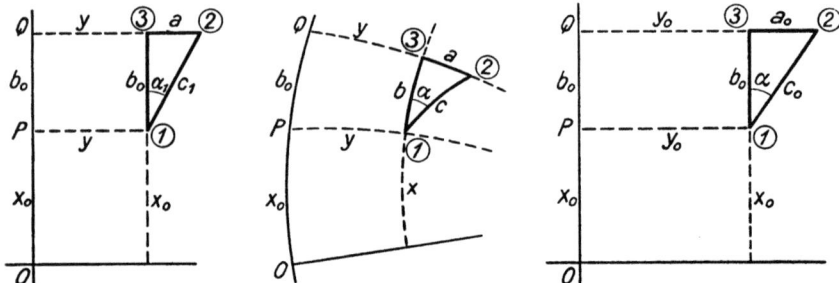

Abb. 68. Übertragung eines sphärischen Dreiecks (s. Mitte der Abbildung) von der Kugel in die Kartenebene bei der SOLDNERschen (links) und bei der GAUSSschen Abbildung (rechts)

In diesem Zusammenhang sei hier auf die bei der GAUSSschen Abbildung notwendige Verbesserung bei genauen Längenmessungen hingewiesen. Sie läßt sich nach folgender Formel berechnen:

$$v = \frac{y^2}{2r^2} \cdot s.$$

Ihre zahlenmäßige Größe ist aus der Tafel 4 unten des Anhangs zu entnehmen.

SOLDNERsche Koordinaten wurden bis zum Jahre 1934 bzw. 1936 beim Kataster und der Mehrzahl der übrigen Vermessungsdienststellen, ferner beim Bergbau in den Oberbergamtsbezirken Breslau, Halle und Clausthal benutzt, während GAUSSsche Koordinaten für das bergbauliche Vermessungs- und Rißwesen in den Oberbergamtsbezirken Dortmund und Bonn vorgeschrieben waren.

Um die infolge der Kartenabbildung mit zunehmender Entfernung vom gewählten Nullmeridian immer größer werdenden Verzerrungen nicht über ein bestimmtes Maß anwachsen zu lassen oder mit anderen Worten, um in den zu vermessenden und darzustellenden Gebieten die an sich sphärischen Maße als eben ansehen und damit rechtwinklig-ebene Koordinaten verwenden zu können — was aber nur in verhältnismäßig kleinen Gebieten, in denen die Erdkrümmung vernachlässigt werden kann, zulässig ist —, hat man früher die zu vermessenden und kartenmäßig darzustellenden Länder in kleinere Gebiete eingeteilt und jedem dieser Gebiete ein rechtwinklig-ebenes Koordinatensystem mit einem bestimmten Trig.-Punkt als Koordinaten-Nullpunkt zugrunde gelegt. So bestanden z. B. im ehemaligen Lande Preußen 40 derartiger Systeme. Für die Vermessung und Darstellung des rheinisch-westfälischen Steinkohlengebietes kamen allein 4 Systeme mit den Koordinaten-Nullpunkten Bochum, Köln, Münster und Homert in Betracht.

58. Gauß-Krügersche Koordinaten

Die große Anzahl und die unregelmäßige Abgrenzung der Geltungsbereiche der früher bestehenden Koordinatensysteme führten jedoch in wirtschaftlich und verkehrstechnisch eng verbundenen Gebieten, wie z. B. im rheinisch-westfälischen Industriebezirk, aber auch im übrigen

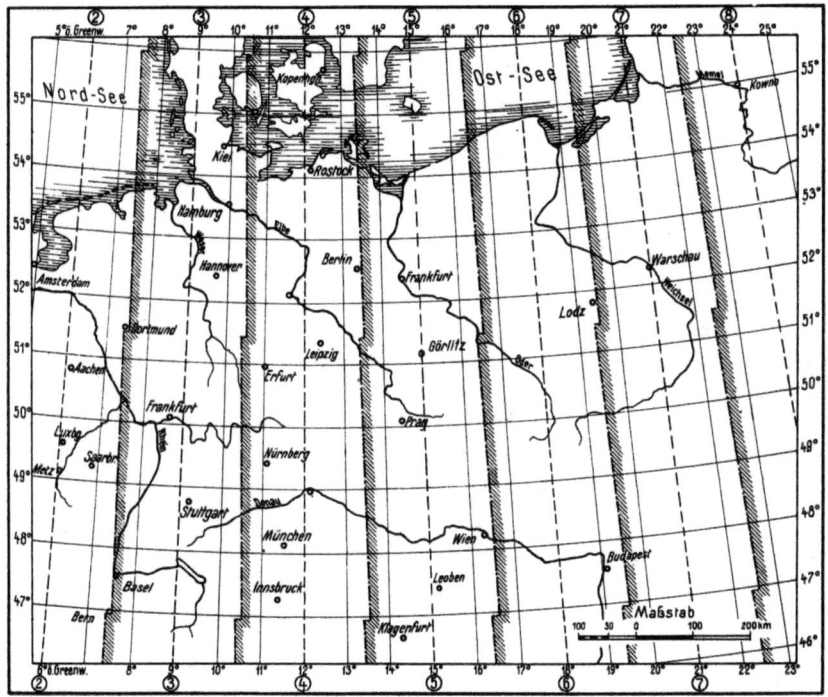

Abb. 69. GAUSS-KRÜGERsche Meridianstreifen 2 bis 8

deutschen Vermessungs- und Kartenwesen im Laufe der Zeit zu erheblichen Unzuträglichkeiten. KRÜGER [46] hat daher ein Verfahren entwickelt, das für die ganze Erdoberfläche die Verwendung rechtwinklig-konformer GAUSSscher Koordinaten in gleichartigen, an Zahl aber erheblich eingeschränkten Systemen zuläßt. Jedes dieser Systeme umfaßt einen vom Nord- zum Südpol reichenden Meridianstreifen von 3 Längengraden, in dem als Koordinaten-Nullpunkt der Schnittpunkt des Mittelmeridians mit dem Äquator festgelegt ist. Für das frühere Deutschland kommen damit 6 Systeme mit den Mittelmeridianen 6°, 9°, 12°, 15°, 18° und 21° östlich Greenwich in Betracht, die mit den Kennziffern 2 bis 7 benannt werden, s. Abb. 69, S. 91. Die als „Hochwerte" H bezeichneten Nord-Süd-Entfernungen vom Äquator (Abszissen) sind in Deutschland alle positiv und brauchen daher keine Vorzeichen. Um auch in den nun als „Rechtswerte" R bezeichneten Ost-West-Entfernungen vom Mittelmeridian (Ordinaten) das Vorzeichen in Fortfall bringen zu können, beginnt man die Zählung am Mittelmeridian nicht mit 0 m, sondern mit 500000 m und setzt außerdem zur eindeutigen Bezeichnung noch die Kennziffer des betreffenden Meridianstreifens davor. So besagt z. B. die neue Bezeichnung des früheren Koordinaten-Nullpunktes Bochum $H = {}^{57}06023{,}630$ und $R = {}^{25}84816{,}240$, daß dieser Punkt 5706023,630 m nördlich des Äquators und im 2. Meridianstreifen 84816,240 m östlich vom 6. Längengrad liegt. Wenn dagegen $R = {}^{34}05000{,}000$ ist, so liegt der Punkt im 3. Meridianstreifen 95 km westlich vom 9. Längengrad. Man bezeichnet diese H- und R-Werte der Punkte als GAUSS-KRÜGERsche Koordinaten.

Die Meridiankonvergenz zwischen dem Nullmeridian des alten Bochumer- und dem des neuen GAUSS-KRÜGERschen Systems beträgt im alten Winkelmaß 57′ 19,9036″. Um diesen Betrag ist das alte Bochumer Kartennetz gegen das neue GAUSS-KRÜGERsche Netz — linear ausgedrückt auf 60 m etwa 1 m — verschwenkt.

Da die Mittelmeridiane der Meridianstreifen in den Polen der Erde zusammenlaufen (konvergieren), s. S. 84, Abb. 62, die Gitterlinien der Meridianstreifensysteme aber parallel bzw. rechtwinklig zum jeweiligen Mittelmeridian verlaufen, stoßen die Gitternetze zweier Streifen an ihrem gemeinsamen Grenzmeridian schräg aneinander. Als Folge dieser Konvergenz erstreckt sich das Gitternetz im Norden eines Gebietes weniger weit westlich und östlich seines Mittelmeridians als im Süden, s. Abb. 70, S. 93. Der Unterschied macht für eine nordsüdliche Entfernung von etwa 500 km den Betrag von 10 km aus. Man ist deshalb übereingekommen, die westliche Grenze eines jeden Meridianstreifens innerhalb Deutschlands beim Hochwert 5700 km um 10 km nach Westen verspringen zu lassen. Dies gilt jedoch nur für Karten in den Maßstäben 1:25000 und kleiner. Es besteht bei den Landesvermessungsämtern allerdings die Absicht, auf den in Betracht kommenden amtlichen topographischen Kartenwerken in Zukunft das Gitterverspringen nicht mehr darzustellen. Für die großmaßstäblichen Karten ist eine andere Regelung durch entsprechende Angleichung der Blattgröße und des Blattschnittes in den Grenzgebieten getroffen worden, über die weitere Einzelheiten den jeweiligen Blattübersichten, z. B. für die Deutsche Grundkarte 1:5000, entnommen werden können. Bei den bergbaulichen Kartenwerken finden die Abschnitte 1.08 bis 1.10 der „Richtlinien für die Herstellung und Ausgestaltung des bergmännischen Rißwerks, DIN 21900" [16] Anwendung.

Da sich das rheinisch-westfälische Bergbaugebiet noch etwa 30 km über die Streifengrenze $7^1/_2°$ ö. Gr. hinaus nach Osten in den 3. Meridianstreifen hinein erstreckt, so hätte man in diesem Grenzgebiet in ein und demselben Grubenfeld Koordinaten zweier Meridianstreifensysteme benutzen müssen, was zweifellos zu Schwierigkeiten geführt haben würde. Man ist daher übereingekommen, den Geltungsbereich des 2. Meridianstreifens um einen halben Längengrad nach Osten auszudehnen. Die östliche Streifengrenze liegt damit für den Bergbau nicht mehr bei $7^1/_2°$, sondern bei 8° ö. Gr. Hierdurch ist erreicht, daß im ganzen rheinisch-westfälischem Steinkohlenbezirk von der linken Rheinseite bis zu seiner Ostgrenze bei Beckum für bergbauliche Vermessungs- und Kartierungszwecke künftig einheitliche GAUSS-KRÜGERsche Koordinaten des 2. Meridianstreifensystems angewandt werden.

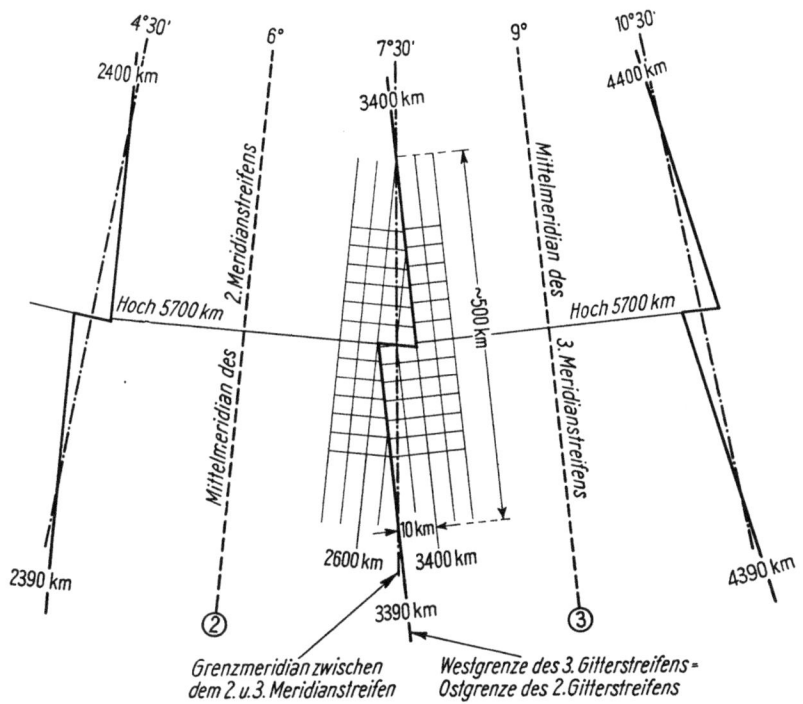

Abb. 70. Gitterversprtngen an den Grenzen der Meridianstreifen

Durch diese Maßnahme wird auch die Berücksichtigung des oben beschriebenen Absetzens oder Verspringens der Streifengrenze auf der 5700 km Hochlinie beim Übergang zum 3. Meridianstreifen in den bergmännischen Riß- und Kartenwerken vermieden. Die Ausdehnung des Geltungsbereiches der GAUSS-KRÜGERschen Koordinaten hat allerdings den Nachteil, daß die Ordinaten in der Randzone bis zu 140 km lang werden, so daß hier infolge der GAUSSschen Abbildung erhebliche Längenverzerrungen auftreten, die bei allen genauen Längenmessungen in Rechnung gestellt werden müssen, s. Abschn. 57, S. 90.

Die Ergebnisse der neueren Dreiecksmessungen, Abschn. 60, S. 98 u. f., werden von den zuständigen Landesvermessungsämtern außer in geographischen nur noch in GAUSS-KRÜGERschen Koordinaten veröffentlicht. Auch für die übrigen Dienststellen ist die Verwendung GAUSS-KRÜGERscher Koordinaten bei Neuaufnahmen und der Neuanfertigung von Plan- und Rißwerken angeordnet worden, für den Bergbau durch Erlaß des früheren Reichs- und Preußischen Wirtschaftsministeriums vom 4. Februar 1936.

59. Koordinatenumformungen

In Auswirkung dieses Erlasses sind häufig Umrechnungen bzw. Umformungen von Koordinaten eines früher gültigen Systems in das neu eingeführte GAUSS-KRÜGERsche System notwendig. Im folgenden soll zunächst der allgemeine Fall, die Koordinaten eines Systems auf den Nullpunkt eines anderen Systems zu beziehen, behandelt werden. Unter der Voraussetzung, daß das in Betracht kommende Gebiet wegen nicht allzu großer Entfernung der beiden Koordinaten-Nullpunkte oder wegen geringerer Genauigkeitsanforderungen, z. B. für Darstellungen größeren Maßstabes, noch als eben angesehen werden kann, lassen sich für die Umformung der Koordinaten eines Punktes P im System 0_2, d. h. von y_2 und x_2, in die Koordinaten y_1 und x_1 desselben Punktes im System 0_1 folgende Beziehungen aus der Abb. 71 ablesen:

$$y_1 = b_1 + y_2 \cdot \cos \gamma_1 - x_2 \cdot \sin \gamma_1$$
$$x_1 = a_1 + x_2 \cdot \cos \gamma_1 + y_2 \cdot \sin \gamma_1 .$$

Hierin sind b_1 und a_1 die bekannten Koordinaten des Nullpunktes 0_2 im System 0_1 und γ_1 die Meridiankonvergenz zwischen 0_2 und 0_1. Letztere läßt sich aus der Formel

$$\tan \gamma_1 = \frac{b_1}{r} \cdot \tan \varphi_2 = \varDelta \lambda \cdot \sin \varphi$$

oder

$$\gamma_1 = \frac{b_1}{r} \cdot \varrho'' \cdot \tan \varphi_2$$

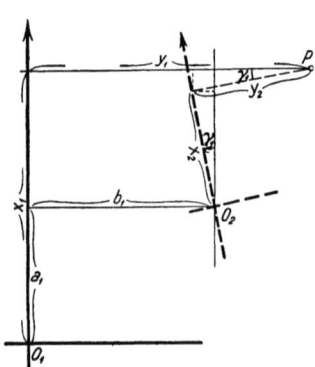

Abb. 71. Einfache Koordinatenumformung

bei bekannter geographischer Breite φ von 0_2 und dem mittleren Erdhalbmesser $r = 6370$ km errechnen.

In ähnlicher Weise kann man auch die Formeln für

$$y_2 = b_2 + y_1 \cdot \cos \gamma_2 + x_1 \cdot \sin \gamma_2$$

und $$x_2 = a_2 + x_1 \cdot \cos \gamma_2 - y_1 \sin \gamma_2$$

ableiten, wobei jetzt b_2 und a_2 die Koordinaten des Nullpunktes 0_1 im

System O_2 und γ_2 die Meridiankonvergenz zwischen O_1 und O_2 sind, die sich aus $\tan\gamma_2 = \dfrac{b_2}{r} \cdot \tan\varphi_1$ ergibt.

Muß jedoch bei der Umformung die wahre Erdgestalt berücksichtigt werden, — was meistens der Fall ist — dann reichen die vorstehenden Formeln nicht aus, da in ihnen die notwendigen sphärischen und sphäroidischen Zusatzglieder fehlen. Diese Umrechnungen lassen sich u. a. nach den in der Vermessungspunktanweisung I [2, 3] enthaltenen Regeln und Formularen durchführen, die auch die Umwandlung geographischer Koordinaten in diese Werte und die umgekehrten Rechnungsarten behandeln.

Für eine schnelle Umrechnung der Koordinaten im Ruhrgebiet verwendet man vorteilhaft die im Selbstverlag von Markscheider BARTNIG [7] im Jahre 1954 — Vertrieb Gerhard Pannen K. G., Moers/Ndrh. — herausgegebenen „Tafeln zur Umformung konformer Koordinaten des Bochumer Systems in dem 2. Meridianstreifen des GAUSS-KRÜGERschen Koordinatennetzes und umgekehrt der GAUSS-KRÜGERschen Koordinaten in konforme Koordinaten des Bochumer Systems".

Sind die früheren konformen GAUSSschen Koordinaten, z. B. eines von P_a nach P_e ausgeführten Polygonzuges und weiter die GAUSS-KRÜGERschen Koordinaten des Anfangs- und Endpunktes P_a und P_e dieses Zuges bekannt, so lassen sich auch die Zwischenpunkte nach den für Kleinpunktberechnungen aufgestellten Formeln berechnen, s. Abschn. 71, S. 129 u. f. Man benutzt hierfür vielfach das Trig. Form. 24, s. S. 96/97. Der Rechengang gestaltet sich in diesem Formular wie folgt:

Nach Eintragung der bekannten Koordinaten beider Systeme in die Spalten 11, 12, 15 und 16 werden in den Spalten 11 und 12 die Differenzen $\Delta\mathfrak{y}$ und $\Delta\mathfrak{x}$ von Punkt zu Punkt gebildet. Als Rechenprobe erhält man die Summe aller $\Delta\mathfrak{y}$ und $\Delta\mathfrak{x}$ gleich dem Koordinatenunterschied zwischen Anfangs- und Endpunkt.

$$[\Delta\mathfrak{y}_n] = \mathfrak{y}_e - \mathfrak{y}_a$$
$$\text{und}\quad [\Delta\mathfrak{x}_n] = \mathfrak{x}_e - \mathfrak{x}_a.$$

Es folgt die Berechnung der Unterschiede aus den GAUSS-KRÜGERschen Koordinaten des Anfangs- und Endpunktes $y_e - y_a$ und $x_e - x_a$. Sodann werden die Fehler f_y und f_x aus der Differenz der Koordinatenunterschiede des Anfangs- und Endpunktes in *beiden* Systemen unter Berücksichtigung der Vorzeichen berechnet

$$f_y = (y_e - y_a) - (\mathfrak{y}_e - \mathfrak{y}_a)$$
$$f_x = (x_e - x_a) - (\mathfrak{x}_e - \mathfrak{x}_a).$$

Nach Eintragung der Logarithmen von $[\Delta\mathfrak{y}]$ und $[\Delta\mathfrak{x}]$ und Bildung ihrer Summenquadrate $[\Delta\mathfrak{y}]^2$ und $[\Delta\mathfrak{x}]^2$ in Spalte 2 erhält man durch Summierung der letzteren $\mathfrak{S}^2$ und daraus $\mathfrak{S}$. In gleicher Weise werden in Spalte 3 die Logarithmen von f_y und f_x sowie die Summenquadrate $[\Delta y]^2$ und $[\Delta x]^2$ eingetragen und daraus S^2 und S errechnet.

96   Lagemessungen

Beispiel einer Umrechnung konformer Gaußscher (Bochumer) Koordinaten in

Nr. des Zuges	$\lg[\Delta\mathfrak{y}]$ $\lg[\Delta\mathfrak{x}]$ $[\Delta\mathfrak{y}]^2$ $[\Delta\mathfrak{x}]^2$ $\mathfrak{S}^2$ $\mathfrak{S}$	$\lg f_y$ $\lg f_x$ $[\Delta y]^2$ $[\Delta x]^2$ S^2 S	$\lg f_y[\Delta\mathfrak{y}]$ $\lg f_x[\Delta\mathfrak{x}]$ $f_y[\Delta\mathfrak{y}]$ $f_x[\Delta\mathfrak{x}]$ B $\lg B$	$\lg f_y \cdot [\Delta\mathfrak{x}]$ $\lg(-f_x\cdot[\Delta\mathfrak{y}])$ $f_y[\Delta\mathfrak{x}]$ $-f_x[\Delta\mathfrak{y}]$ C $\lg C$	$\lg \mathfrak{S}^2$ $\lg(a-1)=\lg\dfrac{B}{\mathfrak{S}^2}$ $\lg o=\lg\dfrac{C}{\mathfrak{S}^2}$ $a-1$ o	$\lg\Delta\mathfrak{y}_n$ $\lg\Delta\mathfrak{x}_n$	$\lg(a-1)\cdot\Delta\mathfrak{y}_n$ $\lg o\cdot\Delta\mathfrak{x}_n$	$\lg(a-1)\cdot\Delta\mathfrak{x}_n$ $\lg(-o\cdot\Delta\mathfrak{y}_n)$
1	2	3	4	5	6	7	8	9
	3.77410	0.53782	4.31192	2.88962n	7.54881	3.33475	9.03563n	8.47430n
	2.35180n	1.99621	4.34801n	5.77031n		2.77342	0.99549n	1.55682
	35333870	35374897	20508	− 776	0.70088-5n	2.32443	8.02531n	8.66272
	50535	15793	− 22285	−589252	0.22207-2n	2.96184n	1.18391	0.54650
	35384405	35390690	− 1777	−590028	−0.0000502	3.30652	9.00740n	8.28062n
	5948479	5949008	3.24969n	5.77088n	−0.016675	2.57974	0.80181n	1.52859
						3.18929	8.89017n	8.15171
						2.45083n	0.67290	1.41136

Handzeichnung zum nebenstehenden Rechenbeispiel

Marien Kirche
Z. Engelsburg   *Liebfrauen-K.*
   Melancht.-K.   *Fronleichn.-K.*

In Spalte 4 werden die Logarithmen der Spalten 2 und 3 addiert und die Numeri von $f_y[\Delta\mathfrak{y}]$ und $f_x[\Delta\mathfrak{x}]$ gebildet. Durch algebraische Addition der letzteren erhält man B und daraus $\lg B$. In gleicher Weise errechnet man in Spalte 5 die Werte C und $\lg C$.

In Spalte 6 erfolgt nach den im Kopf angegebenen Formeln die Berechnung von $a-1$ und o. In Spalte 7 werden die Logarithmen von $\Delta\mathfrak{y}_n$ und $\Delta\mathfrak{x}_n$, in Spalte 8 und 9 die Logarithmen von $(a-1)\cdot\Delta\mathfrak{y}_n$ und $o\cdot\Delta\mathfrak{x}_n$ bzw. $(a-1)\cdot\Delta\mathfrak{x}_n$ und $o\cdot\Delta\mathfrak{y}_n$ eingetragen.

Alsdann werden die Numeri der Spalte 8 und 9 in die Spalten 13 und 14 eingetragen und die GAUSS-KRÜGERschen Koordinaten y_{n+1} und x_{n+1} nach folgenden Formeln in Spalte 15 und 16 berechnet.

$$\Delta y_n = \Delta\mathfrak{y}_n + (a-1)\cdot\Delta\mathfrak{y}_n + o\cdot\Delta\mathfrak{x}_n$$
$$y_{n+1} = y_n + \Delta y_n$$
$$\Delta x_n = \Delta\mathfrak{x}_n + (a-1)\cdot\Delta\mathfrak{x}_n + (-o\cdot\Delta\mathfrak{y}_n)$$
$$x_{n+1} = x_n + \Delta x_n.$$

Koordinatensysteme

Gauß-Krügersche Koordinaten im Trig. Form. 24 mit Logarithmen

Die Koordinaten sind entnommen	Bochumer Koordinaten*				GAUSS-KRÜGERsche Koordinaten		Nr. des Punktes P_n
	$\Delta \mathfrak{y}_n$ / $\mathfrak{y}_{n+1}$	$\Delta \mathfrak{x}_n$ / $\mathfrak{x}_{n+1}$	$(a-1)\Delta\mathfrak{y}_n$ / $o\Delta\mathfrak{x}_n$	$(a-1)\Delta\mathfrak{x}_n$ / $-o\Delta\mathfrak{y}_n$	Δy_n / y_{n+1}	Δx_n / x_{n+1}	
±	± Meter	± Meter	± Meter	± Meter	Meter	Meter	
10	11	12	13	14	15	16	17
	− 2 562,33	− 1 136,63			25 | 82 273,00	57 | 04 844,33	P_a = Scht. Zeche Engelsburg
	+ 2 161,46	+ 593,50	− 0,11	− 0,03	+ 2 151,45	+ 629,51	
	− 400,87	− 543,13	− 9,90	+ 36,04	25 | 84 424,45	57 | 05 473,84	Bochum Marien-Kirche
	+ 211,07	− 915,88	− 0,01	+ 0,05	+ 226,33	− 912,31	
	− 189,80	− 1 459,01	+ 15,27	+ 3,52	25 | 84 650,78	57 | 04 561,53	Bo-Ehrenfeld Melanchthon-Kirche
	+ 2 025,41	+ 379,96	− 0,10 +1	− 0,02	+ 2 018,98	+ 413,72	
	+ 1 835,61	− 1 079,05	− 6,34	+ 33,78	25 | 86 669,76	57 | 04 975,25	Altenbochum Liebfrauen-Kirche
	+ 1 546,29	− 282,38	− 0,08	+ 0,01	+ 1 550,92	− 256,59	
	+ 3 381,90	− 1 361,43	+ 4,71	+ 25,78	25 | 88 220,68	57 | 04 718,66	P_e = Bochum-Laer Fronleichnam-Kirche
$\mathfrak{y}_e - \mathfrak{y}_a$	+ 5 944,23	− 224,80	+ 3,44 $\mathfrak{x}_e - \mathfrak{x}_a$	+ 99,13 $y_e - y_a$	+ 5 947,68	− 125,67	$x_e - x_a$
$[\Delta\mathfrak{y}_n]$	+ 5 944,23	− 224,80	$[\Delta\mathfrak{x}_n]$	$\mathfrak{y}_e - \mathfrak{y}_a$ +	5 944,23	− 224,80	$\mathfrak{x}_e - \mathfrak{x}_a$
					f_y + 3,45	f_x + 99,13	

* Die Ordinaten und Abszissen der alten Bochumer (konformen GAUSSschen) Koordinaten sind hier zur besseren Unterscheidung von den GAUSS-KRÜGERschen Koordinaten mit deutsch $\mathfrak{y}$ und $\mathfrak{x}$ bezeichnet.

Als Rechenprobe wird schließlich wieder die Summe der Δy_n und Δx_n gebildet, sie muß gleich dem Koordinatenunterschied zwischen dem Anfangspunkt P_a und dem Endpunkt P_e sein

$$[\Delta y_n] = y_e - y_a$$
$$[\Delta x_n] = x_e - x_a.$$

Die im vorstehenden Formular 24 angegebenen GAUSS-KRÜGERschen Koordinaten sind in den Formeln nicht mit R und H, sondern mit lateinisch y und x bezeichnet.

Eine Umrechnung der Koordinaten des obigen Beispiels ist auf den folgenden S. 98 und 99 auch mit einer Rechenmaschine und entsprechend abgeänderten Formeln durchgeführt.

7 Schulte/Löhr/Vosen, Markscheidekunde, 4. Aufl.

98   Lagemessungen

Beispiel einer Umrechnung der Gaußschen (Bochumer) Koordinaten

Nr. der Berechnung	Die Koordinaten sind entnommen:	Bochumer Koordinaten				GAUSS-KRÜGERsche Koordinaten	
		$\Delta \mathfrak{y}_n = \mathfrak{y}_n - \mathfrak{y}_{n-1}$ oder $\mathfrak{y}_n$ $\pm$		$\Delta \mathfrak{x}_n = \mathfrak{x}_n - \mathfrak{x}_{n-1}$ oder $\mathfrak{x}_n$ $\pm$		$y_n = y_{n-1} + a\,\Delta\mathfrak{y}_n + o\,\Delta\mathfrak{x}_n$ oder $y_n = y_{n-1} + (-a\,\mathfrak{y}_{n-1}+a\,\mathfrak{y}_n) + (-o\,\mathfrak{x}_{n-1}+o\,\mathfrak{x}_n)$ $\pm$	$x_n = x_{n-1} + a\,\Delta\mathfrak{x}_n - o\,\Delta\mathfrak{y}_n$ oder $x_n = x_{n-1} + (-a\,\mathfrak{x}_{n-1}+a\,\mathfrak{x}_n) - (-o\,\mathfrak{y}_{n-1}+o\,\mathfrak{y}_n)$ $\pm$
1	2	3		4		5	6
		−	2562,33	−	1136,63	25 +82273,00	57 04844,33
		+	2161,46	+	593,50	25 +2151,45	57 + 629,51
		−	400,87	−	543,13	84424,45	05473,84
		+	211,07	−	915,88	25 + 226,33	57 − 912,31
		−	189,80	−	1459,01	84650,78	04561,53
		+	2025,41	+	379,96	25 +2018,97 (+1)	57 + 413,72
		+	1835,61	−	1079,05	86669,76	04975,25
		+	1546,29	−	282,38	25 +1550,92	57 − 256,59
		+	3381,90	−	1361,43	88220,68	04718,66
		$\mathfrak{y}_e-\mathfrak{y}_a$ +5944,23 $[\Delta\mathfrak{y}_n]$ +5944,23 $[\Delta\mathfrak{y}_n]=\mathfrak{y}_e-\mathfrak{y}_a$		$\mathfrak{x}_e-\mathfrak{x}_a$ −224,80 $[\Delta\mathfrak{x}_n]$ −224,80 $[\Delta\mathfrak{x}_n]=\mathfrak{x}_e-\mathfrak{x}_a$		y_e-y_a +5947,68 $\mathfrak{y}_e-\mathfrak{y}_a$ +5944,23 f_y + 3,45	x_e-x_a −125,67 $\mathfrak{x}_e-\mathfrak{x}_a$ −224,80 f_x + 99,13

Landesvermessung
60. Dreiecksmessung (Triangulierung)

Die Aufgabe einer *Landesvermessung*, auch *Landesaufnahme* genannt, besteht im wesentlichen in der Schaffung von *Grundlagen* für die Herstellung von topographischen Karten für verschiedene Zwecke. Solche Grundlagen sind u. a. sorgfältig ausgewählte und gut vermarkte Festpunkte, deren Verbindungslinien ein Netz von Dreiecken bilden, mit dem das zu vermessende Land überzogen wird. Man bezeichnet daher derartige Festpunkte als Dreieckspunkte oder Trigonometrische Punkte — FP oder TP — und das für die Lagebestimmung dieser TP anzuwendende Meßverfahren als *Dreiecksmessung* oder *Triangulierung*.

Als *Dreieckspunkte* werden entweder weithin sichtbare, hochgelegene Punkte, z. B. Kirchturmspitzen, Fahnenstangen auf hohen Gebäuden u. ä. oder Bodenpunkte benutzt, die im Erdboden durch eine Granitplatte mit aufgesetztem Vierkantpfeiler, dessen behauener, aus dem Boden ragender Kopf ein eingemeißeltes Kreuz und die Bezeichnung TP trägt, vermarkt sind. Über den Bodenpunkten müssen häufig für die Winkelmessung hohe Signaltürme aus Holz oder Stahl errichtet werden.

*in Gauß-Krügersche Koordinaten mit der Rechenmaschine**

P_n	$f_y = (v_e - v_a) - (v_e - v_a)$ $f_x = (x_e - x_a) - (x_e - x_a)$ $\mathfrak{S}^2 = (v_e - v_a)^2 + (x_e - x_a)^2$ $A = f_y(v_e - v_a) + f_x(x_e - x_a)$ $O = f_y(x_e - x_a) - f_x(v_e - v_a)$ $a = 1 + \dfrac{A}{\mathfrak{S}^2} \quad o = \dfrac{O}{\mathfrak{S}^2}$	Bemerkungen und Handzeichnung
7	8	9
$P_a =$ Scht. Engelsburg	$\mathfrak{S}^2 = 35\,384\,405$	
Bochum Marien-Kirche	$A = -1\,776$ $O = -\,590\,028$	
Bo.-Ehrenfeld Melanchth.-Kirche	$a = +\,0{,}999\,950$ $o = -\,0{,}016\,675$	
Altenbochum Liebfrauen-Kirche		
$P_e =$ Bochum-Laer Fronleichn.-Kirche	Z.Engelsburg $\circ$ Marien Kirche $\circ$ Melancht.-K. $\circ$ Liebfrauen-K. $\circ$ Fronleichn.-K. $\circ$	

Bei Hochpunkten ist vielfach ein exzentrisch gelegener Aufstellungspunkt für die Winkelmessung, s. Abschn. 45, S. 78 u. f., notwendig. Zur besseren Sichtbarmachung der Zielpunkte verwendet man tagsüber entweder einen Sonnenspiegel (Heliotrop) oder, besonders des Nachts, elektrische Scheinwerfer.

Die für die Berechnung der Dreiecke benötigten *Winkel* werden in der Regel aus genauen Satzmessungen abgeleitet, s. Abschn. 41, Abs. 2, S. 67/68.

Die *Längen* der Dreiecksseiten lassen sich berechnen, wenn vorher die Länge *einer* Dreiecksseite im Netz mit Hilfe einer genau gemessenen Grundlinie (Basis) und eines daran anschließenden sog. Vergrößerungsnetzes, s. Abschn. 61, S. 102, ermittelt worden ist. Dabei ist jedoch zu beachten, daß die vielfach 50 km langen Dreiecksseiten der Großtriangulierung nicht mehr als „eben" angesehen, sondern vielmehr als „sphärisch", d. h. auf der Kugeloberfläche oder genauer als „sphäroidisch", d. h. auf der Ellipsoidfläche der Erde gelegen, behandelt werden

---

* Siehe hierzu auch Vermessungspunktanweisungen I und II [2, 3], VermVordruck 24.

müssen. Bei der Winkelmessung wirkt sich das insofern aus, als die Sollwinkelsumme im Dreieck nicht mehr 200^g, sondern um einen kleinen Betrag, den man als ,,sphärischen Exzeß" bezeichnet, größer ist. Da die Dreiecksseiten jetzt als Bogenstücke anzusehen sind, s. S. 90, Abb. 68, Mitte, so müssen in den Berechnungen auch die Sätze der *shpärischen* Trigonometrie angewandt werden.

Während auf diese Weise Richtungen (Winkel) und Längen in den Dreiecken ermittelt werden, kann die gegenseitige Lage sämtlicher Dreieckspunkte im Netz, ausgedrückt durch ihre geographischen, sphärischen und rechtwinklig-ebenen Koordinaten, nur dann errechnet werden, wenn vorher die geographischen Koordinaten *eines* im Netz gelegenen Dreieckspunktes nach dem im Abschn. 54, S. 87/88 beschriebenen Verfahren und die durch das Azimut bestimmte Richtung einer von diesem TP ausgehenden Dreiecksseite festgelegt worden sind. So wurde z. B. als Ausgangspunkt der Haupttriangulierung im früheren Lande Preußen die geographischen Koordinaten eines auf dem Helmert-Turm bei Potsdam gelegenen TP und die von diesem Punkt ausgehende Richtung der Dreiecksseite TP-Potsdam bis TP-Golmberg bestimmt.

Entsprechend dem für alle Messungen gültigem Grundsatz ,,Vom Großen ins Kleine zu arbeiten" sind die Dreieckspunkte der Landesvermessungen zu Netzen I. bis IV. Ordnung zusammengestellt worden.

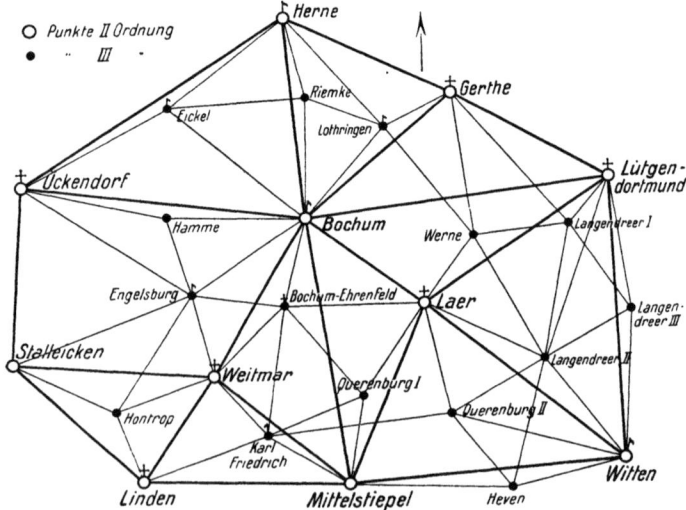

Abb. 72. Teil des Dreiecksnetzes II. und III. Ordnung des rheinisch-westfälischen Bergbaubezirkes

Das Dreiecksnetz I. Ordnung umfaßt Dreiecke von durchschnittlich 30 bis 50 km Seitenlänge. In diesem Netz sind die Dreiecksnetze II. und III. Ordnung, die Seitenlängen von durchschnittlich 10 bis 12 km bzw. 3 bis 10 km besitzen, eingeschaltet worden, wie es die Abb. 72, die einen

Ausschnitt aus dem Dreiecksnetz des rheinisch-westfälischen Bergbaubezirkes zeigt, wiedergibt.

Als Dreieckspunkte IV. Ordnung mit Seitenlängen von 1 bis 3 km werden in Industriegebieten vielfach auch Schornsteinspitzen oder sonstige hochgelegene Punkte benutzt, die von anderen TP aus anvisiert werden können.

Durch das Gesetz über die Neuordnung des Vermessungswesens vom 2. Juli 1934 ist eine Zusammenfassung der durch die Landesvermessungen in den einzelnen deutschen Ländern bestimmten TP in ein einziges, früher *Reichsfestpunktfeld* genanntes Punktfeld herbeigeführt worden. Innerhalb dieses Feldes besteht ein einheitliches Reichsdreiecksnetz, das alle bisherigen Netze I. und II. Ordnung und die Grundlinienmessungen nebst ihren Vergrößerungsnetzen umfaßt. In diesem Netz entfällt auf je 50 km² Fläche in der Regel ein TPR während in den darin eingeschalteten *Landesdreiecksnetzen*, die etwa den alten Netzen III. und IV. Ordnung entsprechen, auf etwa 5 km² ein TPL kommt. Um eine noch weitergehende Verdichtung des Festpunktfeldes herbeizuführen, sind weitere *Aufnahmenetze* vorgesehen, die durchschnittlich einen TPA je Quadratkilometer Fläche aufweisen sollen. Diese Netze dienen in erster Linie als Anschluß für alle weiteren Lagemessungen und als geodätische Grundlage für sämtliche topographischen Karten der Bundesrepublik, s. Abschn. 200, S. 431, sowie für die Karten des Liegenschaftskatasters, s. Abschn. 197, S. 419.

Die Herstellung, Erhaltung und Erneuerung der vorstehend kurz beschriebenen Dreiecksnetze ist von jeher bestimmten staatlichen Vermessungsbehörden vorbehalten gewesen. Vor 1945 war die Durchführung der Dreiecksmessungen höherer Ordnung und der damit zusammenhängenden Arbeiten dem *Reichsamt für Landesaufnahme* und den seit Ende 1938 bestehenden *Hauptvermessungsabteilungen* übertragen. Nach 1945 werden diese Arbeiten nur noch von den *Landesvermessungsämtern* ausgeführt.

Die Ergebnisse der Dreiecksmessungen werden stets einer strengen Ausgleichsrechnung nach der von GAUSS begründeten Methode der kleinsten Quadrate unterworfen, auf die hier nicht eingegangen werden soll. Das gleiche gilt für die Ausgleichung der in den folgenden Abschnitten zu behandelnden Kleindreiecksmessungen und trigonometrischen Punktbestimmungen durch Einschneideverfahren.

61. Kleindreiecksmessung

Im Gegensatz zu der Dreiecksmessung in den Netzen I. und II. Ordnung bezeichnet man die Anlage und Vermessung der Netze III. und IV. Ordnung sowie die Bestimmung einzelner TP als Kleindreiecksmessung. Derartige Messungen sind aber auch des öfteren in Gebieten durchzuführen, die noch nicht die für die Anschlußmessungen aller Art wünschenswerte Punktdichte aufweisen, oder in denen das bestehende Punktnetz infolge Einwirkung des hier umgehenden Bergbaus oft erhebliche Absenkungen und Verschiebungen erlitten hat und dadurch unbrauchbar oder zumindest unsicher geworden ist. Um in solchen Fällen eine zuverlässige Grundlage für die über und unter Tage auszuführenden markscheiderischen Messungen zu erhalten, ist eine mehr oder weniger große Anzahl von TP im Anschluß an *sichere* Punkte der Landesaufnahme neu zu bestimmen. Man verfährt hierbei ähnlich wie bei den im vorangehenden Abschn. 60 beschriebenen Dreiecksmessungen I. und II. Ordnung.

Nach Auswahl und Vermarkung der für die in der Regel aneinanderzulegenden Dreiecke benötigten Hoch- und Bodenpunkte werden zunächst die Richtungen von den jeweiligen Standpunkten zu allen sichtbaren TP in einem oder zwei Sätzen mit einem Feinmeßtheodoliten beobachtet. Zur Sichtbarmachung der anzuzielenden Bodenpunkte werden vielfach lotrecht über dem vermarkten Steinpunkt etwa 2 bis 3 m hohe Holzpyramiden mit einer Signalstange und quergestelltem Signalbrett errichtet. Die Abb. 73 zeigt die Anlage eines Kleindreiecksnetzes zwischen 2 Schachtanlagen eines Grubenfeldes.

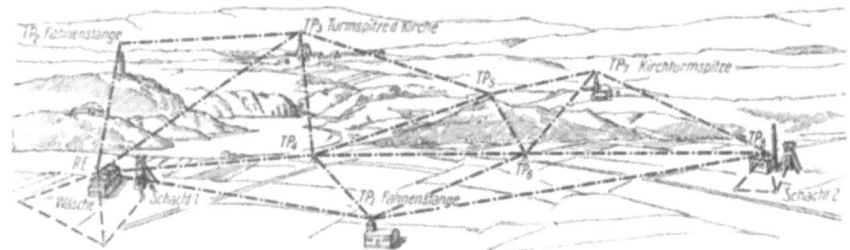

Abb. 73. Kleindreiecksnetz zwischen 2 Schachtanlagen eines Grubenfeldes

Um die *Längen* der einzelnen, etwa 1 bis 3 km langen Dreiecksseiten durch fortgesetzte Anwendung des Sinussatzes errechnen zu können, mißt man an günstiger Stelle im ebenen Gelände eine im Verhältnis zu

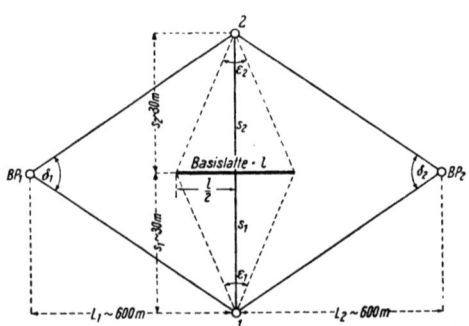

Abb. 74. Ermittlung der Länge einer Grundlinie (BP_1 bis BP_2) mittels 2 m-Basislatte und Winkelmessung

den Dreiecksseiten kurze *Grundlinie* (Basis) entweder unmittelbar mit vorher geprüften Stahlmeßbändern, s. Abschn. 17, S. 23 u. f., oder mittelbar mit Basislatte und Hilfsbasis, wie nachfolgend an dem Beispiel der Ermittlung einer rd. 1200 m langen Basis (BP_1 bis BP_2 in Abb. 74) gezeigt werden soll.

Vom Aufstellungsort einer 2 m-Basislatte, s. Abschn. 107, S. 214, werden mit einem Theodolit die Standpunkte 1 und 2 in einer Entfernung von je 30 m durch Abmessen mit einem Stahlmeßband und die Basispunkte BP_1 und BP_2 in einer Entfernung von je 600 m durch Abschreiten rechtwinklig zueinander abgesteckt. Auf diesen 4 Punkten werden nun die spitzen Winkel ε_1, ε_2, δ_1 und δ_2 unter Anwendung des Zwangszentrierungsverfahrens in mehreren Sätzen möglichst mit einer Genauigkeit von $\pm 1^{cc}$ bis 2^{cc} gemessen. Aus den Meßergebnissen werden die Längen s_1, s_2 sowie L_1 und L_2 nach folgenden Formeln berechnet.

$$s_1 = \frac{l}{2} \cdot \cot \frac{\varepsilon_1}{2}$$

$$s_2 = \frac{l}{2} \cdot \cot \frac{\varepsilon_2}{2}$$

$$L_1 = \frac{s_1 + s_2}{2} \cdot \cot \frac{\delta_1}{2}$$

$$L_2 = \frac{s_1 + s_2}{2} \cdot \cot \frac{\delta_2}{2}$$

$$BP_1 \text{ bis } BP_2 = \frac{s_1 + s_2}{2} \cdot \left(\cot \frac{\delta_1}{2} + \cot \frac{\delta_2}{2} \right)$$

Von der Grundlinie ausgehend legt man sodann bis zum Anfangs- und Endpunkt größerer Dreiecksseiten, deren Länge man ermitteln will, spitzwinklige Dreiecke, in denen wieder mindestens zwei Winkel gemessen und die Seiten berechnet werden, s. Abb. 75.

Neuerdings werden für die Längenmessung der Grundlinien und auch der Dreiecksseiten elektromagnetische Verfahren, s. S. 216, in wachsendem Maße angewandt.

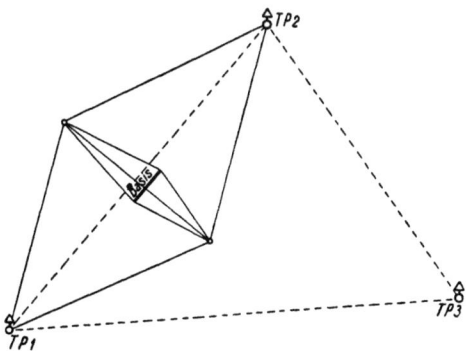

Abb. 75. Grundlinien-(Basis-)messung mit anschließendem Vergrößerungsnetz

Die koordinatenmäßige Lage der Kleindreieckspunkte kann nur berechnet werden, wenn die Kleindreiecksmessung an mindestens 2 bekannte und gesicherte TP angeschlossen wird. Am einfachsten geschieht dieser Anschluß, wenn man eine Dreiecksseite der Landesaufnahme als Seite des Kleindreiecksnetzes benutzen kann, s. Abb. 76, S. 104. Es erübrigt sich nämlich in einem solchen Falle die oben beschriebene Ermittlung einer Dreiecksseitenlänge aus dem Basisvergrößerungsnetz, da diese Länge aus den bekannten Koordinaten der beiden TP der Dreiecksseite berechnet werden kann.

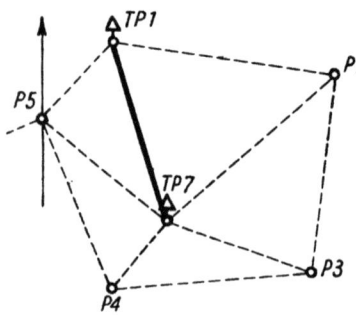

Abb. 76. Anschluß einer Kleindreiecksmessung an eine Dreiecksseite der Landesaufnahme

Soll dagegen eine Dreieckskette, s. Abb. 77, an 2 weitentfernten TP der Landesaufnahme angeschlossen werden, so läßt sich folgendes Verfahren zweckmäßig anwenden.

Man denkt sich durch den bekannten TP 1 ein freies Hilfskoordinatensystem, mit dem Koordinaten-Nullpunkt TP 1 und der Richtung TP 1 bis P 3 der Kleindreiecksmessung als Abszissenachse gelegt. Mit dem Richtungswinkel der Seite TP 1 bis P 3 = 0^g und einer beliebig angenommenen Länge dieser Dreiecksseite berechnet man die Koordinaten sämtlicher Dreieckspunkte im freien System. Aus den so erhaltenen Koordinaten der Punkte TP 1 und TP 17 leitet man sodann

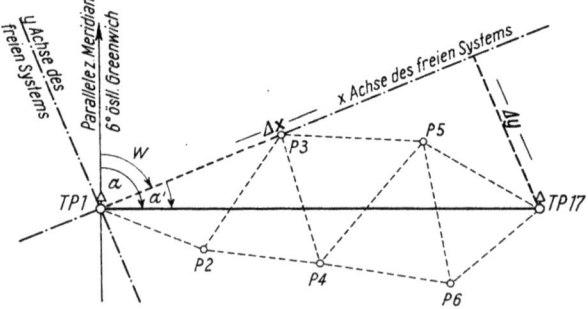

Abb. 77. Anschluß einer Kette der Kleindreiecksmessung an 2 entfernt gelegene Dreieckspunkte der Landesaufnahme

den Richtungswinkel α' und die Länge der Verbindungslinie TP 1 bis TP 17 = l' wie folgt ab:

$$\tan \alpha' = \frac{\Delta y}{\Delta x} \,; \qquad l' = \frac{\Delta y}{\sin \alpha'} = \frac{\Delta x}{\cos \alpha'}.$$

In gleicher Weise wird aus den bekannten Koordinaten der Landesaufnahme der wirkliche Richtungswinkel der Linie TP 1 bis TP 17 = α sowie ihre wahre Länge l errechnet. Aus der Differenz $\alpha - \alpha'$ erhält man den Verschwenkungswinkel w, der zu jedem der im freien System errechneten Richtungswinkel der Dreiecksseiten hinzuzuzählen ist, während die im freien System errechneten Längen der Dreiecksseiten mit dem sich aus $l:l'$ ergebenden Faktor, den man als Maßstabsfehler dieser Längen bezeichnet, zu multipliziren sind. Mit den neuen Richtungswinkeln und Längen, d. h. den Polarkoordinaten, werden alsdann die GAUSS-KRÜGERschen Koordinaten der Punkte berechnet.

62. Trigonometrische Punktbestimmung durch Einschneideverfahren

Während durch *Dreieckseinschaltung* eine *größere* Anzahl von TP neu bestimmt werden kann, erfolgt die Ermittlung *einzelner* Punkte zweckmäßiger durch *Punkteinschaltung*. Man unterscheidet hierbei das Verfahren des Vorwärts-, des Rückwärts- und des Seitwärtseinschneidens.

Bei allen 3 Verfahren werden die neu zu bestimmenden TP grundsätzlich an die bekannten TP der Landesaufnahme angeschlossen. *Vor der Messung empfiehlt es sich, die Anschluß- und Neupunkte in Meßtischblättern einzutragen oder einen besonderen Netzentwurfsplan anzufertigen und, besonders in Senkungsgebieten, eine Prüfung der unveränderten richtigen Lage der Anschlußpunkte durchzuführen.*

Eine *Längenmessung* ist in allen 3 Fällen nicht erforderlich. Die *Winkelmessung* erfolgt beim Vorwärtseinschneiden auf den beiden bekannten TP der Landesaufnahme, beim Rückwärtseinschneiden nur auf dem neu zu bestimmenden RE-Punkt und beim Seitwärtseinschneiden auf einem der beiden bekannten TP und dem Neupunkt. Es genügt, wenn ein Feinmeßtheodolit, möglichst mit Sekundenablesung, für die Winkelmessung zur Verfügung steht, *ein* bis *zwei* vollständige Sätze zu beobachten. Die Winkelmessung läßt sich jedoch, besonders im Industriegebiet, nur bei günstiger Witterung, d. h. bei klarer Sicht vornehmen. Es werden in der Regel möglichst alle vom Standpunkt aus sichtbare TP der Landesaufnahme in die Messung einbezogen.

Die Anschlußpunkte sind so auszuwählen, daß sie sich gleichmäßig über das Vermessungsgebiet verteilen und ihre Richtungsstrahlen sich im Neupunkt günstig schneiden. Als „sehr günstig" werden hierbei Schnittwinkel von annähernd 100^g, als „günstig" solche zwischen 70^g und 110^g angesehen. Ungünstig liegen die Anschlußpunkte zum Neupunkt, wenn die Richtungsstrahlen sich unter sehr spitzen bzw. sehr stumpfen Winkeln schneiden. Im allgemeinen sollen die Entfernungen zwischen Standpunkt und Zielpunkten nicht größer als 2000 m und nicht kleiner als 600 m sein. Es sind jedoch möglichst gleichweite Entfernungen anzustreben. Für die Berechnung des Neupunktes müssen beim Vorwärts- und Seitwärtseinschneiden die Koordinaten zweier, beim Rückwärtseinschneiden die dreier TP der Landesaufnahme bekannt sein.

63. Vorwärtseinschneiden, s. Abb. 78, S. 106

Nach Ableitung der Dreieckswinkel γ und δ aus den Satzmessungen auf den bekannten Punkten A und B werden die *Richtungswinkel* α_s, α_c und α_d, die *Längen* der Seiten s, c und d, die *Koordinatenunterschiede* Δy_c, Δx_c und Δy_d, Δx_d sowie schließlich hieraus die genäherten* *Koordinaten* $\mathfrak{y}_{VE}$ und $\mathfrak{x}_{VE}$ des Neupunktes nach folgenden Formeln berechnet:

---

* Die genäherten, unausgeglichenen Koordinaten des Punktes werden in den Berechnungsformularen mit deutsch $\mathfrak{y}$ und $\mathfrak{x}$ bezeichnet, die ausgeglichenen endgültigen Koordinaten dagegen mit den lateinischen Buchstaben y und x.

Lagemessungen

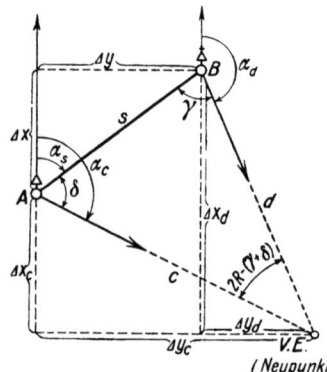

Abb. 78. Schema eines Vorwärtseinschnittes

Richtungswinkel	Dreiecksseiten	Koordinatenunterschiede
$\tan \alpha_s = \dfrac{y_B - y_A}{x_B - x_A} = \dfrac{\Delta y}{\Delta x}$	$s = \dfrac{\Delta y}{\sin \alpha_s} = \dfrac{\Delta x}{\cos \alpha_s}$	$\Delta y_c = c \cdot \sin(200^g - \alpha_c)$ $\Delta x_c = c \cdot \cos(200^g - \alpha_c)$
$\alpha_c = \alpha_s + \delta$	$c = s \cdot \dfrac{\sin \gamma}{\sin(\gamma + \delta)}$	
$\alpha_d = \alpha_s + 200^g - \gamma$	$d = s \cdot \dfrac{\sin \delta}{\sin(\gamma + \delta)}$	$\Delta y_d = d \cdot \sin(200^g - \alpha_d)$ $\Delta x_d = d \cdot \cos(200^g - \alpha_d)$

Genäherte Koordinaten des Neupunktes VE

$$\mathfrak{y}_{VE} = y_A + \Delta y_c = y_B + \Delta y_d \qquad \mathfrak{x}_{VE} = x_A - \Delta x_c = x_B - \Delta x_d$$

Für die zahlenmäßige Berechnung der genäherten Koordinaten des VE-Punktes wird in der Praxis vielfach auch das trigonometrische Formular 10 der Katasteranweisung IX benutzt*. Das gleiche gilt für den Seitwärtseinschnitt, dessen Messung und Berechnung in ähnlicher Weise erfolgt wie beim Vorwärtseinschnitt.

Es folgt als Beispiel die Berechnung der genäherten GAUSS-KRÜGERschen Koordinaten des TP Bismarckturm in Bochum im Trig. Form. 10

1. mit der Logarithmentafel; 2. mit der Rechenmaschine

1. Berechnung der genäherten Koordinaten beim Vorwärtseinschneiden, mit der Logarithmentafel

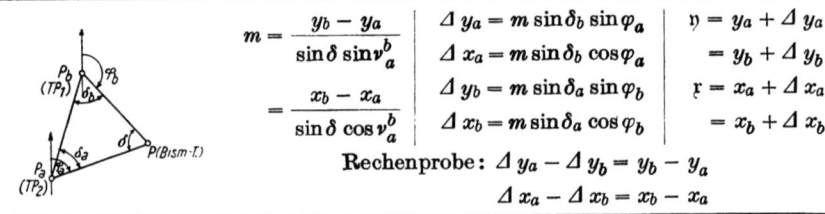

$$m = \frac{y_b - y_a}{\sin \delta \sin \nu_a^b} \qquad \Delta y_a = m \sin \delta_b \sin \varphi_a \qquad \mathfrak{y} = y_a + \Delta y_a$$
$$\Delta x_a = m \sin \delta_b \cos \varphi_a \qquad = y_b + \Delta y_b$$
$$= \frac{x_b - x_a}{\sin \delta \cos \nu_a^b} \qquad \Delta y_b = m \sin \delta_a \sin \varphi_b \qquad \mathfrak{x} = x_a + \Delta x_a$$
$$\Delta x_b = m \sin \delta_a \cos \varphi_b \qquad = x_b + \Delta x_b$$

Rechenprobe: $\Delta y_a - \Delta y_b = y_b - y_a$
$\Delta x_a - \Delta x_b = x_b - x_a$

Bem.: In den vorstehenden und nachfolgenden Formeln der Formulare der Katasteranweisung IX sind die endgültigen Ordinaten und Abszissen der in GAUSS-KRÜGERschen Koordinaten angegebenen TB *nicht* mit R und H, sondern mit y und x bezeichnet.

* Siehe hierzu auch Vermessungspunktanweisungen I und II [2, 3], VermVordrucke 10 und 10a.

Landesvermessung

							g	c	cc
$P_a: TP_1$	y_a	25 84 874,12	x_a	57 06 877,25		φ_a	90	20	39
$P_b: TP_2$	y_b	25 84 907,84	x_b	57 07 158,20		φ_b	143	04	14
	$y_b - y_a$ +	33,72	$x_b - x_a$ +	280,95	$\delta_a = \varphi_a - v_a^b$	v_a^b	7	60	45
	Δy_a +	321,72	Δx_a +	49,90			82	59	94
P: Bismarck- turm	Δy_b +	288,01	Δx_b −	231,05	$\delta_b = v_a^b - \varphi_b \pm \pi$		64	56	31
		25 5		57 5	$\delta = \varphi_b - \varphi_a$		52	83	75
	$\mathfrak{y}$	85 195,84	$\mathfrak{x}$	06 927,15	$\delta_a + \delta_b + \delta$		200	00	00 = 2R

			lg sin φ_a	9.99 483
			lg m	2.58 373
			lg sin δ_b	9.92 892
lg ($y_b - y_a$)	1.52 789		lg cos φ_a	9.18 546
lg ($x_b - x_a$)	2.44 863		lg Δy_a	2.50 748
lg tan v_a^b	9.07 926		lg Δx_a	1.69 811

Seitwärtsabschneiden:
Gegeben:
φ_a und δ oder φ_b und δ;
dann ist:
$\varphi_b = \varphi_a + \delta$ oder $\varphi_a = \varphi_b - \delta$

lg ($y_b - y_a$)	1.52 789		lg sin φ_b	9.89 211
cpl lg sin v_a^b	0.92 384		lg m	2.58 373
cpl lg sin δ	0.13 200		lg sin δ_a	9.98 357
cpl lg cos v_a^b	0.00 310		lg cos φ_b	9.79 640 n
lg ($x_b - x_a$)	2.44 863		lg Δy_b	2.45 941
lg m	2.58 373		lg Δx_b	2.36 370 n

Es werden entnommen:
φ_a, φ_b, v_a^b aus dem trig. Form. 5,
und im Falle des Seitwärts-
abschneidens δ aus dem trig.
Form. 1

2. Berechnung der genäherten Koordinaten beim Vorwärtseinschneiden, mit der Rechenmaschine

$A = (y_b - y_a) - (x_b - x_a) \tan \varphi_b$
$B = (y_b - y_a) - (x_b - x_a) \tan \varphi_a$
$C = \tan \varphi_a - \tan \varphi_b$

$\Delta x_a = \dfrac{A}{C}$

$\Delta x_b = \dfrac{B}{C}$

$\Delta x_a - \Delta x_b = x_b - x_a$

$\mathfrak{y} = y_a + \Delta y_a = y_b + \Delta y_b$

$\Delta y_a = \Delta x_a \tan \varphi_a$
$\Delta y_b = \Delta x_b \tan \varphi_b$
$\Delta y_a - \Delta y_b = y_b - y_a$

$\mathfrak{x} = x_a + \Delta x_a = x_b + \Delta x_b$

Falls φ_a oder φ_b
und δ gegeben
sind, so ist

$\varphi_b = \varphi_a + \delta$
oder
$\varphi_a = \varphi_b - \delta$

$P_a: TP_1$ $P_b: TP_2$

y_a	25 84 874,120	x_a	57 06 877,250	φ_a	90^g	20^c	39^{cc}	δ	52^g 83^g 75^{cc}
y_b	25 84 907,840	x_b	57 07 158,200	φ_b	143^g	04^c	14^{cc}	A +	383,967
$y_b - y_a$ +	33,720	$x_b - x_a$ +	280,950	tan φ_a +	6,447,335			($x_b - x_a$) tan φ_b −	350,247
Δy_a +	321,754	Δx_a +	49,901	tan φ_b −	1,246,542			$y_b - y_a$ +	33,720
Δy_b +	288,033	Δx_b −	231,049	C +	7,693,877			($x_b - x_a$) tan φ_a +	1 811,379
	25 48		57 1					B −	1 777,659
$\mathfrak{y}$	85 195,852	$\mathfrak{x}$	06 927,151						

64. Rückwärtseinschneiden, s. Abb. 79.

1. Lösung der RE-Aufgabe mit dem Hilfswinkel μ

Die Berechnung des Rückwärtseinschnittes ist etwas umständlicher als beim Vorwärts- bzw. Seitwärtseinschnitt. Der Mehraufwand an Rechenarbeit wird aber durch die Vereinfachung der Messung, die man beim RE bekanntlich nur auf dem Neupunkt und nicht, wie beim VE und SE, auf den entfernten, bekannten TP ausführen braucht, reichlich aufgewogen, so daß der Rückwärtseinschnitt das in der bergvermessungstechnischen Praxis am meisten angewandte Verfahren für die Bestimmung eines einzelnen Punktes ist.

Aus der Satzbeobachtung werden zunächst die sich auf den Neupunkt RE beziehenden Dreieckswinkel β_1 und β_2 abgeleitet und aus den bekannten Koordinaten der Punkte A, B und C die Richtungswinkel und Längen der Dreiecksseiten AB und BC, d. h. α_1 und α_2 sowie s_1 und s_2 nach den im vorausgegangenen Abschn. 63 angegebenen Formeln berechnet. Sodann ermittelt man den Winkel γ und die Summe der sich im Viereck $A-B-C-RE$ gegenüberliegenden Winkel δ und ε wie folgt:

$$\gamma = \alpha_1 + 200^g - \alpha_2$$
$$\delta + \varepsilon = 400^g - (\gamma + \beta_1 + \beta_2).$$

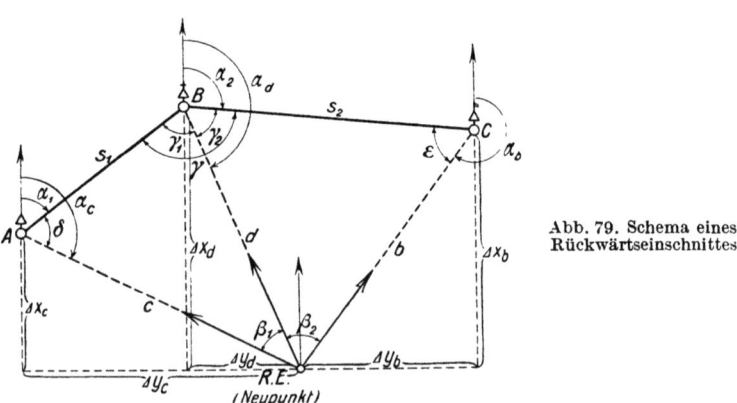

Abb. 79. Schema eines Rückwärtseinschnittes

Bildet man nun auch noch die Winkeldifferenz $\delta - \varepsilon$, deren Ableitung weiter unten gezeigt wird, so erhält man durch Addition bzw. Subtraktion der beiden Größen $\delta + \varepsilon$ und $\delta - \varepsilon$ den Wert 2δ bzw. 2ε und daraus die Einzelwinkel δ und ε. Da ferner im Dreieck $A-B-RE \cdots \delta+\beta_1+\gamma_1 = 200^g$ und im Dreieck $B-C-RE \cdots \varepsilon + \beta_2 + \gamma_2 = 200^g$ ist, so folgt, daß

$$\gamma_1 = 200^g - (\delta + \beta_1)$$

und $$\gamma_2 = 200^g - (\varepsilon + \beta_2) \text{ ist.}$$

Nunmehr sind alle für die Berechnung der Richtungswinkel α_c, α_d und α_b sowie der Längen der Dreiecksseiten c, d und b benötigten Winkel bekannt. Es ist daher

Richtungswinkel	Dreiecksseiten
$\alpha_c = \alpha_1 + \delta$	$c = s_1 \cdot \dfrac{\sin \gamma_1}{\sin \beta_1}$
$\alpha_d = \alpha_2 + \gamma_2$	
$\alpha_b = (\alpha_2 + 200^g) - \varepsilon$	$d = s_1 \cdot \dfrac{\sin \delta}{\sin \beta_1} = s_2 \cdot \dfrac{\sin \varepsilon}{\sin \beta_2}$
	$b = s_2 \cdot \dfrac{\sin \gamma_2}{\sin \beta_2}$

Aus den so erhaltenen Richtungswinkeln und Längen, d. h. den Polarkoordinaten, lassen sich die Koordinatenunterschiede zwischen den Punkten A, B und C und dem Neupunkt RE sowie hieraus die genäherten Koordinaten des RE-Punktes berechnen.

Koordinatenunterschiede	Genäherte Koordinaten des Neupunktes RE
$\Delta y_c = c \cdot \sin(200^g - \alpha_c)$	$\eta_{RE} = y_a + \Delta y_c$
$\Delta x_c = c \cdot \cos(200^g - \alpha_c)$	$\mathfrak{x}_{RE} = x_a - \Delta x_c$
$\Delta y_d = d \cdot \sin(200^g - \alpha_d)$	$\eta_{RE} = y_b + \Delta y_d$
$\Delta x_d = d \cdot \cos(200^g - \alpha_d)$	$\mathfrak{x}_{RE} = x_b - \Delta x_d$
$\Delta y_b = b \cdot \sin(\alpha_b - 200^g)$	$\eta_{RE} = y_c - \Delta y_b$
$\Delta x_b = b \cdot \cos(\alpha_b - 200^g)$	$\mathfrak{x}_{RE} = x_c - \Delta x_b$

Damit ist der Gang für die Berechnung der *genäherten* Koordinaten des RE-Punktes aus 3 bekannten TP beendet. Die *endgültigen* Koordinaten des RE-Punktes einschließlich der mittleren Fehler der Punktbestimmung lassen sich nur mit Hilfe der GAUSSschen Ausgleichungsrechnung ermitteln, die hier nicht behandelt werden soll.

Es ist nun noch nachstehend die bereits oben erwähnte Winkeldifferenz $\delta - \varepsilon$ abzuleiten. Da die Entfernung d den beiden Dreiecken $A-B-RE$ und $B-C-RE$ angehört, so besteht nach dem Sinussatz die Beziehung

$$d = s_1 \cdot \frac{\sin \delta}{\sin \beta_1} = s_2 \cdot \frac{\sin \varepsilon}{\sin \beta_2}$$

hieraus folgt

$$\frac{\sin \varepsilon}{\sin \delta} = \frac{s_1 \cdot \sin \beta_2}{s_2 \cdot \sin \beta_1}.$$

Denkt man sich die im Zähler und Nenner der rechten Seite der Gleichung bekannten Werte $s_1 \cdot \sin \beta_2$ und $s_2 \cdot \sin \beta_1$ als Katheten eines rechtwinkligen Dreiecks, so lassen sich diese Werte durch die tan-Funktion des zugehörigen Hilfswinkels μ ausdrücken.

$\tan \mu = \dfrac{s_1 \cdot \sin \beta_2}{s_2 \cdot \sin \beta_1}$ und damit auch $= \dfrac{\sin \varepsilon}{\sin \delta}$.

Ferner ist $\quad 1 + \tan \mu = 1 + \dfrac{\sin \varepsilon}{\sin \delta} \quad$ und $\quad 1 - \tan \mu = 1 - \dfrac{\sin \varepsilon}{\sin \delta}$,

woraus sich ergibt $\quad 1 + \tan \mu = \dfrac{\sin \delta + \sin \varepsilon}{\sin \delta} \quad$ und $\quad 1 - \tan \mu = \dfrac{\sin \delta - \sin \varepsilon}{\sin \delta}$

Dividiert man die beiden letzten Gleichungen durcheinander, so erhält man

$$\frac{1 + \tan \mu}{1 - \tan \mu} = \frac{\sin \delta + \sin \varepsilon}{\sin \delta - \sin \varepsilon}.$$

Nach bekannten Formeln der Trigonometrie kann man hierfür setzen

$$\tan (50^g + \mu) = \frac{2 \sin \frac{\delta + \varepsilon}{2} \cdot \cos \frac{\delta - \varepsilon}{2}}{2 \cos \frac{\delta + \varepsilon}{2} \cdot \sin \frac{\delta - \varepsilon}{2}}$$

oder

$$\tan (50^g + \mu) = \tan \frac{\delta + \varepsilon}{2} \cdot \cot \frac{\delta - \varepsilon}{2}$$

und daraus

$$\cot \frac{\delta - \varepsilon}{2} = \tan 50^g + \mu \cdot \cot \frac{\delta + \varepsilon}{2}.$$

Aus dieser Gleichung erhält man sodann, da die rechte Seite nur bekannte Größen aufweist, die Winkeldifferenz $\frac{\delta - \varepsilon}{2}$ und damit den Wert $\delta - \varepsilon$.

2. Lösung der RE-Aufgabe mit dem Collinschen Hilfspunkt Q

Die Berechnung des RE-Punktes läßt sich aber auch mit Hilfe des COLLINschen Punktes Q vornehmen.

Diesen Hilfspunkt Q erhält man als Schnitt des durch den Neupunkt RE und zwei bekannte Anschlußpunkte P_a und P_b gelegten Kreises mit der Verbindungslinie vom RE-Punkt (P) zum 3. Anschlußpunkt P_m oder mit deren Verlängerung, s. Abb. 80.

Der Rechnungsgang ist folgender:

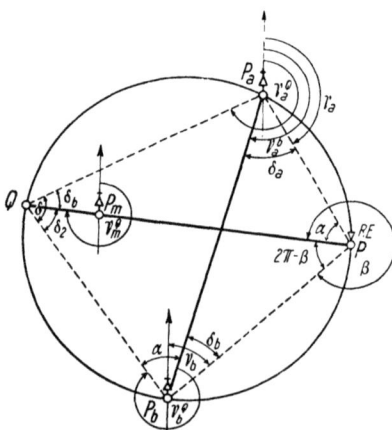

Abb. 80. Rückwärtseinschneiden mit dem COLLINschen Hilfspunkt

I. Berechnung der Polarkoordinaten von P_a bis P_b

a) *Richtung:**   b) *Länge:*

$$\tan v_a^b = \frac{y_b - y_a}{x_b - x_a} \quad (1) \qquad P_a P_b = \frac{y_b - y_a}{\sin v_a^b} = \frac{x_b - x_a}{\cos v_a^b} \quad (2)$$

---

* Die Richtungswinkel sind hier entsprechend der Bezeichnung im Trig. Form. 11 mit v statt mit α bezeichnet.

II. Berechnung der Koordinaten des Hilfspunktes Q

1. Berechnung der Polarkoordinaten von P_a bis Q und P_b bis Q

a) *Richtungen:*

von P_a aus:

$$v_a^q = v_a^b + 2\pi - \beta$$

$$\underline{v_a^q = v_a^b - \beta} \quad \text{③}$$

von P_b aus:

$$v_b^q = v_a^b - \pi + 2\pi - \alpha$$

$$\underline{v_a^q = v_a^b + \pi - \alpha} \quad \text{④}$$

b) *Längen:*

von P_a aus:

$$P_a Q = \frac{P_a P_b}{\sin \delta} \cdot \sin \alpha$$

$$P_a Q = \frac{y_b - y_a}{\sin v_a^b \cdot \sin \delta} \cdot \sin \alpha$$

$$= \frac{x_b - x_a}{\cos v_a^b \cdot \sin \delta} \cdot \sin \alpha$$

$$\underline{P_a Q = m \cdot \sin \alpha}$$

von P_b aus:

$$P_b Q = \frac{P_a P_b}{\sin \delta} \cdot \sin(2\pi - \beta)$$

$$P_b Q = \frac{y_b - y_a}{\sin v_a^b \cdot \sin \delta} \cdot \sin(2\pi - \beta)$$

$$= \frac{x_b - x_a}{\cos v_a^b \cdot \sin \delta} \cdot \sin(2\pi - \beta)$$

$$\underline{P_b Q = m \cdot \sin(2\pi - \beta)}$$

$$\underline{m = \frac{y_b - y_a}{\sin v_a^b \cdot \sin \delta} = \frac{x_b - x_a}{\cos v_a^b \cdot \sin \delta}} \quad \text{⑤}$$

c) *Dreieckswinkel:*

$$\alpha + 2\pi - \beta + \delta = \pi$$

$$\delta = \pi - \alpha - 2\pi + \beta$$

$$\delta = \beta - \alpha - \pi$$

$$\underline{\delta = \delta_a + \delta_b} \quad \text{⑥}$$

2. Berechnung der Teilkoordinaten

von P_a aus:

$$\Delta y_a^q = P_a Q \cdot \sin v_a^q$$

$$\underline{\Delta y_a^q = m \cdot \sin \alpha \cdot \sin v_a^q} \quad \text{⑦}$$

$$\Delta x_a^q = P_a Q \cdot \cos v_a^q$$

$$\underline{\Delta x_a^q = m \cdot \sin \alpha \cdot \cos v_a^q} \quad \text{⑧}$$

von P_b aus:

$$\Delta y_b^q = P_b Q \cdot \sin v_b^q$$

$$\underline{\Delta y_b^q = m \cdot \sin(2\pi - \beta) \cdot \sin v_b^q} \quad \text{⑨}$$

$$\Delta x_b^q = P_b Q \cdot \cos v_b^q$$

$$\underline{\Delta x_b^q = m \cdot \sin(2\pi - \beta) \cdot \cos v_b^q} \quad \text{⑩}$$

3. Berechnung der Koordinaten von Q

von P_a aus:

$$\underline{y_q = y_a + \Delta y_a^q} \quad \text{⑪}$$

$$\underline{x_q = x_a + \Delta x_a^q} \quad \text{⑫}$$

von P_b aus:

$$\underline{y_q = y_b + \Delta y_b^q} \quad \text{⑬}$$

$$\underline{x_q = x_b + \Delta x_b^q} \quad \text{⑭}$$

4. Berechnung der Richtung v_m^q:

$$\underline{\tan v_m^q = \frac{y_q - y_m}{x_q - x_m}} \quad \text{⑮}$$

III. Berechnung der Koordinaten des Neupunktes P (RE)

1. Berechnung der Polarkoordinaten von P_a bis P und P_b bis P

a) *Richtungen:*

von P_a aus: von P_b aus:

$$v_a + \pi = v_m^q + \alpha \qquad v_b + \pi = v_m^q - (2\pi - \beta)$$

$$\underline{v_a = v_m^q + \alpha - \pi} \;\; \text{⑯} \qquad \underline{v_b = v_m^q + \beta - 3\pi} \;\; \text{⑰}$$

b) *Dreieckswinkel δ_a und δ_b*

$$\underline{\delta_a = v_a^b - v_a} \;\; \text{⑱}$$

$$\delta_b = v_b - (v_a^b - \pi)$$

$$\underline{\delta_b = v_b - v_a^b + \pi} \;\; \text{⑲}$$

c) *Längen P_aP und P_bP:*

von P_a aus: von P_b aus:

$$P_a P = \frac{P_a Q}{\sin \alpha} \sin \delta_b \qquad P_b P = \frac{P_b Q}{\sin (2\pi - \beta)} \sin \delta_a$$

$$\underline{P_a P = m \cdot \sin \delta_b} \;\; \text{⑳} \qquad \underline{P_b P = m \cdot \sin \delta_a} \;\; \text{㉑}$$

2. Berechnung der Teilkoordinaten

von P_a aus: von P_b aus:

$$\Delta y_a = P_a P \cdot \sin v_a \qquad \Delta y_b = P_b P \cdot \sin v_b$$

$$\underline{\Delta y_a = m \cdot \sin \delta_b \cdot \sin v_a} \;\; \text{㉒} \qquad \underline{\Delta y_b = m \cdot \sin \delta_a \cdot \sin v_b} \;\; \text{㉓}$$

$$\Delta x_a = P_a P \cdot \cos v_a \qquad \Delta x_b = P_b P \cdot \cos v_b$$

$$\underline{\Delta x_a = m \cdot \sin \delta_b \cdot \cos v_a} \;\; \text{㉔} \qquad \underline{\Delta x_b = m \cdot \sin \delta_a \cdot \cos v_b} \;\; \text{㉕}$$

3. Berechnung der genäherten Koordinaten

von P_a aus: von P_b aus:

$$\underline{\mathfrak{y} = y_a + \Delta y_a} \;\; \text{㉖} \qquad \underline{\mathfrak{y} = y_b + \Delta y_b} \;\; \text{㉗}$$

$$\underline{\mathfrak{x} = x_a + \Delta x_a} \;\; \text{㉘} \qquad \underline{\mathfrak{x} = x_b + \Delta x_b} \;\; \text{㉙}$$

Die Berechnung der genäherten Koordinaten des RE-Punktes nach vorstehenden Formeln wird in der Praxis vielfach in einem Formular, z. B. dem Trig. Form. 11 der Katasteranweisung IX, durchgeführt.

In diesem Formular sind zur leichteren Verfolgung des Rechnungsganges die im Kopf angegebenen Formeln und die sich darunter aus letzteren ergebenden Zahlenrechnungen mit fortlaufenden, einander entsprechenden Ziffern versehen worden. Vor Beginn der Berechnung sind die Koordinaten der bekannten Punkte P_a, P_b und P_m sowie die Größen der aus den Satzbeobachtungen im RE-Punkt P abzuleitenden Winkel α und β in das Formular an den dafür vorgesehenen Stellen einzusetzen.

In den auf den folgenden Seiten 113 und 114 wiedergegebenen Berechnungsbeispielen sind die Richtungswinkel wieder mit v und die R- und H-Werte der GAUSS-KRÜGERschen Koordinaten wieder mit y und x bezeichnet worden.

Landesvermessung

Beispiel der Berechnung eines Rückwärtseinschnittes im Trig. Form. 11 mit Logarithmen

Zu bestimmender Punkt P: 8 Bergschule Bochum

Berechnung der genäherten Koordinaten aus drei Punkten

	Collinsscher Hilfspunkt Q	Gesuchter Punkt P
	③ $\tan \nu_a^b = \frac{y_b - y_a}{x_b - x_a}$	⑪ $\tan \nu_m^q = \frac{y_q - y_m}{x_q - x_m}$
	⑤ $m = \frac{y_b - y_a}{\sin\delta \sin\nu_a^b} = \frac{x_b - x_a}{\sin\delta \cos\nu_a^b}$	
	⑦ $\Delta y_a^q = m \sin\alpha \sin\nu_a^q$ $\Delta x_a^q = m \sin\alpha \cos\nu_a^q$	⑨a $y_q = y_a + \Delta y_a^q$ $x_q = x_a + \Delta x_a^q$	⑮ $\Delta y_a = m \sin\delta_b \sin\nu_a$ $\Delta x_a = m \sin\delta_b \cos\nu_a$	⑰a $p = y_c + \Delta y_a$ $p = x_a + \Delta x_a$
		Rechenproben:	
	⑧ $\Delta y_b^q = m \sin(2\pi - \beta) \sin\nu_b^q$ $\Delta x_b^q = m \sin(2\pi - \beta) \cos\nu_b^q$	⑨b $y_q = y_b + \Delta y_b^q$ $x_q = x_b + \Delta x_b^q$	⑯ $\Delta y_b = m \sin\delta_a \sin\nu_b$ $\Delta x_b = m \sin\delta_a \cos\nu_b$	⑰b $p = y_b + \Delta y_b$ $p = x_b + \Delta x_b$

			±25			±57			°	′	″
Bismarckturm P$_a$ (Stadtp Boch)		y_a	85 198,20		x_a	06 925,86		a	148	53	43
P$_b$: Rathaus Bo		y_b	25 84 485,45		x_b	57 06 008,59		β	254	16	54
	① $y_b - y_a$		– 712,75	① $x_b - x_a$		– 917,27	②	$2\pi - \beta$	145	83	46
	⑦b Δy_a^q		+ 159,49	⑦b Δx_a^q		– 828,17	③b	ν_a^b	242	05	36
	⑧b Δy_b^q		+ 872,24	⑧b Δx_b^q		+ 89,10	⑥	$\nu_a^q = \nu_a^b - \beta$	387	88	82
Q	⑨ab y_q		25 85 357,69	⑨ab x_q		57 06 097,69		$\nu_b^q = \nu_a^b - \alpha \pm \pi$	293	51	93
P$_m$: Neue Kirche Boch.-Hamme		y_m	25 82 590,53		x_m	57 07 530,97	⑪b	ν_m^q	130	42	50
	⑩ $y_q - y_m$		2 767,16	⑩ $x_q - x_m$		1 433,28	⑫	$\nu_a = \nu_m^q + a$	278	95	93
	⑮b Δy_a		– 865,88	⑮b Δx_a		– 297,07		$\nu_b = \nu_m^q + \beta$	384	59	04
Bergschule P:Bochum	⑯b Δy_b		– 153,12	⑯b Δx_b		+ 620,20	⑬	$\delta_a = \nu_a^b - \nu_a$	363	09	43
	⑰ab p		25 32 84 332,33	⑰ab f		57 79 06 628,79	④ ⑭	$\delta_b = \nu_b - \nu_a^b \pm \pi$ $\delta = \beta - \alpha \pm \pi$ $= \delta_a + \delta_b$	342 305 305	53 63 63	68 11 11

③a	lg ($y_b - y_a$) lg ($x_b - x_a$) lg tan ν_a^b	2,85 294 n 2,96 250 n 9,89 044		lg sin ν_a^b	9,27 669 n	lg sin ν_a	9,97 584 n
⑤	lg ($y_b - y_a$) cpl lg sin ν_a^b cpl lg sin δ cpl lg cos ν_a^b lg ($x_b - x_a$) lg m	2,85 294 n 0,21 213 n 0,00 170 n 0,10 257 n 2,96 250 n 3,06 677 n	⑦a	lg m lg sin a lg cos ν_a^q lg Δy_a^q lg Δx_a^q	3,06 677 n 9,85 926 9,99 209 2,20 272 9,91 812 n	⑮a	lg m lg sin δ_b lg cos ν_a lg Δy_a lg Δx_a	3,06 677 n 9,89 485 n 9,51 124 n 2,93 746 n 2,47 286 n
⑪a	lg ($y_q - y_m$) lg ($x_q - x_m$) lg tan ν_m^q	3,44 203 3,15 633 n 0,28 570 n	⑧a	lg sin ν_b^q lg m lg sin $(2\pi - \beta)$ lg cos ν_b^q lg Δy_b^q lg Δx_b^q	9,99 775 n 3,06 677 n 9,87 612 9,00 699 n 2,94 064 1,94 988	⑯a	lg sin ν_b lg m lg sin δ_a lg cos ν_b lg Δy_b lg Δx_b	9,37 966 n 3,06 677 n 9,73 861 n 9,98 715 2,18 504 n 2,79 253

Eine zweite Berechnung des gleichen Rückwärtseinschnittes ist mit der Rechenmaschine in dem anschließend wiedergegebenen Formular,

8 Schulte/Löhr/Vosen, Markscheidekunde, 4. Aufl.

114 Lagemessungen

dem VermVordruck 11 der Vermessungspunktanweisungen I und II des Landes Nordrhein-Westfalen [2, 3], durchgeführt.

Beispiel der Berechnung eines Rückwärtseinschnittes mit der Rechenmaschine

VermVordruck 11 — **Rückwärtsschnitt** — Anlage 16 (VermPAnw.) Seite ____

(3) $\cot\alpha$ [6]   (4) $\cot\beta$ [6]

$x_a - x_m$ [2] $y_a - y_m$ [2] $x_b - x_m$ [2] $y_b - y_m$ [2]

$y_a \to y_c$ [8] $x_a \to x_c$ [8] $y_b \to y_d$ [8] $x_b \to x_d$ [8]

(6) $\tan t_d^c = \dfrac{y_c - y_d}{x_c - x_d}$ (7) $\tan t_m^n = -\dfrac{x_c - x_d}{y_c - y_d}$

(8) $x_d \dashrightarrow x_m$ [2]   bleibt stehen $x_m \to x_n$ [2]

$\tan t_d^c$ [6] $\tan t_d^c$ [6] $\tan t_m^n$ [6]

$y_d \to Zw$ [8] y_m [8] $Zw \dashrightarrow y_n$ [8] $y_m \dashrightarrow y_n$ [8]

Werk links/rechts   R-Werke gleichkurbeln

Rechenprobe:

(9) $t_m^n - \alpha = t_a^n$; $t_m^n + \beta = t_b^n$; $t_a^n + \alpha + \beta = t_b^n$ (Probe)

(10) Vorwärtsschnitt mit t_a^n und t_b^n

Rechenschema wie zu (8)

In Ausnahmefällen zwei Vorwärtsschnitte: 1. mit t_a^n und t_c^n
                                                   2. mit t_b^n und t_d^n

Schaltung zu (3) und (4):

y_a-y_m / y_b-y_m	x_a-x_m / x_b-x_m	$\cot\alpha = +$ / $\cot\beta = -$	$\cot\alpha = -$ / $\cot\beta = +$
		Werk links/rechts	Werk links/rechts
+	+	↓ ↑	↑ ↓
+	−	↑ ↓	↓ ↑
−	−	↓ ↑	↑ ↓
−	+	↑ ↓	↓ ↑

Schaltung zu (8) u. (10):

$\tan t_d^c$ (8) t_m^n (10) t_b^n	Werk links/rechts
+	+ ↑ ↓
+	− ↓ ↑
−	+ ↓ ↑
−	− ↑ ↓

	1		±	2		±	3 (y)	±	4 (x)
Probe (9)	t_a^n	384 : 59 : 04	$\tan t_a^n$	−	0,246894	A	^{25}84 : 485 : 45		^{57}06 : 008 : 59
	t_b^n	278 : 95 : 93	$\tan t_b^n$	+	2,914679	B	^{25}85 : 198 : 20		^{57}06 : 925 : 86
	t_m^n	130 : 42 : 50	$\tan t_m^n$	−	1,930641	M	^{25}82 : 590 : 53		^{57}07 : 530 : 97
α		145 : 83 : 46	$\cot\alpha$	−	0,877012	A−M (1)	+	1 : 894 : 92	−	1 : 522 : 38
β		148 : 53 : 43	$\cot\beta$	−	0,954982	B−M (2)	+	2 : 607 : 67	−	605 : 11
	Punkt					C (3)		^{25}83 : 150 : 30		^{57}04 : 346 : 72
A	Rathaus					C−D (5)	−	2 : 625 : 77	−	5 : 069 : 42
B	Bismarckturm		$\tan t_d^c$ (6)	+	0,517963	D (4)		^{25}85 : 776 : 07		^{57}09 : 416 : 14
M	Neue Kirche Hamme		$\tan t_m^n$ (7)	−	1,930641	M		^{25}82 : 590 : 53		^{57}07 : 530 : 97
N	RE Bergschule					N (8)		^{25}84 : 332 : 32		^{57}06 : 628 : 79
						Probe (10)		^{25}84 : 332 : 33		^{57}06 : 628 : 79

3. Graphische Lösung der RE-Aufgabe

Handelt es sich nur darum, den durch RE zu bestimmenden Punkt in eine vorhandene Karte angenähert einzutragen, so führt die *graphische Lösung* der RE-Aufgabe schneller und einfacher zum Ziel. In diesem Falle legt man, nachdem man vorher in der Karte die bekannten Punkte der Landesaufnahme A, B und C aufgesucht bzw. koordinatenmäßig eingetragen hat, an die Verbindungslinie von A nach B in A und B den Winkel $100^g - \beta_1$ und an die Verbindung von B nach C in B und C den Winkel $100^g - \beta_2$, s. Abb. 81, S. 115, an. In den Schnittpunkten M_1 und M_2 schließen die freien Schenkel dieser Winkel dann miteinander die Winkel $2\beta_1$ und $2\beta_2$ ein. Schlägt man nun um M_1 einen Kreis, der durch

A und B geht, und um M_2 einen solchen, der durch B und C geht, so schneiden diese beiden Kreise einander in dem gesuchten RE-Neupunkt, da der Umfang jedes dieser Kreise der geometrische Ort für alle Punkte ist, die mit der Sehne AB bzw. BC den Winkel β_1 bzw. β_2 einschließen. Aus der Art des Schnittes der beiden Kreise ersieht man auch, ob die Punktbestimmung, wie im Abschn. 62, S. 105 näher ausgeführt, günstig oder ungünstig ist. Fallen die beiden Kreise zusammen, so ist die Aufgabe sowohl rechnerisch wie auch graphisch nicht zu lösen.

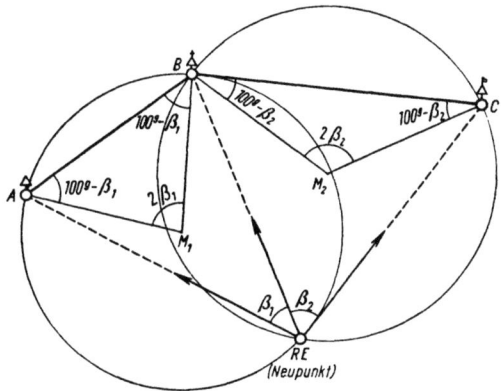

Abb. 81. Graphische Lösung des Rückwärtseinschnittes

65. Genauigkeit von trigonometrischen Punktbestimmungen

Sie ist abhängig:
1. von der Zahl, der Lage und Güte der Anschlußpunkte,
2. von den Entfernungen zwischen Neupunkt und Anschlußpunkten,
3. von der Größe der Winkel, unter denen sich die Richtungsstrahlen im Neupunkt schneiden,
4. von der Güte der Winkel- und Grundlinienmessung.

Im allgemeinen liegt die Genauigkeit, mit der ein Neupunkt bestimmt werden kann, innerhalb eines Dezimeters.

Polygonmessung

66. Zweck und Einteilung

Die unmittelbare Grundlage für die in den Abschn. 73 bis 76 behandelten Lageaufnahmen über und unter Tage bilden Polygonzüge, d. h. Vieleckzüge, bei denen die Längen der einzelnen Seiten und die Brechungswinkel zwischen diesen Seiten gemessen werden. Man unterscheidet der äußeren Form nach *offene* Polygonzüge, die gestreckt, s. nächste Seite Abb. 82 und 83, unregelmäßig geformt oder miteinander verknotet sein können, und *geschlossene* Polygonzüge, die wieder zum Anfangspunkt zurückgeführt werden, s. Abb. 84, ferner dem Anschluß nach *einseitig* angeschlossene Polygonzüge, die an einem bekannten Punkt und einer bekannten Richtung beginnen oder enden, s. Abb. 82, und *doppelt* angeschlossene Züge, die sowohl im Anfangs- als auch im Endpunkt einen Koordinaten- und Richtungsanschluß aufweisen, s. Abb. 83. Polygonzüge, die im Anfangs- und Endpunkt nur einen Koordinatenan- bzw. abschluß haben, nennt man *Einrechnungszüge*, s. Abb. 85, während Polygone ohne jeden Anschluß als *freie* Züge bezeichnet werden.

Die Messung der Längen im Polygonzug erfolgt entweder unmittelbar mit dem Stahlmeßband, über Tage auch mit Meßlatten, oder mittelbar auf optischem Wege, s. Abschn. IV, S. 214 u. f.

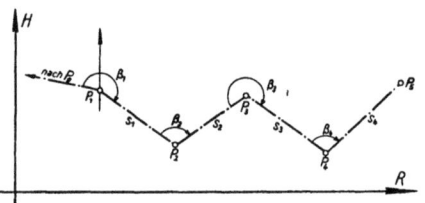

Abb. 82. Einseitig angeschlossener offener Polygonzug. Koordinaten- und Richtungsanschluß im Anfangspunkt P_1,
bekannt: P_0 und P_1; α_0^1,
gemessen: $\beta_1, \beta_2, \beta_3, \beta_4$ und s_1, s_2, s_3, s_4

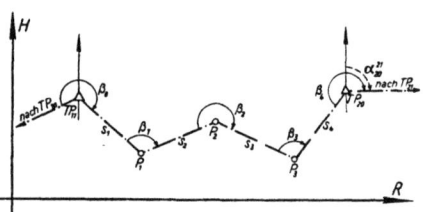

Abb. 83. Doppelt angeschlossener Polygonzug. Koordinaten- und Richtungsanschluß im Anfangspunkt TP_{11} und Endpunkt TP_{20},
bekannt: $TP_{10}, TP_{11}, TP_{20}$ u. TP_{21}; α_{10}^{11} u. α_{20}^{21},
gemessen: $\beta_0, \beta_1, \beta_2, \beta_3, \beta_4$ und s_1, s_2, s_3, s_4

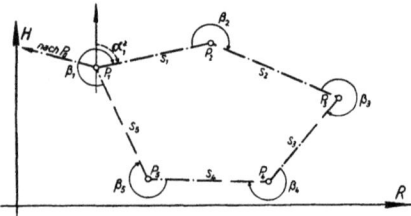

Abb. 84. Geschlossener Polygonzug. Koordinaten und Richtungsanschluß im Punkt P_1,
bekannt: P_0 und P_1; α_0^1,
gemessen: $\beta_1, \beta_2, \beta_3, \beta_4, \beta_5$ und s_1, s_2, s_3, s_4, s_5

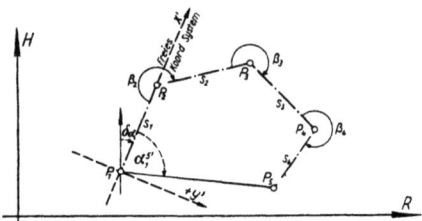

Abb. 85. Einrechnungszug. Koordinatenanschluß in P_1 und P_5,
bekannt: P_1 und P_5,
gemessen: $\beta_2, \beta_3, \beta_4$ und s_1, s_2, s_3, s_4

Im Hauptzugnetz über und unter Tage werden die Längen stets doppelt — hin und zurück — auf Millimeter gemessen, wobei die Normalspannung mit einem Spannungsmesser, s. S. 23, einzuhalten ist. Ferner ist die Abweichung des Meßgerätes vom Sollmaß und der Temperatureinfluß zu berücksichtigen, s. Beispiel S. 29 oben. Auch sind an den gemessenen oder berechneten söhligen Längen der Polygonseiten Verbesserungen v anzubringen, wenn diese Längen auf den Landeshorizont (NN) reduziert werden sollen, s. Abschn. 114, S. 234, und wenn infolge der GAUSSschen winkeltreuen Abbildung (GAUSS-KRÜGERsche Koordinaten) bei großen Ordinatenentfernungen Verzerrungen der Längen eingetreten sind, s. Abschn. 57, S. 89 u. f.

Diese Verbesserungen sind zahlenmäßig für Längen von 0 bis 1000 m bei Höhenunterschieden bis $+300$ m über und -1200 m unter NN bzw. bei Ordinaten bis 150 km vom Ausgangsmeridian entfernt aus den beiden Tafeln 4 des Anhanges oben und unten zu entnehmen. Die folgende Tafel 5 ist nur für die Entnahme der Gesamtverbesserungen für eine konstante Länge von 1000 m bei gleichen Höhenunterschieden und Ordinatenlängen wie oben aufgestellt worden.

Die Messung der Brechungs- und Neigungswinkel erfolgt stets mit einem Theodolit.

Die Ergebnisse der Längen- und Winkelmessung sind in einem Beobachtungsbuch tabellarisch geordnet einzutragen und durch Handzeichnungen zu erläutern.

67. Polygonzüge über Tage

In dem zu vermessenden Gebiet wird in der Regel zunächst ein Hauptpolygonnetz geschaffen, das möglichst aus ringförmig um das Gebiet gelegten Hauptzügen mit Querverbindungen zu trigonometrischen Punkten innerhalb des Gebietes besteht. Dieses Hauptzugnetz wird sodann durch Verbindungs- oder Nebenzüge und Einbindung von weiteren Linien so verdichtet, daß eine genaue Aufnahme sämtlicher Tagesgegenstände vorgenommen werden kann. Bei der Auswahl der dauerhaft vermarkten Polygonpunkte muß darauf Rücksicht genommen werden, daß einmal die Längen- und Winkelmessungen ungehindert durchzuführen sind, und daß ferner Punkte und Zugseiten für die Stückvermessung günstig liegen. Im allgemeinen wird der Verlauf der Polygonzüge den Straßen, Bahnlinien, Wasserläufen usw. folgen, doch sollen die Züge im Hauptzugnetz möglichst gestreckt und ihre Seiten auch ungefähr gleich lang sein. Die Längen der einzelnen Polygonlinien liegen gewöhnlich zwischen 50 und 300 m. Die Polygonwinkel werden durch Messung in beiden Fernrohrlagen oder durch Messung des Haupt- und Ergänzungswinkels in je einer Fernrohrlage oder in einem Satz bestimmt. Bei Satzmessungen, vgl. Abschn. 41, S. 64, wird zur Vermeidung grober Ablesefehler der Teilkreis nach der Beobachtung in der ersten Fernrohrlage verstellt. Auch kann zur Ausschaltung der Zentrier- bzw. Exzentrizitätsfehler in den Aufstellungs- und Zielpunkten der Polygonzüge ein Zwangszentrierungsverfahren, s. Abschn. 48, S. 82 u. f., benutzt werden.

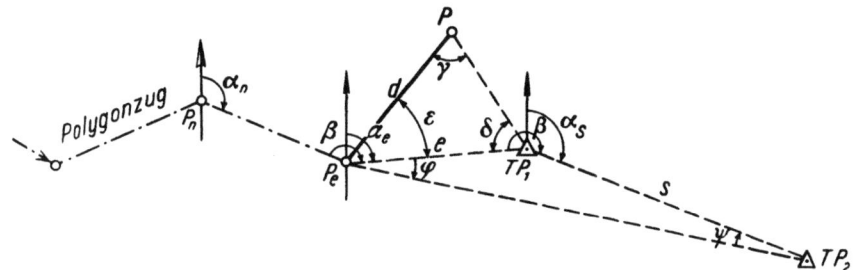

Abb. 86. Anschluß eines Polygonzuges an hochgelegene Trig.-Punkte der Landesaufnahme

Beim An- und Abschluß eines Polygonzuges an *Bodenpunkte* — Polygonpunkte früherer Messungen oder trigonometrische Punkte — kann die Anschlußwinkelmessung auf diesen Punkten und die Längenmessung der ersten oder letzten Polygonseite unmittelbar erfolgen. Für den Anschluß an *hochgelegene* Punkte sind dagegen besondere Anschlußdreiecke zu legen, in denen die zur Berechnung der Anschlußwinkel und -längen benötigten Bestimmungsstücke gemessen werden, wie im nachstehenden Beispiel an Hand der Abb. 86 erläutert werden soll.

Ein offener Polygonzug ist mit seinem Endpunkt P_e an den als Turmknopf ausgebildeten Dreieckspunkt TP_1 anzuschließen. In diesem Falle ist zunächst ein weiterer Bodenpunkt P so festzulegen, daß in dem entstandenen Anschlußdreieck P_e-P-TP_1 die Winkel γ und ε und die Grundlinie P_e bis $P = d$ gemessen werden können. Da nun auch der Dreieckswinkel $\delta = 200^g - (\gamma + \varepsilon)$ bekannt ist, so ergibt sich die Länge der Dreiecksseite P_e bis $TP_1 = e$ nach dem Sinussatz zu

$$e = d \cdot \frac{\sin \gamma}{\sin \delta}$$

und aus dem im Punkt P_e gemessenen Brechungswinkel β der Richtungswinkel α_e nach der Formel

$$\alpha_e = \alpha_n + \beta - 200^g .$$

Mit Hilfe der so erhaltenen Polarkoordinaten e und α_e und der bekannten rechtwinklig-ebenen Koordinaten von P_e lassen sich die rechtwinklig-ebenen Koordinaten für den Punkt TP_1 errechnen. Aus dem Unterschied dieser mit den Meßfehlern des Polygonzuges behafteten Koordinaten y' und x' gegen die aus der Dreiecksmessung erhaltenen und daher hier als fehlerfrei anzusehenden Koordinaten y und x des Punktes TP_1 bestimmt man die Koordinatenabschlußfehler f_x und f_y des Polygonzuges, wie es beim Rechenbeispiel des geschlossenen Polygonzuges, S. 122 geschehen ist. Die Fehler sind im Verhältnis zu den Längen auf die einzelnen Teilkoordinaten zu verteilen.

Will man im vorliegenden Falle, s. Abb. 86, auch die aus den gemessenen Brechungswinkeln abgeleiteten Richtungen des Polygonzuges durch Bestimmung des Richtungsabschlußfehlers f_β, s. auch S. 123 oben, prüfen, so ist im Endpunkt P_e dieses Zuges durch Anzielen eines weiteren, der Lage nach bekannten Punktes, z. B. des Dreieckspunktes TP_2, noch der Winkel φ zu messen und alsdann der Brechungswinkel β im ersten Anschlußpunkt TP_1 aus folgenden Beziehungen zu berechnen. Im Dreieck P_e-TP_1-TP_2 ist

$$400^g - \beta = 200^g - (\varphi + \psi)$$

oder

$$\beta = 200^g + (\varphi + \psi) .$$

Dabei erhält man ψ aus $\quad \sin \psi = \dfrac{e}{s} \cdot \sin \varphi$

oder bei kleinem ψ $\quad \psi = \dfrac{e}{s} \varrho \cdot \sin \varphi .$

Die Länge s und der weiterhin noch benötigte Richtungswinkel α_s der Anschlußseite TP_1 bis TP_2 lassen sich aus den gegebenen Koordinaten von TP_1 und TP_2 errechnen.

Aus β und dem Richtungswinkel α_e der Seite P_e bis TP_1 ergibt sich der Richtungswinkel α'_s der Anschlußseite TP_1 bis TP_2 zu

$$\alpha'_s = \alpha_e + \beta - 200^g .$$

Zieht man diesen mit den Fehlern der Polygonwinkelmessung behafteten Richtungswinkel α'_s von den aus den Koordinatenunterschieden errechneten, hier wieder als fehlerfrei anzusehenden Richtungswinkel α_s ab, so bekommt man den Richtungsabschlußfehler f_β, der gleichmäßig auf die einzelnen Brechungswinkel zu verteilen ist.

68. Polygonzüge unter Tage

In der Grube sind die Bedingungen für die Anlage und Durchführung der Polygonzüge wesentlich ungünstiger als über Tage. Ein einheitlich zusammenhängendes Netz kann hier von vornherein nicht festgelegt werden, da die Messungen mit dem allmählichen Fortschreiten der Baue im allgemeinen abschnittsweise vorgenommen werden müssen. Die Gestaltung der Züge hängt vom Verlauf der Grubenstrecken ab, was häufig die Einschaltung von sehr kurzen Zugseiten notwendig macht. Messungskontrollen durch Abschluß der Züge auf bekannten Festpunkten oder durch geschlossene Züge sind nur selten zu bekommen. Veränderungen der Polygonpunkte durch Gebirgsbewegungen treten häufig auf und machen den Anschluß weiterer Messungen unsicher. Alle diese Gründe, zu denen noch oft starker Wetterzug, schlechte Beleuchtung und enge Raumverhältnisse hinzugerechnet werden müssen, verlangen erhöhte Genauigkeit und damit besondere Sorgfalt bei der Ausführung der Messungen.

Bei der Polygonmessung unter Tage handelt es sich zunächst fast durchweg um einseitig angeschlossene, offene Züge, die vielfach erst später nach Auffahrung weiterer Grubenbaue geschlossen werden können. Sie sind im Hauptzugnetz durch unabhängige Doppelmessungen zu sichern. Der Anschluß der Messungen auf jeder Sohle erfolgt erstmalig vom Tage aus, s. S. 220. In der Folge beginnen die Messungen an den Endpunkten der vorhandenen Züge. Um die unveränderte Lage dieser Punkte zu prüfen, wird der letzte Polygonwinkel der alten Messung erneut gemessen und mit der früheren Beobachtung verglichen. Wenn sich eine genügende Übereinstimmung ergibt, kann die Messung fortgesetzt werden, andernfalls ist der Anschluß an weiter zurückliegende Festpunkte vorzunehmen oder zwischen zwei ausreichend voneinander entfernt liegenden Punkten einzurechnen (s. auch Abschn. 113, S. 230).

Für das *Hauptzugnetz*, das in erster Linie von den durch die Hauptförder- und -wetterwege der Grube gelegten Polygonzügen gebildet wird, werden dauerhaft — möglichst durch Firstenpflock mit Ringeisen — vermarkte Punkte gewählt, deren Anzahl und Lage von der Streckenführung, von der Beschaffenheit der Firste, von der gesamten Zuglänge und von der Abzweigung anderer Strecken abhängen. Die Winkelmessung in den Standpunkten erfolgt meist nach den im Abschn. 41, S. 64 u. f., beschriebenen Verfahren. Neben den Hauptwinkeln werden auch die Ergänzungswinkel in gleicher Weise nach vorhergehender Prüfung der zentrischen und der lotrechten Stellung des Theodolits gemessen, oder man führt einen Gegenzug mit neuen Punkten aus, wodurch sich in dem so geschlossenen Zug eine Winkel- und Koordinatenprobe für den letzten Punkt ergibt. In geneigten Grubenbauen wird mit der Polygonwinkelmessung auch gleich die Bestimmung der Neigungswinkel vorgenommen, die in jeder Fernrohrlage einmal und außerdem meist durch Hin- und Rückvisur gemessen werden.

Im Anschluß an die Punkte des Hauptzugnetzes legt man durch die Nebenstrecken und vielfach auch durch die Abbaubetriebe als *Nachtragsmessung* Verbindungs- oder Nebenzüge, bei denen die Winkelmessung mit einem Nachtragetheodolit — kleiner Stand- oder Hängetheodolit — ausgeführt wird. Die Längen werden auf der Sohle oder schwebend auf Zentimeter gemessen oder auch auf optischem Wege mittelbar bestimmt.

69. Längen- und Winkelmeßfehler in den Polygonzügen

Die im Polygonzug auftretenden Meßfehler wirken sich, soweit sie auf unrichtiger *Längen*messung beruhen, als *Parallelverschiebungen* d_s der Zugseiten, soweit sie in den *Winkel*messungen begründet sind, als *Querverschwenkungen* v des Zuges aus, s. Abb. 87.

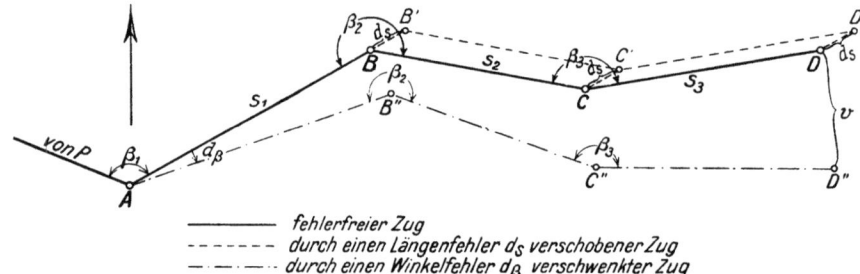

———— fehlerfreier Zug
- - - - - durch einen Längenfehler d_s verschobener Zug
—·—·— durch einen Winkelfehler d_β verschwenkter Zug

Abb. 87. Einfluß eines Längen- und Winkelfehlers bei einem gestreckten Polygonzug

Bei doppelt angeschlossenen und bei geschlossenen Polygonen geben die Widersprüche der abgeleiteten Richtungswinkel und der berechneten Koordinaten gegen die Sollwerte ein Maß für die Beurteilung der Genauigkeit der Messungen, s. S. 124. Bei einseitig angeschlossenen, aber doppelt ausgeführten Polygonmessungen nimmt man das arithmetische Mittel der Ergebnisse für den Endpunkt des Zuges als richtig an. Da die auf Winkelmeßfehlern beruhenden Verschwenkungen eine mit zunehmender Länge des Zuges wachsende Querverschwenkung der Punkte hervorrufen, so ist, insbesondere bei den nur einseitig angeschlossenen Grubenzügen, die Winkelmessung möglichst genau durchzuführen und eine Kontrolle durch Meridianweisermessung, s. Abschn. 118, S. 240, zu empfehlen.

70. Koordinatenberechnung der Polygonpunkte

Bei der Berechnung eines Polygonzuges handelt es sich um die Ermittlung der rechtwinklig-ebenen Koordinaten aller Polygonpunkte. Für freie Züge nimmt man den Anfangspunkt als Koordinatennullpunkt und die erste Polygonseite als Ausgangsrichtung und gleichzeitig als Abszissenachse. Kann der Polygonzug dagegen im Anfang an zwei bekannte Festpunkte, z. B. an P_a und P_b, angeschlossen werden, so setzt man die Koordinaten des Punktes P_a und den Richtungswinkel der Anschlußlinie α_a^b als Anfangswerte in die Rechnung ein, s. Abb. 88. Weiterhin werden die Brechungswinkel β_a bis β_e und die gemessenen oder berechneten söhligen Längen s_1 bis s_e in das Berechnungsformular, s. S. 122, eingetragen. Daran schließen sich folgende Berechnungen:

1. Berechnung der Richtungswinkel

Mit dem Richtungswinkel α_a^b der Anschlußlinie und den gemessenen oder gegebenenfalls verbesserten Brechungswinkel β leitet man nun

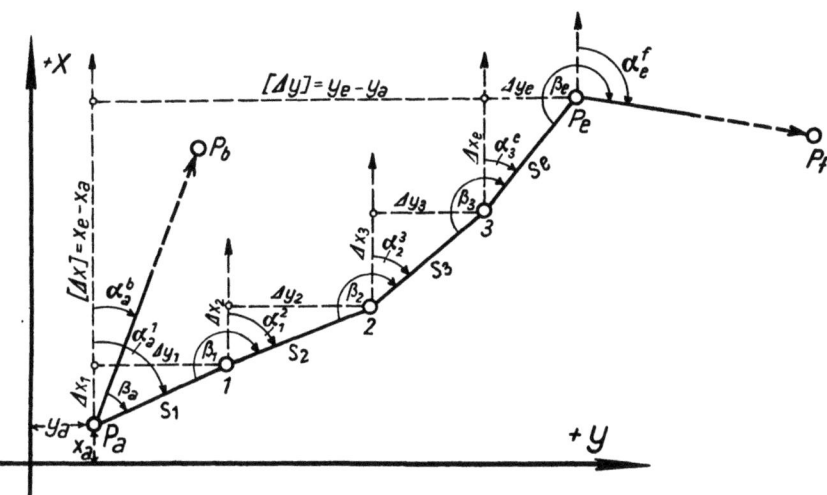

Abb. 88. Koordinatenberechnung eines doppelt angeschlossenen gestreckten Polygonzuges

nacheinander die Richtungswinkel aller Polygonseiten nach der allgemeinen Formel

$$\alpha_n = \alpha_{n-1} + \beta_n \pm 200^g$$

ab, s. Abschn. 4, S. 4 u. f.

Um die Richtigkeit der *Berechnung* der Richtungswinkel in einem offenen, einseitig angeschlossenen Polygonzug zu prüfen, zählt man die Summe der Polygonwinkel $[\beta]$ zum Richtungswinkel α_a^b der Anschlußlinie hinzu und vermindert das Ergebnis um ein Vielfaches von 200^g. Es ergibt sich dann der Richtungswinkel α_e^f der letzten Polygonseite zu

$$\alpha_e^f = [\beta] + \alpha_a^b - x \cdot 200^g.$$

2. Berechnung der Koordinatenunterschiede

Sie erfolgt aus dem Richtungswinkel α_n und der söhligen Länge s_n nach den Formeln,

$$\Delta y_n = s_n \cdot \sin \alpha_n \ ; \quad \Delta x_n = s_n \cdot \cos \alpha_n$$

Diese Berechnung kann entweder mit Hilfe von fünfstelligen Logarithmentafeln oder mit einer Rechenmaschine unter Benutzung von

122 Lagemessungen

fünfstelligen Tafeln der natürlichen Zahlen der trigonometrischen Funktionen ausgeführt werden. Vielfach ist auch die Hauptrechnung nach dem einen und die Proberechnung nach dem anderen Verfahren üblich. Je nach der Einrichtung der Tafeln sind die auf Sekunden eingetragenen Richtungswinkel auf $0,1^c$ abzurunden, bevor man die Tafelwerte ermittelt. Die Bestimmung der Koordinatenunterschiede genügt im allgemeinen auf Zentimeter, nur im Hauptzugnetz und bei wichtigen Messungen, z. B. bei Durchschlagsangaben, wird man mit Millimetern rechnen.

3. *Berechnung der Koordinaten*

Die einzelnen Koordinatenunterschiede werden jedesmal algebraisch zu den Koordinaten des vorhergehenden Punktes addiert. Es ist also

$$y_n = y_{n-1} \pm \Delta y$$
$$x_n = x_{n-1} \pm \Delta x$$

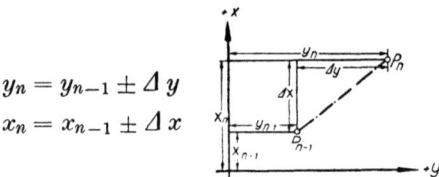

Beispiel der Koordinatenberechnung eines geschlossenen

Nr. des Punktes P_n	Brechungs- winkel β_n			Richtungs- winkel $a_n = a_{n-1}+\beta_n$ $\pm 200^g$			Strecke s_n	lg sin a_n lg s_n lg cos a_n	lg s_n + + lg sin a_n lg s_n + + lg cos a_n	Teil- Ordinaten- unterschied $\Delta \eta_n = s_n \cdot \sin a_n$	
	g	c	cc	g	c	cc	m			+ m	– m
1	2			3			4	5	6	7	
53				72	51	08					
54	208	76	24					9.98094	2.06359	+3 115,77	—
				81	27	32	120,96	2.08265	1.54495		
								9.46230			
55	264	04	82					9.87916	1.77181	+2 59,13	—
				145	32	14	78,10	1.89265	1.70775 n		
								9.81510 n			
56	309	67	+1 53					9.88103 n	1.79875 n	—	+2 62,91
				254	99	68	82,74	1.91772	1.73029 n		
								9.81257 n			
57	280	43	+1 33					9.92895 n	2.04962 n	—	+4 112,10
				335	43	02	132,03	2.12067	1.84351		
								9.72284			
54	137	08	06						[$\Delta \eta$] 174,90	175,01	
Ist = [β_n] = 1199	99	98		272	51	08				175,01	
Soll = 6·200^g = 1200	00	00							Ist – 0,11		
									Soll ± 0,00		
f_β =	+ 02^{cc}						413,83 = [s]		f_y + 0,11		

4. Berechnung der Anschlußrichtungen

Ist beim einseitig angeschlossenen Polygonzug die Richtung der Anschlußseite nicht unmittelbar gegeben, so muß sie aus den Koordinatenunterschieden der Anschlußpunkte P_a und P_b nach der Formel

Proberechnung

$$\tan \alpha_a^b = \frac{\Delta y}{\Delta x} = \frac{y_b - y_a}{x_b - x_a} \quad \text{oder} \quad \tan\left(\alpha_a^b + \frac{R}{2}\right) = \frac{\Delta x + \Delta y}{\Delta x - \Delta y}$$

berechnet werden. Dasselbe gilt beim doppelt angeschlossenen Zug auch für die Abschlußrichtung.

5. Berechnung der Abschlußfehler

Beim geschlossenen oder doppelt angeschlossenen Polygon berechnet man

a) den *Winkelabschlußfehler* f_β. Er ergibt sich im geschlossenen Zug nach der Formel

$$f_\beta = (n - 2) \cdot 200^g - [\beta_i], \text{ wenn die Innenwinkel } \beta_i \text{ des Zuges gemessen sind,}$$

oder $\quad f^\beta = (n + 2) \cdot 200^g - [\beta_a]$, wenn die Außenwinkel β_a des Zuges gemessen sind.

Polygonzuges im Trig. Form 19 mit Logarithmen

Koordinaten	Koordinaten		Nr. des Punktes	Koordinatenverbesserung v_y und v_x	
Abszissen-unterschied $\Delta x_n = s_n \cdot \cos a_n$	Verbesserter Ordinaten-unterschied Δy_n und Ordinate $y_n = y_{n-1} + \Delta y_{n-1}$	Verbesserter Abszissen-unterschied Δx_n und Abszisse $x_n = x_{n-1} + \Delta x_{n-1}$		$v_y = \dfrac{f_y}{[s]} s$	
+ / − m	± m	± m	P_n	$v_x = \dfrac{f_x}{[s]} s$	
8	9	10	11	12	
	25 85 440,12	57 07 447,21	54	Polygonmessung vom 10. Mai 1955 vorm. (s. S. 28)	
−1 35,07	+ 115,80 25 85 555,92	+ 35,06 57 07 482,27	55	Handzeichnung	
− 51,02	+ 59,15 25 85 615,07	− 51,03 57 07 431,24	56		
− 53,74	− 62,89 25 85 552,18	− 53,75 57 07 377,49	57		
−2 69,74	− 112,06 25 85 440,12	+ 69,72 57 07 447,21	54		
[Δx] 104,81 104,76	104,76				
Ist +0,05 Soll ±0,00	$f_s = \pm \sqrt{0,11^2 + 0,05^2} = \pm 0,12$				
f_x −0,05					

124   Lagemessungen

Im doppelt angeschlossenen Polygonzug ist der Winkelabschlußfehler gleich dem Unterschied des aus den Koordinaten der Abschlußpunkte berechneten Richtungswinkels α der Abschlußseite und dem Richtungswinkel α' dieser Seite, der aus den mit unvermeidlichen Meßfehlern behafteten Polygonwinkeln abgeleitet wird, also

$$f_\beta = \alpha - \alpha'.$$

Der für f_β ermittelte Wert wird auf die gemessenen Polygonwinkel β gleichmäßig verteilt, bevor mit diesen verbesserten Winkeln die Richtungswinkel α abgeleitet werden, s. Beispiel S. 122 u. 124.

b) die *Koordinatenabschlußfehler* f_y und f_x. Diese ergeben sich beim geschlossenen Zug aus dem Unterschied der Summen der berechneten positiven und negativen Teilordinaten Δy und Teilabszissen Δx. Das Ergebnis soll gleich Null sein. Es ist also

$$f_y = [+\Delta y] - [-\Delta y]$$
$$f_x = [+\Delta x] - [-\Delta x].$$

Beispiel der Koordinatenberechnung eines

Nr. des Punktes	Polygonwinkel β_n			Richtungswinkel $\alpha_n = \alpha_{n-1} + \beta_n \pm 200^g$			Strecken s_n	$\sin \alpha_n$ $\cos \alpha_n$	Ordinatenunterschiede $\Delta \eta_n = s_n \sin \alpha_n$ Verbesserungen		Abszissenunterschiede $\Delta r_n = s_n \cos \alpha_n$ Verbesserungen	
P_n	g	c	cc	g	c	cc	±		+	−	+	−
1	2			3			4	5	6		7	
53				72	51	08						
54	208	76	24									
				81	27	32	120,96	+ 0.95 705 + 0.28 994	115,76^{+4}	−	35,07^{-1}	−
55	264	04	82									
				145	32	14	78,10	+ 0.75 712 − 0.65 328	59,13^{+2}	−	−	51,02^{-1}
56	309	67	$^{+1}$53									
				254	99	68	82,74	− 0.76 037 − 0.64 949	−	62,91^{+2}	−	53,74^{-1}
57	280	43	$^{+1}$33									
				335	43	02	132,03	− 0.84 909 + 0.52 825	−	112,10^{+4}	69,74^{-2}	−
54	137	08	06									
$[\beta_n]=1199$	99	98		272	51	08		$[\Delta y]$ 174,89 − 175,01	175,01 | 104,81 − 104,76	104,76 $[\Delta x]$		
$6\cdot 200^g = 1200$	00	00					413,83	Ist −0,12	Ist +0,05			
$f_\beta =$	+	02^{cc}					$=[s]$	Soll ±0,00	Soll ±0,00			
								$f_y = +0,12$	$f_x = -0,05$			
								$f_s = \pm\sqrt{0,12^2 + 0,05^2} = 0,13$				

Polygonmessung 125

Beim doppelt angeschlossenen Polygonzug erhält man die Koordinatenabschlußfehler aus dem Ordinatenunterschied ($y_e - y_a$) sowie dem Abszissenunterschied ($x_e - x_a$) der als fehlerfrei angenommenen Koordinaten des Ab- und Anschlußpunktes und den algebraischen Summen der berechneten Teilkoordinaten Δy sowie der Teilabszissen Δx, also

$$f_y = (y_e - y_a) - [\Delta y]$$
$$f_x = (x_e - x_a) - [\Delta x].$$

Aus f_y und f_x wird der *lineare Abschlußfehler* f_s bestimmt nach der Formel

$$f_s = \pm \sqrt{f_y{}^2 + f_x{}^2}.$$

Die Koordinatenabschlußfehler f_y und f_x werden im allgemeinen nach dem Verhältnis der Seitenlängen auf die Teilordinaten Δy und die Teilabszissen Δx so verteilt, daß auf diese folgende Verbesserungen v_y und v_x entfallen:

geschlossenen Polygonzuges mit Rechenmaschine

Sicherungsrechnung				Ordinaten	Abszissen	Nr. des Punktes	Bemerkungen und Handzeichnung
sin ($\alpha_n + 50^g$) / 0,7071 S_n cos ($\alpha_n + 50^g$) ±	0,7071 S_n × sin ($\alpha_n + 50^g$) / 0,7071 S_n × cos ($\alpha_n + 50^g$) ±	$\Delta \eta_n$ / $\Delta \xi_n$ ±		$y_n = y_{n-1} + \Delta y_n$ ±	$x_n = x_{n-1} + \Delta x_n$ ±	P_n	
8	9	10	11		12	13	14
			+115,77	$^{25}85\,440{,}12$	+ 35,06	54	Polygonmessung vom 10. Mai 1955 vorm. (s. S. 28)
+ 0.88175 / 85.53 / − 0.47172	+ 75,42 / − 40,35	+ 35,07	+ 115,80	$^{25}85\,555{,}92$	$^{57}07\,482{,}27$	55	Handzeichnung s. S. 123, Form. 19, Spalte 12
+ 0.07343 / 55.22 / − 0.99730	+ 4,05 / − 55,07	+ 59,12 / − 51,02	+ 59,15	$^{25}85\,615{,}07$	− 51,03 / $^{57}07\,431{,}24$	56	
− 0.99692 / 58.50 / + 0.07841	− 58,32 / + 4,59	− 62,91 / − 53,73	− 62,89	$^{25}85\,552{,}18$	− 53,75 / $^{57}07\,377{,}49$	57	
− 0.22687 / 93.36 / + 0.97392	− 21,18 / + 90,92	− 112,10 / + 59,74	− 112,06	$^{25}85\,440{,}12$	+ 69,72 / $^{57}07\,447{,}21$	54	

$$v_y = \frac{f_y}{[s]} \cdot s_n \quad \text{und} \quad v_x = \frac{f_x}{[s]} \cdot s_n,$$

wobei $[s]$ die Summe der söhligen Längen und s_n die betreffende Polygonseitenlänge bedeuten. Sind die Koordinatenunterschiede nur auf Zentimeter berechnet, so werden auch die Verbesserungen nur auf Zentimeter

126   Lagemessungen

abgerundet ermittelt und über die Teilordinaten und Teilabszissen geschrieben, worauf man mit den so verbesserten Werten die Koordinaten errechnet, s. Beispiel, S. 122 u. 124.

6. Sicherungsrechnungen

In dem für die Koordinatenberechnung der Polygonpunkte in der Praxis viel benutzten Trig. Formular 19* wird oft noch eine Sicherungsrechnung für die aus den mit unvermeidlichen Fehlern behafteten Meß-

2. Beispiel Koordinatenberechnung der Hängetheodolitmessung

Nr. des Punktes P_n	Richtungswinkel α_n		verbesserte Richtung $\alpha_n = \alpha_{n-1} + \beta_{n-1} \pm 200^g$		$\sin \alpha_n$ $\cos \alpha_n$ Länge s_n		$\varphi_n =$ $\alpha_n + 50^g$		$\sqrt{2} \cdot \sin \varphi_n$ $\sqrt{2} \cdot \cos \varphi_n$ s_n		$a_n = \sqrt{2} \cdot \sin \varphi_n \cdot s_n^2$ $= \Delta x_n + \Delta y_n$ $b_n = \sqrt{2} \cdot \cos \varphi_n \cdot s_n$ $= \Delta x_n - \Delta y_n$
	g	c	g	c	t	m	g	c	t	m	t | m
1	2		3		4		5		6		7
PM 63											
	191	75	191	75							
PM 64											
	213	+1 05	213	06	−	0.20 37	263	06	−	1.18 26	− 13,79
					−	0.97 90			−	0.77 52	− 9,04
H 1						11,66				11,66	
	311	+1 85	311	86	−	0.98 27	361	86	−	0.79 74	− 14,96
					+	0.18 52			+	1.16 78	+ 21,91
H 2						18,76				18,76	
	320	+2 55	320	57	−	0.94 82	370	57	−	0.63 07	− 14,41
					+	0.31 76			+	1.26 56	+ 28,91
H 3						22,84				22,84	
	316	+2 16	316	18	−	0.96 79	366	18	−	0.71 64	− 20,25
					+	0.25 14			+	1.21 91	+ 34,45
H 4						28,26				28,26	
	2	+2 10	2	12	+	0.03 33	52	12	+	1.03 26	+ 33,35
					+	0.99 95			+	0.96 61	+ 31,21
PM 27						32,30				32,30	
Ist = 11 Soll = 11 PM 26	68 71	+3	11	71							
	$f_\beta = 03$				[s] = 113,82						

* Siehe hierzu auch Vermessungspunktanweisungen I und II [2, 3], VermVordruck 19.

Polygonmessung

ergebnissen errechneten vorläufigen Koordinatenunterschieden $\Delta \mathfrak{y}$ und $\Delta \mathfrak{x}$ nach folgenden Formeln durchgeführt:

$$\Delta \mathfrak{y} = \frac{1}{2} \sqrt{2} \cdot s_n \cdot \left[\sin\left(\alpha_n + \frac{R}{2}\right) - \cos\left(\alpha_n + \frac{R}{2}\right)\right]$$

$$\Delta \mathfrak{x} = \frac{1}{2} \sqrt{2} \cdot s_n \cdot \left[\sin\left(\alpha_n + \frac{R}{2}\right) + \cos\left(\alpha_n + \frac{R}{2}\right)\right]$$

(s. S. 72 u. 73) *mit Rechenmaschine*

Ordinaten-unterschied Δy_n $= s_n \cdot \sin \alpha_n$ Summenprobe $\Delta x_n + \Delta y_n$ $= a_n$		Abszissen-unterschied Δx_n $= s_n \cdot \cos \alpha_n$ $\Delta x_n - \Delta y_n$ $= b_n$		Verbesserter				Nr. des Punktes P_n	$L = \dfrac{f_y [\Delta \mathfrak{y}] + f_x [\Delta \mathfrak{x}]}{\sqrt{[\Delta y]^2 + [\Delta x]^2}} \cdot \dfrac{1}{[\Delta \mathfrak{y}]^2 + [\Delta \mathfrak{x}]^2}$ $W = \dfrac{f_y [\Delta \mathfrak{x}] - f_x [\Delta \mathfrak{y}]}{\sqrt{[\Delta y]^2 + [\Delta x]^2}} \cdot \dfrac{1}{[\Delta \mathfrak{y}]^2 + [\Delta \mathfrak{x}]^2}$
				Ordinaten-unterschied Δy_n Rechtswert (Ordinate) $y_n = y_{n-1} + \Delta y_n$		Abszissen-unterschied Δx_n Hochwert (Abszisse) $x_n = x_{n-1} + \Delta x_n$			
t	m	t	m	t	m	t	m		
8		9		10		11		12	13
				+	$^{25}85918{,}95$	+	$^{57}06384{,}20$	PM 64	Handzeichnung s. S. 73
−	$^{+1}2{,}38$	−	$^{+1}11{,}42$	−	2,37	−	11,41		
				+	85916,58	+	06372,79	H 1	
−	$^{+1}18{,}44$	+	$^{+2}3{,}47$	−	18,43	+	3,49		
				+	85898,15	+	06376,28	H 2	
−	$^{+1}21{,}66$	+	$^{+2}7{,}25$	−	21,65	+	7,27		
				+	85876,50	+	06383,55	H 3	
−	$^{+2}27{,}35$	+	$^{+2}7{,}10$	−	27,33	+	7,12		
				+	85849,17	+	06390,67	H 4	
+	$^{+2}1{,}08$	+	$^{+3}32{,}28$	+	1,10	+	32,31		
				+	$^{25}85850{,}27$	+	$^{57}06422{,}98$	PM 27	
$[\Delta \mathfrak{y}] = -68{,}75$ $[\Delta y] = -68{,}68$		+	38,68 $= [\Delta \mathfrak{x}]$ Ist + 38,78 $= [\Delta x]$ Soll						
$f_y = +\ 0{,}07 \mid f_x = +\ 0{,}10$ $f_s = \pm \sqrt{0{,}07^2 + 0{,}10^2} = 0{,}12$									

128 Lagemessungen

oder für die Berechnung mit der Rechenmaschine

$$\Delta \mathfrak{y} = 0{,}7071 \cdot s_n \cdot \sin\left(\alpha_n + \frac{R}{2}\right) - 0{,}7071 \cdot s_n \cdot \cos\left(\alpha_n + \frac{R}{2}\right)$$

$$\Delta \mathfrak{x} = 0{,}7071 \cdot s_n \cdot \sin\left(\alpha_n + \frac{R}{2}\right) + 0{,}7071 \cdot s_n \cdot \cos\left(\alpha_n + \frac{R}{2}\right).$$

7. Ermittlung der Fehler in der Längenausdehnung L und in der seitlichen Querabweichung W

Sie erfolgt *rechnerisch* nach den Formeln:

$$L = \frac{f_y [\Delta \mathfrak{y}] + f_x [\Delta \mathfrak{x}]}{[\Delta \mathfrak{y}]^2 + [\Delta \mathfrak{x}]^2} \cdot \sqrt{[\Delta y]^2 + [\Delta x]^2} \ast$$

$$W = \frac{f_y [\Delta \mathfrak{x}] - f_x [\Delta \mathfrak{y}]}{[\Delta \mathfrak{y}]^2 + [\Delta \mathfrak{x}]^2} \cdot \sqrt{[\Delta y]^2 + [\Delta x]^2}.$$

Rechenbeispiel**

$$L = \frac{0{,}07 \cdot (-68{,}75) + 0{,}10 \cdot 38{,}68}{(-68{,}75)^2 + 38{,}68^2} \cdot \sqrt{(-68{,}68)^2 + 38{,}78^2} = -0{,}01$$

$$W = \frac{0{,}07 \cdot 38{,}68 - 0{,}10 \cdot (-68{,}75)}{(-68{,}75)^2 + 38{,}68^2} \cdot \sqrt{(-68{,}68)^2 + 38{,}78^2} = +0{,}12$$

Erheblich einfacher und völlig ausreichend lassen sich die beiden Fehler L und W jedoch *zeichnerisch* ermitteln, s. Abb. 89. Man trägt im bekannten und als richtig angenommenen Endpunkt P_e des gestreckten Zuges P_a bis P_e die bei der Koordinatenberechnung ermittelten Abschlußfehler mit entgegengesetztem Vorzeichen — im vorstehenden Beispiel also $f_x = -0{,}10$ und $f_y = -0{,}07$ — in großem Maßstab ab und erhält so den fehlerhaften Endpunkt P'_e. Von diesem Punkt aus zeichnet man zur Verbindungslinie P_a bis P_e des Polygonzuges eine Rechtwinklige. Die Länge der Rechtwinkligen entspricht dem Querfehler W und die Entfernung vom Fußpunkt der Rechtwinkligen bis zum Endpunkt P_e dem Längsfehler L. Die auf diese Weise ermittelten Werte für L und W stimmen mit den rechnerisch gewonnenen überein.

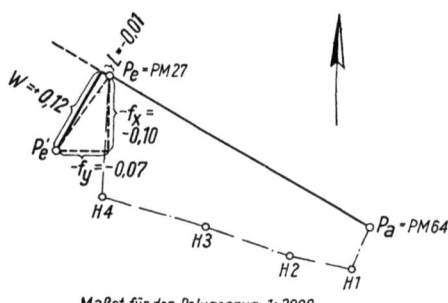

Abb. 89. Zeichnerische Ermittlung des Querfehlers W und Längsfehlers L eines gestreckten Polygonzuges mit Koordinatenan- und -abschluß

Da nach Abb. 89 die Werte L und W sowie f_y und f_x Katheten in zwei rechtwinkligen Dreiecken mit der gemeinsamen Hypothenuse P'_e bis P_e

---

* Mit deutsch $\mathfrak{y}$ und $\mathfrak{x}$ werden die vorläufigen, mit lateinisch y und x die endgültigen Koordinaten bezeichnet.

** Die Zahlen sind der „Koordinatenberechnung der Hängetheodolitmessung", S. 126/127, entnommen.

darstellen, so ergibt sich als Proberechnung

$$f_y^2 + f_x^2 = L^2 + W^2$$

d. h. in Zahlen des gewählten Beispiels

$$0{,}07^2 + 0{,}10^2 \approx (-0{,}01)^2 + 0{,}12^2$$

$$0{,}0149 \approx 0{,}0145$$

71. Kleinpunktberechnung

Die Berechnung rechtwinkliger Koordinaten von *Klein-* oder *Bindepunkten*, z. B. über Tage von Zwischen- oder Schnittpunkten in einer Polygonseite oder von Anfangs- und Endpunkten der Hilfslinien, die in das Polygonnetz eingebunden werden, kann auch *ohne* Kenntnis der für die trigonometrische Berechnung der Koordinaten von Meßpunkten notwendigen Richtungswinkel erfolgen, wenn die Koordinaten des Anfangs- und Endpunktes der Polygonlinie bekannt und sowohl die Gesamtlänge der Polygonlinie als auch die Teillängen zwischen den einzelnen Kleinpunkten gemessen sind. Man unterscheidet zwei Fälle:

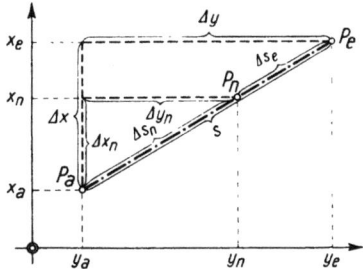

Abb. 90. Der Kleinpunkt P_n liegt auf der Polygonseite P_a bis P_e

1. Der Kleinpunkt P_n liegt in der Polygonseite P_a bis P_e, s. Abb. 90. Gemessen sind die Länge P_a bis $P_e = s$ und die Teillängen Δs_n und Δs_e.

Zur Prüfung der nur einmal gemessenen Teillängen Δs wird zunächst die aus den Koordinaten von P_a und P_e berechnete Gesamtlänge S nach der PYTHAGORAS-Formel

$$S = \sqrt{\Delta y^2 + \Delta x^2} = \sqrt{(y_e - y_a)^2 + (x_e - x_a)^2}$$

berechnet und mit der Summe aus den Teillängen $[\Delta s] = s$ verglichen. Die sich ergebende Differenz $d = S - s$ soll die vorgeschriebene Fehlergrenze [2, 3] nicht überschreiten.

Die Teilkoordinaten Δy_n und Δx_n lassen sich, wie aus der Abb. 90 leicht abzulesen, aus den Verhältnissen der entsprechenden Dreiecksseiten ableiten. Es verhält sich:

$$\frac{\Delta y_n}{\Delta s_n} = \frac{\Delta y}{s} \qquad \text{und} \qquad \frac{\Delta x_n}{\Delta s_n} = \frac{\Delta x}{s}$$

9 Schulte/Löhr/Vosen, Markscheidekunde, 4. Aufl.

130   Lagemessungen

Hieraus ergibt sich

$$\Delta y_n = \frac{\Delta y}{s} \cdot \Delta s_n \quad \text{und} \quad \Delta x_n = \frac{\Delta x}{s} \cdot \Delta s_n \quad (1)$$

Setzt man für $\quad \dfrac{\Delta y}{s} = o \quad$ und für $\quad \dfrac{\Delta x}{s} = a, \quad$ (2)

so erhält man $\quad \Delta y_n = o \cdot \Delta s_n \quad$ und $\quad \Delta x_n = a \cdot \Delta s_n \quad$ (3)

und damit die Koordinaten des Kleinpunktes P_n

$$y_n = y_a + o \cdot \Delta s_n \quad \text{und} \quad x_n = x_a + a \cdot \Delta s_n \quad (4)$$

2. Der Kleinpunkt P_b liegt seitwärts der Polygonseite P_a bis P_e, s. Abb. 91. Gemessen sind die Länge Δs_n von P_a bis P_n und die Länge $\Delta\eta$ der Rechtwinkligen von P_n bis P_b.

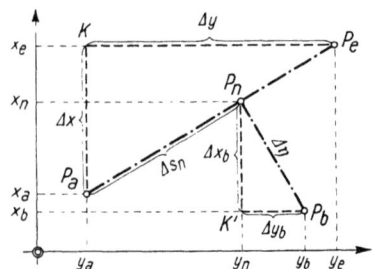

Abb. 91. Der Kleinpunkt P_b liegt seitlich der Polygonseite P_a bis P_e

Beispiel einer Klein-

$$o = \frac{y_e - y_a}{s} = \frac{\Delta y}{S} \qquad a = \frac{x_e - x_a}{s} = \frac{\Delta x}{S} \qquad S = \sqrt{(y_e - y_a)^2 + (x_e - x_a)^2}$$
$$d = S - s$$

$y_e - y_a$ $x_e - x_a$ S	$(y_e - y_a)^2$ $(x_e - x_a)^2$ S^2	±	o a d	Strecken Δs_n Meter	$\Delta \eta$ Meter +	−	$o \cdot \Delta s_n$ $a \cdot \Delta s_n$	$a \cdot \Delta \eta$ $o \cdot \Delta \eta$
+ 221,90 + 267.70 347,71	49 239,61 71 663,29 120 902,24	+ + −	0.637 96 0.769 62 0.12	94,11	22,15		+ 60,04 + 72,43	+ 17,05 + 14,13
				81,28		55,90	+ 51,85 + 62,55	− 43,02 − 35,66
				100,89	61,27		+ 64,36 + 77,65	+ 47,15 + 39,09
				71,55		27,52	+ 45,65 + 55,07	− 21,18 − 17,56
			$s = 347,83$					

Polygonmessung 131

Aus der Abb. 91 sind die Koordinaten von P_b, d. h. y_b und x_b wie folgt abzulesen:

$$y_b = y_n + \Delta y_b \quad \text{und} \quad x_b = x_n - \Delta x_b. \tag{5}$$

Setzt man nach (4)

für $\quad y_n = y_a + o \cdot \Delta s_n \quad$ und für $\quad x_n = x_a + a \cdot \Delta s_n,$

so erhält man

$$y_b = y_a + o \cdot \Delta s_n + \Delta y_b \quad \text{und} \quad x_b = x_a + a \cdot \Delta s_n - \Delta x_b. \tag{6}$$

Für die Berechnung der noch unbekannten Teilkoordinaten Δy_b und Δx_b lassen sich in den ähnlichen Dreiecken $P_a P_e K$ und $P_b P_n K'$, s. Abb. 91, folgende Proportionen aufstellen:

$$\frac{\Delta y_b}{\Delta \mathfrak{y}} = \frac{\Delta x}{s} \quad \text{und} \quad \frac{\Delta x_b}{\Delta \mathfrak{y}} = \frac{\Delta y}{s}$$

setzt man nach Gl. (2) für $\frac{\Delta x}{s} = a$ und für $\frac{\Delta y}{s} = o$, so erhält man

$$\Delta y_b = a \cdot \Delta \mathfrak{y} \quad \text{und} \quad \Delta x_b = o \cdot \Delta \mathfrak{y}. \tag{7}$$

Setzt man Gl. (7) in Gl. (6) ein, so lauten die Formeln für die Koordinaten des seitwärts gelegenen Kleinpunktes P_b:

$$y_b = y_a + o \cdot \Delta s_n + a \cdot \Delta \mathfrak{y}$$
$$x_b = x_a + a \cdot \Delta s_n - o \cdot \Delta \mathfrak{y}$$

punktberechnung

$y_b = y_a$ $+ o \cdot \Delta s_n + a \cdot \Delta \mathfrak{y}$		$x_b = x_a$ $+ a \cdot \Delta s_n - o \cdot \Delta \mathfrak{y}$	Nr. des Punktes	Bemerkungen Handzeichnung
	$^{25}85458{,}60$		$^{57}06328{,}40$	P_a	
+	77,09	+	58,30		
	85535,69		06386,70	P_b	
+	8,83	+	98,21		
	85544,52		06484,91	P_c	
+	111,51	+	38,56		
	85656,03		06523,47	P_d	
+	24,47	+	72,63		
	$^{25}85680{,}50$		$^{57}06596{,}10$	P_e	

In dem Beispiel auf den Seiten 130/131 sind die Koordinaten von drei links und rechts der Polygonlinie P_a bis P_e gelegenen Kleinpunkten P_b, P_c und P_d, s. auch Handzeichnung, berechnet. Vielfach führt man die Kleinpunktberechnung mit einer Doppelrechenmaschine aus, wozu in der Vermessungspunktanweisung II [3] ausführliche Erläuterungen und Rechenvorschriften enthalten sowie zahlreiche im ,,Verm. Vordruck 22" gerechnete Beispiele wiedergegeben sind.

Die Berechnung von Kleinpunkten *unter Tage* nach vorstehenden Verfahren wird nur sehr selten im Bergvermessungswesen ausgeführt.

72. Koordinaten-Auswertegerät ,,Coorapid"

Dieses in Abb. 92 wiedergegebene Gerät der Firma Rost in Wien gestattet, die Teilkoordinaten Δy und Δx der Seite eines Polygonzuges auf einer mit einem Koordinatengitter versehenen Auswerteplatte, s. Abb. 93, vorzeichenrichtig in dem Koordinatenmikroskop des Gerätes unmittelbar abzulesen. *Vorher* müssen der Richtungswinkel α der Polygonseite auf einem in ganze Grade geteilten Kreis in einem *Winkelmikroskop* mit Hilfe einer 10teiligen Skala, s. Abb. 94, und die Länge s dieser Seite mittels einer 100teiligen Skala und eines Suchermaßstabes, s. Abb. 95, in dem *Entfernungsmikroskop* des ,,Coorapid"-Gerätes eingestellt werden. Die Genauigkeit der Ermittlung der Teilkoordinaten beträgt einige Zentimeter.

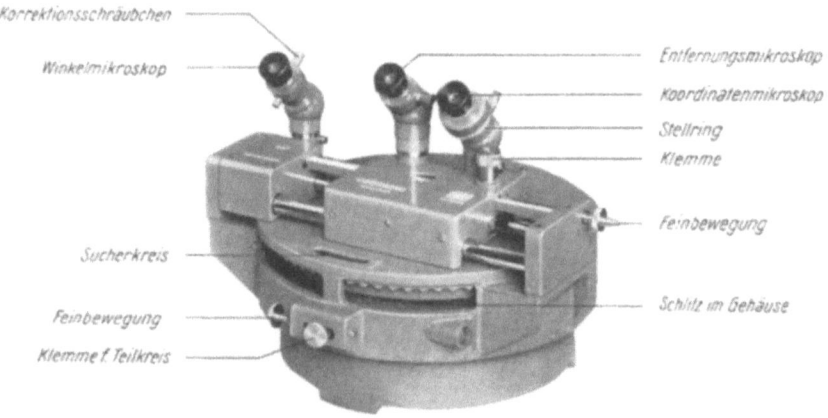

Abb. 92. Koordinaten-Auswertegerät ,,Coorapid"

Mit dem ,,Coorapid" lassen sich auch eine Sicherungsrechnung für die Teilkoordinaten, die Berechnung trigonometrischer Höhenmessungen sowie die Berechnung von Länge und Richtungswinkel einer Polygonseite aus den Koordinaten der zugehörigen Polygonpunkte durchführen.

Das Gerät kann, besonders bei der Auswertung umfangreicher Nachtragungsmessungen über und unter Tage, mit Vorteil angewandt werden,

Lageaufnahmen

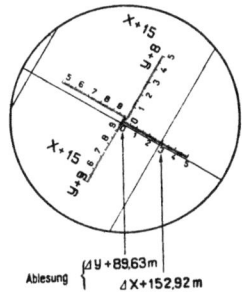 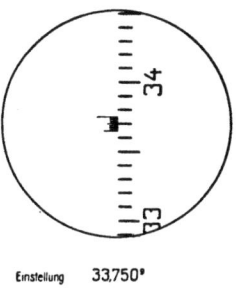 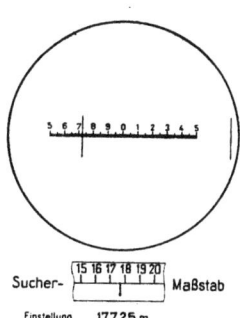

Abb. 93. Ablesung der Teilkoordinaten Δx und Δy — Abb. 94. Einstellung des Winkels im Winkelmikroskop — Abb. 95. Einstellung der Länge im Entfernungsmikroskop

da es gegenüber den bisher gebräuchlichen rechnerischen Verfahren eine nicht unbedeutende Zeitersparnis gewährleistet.

Lageaufnahmen

Stückvermessung und Kleinaufnahme

Um die grundrißliche Lage, Größe und Form der in Rissen und Plänen darzustellenden Gegenstände über und unter Tage zu ermitteln, müssen im Anschluß an die in den vorstehenden Abschnitten behandelten Kleindreiecks- und Polygonmessungen weitere Messungen ausgeführt werden, die man in ihrer Gesamtheit als *Lageaufnahmen*, im einzelnen über Tage als *Stückvermessungen* und unter Tage als *Kleinaufnahmen* bezeichnet.

73. Stückvermessung über Tage

Die Bestimmung der Lage einzelner Eck- oder Brechpunkte der Tagesgegenstände erfolgt entweder

1. unmittelbar von Festpunkten der Polygonmessung aus, indem man die söhligen Entfernungen nach den Eck- oder Brechpunkten und die Richtungen dieser Verbindungen gegen eine bestimmte Polygonlinie (Aufnahmelinie), d. h. also die Polarkoordinaten dieser Punkte in bezug auf den jeweils benutzten Festpunkt und eine Anfangsrichtung mißt, oder

2. von den Polygonlinien aus, indem man die söhligen Entfernungen in Richtung der Aufnahmelinien und rechtwinklig hierzu, d. h. also die rechtwinkligen Koordinaten der Eckpunkte bezogen auf die Aufnahmelinie und ihren Anfangspunkt ermittelt.

Im ersten Fall wird für die Aufnahme ein Längenmeßgerät und ein Theodolit gebraucht, wobei die Längen auch mit Hilfe des Theodolits und einer Meßlatte optisch bestimmt werden können, s. Abschn. III, S. 197 u. f. Im zweiten Fall sind 2 Längenmeßgeräte und ein Instrument zum Abstecken rechter Winkel erforderlich. Beide Aufnahmearten sollen an einem einfachen Beispiel der Lageaufnahme zweier Gebäude nachstehend kurz erläutert werden.

Die *Form* der aufzunehmenden Gegenstände wird, soweit sie sich nicht schon aus den Verbindungslinien der festgelegten Punkte ergibt, durch Ausmessen aller Seiten ermittelt. So mißt man z. B. bei Gebäuden ringsherum die Längen der Haussockel, bei Flächen die Längen der Grenzlinien.

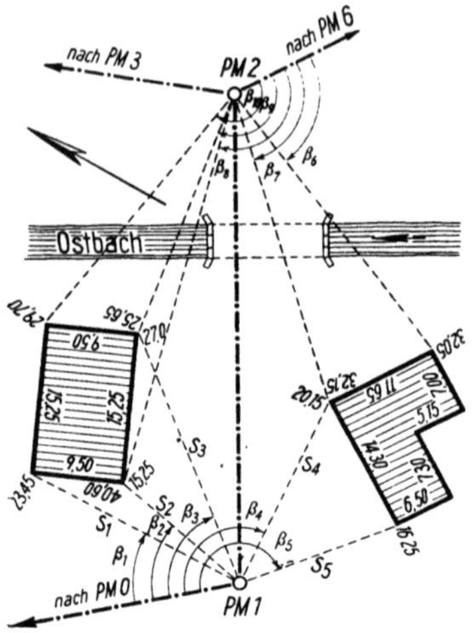

Beim *Polarkoordinatenverfahren*, s. Abb. 96, mißt man der Reihe nach die söhligen Entfernungen s_1 bis s_5 vom Punkt $PM\,1$ nach den sichtbaren Eckpunkten der beiden Gebäude und bestimmt die Brechungswinkel β_1 bis β_5, welche die söhligen Entfernungen mit der Ausgangsseite $PM\,0$ bis $PM\,1$ einschließen, mit dem Theodolit. Die gleiche Messung wird auf Punkt $PM\,2$ unter Benutzung der Ausgangsseite $PM\,2$ bis $PM\,6$ durchgeführt.

Bei den *rechtwinkligen Koordinatenverfahren*, das man auch als Orthogonalverfahren bezeichnet, s. Abb. 97, wird zunächst ein Stahlmeßband in Richtung von $PM\,1$ nach $PM\,2$ auf dem Boden so ausgelegt, daß es mit dem Nullpunkt auf $PM\,1$ liegt. Dann geht man mit einem Winkelspiegel oder Winkelprisma über dem Band von $PM\,1$ nach $PM\,2$ vor und sucht in der auf S. 48 beschriebenen Weise nacheinander die Fußpunkte der Rechtwinkligen von den zweckmäßigerweise durch lotrecht aufgestellte Fluchtstäbe gut sichtbar gemachten Gebäude- und sonstigen Ecken auf. Die Entfernungen der Fußpunkte vom Anfangspunkt $PM\,1$ der Aufnahmelinie sind am Meßband unmittelbar abzulesen, während die rechtwinkligen Entfernungen der Ecken von der Aufnahmelinie gleichzeitig mit einem Rollbandmaß gemessen werden.

Abb. 96. Gebäudeaufnahme nach dem Polarkoordinatenverfahren

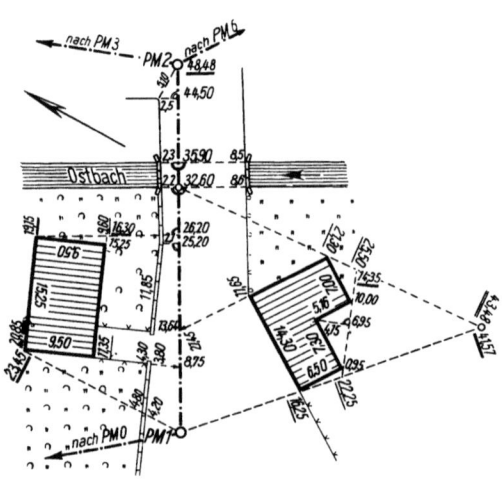

Abb. 97. Lageaufnahme nach dem rechtwinkligen Koordinatenverfahren

Für Gebäude, deren Begrenzungsmauern rechtwinklig zueinander verlaufen, genügt die Festlegung zweier Eckpunkte einer Hausseite. Man

Lageaufnahmen

wird jedoch stets die Gelegenheit zu Probe- und Sicherungsmessungen wahrnehmen, indem man entweder weitere Punkte von der Aufnahmelinie aus bestimmt oder die Verlängerung der Gebäudefluchten auf dem Meßband einmißt oder Stichmaße von den Festpunkten aus ermittelt, wie es in der Abb. 97 dargestellt ist.

Vielfach wird als Sicherung hier auch die sog. *Hypotenusenprobe* angewandt, die darin besteht, daß man in den bei dem rechtwinkligen (orthogonalen) Aufnahmeverfahren ständig entstehenden rechtwinkligen Dreiecken aus den als Ordinate und Abszisse gemessenen beiden Katheten die Länge der Hypotenuse nach der PYTHAGORAS-Formel berechnet und das Rechenergebnis mit dem aus unmittelbarer Messung erhaltenen Ergebnis vergleicht.

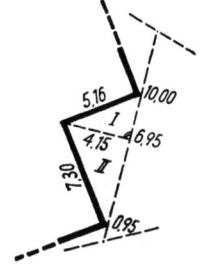

Ist z. B. in dem in nebenstehender Figur mit I bezeichneten rechtwinkligen Dreieck die eine Kathete zu 4.15 m direkt gemessen und die andere Kathete aus dem Unterschied der gemessenen Abszissen 10,00 − 6,95 = 3,05 m erhalten, so errechnet sich die Hypotenuse aus $\sqrt{4,15^2 + 3,05^2}$ zu 5,15 m. Direkt gemessen wurde jedoch 5,16 m, so daß sich eine unbedeutende Differenz von 0,01 m ergibt. Ebenso errechnet sich die Hypotenuse im Dreieck II zu 7,29 m (gemessen 7,30 m).

Ferner werden auch die Begrenzungspunkte von Wegen, Bahnlinien und Gewässern, von Gärten, Äckern, Wiesen, Weiden, Wäldern, weiter die Brechpunkte der aus Mauern, Hecken oder Zäunen bestehenden Einfriedigungen, Böschungs- und Eigentumsgrenzen und alle Einzelgegenstände, wie Schächte, Stollenmundlöcher, Brücken, Durchlässe, Denkmäler, Wegweiser, Grenz- und Kilometersteine usw. eingemessen.

. Im unebenen Gelände müssen bei beiden Aufnahmearten alle flach gemessenen Entfernungen auf ihre söhligen Werte zurückgeführt werden, was Neigungswinkelmessungen, s. Abschn. 33 u. 43, S. 49 u. 75, für jede Länge erforderlich macht.

Bei allen Lageaufnahmen muß eine klare und deutliche *Handzeichnung* angefertigt werden, in der außer den Festpunkten und Meßlinien auch die Begrenzungen der Gegenstände in wirklichem Zusammenhang, aber nur ungefähr maßstäblich einzutragen sind. Die einzelnen Gegenstände werden durch Zeichengebung oder entsprechende Beschriftung kenntlich gemacht. Soweit das rechtwinklige Aufnahmeverfahren angewendet wurde, sind auch alle Maßzahlen, wie in den Abb. 97 und 98 angegeben, in die Handzeichnung einzuschreiben.

Diese Handzeichnungen bilden die Unterlage für die spätere maßstäbliche Darstellung. Sie müssen so hergestellt sein, daß sowohl der Beobachter als auch irgendein anderer Sachkundiger jederzeit die richtige Auftragung der Aufnahme, d. h. die Zulage auf dem Riß, vornehmen kann.

Als Beispiel für die Anfertigung solcher Handzeichnungen und für die spätere Zulage ist nachstehend ein Musterblatt aus den ,,Zeichenvorschriften für vermessungstechnische Karten und Risse in Nordrhein-Westfalen" [90] wiedergegeben.

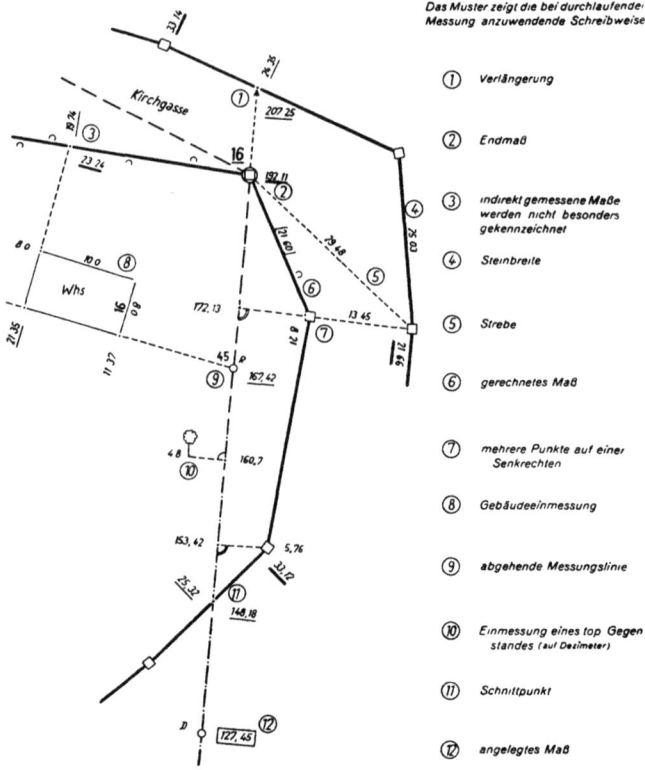

Abb. 98. Musterblatt aus den Zeichenvorschriften für Karten und Risse

In Übereinstimmung mit den Grenzen der Darstellungsmöglichkeit auf Plänen und Rissen — auch größeren Maßstabes — wird es im allgemeinen genügen, die Maße für die Kleinaufnahme auf etwa 5 cm genau zu bestimmen. Doch ist es für hochwertige Grundstücke, deren Flächeninhalte aus den Messungszahlen zu ermitteln sind, empfehlenswert, die Längen auf Zentimeter genau zu messen.

74. Kleinaufnahme in der Grube

Durch die grundrißliche Kleinaufnahme unter Tage werden die Stöße der söhligen und flachen Grubenstrecken, die Querschnitte der Blindschächte und Rollöcher, die Begrenzungen der Füllörter, Maschinen- und Sprengstoffkammern, der Abbau- und Versatzflächen, die Lage von Blindörtern und Ortsstößen, von Brand- und Wasserdämmen, von Störungen und Grenzen der Gebirgsschichten eingemessen, s. Abb. 99. Als Grundlage für diese Aufnahme dienen die in kurzen Zeitabschnitten regelmäßig durchgeführten Nachtragungsmessungen. Da sich die hierbei

Lageaufnahmen

ausgeführten Polygonzüge dem Verlauf der Grubenstrecken anpassen müssen, kann die Festlegung der Einzelheiten des Grubengebäudes meist durch einfache Längenmessung von den Punkten und Seiten des Zugnetzes aus ohne Zuhilfenahme von irgendwelchen Winkelmeß- oder Absteckinstrumenten erfolgen. Die durchweg sehr kurzen Rechtwinkligen werden nach Augenmaß gefällt oder errichtet, gegebenenfalls nimmt man einen Holzwinkel zu Hilfe. So mißt man z. B. von den ungefähr in Streckenmitte gelegenen Theodolitpunkten die Abstände nach beiden Streckenstößen und erhält bei Querschlägen, Richtstrecken, Überhauen und Bremsbergen durch geradlinige, bei Grund- und Teilstrecken oft auch durch krummlinige Verbindung der so festgelegten Stoßpunkte die Begrenzungslinien der Strecken. Liegen die Meßpunkte an den Streckenstößen, wie bei Hängetheodolitzügen, so braucht man nur die Breite der Strecken zu messen, um ihren Verlauf zu erhalten. Die Eckpunkte von Blindschächten, Kammern oder Abbauflächen bestimmt man wie über Tage beim rechtwinkligen Verfahren von den Zugseiten aus.

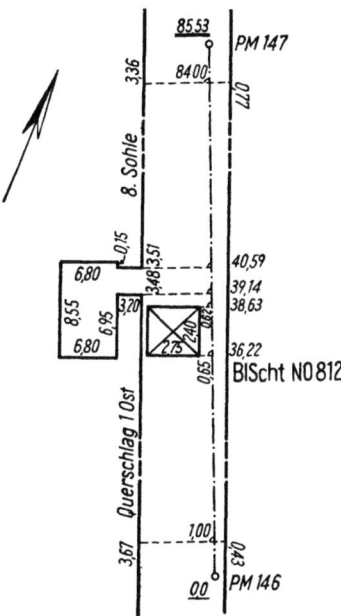

Abb. 99. Beispiel einer Kleinaufnahme

Auf gleiche Weise werden die Grenzen von Störungen und Gebirgsschichten an den Streckenstößen festgelegt; s. Abschn. 129, S. 265 u. f. Bei letzteren und bei Blindörtern wird auch wohl lediglich die Lage des Kreuzungspunktes mit der Zugseite an dieser abgelesen. Die Maße bis zu den Ortsstößen werden jeweils vom letzten Festpunkt des Zugnetzes aus ermittelt.

Schachtvermessungen

Aus sicherheitlichen und betrieblichen Gründen ist es erforderlich, Schächte und zum Teil auch Hauptblindschächte, deren Ausbau und deren Einbauten gegen die als Folge des Abbaues auftretenden Gebirgsbewegungen — Seitenverschiebungen sowie lotrechte Stauchungen und Streckungen — besonders empfindlich sind, zu vermessen. Stauchung und Streckung werden durch wiederholte Schachtteufenmessungen, s. Abschn. 83, S. 152, ermittelt. Zur Feststellung der Seitenverschiebungen führt man von Zeit zu Zeit *Schachtvermessungen* aus. Durch derartige Messungen werden im Schacht in einzelnen Stationen, deren Teufen mittels eines Schachtmeßbandes ermittelt werden, bestimmte meist vermarkte Punkte des Schachtausbaus und der Einbauten, wie z. B. Einstriche und Spurlatten, von einer in alle Teufen zu übertragenden Linie gleicher Richtung aus söhlig eingemessen.

Die Auswertung der Meßergebnisse erfolgt entweder durch Berechnung der Koordinaten der eingemessenen Schachtpunkte oder durch grundrißliche Zulage in sogenannten Schachtscheiben, s. Abb. 102, S. 141. Das Ausmaß der seitlichen Verschiebungen der Punkte und damit sowohl der Schachtsäule als auch der Einbauten in Höhe der einzelnen Stationen kann man im ersteren Fall den Koordinatenunterschieden, im zweiten aus den einzelnen übereinander gelegten Schachtscheiben entnehmen. Außerdem lassen sich unter Berücksichtigung der Teufenabstände Längsschnitte durch den ganzen Schacht konstruieren, die die Schiefstellung des Schachtes in den Schnittebenen veranschaulichen.

Um die Ergebnisse aus wiederholten Schachtvermessungen miteinander vergleichen oder eine Orientierung, s. Abschn. 109, S. 220, der einzelnen Schachtscheiben vornehmen zu können, ist es notwendig, die Messungen an das Polygonnetz, möglichst auf der tiefsten, noch nicht unter Abbaueinwirkung stehenden Sohle anzuschließen.

75. Schachtvermessung mit zwei Loten

Die Festlegung einer für alle Teufen gleichen Bezugslinie im Schacht kann durch das Einhängen zweier durch schwere Gewichte belasteter Lotdrähte erfolgen. Die Einmessungen der Punkte des Aus- und Einbaues werden sodann vom Deckel des Schachtkorbes in allen Stationen nach dem rechtwinkligen Koordinatenverfahren, s. Abschn. 73, Abs. 2, S. 133 f., d. h. in Richtung der Verbindungslinie der Lote und rechtwinklig hierzu, mittels großer rechtwinkliger Holzdreiecke vorgenommen.

Zwecks Anschluß der Messungen an das Polygonnetz mißt man auf einem schachtnahen Polygonpunkt die Brechungswinkel von der Anschlußseite zu den beiden Loten sowie die zugehörigen Entfernungen. Die Koordinaten der Lote werden sodann in bekannter Weise berechnet, s. Abschn. 70, S. 120.

Die Zulage der Meßergebnisse erfolgt wie bei der rechtwinkligen Lageaufnahme, s. Abschn. 73, S. 133 u. f.

Das Hängen von 2 Loten in einem unter Abbaueinwirkungen stehenden, oft erheblich schiefen oder mehrfach geknickten Schacht ist jedoch sehr schwierig und zeitraubend, weil dies häufig in mehreren Absätzen erfolgen muß.

76. Schachtvermessung mit einem Lot und polarisiertem Licht

Um die oben angeführten Schwierigkeiten zu vermeiden, ist von der Kreiselmeßstelle des Instituts für Markscheidewesen der Westfälischen Berggewerkschaftskasse ein Verfahren entwickelt worden, bei dem nur noch *ein* Schachtlot* erforderlich ist, s. hierzu auch W. SCHÄFER [71] und G. SCHMIDT [73]. Die in jeder Station für die Einmessungen im Schacht erforderliche gleiche Bezugsrichtung wird mit Hilfe einer polarisationsoptischen Ebene gewonnen, s. Abschn. 116, S. 236 u. f. Das Verfahren heißt deshalb „Schacht-Vermessung mit polarisiertem Licht", oder abgekürzt „SVP".

---

* Auch dieses Lot soll künftig durch einen lotrechten Laserstrahl (Laserlot) ersetzt werden.

1. Gerät und Durchführung der Messung

Das Meßgerät, kurz SVP-Gerät genannt, s. Abb. 100, besteht im wesentlichen aus dem um die Stehachse drehbaren Oberteil mit einem als Analysator wirkenden Polarisationsfilter, einem darunter eingebauten Steilsichtfernrohr, einem Zielfernrohr und einer Kreisablesevorrichtung sowie aus dem Unterteil mit Teilkreis und Dreifuß. Der eine der beiden vorhandenen Gerätetypen ist mit einem Basisentfernungsmesser, s. Abschn. 105, S. 210, ausgerüstet, der es gestattet, die Längen optisch zu ermitteln. Dies hat besonders bei Schächten mit großem Durchmesser merkliche Vorteile. Bei Verwendung des anderen Typs müssen die Längen mit besonderen Meßstäben gemessen werden.

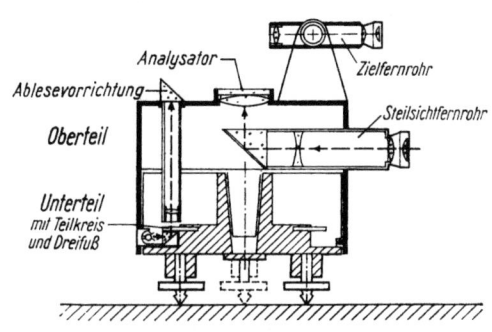

Abb. 100. Schematischer Schnitt durch ein SVP-Gerät

Die Messung geht in folgender Weise vor sich, s. Abb. 101 und Meßbeispiel. Nach Ermittlung der Ruhelage des Lotes aus Schwingungsbeobachtungen auf der tiefsten Sohle, s. Abschn. 111, S. 222 u. f., wird das

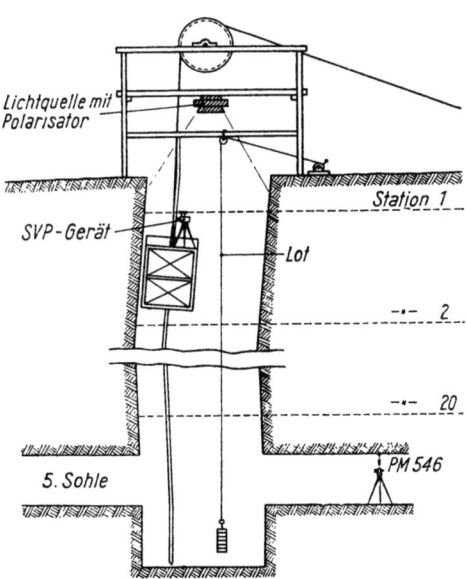

Abb. 101. Aufrißliche Darstellung einer Schachtvermessung mit polarisiertem Licht (schematisch)

Lot in dieser Lage für die Zeit der Messung festgelegt und die Lichtquelle mit Polarisator über der Rasenhängebank ortsfest und verdrehungsfrei angebracht. Sodann erfolgt die Aufstellung des SVP-Gerätes auf dem Deckel des Schachtkorbes. Nunmehr wird bei feststehendem Teilkreis das Zielfernrohr durch Drehen des Oberteiles des Gerätes auf das Lot

Meßbeispiel einer Schachtvermessung mit polarisiertem Licht (SVP)

Schacht: Datum der Messung:

Nr. und Teufe der Station	Richtung und Länge zum Lot L	Bezugsrichtung R	Mittelwert R	$\lambda = L - R$	Richtung und Länge zu den Punkten			
					1	2	3	4
	g m	1.Einstellg.g 2.Einstellg.g	g	g	g m	g m	g m	g m
1	71,6	296,8			120,6	278,9	375,0	64,1
5,03	1,65	296,7	296,8	174,8	3,05	1,04	2,15	3,75
.	.	.	.	.	.	.	.	.
.	.	.	.	.	.	.	.	.
20	110,2	294,3			118,3	273,2	374,1	62,8
525,15	1,77	294,5	294,4	215,8	2,98	1,14	2,11	3,74
Anschlußmessung:					PM 546			
5. Sohle	107,8	291,2			82,39 82,41			
532,04	1,71	291,3	291,2	216,6	7,20			

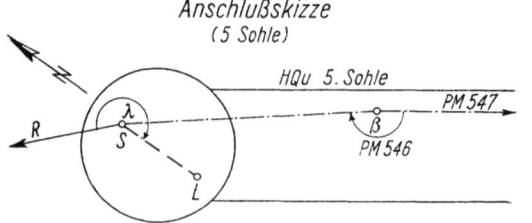

Anschlußskizze
(5 Sohle)

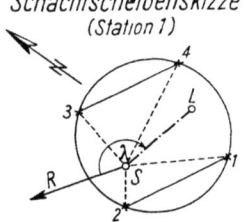

Schachtscheibenskizze
(Station 1)

gerichtet, die 1. Ablesung gemacht und die Länge zum Lot gemessen. Es folgt durch Drehen des fest mit dem Analysator verbundenen Steilsichtfernrohres die Einstellung auf das Lichtminimum, d. h. auf die Bezugsrichtung R, und damit die 2. Ablesung am Teilkreis. Alle weiteren Punkte des Schachtausbaues und der Einbauten werden nach dem

Polarkoordinatenverfahren, s. Abschn. 73, S. 133 u. f., nacheinander angezielt, die zugehörigen Winkel abgelesen und die söhligen Entfernungen gemessen, s. Schachtscheibenskizze (Station 1) im Meßbeispiel.

Dieser Vorgang wiederholt sich auf allen Stationen. Zum Schluß erfolgt dann, meist auf der tiefsten Sohle, die Anschlußmessung, s. Anschlußskizze im Meßbeispiel. Hierzu werden vom Standpunkt S des SVP-Gerätes aus die Bezugsrichtung R sowie Richtung und Länge zum Lot und zum nächsten Polygonpunkt, im Beispiel PM 546, ermittelt. Zusätzlich muß auf PM 546 der Brechungswinkel β gemessen werden.

2. Auswertung der Meßergebnisse

Die Auswertung der vom Institut für Markscheidewesen der Westfälischen Berggewerkschaftskasse im Auftrag von Zechengesellschaften ausgeführten Schachtvermessungen erfolgt heute meist durch Berechnung der Koordinaten aller eingemessenen Punkte, die von einem Rechenzentrum durchgeführt wird. Eine weitergehende Auswertung z. B. in Form einer Zulage oder einer graphischen Darstellung der Punktwanderungen bleibt der einzelnen Markscheiderei überlassen.

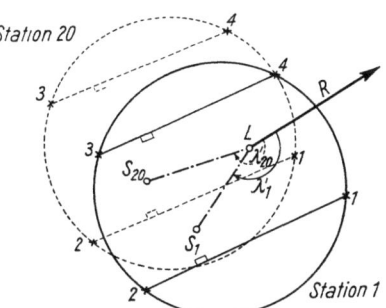

Abb. 102. Grundrißliche Zulage der Meßergebnisse einer Schachtvermessung in Höhe der Stationen 1 und 20 der Abb. 101

Selbstverständlich kann auch unmittelbar aus den Meßergebnissen eine Zulage erfolgen, wie nachfolgend an Hand der Abb. 102 geschildert wird. Man geht dabei vom Lotpunkt L aus und zieht durch diesen entweder eine beliebige Gerade — wenn keine Anschlußmessung erfolgt ist — als *angenommene* Bezugsrichtung, oder man orientiert diese Bezugsrichtung nach dem für R aus den Anschlußwerten berechneten Richtungswinkel. An diese trägt man den Wechselwinkel λ' des für die jeweilige Station errechneten Winkels $\lambda = L - R$ an. Nach Abtragung der in jeder Station gemessenen Länge S bis L auf die so gewonnene Richtung erhält man die Lage des Gerätestandpunktes S. Dieser ist in jeder Station des Schachtes verschieden, in Abb. 102 S_1 und S_{20}.

Nunmehr legt man eine Gradscheibe in S unter der zum Lot gemessenen Richtung — 71,6^g bei Station 1 unseres Meßbeispiels — an die Verbindungsgerade S bis L und trägt die Richtungen zu den einzelnen Schachtpunkten ab — z. B. bei Station 1 für den 1. Punkt 120,6^g, für den 2. Punkt 278,9^g usw. Auf diesen Richtungen werden sodann die Längen abgesetzt, und man erhält die Lage der eingemessenen Schachtpunkte. Werden nun die Lotpunkte und die jeweils durch L gehenden Bezugsrichtungen zweier Schachtscheiben zur Deckung gebracht, wie dies in der Abb. 102 mit den Stationen 1 und 20 geschehen ist, so kann man die Größe der seitlichen Punktverschiebungen abgreifen.

Flächenbestimmung

77. Flächenaufnahme und -berechnung aus Messungszahlen

Die Aufnahme von geradlinig begrenzten Flächen, deren Inhalt berechnet werden soll, erfolgt über Tage in der Regel nach dem rechtwinkligen Koordinatenverfahren, s. Abschn. 73, S. 133. Dabei können die Aufnahmelinien innerhalb oder außerhalb der Fläche liegen. Durch Aufnahmelinien und Rechtwinklige entstehen je nach der Lage der Meßlinien einfache geometrische Figuren, meist Trapeze und Dreiecke, deren Inhalte aus den bei der Messung erhaltenen *Maßzahlen* berechnet werden können. Der Gang der Rechnung sei an 2 Beispielen erläutert.

1. Die Aufnahmelinie schneidet die Fläche, s. Abb. 103

In diesem Falle setzt sich die Gesamtfläche des Fünfecks aus den 5 Einzelflächen a, b, c, e und f zusammen. Davon sind a und c Dreiecke, b ein Trapez, e und f unregelmäßige Vierecke. Das Viereck e läßt sich als Differenz des Trapezes $d + e$ und des Dreiecks d, das Viereck f als Differenz des Trapezes $f + g$ und des Dreiecks g bestimmen. Man erhält dann aus bekannten mathematischen Formeln mit den Maßzahlen der Abb. 103 die untenstehende Inhaltsberechnung.

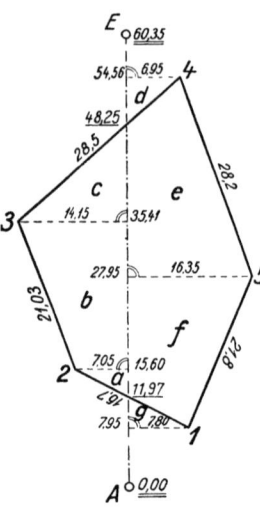

Abb. 103. Flächenaufnahme und -berechnung aus Messungszahlen: Die Aufnahmelinie schneidet die Fläche

Die Berechnung der Einzelflächen erfolgt gewöhnlich bis auf die 1. Dezimale der Quadratmeter. Die Gesamtfläche ist auf volle Quadratmeter abzurunden.

$$\text{Dreieck } a = \frac{(15,60 - 11,97) \cdot 7,05}{2} = 12,8 \text{ m}^2$$

$$\text{Trapez } b = \frac{(35,41 - 15,60) \cdot (7,05 + 14,15)}{2} = 210,0 \text{ m}^2$$

$$\text{Dreieck } c = \frac{(48,25 - 35,41) \cdot 14,15}{2} = 90,8 \text{ m}^2$$

$$\text{Viereck } e = \frac{(54,56 - 27,95) \cdot (16,35 + 6,95)}{2} - \frac{(54,56 - 48,25) \cdot 6,95}{2} = 288,1 \text{ m}^2$$

$$\text{Viereck } f = \frac{(27,95 - 7,95) \cdot (16,35 + 7,80)}{2} - \frac{(11,97 - 7,95) \cdot 7,80}{2} = 225,8 \text{ m}^2$$

$$F = 827,5 \text{ m}^2$$
$$\approx 828 \text{ m}^2$$

Sind die Schnittpunkte der Aufnahmelinie mit den Seiten 1 bis 2 und 3 bis 4 der Fläche nicht oder nur ungenau eingemessen worden, so kann man die Berechnung der Gesamtfläche auch so vornehmen, daß man als Einzelflächen die Trapeze b, $d + e$ und $f + g$ sowie die „verschränkten" Trapeze a, g und c, d ermittelt. Es ist

$$\text{Trapez} \quad d + e = \frac{(54{,}56 - 27{,}95) \cdot (16{,}35 + 6{,}95)}{2} = 310{,}0 \text{ m}^2$$

$$\text{Trapez} \quad f + g = \frac{(27{,}95 - 7{,}95) \cdot (16{,}35 + 7{,}80)}{2} = 241{,}5 \text{ m}^2$$

$$\text{Trapez} \quad b = \frac{19{,}81 \cdot 21{,}20}{2} = 210{,}0 \text{ m}^2$$

$$\text{verschränktes Trapez} \quad a, g = \frac{(15{,}60 - 7{,}95) \cdot (7{,}05 - 7{,}80)}{2} = -2{,}9 \text{ m}^2$$

$$\text{verschränktes Trapez} \quad c, d = \frac{(54{,}56 - 35{,}41) \cdot (14{,}15 - 6{,}95)}{2} = 68{,}9 \text{ m}^2.$$

Damit ergibt sich die Gesamtfläche F aus der algebraischen Summe folgender Einzelflächen:

$$\begin{aligned}
\text{Trapez} \quad b &= +210{,}0 \text{ m}^2 \\
\text{Trapez} \quad d + e &= +310{,}0 \text{ m}^2 \\
\text{Trapez} \quad f + g &= +241{,}5 \text{ m}^2 \\
\text{verschränktes Trapez} \quad c, d &= +68{,}9 \text{ m}^2 \\
\text{verschränktes Trapez} \quad a, g &= -2{,}9 \text{ m}^2 \\
\hline
&= 827{,}5 \text{ m}^2 \\
&\approx 828 \text{ m}^2
\end{aligned}$$

2. Die Aufnahmelinie liegt außerhalb der Fläche, s. Abb. 104

Wie aus der Abbildung hervorgeht, ist der Inhalt der fünfeckigen Fläche gleich der Summe der beiden großen Trapeze, die links von der Aufnahmelinie und rechts von den Seiten 1 bis 5 und 4 bis 5 der fünfeckigen Fläche begrenzt werden, abzüglich der Summe der 3 kleinen Trapeze, die links gleichfalls von der Aufnahmelinie und rechts von den Seiten 1 bis 2, 2 bis 3 und 3 bis 4 des Fünfecks begrenzt werden.

Bezeichnet man nun die Fußpunktabstände der Rechtwinkligen vom Anfangspunkt A der Aufnahmelinie mit x_1 bis x_5 und die Längen der Rechtwinkligen bis zu den 5 Ecken der Fläche mit y_1 bis y_5, so errechnet sich der Flächeninhalt des Fünfecks folgendermaßen:

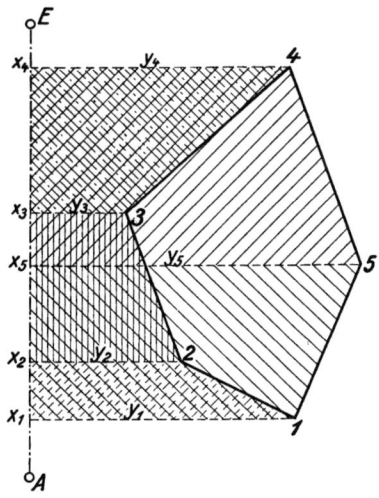

Abb. 104. Flächenaufnahme und -berechnung aus Messungszahlen: Die Aufnahmelinie liegt außerhalb der Fläche

$$F = \frac{y_1 + y_5}{2} \cdot (x_5 - x_1) + \frac{y_5 + y_4}{2} \cdot (x_4 - x_5) -$$
$$\left[\frac{y_1 + y_2}{2} \cdot (x_2 - x_1) + \frac{y_2 + y_3}{2} \cdot (x_3 - x_2) + \frac{y_3 + y_4}{2} \cdot (x_4 - x_3) \right].$$

Multipliziert man die Produkte der vorstehenden Gleichung aus und ordnet die Ergebnisse nach x und dann nach y, so erhält man die nachstehenden als GAUSSsche Flächenformeln bezeichneten Formeln:

nach x geordnet: oder nach y geordnet:

$$\begin{aligned}
2F = {} & x_1 \cdot (y_2 - y_5) & 2F = {} & y_1 \cdot (x_5 - x_2) \\
+ {} & x_2 \cdot (y_3 - y_1) & + {} & y_2 \cdot (x_1 - x_3) \\
+ {} & x_3 \cdot (y_4 - y_2) & + {} & y_3 \cdot (x_2 - x_4) \\
+ {} & x_4 \cdot (y_5 - y_3) & + {} & y_4 \cdot (x_3 - x_5) \\
+ {} & x_5 \cdot (y_1 - y_4) & + {} & y_5 \cdot (x_4 - x_1)
\end{aligned}$$

allgemein $2F = \Sigma x_n \cdot (y_{n+1} - y_{n-1})$ oder $2F = \Sigma y_n \cdot (x_{n-1} - x_{n+1})$

in Worten ausgedrückt:

„Der doppelte Inhalt eines Vielecks ist gleich der Summe der Abszissen aller Eckpunkte, jede multipliziert mit dem Unterschied der Ordinaten der beiden Nachbarpunkte" oder auch „der doppelte Inhalt eines Vielecks ist gleich der Summe der Ordinaten aller Eckpunkte, jede multipliziert mit dem Unterschied der Abszissen der beiden Nachbarpunkte."

Ob man bei Bildung der Unterschiede im Uhrzeigersinn oder umgekehrt vorgeht, ist an sich gleichgültig. Man muß bei jeder Berechnung nur einen Drehsinn beibehalten.

Mit den GAUSSschen Flächenformeln läßt sich der Inhalt jedes beliebigen Vielecks berechnen.

Für die Flächenberechnung selbst verwendet man zweckmäßigerweise Rechentafeln, aus denen die Produkte aller dreistelligen Zahlen ohne weiteres entnommen werden können oder noch besser Rechenmaschinen, die einfach und schnell die Ergebnisse von 8- bis 10stelligen Produkten liefern.

78. Flächeninhaltsermittlung aus Rissen und Plänen (graphische Flächenbestimmung)

1. Soll der Inhalt einer von *geraden* Linien begrenzten und auf einem Riß oder Plan dargestellten Fläche ermittelt werden, so zerlegt man die Fläche zunächst auf der Zeichnung durch dünne Bleilinien in einfache Figuren, meist in Dreiecke oder Trapeze. So läßt sich z. B. die in Abb. 104 S. 143, wiedergegebene 5eckige Fläche bequem in 3 Dreiecke, und zwar 1—2—5, ferner 2—3—5 und 3—4—5, unterteilen. Dann bestimmt man die Maße der Grundlinien und Höhen der Einzelfiguren mit Zirkel und Maßstab und errechnet aus den Ergebnissen zunächst die Inhalte der Einzelfiguren und schließlich durch Summierung den Inhalt der zu ermittelnden Gesamtfläche.

Für die Ermittlung der Grundlinie und Höhe von Dreiecken wird häufig auch eine *Parallelglastafel*, wie sie die Abb. 105 zeigt, benutzt. Da die Bezifferung so gewählt ist, daß der Abstand der Parallelen nur den halben Wert eines gleich großen Grundlinienabschnittes hat, kann man unmittelbar die halben Höhen ablesen.

Schließlich sei noch die *Hyperbeltafel* erwähnt, die die unmittelbare Ablesung der Flächeninhalte von Dreiecken ermöglicht.

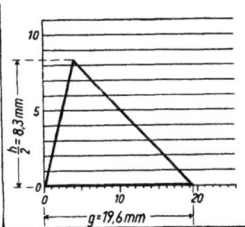

Abb. 105. Parallelglastafel

Sind die Maße mit einem einfachen Anlegelineal in Millimeter ermittelt, so muß jedes Maß *vor* der Inhaltsberechnung unter Berücksichtigung der Zeichenpapierveränderungen noch mit der Maßstabzahl des Risses multipliziert werden, oder es ist die in Quadratmillimeter berechnete Papierfläche noch mit dem Quadrat der Maßstabzahl zu multiplizieren, um den wirklichen Inhalt der Fläche zu erhalten, s. Abschn. 150, S. 313

2. Für die Inhaltsermittlung kleiner, vorwiegend von *krummen* Linien begrenzten Flächen verwendet man mit Vorteil oft auch eine *Glastafel*, deren Unterseite mit einem Netz von Millimeter- und Zentimeterquadraten versehen ist — im einfachsten Fall auch transparentes Millimeterpapier. Diese Glastafel wird so auf die im Plan dargestellte Fläche gelegt, daß sich deren Papierinhalt durch Auszählen der Quadrate der Glastafel verhältnismäßig leicht feststellen läßt.

3. Handelt es sich um schmale Flächenstreifen von ungefähr gleichbleibender Breite, wie sie häufig bei Wegen, Flußläufen und dergleichen vorkommen, so kann man die Inhaltsermittlung auch mit Hilfe einer auf Pauspapier in gleichen runden Abständen gezogenen Schar von parallelen Linien, einer sogenannten *Planimeterharfe*, vornehmen. Legt man das Pauspapier so auf die im Riß dargestellte Fläche, daß

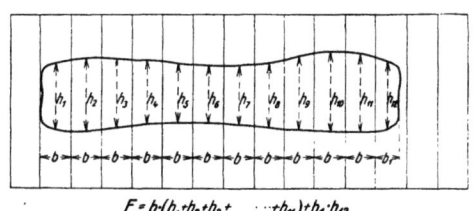

Abb. 106. Inhaltsermittlung von Flächenstreifen

die Parallelen dieselbe in eine Anzahl Trapeze zerlegen, so ist deren Inhalt gleich dem Linienabstand b mal der mittleren Höhe h der Trapeze. Verbleibende Reststücke, wie in Abb. 106, müssen natürlich gesondert berechnet und sodann hinzugefügt werden. Der Gesamtinhalt der in Abb. 106 wiedergegebenen Fläche ist demnach

$$F = b \cdot (h_1 + h_2 + h_3 + \cdots h_{11}) + b_1 \cdot h_{12}$$

oder $F = b \cdot [h] + b_1 \cdot h_{12}$.

Die Summe der Höhen $[h]$ läßt sich auch durch mechanische Addition mit einem Zirkel ermitteln.

Etwas genauer wird diese Ermittlung bei Benutzung der SIMPSONschen Flächenformel, die besagt, daß

$$F = \frac{b}{3} \cdot [y_0 + 4(y_1 + y_3 + \ldots y_{n-1}) + 2(y_2 + (y_2 + y_4 + \ldots y_{n-2}) + y_n]$$

ist, wobei wieder b die Breite der einzelnen Streifen und y_0 bis y_n die Höhen an den Streifengrenzen sind.

Die *Genauigkeit* der vorstehend beschriebenen Flächeninhaltsermittlungen hängt im wesentlichen von der Genauigkeit der auf den Rissen dargestellten Flächen, ferner von der Schärfe des Abgreifens der für die Inhaltsberechnung benötigten Maße und von den Veränderungen des für die Anfertigung der Risse, Karten und Pläne benutzten Zeichenpapiers ab. Papierveränderungen — Schrumpfung und Ausdehnung — entstehen durch Feuchtigkeitsänderung. Sie sind oft in verschiedenen Richtungen des Planes und in verschiedener Größe wirksam. Sie beeinflussen die Maßhaltigkeit des Planes und damit die abgegriffenen Längen. Sie lassen sich in den beiden Hauptrichtungen des Planes durch Vergleich der Netzlinienabstände mit den Sollwerten feststellen und durch prozentuale Verbesserung der abgegriffenen Maße berücksichtigen. Die durch den Papiereingang hervorgerufenen Längenänderungen können, besonders bei alten Plänen, bis zu 3% betragen.

79. Flächeninhaltsermittlung mit Planimetern

Für die Ermittlung des Inhaltes größerer, meist unregelmäßig gestalteter Flächen werden vielfach mechanische Geräte benutzt, die man je nach Bauart und Verwendung als *Polar-*, *Kompensations-* oder *Rollplanimeter* bezeichnet.

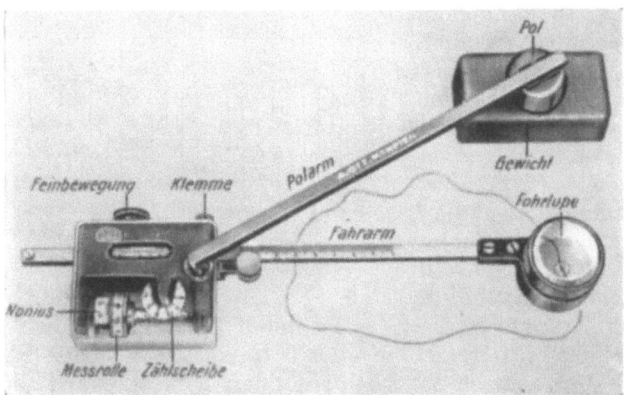

Abb. 107. Kompensations-Polarplanimeter mit verstellbarem Fahrarm und Fahrlupe von Ott

Das Kompensations-Polarplanimeter, s. Abb. 107, besteht in seiner ursprünglichen Form im wesentlichen aus zwei Metallstäben, dem Polarm und dem Fahrarm, die durch ein Kugelgelenk miteinander verbunden sind. Am freien Ende des Polarmes befindet sich eine mit einem Gewicht beschwerte feine Spitze, um die sich nach dem Einstechen in den

Riß das ganze Gerät dreht. Der Fahrarm dagegen trägt an seinem Ende einen Fahrstift, der manchmal auch durch eine Fahrlupe ersetzt wird, deren kleiner runder Einstellkreis eine bessere Verfolgung der Begrenzungslinien der auszumessenden Fläche gestattet. Am anderen Ende des Fahrarms ist ein viereckiger Rahmen angebracht, der außer dem Gelenk die Meßeinrichtung, bestehend aus einer Meßrolle mit Spurkranz, einem Nonius und einer Zählscheibe, enthält. Die Länge des meist in halbe Millimeter eingeteilten Fahrarmes läßt sich bei allen neueren Planimetern durch Verschieben des Rahmens auf dem Fahrarm verstellen.

Beim Gebrauch wird das Planimeter gewöhnlich so auf die Zeichnung gesetzt, daß der Pol *außerhalb* der zu umfahrenden Fläche liegt, und Pol- und Fahrarm etwa einen rechten Winkel miteinander bilden, wenn der Fahrstift mitten auf der Fläche steht. Nachdem man den Fahrstift auf einen Punkt der Flächenbegrenzung gebracht hat, liest man an der Zählscheibe die Tausender, an der Meßrolle die Hunderter und Zehner sowie an dem Nonius die Einer und gegebenenfalls auch eine Dezimale ab und schreibt diese vierstellige Ablesung auf. Dann umfährt man mit dem Fahrstift oder der Fahrlupe die Fläche sorgfältig rechts herum, wobei der Spurkranz der Meßrolle teils gleitende, teils rollende Bewegungen ausführt. Nach Rückkehr auf den Ausgangspunkt liest man wieder am Zählwerk ab und bildet den Unterschied gegen die Anfangsablesung. Der Inhalt der Fläche entspricht einem Rechteck, dessen Grundlinie gleich der Länge des Fahrarmes und dessen Höhe gleich der Länge der Rollenabwicklung, d. h. gleich dem Unterschied der Ablesungen mal dem Spurkranzumfang ist.

Für Geräte mit verstellbarem Fahrarm kann man aus einer die gebräuchlichsten Maßstabsverhältnisse berücksichtigenden Tabelle diejenigen Fahrarmstellungen entnehmen, die für runde Flächenwerte der Noniuseinheit — z. B. 10, 20, 30 m² — gelten. Zur Verringerung der Fehlereinflüsse wählt man die Noniuseinheit wenn angängig so, daß man einen möglichst langen Fahrarm erhält. Man braucht dann nach richtiger Einstellung des Fahrarmes den betreffenden Flächenwert nur mit der Ablesedifferenz zu multiplizieren, um den Flächeninhalt zu erhalten.

Ist der Fahrarm nicht verstellbar, oder will man die Richtigkeit der Einstellung prüfen, so umfährt man eine bekannte Fläche F_0 und kann dann den Inhalt der gesuchten Fläche F aus der bekannten Fläche F_0 und den Ablesedifferenzen n und n_0 für die gesuchte und die bekannte Fläche feststellen, also $F = \frac{n}{n_0} \cdot F_0$. Als bekannte Fläche wird hierbei häufig eine durch Drehung des dem Gerät beigefügten Kontrollineals erzeugte Kreisfläche gewählt. Das eine Ende dieses Lineals trägt eine Spitze, die in den Zeichenbogen gedrückt wird, am anderen Ende ist eine feine Öffnung angebracht, in die der Fahrstift bei der Drehung gesetzt wird, während eine Strichmarke die genaue Einhaltung der vollen Umdrehung gestattet.

Die *Genauigkeit* der Flächenbestimmung mit dem Planimeter bei einmaliger Umfahrung beträgt etwa 1% bei kleinen und etwa 0,1% bei größeren Flächen. Um die unvermeidlichen Abweichungen beim Nachfahren der Flächengrenzen möglichst auszugleichen und damit die Genauigkeit der Flächenermittlung zu erhöhen, wird man jede Fläche mehrmals umfahren und die erhaltenen Ableseunterschiede mitteln. Der Einfluß einer nicht parallelen Lage der Rollenachse zum Fahrarm, die Rollenschiefe, ist auszuschalten, wenn man die Umfahrung in zwei symmetrischen Lagen der Meßrolle zum Pol ausführt, s. Abb. 108. Dies ist bei einem Kompensationsplanimeter, bei dem man den Fahrarm unter dem Polarm hindurchführen kann, ohne weiteres möglich.

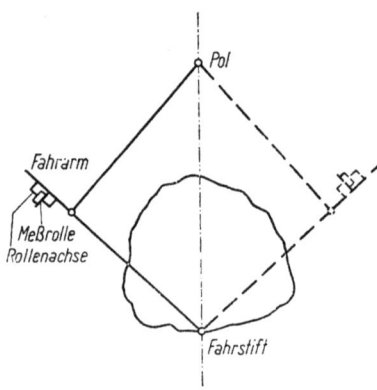

Abb. 108. Umfahrung mit Kompensationsplanimeter in zwei symmetrischen Lagen

Bei größeren Flächen kann die Umfahrung auch mit Pol *innerhalb* vorgenommen werden. Zu dem Produkt aus Länge des Fahrarms mal der Rollenabwicklung ist in diesem Falle noch eine Konstante hinzuzufügen, die sich aus den Abmessungen des Instrumentes ergibt. Besser ist es aber, größere Flächen zu zerlegen und die Teilflächen mit Pol *außerhalb* zu bestimmen. Auch kann man in diesem Falle *Rollplanimeter* verwenden, bei denen der Pol fortfällt und das ganze Gerät auf Walzen dem Fahrstift in gleichbleibender Richtung nachgeführt wird. Die Abhängigkeit der Abwicklung des Spurkranzes von der Oberflächenbeschaffenheit des Zeichenpapiers wird dadurch behoben, daß die Meßrolle auf einer besonderen aus Hartgummi oder Metall hergestellten Scheibe abrollt, s. Abb. 109. Bei weiteren Arten — den Kugelpolar- und Kugel-

Beispiel der Berechnung des Flächeninhaltes

Pkt.	R_n	H_n	$\Delta R = R_{n+1} - R_{n-1}$		$\Delta H = H_{n-1} - H_{n+1}$	
			+	−	+	−
A	$^{25}77\,175{,}490$	$^{57}00\,951{,}310$		1955,402		765,960
B	$^{25}76\,812{,}030$	$^{57}01\,839{,}560$	1836,270			1531,220
C	$^{25}79\,011{,}760$	$^{57}02\,482{,}530$	1955,402		765,960	
D	$^{25}78\,767{,}432$	$^{57}01\,073{,}600$		1836,270	1531,220	
			3791,672	3791,672	2297,180	2297,180

Die Flächenverbesserung errechnet sich nach der Formel $v = \dfrac{R^2}{r^2} \cdot F$.

Es bedeutet: R den mittleren Rechtswert und r den mittleren Erdhalbmesser in km. Demnach ist $v = \dfrac{78^2}{6370^2} \cdot 2{,}2 = \sim 330$ m².

rollplanimetern — wird bei der Flächenumfahrung ein Kugelabschnitt in Drehbewegung versetzt und die Bewegung dann auf einen Zylinder mit Zählwerk übertragen.

Auch bei den Flächeninhaltsermittlungen mit Planimetern sind gegebenenfalls die Veränderungen des Zeichenpapiers zu berücksichtigen, s. S. 146.

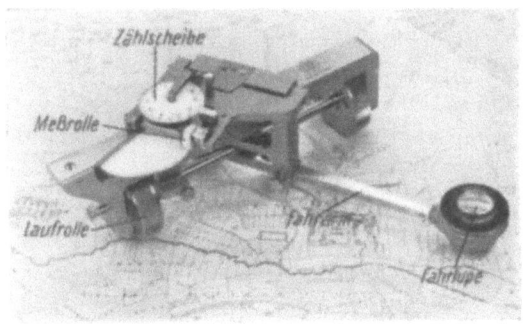

Abb. 109. Roll-Feinplanimeter von Ott

80. Flächeninhaltsberechnung aus Koordinaten

Die Grundlage dieser Berechnungen bilden die im Abschn. 77, S. 142, abgeleiteten GAUSSschen Flächenformeln. Faßt man nämlich die in den Formeln jeweils zusammengehörigen Werte x und y als Koordinaten eines rechtwinkligen Koordinatensystems auf, dessen Nullpunkt mit dem Anfangspunkt A der Flächenaufnahmelinie AE und dessen Abszissenachse mit AE zusammenfällt, s. Abb. 104, S. 143, so entsprechen

eines Grubenfeldes

| $R \cdot \Delta H$ | | $H \cdot \Delta R$ | | Handzeichnung |
+	−	+	−	und Bemerkung
	5 496 138,32		1 860 193,49	
	10 430 716,58	3 377 928,84		
6 902 647,69		4 854 344,13		
13 424 867,23			1 971 419,47	
20 327 514,92	15 926 854,90	8 232 272,97	3 831 612,95	
$2F = 4 400 660,02$		$2F = 4 400 660,02$		
	$F = 2 200 330$ m²			
	$v = - 330$ m²			
	$F = 2 200 000$ m²			

die x-Abstände den Abszissen und die y-Abstände den Ordinaten der 5 Eckpunkte der zu berechnenden Fläche. Die genannten GAUSSschen Flächenformeln lassen sich also stets für die Berechnung der Inhalte von Flächen heranziehen, deren Eckpunkte durch rechtwinklig ebene Koordinaten, z. B. durch GAUSS-KRÜGERsche Koordinaten festgelegt sind.

Als Beispiel einer solchen Inhaltsberechnung ist auf S. 148/149 die Berechnung eines Normal-Grubenfeldes, dessen Feldesecken $ABCD$ durch GAUSS-KRÜGERsche Koordinaten gegeben sind, durchgeführt.

81. Flächenteilung eines Grubenfeldes

Die Teilung geradlinig begrenzter Flächen kommt im bergmännischen Berechtsamswesen z. B. bei der realen Teilung oder dem Austausch von Grubenfeldern vor. Je nach Flächenform und den für die Teilungslinien vorgesehenen Verlauf können verschiedene Wege eingeschlagen werden. Da es in der Regel nur darauf ankommt, daß die Hauptbedingung — richtige Größe der Teilflächen — erfüllt ist und die Nebenbedingungen — z. B. Verlauf der Teilungslinien — lediglich genähert erfüllt zu sein brauchen, wird man zur Vermeidung umständlicher Berechnungen bestrebt sein, die Aufgaben möglichst einfach zu gestalten, indem man zunächst Näherungslösungen z. B. an Hand einer Zeichnung sucht.

Im folgenden Beispiel, s. Abb. 110, soll von dem durch die Koordinaten seiner Eckpunkte festgelegten Grubenfeld $ABCD$ eine Fläche $F = APQD$ so abgetrennt werden, daß die Teilungslinie PQ ungefähr parallel zur Seite AD verläuft. In einer maßstäblichen Darstellung des Feldes ist die Teilung zunächst graphisch durchgeführt und dabei die Strecke $AP = a$ genügend genau abgegriffen worden. Mit Hilfe dieser Strecke und der aus den Koordinaten von A und B ermittelten Richtung AB sowie der Koordinaten von A können jetzt, wie beim Polygonzug, S. 120 u. f., die Koordinaten von P berechnet werden, so daß es sich dann nur noch um die Ermittlung

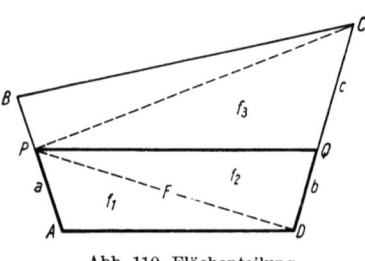

Abb. 110. Flächenteilung

der Koordinaten des Punktes Q handelt. Denkt man sich den Punkt P mit C und D verbunden, so entstehen die drei Dreiecke APD, PQD und PCQ, deren Flächeninhalte f_1, f_2 und f_3 sind. Hiervon lassen sich f_1 und $f_2 + f_3$ aus den Koordinaten der Eckpunkte dieser Flächen berechnen. Da f_2 und f_3 in bezug auf CD gleiche Höhen haben, so verhalten sich ihre Flächeninhalte wie ihre Grundlinien, also

$$f_2 : f_3 = b : c \quad \text{oder} \quad \frac{f_2}{f_2 + f_3} = \frac{b}{b + c}.$$

Die Strecke $b + c$ ist, ebenso wie ihre Richtung, aus den Koordinaten von C und D zu ermitteln, wonach sich dann der noch unbekannte Wert

$$b = \frac{f_2 \cdot (b + c)}{f_2 + f_3}$$

ergibt. Mit b, der Richtung DC und den Koordinaten von D errechnet man schließlich die Koordinaten des Punktes Q.

II. Höhenmessungen

82. Zweck und Einteilung

Höhenmessungen bezwecken die Ermittlung der *Höhenunterschiede* von Punkten, um aus diesen und einer gegebenen Anfangshöhe die *Höhenzahlen* der Meßpunkte, s. Abschn. 7, S. 9, errechnen zu können. Der Höhenunterschied zweier Punkte, die söhlig getrennt liegen, ist der seigere Abstand des einen Punktes von einer Waagerechten durch den anderen Punkt.

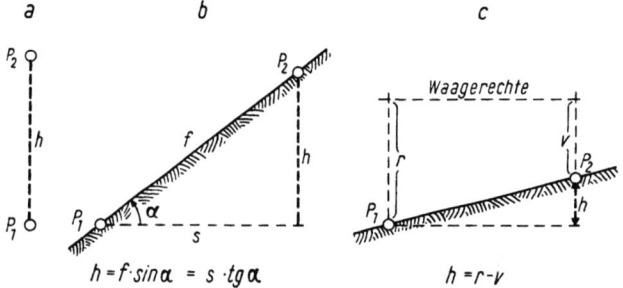

Abb. 111a—c. Ermittlung des Höhenunterschiedes h zweier Punkte P_1 und P_2 durch
a) unmittelbare, b) trigonometrische, c) geometrische Höhenmessung

Die Art der Bestimmung des Höhenunterschiedes h richtet sich nach der gegenseitigen Lage der beiden Punkte. Liegen sie lotrecht über- oder untereinander, so kann man den Höhenunterschied mit einem Längenmeßgerät unmittelbar messen, man spricht in diesem Falle von einer *unmittelbaren* oder *direkten Höhenmessung*, s. Abb. 111a. Wenn die Punkte, wie gewöhnlich, nicht nur lotrecht, sondern auch waagerecht voneinander getrennt sind, ist die Wahl des Höhenmeßverfahrens außer von der verlangten Genauigkeit im wesentlichen davon abhängig, ob der Höhenunterschied im Verhältnis zur waagerechten Entfernung s groß oder klein ist.

Im ersteren Falle wendet man vorwiegend die *trigonometrische Höhenmessung* an, s. Abb. 111b. Bei diesem Verfahren werden der Neigungswinkel α der Verbindungslinie der beiden Punkte P_1 und P_2 sowie deren Länge, d. h. die flache Länge f, seltener ihre söhlige Projektion s gemessen. Den Höhenunterschied h erhält man, indem man entweder f mit der Sinusfunktion oder s mit der Tangensfunktion des Neigungswinkels α multipliziert. Werden α und s mittelbar mit einem Tachymetertheodolit gemessen, so bezeichnet man das Verfahren als *tachymetrische Höhenmessung*.

Bei kleinen Höhenunterschieden, z. B. im flachen Gelände über Tage oder in nahezu söhligen Strecken unter Tage, werden von einer beliebig gelegenen Waagerechten aus nach beiden Punkten die lotrechten Abstände r und v gemessen, ihre Differenz ist gleich dem Höhenunterschied h, s. Abb. 111c. Man spricht in diesem Falle von einer *geometrischen Höhenmessung* oder einem *Nivellement*, zu deutsch von einer Einwägung.

Außer diesen drei gebräuchlichen Arten der Höhenmessung kann die *ungefähre* Ermittlung der Höhenunterschiede auch mit einem Barometer oder einem Siedethermometer vorgenommen werden. Man nennt das Verfahren sodann eine *barometrische Höhenmessung*.

Unmittelbare Höhenmessungen

83. Schachtteufenmessungen mit Stahlmeßbändern

Die unmittelbare Höhenbestimmung kommt praktisch bei der *Schachtteufenmessung* zur Anwendung. Zwischen einem Punkt an der Rasenhängebank und lotrecht darunter gelegenen Punkten auf den einzelnen Sohlen sollen die Höhenunterschiede ermittelt werden, um die Höhenangaben in der Grube auf dieselbe Ausgangsfläche — Normal-Null — beziehen zu können wie die Messungen über Tage. Ebenso werden in Blindschächten Teufenmessungen vorgenommen, wenn Höhenzahlen von einer zur anderen Sohle oder von einer Sohle zu den Teilsohlen oder Abbauörtern übertragen werden. Man unterscheidet dabei absatzweise und durchgehende Messungen.

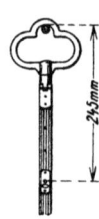
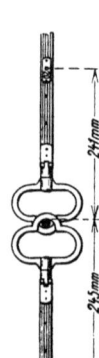

Abb. 112. Absatzweise Teufenmessung mit aneinandergereihten Stahlmeßbändern

1. Die *absatzweise* Messung wird nur bei verhältnismäßig *kleinen* Teufen angewandt. Man hängt im Schacht oder Blindschacht — auf dem Deckel des Förderkorbes stehend — ein gewöhnliches Stahlmeßband von z. B. 50 m Länge jeweils zwischen zwei in die Schachtzimmerung seiger untereinander einzuschlagende Nägel oder einfache Bolzen so ein, wie es die Abb. 109 zeigt. Zu den einzelnen Bandlängen sind sodann die Abstände zu addieren, die man von der Oberkante des obersten Bolzens bis zum Nullstrich der jeweiligen Bandeinteilung und sodann am Ende der Bandlänge von der 50-m-Marke bis zur Oberkante des nächsten Bolzens der folgenden Bandlänge mit einem Zollstock einmißt.

Die Übertragung der Höhenzahlen auf den obersten Bolzen im Schacht erfolgt durch Nivellement, s. Abschn. 94, S. 180, von einem in der Nähe des Schachtes über Tage oder auf der oberen Sohle im Füllort gelegenen Höhenpunkt aus. In gleicher Weise geschieht die Übertragung der Höhenzahlen vom Meßband im Schacht auf den ersten Höhenpunkt im Füllort der tieferen Sohle, vgl. auch Abb. 113.

Die Genauigkeit einer absatzweisen Teufenmessung entspricht etwa derjenigen einer gewöhnlichen söhligen Längenmessung.

2. *Große* Schachtteufen werden zweckmäßigerweise *durchgehend* mit einem bis zu 1000 m langen Schachtmeßband, s. S. 21, von der Rasenhängebank bis zur untersten Sohle gemessen, wobei das im Schacht freihängende Band, wie bei der Vergleichsmessung, jedoch mit 9 statt 10 kg, s. LÜDEMANN [51], belastet wird, s. Abb. 113. Die Übertragung der Höhe vom Festpunkt über Tage auf das Band und auf den einzelnen Sohlen vom Schachtmeßband auf die nächsten Höhenbolzen geschieht auch hier mittels Nivellierinstrument und Nivellierlatte gleich in Verbindung mit der Teufenmessung, so daß sich das Anbringen von Punkten im Schacht erübrigt.

In den Berechnungen der Gesamtteufe müssen natürlich die durch Meßbandvergleich, Temperaturänderungen und Eigengewicht des Bandes (vgl. auch P. RACK [60]) notwendigen Verbesserungen der Bandlänge, wie sie in den Abschn. 16 u. 17, S. 22 u. f., behandelt sind, berücksichtigt werden.

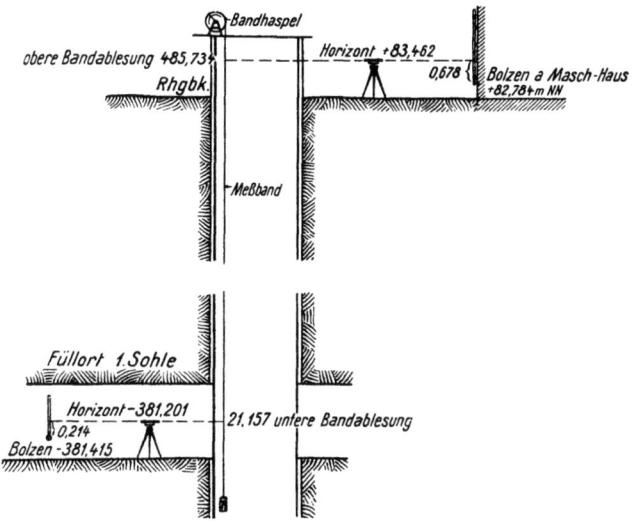

Abb. 113. Durchgehende Teufenmessung mit dem Schachtmeßband

Beispiel einer durchgehenden Schachtteufenmessung

Ablesung am Meßband an der Rasenhängebank .. =	485,734 m
,, ,, ,, auf der 1. Sohle .... =	21,157 m
Teufe =	464,577 m
Verbesserung für Meßbandvergleich .... =	+ 0,013 m
,, ,, Temperaturänderung (+ 5 °C) ... =	+ 0,027 m
,, ,, Längung durch Eigengewicht ... =	+ 0,046 m
verbesserte Teufe =	464,663 m
Horizont der Ziellinie an der Rasenhängebank .... =	+ 83,462 m
,, ,, ,, auf der 1. Sohle .... =	− 381,201 m

Die bei durchgehender Teufenmessung auftretenden *regelmäßigen* Fehler spielen keine Rolle, wenn man die Teufen stets mit demselben Schachtband mißt, also nur eine relative Meßgenauigkeit erreichen will, was in der Praxis genügt.

Es sei besonders darauf hingewiesen, daß es recht schwierig ist, die sich mit der Teufe ändernde Temperatur des Schachtmeßbandes zu bestimmen, wodurch ein mehr oder minder großer *unregelmäßiger* Fehler entstehen kann.

Aus zahlreichen Schachtteufenmessungen bis zu 1200 m hat sich ergeben, daß die mittlere Meßgenauigkeit etwa ± 15 bis ± 70 mm beträgt, s. auch Zahlentafel, S. 155.

84. Teufenermittlung aus der Schwingungsdauer eines Schachtlotes

Aus der für die Berechnung der halben Schwingungsdauer eines Lotes aufgestellten Formel läßt sich *angenähert* die freischwingende Länge des Lotes berechnen, s. Abb. 114.

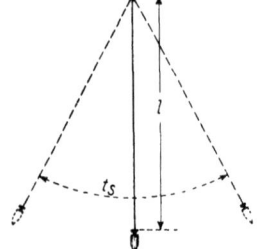

Abb. 114. Beziehung zwischen Schwingungszeit t_s und Länge l eines Lotes

Es ist $$t_s = \pi \cdot \sqrt{\frac{l}{g}}$$

oder $$t_s = \frac{\pi}{\sqrt{g}} \cdot \sqrt{l} \approx \frac{3{,}14}{3{,}14} \cdot \sqrt{l}$$

daher $$t_s \approx \sqrt{l}$$

oder $$t_s^2 \approx l$$

In der Formel bedeuten
t_s die Dauer der Schwingung eines Lotes von einem Umkehrpunkt zum anderen in Sekunden,
π die LUDOLFsche Zahl 3,14,
l die Länge des Lotes vom Aufhängepunkt bis zum Lotgewicht,
g die Erd- oder Schwerebeschleunigung 9,81 für die geogr. Breite $\varphi = 51°$.

Ist z. B. $t_s = 30$ Sekunden, dann ist $l \approx 900$ m.

Die Anwendung dieser Näherungsformel genügt allerdings nicht, um die Teufe eines Schachtes mit einer solchen Genauigkeit zu ermitteln, wie sie bei der Messung mit Schachtteufenbändern erreicht wird. Die Formel kann höchstens bei der Schachtlotung, s. Abschn. 111, S. 222 u. f., benutzt werden, um den Freihang der in den Schacht herabgelassenen Lotdrähte durch Vergleich der mit der Stoppuhr gemessenen Schwingungsdauer der Lote mit den bekannten Schachtteufen zu prüfen.

Eine genauere Berechnung der Lotlänge aus der sehr genauen Messung der Lotschwingungsdauer läßt sich mit der nachstehenden erweiterten Formel erzielen, s. JUNG [41]

$$l = \left(\frac{t_s^2 \cdot g}{\pi^2}\right) : \left[1 - \frac{1}{6} \cdot \frac{D}{L} + \frac{1}{12} \cdot \left(\frac{D}{L}\right)^2\right].$$

In dieser Formel bedeuten:
l die Länge des Lotdrahtes vom Drehpunkt des Lotes bis zur Oberkante des Lotkörpers,
t_s die Dauer der Schwingung eines Lotes von einem Umkehrpunkt zum anderen in Sekunden,
g die Erd- oder Schwerebeschleunigung, Berechnung s. unten,
π die LUDOLFsche Zahl 3,14,
D das Drahtgewicht einschließlich des Gewichtes der zur Verbindung des Lotgewichtes mit dem Lotdraht dienenden Klemmvorrichtung,
L das Lotgewicht.

Auch der Wert für die in der Näherungsformel angegebene Schwerebeschleunigung $g = 9{,}81$ muß hier genauer nach folgenden Formeln berechnet und in die von JUNG angegebene Formel eingesetzt werden

$$g = g_h + (0{,}3086 - 0{,}0838 \cdot \varrho) \cdot t_m$$

$$g_h = g_{NN} - (0{,}3086 - 0{,}0419 \cdot \varrho) \cdot h_m$$

$$g_{NN} = 978{,}030 \cdot (1 + 0{,}005302 \sin^2 \varphi - 0{,}000007 \sin^2 2\varphi) \,.$$

Es bedeuten:
g die Schwerebeschleunigung in Höhe der Hängebank,
g_{NN} die auf Normal-Null (NN) bezogene Schwerebeschleunigung in cm/sec^2,
φ die geographische Breite des Schachtes, die auf 1′ aus einem Meßtischblatt entnommen werden kann,
ϱ die Gesteinsdichte, die aus einer Gesteinstafel genügend genau zu entnehmen ist,
h_m die Höhe der Hängebank über NN in m,
t_m die Teufe des Lotkörpers unter der Hängebank in m.

Durch Beobachtung einer großen Zahl von Lotschwingungen (mindestens 100) mit zwei guten Stoppuhren, deren Gang vorher genau geprüft sein muß, kann man einen mittleren Fehler in der Schwingungsdauerbestimmung von $\pm 0{,}001$ sec erzielen, wenn die Wettergeschwindigkeit im Schacht auf weniger als 2 m/sec gedrosselt wird.

Unter der Voraussetzung, daß es außerdem gelingt, auch die Schwerebeschleunigung sowie das Draht- und Lotgewicht sehr genau zu bestimmen, lassen sich die in nachstehender Zahlentafel angegebenen mittleren Fehler erreichen.

Lotlänge	Mittlere Fehler der Teufenermittlung aus	
l	Schwingungsbeobachtungen	Schachtteufenbandmessungen
m	mm	mm
200	± 28	± 13
400	± 40	± 24
600	± 50	± 36
800	± 59	± 48
1000	± 67	± 60
1200	± 75	± 72

Die Anschlußmessungen an Höhenpunkte über Tage und die Übertragung auf einen Höhenpunkt unter Tage erfolgt in ähnlicher Weise, wie es die Abb. 113, S. 153, zeigt, mit einem Nivellierinstrument und einem leichten Maßstab, der an dem Drehpunkt des Lotes oben angehalten bzw. auf den Lotkörper unten aufgesetzt wird.

Eine Schachtteufenermittlung durch Schwingungsbeobachtungen ist vor allem dann vorteilhaft, wenn man sie mit einer mechanischen Schachtlotung, s. Abschn. 111, S. 222, verbinden kann.

Trigonometrische Höhenmessungen
85. Messungen über Tage
1. Ermittlung der Höhe eines Meßpunktes

Die Ausführung einer trigonometrischen Höhenmessung zur Bestimmung der auf NN bezogenen Höhe von Kleindreiecks- oder Polygonpunkten über Tage beschränkt sich in der markscheiderischen Praxis auf Ausnahmefälle. Gemessen werden die Instrumentenhöhe i gleich lotrechter Abstand der Kippachse des Theodolits vom Standpunkt P_1, die Zielhöhe z gleich lotrechter Abstand des Schnittes der Ziellinie mit der Latte vom Zielpunkt P_2 sowie der Neigungswinkel α oder vielfach auch der Zenitwinkel ζ von P_1 nach P_2 mit dem Höhenkreis eines Theodolits, s. Abb. 115.

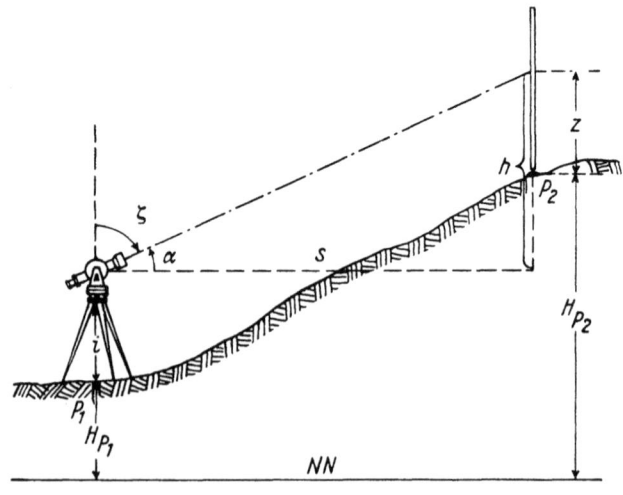

Abb. 115. Trigonometrische Höhenmessung und Berechnung

Der Höhenunterschied h der beiden Punkte errechnet sich sodann, wie in Abschn. 82, S. 151, bereits gezeigt, aus der Formel

$$h = s \cdot \tan \alpha$$

oder $\quad h = s \cdot \cot \zeta$.

Trigonometrische Höhenmessüngen

Die Höhenzahl H_P des Zielpunktes wird, wenn H_{P_1} bekannt ist, wie aus der Abb. 115 hervorgeht, wie folgt berechnet:

$$H_{P_2} = H_{P_1} + i + h - z \ .$$

Die für die Berechnung des Höhenunterschiedes h notwendige söhlige Entfernung s der beiden Punkte P_1 und P_2 kann nur in seltenen Fällen unmittelbar gemessen werden. Sie wird meistens aus den Berechnungsergebnissen entweder eines Hilfsdreiecks oder der vorangegangenen Lagemessungen der Punkte entnommen. Sie läßt sich aber auch aus der Messung zweier Neigungswinkel α_1 und α_2 auf dem Standpunkt P_1 nach den im konstanten Abstand e angebrachten Zielmarken Z_1 und Z_2 einer im Zielpunkt P_2 lotrecht aufgestellten Latte in folgender Weise ableiten, s. Abb. 116.

$$\tan \alpha_1 = \frac{h_2 + e}{s}$$

$$\tan \alpha_2 = \frac{h_2}{s}$$

$$\tan \alpha_1 - \tan \alpha_2 = \frac{h_2 + e - h_2}{s}$$

$$\tan \alpha_1 - \tan \alpha_2 = \frac{e}{s}$$

hieraus folgt

$$s = \frac{e}{\tan \alpha_1 - \tan \alpha_2} \ .$$

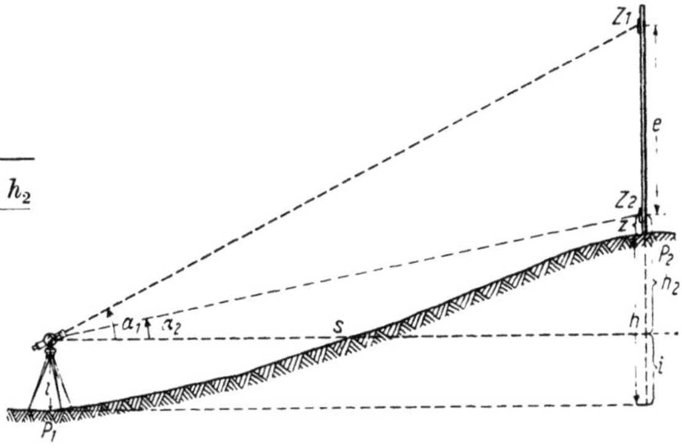

Abb. 116. Ermittlung der söhligen Entfernung s aus der Messung zweier Neigungswinkel

Der Höhenunterschied h zwischen den Punkten P_1 und P_2 errechnet sich wie folgt

$$h = i + h_2 + e - (e + z) = i + h_2 - z \ .$$

Hier bedeuten: i die gemessene Instrumentenhöhe; h_2 ist aus $s \cdot \tan \alpha_2$ zu berechnen, e ist der konstante Lattenabschnitt und z der Abstand von der unteren Zielmarke Z_2 der Latte bis zum Bodenpunkt P_2.

Beträgt die söhlige Entfernung s mehr als 400 m, so ist es zur Vermeidung von Zentimeterfehlern notwendig, die Krümmung der Erdoberfläche und die Brechung der Lichtstrahlen (Refraktion) als Folge der nach oben abnehmenden Dichte der Luftschichten zu berücksichtigen.

Der Einfluß der *Erdkrümmung* $= \dfrac{s^2}{2r}$, s. Abschn. 52, S. 86, ist, wie Abb. 117, S. 158 zeigt, dem aus der Formel $s \cdot \tan \alpha$ berechneten Höhenunterschied h' hinzuzuzählen, während der Einfluß der *Strahlenbrechung*, der bei wechselnder Brechungszahl unter wechselnden atmosphärischen Verhältnissen im Mittel $0{,}13 \cdot \dfrac{s^2}{2r}$ beträgt, wieder von h' abgezogen werden muß, um den wirklichen Höhenunterschied h zu erhalten.

Bemerkt sei, daß die Höhenlage der Trig. Punkte der Landesaufnahme in der Regel trigonometrisch im Anschluß an mindestens zwei benachbarte Punkte von den Landesvermessungsämtern bestimmt wird. Die Genauigkeit dieser trigonometrischen Höhenbestimmung beträgt etwa $\pm 0{,}1$ m.

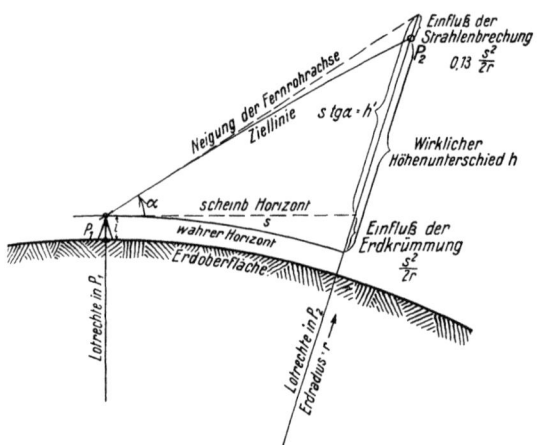

Abb. 117. Einfluß der Erdkrümmung und Strahlenbrechung

2. Ermittlung der Höhe eines Bauwerks

Sie geschieht zweckmäßig von den Endpunkten einer beliebig gelegten Grundlinie aus. Durch Dreieckswinkelmessung auf diesen Punkten wird die Errechnung der söhligen Entfernungen, durch Neigungswinkelmessung die Ermittlung der Höhenunterschiede möglich, sofern vorher die Länge der Grundlinie gemessen worden ist.

Als Beispiel soll nachstehend die Messung und Berechnung der Höhe eines Schornsteins erläutert werden, s. Abb. 118, S. 159.

Durch *Messung* sind zu ermitteln:

1. die Höhenzahlen des Anfangs- und Endpunktes der Grundlinie P_1 bis P_2 und des Fußpunktes des Schornsteins H_u durch ein besonderes Nivellement

$$H_1 = +85{,}62 \text{ m}; \qquad H_2 = +85{,}18 \text{ m}; \qquad H_u = +86{,}75 \text{ m},$$

2. auf dem Standpunkt P_1: der Horizontwinkel $\alpha_1 = 64{,}5529^g$ zwischen dem rechten oberen Rand des Schornsteins und der Grundlinie P_1 bis P_2, s. Grundriß, auf dem Standpunkt P_2: der Horizontalwinkel $\gamma_2 = 61{,}0175^g$ zwischen dem linken oberen Rand des Schornsteins und der Grundlinie P_2 bis P_1, s. Grundriß.

3. auf den Standpunkten P_1 und P_2 die Horizontalwinkel zwischen dem oberen linken und rechten Schornsteinrand, s. Grundriß

$$2\varDelta_1 = 2{,}3720^g \qquad \text{und} \qquad 2\varDelta_2 = 2{,}2880^g,$$

4. auf P_1 und P_2 die Neigungswinkel zum linken bzw. rechten oberen Schornsteinrand, s. Ansicht

$$\delta = 46{,}2632^g \qquad \text{und} \qquad \varepsilon = 45{,}5077^g,$$

Trigonometrische Höhenmessungen

5. die Länge der Grundlinie P_1 bis $P_2 = b = 49{,}860$ m,
6. die Instrumentenhöhe über P_1 und P_2

$$i_1 = 1{,}45 \text{ m} \quad \text{und} \quad i_2 = 1{,}42 \text{ m}$$

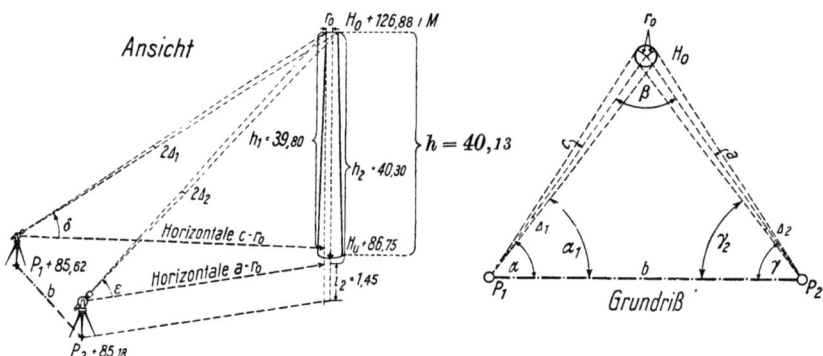

Abb. 118. Ermittlung der Höhe eines Schornsteines

Durch *Berechnung* sind zu bestimmen:
1. In dem Hilfsdreieck $P_1 H_0 P_2$, s. Grundriß

   der Winkel $\alpha = \alpha_1 + \Delta_1$

   „ „ $\gamma = \gamma_2 + \Delta_2$

   „ „ $\beta = 200^g - (\alpha + \gamma)$,

   die söhlige Länge $P_1 H_0 = c = b \cdot \dfrac{\sin \gamma}{\sin \beta}$

   „ „ „ $P_2 H_0 = a = b \cdot \dfrac{\sin \alpha}{\sin \beta}$,

2. in den kleinen Dreiecken des Grundrisses der obere Halbmesser des Schornsteins

$$r_0 = \frac{\Delta_1}{\varrho} \cdot c = \frac{\Delta_2}{\varrho} \cdot a,$$

3. in den vertikalen Dreiecken von P_1 und P_2 aus, s. Ansicht,

$$h_1 = (c - r_0) \cdot \tan \delta \quad \text{und} \quad h_2 = (a - r_0) \cdot \tan \varepsilon,$$

4. die Höhenzahl des oberen Randes des Schornsteins, bezogen auf NN,

$$H_0 = H_1 + i_1 + h_1 = H_2 + i_2 + h_2,$$

5. die absolute Höhe des Schornsteins

$$h = H_0 - H_u.$$

Ein Schornstein ist, wie viele Bauwerke in Bergbaugebieten, durch Bodenbewegungen infolge Abbaus Veränderungen in lotrechter und waagerechter Hinsicht ausgesetzt. Das Ausmaß dieser Veränderungen in der Vertikalen und Horizontalen läßt sich in dem vorstehenden Beispiel durch weitere Messungen von den gleichen Standpunkten P_1 und P_2 aus bestimmen. Da die einzelnen Abstände h_n von der Schornsteinspitze bis zum Fuß von den Höhenwinkeln δ und ε abhängig sind, so kann man bei der Messung entweder von runden Höhenwinkeln oder von gleichen Abständen ausgehen und die zugehörigen Höhenunterschiede bzw. Höhenwinkel berechnen. Man wird jedoch stets diejenigen Stellen des Schornsteins, die schon mit bloßem Auge oder bei der Betrachtung durch das Fernrohr eine Veränderung erkennen lassen, besonders beobachten. Die Aufnahme erfolgt in gleicher Weise wie bei der Einmessung der Schornsteinspitze. Aus den Messungsergebnissen ist durch Zulage der orientierten Horizontal- und Vertikalschnitte die Lage und höhenmäßige Veränderung ähnlich wie bei der Zulage der Schachtscheibenaufnahmen einer Schachtabseigerung, s. Abschn. 75 u. 76, S. 138 u. f., festzustellen.

Ergebnisse des Meß- und Berechnungsbeispiels zur Ermittlung der Höhe eines Bauwerks, s. S. 158/159

$2\varDelta_1$	$2{,}3720^g$	$\varDelta_1$	$1{,}1860^g$	α_1	$64{,}5529^g$
$2\varDelta_2$	$2{,}2880^g$	$\varDelta_2$	$1{,}1440^g$	γ_2	$61{,}0175^g$
H_1	$+85{,}62$ m	H_2	$+85{,}18$ m	$\alpha_1+\varDelta_1+$	
i_1	$1{,}45$ m	i_2	$1{,}42$ m	$\gamma_2+\varDelta_2$	$127{,}9004^g$
h_1	$39{,}80$ m	h_2	$40{,}30$ m		
H_0	$+126{,}87$ m	H_0	$+126{,}90$ m	Mittel H_0	$126{,}88$ m
H_u	$+86{,}75$ m	h	$\begin{matrix}12\\40{,}15\end{matrix}$ m	Mittel h	$40{,}13$ m

α	$65{,}7389^g$	a	$47{,}28$ m	r_0	$0{,}849$ m	h_1	$39{,}80$ m
γ	$62{,}1615^g$	$\sin\alpha$	$0{,}85865$	c	$45{,}62$ m	$c-r_0$	$44{,}77$ m
β	$72{,}0996^g$	b	$49{,}860$ m	$\varDelta_1$	$1{,}1860^g$	$\tan\delta$	$0{,}88899$
$\alpha+\beta+\gamma$	$200{,}0000^g$	$\sin\beta$	$0{,}90549$	ϱ^g	$63{,}6620$	$\tan\varepsilon$	$0{,}86797$
δ	$46{,}2632^g$	$\sin\gamma$	$0{,}82850$	$\varDelta_2$	$1{,}1440^g$	$a-r_0$	$46{,}43$ m
ε	$45{,}5077^g$	c	$45{,}62$ m	a	$47{,}28$ m	h_2	$40{,}30$ m
				r_0	$0{,}850$ m		

86. Messungen unter Tage

1. Gradbogenmessung

Dieses früher meist in Verbindung mit der Kompaßmessung durchgeführte Meßverfahren wird vorwiegend in schwebenden Strecken — Überhauen, Abhauen, Gesteinsbergen, Diagonalen usw. — ausgeführt. Es bedingt kurze Züge von 10 bis 12 m Länge, damit die Schnur, an die man den Gradbogen hängt, möglichst straff gespannt werden kann. Trotzdem ist ein Durchhang der Schnur bei angehängtem Gradbogen unvermeidlich. Der Einfluß dieses Durchhanges wird durch geeignete

Wahl des Aufhängepunktes nach Möglichkeit ausgeschaltet, s. S. 50, Abschn. 34. Um die Sohle und Firste in schwebenden Strecken später im Riß darstellen zu können, werden am Endpunkt jeder Zugseite bei flacher Lagerung die lotrechten, bei steiler Lagerung die bankrechten, d. h. rechtwinklig zum Einfallen verlaufenden, Abstände von der Sohle, häufig auch diejenigen von der Firste, gemessen. Sollen die Ergebnisse der Gradbogenmessung nur für die *aufrißliche* Darstellung einer schwebenden Strecke verwendet werden, so empfiehlt es sich, sämtliche Züge in die gleiche Richtung, d. h. in die Streckenmitte, zu legen, um so die Messung der Richtung jedes einzelnen Zuges zu vermeiden.

Die Berechnung der Seigerteufen und auch der Sohlen erfolgt meist genügend genau mit dem Rechenschieber. Man kann sie jedoch auch unter Zuhilfenahme von Zahlentafeln der Sinus- und Kosinuswerte, wie sie in Tafel 1 des Anhanges für die gebräuchliche Ablesung der Neigungswinkel auf $1/10^g$ angegeben sind, durchführen. Die aus der Zahlentafel entnommenen Werte für die einzelnen Neigungswinkel α müssen noch mit der flachen Zuglänge f multipliziert werden, um Seigerteufen oder Sohlen zu erhalten.

Beispiel: Ist $f = 11{,}76$ m, $\alpha = +47{,}2^g$, so findet man in der *links* mit 47^g bezeichneten Reihe, und zwar in der mit $0{,}2^g$ *über*schriebenen Spalte, den Sinuswert 0,675, der mit 11,76 m multipliziert die Seigerteufe $+7{,}94$ m ergibt.

In der *rechts* mit 47^g bezeichneten Reihe ist in der mit $0{,}2^g$ *unter*schriebenen Spalte der Kosinuswert 0,738 zu entnehmen, der wieder mit 11,76 m multipliziert die Sohle 8,68 m ergibt.

Für die Auftragung der Messungsergebnisse genügt meist auch die Entnahme der Sohlen und Seigerteufen aus einem entsprechenden Rechenbild, s. Tafel 6 des Anhanges.

Die Genauigkeit einer Gradbogenmessung ist nicht sehr groß. Bei kleinen Neigungswinkeln macht sich vor allem ein Fehler in der *Winkel*messung bemerkbar, während bei stärkerer Neigung der Einfluß des *Längen*fehlers überwiegt. Nimmt man an, daß die Neigungswinkel auf $1/4^g$ und die Längen auf 5 cm genau bestimmt worden sind, so würde z. B. der Höhenfehler am Endpunkt einer flaches Zuges mit 10 Seiten von je 10 m Länge und 45^g Einfallen etwa ± 15 cm betragen.

Die Ergebnisse einer Gradbogenmessung werden ebenso wie die Berechnung der Sohlen und Seigerteufen meistens in der Praxis in ein geeignetes Formular eingetragen, wie es das Beispiel auf den Seiten 162 und 163 zeigt.

2. Theodolitmessung

Will man die Genauigkeit einer trigonometrischen Messung in einer schwebenden Grubenstrecke erhöhen, so sind der Neigungswinkel α statt mit dem Gradbogen mit dem Höhenkreis eines Theodolits und die flachen Längen f mit einem Stahlmeßband zu messen, s. S. 75 und S. 27/28. Bei langen flachen Längen werden zwischen Aufstellungs- und Zielpunkt zweckmäßig weitere Zwischenpunkte durch Einweisen von Lotschnüren mit dem vertikalen Doppelstrich des Fernrohrstrichkreuzes eingeschaltet und als Anhaltezeichen für die Längenmessung

Beispiel einer ausgeführt am 16. Mai 1955, vorm. Zeche Glückauf, 3. Sohle, 1. westl. Abteilung,

Punkt	Nr. des Zuges	Neigungswinkel α		Flache Länge f	Abstand des Punktes von der Sohle bzw. vom Liegenden	Abstand des Punktes vom Hangenden	Sohle $= f \cdot \cos \alpha$	Seigerteufe $= f \cdot \sin \alpha$	
		+	−	m	m	m	m	+	−
a					2,00	0,00			
	1	31,0		9,00			7,95	4,21	
b					0,30	1,15			
	2	54,4		8,54			5,61	6,44	
c					1,35	0,10			
	3	33,4		10,00			8,66	5,01	
d					0,20	1,30			
	4	48,8		8,42			6,06	5,84	
e					1,35	0,10			
	5		26,8	2,09			1,91		0,85
f					0,20	1,25			
	6	51,2		8,87			6,15	6,39	
g					1,20	0,10			
	7	36,4		9,00			7,57	4,87	
h					0,40	1,10			
	8	45,2		9,08			6,89	5,92	
i					1,30	0,10			
	9	22,0		3,12			2,94	1,06	
k					0,20	1,35			
							53,74	39,74	0,85
								$h = +\ 38{,}89$	

z. B. kleine Stifte so in die Lotschnüre gesteckt, daß sie sich mit dem horizontalen Mittelstrich des Fadenkreuzes decken, s. Abb. 119. Ferner

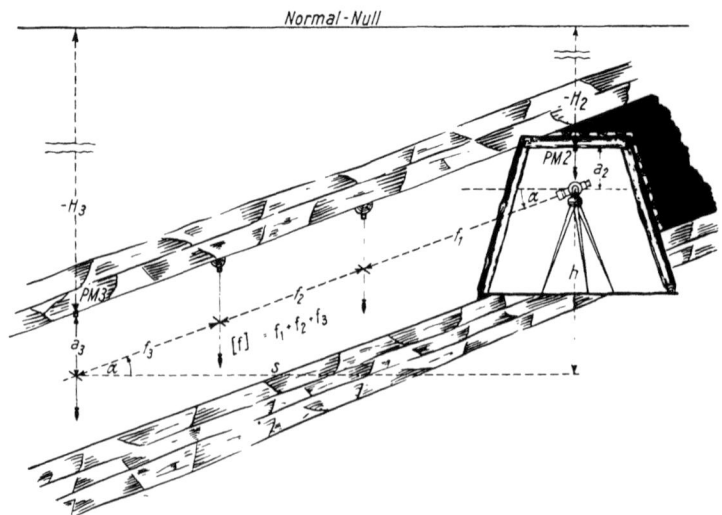

Abb. 119. Trigon. Höhenmessung mit dem Theodolit in einem Abhauen

Trigonometrische Höhenmessungen

Gradbogenmessung
Fl. Sonnenschein, Grundstrecke nach Osten. 1. Überh. zur Teilsohlenstrecke

Höhe des Punktes über S. O. der Grundstrecke ± m	Punkt	Bemerkungen und Handzeichnung
+ 2,00	a	Gradbogen Nr. 91232 von Breithaupt und 20 m Meßkette
+ 6,21	b	
+ 12,65	c	
+ 17,66	d	
+ 23,50	e	
+ 22,65	f	
+ 29,04	g	
+ 33,91	h	
+ 39,83	i	
+ 40,89	k	

mißt man auf jedem Punkt den Neigungswinkel nach beiden Richtungen der Ziellinie aufwärts und abwärts, sowie jedesmal die Abstände von der Kippachse des Instruments und vom Zielzeichen bis zum Firstpunkt.

Die Höhenzahl H_3 für den PM_3 läßt sich, wie aus der Abb. 119 hervorgeht, berechnen, wenn a_2 und a_3 gemessen, sowie h aus $[f] \cdot \sin \alpha$ berechnet worden sind. Es ist

$$H_3 = H_2 - (a_2 + h) + a_3,$$

oder in Zahlen

$$H_3 = -120{,}23 - (0{,}35 + 10{,}54) + 0{,}68 = -130{,}44 \text{ NN}.$$

Eine weitere Steigerung der Meßgenauigkeit kann durch Anwendung des Zwangzentrierverfahrens, s. Abschn. 48, S. 82 erreicht werden. Auch die Längenmessung ist möglichst mit veränderten Zwischenpunkten hin und zurück sowie mit Zwischenunterstützung des Bandes und Berücksichtigung aller auftretenden Längenmeßfehler, s. S. 28 u. f., durchzuführen, um den Höhenfehler möglichst klein zu halten. Letzterer wird z. B. bei einem Neigungswinkel von 45^g und einer flachen Länge von 100 m günstigenfalls etwa 1 bis 2 cm betragen.

Geometrische Höhenmessungen

Für die Durchführung geometrischer Höhenmessungen werden je nach der gestellten Aufgabe und dem geforderten Genauigkeitsgrad verschiedene Geräte und Instrumente gebraucht, die sämtlich im wesentlichen die Herstellung einer bestimmten horizontalen Linie oder Ebene bezwecken, von der aus die lotrechten Abstände der Meßstellen bzw. -punkte, deren Höhenunterschied man ermitteln will, an lotrecht aufgestellten und entsprechend eingeteilten Latten abgelesen werden können, s. Abb. 111 c, S. 151. Man verwendet hierfür entweder einfache Geräte, wie z. B. das *Staffelzeug*, die *Kanalwaage* und die *einfache Schlauchwaage*, oder man benutzt für genauere Höhenangaben *Präzisions-Schlauchwaagen* und *Nivellierinstrumente* der verschiedensten Bauarten mit besonderen Nivellierlatten.

Die Herstellung einer horizontalen Linie oder Ebene erfolgt bei der Kanal- und Schlauchwaage durch die Verbindung zweier sich gleichhoch einstellender Wasseroberflächen in einer kommunizierenden Röhre, beim Staffelzeug und dem Libellen-Nivellier durch die Libellenachse einer einspielenden Röhrenlibelle, s. Abschn. 89, S. 168, und beim Nivellier mit Selbsteinwägung durch einen Kompensator bzw. durch einen Regler, s. Abschn. 90, S. 172.

87. Messungen mit dem Staffelzeug

Das Gerät besteht aus einer mit einer Röhrenlibelle versehenen und in Zentimeter eingeteilten *Setzlatte* und einer zweckmäßig mit einer Dosenlibelle ausgerüsteten und in Millimeter eingeteilten *Vertikallatte*.

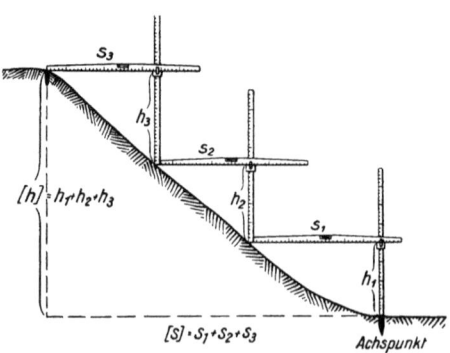

Abb. 120. Aufnahme einer Böschung mit Staffelzeug

Das Staffelzeug wird bei Geländeaufnahmen, z. B. bei der Aufmessung steiler Abhänge und Böschungen sowie beim Wege- und Bahnbau für die Aufnahme von kurzen steilen Querlinien, s. Abschn. 135 u. 136, S. 279 u. f., gern benutzt. Die Abb. 120 zeigt die Querschnittsaufnahme einer Böschung. Von der unteren bis zur oberen Böschungskante werden die Teilhöhenunterschiede h_1 bis h_3 an der lotrecht aufgestellten Latte und die söhligen Teillängen s_1 bis s_3 an der waagerecht gehaltenen Setzlatte abgelesen. Zur besseren Unterstützung der horizontalen Setzlatte, aber auch zur genaueren Ablesung an beiden Latten ist vielfach ein Schieber angebracht, der bei einspielender Setzlattenlibelle an der Vertikallatte festgeklemmt wird.

Die Genauigkeit einer Staffelzeugmessung hängt im wesentlichen von der Richtigkeit der benutzten Libellen und der Anzahl n der Setzlattenlagen ab. Der Gesamtfehler einer sorgfältig ausgeführten Messung beträgt unter der Voraussetzung einer vorher vorgenommenen Berichtigung der Libellen etwa ± 5 cm $\cdot \sqrt{n}$.

88. Messungen mit Kanalwaagen und Schlauchwaagen

1. Kanalwaage

Sie besteht aus einem etwa 1 m langen Blechrohr, in dessen rechtwinklig umgebogenen Enden je ein Glasröhrchen eingekittet ist, s. Abb. 121. Eine in der Mitte des Blechrohres befindliche kurze Hülse gestattet das Aufstecken der Kanalwaage auf ein einfaches Zapfenstativ. Füllt man das Rohr mit einer Flüssigkeit, z. B. mit gefärbtem Wasser, so stellen sich die Wasserspiegel in den beiden Glasröhrchen gleich hoch ein. Die Verbindungslinie der beiden Wasserspiegel bildet also eine horizontale Linie, die man bei der Messung als Visierlinie benutzt, um die lotrechten

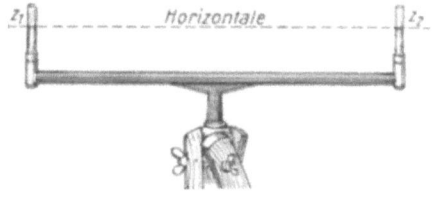

Abb. 121. Kanalwaage

Abstände dieser Linie von den Meßpunkten an Vertikallatten ablesen zu können. Da diese Ablesungen, die mit bloßem Auge ohne jedes Hilfsmittel erfolgen, auch bei nahen Entfernungen wenig genau ausfallen, so wird die Kanalwaage nur noch für Höhenmessungen geringer Genauigkeit, z. B. bei der Ausführung von Erdarbeiten über Tage, benutzt.

2. Einfache Schlauchwaage

Die auf dem gleichen Grundsatz kommunizierender Röhren beruhende einfache Schlauchwaage unterscheidet sich sowohl im Aufbau als auch im Meßverfahren von der Kanalwaage. Die beiden lotrechten Glasröhrchen sind hier in feste, unten mit einem Aufstellfuß und einem Absperrhahn versehene Messingrohre so eingelassen, daß die Wasseroberfläche in den Glasröhren durch ausgesparte Längsschlitze der Messingrohre gut beobachtet bzw. ihr Stand an einer seitlich auf dem Messingrohr angebrachten Millimetereinteilung abgelesen werden können, s. Abb. 122. Die beiden Absperrhähne, die beim Transport des Gerätes geschlossen werden, sind mit einem 20 bis 30 m langen

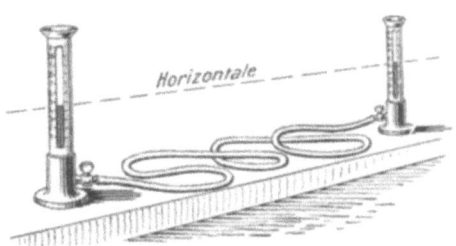

Abb. 122. Einfache Schlauchwaage

Schlauch verbunden und werden erst nach Aufstellung der beiden Standrohre auf den Meßpunkten geöffnet. Sodann werden die Wasseroberflächen in den beiden Glasröhren an der Millimetereinteilung — möglichst bei stehenbleibenden Standrohren und waagerechter Sicht — abgelesen. Zu beachten ist jedoch, daß man nach Öffnen der Absperrhähne so lange warten muß, bis die sich sehr häufig im Schlauch bildenden Luftblasen durch Bewegen des Schlauches beseitigt sind und ein völliger Ausgleich des Wassers eingetreten ist, was stets einige Minuten dauert. Der Unterschied der beiden Ablesungen ergibt den Höhenunterschied zwischen den beiden Meßpunkten. Dies trifft allerdings nur dann zu, wenn die beiden Millimetereinteilungen an den Standrohren genau übereinstimmen; deshalb sind die Einteilungen *vor* der Messung durch Aufsetzen der Standrohre auf eine genau horizontale Fläche zu überprüfen. Ein gegebenenfalls auftretender Unterschied ist als Verbesserung bei den späteren Meßergebnissen zu berücksichtigen.

Die einfache Schlauchwaage wird in der Praxis beim Bau von Straßen und Wasseranlagen, vor allem aber an und in Bauwerken aller Art zur Feststellung etwaiger Schieflagen von Mauersockeln, Zimmerfußböden und ähnlichem mit Vorteil verwendet. Die Genauigkeit der Höhenangaben beträgt bei sorgfältiger Handhabung des Gerätes etwa 1 bis 2 mm.

Zur Schieflagebestimmung in Gebäuden wird in der Praxis vielfach ein noch einfacheres Gerät benutzt, das nur aus zwei durch einen Schlauch verbundenen einfachen Glasröhrchen ohne Teilung besteht. Diese Röhrchen werden an je einen Zollstock angehalten, der jeweils an den einzumessenden Punkten lotrecht aufgestellt wird. Die Höhe des Wasserspiegels wird sodann an der Zollstockteilung abgelesen. Meist geht man dabei so vor, daß das eine Ende der Schlauchwaage so an einem Punkt A eines Gebäudegeschosses aufgestellt wird, daß man mit dem anderen Schlauchwaagengefäß alle oder zumindest möglichst viele der einzumessenden Punkte 1 bis n erreichen kann, s. Handzeichnung im nachstehenden Beispiel. Zweckmäßig richtet man es so ein, daß der Wasserspiegel in A bei einem glatten Wert liegt, etwa bei 1,5 m für die erste Messung und bei 1,6 m für die zur Kontrolle ausgeführte zweite Messung.

Beispiel einer Schieflagemessung mit einfacher Schlauchwaage
ausgeführt am 12. 1. 1961 in Gelsenkirchen

| Pkt. | Ablesungen | | Höhenunterschied | | | Bemerkungen und Handzeichnung |
	1. Messung m	2. Messung m	1. Messung mm	2. Messung mm	Mittel aus 1. und 2. Messung mm	
A	1,500	1,600	–	–	–	einfache Schlauchwaage
1	1,582	1,683	–106	–108	–107	2 Zollstöcke
2	1,532	1,630	– 56	– 55	– 56	
3	*1,476*	*1,575*	± 0	± 0	± 0	
4	1,520	1,622	– 44	– 47	– 46	

Erdgeschoß, Hardenbergstr. 88

Zur Auswertung wählt man z. B. für den höchsten Punkt, das ist derjenige mit der niedrigsten Ablesung — im Beispiel der Punkt 3 —, die Ausgangshöhe ±0 und erhält durch die Bildung der Differenzen zwischen dem Ablesewert des P_3 — 1,476 und 1,575 — und den Ablesungen an den übrigen Punkten die Höhenunterschiede dieser Punkte gegenüber dem höchsten Punkt. Das Mittel aus den Höhenunterschieden der 1. und 2. Messung wird unter Berücksichtigung der Entfernung zur Berechnung der Schieflage zwischen diesen Punkten — ausgedrückt in mm/m — benutzt, wie nachstehend gezeigt wird.

Berechnung der Schieflage

Von 1 nach 2: 51 mm auf 7,60 m = 6,7 mm/m
Von 1 nach 3: 107 mm auf 13,60 m = 7,9 mm/m
Von 1 nach 4: 61 mm auf 11,20 m = 5,4 mm/m
Von 2 nach 3: 56 mm auf 11,20 m = 5,0 mm/m
Von 2 nach 4: 10 mm auf 13,60 m = 0,7 mm/m
Von 3 nach 4: 46 mm auf 7,60 m = 6,1 mm/m

3. Präzisions-Schlauchwaage

Das zur genauen Ermittlung sehr kleiner Höhenänderungen nach Angabe von NIEMCZYK durch die Firma Metron, Essen, entwickelte

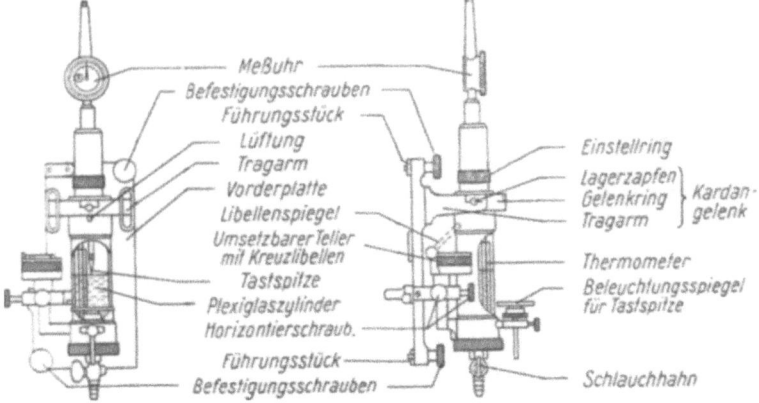

Abb. 123. Präzisions-Schlauchwaage nach NIEMCZYK

Gerät besteht im wesentlichen aus 2 Meßbolzen, 2 Wandplatten und 2 Standgefäßen, die an Tragarmen zweier Vorderplatten kardanisch aufgehängt sind, s. Abb. 123. Die Meßbolzen werden an den Punkten einzementiert, deren vertikale Veränderungen gegeneinander gemessen werden sollen, und mit den Wandplatten fest verschraubt. Die Vorderplatten werden durch zwei Befestigungsschrauben mit Hilfe von Führungsstücken und einer entsprechenden Nut an die Wandplatte angeschraubt. Die Standgefäße werden mit einem durchsichtigen bis zu 100 m langen Kunststoffschlauch verbunden, dessen glatte innere Wandung eine Blasenbildung des eingefüllten destillierten Wassers möglichst verhindern soll. Das Standgefäß mit Meßeinrichtung besteht aus einem Plexiglaszylinder in einem vorn offenen Metallgehäuse, in dessen oberen Teil ein Entlüftungsloch angebracht ist, um die Bildung von Luftpolstern über der Wassersäule des Glaszylinders zu verhindern. Die genaue Horizontierung bzw. Lotrechtstellung der beiden Standgefäße erfolgt durch Kreuzlibellen (Angabe 2^c), die mit zwei Horizontierschrauben zum Einspielen gebracht werden. Die Wasserhöhe im Zylinder wird mit einer feinen Tastspitze durch Drehen eines Einstellringes vorsichtig angetastet bzw. durch Beobachtung in einem vor dem Gefäß angebrachten Spiegel so eingestellt, daß die Tastspitze ihr Spiegelbild auf der Wasseroberfläche gerade berührt. Sodann liest man die Vertikalverschiebung der Meßbolzen gegenüber dem Wasserstand in den Glaszylindern nach Einstellen der Tastspitzen an einer Meßuhr, die einen Meßbereich von 50 mm umfaßt, auf 0,001 mm ab.

Es werden zweckmäßig von 2 Beobachtern gleichzeitig etwa 10 Einstellungen bzw. Ablesungen an jedem der beiden Meßpunkte gemacht. Sodann sind die Standgefäße gegenseitig durch Umhängen zu vertauschen und abermals 10 Ablesungen vorzunehmen. Der Unterschied aus den arithmetischen Mitteln beider Meßreihen gibt die kleinen Höhenänderungen der beiden Meßbolzen mit einer Genauigkeit von etwa $\pm 0{,}01$ mm an.

Die Präzisions-Schlauchwaage wird zweckmäßig über Tage bei geringen Setzungen von Fundamenten großer Bauwerke und unter Tage bei gebirgsmechanischen Messungen, z. B. bei kleinsten Absenkungen des Hangenden eines in Abbau befindlichen Flözes benutzt s. hierüber H. Spettmann [78, 79,] und W. Rose [67].

Eine Präzisionsschlauchwaage ähnlicher Bauart ist auch von H. Martin entwickelt worden. Nach den Angaben von O. Meisser [52] wurde eine Präzisionsschlauchwaage bei der Fa. Freiberger Präzisionsmechanik gebaut.

Nivellierinstrumente und Nivellierlatten

Das wichtigste Instrument für die geometrische Höhenmessung ist das *Nivellier*, das in Verbindung mit einem Stativ und einer Nivellierlatte zur Bestimmung von Höhenunterschieden über und unter Tage am meisten Verwendung findet.

Der Hauptteil eines Nivelliers ist das Nivellierfernrohr mit Röhrenlibelle oder mit Regler bzw. Kompensator, mit deren Hilfe die Ziellinie des Fernrohrs sich selbständig waagerecht einstellt. Hiernach unterscheidet man Nivelliere mit Röhrenlibellen und Nivelliere mit Reglern, d. h. mit Selbsteinwägung.

89. Nivelliere mit Röhrenlibellen

Je nach der Bauart werden hier unterschieden:

a) Nivellierinstrumente mit *festen Teilen*, s. Abb. 124 u. 125. Bei diesen Instrumenten ist das Fernrohr mit Röhrenlibelle fest am Fernrohrträger angebracht. In der Regel besitzen derartige Nivelliere ebenso wie die nachfolgenden für das Einstellen der Zielrichtung auf die Nivellierlatte eine Klemmschraube und eine Feinbewegungsschraube. Das Einspielen sowohl der Dosenlibelle (Grobhorizontierung) als auch der Röhrenlibelle (Feinhorizontierung) kann hierbei nur mit den 3 Fußschrauben vorgenommen werden, s. Abschn. 92, S. 177.

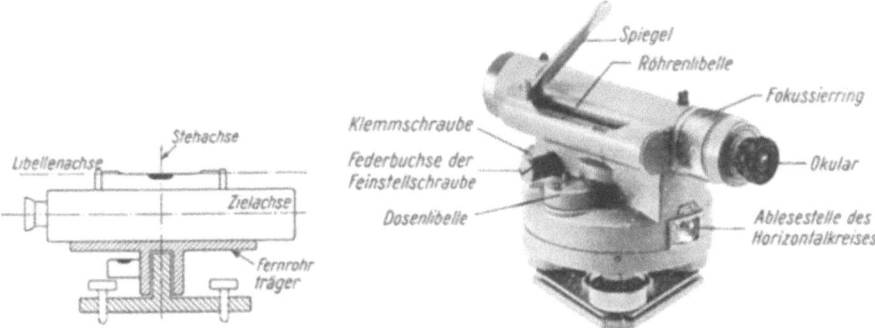

Abb. 124. Nivellier mit festen Teilen (schematisch)

Abb. 125. Bau-Nivellier „Bauni" mit festen Teilen der Fa. Fennel
Technische Angaben: Fernrohrvergrößerung: 25fach; Objektivöffnung: 30 mm; kürzeste Zielweite: 1,6 m; Empfindlichkeit der Röhrenlibelle: $90^{cc}/2$ mm; Gewicht: 1,5 kp

b) Nivelliere mit kippbarem *Fernrohr*, s. Abb. 126 u. 127. Sie besitzen eine *Kippschraube*, mit der das Fernrohr nebst Röhrenlibelle in der lotrechten Ebene um ein geringes Maß gekippt, d. h. gehoben oder gesenkt werden kann.

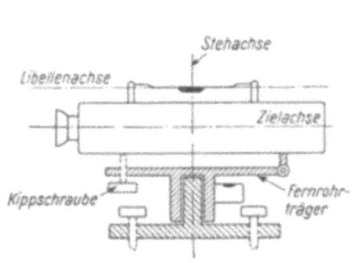

Abb. 126. Nivellier mit Kippschraube (schematisch)

Abb. 127. Ingenieur-Nivellier III „Nakre" mit kippbarem Fernrohr der Fa. Breithaupt
Technische Angaben: Fernrohrvergrößerung: 30fach; Objektivöffnung: 40 mm; kürzeste Zielweite: 1,2 m; Empfindlichkeit der Röhrenlibelle: $60^{cc}/2$ mm; Gewicht: 2,1 kp

Die Grobhorizontierung des Instrumentes erfolgt wieder mit Dosenlibelle und Fußschrauben, während das genaue Einspielenlassen der Röhrenlibelle *vor* jeder Lattenablesung nur noch mit der Kippschraube ausgeführt wird.

c) Nivellierinstrumente mit in der Längsrichtung *wälzbarem Fernrohr* und *Wendelibelle*. Auch diese Nivelliere sind mit Kippschraube ausgerüstet.

d) Nivelliere mit *umlegbarem Fernrohr* und fester oder umsetzbarer Röhrenlibelle. Diese Nivelliere werden ebenso wie die unter c) genannten Bauarten im Bergvermessungswesen nur noch selten benutzt.

Die Leistungsfähigkeit eines Nivellierinstrumentes mit Libelleneinstellung hängt jedoch nur beschränkt von seiner Bauart ab. Weit wichtiger für die Erreichung bestimmter Meßgenauigkeiten sind die Empfindlichkeit seiner Röhrenlibelle und die Vergrößerung seines Fernrohres. Man unterscheidet in dieser Hinsicht *Nivelliere für technische Zwecke* (Bau- und Ingenieurnivelliere) und *Nivelliere für Feinmessungen* (Feinnivelliere).

1. Bau- und Ingenieurnivelliere

Für Nivellierarbeiten geringer Genauigkeit über und unter Tage genügen *Baunivelliere* mit Libellenempfindlichkeiten von etwa 30″ bis 40″ bzw. 90^{cc} bis 120^{cc} je 2 mm Teilungseinheit und mit etwa 10- bis 20facher Fernrohrvergrößerung. Vielfach wählt man hierfür die in Abb. 125 wiedergegebene gedrungene Bauart mit festen Teilen in völlig geschlossenen und daher staubfreien und sehr widerstandsfähigen Gehäusen. Das in Abb. 125 gezeigte Baunivellier der Fa. Fennel besitzt eine Libellenempfindlichkeit von 30″ ≈ 90^{cc} und eine 25fache Fernrohrvergrößerung.

Für technische Nivellements über Tage und auch zu Grubenmessungen aller Art benutzt man *Ingenieur-Nivelliere* mit Libellenempfindlichkeiten von etwa 15″ bis 30″ bzw. 45^{cc} bis 90^{cc} und 20- bis 30facher Fernrohrvergrößerung, wie sie die Abb. 127 zeigt. Das Ingenieurnivellier III „Nakre" von Breithaupt ist mit einer Röhrenlibelle — Angabe 20″ ≈ 60^{cc} — und Kippschraube sowie einem Ableseokular für den Horizontalkreis versehen und hat eine 30fache Fernrohrvergrößerung.

2. Feinnivelliere

Für geometrische Höhenmessungen hoher und höchster Genauigkeit werden Feinnivelliere mit 40- bis 50facher Fernrohrvergrößerung benutzt, deren Röhrenlibellen eine Empfindlichkeit von etwa 5″ bis 10″ bzw. 15^{cc} bis 30^{cc} haben. Sie sind zur Steigerung der Genauigkeit sowohl in der Libelleneinstellung auf 0,1 bis 0,2^{cc} als auch in der Lattenablesung auf 0,1 bis 0,2 mm in der Regel mit besonderen Einrichtungen versehen.

So ist z. B. zur besseren Beobachtung des Einspielvorganges der Libelle in Verbindung mit letzterer häufig ein Prismensystem eingebaut, s. Abb. 128, welches die Bild-

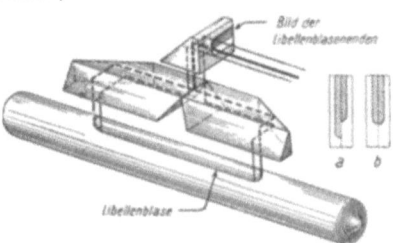

Abb. 128. Strahlengang im Prismensystem eines Zeiss-Nivelliers zwecks Einstellung der halben Libellenblasenenden im Sehfeld (Koinzidenzlibelle), a) bei noch nicht einspielender Libelle, b) bei einspielender Libelle

strahlen der halben Blasenenden der Libelle in ein vergrößerndes Ableseokular oder noch besser unmittelbar in das Hauptfernrohr des Nivelliers so leitet, daß das Bild der beiden halben Blasenenden neben dem Lattenbild mit Keilstricheinstellung des Strichkreuzes erscheint, s. Abb. 131, S. 172. Die Libelle spielt genau ein, wenn die beiden halben Blasenenden durch Drehen der Kippschraube scharf zur Deckung, d. h. zur Koinzidenz, gebracht werden, s. Abb. 128b. Bemerkt sei noch, daß auch manche Ingenieurnivelliere mit Koinzidenzlibellen ausgerüstet sind.

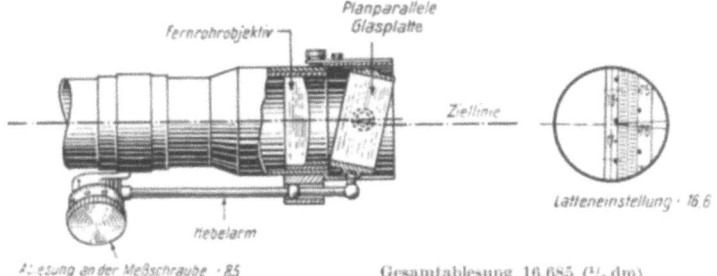

Abb. 129. Planplattenmikrometer eines Zeiss-Nivelliers und Einstellung des Keilstriches im Sehfeld des Nivellierfernrohrs

Um nach Einspielen der Libelle das Abschätzen der Millimeterablesung im Zentimeter- oder Halbzentimeterfeld der Latteneinteilung ganz auszuschalten, setzt man vor das Fernrohrobjektiv des Nivelliers eine planparallele Glasplatte, die mit Hilfe einer Meßschraube und eines Hebelarmes geneigt werden kann, wodurch eine optische Parallelverschiebung der Ziellinie des Fernrohrs erreicht wird, s. Abb. 129, links. Man nennt eine solche Einrichtung *Planplattenmikrometer*. Ist der Mittelstrich der Strichplatte als Keilstrich ausgebildet, so läßt sich der Keil durch Drehen der erwähnten mit einer Mikrometertrommel versehenen Meßschraube sehr scharf auf den im Sehfeld nächsttiefergelegenen Teilstrich der Nivellierlatte, die bei Feinmessungen meist als Strichlatte ausgebildet ist, einstellen, s. Abb. 129, rechts. Das Maß der parallelen Verschiebung der Ziellinie wird an der Mikrometereinteilung der Trommel mit einer Lupe oder besser auch wieder mit Hilfe eines Prismensystems in oder neben dem Nivellierfernrohr auf mm und 0,1 bzw. 0,05 mm direkt abgelesen.

Als Beispiel für derartige Feinnivelliere gibt die Abb. 130, S. 172. links, das Feinnivellier „Nabon" der Fa. Breithaupt, Kassel, mit einer 42fachen Vergrößerung und einer Libellenempfindlichkeit von $8'' = 25^{cc}$ wieder. Das Nivellier ist mit Kippschraube, Koinzidenzlibelle und einem Planplattenmikrometer ausgerüstet. Im Fernrohrsehfeld sind die Bilder der Libelle bzw. ihrer halben Blasenenden und der Ablesestellen der Latteneinteilung nebeneinander zu sehen, s. Abb. 131. Rechts vom Sehfeld erscheint das durch eine Lupe vergrößerte Bild der Mikrometertrommelablesung.

Ein Feinnivellier der Instrumentenfirma Wild-Heerbrugg ist mit seinen

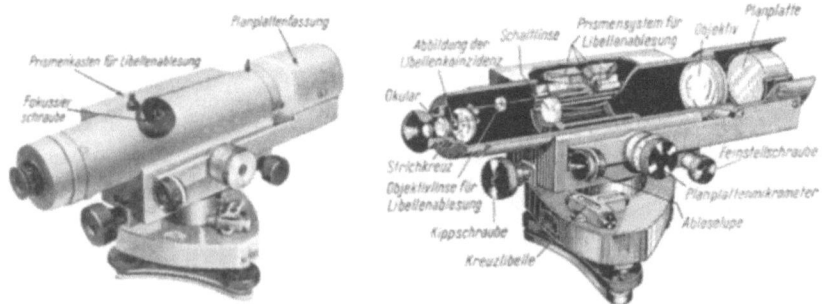

Abb. 130. Feinnivellier „Nabon" der Fa. Breithaupt, Kassel, links: Ansicht, rechts: aufgeschnittenes Fernrohr mit Prismensystem für Libellenablesung und Anordnung des Planplattenmikrometers

Technische Angaben: Fernrohrvergrößerung: 42fach; Objektivöffnung: 50 mm; kürzeste Zielweite: 2 m; Empfindlichkeit der Röhrenlibelle: $25^{cc}/2$ mm; Gewicht: 6,6 kp

optischen und technischen Daten sowie der Lattenablesung im Fernrohrsehfeld auf der Tafel 22 des Anhanges abgebildet.

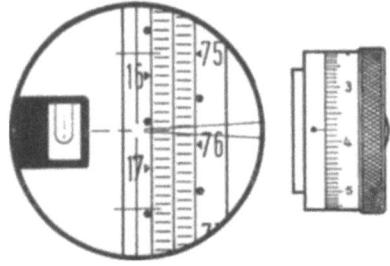

Ablesung: 16,638 (½ dm)

Abb. 131. Libellen- und Keilstricheinstellung sowie Lattenablesung im Sehfeld des Nivellierfernrohrs und Feinablesung an der Mikrometertrommel des Feinnivelliers „Nabon" von Breithaupt

90. Nivelliere mit Selbsteinwägung

Im Bergvermessungswesen werden Nivellierinstrumente mit einer Einrichtung zur Selbsteinwägung der Ziellinie, d. h. ohne Röhrenlibelle, sowohl über wie unter Tage immer mehr eingesetzt. Sie bieten manchen Vorteil, vor allen Dingen aber erhebliche Zeiteinsparung gegenüber den früher allein benutzten Libellennivellieren. Das Prinzip der Selbsteinwägung beruht auf folgender Überlegung:

Bei einem horizontierten und berichtigten Nivellier wird ein durch den optischen Mittelpunkt des Objektivs einfallender horizontaler Strahl durch die Strichkreuzmitte gehen, s. Abb. 132, oben. Wird das Fernrohr aber um den Winkel α geneigt, was z. B. durch Einsinken eines Stativbeines geschehen kann, so trifft der horizontale Strahl nicht mehr die Strichkreuzmitte, s. Abb. 132, unten. Er muß vielmehr um den Winkel β abgelenkt werden, um ihn wieder in die Mitte der Strichkreuzplatte zu bringen. Diese Ablenkung wird unter dem Einfluß der Schwerkraft je nach Bauart auf verschiedene Weise mit Hilfe von Pendeln, Spiegeln oder Prismen herbeigeführt. Nachstehend sollen 3 solcher Einrichtungen, die im Fernrohr vor der Strichkreuzplatte oder zwischen Schaltlinse und Objektiv eingebaut sind, anhand von schematischen Darstellungen kurz erläutert werden.

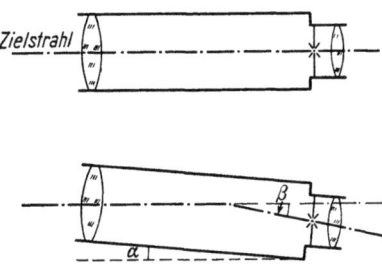

Abb. 132. Prinzip der Selbsteinwägung bei Nivellieren

Der Kompensator des Zeiss-Nivelliers Ni 2, den die Abb. 133 links in waagerechter, rechts in um α geneigter Lage zeigt, besteht im wesentlichen aus 3 Prismen, von denen 2 mit dem Fernrohrkörper fest verbunden sind. Das dritte Prisma ist an vier dünnen Drähten pendelnd aufgehängt. Die geometrischen Abmessungen und die Schwerpunktlage des schwingen-

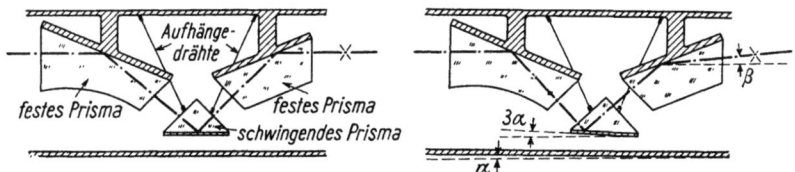

Abb. 133. Kompensator des Zeiss-Nivelliers „Ni 2" (schematischer Schnitt); Fernrohr links waagerecht, rechts um α geneigt

den Systems bestimmen in Verbindung mit der Optik des Instrumentes das Maß für die Ablenkung β der Zielstrahlen, wenn das Fernrohr um α geneigt ist. Die Genauigkeit, mit der die Ziellinie horizontiert wird, d. h. die Einspielgenauigkeit des Kompensators, beträgt etwa $\pm 0,8^{cc}$. Eine 50-m-Zielung ist also auf weniger als $\pm 0,1$ mm genau möglich.

Der bei den Ertel-Nivellieren „INA" und „BNA" verwendete Regler, s. Abb. 134, besitzt ein festes und ein Pendelprisma. Letzteres ist auf

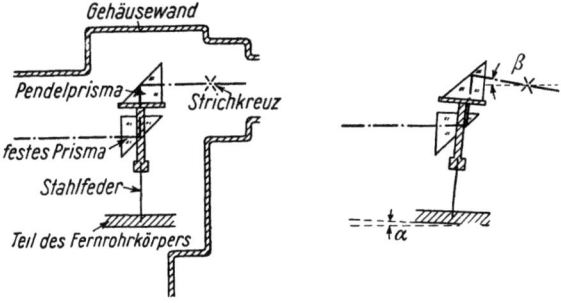

Abb. 134. Regler der Ertel-Nivelliere „INA" und „BNA" (schematischer Schnitt); Fernrohr links waagerecht, rechts um α geneigt

einer kleinen Stahlfeder montiert, die ihrerseits am Fernrohrkörper befestigt ist. Die Federkraft, die Länge der Feder sowie der Abstand des Schwerpunktes des Pendelprismas von der Einspannstelle der Feder sind für die Ablenkung β des Zielstrahls verantwortlich. Die Einspielgenauigkeit des Reglers liegt bei etwa $0{,}4^{cc}$.

Beim Nivellier Na der Fa. Askania, s. Abb. 135, bewirken ein pendelnder Spiegel und ein festes Prisma die selbsttätige Horizontierung der Ziellinie mit einer Genauigkeit von etwa $\pm 1{,}5^{cc}$.

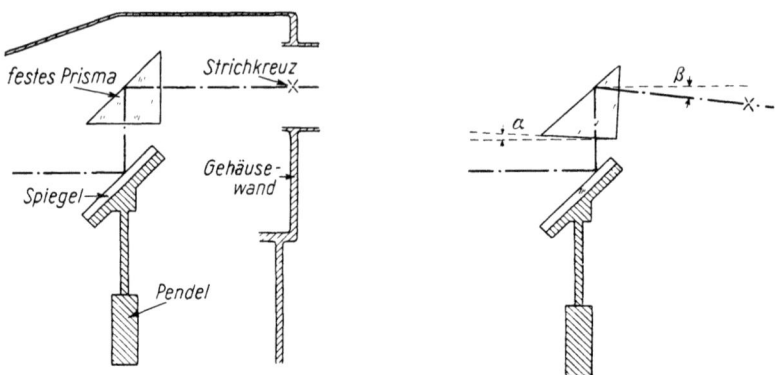

Abb. 135. Pendelsystem beim Askania-Nivellier „Na" (schematischer Schnitt); Fernrohr links waagerecht, rechts um α geneigt

Die Einrichtungen zur Selbsteinwägung besitzen sämtlich eine Dämpfungsvorrichtung, die entweder als Luftdämpfung mit Kolben und Zylinder arbeitet, wie z. B. beim Zeiss-Nivellier und beim Askania-Instrument, oder als auf magnetisch-elektrischer Wechselwirkung beruhende Wirbelstromdämpfung wirkt, wie bei den Ertel-Nivellieren. Schnelle Schwingungen des beweglichen Prismas bzw. Spiegels, wie sie z. B. von Erschütterungen durch den Straßenverkehr verursacht werden, klingen infolgedessen in kürzester Zeit ab.

Als Beispiel eines Baunivelliers zeigt die Abb. 136 das Gerät BNA der Fa. Ertel, das mit Hilfe des Ertel-Horizontierstativs ohne Benutzung von Fußschrauben schnell waagerecht aufgestellt werden kann.

Als Beispiel eines *Ingenieur-Nivelliers* ist in Abb. 137 das Nivellier „Autac" der Fa. Fennel wiedergegeben.

Die obengenannte Einspielgenauigkeit der Ziellinie von weniger als 1^{cc} erlaubt es, das Zeiss-Nivellier Ni 2, das Fennel-Nivellier „Autac" und das Ertel-Nivellier INA auch als *Feinnivelliere* zu verwenden, wenn diese Instrumente mit einem aufsteckbaren Planplattenmikrometer versehen werden. Die Abb. 138 zeigt das Nivellier Ni 2 in Ansicht und Schnitt. Die Fokussiereinrichtung des Fernrohrs ist mit Schnell- und Feingang ausgerüstet, durch die ein schnelles und sicheres Scharfstellen des Zielbildes ermöglicht wird.

Geometrische Höhenmessungen

Abb. 136. Bau-Nivellier mit Selbsteinwägung „BNA" der Fa. Ertel
Technische Angaben: Fernrohrvergrößerung: 20fach; Objektivöffnung: 30 mm; kürzeste Zielweite: 1,50 m; Gewicht: 1,1 kp

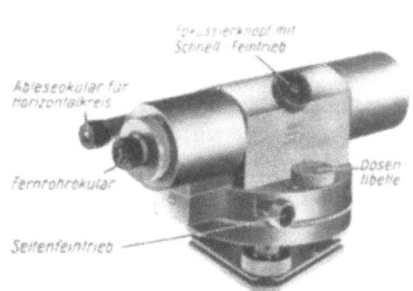

Abb. 137. Ingenieur-Nivellier mit Selbsteinwägung „Autac" der Fa. Fennel
Technische Angaben: Fernrohrvergrößerung: 32fach; Objektivöffnung: 40 mm; kürzeste Zielweite: 2,5 m; Gewicht: 3 kp

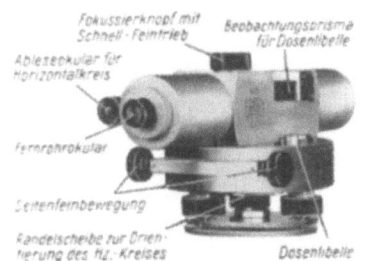

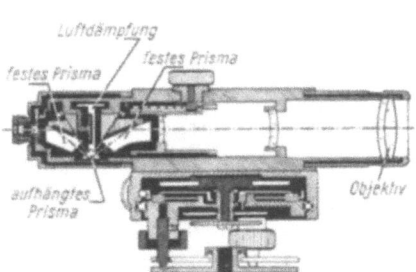

Abb. 138. Nivellier Ni 2 der Fa. Carl Zeiss, Oberkochen; links: Ansicht, rechts: Längsschnitt mit Selbsteinwägungseinrichtung
Technische Angaben: Fernrohrvergrößerung: 32fach; Objektivöffnung: 40 mm; kürzeste Zielweite: 3,3 m; Empfindlichkeit der Dosenlibelle: 30°/2 mm; Gewicht: 2,2 kp

Weitere Nivellierinstrumente mit Selbsteinwägung der Firmen Fennel, Wild und Zeiss sind mit den entsprechenden technischen Angaben auf den Tafeln 21, 23, 24 und 25 des Anhanges wiedergegeben.

91. Nivellierlatten

Als Maßstäbe zum Ablesen der lotrechten Abstände der Punkte von der waagerechten Ziellinie werden Nivellierlatten gebraucht.

Über Tage benutzt man hölzerne Latten von 3, 4 oder 5 m Länge, die oben und unten mit eisernen Kappen beschlagen, meist mit Handgriffen versehen und mit einer Dosenlibelle zur Lotrechtstellung ausgerüstet sind. Um ein Einsinken der Latte während des Instrumentenwechsels zu verhindern, werden sie beim Fehlen fester Punkte auf den Dorn eines eisernen Untersatzes, den man fest in den Boden eintritt, gestellt. Neben den Latten aus einem Stück werden auch zusammenklappbare und zusammenschiebbare Nivellierlatten benutzt, um den Transport der langen

Latten zu erleichtern. Die Lattenteilung ist als Felder- oder Strichteilung mit einer die vollen Meter und Dezimeter angebenden Bezifferung ausgeführt. Für einfache Nivellements wählt man meist Zentimeter-Felderteilung, an der dann noch Millimeter geschätzt werden können. Für Feinnivellements werden Zentimeter- oder Halbzentimeter-Felderlatten nur benutzt, wenn die Feinnivelliere mit einem Planplattenmikrometer, s. S. 171, versehen sind.

Die Abb. 139 gibt nur kurze Abschnitte der gebräuchlichsten Lattenarten, wie sie im Gesichtsfeld eines Fernrohres gesehen werden, sowie die zugehörigen Ablesungen wieder. Die Teilungsbilder a) bis d) finden bei Fernrohren mit Bildumkehrung Verwendung. Die an der Latte auf dem Kopf stehende Bezifferung erscheint hier aufrecht, und die Ablesung wird stets von oben nach unten, und zwar vom oberen Abschlußstrich eines vollen Lattendezimeters bis zum Mittelstrich des Fernrohr-Strichkreuzes vorgenommen, wie es die Ablesungen an den Latten a) bis d) zeigen.

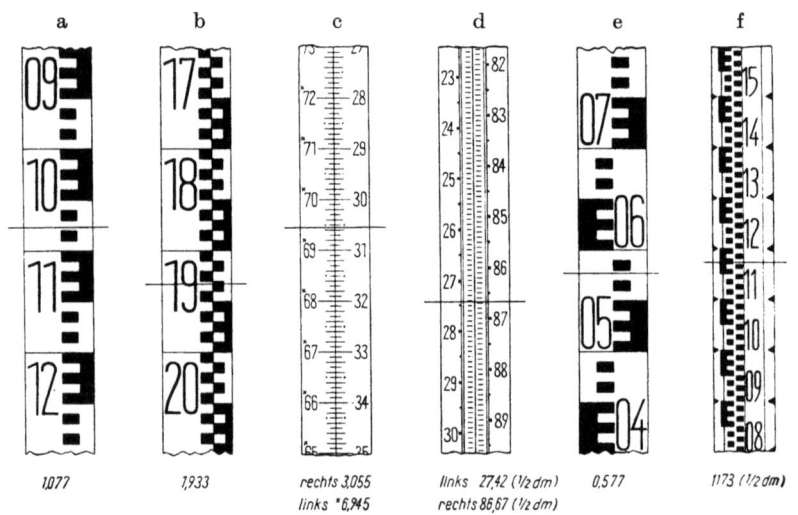

Abb. 139 a—f. Einteilungen und Ablesungen an Nivellierlatten, wie sie durch das Fernrohr gesehen werden. a)—d): Teilungen für Fernrohre mit Bildumkehrung, e) u. f): Teilungen für Fernrohre mit aufrechtem Bild

Die Latten e) und f) haben aufrechte Bezifferungen und werden beim Einsatz von Fernrohren mit aufrechtem Bild benutzt. Die Ablesung erfolgt in diesem Falle von unten nach oben.

Für Feinnivellements verwendet man in der Regel Nivellierlatten mit Strichteilungen, die durch Striche in Zentimeter- oder Halbzentimeterabständen unterteilt sind, s. Abb. 139 c) und d). Meist wird diese Stricheinteilung auch auf Invarbänder, die sich unter Temperatur- und Feuchtigkeitseinflüssen nur unwesentlich verändern, aufgebracht. Die Invarbänder sind in der Mitte der Holzlatten eingespannt, s. Abb. 139 d. Zur Vermeidung von groben Ablesefehlern steht auf den Latten mit

Strichteilung neben der meist rechts angebrachten Hauptbezifferung links ihre durch ein liegendes Kreuz kenntlich gemachte dekadische Ergänzung, s. Abb. 139c. Bevorzugt werden Invarbandlatten, die nebeneinander zwei gegeneinander um einen konstanten Betrag verschobene Bezifferungen aufweisen, s. Abb. 139d. Die in Abb. 139f wiedergegebene Latte der Fa. Zeiss mit Halbzentimeter-Schachbrett-Teilung auf Invarband ermöglicht sowohl eine gute Zehntelschätzung als auch — bei Verwendung eines Planplattenmikrometers — eine gleichmäßige Feldmitteneinstellung, da der schwarze Horizontalstrich des Strichkreuzes stets in einem weißen Teilungsfeld erscheint. Auch für die Verwendung eines Keilstriches ist diese Teilungsart geeignet. Erwähnt sei, daß früher auch Wendelatten benutzt wurden, bei denen die gleichfalls meist um einen konstanten Betrag versetzten Teilungen auf der Vorder- und der Rückseite angebracht sind.

Die auf den *hölzernen* Latten befindlichen Teilungen müssen für Feinmessungen, insbesondere bei größeren Höhenunterschieden, wegen der sonst nicht erfaßbaren Einwirkung der Feuchtigkeit an jedem Beobachtungstage, möglichst vor und nach der Messung, mit einem geeichten Kontrollmeter geprüft werden. Deshalb werden heute für Feinmessungen fast ausschließlich Invarlatten bevorzugt, deren Lattenmeter kaum noch mehr als 0,1 mm vom wahren Wert abweicht. Eine Prüfung ist bei diesen Latten daher nur jährlich ein- bis zweimal erforderlich. Die Lage des Nullpunktes der Teilung ist bei Benutzung *einer* Nivellierlatte belanglos. Werden für ein Nivellement dagegen *zwei* Latten verwendet, so muß die Abweichung in den Nullpunktlagen bestimmt werden, was sich leicht von einem Instrumentenstandpunkt aus durch Ablesen der auf dem gleichen Festpunkt aufgestellten Latten bewerkstelligen läßt.

In der Grube benutzt man 1,3 bis 1,5 m lange Nivellierlatten, meist mit Zentimeterfelderteilungen, die auf Holz oder auch auf durchsichtigen Kunststoffen aufgetragen sind. Um die wechselnde Höhe der Grubenstrecken beim Nivellieren voll ausnützen zu können, verwendet man vielfach Nivellierzollstöcke von 2 m Länge mit Zentimeter-Felderteilung auf der einen und Millimeter-Strichteilung auf der anderen Seite, die auf 26 cm zusammengeklappt werden können. Seltener werden Ausziehlatten verwendet, z. B. die Auszieh-Rollbandlatte von O. MÜLLER, die jeweils um 1 dm bei fortlaufender Bezifferung bis zu 2,40 m verlängert werden kann.

Durch Anwendung von Rückstrahlfarben in Form von lichtreflektierenden Folien wird die Sichtbarkeit bzw. Beleuchtung der Nivellierlatte in der Grube und damit ihre bessere Ablesbarkeit wesentlich gesteigert.

Messungen mit Nivellierinstrumenten
92. Aufstellung der Nivelliere
Die Aufstellung eines Nivelliers mit fest verbundenen Teilen ohne Dosenlibelle erfolgt so, daß man bei ungefähr waagerechter Lage des Stativtellers die Stativbeine fest in den Boden eintritt, etwa vorhandene Flügelschrauben anzieht und das Instrument mit seiner Zentralschraube

fest an den Stativteller schraubt. Sodann dreht man das Fernrohr bis es parallel zu 2 Stellschrauben des Dreifußes steht und bringt die seitwärts, über oder unter dem Fernrohr befindliche Röhrenlibelle durch entgegengesetztes Drehen dieser beiden Stellschrauben nach außen oder innen zum Einspielen, s. Abb. 54, S. 61. Darauf wird das Fernrohr um 100^g gedreht und der Libellenausschlag jetzt mit der dritten Dreifußstellschraube beseitigt. Das Verfahren ist so lange zu wiederholen, bis die Libelle in beiden Lagen einspielt.

Besitzt das Instrument eine Dosenlibelle, so läßt man diese bei beliebiger Stellung des Fernrohres durch abwechselndes Drehen an den drei Stellschrauben des Dreifußes einspielen. Die Blase der Röhrenlibelle wird hierbei erst nach dem Anzielen der Nivellierlatte mit einer ungefähr in Richtung des Fernrohrs befindlichen Fußschraube *vor jeder Ablesung* der Latte zum Einspielen gebracht. Neuerdings verwendet man Stativköpfe mit Kugelgelenk, siehe z. B. Abb. 136, S. 175, um eine leichte und schnelle Verbindung mit dem Stativ und auch eine Grobhorizontierung ohne Fußschrauben zu ermöglichen.

Bei Instrumenten mit Kippschraube, die immer eine Dosenlibelle zur genäherten Horizontalstellung besitzen, wird die Feineinstellung der Röhrenlibelle nur durch Drehen der Kippschraube bewirkt.

Die Nivellierinstrumente bleiben, im Gegensatz zu den Theodoliten, auch beim Transport von Standpunkt zu Standpunkt mit den Stativen verbunden. Im übrigen ist aber, um schädliche Spannungen in den Instrumententeilen zu vermeiden, darauf zu achten, daß die Instrumente von einem zum anderen Standort annähernd in der Gebrauchsstellung, also *aufrecht*, getragen werden.

93. Prüfung und Berichtigung der Nivellierinstrumente
1. Nivelliere mit Röhrenlibellen

Um mit einem Libellen-Nivellierinstrument den Höhenunterschied zweier Punkte auch bei ungleichen Zielweiten richtig feststellen zu können, muß die Zielachse parallel zur Libellenachse sein.

Neben dieser Hauptbedingung ist es für die bequemere Durchführung der Messungen erwünscht, daß bei Instrumenten *ohne* Kippschraube die Achse der Röhrenlibelle, bei Instrumenten *mit* Kippschraube die Achse der Dosenlibelle, rechtwinklig zur lotrechten Stehachse liegt.

Die Prüfung und Berichtigung der Nivellierinstrumente wird zweckmäßig in nachstehender Reihenfolge vorgenommen:

a) *Libellenachse* ⊥ *Stehachse*. Die rechtwinklige Lage von Röhrenlibellenachse und Stehachse bei Instrumenten ohne Kippschraube prüft man dadurch, daß man nach scharfer Einstellung der Libellenblase das Fernrohr um 200^g dreht und beobachtet, ob die Blase wieder einspielt. Zeigt sich ein Ausschlag der Libelle, so ist dieser zur Hälfte an den lotrecht wirkenden Berichtigungsschrauben der Libelle, zur Hälfte an den Stellschrauben des Dreifußes zu beseitigen. Eine am Fernrohrträger sitzende Dosenlibelle läßt sich in gleicher Weise prüfen, während eine am Dreifuß angebrachte Dosenlibelle mit der berichtigten Röhrenlibelle in Übereinstimmung gebracht wird.

b) *Zielachse* || *Libellenachse*. Die Hauptforderung der parallelen Lage von Ziel- und Libellenachse wird meist genügend genau durch Nivellement aus der Mitte und aus einem Endpunkt geprüft, s. Abb. 140. Man wählt zu diesem Zweck zwei etwa 50 bis 60 m voneinander entfernte, durch Unterlagsplatten (sogenannte Frösche) bezeichnete Punkte A und B aus, stellt in der Mitte zwischen diesen bei J_1 das Nivellierinstrument auf

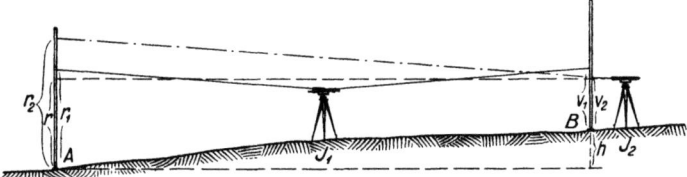

Abb. 140. Nivellement aus der Mitte und aus einem Endpunkt

und liest an der in beiden Punkten nacheinander aufgehaltenen Nivellierlatte bei einspielender Libelle r_1 und v_1 ab. Der Unterschied der Ablesungen, $r_1 - v_1$, gibt auch bei geneigter Lage der Zielachse den richtigen Höhenunterschied h, da die bei den Lattenablesungen in A und B entstehenden Fehler infolge der gleichen Zielweiten einander gleich sind und sich bei der Differenzbildung aufheben. Nun bringt man das Instrument in die Nähe des zweiten Zielpunktes B und macht die Ablesungen r_2 und v_2. Ist deren Unterschied nicht gleich h, so läßt sich die Sollablesung r aus dem beim Nivellieren aus der Mitte erhaltenen richtigen Höhenunterschied h und der fast fehlerlosen Ablesung v_2 zu $r = v_2 + h$ errechnen. Auf diese Sollablesung r muß die Zielachse des Fernrohres eingestellt werden, und zwar geschieht das bei Instrumenten mit festen Teilen durch Heben oder Senken des Strichkreuzrahmens. Bei Instrumenten mit kippbarem Fernrohr erfolgt die Einstellung mit der Kippschraube und die Beseitigung des dadurch auftretenden Ausschlages der Libelle durch Drehen an ihrer Berichtigungsschraube.

Da bei diesem Verfahren die Ablesung v_2 mit einem kleinen Restfehler behaftet ist, der zwar im allgemeinen nicht ins Gewicht fällt, und zudem durch die im Instrumentenstandpunkt J_2 zwischen den Ablesungen v_2 und r_2 notwendige starke Umfokussierung beträchtliche Fehler als Folge von Veränderungen der Zielachse auftreten können, kommt dieses Verfahren für sehr genaue Berichtigungen, wie sie für Feinnivellements notwendig sind, nicht in Frage. Man wendet in diesem Falle zweckmäßig folgendes Berichtigungsverfahren an:

Das Instrument wird in der Flucht zweier Nivellierlatten, welche den Abstand s voneinander haben, im Punkt J_1 aufgestellt, s. Abb. 141. Nach der Horizontierung werden die Ablesungen a_1 und a_2 gemacht. Sodann wird das Instrument im Abstand s der beiden auf ihren Aufsetzpunkten belassenen Latten in deren Flucht bei J_2 aufgestellt und nach Horizontierung die Ablesung a_3 an der Latte 2 und die Ablesung a_4 an der Latte 1 gemacht. Aus der Abb. 141 lassen sich nachfolgende Beziehungen ablesen:

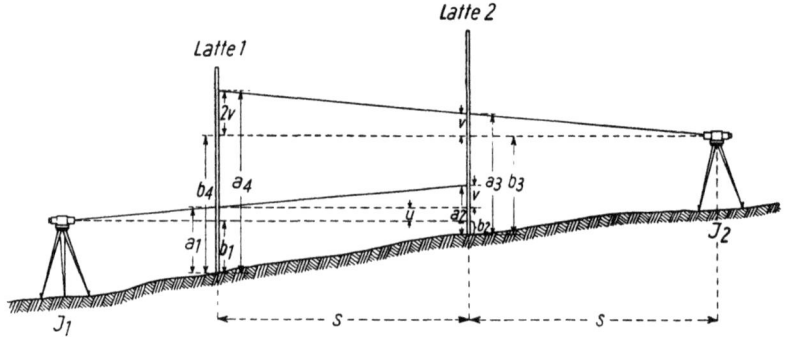

Abb. 141. Berichtigungsverfahren für Feinnivelliere

$$b_4 = b_1 - b_2 + b_3$$
$$b_1 = a_1 - u$$
$$b_2 = a_2 - v - u$$
$$b_3 = a_3 - v$$

Setzt man nun die für b_1, b_2 und b_3 gewonnenen Ausdrücke in die erste Gleichung ein, so erhält man

$$b_4 = (a_1 - u) - (a_2 - v - u) + (a_3 - v)$$
$$= a_1 - u - a_2 + v + u + a_3 - v$$
$$\underline{b_4 = a_1 - a_2 + a_3}$$

Stimmt der nach dieser Formel errechnete Sollwert b_4 nicht mit der Ablesung a_4 überein, so ist die Berichtigung am Nivellier in der oben beschriebenen Weise vorzunehmen.

Instrumente mit wälzbarem Fernrohr und Wendelibelle kann man für eine Fernrohrlage in gleicher Weise untersuchen und berichtigen. Da diese und andere ältere Nivellierbauarten heute im Bergvermessungswesen kaum noch eingesetzt werden, sei auf die bei ihrer Berichtigung anwendbaren Sonderverfahren hier nicht eingegangen. Diese sind unter anderem in [38] beschrieben.

2. Nivelliere mit Selbsteinwägung

Die Dosenlibelle dieser Nivelliere darf beim Drehen des Instrumentes nicht mehr als 0,2 mm ausschlagen, was durchaus gut erkennbar ist. Ein größerer Ausschlag ist zur Hälfte an den Fußschrauben des Nivelliers und zur anderen Hälfte mit den Berichtigungsschrauben der Dosenlibelle zu beseitigen. Ferner soll die Zielachse des Nivelliers sich selbsttätig horizontal einstellen. Eine etwaige Abweichung wird durch eines der oben beschriebenen Verfahren, s. S. 179 u. 180, festgestellt und durch Verschieben der Strichplatte beseitigt.

94. Ausführung und Berechnung von technischen Nivellements

Man unterscheidet einfache Festpunktnivellements, Längen- und Flächennivellements.

1. Einfaches Festpunktnivellement

Man spricht von einem Festpunktnivellement, wenn es sich nur um die geometrische Bestimmung des Höhenunterschiedes von zwei oder meist mehreren, der Lage nach bekannten Festpunkten und um die Errechnung der Höhenzahlen dieser Punkte handelt, s. Abb. 142.

Nur selten wird ein solches Nivellement, auch wenn lediglich zwei Punkte in Betracht kommen, von *einem* Instrumentenstandpunkt aus möglich sein. Man muß vielmehr durchweg absatzweise mit der Messung vorgehen, also ein zusammengesetztes Nivellement ausführen. Dabei können beliebig viele, auf dem Nivellementswege gelegene Höhenfestpunkte — Bolzen, Treppenstufen, Haussockelecken usw. — durch Zwischenablesungen von den jeweiligen Instrumentenstandpunkten aus in die Messung einbezogen werden. Sollen beispielsweise in Abb. 142, unten, die

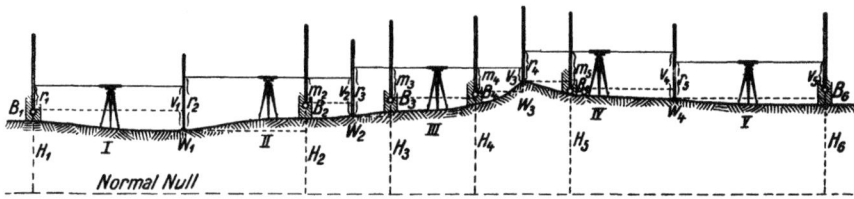

Abb. 142. Einfaches Festpunktnivellement; vgl. auch Handzeichnung im Beispiel auf S. 183

Mauerbolzen B_2 bis B_5 an den der Höhe nach bekannten Mauerbolzen B_1 mit einem einfachen Nivellement angeschlossen und die Messung auf dem ebenfalls der Höhe nach bekannten Bolzen B_6 abgeschlossen werden, so stellt man das Nivellierinstrument etwa 30 bis 50 m von B_1 entfernt in beliebiger Lage zur Verbindungslinie der Punkte in der im Abschn. 92, S. 177, beschriebenen Weise auf (I der Abbildung). Sodann zielt man die in B_1 aufgehaltene Nivellierlatte an, läßt bei Benutzung eines Libellen-Nivelliers die Röhrenlibelle genau einspielen, liest am mittleren Querstrich des Strichkreuzes auf Millimeter ab und trägt diesen Wert als erste Rückwärtsablesung r_1 in das Formular des Beobachtungsbuches ein, s. Meßbeispiel, S. 183. Dann schreitet der Lattenträger die Entfernung von B_1 bis zum Instrumentenstand ab und geht, da weitere Festpunkte in erreichbarer Nähe nicht vorhanden sind, dieselbe Schrittzahl vom Instrument aus vorwärts. Dort legt er die Unterlagsplatte auf den Boden, tritt sie fest ein und setzt seine Latte, mit der Teilung zum Instrument gerichtet, lotrecht darauf. Inzwischen ist vom Beobachter das Oberteil des Instrumentes um die Stehachse gedreht, das Fernrohr auf die Latte gerichtet und die Stellung der Libellenblase geprüft und verbessert worden. Jetzt wird wieder wie vorher an der Latte abgelesen und dieser Wert als erste Vorwärtsablesung v_1 eingetragen. Der Unterschied r_1-v_1 ist möglichst gleich im Felde zu berechnen und, je nachdem, ob er positiv oder negativ ist, in die Spalte „Steigen" oder „Fallen" des Formulars einzuschreiben. Während nun der Lattenträger die Unterlagsplatte auf diesem ersten *Wechselpunkt* W_1 unverändert liegen läßt und nur die Latte um ihre Längsachse dreht, nimmt der Beobachter oder ein zweiter Gehilfe das Nivellierinstrument, geht an dem Lattenträger vorbei, wieder um den Betrag der beliebig gewählten Zielweite vor und stellt das Instrument neu auf. Vom zweiten Instrumentenstandpunkt aus (II der Abbildung) wird die noch auf dem ersten Wechselpunkt stehende Latte angezielt, die Libelle zum Einspielen gebracht und die zweite Rückwärtsablesung r_2 gemacht. Da in der Nähe des zweiten Instrumentenstandpunktes der Höhenbolzen B_2 liegt, so hält der Lattenträger die Latte auch auf diesem Bolzen als Zwischenpunkt auf. Die Lattenablesung m_2 trägt man in die Spalte ,,bei Zwischenpunkten'' des Formulars ein. Dann erst wird die Latte auf dem wieder durch die Unterlagsplatte bezeichneten zweiten Wechselpunkt W_2 aufgehalten und die zweite Vorwärtsablesung v_2 ausgeführt.

Die Berechnung der Höhenunterschiede erfolgt jetzt in der Weise, daß man r_2-m_2 und m_2-v_2 bildet und diese Einzelunterschiede, deren algebraische Summe gleich r_2-v_2 ist, einträgt. In der gleichen Weise wird das Meßverfahren fortgesetzt. Bei der dritten Aufstellung (III) sind zwischen der Rückwärts- und der Vorwärtsablesung zwei Mittelablesungen m_3 und m_4 nach den beiden Zwischenpunkten B_3 und B_4 zu machen und demgemäß auch drei Teilunterschiede r_3-m_3, m_3-m_4 und m_4-v_3 zu bilden. Die vierte Aufstellung (IV) ergibt wieder eine Mittelablesung m_5 nach dem Bolzen B_5, während schließlich bei der fünften Aufstellung (V), die etwa in der Mitte zwischen dem vierten Wechselpunkt W_4 und dem Endpunkt B_6 liegt, außer der Rückwärtsablesung die letzte Vorwärtsablesung nach der auf Bolzen 6 aufgehaltenen Latte ausgeführt wird.

Eine *Rechenprobe der Höhenunterschiede* ergibt sich, wenn man die Summe aller Vorwärtsablesungen $[v]$ von der Summe aller Rückwärtsablesungen $[r]$ abzieht und diesen Wert mit der algebraischen Summe aller Teilhöhenunterschiede $[h]$ vergleicht.

Eine *Meßkontrolle* ist dadurch gegeben, daß der Unterschied zwischen den bekannten Höhen des Anfangs- und Endpunktes wieder gleich dem Gesamthöhenunterschied $[h] = H_6 - H_1 = [r] - [v]$ sein soll. Zeigt sich hierbei ein kleiner Fehler — im nachstehenden Beispiel $f = 3$ mm — so wird dieser gleichmäßig auf die Teilhöhenunterschiede verteilt. Bei größeren Abschlußfehlern muß die Messung wiederholt werden.

Schließlich werden noch die Teilunterschiede nacheinander zu der gegebenen Anfangshöhe und den hiernach erhaltenen Höhenzahlen der Wechsel- und Zwischenpunkte algebraisch addiert, wodurch für diese Punkte die Höhen H_n bezogen auf N. N. gewonnen werden. Ein Zahlenbeispiel ist nachstehend wiedergegeben.

Wie aus dem vorstehend beschriebenen Meßvorgang hervorgeht, dürfen während der Messung Instrument und Latte niemals *gleichzeitig* ihre Plätze wechseln. Wird das Instrument vorgetragen, muß der Lattenstandpunkt unverändert bleiben, und beim Transport der Latte darf das Instrument nicht verstellt werden. Die jeweiligen Zielweiten nach den ür den Fortgang des Nivellements maßgebenden Wechselpunkten wer-

Beispiel eines Festpunktnivellements
ausgeführt am 30. Juni 1951, vorm. Bochum, Wiesenthal

Punkt	Lattenablesungen			Teilhöhenunterschiede		Höhe bezogen auf N. N. H_n m	Punkt	Bemerkungen und Handzeichnung
	rückwärts r m	bei Zwischenpunkten m m	vorwärts v m	Steigen (+) $h = r - v$ m	Fallen (−) m			
B_1	0,768			*+1*		$+94,825$	B_1	Niv.-Instr. Nr. 707 von Zeiss, 3-m-Latte mit cm-Einteilung
			1,435		0,667	$+94,159$	W_1	
W_1	1,604							
B_2		0,653		0,951		$+95,110$	B_2	
			1,047		0,394	$+94,716$	W_2	
W_2	1,812							
B_3		1,206		0,606		$+95,322$	B_3	
B_4		0,980		0,226		$+95,548$	B_4	
				+1				
			0,851	0,129		$+95,678$	W_3	
W_3	1,075							
B_5		1,128			0,053	$+95,625$	B_5	
			1,410		0,282	$+95,343$	W_4	
W_4	2,103							
B_6			1,678	*+1* 0,425		$+95,769$	B_6	
$[r] = 7,362$		$[v] = 6,421$		2,337	1,396	$+94,825$	B_1	
$[r] - [v] = +0,941$				$[h] = +0,941$		$+ 0,944 =$ Soll $+ 0,941 =$ Ist $+ 0,003 = f$		

○ J = Instrumentenstandpunkte
× W = Wechselpunkte

den auch bei berichtigtem Instrument möglichst gleich groß gewählt, um eine schädliche Anhäufung der bei der Berichtigung übrigbleibenden kleinen Fehler zu vermeiden. Im allgemeinen sollen die Zielweiten bei Millimeterablesung nicht mehr als 50 m betragen, nur bei Zentimeterablesung können bis zu 100 m große Zielweiten gewählt werden. Örtliche Verhältnisse, wie ansteigendes oder abfallendes Gelände, können die Zielweiten jedoch erheblich verringern.

Eine Probe für die Richtigkeit der Messung läßt sich dadurch erzielen, daß man das Nivellement entweder auf einem der Höhe nach bekannten Festpunkt abschließt, wie bei unserem vorstehenden Beispiel, oder die Messung wieder auf den Anfangspunkt zurückführt, also in einer „Schleife" nivelliert, oder aber das Nivellement doppelt, einmal hin und einmal zurück, ausführt.

Bei größeren Nivellements verwendet man vielfach zur Beschleunigung des Arbeitsvorganges zwei Latten und somit auch zwei Lattenträger, so daß die sonst für den Lattenwechsel erforderliche Wartezeit schon für die Weitermessung ausgenutzt werden kann.

Einfache Festpunktnivellements *in der Grube* entsprechen denjenigen über Tage, nur braucht man für die Wechselpunkte keine Unterlagsplatten, da die Latte gewöhnlich auf den Schienen der Förderbahn an den durch Kreidestriche gekennzeichneten Punkten jeweils für Vor- und Rückwärtsablesung aufgehalten wird. Sollen dagegen die Höhen von in der Firste vermarkten Polygonpunkten ermittelt werden, so muß man die Latte in umgekehrter Lage unter diese Punkte halten oder an ihnen aufhängen. In diesem Falle ist jedoch zu beachten, daß die so gemachten Ablesungen mit negativen Vorzeichen in die Rechnung einzusetzen sind. Gleichlange Zielweiten lassen sich unter Tage wegen des unregelmäßigen Verlaufes der Strecken nicht immer einhalten. Daher ist unter Tage in besonderem Maße auf gute Berichtigung des Nivelliers Wert zu legen.

2. Längennivellement

Bei diesem Verfahren geht der geometrischen Höhenmessung eine Längenmessung voraus, durch die eine im Gelände abgesteckte Achse oder die Mittellinie einer Grubenstrecke in gleiche Abstände − 10 bis 100 m − untergeteilt wird. Die Teilpunkte sind ebenso wie etwaige Knickpunkte des Geländes zu bezeichnen, und zwar über Tage meist durch kleine Pfähle, in der Grube durch Farb- oder Kreidestriche auf den Schienen und an den Streckenstößen.

Über Tage sind Längennivellements erforderlich, um für Massenberechnungen bei der Anlage von Wegen und Straßen, beim Bau von Anschlußbahnen sowie bei der Herstellung von Gräben und Kanälen die Höhenlage des gewachsenen Bodens in der Mittelachse des geplanten Bauwerkes feststellen und in Längenschnitten veranschaulichen zu können.

In der Grube sollen die durch Gebirgsbewegungen hervorgerufenen Unregelmäßigkeiten in den Ansteigeverhältnissen der Förderbahnen bestimmt werden, um danach zwecks Herstellung einer *gleichmäßigen Neigung* die Streckensohle durch Nachreißen oder Auffüllen auszugleichen, s. S. 186, Abb. 143.

Die Ermittlung der Höhenunterschiede entspricht im wesentlichen dem beim Festpunktnivellement beschriebenen Meßvorgang. In Einzelfällen kann die Kenntnis der Meereshöhen belanglos sein und für den Anfangspunkt der im Abstand von etwa 10 m eingeteilten Strecke eine beliebige Höhenlage angenommen werden. Allgemein wird man aber auch die Längennivellements an einen bekannten Höhenfestpunkt anschließen und am Ende möglichst auf ebensolchem Punkte wieder abschließen. Von jeder Instrumentenaufstellung aus werden die innerhalb der Zielweiten gelegenen Bodenpunkte als Zwischenpunkte bestimmt, auf denen die Latte ohne Unterlagsplatte aufgehalten und nur auf Zentimeter abgelesen wird. Die notwendigen, beliebig gelegenen Wechselpunkte sind dagegen über Tage wieder durch Unterlagsplatten zu bezeichnen und zur Vermeidung von Fehleranhäufungen auf Millimeter genau zu ermitteln.

Beispiel eines Längennivellements
ausgeführt am 16. März 1961, vorm. Zeche Friedrich der Große I/II, 5. Sohle, 3. östl. Abt., Querschlag von der Richtstrecke nach Flöz Laura

Punkt (Entfernung vom Anfangspunkt in m)	Lattenablesungen			Horizont = Höhe + rückwärts	Höhe bezogen auf NN	Punkt	Bemerkungen und Handzeichnung
	rückwärts m	bei Zwischenpunkten m	vorwärts m	m	m		
B. 17	0,784			−483,871	−484,655	B. 17	Niv.-Instr. Nr. 6237 von Fennel, 1,5-m-Latte mit cm-Felderteilung
0		1,27			−485,14	0	
10		1,20			−485,07	10	
20		1,12			−484,99	20	
30		1,08			−484,95	30	
40 } W			0,987		−484,858	40	
40	1,306			−483,552			
50		1,25			−484,80	50	
60		1,22			−484,77	60	
70		1,16			−484,71	70	
80		1,20			−484,75	80	
90		1,27			−484,82	90	
100		1,26			−484,81	100	
110		1,21			−484,76	110	
120		1,15			−484,70	120	
128,4			1,076		−484,628	128,4	o = Instrumentenstandpunkte x = Lattenstandpunkte
[r] =	2,090	[v] =	2,063		−484,655	B. 17	
[r] − [v] = + 0,027					[h] = +0,027		

Wie aus vorstehendem Zahlenbeispiel ersichtlich, wendet man bei Längennivellements, bei denen jede Aufstellung neben dem Rück- und Vorblick eine Anzahl Mittelablesungen aufweist, zweckmäßig eine etwas bequemere Berechnungsart für die Errechnung der Höhenzahlen an. Durch Zuzählen der Rückwärtsablesung zur Höhe des Anfangs- oder Wechselpunktes erhält man die Höhe der Ziellinie oder den „Horizont" des betreffenden Instrumentenstandpunktes und durch Abziehen aller von dieser Aufstellung aus gemachten weiteren Ablesungen von diesem Horizont die Höhenzahlen der zugehörigen Punkte, s. auch Abb. 143, S. 186. Als Rechenprüfung ergibt sich hierbei der Vergleich des Unterschiedes der Summen aller Rückwärts- und Vorwärtsablesungen mit dem Unterschied der Höhenzahlen des Anfangs- und Endpunktes.

Aus dem zum vorstehenden Beispiel gehörenden, erläuternden Längenschnitt der Messung, s. Abb. 143, ist zu ersehen, daß der Querschlag von 0 m bis etwa 85 m in der Sohle nachgerissen und von da ab bis zum Ende bei 128,4 m etwas aufgefüllt werden muß, um ein gleichmäßiges Ansteigen zu gewährleisten. Die genauen Maße der Senkung und Hebung des Gestänges sind aus einem im großen Maßstab zweckmäßig auf Millimeterpapier aufzuzeichnenden Längenschnitt zu entnehmen.

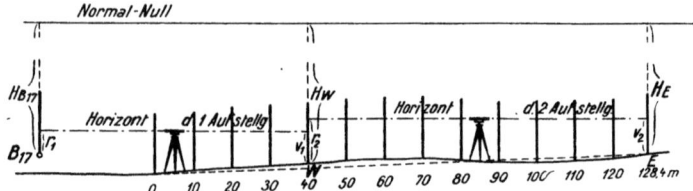

Abb. 143. Erläuternder Längenschnitt zum Meßbeispiel eines Längennivellements; vgl. auch Handzeichnung im Beispiel auf S. 185

Sind neben den Unterlagen für Längenschnitte über Tage auch *Querschnitte* aufzunehmen, so kann diese Aufnahme im ebenen Gelände mit Nivellierinstrument und Latte erfolgen, nachdem vorher die Lage der zu bestimmenden Geländepunkte durch Längenmessung von der Achse aus ermittelt worden ist. Man geht hierbei von dem Achspunkt des Längenschnitts aus und trägt alle meist von einer Instrumentenauf-

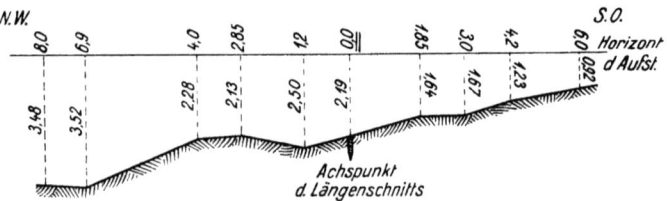

Abb. 144. Aufnahme eines Querschnitts mit einem Nivellierinstrument

stellung aus gemachten Lattenablesungen, ebenso wie die Entfernungen, in eine Handzeichnung ein, s. Abb. 144. Bei stärkerer Querneigung des Geländes wird zweckmäßigerweise das auf S. 164 beschriebene Staffelzeug für die Aufnahme der Querschnitte benutzt.

3. Flächennivellement

In einem begrenzten Geländeabschnitt ist vielfach für die Herrichtung von Bau- und Lagerplätzen, für die Ent- oder Bewässerung von Grundstücken sowie beim Tagebau für die Inangriffnahme der Abraum- und der Gewinnungsarbeiten die genaue Form der Tagesoberfläche aufzunehmen und durch Höhenlinien darzustellen. Diese Aufnahme erfolgt in ebenen Gebieten durch ein Flächennivellement, bei dem mit der geometrischen Höhenmessung die Lagebestimmung einer Reihe von Geländepunkten verbunden ist. Am einfachsten wird das Gelände zu diesem Zweck mit einem quadratischen oder rechteckigen Maschennetz überzogen, dessen Eck- und Schnittpunkte verpflockt und durch Längenmessung in zwei zueinander rechtwinkligen Richtungen der Lage nach bestimmt werden. Die Maschenweite und damit die Punktentfernung hängt von der mehr oder minder großen Unregelmäßigkeit der Tages-

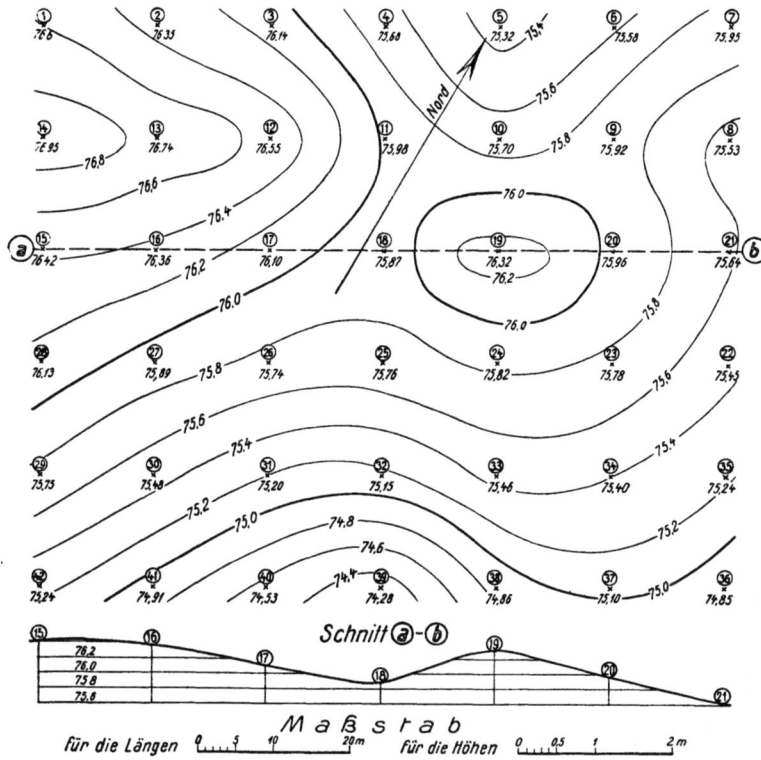

Abb. 145. Teil eines Höhenlinienplanes aus den Ergebnissen eines Flächennivellements; unten: Schnitt nach der Linie (a) bis (b)

oberfläche ab. Die Einnivellierung der Schnittpunkte des Maschennetzes geschieht am zweckmäßigsten wieder im Anschluß an einen Höhenfestpunkt von einem oder wenigen Standpunkten aus, wobei alle Bodenpunkte durch Mittelablesungen auf Zentimeter genau festzulegen sind.

Das Flächennivellement wird ebenso wie das Längennivellement nach Horizont und Höhe berechnet. In einem Höhenlinienplan kann man die Ergebnisse der Berechnung veranschaulichen, s. Abb. 145. Die Konstruktion der Höhenlinien ist im Abschn. 172, S. 373 u. f., behandelt.

95. Ausführung und Berechnung von Feinnivellements

Feinnivellements werden mit einem in Abschn. 89, Abs. 2, S. 170, u. Abschn. 90, S. 172, beschriebenen und berichtigten Feinnivellier mit

Röhrenlibelle oder Selbsteinwägung in Verbindung mit Strich-, Invar- oder sonst geeigneten Sonderlatten, s. Abschn. 91, S. 175, die gleichfalls geprüft werden müssen, ausgeführt. Dabei sind folgende Punkte zu beachten:

1. Das Nivellier ist, wie im Abschn. 92, S. 177, näher erläutert, möglichst auf solchem Untergrund aufzustellen, daß ein Einsinken des Gerätes und damit eine Lageänderung der horizontalen Ziellinie während der Messung vermieden wird. Das gleiche gilt für die Aufstellung der Latten. Ist der Untergrund etwas nachgiebig, so sind die Spitzen der Stativbeine und die Füße der Unterlagsplatten der Latte möglichst fest in den Boden zu treten.

2. Nivelliert wird auch bei berichtigtem Nivellier stets aus der Mitte, d. h. mit *gleichen* nicht über 50 m hinausgehenden Zielweiten.

3. Bei Verwendung eines Libellen-Feinnivelliers ist *vor* jeder Lattenablesung die Röhrenlibelle genau zum Einspielen zu bringen, bzw. die Koinzidenzstellung der beiden halben Blasenenden genau herbeizuführen.

Bei Benutzung eines Feinnivelliers mit Selbsteinwägung ist die im Abschn. 99, S. 194, angegebene Anweisung zu berücksichtigen, derzufolge das Fernrohr während des Einspielenlassens der Dosenlibelle beim 1., 3., 5. usw. Standpunkt auf die rückwärtige Latte, bei der 2., 4., 6. usw. Aufstellung dagegen auf die vorwärts stehende Latte zu richten ist.

4. Die ruhige Lattenhaltung ist durch seitlich gehaltene Stäbe zu unterstützen.

5. Die vertikale Stellung der Latte während der Messung ist durch Einspielenlassen und Beobachten ihrer vorher berichtigten Dosenlibelle zu überwachen.

6. Die Ziellinie soll wegen des großen Einflusses der Strahlenbrechung auch im stark ansteigenden oder abfallenden Gelände an keiner Stelle weniger als 0,5 m Abstand vom Erdboden haben.

7. Die Millimeterablesungen an den Latten sind möglichst mit Hilfe eines Planplattenmikrometers vorzunehmen.

8. Zur Herabsetzung oder weitgehenden Ausschaltung der auftretenden regelmäßigen Fehler verwendet man zweckmäßig 2 Latten mit je 2 nebeneinander liegenden Einteilungen. In diesem Fall sind die Lattenablesungen von einem Standpunkt aus in folgender Reihenfolge vorzunehmen:

    Rückblick Latte 1, linke Einteilung ... r_1
    Vorblick Latte 2, linke Einteilung ... v_1
    Vorblick Latte 2, rechte Einteilung ... v_2
    Rückblick Latte 1, rechte Einteilung ... r_2.

Der Unterschied zwischen den aus $r_1 - v_1$ und $r_2 - v_2$ ermittelten Höhenunterschieden soll im allgemeinen $\pm$ 0,5 mm nicht überschreiten. Bei Benutzung von 2 verschiedenen Latten muß vorher auch ein gegebenenfalls vorhandener Nullpunktsunterschied festgestellt und in der Berechnung berücksichtigt werden.

9. Feinnivellements sind möglichst bei bedecktem Himmel oder in den frühen Morgen- bzw. Abendstunden auszuführen, um bei Benutzung von

Geometrische Höhenmessungen

Beispiel eines Feinnivellements
ausgeführt am 3. Oktober 1959, vorm. Bochum, Herner Straße

Punkt	Zielweite m	Lattenablesungen linke Teilung Rückblick r_1 Vorblick v_1 $r_1 - v_1$ $1/2$ m	Lattenablesungen rechte Teilung Rückblick r_2 Vorblick v_2 $r_2 - v_2$ $1/2$ m	Mittlerer Höhenunterschied h $1/2$ m	Höhe bezogen auf NN H_n m	Punkt	Bemerkungen und Handzeichnung
B.Z.P	15 15	1,1941 3,2359 − 2,0418	7,1191 9,1608 − 2,0417	− 2,0418 − 1,0209	+ 85,958 + 84,937$_1$	B.Z.P	Niv.-Instr. Nr. 8461 von Zeiss mit Planplatte. Zwei 3-m-Invarlatten Nr. 1078 u. 1079 mit $^1/_2$ cm-Strichteilung Wetter: bedeckt, trocken
	40 40	2,0501 3,7600 − 1,7099	7,9751 9,6847 − 1,7096	− 1,7098 − 0,8549	+ 84,082$_2$		
	50 50	2,2359 4,1716 − 1,9357	8,1609 10,0966 − 1,9357	− 1,9357 − 0,9678	+ 83,114$_1$		
	50 50	2,4173 3,7138 − 1,2965	8,3425 9,6386 − 1,2961	− 1,2963 − 0,6482	+ 82,466$_2$		
	50 50	2,1990 3,2371 − 1,0381	8,1240 9,1619 − 1,0379	− 1,0380 − 0,5190	+ 81,947$_2$		
P.M. 1	45 26	3,0342 2,7119 + 0,3223	8,9592 8,6368 + 0,3224	+ 0,3224 + 0,1612	+ 82,108$_4$	P.M. 1	
P.M. 1	26 45	2,7119 3,5992 − 0,8873	8,6368 9,5240 − 0,8872	− 0,8872 − 0,4436	+ 81,664$_8$		
N.B. 1	18 18	1,9931 0,8296 + 1,1635	7,9183 6,7546 + 1,1637	+ 1,1636 + 0,5818	+ 82,246$_6$	N.B. 1	
		+ 1,4858 − 8,9093 − 7,4235	+ 1,4861 − 8,9082 − 7,4221	+ 1,4860 − 8,9088 $\Big\} {}^1/_2$ m − 7,4228	+ 3,711$_4$ + 85,958	B.Z.P	
				+ 0,7430 − 4,4544 $\Big\}$ m $h = -$ 3,7114			

189

Libellen-Feinnivellieren den Einfluß einseitiger Sonnenbestrahlung auf die Fernrohrlibelle auszuschalten. Einen gewissen Schutz bietet bei unvermeidlicher Sonneneinwirkung auch ein über das Nivellier gehaltener Sonnenschirm.

10. Feinnivellements sind stets doppelt, also hin und zurück zu messen.

Aus dem vorstehenden Meß- und Rechenbeispiel, s. S. 189, sind die Ablesungen und Berechnungen für ein Feinnivellement der Hinmessung zu ersehen, das unter Benutzung eines Instrumentes mit Keilstrich und Planplattenmikrometer sowie zweier mit Doppelteilung versehenen $1/2$-cm-Invarlatten nach dem üblichen Verfahren mit einspielender Libelle ausgeführt wurde. Die Ablesungen erfolgten in der Reihenfolge r_1, v_1, v_2, r_2. Die an den Höhenunterschieden noch anzubringenden Verbesserungen für die Lattenmeter und für den Unterschied in der Nullpunktlage der Teilung an beiden Latten waren im vorliegenden Falle so gering, daß sie vernachlässigt werden konnten.

Feinnivellements werden im Bergvermessungswesen in erster Linie bei Anschlußnivellements an die Höhenfestpunktnetze der Landesaufnahme und der Vermessungsämter, s. Abschn. 96, sowie bei der Durchführung der Leitnivellements der Oberbergämter, s. Abschn. 97, S. 191 angewandt. Auch die zur Feststellung der Einwirkung des Bergbaus auf die Tagesoberfläche notwendigen Bodensenkungsnivellements werden in der Regel als Feinnivellements ausgeführt.

96. Grundlegende Nivellements der Landesaufnahme und anderer Behörden

Als Grundlage für geometrische Höhenanschlußmessungen aller Art hat die frühere Trigonometrische Abteilung des Reichsamtes für Landesaufnahme ein Netz von Höhenfestpunkten geschaffen, die etwa alle 10 km als Höhenmarken (HM) und alle 5 km als Mauerbolzen (MB) an festen Gebäuden angebracht sowie alle 2 km als Nummerbolzen (NB) an besonderen Granitpfeilern eingelassen sind. Dieses durch weitere Feinnivellements der Höhenfeinmessungen der übrigen deutschen Länder erweiterte Netz bildet das amtliche Höhenfestpunktnetz.

Es wird in folgende Netze aufgegliedert:

1. das Haupthöhennetz oder das Netz I. Ordnung,

2. das Landeshöhennetz oder das Netz II. Ordnung,

3. das Aufnahmenetz oder das Netz III. Ordnung, das alle örtlichen Verdichtungen der Höhenfestpunkte im Rahmen des Haupthöhen- und des Landeshöhennetzes umfaßt.

Ausgangspunkt für das amtliche Höhenfestpunktnetz ist der *Normalhöhenpunkt* (NH) von 1912, der etwa 40 km östlich von Berlin in sicherem Untergrund durch einen Granitpfeiler unterirdisch vermarkt und durch eine Reihe benachbarter Punkte gesichert worden ist. Die Höhenzahlen sind auf den Landeshorizont — Normal-Nullfläche — bezogen, s. Abschn. 52, S. 85. Außer dem Normalhöhenpunkt wurden vom ehemaligen Reichsamt für Landesaufnahme in den verschiedenen Landesteilen, etwa 200 bis 300 km voneinander entfernt, sichere unterirdisch vermarkte *Landes-Nivellements-Hauptpunkte* (LNH) geschaffen, die auch als Anschlußpunkte für die weiteren Nivellementsnetze der Landesvermessungsämter dienen.

Weitere Anschlußmöglichkeiten für geometrische Höhenmessungen sind aber auch, zumal in dichtbesiedelten Industriebezirken, die von anderen Behörden zwischen den Punkten der Landesaufnahme ausgeführten Feinnivellements geeignet, insbesondere die von der früheren *Preußischen Landesanstalt für Gewässerkunde und Hauptnivellements*, jetzt *Bundesanstalt für Gewässerkunde*, an den Wasserstraßen entlang vermarkten Höhenpunkte.

97. Leitnivellements des Oberbergamtes Dortmund

Im Rheinisch-Westfälischen Steinkohlenbezirk sind in Gemeinschaftsarbeit der Markscheideabteilungen der Bergwerksgesellschaften und anderer Vermessungsstellen nach einem vom Oberbergamt Dortmund ausgearbeiteten Plan *Leitnivellements* durchgeführt, die ein genügend dichtes Netz von Höhenfestpunkten für den Anschluß der Bodensenkungsnivellements und aller weitergehenden geometrischen Höhenmessungen des Bergvermessungswesens abgeben. Diese Leitnivellements werden in die durch die frühere Landesaufnahme um den Bergbaubezirk gelegte Nivellements-

Abb. 146. Leitnivellement 1956 im rheinisch-westfälischen Bergbaubezirk

schleife eingepaßt und alle 2 Jahre wiederholt. Die große Zahl der Beobachter, die zu gleicher Zeit und nach gleichen Grundsätzen nivellieren, gewährleistet die in Bergbausenkungsgebieten erforderliche *schnelle* Durchführung der Messungen. Die einheitliche Bearbeitung und Ausgleichung der Ergebnisse werden beim Oberbergamt zu Dortmund durchgeführt.

Abb. 146 zeigt eine Übersicht der 1956 ausgeführten Leitnivellements samt der 1921 von der Landesaufnahme nivellierten Schleife, von der

15 Punkte in die Leitnivellements einbezogen wurden. Die Gesamtlänge der gemessenen Linien betrug 630 km Doppelnivellement, die Anzahl der festgelegten Mauerbolzen etwa 500. Der mittlere Kilometerfehler von ±1 mm wurde nur selten etwas überschritten.

98. Bodensenkungsnivellement und Anlage von Beobachtungslinien

Zur Feststellung des Verlaufes der Bodensenkungen über Tage führt man Bodensenkungsnivellements durch, bei denen im Anschluß an vorhandene sichere Festpunkte oder an gleichzeitig neu bestimmte

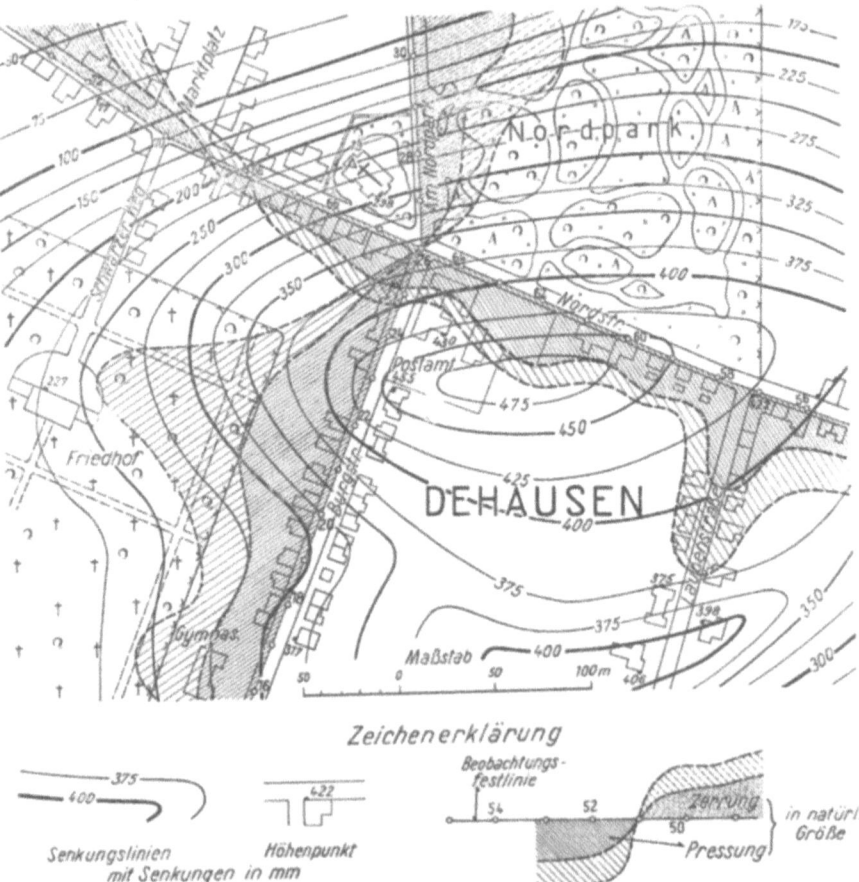

Abb. 147. Ausschnitt aus einem Bodensenkungsplan

Punkte von Leitnivellements eine große Anzahl von zweckmäßig über das ganze Abbaufeld verteilten Punkten — Mauerbolzen, Treppenstufen, Haussockel usw. — ihrer Höhenlage nach zu ermitteln sind. Sie werden in der Regel als technische Nivellements mit einer mittleren Genauigkeit von etwa ±5 mm ausgeführt. In anderen Fällen können jedoch Feinnivellements erforderlich werden, wie z. B. in den Randgebieten von

Senkungsmulden, in denen die äußersten Einwirkungsgrenzen der Flözabbaue möglichst sicher erfaßt werden sollen. Aus den Ergebnissen der in mehr oder minder langen Zeitabständen zu wiederholenden Nivellements sind die Absenkungen der einzelnen Punkte als Unterschiede gegen die ursprüngliche Höhenlage zu errechnen und in *Bodensenkungsplänen* als Kurven gleicher Senkung darzustellen, s. Abb. 147.

Aus diesen Senkungsplänen läßt sich aber nur die Gesamtwirkung aller sich oft mehr oder weniger überdeckenden Abbaubetriebe ersehen. Dagegen sind aus ihnen nicht die für die Beurteilung gegenwärtiger oder zukünftiger Schäden wichtigen Fragen der Reichweite und Dauer bzw. des zeitlichen Ablaufes der Einwirkung und des Senkungsausmaßes für *ein* Flöz mit gegebenem Einfallen, bestimmter Versatzart und bekannten hangenden Schichten zu ermitteln. Um hierüber zutreffende Aufschlüsse zu bekommen und auch die seitlichen Verschiebungen unmittelbar zu erfassen, richtet man an geeigneten Stellen des Grubenfeldes, insbesondere dort, wo der vorrückende Abbau eines Flözes in naher Zukunft die ersten Einwirkungen erwarten läßt, *Beobachtungslinien* ein, die von unverändert bleibenden Punkten außerhalb des Einwirkungsbereiches ausgehen, möglichst über die ganze Senkungsmulde bis wieder zu sicheren Punkten führen. Solche Linien werden zweckmäßigerweise als gestreckte Polygonzüge sowohl in Streich- als auch in Einfallrichtung der Flöze angelegt. Außer den Brechungspunkten jedes Zuges ist auch eine Reihe von Zwischenpunkten in 20 bis 30 m Abstand voneinander standsicher, z. B. durch einbetonierte Metallstangen, zu vermarken. In kurzfristigen Zeitabständen von etwa 1 bis 2 Monaten werden die Polygonmessungen wiederholt und die Koordinaten der Polygonpunkte neu berechnet. Die Verschiebungen der Zwischenpunkte werden dagegen in der Längsrichtung der Polygonlinien durch Nachmessen der Entfernungen, in der Querrichtung durch Ablesen der Abweichungen von der geraden Richtung an einem kurzen Millimetermaß mit dem bei der Winkelmessung auf den Endpunkt jeder Polygonlinie gerichteten Theodolit ermittelt. Durch Feinnivellement sind sodann noch die Höhen aller Punkte festzustellen.

Aus den Ergebnissen dieser Lage- und Höhenmessungen werden zunächst die seitlichen Verschiebungen sowie die Bodensenkungen und sodann die „Zerrungen" oder „Pressungen" als Unterschiede der seitlichen Verschiebungen berechnet und rechtwinklig im natürlichen Maßstab unmittelbar an die betreffenden Zwischenpunkte eingetragen. Die Verbindungslinie der so erhaltenen Punkte ergibt die Begrenzungslinie der Zerrungs- und Pressungsgebiete im Bereich des Abbaus, wie sie aus dem Senkungsplan der Abb. 147 zu ersehen ist.

Auch in den Grubenstrecken, dicht über einem Abbau, legt man nach Bedarf ähnliche Beobachtungslinien an, um z. B. Erfahrungswerte über die Größe von Bruch- und Grenzwinkeln für bestimmte Gesteinsschichten — Sandstein, Sandschiefer oder Schieferton — zu bekommen.

99. Genauigkeit und Fehler der Nivellements

Die Genauigkeit, mit der ein Nivellement ausgeführt werden muß, richtet sich in erster Linie nach dem Zweck der Messung. Sie hängt allgemein von der Güte des benutzten Nivelliers und der Latte, ferner von der Sicherheit der Aufstellung von Nivellier und Latte, vom Meßverfahren sowie von äußeren Witterungsverhältnissen ab.

Bei der Ausführung eines Nivellements treten stets regelmäßige und unregelmäßige Fehler auf. Die letzteren wachsen mit der Wurzel aus der Länge des Nivellements, während die regelmäßigen, einseitig wirkenden Fehler linear im Verhältnis zur Streckenlänge zunehmen. Sie sind daher — obwohl sie im allgemeinen kleiner als die unregelmäßigen Fehler sind — durch geeignete Maßnahmen entweder ganz auszuschalten oder doch möglichst klein zu halten, was bei unregelmäßigen Fehlern immer nur bedingt möglich ist, vgl. Abschn. 8, S. 10.

Regelmäßige Fehler entstehen u. a.
1. durch Justierfehler des Nivelliers. Sie wirken sich jedoch nur bei ungleichen Zielweiten aus. Sie wachsen mit der Zielweite;
2. durch Einsinken des Nivelliers während der Messung. Der Fehler wird durch feste Aufstellung des Instrumentes vermieden oder durch Benutzung von Latten mit zwei Einteilungen und Ablesung in der im Abschn. 95, S. 187 u. f., beschriebenen Weise r_1, v_1, v_2, r_2 ausgeschaltet;
3. durch Fehler der Lattenlänge. Sie betragen etwa 0,1 bis 0,5 mm je 1 m Lattenlänge;
4. durch einseitige Schätzungsfehler beim Ablesen im Lattenintervall;
5. durch Schiefhalten der Latte;
6. durch einseitige Erwärmung der Nivellierlibelle durch Sonnenbestrahlung;
7. durch den Einfluß der Strahlenbrechung. Der Fehler beträgt im ebenen Gelände bei 50 m Zielweite etwa 0,2 mm, nimmt jedoch bei geneigten Strecken schnell zu.

Unregelmäßige Fehler entstehen z. B.
1. durch ungenaue Einstellung der Libellenblase;
2. durch fehlerhafte Lattenablesungen bei Luftflimmern;
3. durch Einsinken und sonstige Lageänderungen der Latten.

Zu den vorstehend angegebenen hauptsächlich vorkommenden Fehlern kommt bei Verwendung von Nivellieren mit Selbsteinwägung für die Durchführung von Feinnivellements noch ein weiterer, einseitig wirkender Fehler hinzu, der nicht durch gleiche Zielweiten auszuschalten ist. Ein im allgemeinen unmerklicher Restfehler der Justierung des Kompensators kann im Zusammenwirken mit einem Justierfehler an der Dosenlibelle oder einem Fehler, der durch nicht parallaxfreies Beobachten dieser Libelle entsteht, zu einem bei Feinnivellements ins Gewicht fallenden Fehler führen, dessen Anteil am Abschlußfehler zwischen Hin- und Rückmessung Beträge von einigen mm erreichen kann. Hierüber haben DRODOFSKY [15] und WOLTER [89] eingehend berichtet. Man vermeidet den aus der sogenannten „Horizontschräge" herrührenden Fehler, indem man während des Einspielenlassens der Dosenlibelle das Fernrohr beim 1., 3., 5. usw. Standpunkt auf die rückwärtige Latte

Geometrische Höhenmessungen

richtet, beim 2., 4., 6. usw. Standpunkt dagegen das Fernrohr zur vorwärts stehenden Latte zeigen läßt.

Der im wesentlichen aus Instrumenten-, Latten- und Beobachtungsfehlern sowie aus äußeren Einflüssen herrührende *Gesamtfehler* eines Nivellements darf ein bestimmtes Maß, das je nach dem Zweck der Messung verschieden groß ist, nicht überschreiten. Bei Feinnivellements ist als mittlerer Fehler für 1 km höchstens ± 1 mm anzunehmen. Für Nivellements mittlerer Genauigkeit, wozu im allgemeinen die Festpunktnivellements zählen, sind Kilometerfehler bis etwa ± 5 mm, bei einfachen technischen Nivellements, wie z. B. bei Längen- und Flächennivellements, noch größere Fehler zulässig.

Der sich bei einem Nivellement zwischen zwei der Höhe nach bekannten Festpunkten ergebende Abschlußfehler wird linear im Verhältnis der Entfernungen auf die einzelnen zu berechnenden Zwischenpunkte verteilt, wie nachstehendes Zahlenbeispiel zeigt.

Zahlenbeispiel

Gegeben: $H_A = +85{,}632$ m NN. $H_E = +67{,}568$ m NN. $h = -18{,}064$

Höhenpunkt	Länge s der Nivellementsstrecke	Höhenunterschied aus der Hinmessung	Höhenunterschied aus der Rückmessung der einzelnen Nivellementsstrecken	Mittel h	Verbesserungen $v = \dfrac{f \cdot s}{[s]}$	Höhe NN	Höhenpunkt
	km	m	m	m	mm	m	
A						+ 85,632	A
	0,41	+ 7,161	+ 7,166	+ 7,1635	− 3,2	+ 7,160	
B						+ 92,792	B
	0,32	− 8,458	− 8,455	− 8,4565	− 2,4	− 8,459	
C						+ 84,333	C
	0,27	− 4,895	− 4,902	− 4,8985	− 2,2	− 4,901	
D						+ 79,432	D
	0,54	− 11,863	− 11,858	− 11,8605	− 4,2	− 11,865	
E						+ 67,567	E*
	$[s] = 1{,}54$	− 18,055	− 18,049	Ist − 18,052 Soll − 18,064	− 12,0	$[h] = 18{,}065$	

Abschlußfehler $f = -\,0{,}012$

* Der Unterschied in den Höhenzahlen des Endpunktes von 1 mm ist durch die Abrundung bedingt

Von einer Beschreibung genauer Ausgleichungsverfahren der Feinnivellements ist hier abgesehen.

Barometrische Höhenmessungen

100. Begriff. Berechnung der barometrischen Höhenstufe und des Höhenunterschiedes. Verfahren

Die Anwendung des Barometers beruht darauf, daß der Luftdruck mit zunehmender Höhe geringer, mit abnehmender Höhe größer wird.

Man kann daher aus der gleichzeitigen Beobachtung der Barometerstände an zwei verschieden hoch gelegenen Punkten deren Höhenunterschied bestimmen.

Einem Steigen oder Fallen des Barometers von 1 mm entspricht eine Höhenabnahme bzw. -zunahme von ungefähr 11 m. Man bezeichnet diesen Wert als *barometrische Höhenstufe* des Ortes. Sie läßt sich etwas genauer aus der Näherungsformel berechnen:

$$h_b = 8000 \cdot \frac{1}{b_m} \cdot (1 + 0{,}0037 \cdot t_m)$$

Es bedeuten:
b_m der mittlere Barometerstand und
t_m die mittlere Jahrestemperatur des Ortes.

Ist z. B. $b_m = 761$ mm und $t_m = +9{,}5\ °C$, dann errechnet sich

$$h_b \text{ aus } 8000 \cdot \frac{1}{761} \cdot (1 + 0{,}0037 \cdot 9{,}5) = 10{,}878 \text{m}.$$

Zur Berechnung des Höhenunterschiedes h der beiden Punkte benutzt man vielfach die vereinfachte Formel*:

$$h = K \cdot (\lg b_u - \lg b_o) \cdot (1 + \alpha \cdot t_m).$$

Es bedeuten:
K die barometrische Konstante 18464,
b_u, b_0 die auf dem unteren und oberen Punkt gleichzeitig gemessenen Luftdrucke in mm QS oder Torr (1 mm QS = 1 Torr).
α den Ausdehnungskoeffizient der Luft für $1\ °C = 0{,}003\,665 = \frac{1}{273}$,
t_m die mittlere Temperatur in °C = arithmetisches Mittel aus den an beiden Punkten gemessenen Temperaturen der freien Luft.

Ist z. B. $b_u = 734{,}7$ mm; $b_0 = 714{,}6$ mm und $t_m = +9\ °C$, dann errechnet sich h zu 229,8 m.

Den Höhenunterschied zweier verschieden hoch gelegener Punkte erhält man einfacher, wenn man die durch Ablesung an einem Aneroidbarometer, s. Abb. 148, ermittelte Luftdruckdifferenz mit der vorher berechneten barometrischen Höhenstufe des Ortes multipliziert.

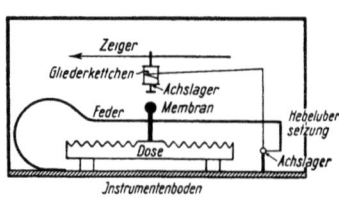

Abb. 148. Aneroidbarometer (schematisch)

Für genauere Messungen stehen heute Mikrobarometer zur Verfügung, wie sie z. B. von der Firma Askania gebaut werden, s. Abb. 149. Dieses Gerät besitzt eine luftleere Röhrenfeder (Bourdon-Feder) mit 9 Windungen. Die Außenseite dieser Feder wird ihrer größeren Oberfläche wegen stärker belastet als die Innenseite. Bei steigendem Luftdruck bewegen sich deshalb die beiden Federenden aufeinander zu. Diese Drehbewegung wird mit Hilfe eines am unteren Ende der Feder angebrachten Spiegels

---

* Die genaue Barometerformel ist aus einer 5stelligen GAUSSschen Logarithmentafel zu entnehmen.

über ein Autokollimationssystem an der Ableseeinrichtung sichtbar gemacht. Die Ablesung kann auf 0,01 Torr erfolgen [24].

Bei den Messungen, die möglichst an windstillen Tagen bei bedecktem Himmel vorzunehmen sind, hält man das Barometer waagerecht in gleicher Höhe, z. B. immer in Brusthöhe, über die Punkte. Werden die Messungen auf bekannten Höhenpunkten an- und abgeschlossen, so lassen sich die Höhenunterschiede dh der Geländepunkte bei ruhigem Barometerstand und nicht zu langer Dauer der Messung auch ohne Berücksichtigung der Lufttemperatur und der Luftdruckschwankungen mit genügender Genauigkeit aus den Barometerablesungen durch Interpolation zwischen den bekannten Höhenpunkten nach der Formel

$$dh = \frac{dH}{dB} \cdot db$$

berechnen.

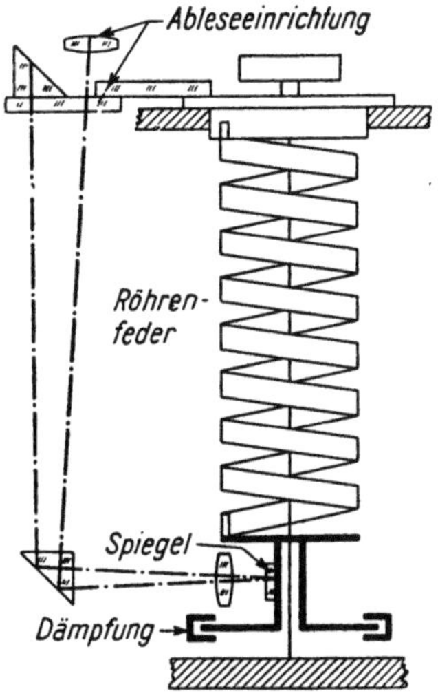

Abb. 149. Mikrobarometer von Askania (schematisch)

Es bedeuten:
dH der Gesamthöhenunterschied der beiden bekannten Höhenpunkte,
dB der Unterschied der Barometerablesungen über den bekannten Höhenpunkten,
db der Unterschied der Barometerablesungen über den Geländepunkten, die zwischen den bekannten Höhenpunkten liegen.

Die Genauigkeit der barometrischen Höhenmessung mit einfachen Barometern beträgt etwa 1 bis 2 m. Bei Verwendung des Askania-Mikrobarometers läßt sie sich, wenn die Höhenunterschiede 200 m nicht überschreiten und die Temperaturen auf ±0,5 °C genau bestimmt werden, bis auf etwa ±0,1 bis ±0,2 m steigern.

Im Bergvermessungswesen werden barometrische Höhenmessungen nur selten und auch nur dann ausgeführt, wenn bei fehlenden Karten- und Meßunterlagen schnell die ungefähren Höhen des in Betracht kommenden Geländes festgestellt werden sollen.

III. Tachymetermessungen

101. Begriff, Verfahren, Anwendung

Nachstehend werden Meßverfahren behandelt, die es ermöglichen, die Lage von Meßpunkten im Gelände, insbesondere die Entfernungen und Höhenunterschiede dieser Punkte, auf indirektem Wege und daher mit größerer Schnelligkeit zu ermitteln, als es die in den Hauptabschnitten I und II beschriebenen Verfahren erlauben. Die für diesen Zweck auszuführenden Messungen nennt man daher *Tachymeter*- oder *Schnellmessungen*.

Um die Entfernung zweier Punkte A und B indirekt bestimmen zu können, bedient man sich in den meisten Fällen eines parallaktischen Dreiecks. Dies ist ein spitzes, meist gleichschenkliges Dreieck, das aus einem kleinen parallaktischen Winkel ε im Punkt A und einer gegenüberliegenden Grundlinie l (Basis) im Punkt B besteht, s. Abb. 150. Die Entfernung e zwischen A und B läßt sich berechnen, wenn ε und l der Größe nach bekannt sind.

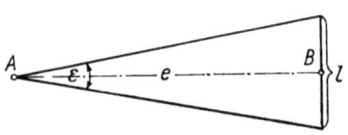

Abb. 150. Parallaktisches Dreieck zur mittelbaren Bestimmung von Entfernungen

Die Herstellung dieses parallaktischen Dreiecks erfolgt unter Benutzung von vertikal oder horizontal aufgestellten Nivellier- oder Tachymeterlatten mit Hilfe von Theodoliten, die mit verschiedenartigen optischen und mechanischen Zusatzeinrichtungen ausgerüstet sind. Man bezeichnet derartige Theodolite allgemein als *Tachymeter* und unterscheidet dabei zwischen einfachen und selbstreduzierenden Tachymetern, ferner zwischen Diagramm- oder Kurventachymetern, Doppelbildtachymetern und Einstandentfernungsmessern. Diese Instrumente sind in den nachfolgenden Abschnitten 102 bis 105 näher beschrieben.

Je nach Anwendung der vorstehend genannten Instrumententypen und der Meßverfahren unterscheidet man folgende Tachymetermessungen:

1. Messungen mit einfachen Tachymetern
2. Messungen mit selbstreduzierenden Tachymetern
   a) Tachymeter mit veränderlichem Strichabstand
   b) Diagramm- oder Kurventachymeter
3. Messungen mit Doppelbildtachymetern
   a) Theodolite mit Doppelbildvorsatz
   b) selbstreduzierende Doppelbildtachymeter
4. Messungen mit Einstandentfernungsmesser.

Über Tage wendet man tachymetrische Messungen mit Vorteil besonders in Gebieten an, in denen die Lage- und Höhenaufnahme nach den in den Hauptabschnitten I und II behandelten Verfahren schwierig und zeitraubend ist, z. B. im steilen, schwer zugänglichen Gelände und in verkehrsreichen Straßen der Großstädte. Im flachen und hügeligen Gelände werden Tachymetermessungen im großen Umfange ausgeführt, wenn es sich darum handelt, z. B. beim Straßen-, Eisenbahn- und Kanalbau sowie bei der Anlage von Siedlungen oder sonstigen Bauvorhaben die Gestalt des Geländes, d. h. die Bodenform durch *Höhen- oder Schichtlinien*, s. Abb. 145, S. 187, darzustellen. Auch kommen tachymetrische Messungen oft bei der Aufnahme von Bergehalden und Teichen sowie von Tagebauen in Braunkohlenrevieren zur Anwendung.

Unter Tage haben dagegen tachymetrische Verfahren bisher nur wenig Eingang gefunden, obwohl z. B. bei der Nachtragung durch Hängetheodolitmessung die schnelle und entsprechend genaue Ermittlung der Entfernungen sehr erwünscht wäre.

102. Messungen mit einfachen Tachymetern

Das einfachste Hilfsmittel zur mittelbaren Bestimmung der Entfernungen ist ein *entfernungsmessendes Strichkreuz* in Verbindung mit der optischen Einrichtung des Fernrohrs. Es besteht aus je einem, zum horizontalen Mittelstrich im Abstand $p/2$ parallel verlaufenden, oberen und unteren Strich, die beide an der vertikal aufgestellten Nivellierlatte abgelesen werden. Aus der Differenz der beiden Lattenablesungen erhält man bei horizontaler Visur den in die Rechnungsformeln für s und h einzusetzenden Lattenabschnitt l. Er bildet die Grundlinie des parallaktischen Dreiecks, s. Abb. 151.

Mit diesem, nach seinem Erfinder als REICHENBACHsches Fadenkreuz bezeichneten Strichkreuz sind alle Theodolite und Nivelliere ausgerüstet, s. auch Abb. 34, S. 43.

1. Ableitung der Tachymeterformeln

Zum besseren Verständnis der bei Tachymetermessungen für die Berechnung der Längen und der Höhenunterschiede anzuwendenden Formeln sei hier von einfachen Tachymetern älterer Bauart, die noch ein Meßfernrohr mit Okularauszug besitzen, s. Abschn. 29, S. 42, Abb. 33a, ausgegangen.

Die horizontale Entfernung s von Mitte Instrument bis zum Aufstellungspunkt der Latte, also von P_1 bis P_2, ergibt sich bei horizontaler Visur, wie die Abb. 151 zeigt, aus verhältnisgleichen Stücken in dem

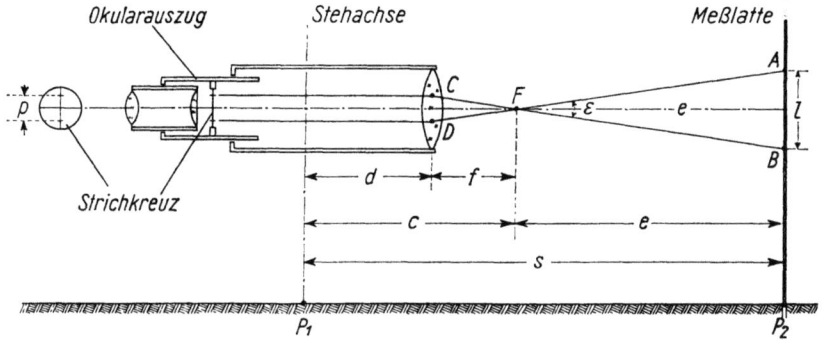

Abb. 151. Ableitung der horizontalen Entfernung s bei einem Tachymeter mit Okularauszug

parallaktischen Dreieck AFB und dem kleinen Dreieck CFD, das die vordere Brennweite f der Objektivlinse und den Abstand p des oberen und unteren Striches im Strichkreuz enthält. Es verhält sich:

$$e : l = f : p$$
$$e = \frac{f}{p} \cdot l.$$

Setzt man für den Wert f/p die Konstante k, so erhält man

$$e = k \cdot l.$$

Den Wert k bezeichnet man als *Multiplikationskonstante*.

Zu e ist noch die Entfernung c vom vorderen Brennpunkt F des Objektivs, der hier mit dem Scheitelpunkt des parallaktischen Winkels ε zusammenfällt und als anallaktischer Punkt des Fernrohrs bezeichnet wird, bis zur Stehachse des Tachymeters hinzuzuzählen, um die ganze söhlige Entfernung s zu erhalten. Man nennt c daher auch die *Additionskonstante*. Es ist nun, wie aus der Abb. 151 hervorgeht:

$$s = e + c$$

und, wie auf S. 119 gezeigt, $\quad e = k \cdot l$.

Daraus folgt $\quad s = k \cdot l + c$.

Man erhält c durch Addition der Brennweite f und der Entfernung d von der Objektivlinse bis zur Stehachse des Instrumentes. Wird p gleich $0{,}01\,f$ gemacht, so erhält man für $k = \dfrac{f}{0{,}01 f}$ den Wert 100.

Alle neueren Tachymeter besitzen nur noch Meßfernrohre mit einer Schalt- oder Zwischenlinse, s. Abschn. 29, Abb. 33b, S. 42. Bei diesen Fernrohren soll der anallaktische Punkt im Inneren des Fernrohres mit der Stehachse zusammenfallen, wodurch $c = 0$ wird. Bei jeder Fokussierung ändert sich aber die Entfernung zwischen Schaltlinse und Objektiv, was kleine Änderungen der Multiplikations- und der Additionskonstanten zur Folge hat. Diese Abweichungen von den runden Werten 100 und 0 werden jedoch von den Herstellerfirmen so klein gehalten, daß in die Berechnungsformeln bei den in der Praxis am häufigsten vorkommenden Entfernungen von etwa 10 bis 150 m im allgemeinen $k = 100$ und $c = 0$ eingesetzt werden können. In diesem Entfernungsbereich genügt infolgedessen für die Berechnung der söhligen Entfernungen s bei horizontalen Visuren die Formel

$$\boxed{s = k \cdot l}$$

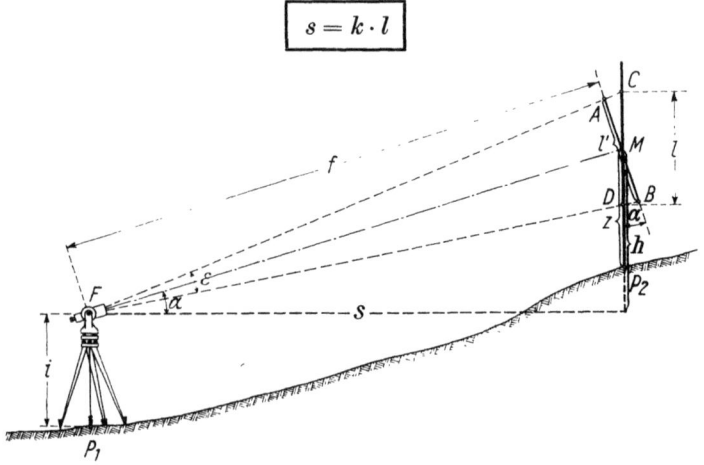

Abb. 152. Ableitung der horizontalen Entfernung und des Höhenunterschiedes bei geneigter Visur

Im unebenen Gelände werden dagegen oft geneigte Zielungen notwendig. Wie aus der Abb. 152 zu ersehen ist, läßt sich die *flache Entfernung* f von Mitte Instrument bis zum angezielten Punkt M an der Latte wieder aus dem parallaktischen Dreieck AFB, wie weiter vorn gezeigt ist, berechnen. Die Formel lautet im vorliegenden Fall jedoch $f = k \cdot l'$. Der rechtwinklig zur Ziellinie liegende Abschnitt l' kann aber nicht unmittelbar an der lotrecht im Ziel aufzustellenden Latte abgelesen werden. Er muß vielmehr aus dem gemessenen vertikalen Lattenabschnitt l und dem mit dem Höhenkreis des Tachymeters gemessenen Neigungswinkel α der flachen Ziellinie berechnet werden. Da der Winkel α, den die beiden Abschnitte l' und l miteinander bilden, gleich dem Neigungswinkel α ist, und die kleinen Dreiecke AMC und BMD nahezu rechtwinklig sind, so gilt die Beziehung $l' = l \cdot \cos \alpha$. Diesen Wert setzt man in die Formel $f = k \cdot l'$ ein und erhält

$$f = k \cdot l \cdot \cos \alpha.$$

Die Horizontalprojektion von f, d. h. die söhlige Länge s, ergibt sich aus der Multiplikation der vorstehenden Gleichung mit $\cos \alpha$. Damit wird

$$s = k \cdot l \ \cos \alpha \cdot \cos \alpha$$

oder
$$\boxed{s = k \cdot l \cdot \cos^2 \alpha}$$

Den Höhenunterschied h erhält man, indem man $k \cdot l \cdot \cos \alpha$ mit $\sin \alpha$ multipliziert. Es ist also

$$h = k \cdot l \cdot \cos \alpha \cdot \sin \alpha$$

oder
$$\boxed{h = k \cdot l \cdot \tfrac{1}{2} \sin 2\alpha}$$

Zur Berechnung von s und h benutzt man Tachymetertafeln oder tachymetrische Rechenschieber.

Die Höhenzahl eines Tachymeterpunktes errechnet sich in der gleichen Weise, wie es im Abschn. 85, S. 156 u. f. erläutert ist.

2. Ausführung einfacher tachymetrischer Messungen mit Meßbeispiel

Bei der tachymetrischen Geländeaufnahme kommt es darauf an, neben den Eck- und Brechpunkten der Tagesgegenstände die Bodengestaltung — Erhebungen und Einsenkungen — vollständig und richtig zu erfassen. Daher muß auf ausreichende und zweckentsprechend ausgewählte Lattenstandpunkte — im Gelände möglichst in Richtung des größten Gefälles — besonderer Wert gelegt werden. Die Geländepunkte werden fortlaufend numeriert und mit gleicher Bezeichnung in eine übersichtliche Handzeichnung eingetragen.

Die Aufstellung der Tachymetertheodolite erfolgt in der im Abschn. 39, S. 61, für Theodolite allgemein beschriebenen Weise. Der Abstand der Kippachse des Instrumentes vom vermarkten Bodenpunkt ist zu messen und als Instrumentenhöhe einzusetzen. Beim Einstellen der Ausgangsrichtung — z. B. Seite eines Anschlußpolygonzuges — wird der Zeiger am Grundkreis zweckmäßig entweder auf 0^g oder auf den für diese Seite bekannten Richtungswinkel gestellt und nach Anzielen der im Geländepunkt aufgestellten Latte der Horizontalwinkel auf Grade und Minuten abgelesen. Hierauf stellt man den Mittelfaden des Fadenkreuzes auf den der gemessenen Instrumentenhöhe nächstliegenden vollen Dezimeterstrich ein und liest bei einspielender Höhenkreislibelle den Neigungswinkel gleichfalls auf Minuten ab. Sodann wird der obere Faden o im Gesichtsfeld des Fernrohres mit dem nächstliegenden vollen Dezimeter zur Deckung gebracht, am unteren Faden u auf Millimeter abgelesen und der Unterschied der Lattenablesungen $u-o$ gebildet. Zur Prüfung dieses Lattenabschnittes stellt man nun umgekehrt zuerst den unteren Faden im Fernrohr-Gesichtsfeld auf den nächsten vollen Dezimeter und liest den oberen Faden ab.

Die Wahl der Ziellängen hängt außer von den Geländeverhältnissen von der geforderten Genauigkeit, d. h. in erster Linie vom Maßstab der Auftragung ab. Bei größeren Maßstäben wird man jedoch nicht über 200 m Zielweite hinausgehen. In flachem Gelände werden zur Verringerung der Rechenarbeit möglichst waagerechte Zielungen vorgenommen. Hierbei ist der Mittelfaden auf volle Zentimeter abzulesen, s. Meßbeispiel S. 202/203, Geländepunkt 2.

Um bei tachymetrischen Geländeaufnahmen die Leistung nicht durch die zum Lattentransport von Punkt zu Punkt notwendige Zeit herabzumindern, verwendet man 2 bis 4 Latten, die abwechselnd auf den einzelnen Zielpunkten aufgestellt werden.

Beispiel einer ausgeführt am 25. Juni

Standpunkt	Zielpunkt	Horizontalwinkel β		Mittelfaden z	Neigungswinkel α			Lattenablesungen				
								oberer Faden o_1 unterer Faden u_1	unterer Faden u_2 oberer Faden o_2	$u_1 - o_1$ $u_2 - o_2$	$k \cdot l$ $[k=100]$	
		g	c	m	±	g	c	m	m	m	m	
P.M. 25 Instrumentenhöhe $i=1,44$ m	P.M. 24	0	00									
	1	76	00	1,4	−	2	81	1,000 1,815	1,800 0,984	0,815 0,816	81,55	
	2	120	14	1,72		0	00	1,200 2,137	2,100 1,163	0,937 0,937	93,70	
	3	150	80	1,4	+	11	39	0,800 2,013	2,000 0,788	1,213 1,212	121,25	

Der Gang der Messung und Berechnung einer Tachymeteraufnahme mit einem Fadentachymeter ist aus obenstehendem, durch das Schaubild, s. Abb. 153, erläutertem Beispiel zu ersehen.

Auf die Meßtischtachymetrie soll hier, da sie in der markscheiderischen Praxis äußerst selten angewandt wird, nicht eingegangen werden.

Abb. 153. Schaubild zum untenstehenden Zahlenbeispiel einer Tachymeteraufnahme

Tachymeteraufnahme
1955 im Felde der Grube Glückauf

Söhlige Länge $s =$ $k \cdot l \cdot \cos^2 \alpha$		Höhen- unterschied $h =$ $k \cdot l \cdot \frac{1}{2} \sin 2\alpha$		$i - z$		$h + i - z$		Höhe über N. N.	Punkte	Bemerkungen und Handzeichnung
m	±	m	±	m	±	m	±	m		
							+	82,65	PM 25	Tachymetertheodolit von Fennel und 3-m-Nivellier-Latte
81,39	–	3,60	+	0,04	–	3,56	+	79,09	1	
93,70		–	–	0,28	–	0,28	+	82,37	2	
117,40	+	21,23	+	0,04	+	21,27	+	103,92	3	

103. Messungen mit selbstreduzierenden Tachymetern

Da die Berechnung der horizontalen Entfernungen und der Höhenunterschiede aus den mit einfachen Tachymetern gewonnenen Meßergebnissen zeitraubend ist, verwendet man zweckmäßiger solche Tachymeter, bei denen die notwendigen Reduktionen durch entsprechende Einrichtungen *selbsttätig* erfolgen. Die Meßergebnisse müssen dann lediglich noch mit einem runden konstanten Wert, z. B. 100 für die Längen und 10 für die Höhenunterschiede, multipliziert werden.

Die zu diesem Zweck schon im vorigen Jahrhundert konstruierten Tangenten- oder Gefällschraubentachymeter sowie Schiebetachymeter und ähnliche Geräte haben ihre Bedeutung völlig verloren und werden daher nicht mehr hergestellt. Man verwendet heute nachfolgend kurz beschriebene Instrumententypen:

1. Tachymeter mit veränderlichem Strichabstand

Bei diesen Tachymetern wird der Abstand der Striche des entfernungsmessenden Strichkreuzes entsprechend dem jeweiligen Neigungswinkel mechanisch verändert.

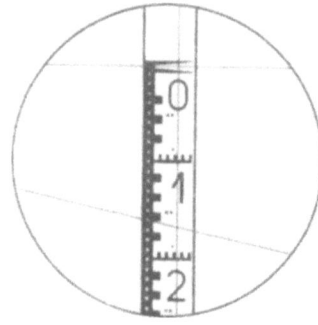

Abb. 154. Entfernungsmessung mit dem Reduktionstachymeter DK-RV von Kern. Ablesung: 0,1663; söhlige Länge: 16,63 m

So besitzt z. B. das Reduktionstachymeter DK-RV der Firma Kern. zwei Strichplatten, von denen die eine fest und die andere um eine seitlich und parallel zur Fernrohrachse liegende Achse drehbar ist. Die feste Platte trägt einen horizontalen und einen vertikalen Strich. Der Strich der beweglichen Platte erscheint dagegen je nach der Neigung des Fernrohrs mehr oder weniger schräg.

Bei der Messung wird der feste horizontale Strich auf die Nullmarke der lotrecht stehenden Speziallatte, die ihrerseits auf die gemessene Instrumentenhöhe einstellbar ist, eingestellt, s. Abb. 154. Der schräg erscheinende bewegliche Strich wird durch Drehen des Instrumentes um die Stehachse auf eine der an der Latte im Zentimeterabstand angebrachten Kreismarken eingestellt; dort liest man Meter, Dezimeter und Zentimeter ab, im Beispiel 0,16 m. Mit Hilfe des Vertikalstrichs können an den auf der Latte im Dezimeterabstand angebrachten kurzen Horizontalteilungen die Millimeter abgelesen und Zehntelmillimeter geschätzt werden, im Beispiel 6,3 mm. Die Gesamtablesung beträgt also in unserem Beispiel 0,1663. Mit $k = 100$ erhält man sodann 16,63 m als söhlige Entfernung.

Den Höhenunterschied gewinnt man durch Multiplikation der söhligen Entfernung mit dem Tangens des Neigungswinkels, der an der Tangensteilung des Höhenkreises unmittelbar abgelesen werden kann. Mit diesem Instrument wird eine Genauigkeitssteigerung gegenüber den einfachen und den Diagrammtachymetern erreicht.

2. Diagramm- oder Kurventachymeter

Bei diesen Tachymetern werden die Reduktionen dadurch erreicht, daß ein Diagramm mit Nullkurve und Kurven für die söhlige Länge und den Höhenunterschied im Fernrohrgesichtsfeld gemeinsam mit der lotrecht aufzustellenden Latte abgebildet wird. Ein solches Diagramm ist von VON HAMMER berechnet und erstmals von der Firma Fennel um die Jahrhundertwende in dem „Hammer-Fennel-Diagramm-Tachymeter" verwendet worden. Seit dieser Zeit wurde dieser Tachymetertyp wesentlich verbessert und in Abwandlungen auch von den Firmen Breithaupt, Kern, Wild und Jenoptik gebaut. Als Beispiel wird nachstehend das neueste „Fennel-Reduktions-Tachymeter FTRA", s. Abb. 155, kurz beschrieben.

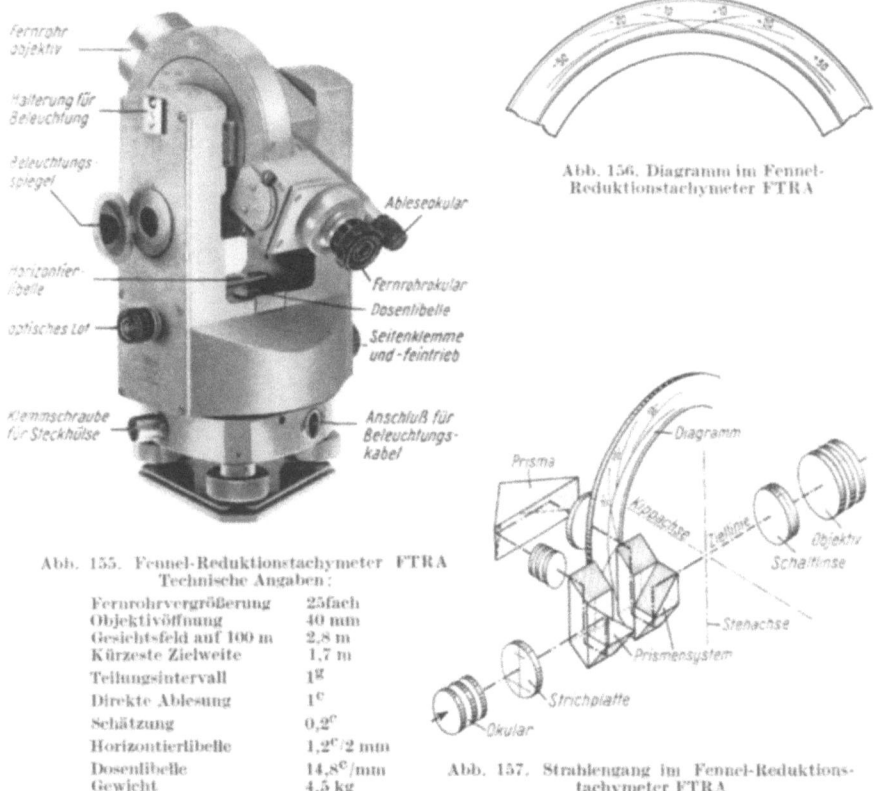

Abb. 156. Diagramm im Fennel-Reduktionstachymeter FTRA

Abb. 155. Fennel-Reduktionstachymeter FTRA
Technische Angaben:

Fernrohrvergrößerung	25fach
Objektivöffnung	40 mm
Gesichtsfeld auf 100 m	2,8 m
Kürzeste Zielweite	1,7 m
Teilungsintervall	1^g
Direkte Ablesung	1^c
Schätzung	$0,2^c$
Horizontierlibelle	$1,2^c/2$ mm
Dosenlibelle	$14,8^c$/mm
Gewicht	4,5 kg

Abb. 157. Strahlengang im Fennel-Reduktionstachymeter FTRA

Bei diesem Instrument ist das Diagramm zentrisch zum Höhenkreis auf einer besonderen Glasplatte angebracht, s. Abb. 156. Nullkurve und Entfernungskurve sind unbeziffert. Für die Entfernungskurve gilt die Multiplikationskonstante $k = 100$. Zur Ermittlung des Höhenunterschieds sind drei bezifferte Kurvenpaare vorhanden, und zwar ein Paar mit der Multiplikationskonstanten $k = \pm 10$ für den Höhenwinkelbereich von 0^g bis $\pm 15^g$, ein zweites Paar mit $k = \pm 20$ für den Höhenwinkelbereich von $\pm 12^g$ bis $\pm 35^g$ und ein drittes Paar mit $k = \pm 50$ für Höhenwinkel von $\pm 32^g$ bis $\pm 50^g$.

Das Bild der Lattenteilung wird zunächst mit Hilfe von Prismen in die Diagrammebene und sodann zusammen mit dem von der Fernrohrneigung abhängigen Diagrammausschnitt in die Strichkreuzebene abgebildet, s. Abb. 157. Das Fernrohr erzeugt von Latte und Diagramm ein aufrechtes Bild und hat im Gegensatz zu älteren Konstruktionen ein volles Gesichtsfeld.

Das Instrument besitzt einen automatischen Index für die Höhenkreisablesung, Doppelknöpfe für Klemmen und Feinbewegungen von Grund- und Höhenkreis und eine Repetitionsklemme. Das Skalenmikroskop der Ablesevorrichtung für die Kreise erlaubt eine Schätzung auf 10^{cc}, so daß das Instrument auch für Polygonmessungen und für Triangulationen niederer Ordnung geeignet ist.

Bei der Messung mit Diagrammtachymetern verwendet man meist Latten mit ausziehbarem Lattenfuß, so daß die Nullmarke der Lattenteilung auf die jeweilige Instrumentenhöhe eingestellt werden kann. Die

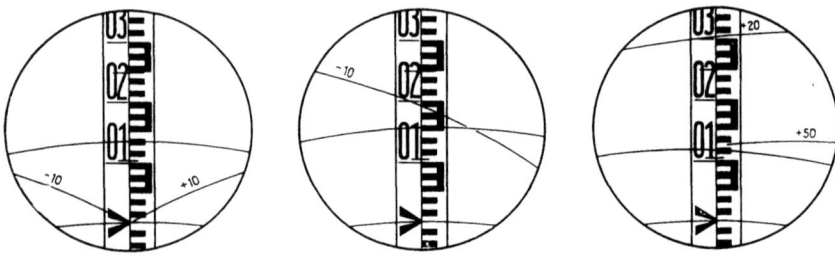

Abb. 158. Ablesebeispiele beim Fennel-Reduktionstachymeter FTRA

bei horizontaler Ziellinie
a) Horizontalentfernung
$0{,}136 \times 100 = 13{,}6$ m
b) Höhenunterschied
$= 0{,}00$ m

bei fallender Ziellinie
a) Horizontalentfernung
$0{,}156 \times 100 = 15{,}6$ m
b) Höhenunterschied
$0{,}192 \times -10 = -1{,}92$ m

bei steigender Ziellinie
a) Horizontalentfernung
$0{,}118 \times 100 = 11{,}8$ m
b) Höhenunterschied
$0{,}304 \times + 20 = + 6{,}04$ m

Nullkurve des Diagramms wird auf die Nullmarke der Latte eingestellt. Sodann liest man an der Entfernungskurve die söhlige Entfernung und an einer der Höhenkurven unter Berücksichtigung des Vorzeichens und der jeweiligen Multiplikationskonstanten den Höhenunterschied ab, s. Abb. 158. Da Instrumentenhöhe und Lattennullmarke auf gleicher Höhe liegen, gilt der ermittelte Höhenunterschied auch für die Bodenpunkte.

104. Messungen mit Doppelbildtachymeter

Bei den im vorigen Abschnitt behandelten Diagrammtachymetern ist zwar ein zeitlicher Vorteil gegenüber den Messungen mit einfachen Tachymetern erzielbar, jedoch meist kein Genauigkeitsgewinn. Erst die Doppelbildentfernungsmessung, die erstmals zu Ende des vorigen Jahrhunderts von RICHARDS benutzt und in den späteren Jahrzehnten von den Firmen Wild, Kern und Zeiss nach Gedanken von AREGGER und BOSSHARDT vervollkommnet wurde, ermöglicht eine genauere optische Ermittlung der Längen. Dafür muß jedoch der Nachteil in Kauf genommen werden, daß der Höhenunterschied nicht unmittelbar aus der Messung gewonnen werden kann, sondern unter Benutzung des jeweils zu messenden Neigungswinkel errechnet werden muß.

1. Theodolite mit Doppelbildvorsatz

Um auch einen normalen Theodolit zur Doppelbildentfernungsmessung benutzen zu können, haben fast alle Hersteller geodätischer Instrumente Vorsatzgeräte, s. Abb. 160a, entwickelt, deren Prinzip nachstehend erläutert werden soll.

Bringt man vor dem Objektiv eines Theodolitfernrohres ein Glasprisma so an, daß ein Teil der Lichtstrahlen um einen kleinen, konstanten, parallaktischen Winkel abgelenkt wird, dann erhält man beim Anzielen einer geteilten Latte im Fernrohr zwei Bilder der Lattenteilung, die gegeneinander verschoben erscheinen. Der Betrag dieser Verschiebung l entspricht der Länge der Basis im entfernungsmessenden Dreieck. In Abb. 159 ist ein keilförmiges Vorsatzprisma angenommen, durch das ein parallaktischer Winkel von $63{,}67^c$ erzeugt wird.

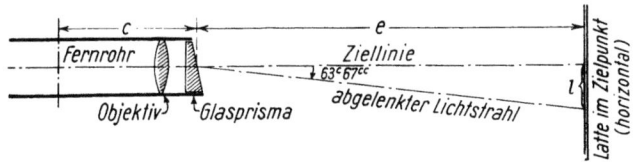

Abb. 159. Prinzip der Doppelbildentfernungsmessung. Grundriß

Nach Abb. 159 ist $e = l \cdot \cot 63{,}67^c$. Da $\cot 63{,}67^c = 100 = k$ ist, so ergibt sich

$$e = k \cdot l.$$

Die Additionskonstante c — hier der Abstand des Keilprismas von der Stehachse — findet dadurch Berücksichtigung, daß die Ablesemarke an der Latte um den Betrag c/k versetzt angebracht ist.

Bei der Doppelbildentfernungsmessung werden die Latten in der Regel auf besonderen Gestellen oder mit Zwangszentrierung auf Theodolitstativen waagerecht aufgestellt und dann mit einem Diopter rechtwinklig zur Ziellinie gerichtet. Der Anfang der Lattenteilung ist meist als Nonius ausgebildet, um eine genauere Ablesung der seitlichen Bildverschiebung am Nullstrich zu ermöglichen. Vielfach sind auch 2 Nonien für kurze und weite Entfernungen vorhanden, s. Abb. 160b, S. 208.

Nach dem Anzielen der Latte läßt man *vor jeder* Ablesung die Höhenlibelle einspielen und bringt dann die sichtbaren Doppelbilder erforderlichenfalls durch leichtes Drehen des Keilprismas so zusammen, daß sich die Teilungen berühren bzw. der Nonius etwas in die Teilungen hineinragt, s. Abb. 160c. Die Ablesungen am Nullstrich des Latten-Nonius erfolgen auf 5 cm, Schätzung auf 2,5 cm.

Eine weitere Verfeinerung der Messung kann durch Vorschalten einer planparallelen Glasplatte erzielt werden, die — wie bei den Präzisionsnivellieren auf der Seite 171 erläutert worden ist — eine Parallelversetzung des Zielstrahles bewirkt. Hierdurch ist es möglich, einen Noniusstrich mit einem Strich der Lattenteilung genau zur Deckung zu bringen und das Maß der hierfür notwendigen Verschiebung an einer Mikrometertrommel abzulesen.

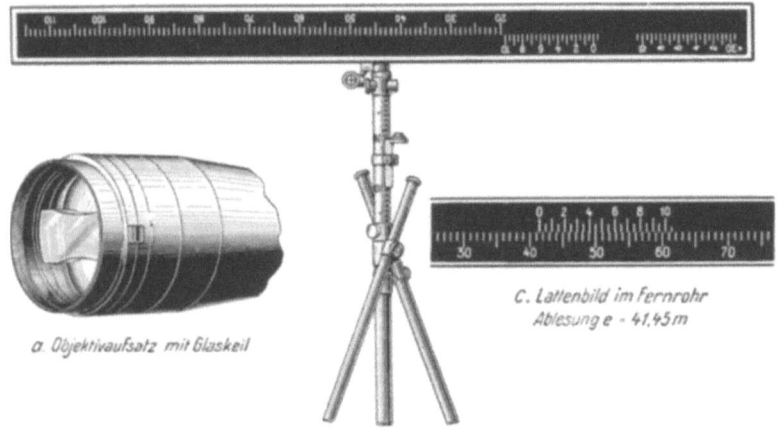

Abb. 160. Doppelbildvorsatz mit Latte und Ablesebeispiel

Der Höhenunterschied der Bodenpunkte entspricht bei der Doppelbildentfernungsmessung dem lotrechten Abstand zwischen Kippachse des Instrumentes und der Latte, wenn, wie üblich, die Zielhöhe gleich der Instrumentenhöhe gemacht wird. Er errechnet sich dann zu $h = e \cdot \sin \alpha$, da bei geneigtem Fernrohr e gleichfalls geneigt ist.

2. Selbstreduzierende Doppelbildtachymeter

Nach einem Vorschlag von BOSSHARDT wurde erstmals von Zeiss ein selbstreduzierendes Doppelbildtachymeter, das Reduktions-Tachymeter „Bosshardt-Zeiss-Redta", entwickelt*. Dieses Gerät besitzt vor dem unteren Teil des Fernrohrobjektivs zwei gleiche, kreisförmige Glaskeile, die durch eine besondere Vorrichtung bei jedem Kippen des Fernrohres gegeneinander verdreht werden. Dadurch erfährt der Ablenkungswinkel eine Veränderung mit der Neigung, und zwar nimmt er bei 0^c bis 100^c Neigung von 63^c 67^{cc} bis 0^c 0^{cc} ab. Da diese Abnahme mit dem Kosinus des Neigungswinkels erfolgt, so erhält man unmittelbar *söhlige* Entfernungen. Ein Rhomboederprisma lenkt das oberhalb der Glaskeile eintretende Strahlenbündel in das Fernrohr.

---

* Vgl. hierzu „Redta 002" in Tafel 19 des Anhangs.

Das mit planparallelen Flächen versehene Rhomboederprisma dient zugleich als optisches Mikrometer, indem durch geringe Drehung desselben mittels Meßschraube und Hebel die genaue Deckung eines Noniusstriches mit einem Teilungsstrich der Latte herbeigeführt wird. An der Trommelteilung der Meßschraube liest man Zentimeter ab. Die beiden durch rote oder schwarze Rechtecke unterschiedenen Nonien werden in Verbindung mit den gleich gefärbten Teilungszahlen zur Messung von nahen (schwarz) oder weiten Entfernungen (rot) benutzt.

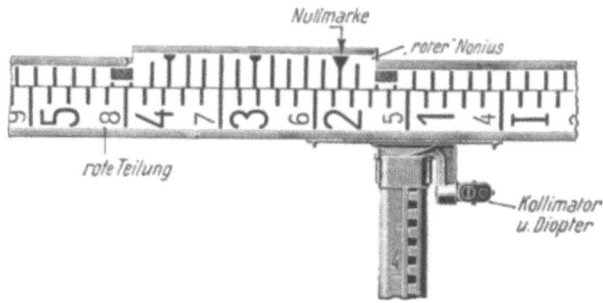

Abb. 161. Entfernungsmeßlatte zum Reduktionstachymeter Roßhardt-Zeiss-Redta

In der Abb. 161 liest man an der roten Teilung der Latte (kleine Zahlen) rechts der Nullmarke des roten Nonius die Zahl 5 und 3 Striche ab. Am roten Nonius werden links der Nullmarke bis zur Koinzidenzstelle 7 Striche abgelesen. Da ein Teilungsintervall der Latte und des Nonius den Wert 2 hat, so sind die Strichzahlen 3 und 7 mit 2 zu multiplizieren, und man erhält

an der Lattenteilung die Ablesung	56
und am Nonius die Ablesung	1,4
daraus ergibt sich die Gesamtablesung an der Latte zu	57,4 m

Hierzu muß schließlich noch der an der Mikrometertrommel abgelesene Zentimeterbetrag addiert werden.

Für die Ablesungen an beiden Teilkreisen dienen Skalenmikroskope, deren Teilungsbilder in einem neben dem Fernrohr angebrachten Ableseokular zu beobachten sind. Der Höhenkreis hat außer der Gradeinteilung noch eine Tangensteilung, deren Werte mit den söhligen Entfernungen multipliziert werden, um die Höhenunterschiede zu erhalten.

Ähnliche Geräte werden auch von den Firmen Wild (Reduktions-Distanzmesser RDH) und Kern (Doppelkreis-Reduktions-Tachymeter DK-RT), s. Tafel 18 des Anhangs, gebaut.

Ein *selbstreduzierendes Doppelbildvorsatzgerät* stellt die Firma Kern her. Das hierin eingebaute Drehkeilpaar wird mit Hilfe einer an dem Vorsatzgerät angebrachten Röhrenlibelle gesteuert, deren Blase vor jeder Ablesung eingespielt werden muß. Dieses Gerät besitzt allerdings kein Planplattenmikrometer.

Als größte Zielweiten kommen bei den Doppelbildentfernungsmessern entsprechend den Lattenlängen nur etwa 150 m in Frage. Hat man bei

Polygonzügen größere Entfernungen zu ermitteln, so muß man die Strecken unterteilen.

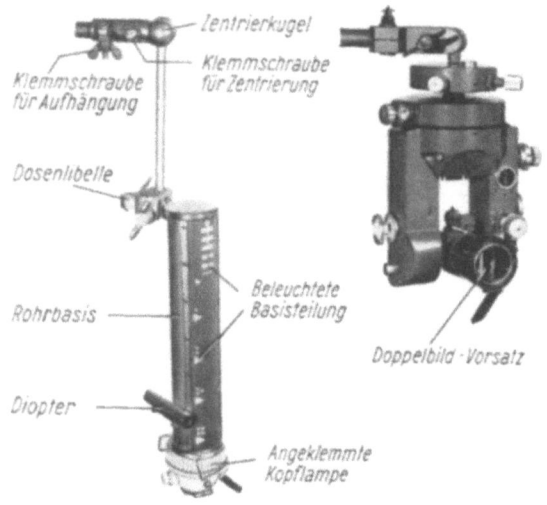

Abb. 162. Hängetheodolit mit Doppelbildvorsatzgerät und Rohrbasis

Um die Doppelbildmessung auch bei der *untertägigen* Polygonierung verwenden zu können, hat H. KRATZSCH [45] Doppelbildvorsatzgeräte für den Hängetheodolit und eine Rohrbasis entwickelt, s. Abb. 162. Mit diesen können je nach Ausbildung der beleuchteten Basis, die der schwierigen Raum- und Sichtverhältnisse wegen mit 185 bzw. 210 mm Länge recht kurz gehalten ist, Genauigkeiten von $\pm$ 2 bis 9 cm für 25-m-Längen und $\pm$ 3 bis 11 cm für 50-m-Längen erzielt werden. Diese Genauigkeiten reichen für die Nachtragungsmessungen unter Tage in den meisten Fällen aus, wie P. HILBIG und H. KRATZSCH in einer Untersuchung über die wirtschaftliche Meßgenauigkeit bei Nachtragungsmessungen [32] nachgewiesen haben.

105. Messungen mit Einstandentfernungsmessern

Das Prinzip der Einstandentfernungsmesser wird nachfolgend anhand einer schematischen, grundrißlichen Darstellung des von der Firma Jenoptik herausgebrachten „Basis-Reduktions-Tachymeters BRT 006" erläutert, s. Abb. 163. Die veränderliche Basis von 30 cm Länge ist am Instrument selbst angebracht. Auf dieser ist ein Pentagonprisma verschiebbar angeordnet, welches die eine Hälfte der Zielstrahlen um 100^g ablenkt. Ein zweites Pentagonprisma, das die andere Hälfte Zielstrahlen um $100^g + \varepsilon$ ablenkt, ist im Instrument fest eingebaut. Die beiden Bildhälften gelangen über ein Rechtwinkelprisma ins Okular und erzeugen dort zwei durch einen feinen horizontalen Strich voneinander getrennte Teilbilder. Durch Verschieben des erstgenannten Prismas kann erreicht werden, daß die beiden Schenkel des parallaktischen Winkels ε sich im jeweiligen Zielpunkt, der damit zum Scheitelpunkt dieses Winkels wird, schneiden. Dies ist dann erreicht, wenn die beiden Teilbilder des Zieles zur Koinzidenz gebracht sind. Die jeweilige Basislänge wird mit Hilfe einer 4fach vergrößernden Lupe an der auf halbe Millimeter unterteilten Basis-

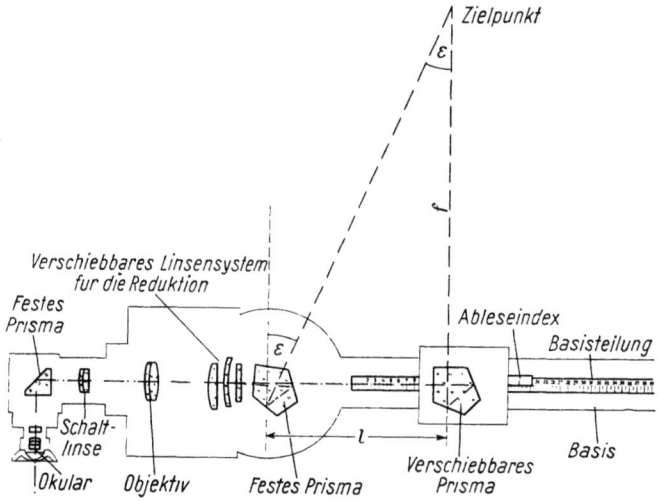

Abb. 163. Basis-Reduktions-Tachymeter BRT 006 der Fa. Jenoptik.
Schematischer Horizontalschnitt

schiene abgelesen. Die flache Entfernung f läßt sich, wie aus der Abb. 163 ersichtlich, wieder aus dem parallaktischen Dreieck nach der Formel

$$f = l \cdot \cot \varepsilon$$

errechnen, wobei $\cot \varepsilon = 200$ die Multiplikationskonstante ist.

Das Gerät, dessen Ansicht die Abb. 164, S. 212, zeigt, ist mit einer Reduktionseinrichtung versehen, die nach Belieben ein- oder ausgeschaltet werden kann. Diese Einrichtung ermöglicht durch horizontale Verschiebung eines besonderen Linsensystems die Reduzierung der flachen Länge gemäß dem Neigungswinkel α, so daß die Ablesung an der Basis, multipliziert mit 200, unmittelbar die söhlige Länge ergibt.

Mit dem BRT 006 können Längen bis zu 60 m mit einer Genauigkeit von ± 3 cm ermittelt werden. Für größere Entfernungen ist eine horizontale Hilfslatte im Zielpunkt notwendig. Als Gesamtfehler wird vom Hersteller für den gesamten Entfernungsbereich ± 0,06% der Strecke angegeben.

Das Gerät eignet sich auch für die Polygonmessung. Der mittlere Fehler eines in beiden Fernrohrlagen gemessenen Horizontal- oder Neigungswinkels beträgt ± 40^{cc}.

Die Firma Breithaupt stellt schon seit längerer Zeit den „Basis-Entfernungsmesser Todis" her, der eine 75 cm lange Basis und auswechselbare Ablenkungskeile für verschiedene Meßbereiche hat. Man erreicht eine Genauigkeit je nach Entfernung von $\pm$ 1 cm bei 20 m bis $\pm$ 1 m bei 400 m. Über dieses Gerät hat ACKERL [1] eingehend berichtet.

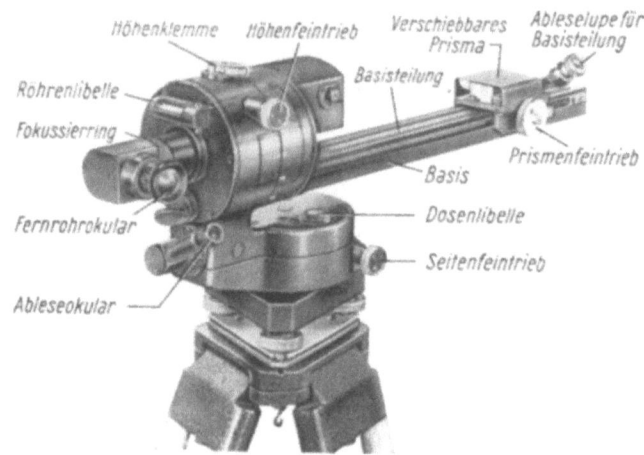

Abb. 164. Basis-Reduktions-Tachymeter BRT 006 der Fa. Jenoptik, Jena Ansicht

Einstandentfernungsmesser haben den Vorteil, daß, sofern geeignete Ziele wie Mauerkanten, Telegraphenmasten u. ä. angeschnitten werden, der Zielpunkt nicht durch eine Latte besonders gekennzeichnet werden muß.

106. Genauigkeit und Prüfung tachymetrischer Geräte und Verfahren

Die Auswahl der für tachymetrische Messungen benutzten Geräte — Instrumente und Latten — hängt ebenso wie der Genauigkeitsgrad, der bei den verschiedenen Meßverfahren erreicht werden kann, in erster Linie von dem *Zweck* der Messung ab. Handelt es sich z. B. über Tage um die allgemeine Erfassung der Geländeform durch Höhen- oder Schichtlinien, so genügt es, wenn die horizontale und vertikale Lage der Geländepunkte mit einer Genauigkeit von 1 bis 3 Dezimeter bestimmt werden, was mit einem einfachen Tachymetertheodolit und einer entsprechenden cm-Felderlatte im ebenen oder nur mäßig geneigten Gelände immer möglich sein wird. Anders verhält es sich, wenn z. B. die Längen und Höhen eines Anschluß-Tachymeterpolygonzuges tachymetrisch ermittelt werden sollen. In diesem Fall ist eine Genauigkeit von etwa 2 bis 3 cm je 100 m Länge anzustreben. Das kann aber nur mit Hilfe der Doppelbildmessung, und zwar durch Verwendung bestimmter Doppelbildtachymeter und -latten, s. Abschn. 104, Abs. 2, erreicht werden.

Bei der einfachen Faden-Entfernungsmessung entsteht der am stärksten ins Gewicht fallende Fehler durch ungenaues Ablesen des oberen und unteren Striches im entfernungsmessenden Strichkreuz, da hiervon die mehr oder weniger genaue Ermittlung des Lattenabschnittes l und damit die Berechnung der horizontalen Entfernung s und des Höhenunterschiedes h abhängt. Die Lage der erwähnten Striche im Lattenfeld kann auch bei den hier in Betracht kommenden kurzen Entfernungen bis etwa 150 m und geringer Geländeneigung höchstens auf $\pm$ 1 mm geschätzt werden. Ein Schätzfehler von 1 mm verändert aber die aus $100 \cdot l$ zu berechnende Länge s schon um einen vollen Dezimeter. Dieser *Längenfehler* vergrößert sich jedoch sehr schnell mit wachsender Entfernung, ferner durch stärkere Refraktionseinflüsse — Flimmern und Schweben — und durch nicht lotrechte Haltung der Latte während der Messung.

Die *Genauigkeit der Höhenbestimmung* beträgt dagegen bei einer Geländeneigung bis 10^g unter Berücksichtigung der hier auftretenden unvermeidlichen Fehler etwa $\pm$ 5 bis $\pm$ 10 cm auf 100 m Streckenlänge.

Gegenüber den vorstehend genannten Hauptfehlern in der optischen Längen- und Höhenermittlung spielen die durch Bewegen der Zwischenlinse und der damit verbundenen Lageänderung des anallaktischen Punktes im Inneren des Fernrohres entstehenden kleineren Abweichungen von der Multiplikationskonstanten 100 und der Additionskonstanten 0 nur eine untergeordnete Rolle. Sie können in den meisten praktischen Fällen vernachlässigt werden. Erreichen die Abweichungen aber größere Beträge, was sich an der weiter unten beschriebenen Vergleichsstrecke leicht nachprüfen läßt, so empfiehlt es sich, die notwendig werdenden Berichtigungen von der herstellenden Instrumentenfirma ausführen zu lassen. Das gleiche gilt auch für den Fall, daß eine fehlerhafte Lage der festen oder beweglichen Striche oder des Diagramms des benutzten Tachymeters auf der Prüfstrecke festgestellt werden sollte.

Zur *Nachprüfung* der im Felde bei tachymetrischen Längenmessungen erzielten Ergebnisse legt man eine etwa 100 bis 150 m lange Vergleichsstrecke an, deren Zwischenpunkte in Abständen von etwa 10 bis 20 m gut vermarkt und deren Längen sodann von Punkt zu Punkt mit einem Stahlmeßband unmittelbar gemessen werden. Vor Beginn und nach Abschluß der Feldmessungen oder bei längerer Dauer dieser Messungen in bestimmten Zeitabschnitten werden die auf der Prüfstrecke mittelbar erhaltenen Tachymeterlängen mit den unmittelbar mit dem Band gemessenen Längen verglichen. Das Ergebnis des Vergleiches wird entweder graphisch oder einfach zahlenmäßig in einer Tabelle dargestellt, um hieraus die etwa notwendig werdenden Verbesserungen entnehmen zu können.

Da bei den meisten einfachen Tachymetermessungen nur in *einer* Fernrohrlage beobachtet und nur *einmal* auf *ganze Minuten* abgelesen wird, so ist es notwendig, daß der benutzte Tachymetertheodolit vor Beginn der Messung geprüft und berichtigt wird. Die Berichtigung des einfachen Tachymetertheodolits erfolgt in der gleichen Weise, wie es in Abschn. 40, S. 62 u. f., für Theodolite beschrieben worden ist. Für die Berichtigung der Doppelbildentfernungsmesser sei auf die Bedienungsanleitungen der Herstellerfirmen verwiesen.

Einzelheiten über weitergehende Prüfungen von Tachymetern sind z. B. in JORDAN/EGGERTH/KNEISSL [38] angegeben.

IV. Mittelbare Entfernungsmessung

In dem vorangegangenen Hauptabschnitt III ,,Tachymetermessungen" sind die Verfahren und Geräte behandelt worden, die sich insbesondere zur mittelbaren Entfernungsmessung bei der tachymetrischen Bestimmung von Geländepunkten eignen. Selbstverständlich kann jedoch z. B. das Reduktionstachymeter Bosshardt-Zeiss-Redta auch mit Vorteil zur Ermittlung der Seitenlängen bei der Polygonmessung verwendet werden, sofern im Einzelfall die mit ihm erreichbare Genauigkeit für ausreichend befunden wird. In den folgenden Kapiteln sollen nun die Meßverfahren mit den entsprechenden Instrumenten und Einrichtungen besprochen werden, die bei der Polygonierung und Dreiecksmessung zur mittelbaren Bestimmung der Entfernungen eingesetzt werden, wenn Genauigkeiten angestrebt werden, die sonst nur durch unmittelbare Feinmessung der Längen erreicht werden können. Sie finden auch im bergmännischen Vermessungswesen bei der Durchführung übertägiger Vermessungen immer mehr Eingang.

107. Messung mit Basislatten

Das in Abb. 165 dargestellte Verfahren besteht darin, daß man im Standpunkt P den kleinen parallaktischen Horizontalwinkel ε möglichst genau mißt. Er wird von den beiden Zielstrahlen nach den Endmarken einer im Zielpunkt Z waagerecht und rechtwinklig zur Meßlinie aufgestellten Basislatte l von 1 bis 3 m Länge gebildet. Aus diesem Winkel ε und dem Abstand l der Zielmarken errechnet sich die söhlige Entfernung e der Meßlinie nach der Formel

$$e = \frac{l}{2} \cdot \cot \frac{\varepsilon}{2}$$

oder mit $l = 2\,m$

$$e = \cot \frac{\varepsilon}{2}.$$

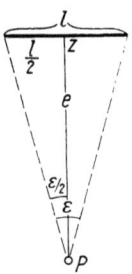

Abb. 165.
Ermittlung einer söhligen Entfernung mittels einer Basislatte

Die Werte für e kann man genügend genau aus einer Tafel entnehmen, die zu jeder Basislatte mitgeliefert wird.

Als Beispiel für eine 2-m-Basislatte sei nachstehend die von der Firma Zeiss zu ihrem Theodolit Th 3, s. Abschn. 37, S. 55, hergestellte Latte beschrieben, s. Abb. 166. Sie besteht aus einem um ein Scharnier nach oben zusammenklappbaren Aluminiumrohr, an dessen Enden kreisförmige Zielmarken angebracht sind, die elektrisch beleuchtet werden können. Zur waagerechten Aufstellung dienen eine Dosenlibelle und die Fußschrauben des Theodolitdreifußes, in den die Latte mit ihrem Steckzapfen gesteckt wird. Die Ausrichtung rechtwinklig zur Visur erfolgt mit Hilfe eines Diopters.

Die Länge der Basislatte muß bei allen praktisch vorkommenden Temperaturen möglichst genau 2 m betragen. Die hierfür notwendige

Kompensation bewirken die verschiedenen Herstellerfirmen durch Verwendung von Metallen mit unterschiedlichen Ausdehnungskoeffizienten, durch Einbau von Invarstäben oder -drähten oder auch von Quarzstäben. Auf diese Weise gelingt es, die Länge der Basislatten auf weniger als 0,1 mm konstant zu halten.

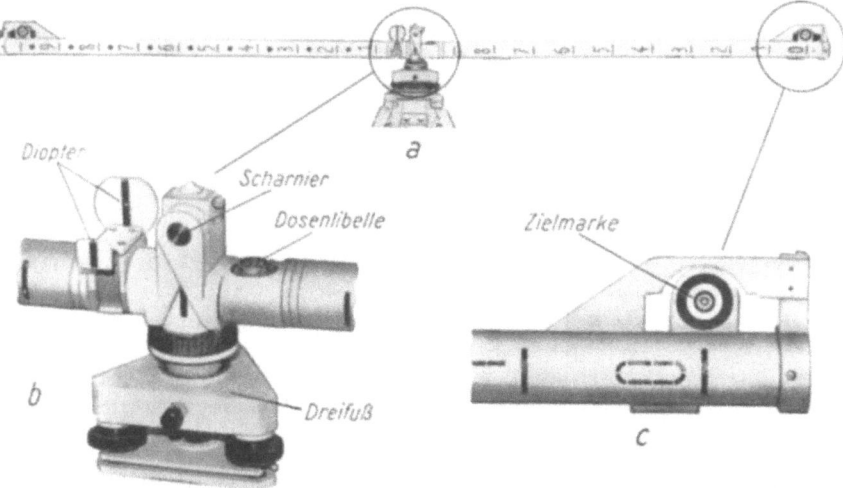

Abb. 166. 2-m-Basislatte von Zeiss

Bei Benutzung eines Feinmeßtheodolits und einer guten Latte lassen sich auf einfache Weise die Seiten gewöhnlicher *Polygonzüge* bis zu etwa 50facher Länge der Basislatte genügend genau feststellen. Sind dagegen längere Seiten von Feinpolygonzügen möglichst scharf zu bestimmen, so ermittelt man durch Anwendung des vorstehenden Verfahrens zunächst eine Hilfsbasis e von 10 bis 20facher Länge der Basislatte. Bei Polygon-

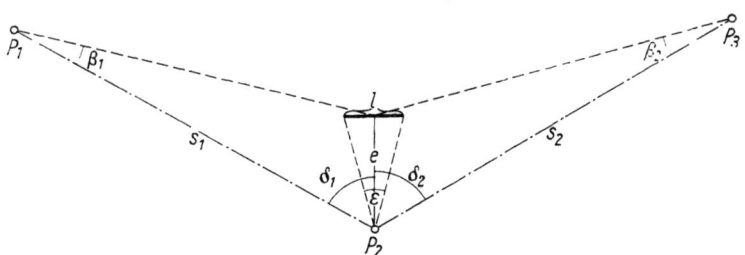

Abb. 167. Streckenmessung mit Basislatte und Hilfsbasis bei Feinpolygonzügen

zügen kann man dann von der festgelegten Hilfsbasis e, s. Abb. 167, gleich zwei benachbarte Polygonseiten s_1 und s_2 bestimmen, wenn man außer den spitzen Winkeln β_1 und β_2 in den Punkten P_1 und P_3 auch die

Winkel δ_1 und δ_2 zwischen den Polygonseiten s_1 und s_2 und der Hilfsbasis e mißt. Nach dem Sinussatz ergeben sich die Längen

$$s_1 = e \cdot \frac{\sin(\delta_1 + \beta_1)}{\sin \beta_1} \quad \text{und} \quad s_2 = e \cdot \frac{\sin(\delta_2 + \beta_2)}{\sin \beta_2}.$$

Die Länge der Hilfsbasis e wählt man zweckmäßig so, daß sich $s : e = e : l$ verhält, also $e = \sqrt{s \cdot l}$ wird. Bei Benutzung einer 2-m-Basislatte und einer Länge der Polygonseite von etwa 100 m ist die Hilfsbasis e also etwa 14,2 m zu machen.

Die den Basen gegenüberliegenden parallaktischen Winkel müssen besonders genau gemessen werden, während für die Winkel zwischen den Polygonseiten und der Hilfsbasis die zweifache Wiederholung genügt.

Außer diesen Verfahren gibt es noch eine Reihe von Möglichkeiten der Streckenaufteilung unter Benutzung einer oder mehrerer Hilfsbasen. Über die zweckmäßige Gestaltung und die erreichbaren Genauigkeiten hat G. FÖRSTNER [21] ausführlich berichtet.

Bei allen Messungen mit Basislatte und Hilfsbasen ist möglichst das Zwangszentrierverfahren, s. S. 82 u. f. anzuwenden. Die Benutzung der Basislatte zur Ermittlung der Länge einer Grundlinie bei der Dreiecksmessung ist bereits im Abschn. 61, S. 101 u. f. behandelt worden.

108. Messung mit Hilfe elektromagnetischer Wellen

Hierunter sind solche Geräte und Verfahren zur mittelbaren Entfernungsmessung zu verstehen, bei denen elektromagnetische Wellen unterschiedlicher Länge als Mittel zum Zweck dienen. Je nachdem, ob die benutzte Welle aus dem Bereich des sichtbaren Lichtes mit weniger als 1 μm Wellenlänge stammt oder aus dem UKW-Bereich mit Wellenlängen von wenigen Zentimetern oder Millimetern, die bekanntlich nicht mehr sichtbar sind, unterscheidet man zwischen *elektro-optischer* und *elektronischer Entfernungsmessung*. In der Geodäsie haben diese Verfahren insbesondere bei der Triangulation und bei der Messung langseitiger Polygonzüge inzwischen ihren festen Platz. Im bergmännischen Vermessungswesen gibt es ebenfalls über Tage eine Reihe von Aufgaben für diese Art der Längenmessung, s. H. WESEMANN [84]. Ihr Einsatz ist aber auch im Hauptzugnetz unter Tage bei den heutzutage ausgedehnten und geradlinigen Streckennetzen zweckmäßig und kostensparend. Da es z. Zt. noch keine schlagwettergeschützten Geräte gibt, darf im Steinkohlenbergbau nur mit Sondergenehmigung der Bergbaubehörde gemessen werden.

Die Vielzahl der bestehenden Geräte und Verfahren zu beschreiben, würde den Rahmen dieses Fachbuches überschreiten. Es soll deshalb hier lediglich an einem Beispiel der elektrooptischen Entfernungsmessung das Prinzip aufgezeigt werden, ohne dabei auf die physikalischen Vorgänge im einzelnen einzugehen.

Eine Entfernung e zwischen den Punkten A und B läßt sich bekanntlich mit Hilfe eines Meßbandes von der Länge l durch mehrfaches Aneinanderreihen des Bandes und Ausmessen des Reststückes Δl ermitteln, s. Abb. 168a. Bei der elektrooptischen Entfernungsmessung durchläuft als „Maßstab" eine Welle von der Länge λ_0 die Strecke von A nach B. Allerdings benutzt man hierzu nicht die oben genannten sehr kurzen Wellenlängen von weniger als $1\,\mu$ oder von einigen cm, sondern verändert (moduliert) diese unter Ausnutzung bestimmter physikalischer Effekte, z. B. mit Hilfe einer Kerrzelle oder eines schwingenden Quarzes so, daß eine Modulationswelle von beispielsweise 30 m Länge entsteht.

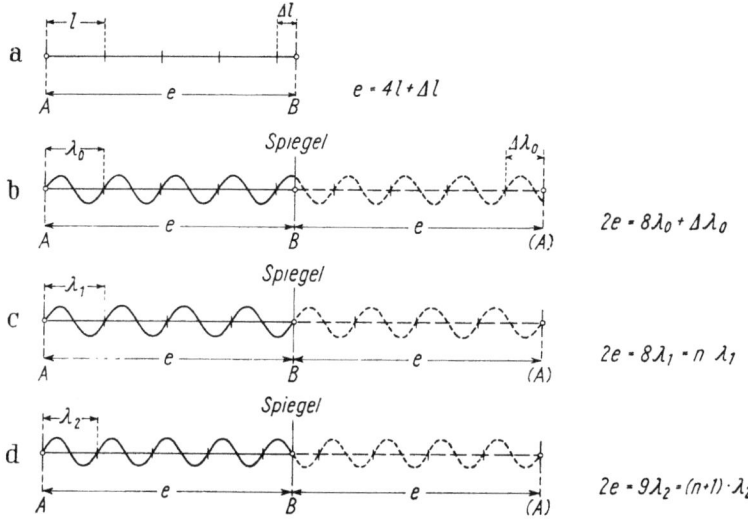

Abb. 168. Prinzip der elektrooptischen Entfernungsmessung

Eine solche Welle wird im Punkt A der Abb. 168 b ausgesandt, an einem im Endpunkt B aufgestellten Spiegel reflektiert und sodann wieder in A empfangen; der Weg der reflektierten Welle ist der besseren Anschaulichkeit wegen in den Abb. 168 b bis d nach rechts umgeklappt und gestrichelt dargestellt. Hierbei verbleibt nach n-fachem Durchlaufen der ganzen Wellenlänge λ_0 das Reststück $\Delta\lambda_0$. Dieses kann man je nach Gerät entweder mit besonderen elektrischen oder optischen Hilfsmitteln bestimmen, oder aber man verändert die Welle so, daß sie mit der neuen Länge λ_1 nunmehr als ganzzahliges Vielfaches in der zu messenden Strecke aufgeht, s. Abb. 168 c. Wann diese Modulation erreicht ist, läßt sich am Gerät feststellen. Die doppelte Entfernung ließe sich dann aus n und der am Gerät abzulesenden Größe von λ_1 nach der Formel

$$2e = n \cdot \lambda_1$$

berechnen, wenn n bekannt wäre, was jedoch meist nicht der Fall ist. Deshalb macht man eine zweite Messung mit einer kleineren Wellenlänge λ_2, die wiederum ganzzahlig, und zwar diesmal $(n+1)$ mal, in die Strecke paßt, s. Abb. 168 d. Es ist also

$$2e = (n+1) \cdot \lambda_2.$$

Aus diesen beiden Gleichungen mit den Unbekannten e und n läßt sich nun auf bekannte Weise n elliminieren. Nach e aufgelöst, ergibt sich für die Berechnung der Entfernung zwischen A und B

$$e = \frac{\lambda_1 \cdot \lambda_2}{2(\lambda_1 - \lambda_2)}.$$

Über die praktische Durchführung der Messung, über weitere Einzelheiten des Aufbaues und der Wirkungsweise der heute im Handel erhältlichen Geräte, über deren Einsatzmöglichkeiten, über die notwendige Berücksichtigung der meteorologischen Daten sowie über den Einfluß der Geländeform, der Bodenbedeckung u. a. m. ist ein umfangreiches Schrifttum vorhanden, von dem im Literaturnachweis des Anhanges lediglich der Band VI von JORDAN/EGGERTH/KNEISSL [40] aufgeführt ist.

Die Abb. 169 bis 171 zeigen drei Entfernungsmeßgeräte, für die in der nachstehenden Tafel Angaben über Gerätetyp, Hersteller, Gewicht, Reichweite, Genauigkeit und Zeitbedarf gemacht sind.

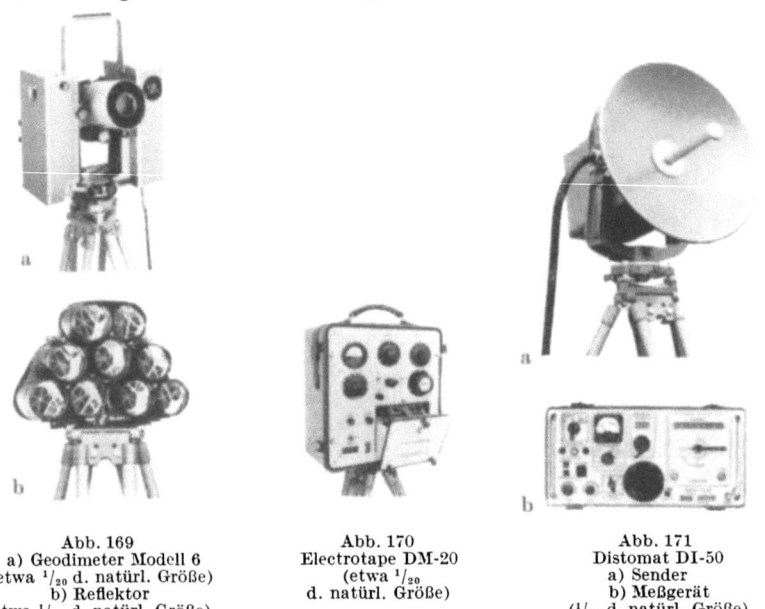

Abb. 169
a) Geodimeter Modell 6
(etwa $^1/_{20}$ d. natürl. Größe)
b) Reflektor
(etwa $^1/_{12}$ d. natürl. Größe)

Abb. 170
Electrotape DM-20
(etwa $^1/_{20}$
d. natürl. Größe)

Abb. 171
Distomat DI-50
a) Sender
b) Meßgerät
($^1/_{20}$ d. natürl. Größe)

Betrachtet man die Angaben über Reichweite, Genauigkeit und Zeitbedarf, so erkennt man, welch große Vorteile mit dem Einsatz dieser Geräte verbunden sind.

Die Firma Carl Zeiss, Oberkochen, hat einen vollautomatischen Entfernungsmesser „SM 11" entwickelt mit unmittelbarer digitaler Anzeige der bereits auf die atmosphärischen Verhältnisse am Meßort reduzierten Schrägentfernung. Nähere Angaben s. Tafel 27 des Anhangs. Das elektronische Tachymeter „Reg Elta 14" dieser Firma mißt zusätzlich Horizon-

Gerätetyp	Elektrooptischer Entfernungsmesser	Elektronischer Entfernungsmesser	
	Geodimeter Modell 6	Electrotape DM-20	Distomat DI-50
Hersteller	AGA, Stockholm	Cubic, San Diego	Wild, Heerbrugg
Gewicht einer Station	30 kp	38 kp	27 kp
Reichweite, nachts / tags	15 m bis 25 km / 15 m bis 6 km	50 m bis 70 km	100 m bis 50 km
Genauigkeit	$\pm (0{,}01\,\text{m} + 2 \cdot 10^{-6} \cdot s[\text{m}])$	$\pm (0{,}01\,\text{m} + 3 \cdot 10^{-6} \cdot s[\text{m}])$	$\pm (0{,}02\,\text{m} + 10^{-5}$ bis $10^{-6} \cdot s[\text{m}])$
Zeitbedarf für die Bestimmung einer Seite	20 bis 30 min	20 bis 30 min	20 bis 30 min

tal- und Vertikalwinkel und gibt Länge und Winkel in Form von Lochstreifen aus. Entfernungsmesser, deren optischer Teil auf einem Theodolit aufgesetzt werden kann und die ebenfalls die Länge digital anzeigen, bauen die Firmen Wild-Heerbrugg AG — DI 10 T — und Askania — Gerät Adisto S 2000.

In der markscheiderischen Praxis wird man die elektromagnetische Längenmessung bei übertägigen Aufgaben dann mit Vorteil einsetzen können, wenn es um die Verbindung von Schachtanlagen untereinander oder den Anschluß einzelner oder mehrerer Schächte an die Landesaufnahme geht. Die in den Abschn. 62 bis 64, S. 105 u. f., behandelten Einschneideverfahren werden dann allerdings abgewandelt als Bogenschnitte angewendet, die Dreiecksmessung wird nicht mehr als *Triangulation*, d. h. Dreieckswinkelmessung, durchgeführt, s. Abschn. 60, S. 98, sondern als *Trilateration*, d. h. Dreiecksseitenmessung. Hierbei wird oft ein kombinierter Einsatz mit den in den Abschn. 117/118, S. 238 u. f., behandelten Vermessungskreiselkompassen, wie z. B. dem Meridianweiser, recht zweckmäßig sein. In besonderem Maße tritt der Vorteil der modernen Meßmethoden hervor, wenn statt der Dreiecksmessung langseitige Präzisionspolygonzüge durchgeführt werden.

Entsprechende Messungen unter Verwendung des „AGA-Geodimeter 6", des „Elektrotape DM 20" und des „Meridiananweisers MW 4 a" sind inzwischen bei verschiedenen Zechen des Ruhrgebiets sowohl über als auch unter Tage mit bestem Erfolg durchgeführt worden.

Abschließend sei noch erwähnt, daß im Rheinischen Braunkohlenbergbau seit einiger Zeit das elektrooptische Entfernungsmeßgerät „Geodimeter NASM-4" zur Tagebauvermessung und insbesondere zur Paßpunktbestimmung für die dort viel angewandte Luftbildmessung, s. Abschn. 145, S. 298 u. f., eingesetzt wird.

V. Orientierungsmessungen

109. Begriff und Aufgabe

Unter „Orientierung" soll hier allgemein die durch Anwendung eines bestimmten Meßverfahrens zu erzielende Ausrichtung der auf Rissen, Plänen und Karten darzustellenden, unter- und übertägigen Gegenstände nach Himmelsrichtung und Höhe verstanden werden.

Während die Richtungs- und Höhenorientierung über Tage verhältnismäßig einfach durch Anschlußmessungen an das Dreiecks- und Höhennetz der Landesaufnahme erreicht werden kann, fehlen unter Tage diese Anschlußmöglichkeiten, so daß hier besondere Verfahren angewandt werden müssen, um eine Orientierung der Grubenbaue herbeizuführen. Auch ist es notwendig, um die Lage der Grubenbaue zu den Gegenständen an der Tagesoberfläche genau ermitteln und richtig darstellen zu können, die Vermessungspunkte der Polygonzüge in der Grube, die die Grundlage der untertägigen Darstellungen bilden, auf das *gleiche* Koordinaten- und Höhensystem zu beziehen, wie es für die Vermessung und Darstellung der Tagesoberfläche angewandt wird. Man erreicht dieses Ziel am besten dadurch, daß man eine Verbindung zwischen der Polygonmessung in der Grube und der Kleindreiecks- und Polygonmessung über Tage herstellt, wie die Abb. 172 schematisch zeigt.

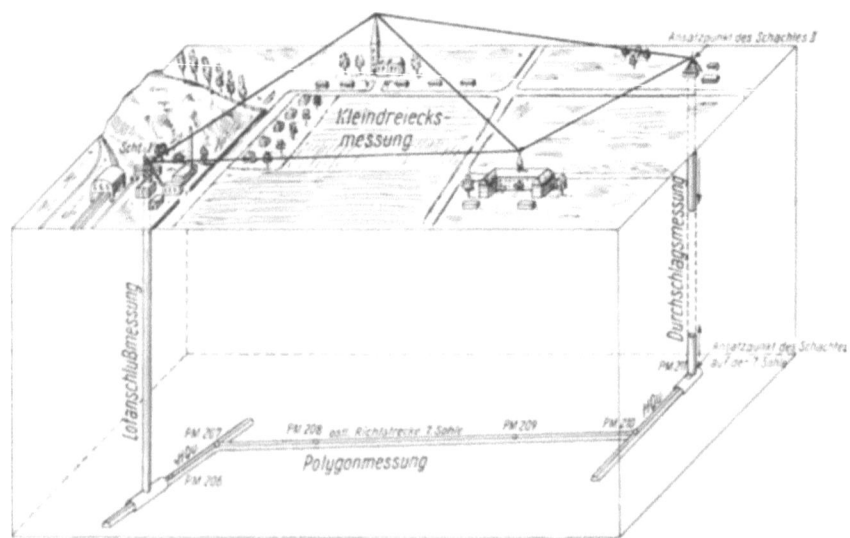

Abb. 172. Verbindung einer übertägigen Kleindreiecksmessung mit der untertägigen Polygonmessung durch eine Lotanschlußmessung

Die zu lösende Aufgabe besteht hier darin, die *Koordinaten* und *Höhe* eines oder zweier im übertägigen Koordinaten- und Höhensystem bestimmter Punkte und weiter den *Richtungswinkel* der Verbindungslinie dieser beiden Punkte durch Anschluß an das über Tage vorhandene trigonometrische und polygonometrische Vermessungsnetz durch ein besonderes Meßverfahren in die Grube zu übertragen, um so die Berechnung der Koordinaten und Höhen aller weiteren Festpunkte des *unter*tägigen Polygon- und Höhennetzes zu ermöglichen.

Am einfachsten gestaltet sich die Verbindungsmessung zwischen über und unter Tage in Stollengruben und tonnlägigen Schächten, wie sie allerdings im Bergbau nur noch selten vorkommen. Man braucht in einem solchen Fall nur den Tagespolygonzug durch den Stollen bzw. den tonnlägigen Schacht in die Grubenbaue hinein weiterzuführen. Sind dagegen, was meistens der Fall ist, als Tagesöffnungen seigere Schächte vorhanden, so wird die Verbindung bzw. der Anschluß der polygonometrischen Tagesmessungen an die Grubenmessungen in der Regel durch eine *mechanische* oder unter bestimmten Voraussetzungen auch durch eine *optische* Schachtlotung vorgenommen.

Während die Übertragung der *Höhenlage* von über nach unter Tage durch eine besondere Schachtteufenmessung, wie sie im Abschn. 83 S. 152 näher beschrieben ist, erreicht wird, erfolgt die Übertragung der *Koordinaten* — die *Punktübertragung* — und des *Richtungswinkels* — die *Richtungsübertragung* — mechanisch durch das Einhängen von zwei Loten in einem Schacht oder von je einem Lot in zwei nicht allzuweit voneinander entfernten Schächten. Im ersteren Falle spricht man von einer „Doppellotung", im zweiten Fall von einem „Einrechnungsverfahren". Bevor auf diese beiden am häufigsten angewandten Methoden näher eingegangen wird, sollen zunächst das in beiden Fällen vorzunehmende Hängen und die Schwingungsbeobachtung der Lote besprochen werden.

Orientierung mit mechanischen Loten

110. Punktübertragung durch mechanische Schachtlotungen

Als Lote verwendet man 2 bis 3 mm starke Federstahldrähte, die eine Zugfestigkeit von mehr als 200 kp/mm² besitzen und mit Lothaspel, s. Abb. 173, und Ablaßrolle in den Schacht herabgelassen werden, s. S. 222, Abb. 174, oben. Am unteren Ende des Drahtes wird mittels eines Zwischengeschirrs ein Lotgewichtskörper angehängt, der aus einer Lotstange mit einer Grundplatte besteht, auf die einzelne Gewichtsscheiben aufgelegt werden, s. Abb. 174, unten. Vor dem Ablassen des Lotdrahtes in den Schacht bringt man zweckmäßig etwa 2 m unterhalb der Ablaßrolle an einem fest im Schacht eingebauten Balken eine Anschlagplatte so an, daß der Draht

Abb. 173. Lothaspel

in die rundgefeilte Kerbe der eisernen Platte eingelegt werden kann, s. Abb. 174, oben, damit eine Veränderung des Lotaufhängepunktes

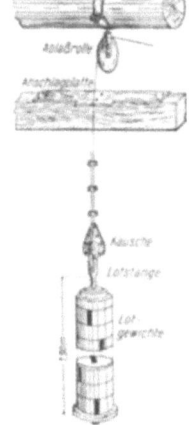

Abb. 174. Punktübertragung durch ein mechanisches Lot

während der Lotanschlußmessung, insbesondere beim Be- und Entlasten des Lotgewichtskörpers, vermieden wird. Ausführliche Angaben über die zweckmäßige Gestaltung der Lotgeräte sowie über organisatorische Maßnahmen, die zur Abkürzung der für die Lotung notwendigen Zeit führen, machen P. RACK [59] und H. KRATZSCH [43].

Beim Einbau der unteren Bühne im Schacht ist die durch die angehängten Lotgewichte eintretende erhebliche Längung der Lotdrähte zu berücksichtigen. Sie beträgt z. B. bei einer Belastung von etwa 550 kg und einer Teufe von etwa 800 m bereits über 7 m.

Bei einer Doppellotung sind die beiden Lote im Schacht unter Ausnutzung des zur Verfügung stehenden Schachtquerschnittes möglichst weit voneinander entfernt und möglichst symmetrisch im Raum verteilt aufzuhängen, damit die Verbindungslinie der beiden Lote, die Lotbasis, möglichst lang wird und weiter eine Verschwenkung der Lotebene durch unsymmetrische Massenanziehung nicht eintreten kann.

111. Ermittlung der Ruhelage der Lote durch Schwingungsbeobachtungen und Berechnung der Seigerlage

Infolge des in jedem Schacht vorhandenen Wetterzuges und des häufig auftretenden Traufwassers pendeln die herabhängenden Lote mehr oder weniger unregelmäßig hin und her.

Bei *geringen*, höchstens 200 bis 300 m betragenden Schachtteufen wird eine starke Dämpfung dieser Pendelschwingungen dadurch erzielt, daß man die Lotgewichte in Kübel mit Wasser hängt. Die *Seigerlage* der Lote, die in diesem Falle mit ihrer *Ruhelage* praktisch übereinstimmt, läßt sich alsdann durch Beobachtung der nunmehr sehr klein gewordenen Lotbewegungen im Gesichtsfeld des Theodolitfernrohrs abschätzen und somit festlegen.

Bei *größeren* Schachtteufen, bei denen die Ruhelage der Lote von der zu ermittelnden Seigerlage stets um mehr oder weniger große Beträge abweicht, ist es jedoch notwendig, zunächst die *Ruhelage* durch Schwingungsbeobachtungen der Lote zu bestimmen.

In tiefen Schächten tritt infolge der hier stets vorhandenen drehenden, starken Luftbewegungen und Schwankungen des Wetterstromes sowie infolge der Steifigkeit und Krümmung des Lotdrahtes immer eine bleibende verhältnismäßig große Ablenkung der Lote aus der Seigerlage, die sog. *Abtrift*, ein. In solchen Fällen läßt sich die Ruhelage der Lote aus Schwingungsbeobachtungen nur dann mit genügender Genauigkeit ermitteln, wenn vorher der Wetterstrom im Schacht soweit gedrosselt wird, wie es der Betrieb nur irgend zuläßt. So ist z. B. an Feiertagen eine Drosselung der Wettergeschwindigkeit bis auf etwa 1 m/sec unter Umständen noch möglich.

Die Pendelschwingungen der Lote rechtwinklig zur Visur werden durch wiederholtes leichtes Auf- und Abstreichen am Lotdraht mit einem Wolltuch oder durch leichtes Anstoßen etwa in Höhe des Schwerpunktes des Lotkörpers so angeregt, daß die Schwingungsweite zwischen 2 Lotumkehren etwa 10 cm beträgt.

Die Ablesungen der Lotumkehren beginnt man erst nach etwa 6 bis 8 Schwingungen, um zunächst die den Pendelschwingungen der Lote aufgelagerten Oberschwingungen abklingen zu lassen. Die Beobachtungen werden in der Weise durchgeführt, daß man die äußere Kante des langsam schwingenden Lotdrahtes mit dem Vertikalstrich des Fernrohrstrichkreuzes eines in mindestens 4 m Abstand aufgestellten Theodolits verfolgt und die Umkehrpunkte an der vor oder hinter dem schwingenden Lotdraht aufgestellten, durchsichtigen und durchlaufend in Millimeter eingeteilten Skala abliest. Die zur Vermeidung von Fehlern notwendige Rechtwinkligstellung der Skala zur Visur wird mit Hilfe eines parallel zur Skala angebrachten Spiegels in der Weise erreicht, daß man die Ziellinie des Theodolitfernrohrs mit der Spiegelnormalen zur Deckung bringt, ein Vorgang, den man als Autokollimation bezeichnet.

Über ein anderes, in der Praxis bewährtes Verfahren zur Bestimmung der Lotruhelage durch eine sogenannte „Richtungsmessung" und über eine einfache Methode zur schnellen Berechnung des Schwingungsmittels berichtet P. RACK [59]. Auch H. KRATZSCH [43] gibt neue Anregungen zur Lotruhelagebestimmung mit Hilfe eines vor dem Objektiv des Theodolits angebrachten Planplattenmikrometers. Beide Verfasser dehnen ihre Überlegungen auch auf die im nachfolgenden Abschnitt behandelten Doppellotungen aus.

Die Mittelbildung der Schwingungsausschläge (Lotumkehren) erfolgt bei regelmäßigen Schwingungen, wie sie nur bei geringen Teufen vorkommen, nach der einfachen Formel $\frac{l+r}{2}$, wobei mit l die linken und mit r die rechten Umkehren bezeichnet sind. Bei unregelmäßigen, gestörten Schwingungen, wie sie bei tiefen Schachtlotungen die Regel bilden, werden die Mittel $m_1, m_2, m_3 \cdots m_n$ jedoch besser aus den Umkehren $u_1, u_2, u_3 \cdots u_n$ nach der Formel berechnet

$$m_1 = 1/2 \cdot \left(\frac{u_1 + u_3}{2} + u_2 \right)$$

$$m_2 = 1/2 \cdot \left(\frac{u_2 + u_4}{2} + u_3 \right)$$

$$\vdots \qquad \vdots \qquad \vdots \qquad \vdots$$

$$m_{n-2} = 1/2 \cdot \left(\frac{u_{n-2} + u_n}{2} + u_{n-1} \right).$$

Aus den vorstehenden Mitteln bildet man das einfache arithmetische Mittel

$$x = \frac{m_1 + m_2 + \cdots + m_{n-2}}{n-2}$$

und erhält so den Skalenwert der *Ruhelage* des Lotes für das Lotgewicht, mit dem die Schwingungsbeobachtungen ausgeführt sind. Man nennt diesen Skalenwert die „Ortungszahl".

Um aus den Ortungszahlen die Größe der Lotabtriften und damit die *Seigerlagen* der Lote errechnen zu können, müssen die Schwingungsbeobachtungen bei Tieflotungen mit verschieden schweren Lotgewichten (Mehrgewichtsverfahren) durchgeführt werden. Es genügt nach H. PAUS [58] jedoch, zwei Lotgewichte, ein kleinst- und ein höchstzulässiges Gewicht, zu verwenden. Nach seinen Angaben wählt man als kleinstes Lotgewicht z. B. bei einem Lotdraht von 2,5 mm Durchmesser etwa 150 kg und als größtes Gewicht etwa 550 kg. Man beginnt die Schwingungsbeobachtungen zweckmäßig mit dem leichteren Gewicht, bringt sodann durch Zulegen von Gewichtsscheiben den Lotkörper auf das höchstzulässige Gewicht, und führt wieder eine Reihe Schwingungsbeobachtungen aus. Alsdann verringert man das Gewicht des Lotkörpers wieder durch Abheben der Gewichtsscheiben bis auf das kleinste Gewicht und wiederholt noch einmal die Schwingungsmessung. Das letztere geschieht, um sich zu vergewissern, ob während der ganzen Schwingungsbeobachtungen die Wetterverhältnisse im Schacht und damit die hiervon abhängigen Abtriften der Lote sich nicht geändert haben. Auch ist darauf zu achten, daß die Anzahl der Schwingungsreihen mit dem schwersten Gewicht möglichst die gleiche ist wie bei der zweimaligen Beobachtung mit dem leichtesten Gewicht.

Da bei gleichbleibenden Wetterverhältnissen im Schacht ein leichtes Lot doppelt so weit aus der Seigerlage abgelenkt wird wie ein Lot, das doppelt so schwer ist, so lassen sich die Lotabtrifte a_1 und a_2, die sich zueinander umgekehrt wie die zugehörigen Lotgewichte P_1 und P_2 verhalten, leicht aus den Proportionen $a_1 : a_2 = P_2 : P_1$ errechnen, s. Abb. 175, wobei jedoch zu beachten ist, daß hier unter „Lotgewicht" die an das Lot gehängte Gewichtslast zuzüglich des halben Lotdrahtgewichtes verstanden wird.

Man erhält aus obiger Proportion

$$\frac{a_1 - a_2}{a_2} = \frac{P_2 - P_1}{P_1}$$

und hieraus

$$a_2 = \frac{a_1 - a_2}{P_2 - P_1} \cdot P_1$$

sowie

$$a_1 = \frac{a_2 - a_1}{P_1 - P_2} \cdot P_2.$$

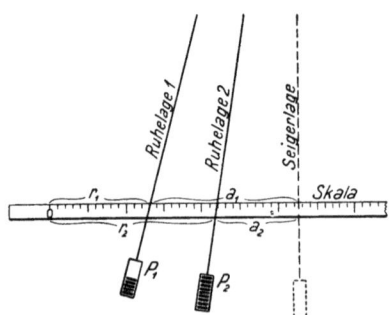

Abb. 175. Ermittlung der Seigerlage aus zwei verschieden schweren Lotgewichten

Der Unterschied der Abtriften $a_1 - a_2$ ist, wie aus Abb. 175 zu ersehen, gleich dem Unterschied der Ruhelagen bzw. der Ortungszahlen $r_2 - r_1$.

Nach Berechnung der Abtriften a_1 und a_2 ergeben sich ohne weiteres die für die weitere Durchführung der Lotanschlußmessungen unter Tage, s. Abschn. 112 und 113, benötigten Skalenwerte für die *Seigerlage* der Lotpunkte.

112. Richtungsübertragung durch das Doppellotverfahren

Bei der Doppellotung unterscheidet man ein zentrisches und ein exzentrisches Meßverfahren.

1. *Zentrische Messung.* Bei diesem Verfahren, s. Abb. 176, wird über Tage der an den Schacht herangeführte Polygonzug in üblicher Art durch Längen- und Winkelmessung zunächst bis zum ersten Lotpunkt L_1 und nach Aufstellung in diesem bis zum zweiten Lotpunkt L_2 verlängert. In gleicher Weise wird unter Tage der Polygonzug fortgesetzt, indem man die erste Aufstellung im Lotpunkt L_2 vornimmt und den Brechungswinkel zwischen der Lotverbindungslinie und der Linie von L_2 zum ersten, im Füllort gelegenen Polygonpunkt 101

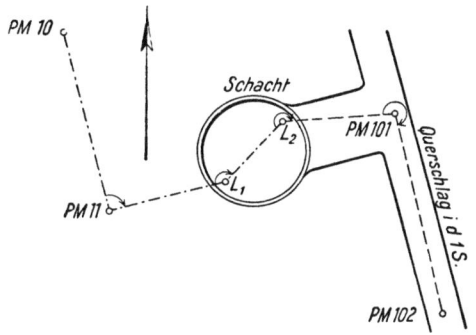

Abb. 176. Zentrisches Lotverfahren

bestimmt. Alsdann mißt man im Punkt 101 den anschließenden Brechungswinkel L_2-101-102 und außerdem die Längen L_1 bis L_2, L_2 bis 101 und 101 bis 102. Dieses einfache Verfahren stößt jedoch insofern auf Schwierigkeiten, da einmal über und unter Tage der Einbau fester Bühnen in den Schacht für Beobachter und Instrument erforderlich ist, und außerdem auch besondere Einrichtungen vorhanden sein müssen, um über Tage den Lotaufhängepunkt genau unter dem Instrumentenpunkt und unter Tage das Instrument genau an die Stelle des Lotdrahtes bringen zu können.

2. *Exzentrische Messung.* Bei diesem, fast ausschließlich in der Praxis angewandten Verfahren ist je ein spitzes Anschlußdreieck vom letzten Polygonpunkt 113 über Tage und vom ersten Polygonpunkt 546 unter Tage nach den beiden Lotdrähten zu legen, s. Abb. 177, S. 226. Neben den Anschlußwinkeln und -längen werden jetzt die spitzen Dreieckswinkel L_2-113-L_1 = β_1 über Tage und L_1-546-L_2 = β_3 unter Tage in diesen außerhalb des Schachtes gelegenen Punkten sehr genau sowie alle Dreiecksseiten s über und unter Tage gemessen. In dem auf den S. 228 und 229 wiedergegebenen Berechnungsbeispiel für eine exzentrische Doppellotung nach Abb. 177 sind die Werte dieser Messungen in Spalte 14 eingesetzt. Die zusätzlich zu messenden Brechungswinkel 112-113-L_1 und L_2-546-547 werden dagegen in Spalte 2, alle Längen einschließlich der von PM 546 nach PM 547 in Spalte 4 eingetragen.

Zu beachten ist, daß die Aufstellung des Theodolits möglichst sicher erfolgen muß. Die Winkel 113-L_1-L_2 = β_2 und 546-L_2-L_1 = β_4 in den Lotpunkten sind sodann nach dem Sinussatz in dem jeweils über und unter Tage gebildeten Dreieck aus den gemessenen Winkeln und Längen zu berechnen. So ergibt sich nach Abb. 177, S. 226:

15 Schulte/Löhr/Vosen, Markscheidekunde, 4. Aufl.

sowie
$$\sin\beta_2 = \frac{s_2}{s_1} \cdot \sin\beta_1$$

$$\sin\beta_4 = \frac{s_4}{s_1} \cdot \sin\beta_3.$$

Man macht durch Einrücken des Theodolits in die Verbindungslinie der Lote die Dreieckswinkel β_1 und β_3 möglichst klein, weil dadurch der Einfluß unvermeidlicher Längenfehler auf die berechneten Winkel β_2

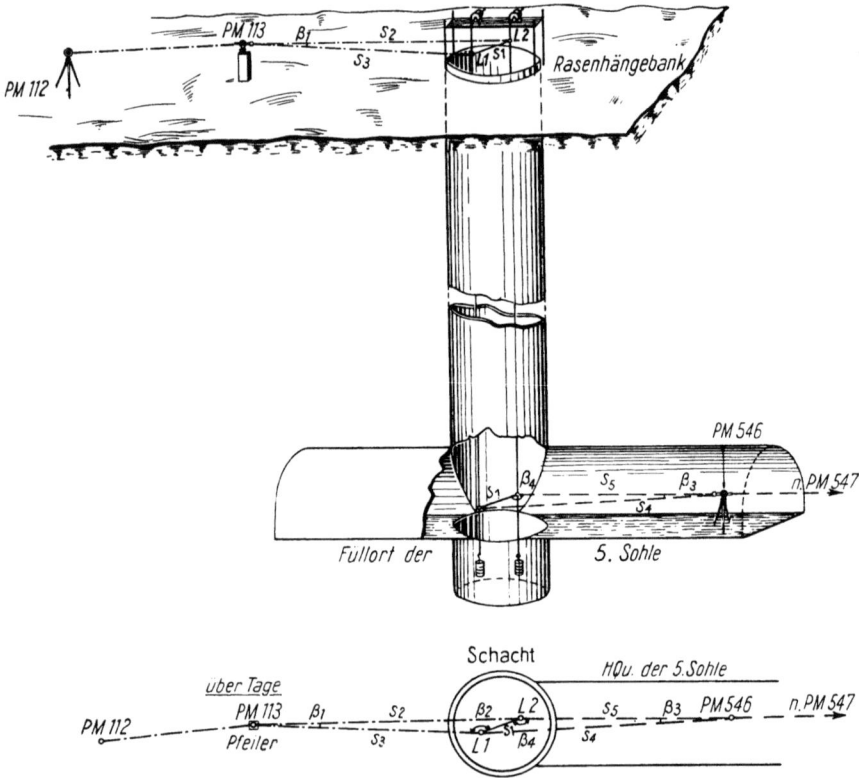

Abb. 177. Exzentrisches Lotverfahren, oben Anschauungsbild, unten Grundriß

und β_4 unbedeutend wird. Da außerdem $\sin\beta = \sin(200^g - \beta)$ ist, so lassen sich in diesem Fall die Winkel β_2 und β_4 einfacher aus den Beziehungen

$$200^g - \beta_2 = \frac{s_2}{s_1} \cdot \beta_1$$

und
$$200^g - \beta_4 = \frac{s_4}{s_1} \cdot \beta_3 \quad \text{ermitteln.}$$

Diese Berechnung einschließlich Summenprobe im Dreieck ist in unserem Beispiel, S. 228 u. 229, Spalte 14, durchgeführt worden. Der weitere Rechnungsgang kann nunmehr wie bei einem Polygonzug erfolgen, der über Tage an die Polygonseite vom PM 112 nach PM 113 angeschlossen ist und über die Lote L_1 und L_2 zu den untertägigen Polygonpunkten PM 546 und PM 547 geführt wird. Man erhält auf diese Weise sowohl den Richtungswinkel der neuen Polygonseite von PM 546 nach PM 547 als auch die Koordinaten dieser Punkte.

3. *Untertägige Messung nach* Fox [22]. Lassen es die örtlichen Verhältnisse zu, auf beiden Seiten des Schachtes im Füllort je einen Anschlußpunkt zu wählen und so eine annähernd parallel zur Lotlinie verlaufende *Anschlußlinie* über den Schacht hinwegzulegen, so ist die Messung der vorstehend beschriebenen, spitzen Anschlußdreiecke nicht notwendig.

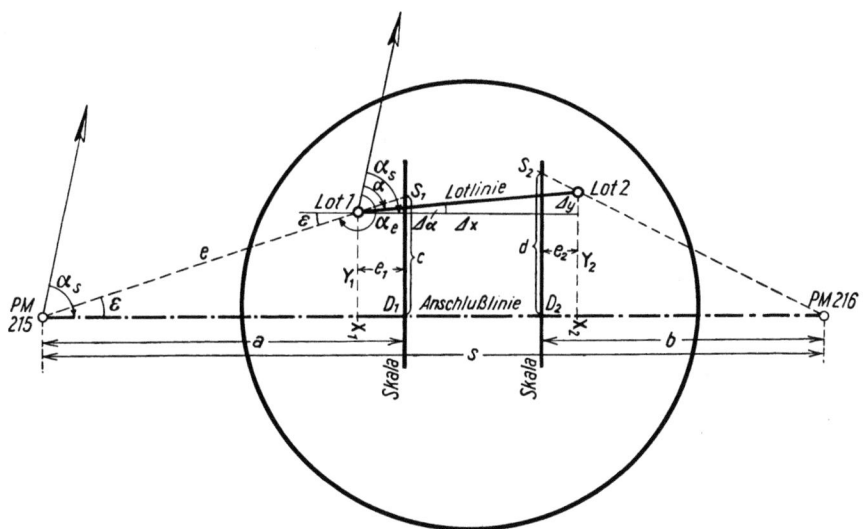

Abb. 178. Übertragung der Lotrichtung auf eine über den Schacht gelegte Anschlußlinie unter Tage

Man mißt die Länge s der Anschlußlinie PM 215 bis PM 216, s. Abb. 178, ferner die Entfernungen a und b vom Anfangs- und Endpunkt dieser Linie bis zu den hinter den Loten *1* und *2* aufgestellten Skalen sowie die Abstände e_1 und e_2 von letzteren bis zu den Loten und bestimmt auf den Skalen die kurzen Längen c und d von den vorher ermittelten Seigerlagen S_1 und S_2 der Lote bis zu den Durchstoßpunkten D_1 und D_2 der Anschlußlinie. Nunmehr lassen sich die rechtwinkligen Koordinaten der Lote L_1 und L_2, d. h. y_1, x_1, und y_2, x_2, bezogen auf die Anschlußlinie PM 215 bis PM 216 als Abszissenachse und den Punkt PM 215 als Nullpunkt eines freien Koordinatensystems, aus folgenden Beziehungen ableiten:

228   Orientierungsmessungen

Beispiel für die Berechnung

Nr. des Punktes	Polygonwinkel β_n			Richtungswinkel $\alpha_n = \alpha_{n-1} + \beta_{n-1} \pm 200^g$			Strecken s_n	$\sin \alpha_n$ $\cos \alpha_n$	Ordinaten- unterschiede $\Delta \eta_n = s_n \sin \alpha_n$ Verbesserungen		Abszissen- unterschiede $\Delta x_n = s_n \cos \alpha_n$ Verbesserungen	
P_n	g	c	cc	g	c	cc	$\pm$		+	−	+	−
1	2			3			4	5	6		7	
PM 112												
PM 113	202	11	19	85	62	21						
				87	73	40	6,924	+ 0,981 496 − 0,191 484	6,796	−	1,326	−
L_1	199	86	71									
				87	60	11	3,200	+ 0,981 094 − 0,193 532	3,140	−	0,619	−
L_2	200	09	52									
				87	69	63	6,566	+ 0,981 382 − 0,192 065	6,444	−	1,261	−
PM 546	199	10	37									
				86	80	00	65,579	+ 0,978 581 − 0,205 863	64,174	−	13,500	−
PM 547												
$[\beta_n] + \alpha_1 =$	886	80	00									
−	800	00	00									
	86	80	00						$[\Delta \eta] = 80{,}554$		$[\Delta x] = 16{,}706$	

$$\frac{c - y_1}{e_1} = \frac{c}{a} \quad \text{und} \quad \frac{d - y_2}{e_2} = \frac{d}{b};$$

hieraus folgt $\quad y_1 = c - \dfrac{e_1 \cdot c}{a} \quad$ und $\quad y_2 = d - \dfrac{e_2 \cdot d}{b};$

ferner ist $\quad x_1 = a - e_1 \quad$ und $\quad x_2 = s - (b - e_2).$

Aus den Unterschieden dieser Koordinaten $\Delta y = y_2 - y_1$ und $\Delta x = x_2 - x_1$ errechnet sich der Richtungsunterschied der Lotlinie gegen die Anschlußlinie

$$\Delta \alpha = \frac{\Delta y}{\Delta x} \cdot \varrho,$$

und hieraus sowie aus dem über Tage ermittelten Richtungswinkel α der Lotlinie erhält man den Richtungswinkel der Anschlußlinie

$$\alpha_s = \alpha + \Delta \alpha.$$

Orientierung mit mechanischen Loten

einer Doppellotung

Sicherungsrechnung			Ordinaten	Abszissen	Nr. des Punktes	Handzeichnung und Sonderberechnung
$\sin(\alpha_n + 50^g)$ $0{,}7071\,S_n$ $\cos(\alpha_n + 50^g)$ $\pm$	$0{,}7071\,S_n \times \sin(\alpha_n + 50^g)$ $0{,}7071\,S_n \times \cos(\alpha_n + 50^g)$ $\pm$	Δy_n Δx_n $\pm$	$y_n = y_{n-1} + \Delta y_n$ $\pm$	$x_n = x_{n-1} + \Delta x_n$ $\pm$	P_n	
8	9	10	11	12	13	14
			25 83 696,471	57 10 656,607	PM 113	*Über Tage* gemessen:
+ 0,829 442 − 0,558 623	+ 4,061 4,896 − 2,735	+ 6,796 + 1,326	+ 6,796 83 703,267	+ 1,326 10 657,933	L_1	Längen: $L_1 - L_2 =$ 3,200 m $113 - L_2 = 10{,}124$ m $113 - L_1 =$ 6,924 m Winkel: $L_2 - 113 - L_1 =$ 0,0420^g berechnet:
+ 0,830 586 − 0,556 890	+ 1,880 2,263 − 1,260	+ 3,140 + 0,620	+ 3,140 83 706,407	+ 0,619 10 658,552	L_2	1. $\sphericalangle\, 113 - L_1 - L_2$ $200^g - \frac{10{,}124}{3{,}200} \cdot 0{,}0420^g = 199{,}8671^g$
+ 0,829 752 − 0,558 131	+ 3,852 4,643 − 2,591	+ 6,443 + 1,261	+ 6,444 83 712,851	+ 1,261 10 659,813	PM 546	2. $\sphericalangle\, L_1 - L_2 - 113$ $\frac{6{,}924}{3{,}200} \cdot 0{,}0420^g =$ 0,0909^g
+ 0,837 528 − 0,546 394	+ 38,837 46,371 − 25,337	+ 64,174 + 13,500	+ 64,174 25 83 777,025	+ 13,500 57 10 673,313	PM 547	Winkelsumme $= 200{,}0000^g$
			− 83 696,471	− 10 656,607		
			+ 80,554	+ 16,706		*Unter Tage* (5. Sohle) gemessen:

Über Tage — Handzeichnung: PM112, PM113, L_2, L_1, PM546, PM547

Unter Tage (5. Sohle)

gemessen:

Längen: $L_1 - L_2\ \ = 3{,}200$ m
$\phantom{\text{Längen: }}L_2 - 546 = 6{,}566$ m
$\phantom{\text{Längen: }}L_1 - 546 = 9{,}766$ m

Winkel: $L_1 - 546 - L_2 =\ \ 0{,}0312^g$

berechnet:

1. $\sphericalangle\, 546 - L_2 - L_1$

$200^g - \frac{9{,}766}{3{,}200} \cdot 0{,}0312^g = 199{,}9048^g$

also

$\sphericalangle\, L_1 - L_2 - 546 = 200{,}0952^g$

2. $\sphericalangle\, L_2 - L_1 - 546$

$\frac{6{,}566}{3{,}200} \cdot 0{,}0312^g =\ \ 0{,}0640^g$

Winkelsumme $\ \ = 200{,}0000^g$

Zur Berechnung der GAUSS-KRÜGER-Koordinaten des Anschlußpunktes PM 215 in der üblichen Weise, s. Abschn. 70, S. 120, ist außer der zu messenden Länge e noch der Richtungswinkel α_e mit Hilfe des Winkels ε zu ermitteln. Es ist

$$\alpha_e = \alpha_s + 200^g - \varepsilon$$

und $\quad\tan \varepsilon = \dfrac{y_1}{x_1} \quad$ oder bei kleinem $\varepsilon \ldots \varepsilon^{cc} = \dfrac{y_1}{x_1} \cdot \varrho^{cc}$

Das vorstehende Verfahren hat den Vorteil, daß die zeitraubenden Schwingungsbeobachtungen, s. Abschn. 111, S. 222 u. f., für beide Lote *gleichzeitig* von PM 215 und PM 216 aus durchgeführt werden können.

4. *Genauigkeit der Doppellotung.* Bei der Doppellotung ist wegen der Richtungsübertragung eine hohe *Meßgenauigkeit* erforderlich. Wie schon bei der Polygonmessung, s. Abschn. 69, S. 120, Abb. 87 gezeigt, ruft jeder Fehler in einer Richtung eine Verschwenkung des ganzen nachfolgenden Zuges und damit eine wachsende Querabweichung in der Lage der Punkte hervor. Wenn man bedenkt, daß an die kurze Lotlinie von höchstens 2 bis 3 Metern lange Grubenpolygonzüge von oft mehreren Kilometern anschließen, so sieht man leicht ein, daß Millimeterfehler in der Lage der Lotpunkte zu Meterfehlern in der Lage der Endpunkte der Züge führen müssen. Der Punktlagefehler eines Lotes von 1 mm bei 2 m Lotabstand bewirkt z. B. einen Richtungsfehler von $3{,}18^c$, der bei 4 km Zuglänge einen Lagefehler des Endpunktes von 2 m hervorruft.

113. Richtungsübertragung durch das Einrechnungsverfahren

Bei gleich scharfer Punktübertragung wird die Anschlußrichtung in der Lotebene um so genauer sein, je größer der Lotabstand ist. Man hängt daher bei Doppelschachtanlagen nur ein Lot in jeden Schacht und gewinnt durch die Verbindungslinie dieser beiden Lote eine erheblich längere Anschlußseite für die Grubenpolygonmessung. Allerdings wird damit das Meßverfahren etwas umständlicher, da beide Lotpunkte nicht mehr, wie bei der Doppellotung, durch ein Dreieck mit den beiden Anschlußpunkten über und unter Tage in Verbindung gebracht werden können, s. Abschn. 112, S. 225. Man muß vielmehr die Lotpunkte in den beiden Schächten über Tage so durch einen Polygonzug miteinander verbinden, s. Abb. 179, daß aus den Meßergebnissen die Koordinaten der beiden Lotpunkte im übertägig gültigen Koordinatensystem berechnet und hieraus die Richtung α_s und die Länge s ihrer Verbindungslinie abgeleitet werden

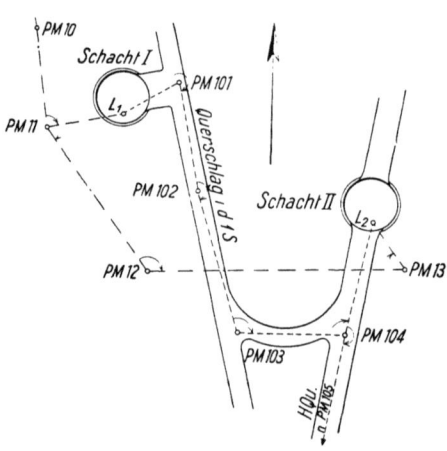

Abb. 179. Einrechnungsverfahren zwischen 2 Schächten

können, s. Abb. 180 und Formeln, S. 287 oben. Die auf diese Weise für die Berechnung unseres Beispiels, s. S. 232 u. 233, ermittelten Werte für die Koordinaten der Lotpunkte sowie für α_s und s sind in der Spalte 14 oben eingetragen.

In der Grube führt man sodann auf der zu orientierenden Sohle gleichfalls einen Verbindungspolygonzug von Lot 1 im ersten Schacht zum Lot 2 im zweiten Schacht aus, s. Abb. 179. Die Ergebnisse der Messungen wurden in den Spalten 2 und 4 des Berechnungsbeispiels eingetragen, nachdem vorher die Längen unter Berücksichtigung der Projektionsverzerrung, s. Abschn. 57, 4. Abs., S. 90, ferner der Reduktion auf den Landeshorizont, s. Abschn. 114, S. 234, der Temperatur und des Bandvergleichs, s. Abschn. 16 und 17, S. 22 u. f., verbessert worden sind. Für die Berechnung des Zuges hat man jetzt am Anfang und am Ende zwar die über Tage ermittelten Koordinaten der Lotpunkte, die in den Spalten 11 und 12 des Rechenbeispiels eingetragen wurden, jedoch kann man die Richtung ihrer Verbindungslinie nicht ohne weiteres auf die erste Polygonseite unter Tage übertragen. Man nimmt daher zunächst eine beliebige Ausgangsrichtung, z. B. die Verlängerung der ersten Polygonlinie L_1 bis PM 101, als Abszissenachse an und berechnet die Koordinaten des Polygonzuges im freien, auf den Lotpunkt L_1 als Koordinatennullpunkt bezogenen Koordinatensystem, s. ,,Vorläufige Berechnung" in Spalten 3 bis 10 des Berechnungsbeispiels.

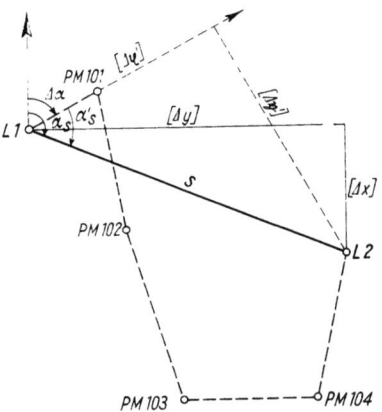

Abb. 180. Ermittlung der Verschwenkung eines Grubenpolygonzuges beim Einrechnungsverfahren

Die aus den Koordinaten der Lotpunkte im freien System erhaltenen Koordinatenunterschiede $[\varDelta \mathfrak{y}']$ und $[\varDelta \mathfrak{x}']$ werden mit den über Tage aus den GAUSS-KRÜGER-Koordinaten der Lotpunkte errechneten Unterschieden $[\varDelta y]$ und $[\varDelta x]$ nicht übereinstimmen, s. Abb. 180. Ermittelt man aus $[\varDelta \mathfrak{y}']$ und $[\varDelta \mathfrak{x}']$ die Richtung α_s' und die Länge s' der Lotverbindungslinie, wie dies in Spalte 14 geschehen ist, so wird sich bei richtiger Messung wohl eine weitgehende Übereinstimmung in der Länge, nicht aber in den Richtungswinkeln α_s über und α_s' unter Tage ergeben. Der Unterschied der beiden Richtungswinkel, $\varDelta \alpha = \alpha_s - \alpha_s'$, ist die Verschwenkung des Grubenzuges, in unserem Rechenbeispiel $71{,}1123^g$, also der Betrag, um den die Richtungen aller Polygonseiten zu verbessern sind.

Sodann folgt eine erneute Berechnung des Verbindungszuges unter Tage mit den verbesserten Richtungswinkeln, s. Spalte 3, wie es in unserem Beispiel unter ,,Endgültige Berechnung", Spalten 3 bis 10, durchgeführt ist. Hierbei ist eine Verbesserung der Teilkoordinaten (Spalten 6 und 7) notwendig, wenn $[\varDelta y]$ und $[\varDelta \mathfrak{y}]$ bzw. $[\varDelta x]$ und $[\varDelta \mathfrak{x}]$

Orientierungsmessungen

Berechnungsbeispiel einer Einrechnung

Nr. des Punktes	Polygonwinkel β_n			Richtungswinkel $\alpha_n = \alpha_{n-1} + \beta_{n-1}$ $\pm 200^g$			Strecken s_n	$\sin \alpha_n$ $\cos \alpha_n$	Ordinatenunterschiede $\Delta \mathfrak{y}_n = s_n \sin \alpha_n$ — Verbesserungen		Abszissenunterschiede $\Delta x_n = s_n \cos \alpha_n$ — Verbesserungen	
P_n	g	c	cc	g	c	cc	±		+	−	+	−
1	2			3			4	5	6		7	
L_1									*Vorläufige Berechnung*			
				0	00	00	45,332	+ 0,000 000 + 1,000 000	0,000	−	45,332	−
101	309	23	12									
				109	23	12	85,123	+ 0,989 506 − 0,144 496	84,230	−	−	12,300
102	199	31	11									
				108	54	23	105,678	+ 0,991 011 − 0,133 780	104,728	−	−	14,138
103	111	01	29									
				19	55	52	65,246	+ 0,302 365 + 0,953 192	19,728	−	62,192	−
104	141	12	20									
				360	67	72	31,135	− 0,579 146 + 0,815 224	−	18,032	25,382	−
L_2												
$[\beta_n] = 760$	67	72		$[s_n] = 332,514$					208,686 − 18,032	18,032	132,906 − 26,438	26,438
− 400	00	00										
360	67	72							$[\Delta \mathfrak{y}'] = 190,654$		$[\Delta x'] = 106,468$	
									Endgültige Berechnung			
L_1									−4		−2	
				71	11	23	45,332	+ 0,898 802 + 0,438 354	40,744	−	19,871	−
101	309	23	12									
				180	34	35	85,123	+ 0,303 881 − 0,952 710	−3 25,867	−	+9 81,098	
102	199	31	11									
				179	65	46	105,678	+ 0,314 172 − 0,949 366	−4 33,201	−	−	+12 100,327
103	111	01	29									
				90	66	75	65,246	+ 0,989 274 + 0,146 070	−7 64,546	−	−1 9,530	−
104	141	12	20									
				31	78	95	31,135	+ 0,478 854 − 0,877 895	−2 14,909	−	−3 27,333	−
L_2							$[s_n] = 332,515$					
$[\beta_n] + \alpha_1 = 831$	78	95							179,267 ± 0	0	56,734 − 181,425	181,425
− 800	00	00										
31	78	95							„IST": $[\Delta \mathfrak{y}] = + 179,267$ $[\Delta x] = − 124,691$			
									„SOLL": $[\Delta y] = + 179,247$ $[\Delta x] = − 124,676$			
									$d = − 0,020$		$= + 0,015$	

Orientierung mit mechanischen Loten

zwischen zwei Schächten

Sicherungsrechnung			Ordinaten	Abszissen	Nr. des Punktes	Handzeichnung und Sonderberechnung
$\dfrac{\sin(\alpha_n+50^g)}{0{,}7071\,S_n}$ $\dfrac{\cos(\alpha_n+50^g)}{}$ $\pm$	$0{,}7071\,S_n \times \sin(\alpha_n+50^g)$ $0{,}7071\,S_n \times \cos(\alpha_n \pm 50^g)$ $\pm$	$\Delta \mathfrak{y}_n$ $\Delta \mathfrak{x}_n$ $\pm$	$y_n = y_{n-1} + \Delta y_n$ $\pm$	$x_n = x_{n-1} + \Delta x_n$ $\pm$	P_n	
8	9	10	11	12	13	14
						(Handzeichnung wie Abb. 179, S. 230)
						Gegeben:
						$\alpha_s = 138{,}6895^g$
+ 0,597 512 60,190 − 0,801 860	+ 35,964 − 48,264	+ 84,228 − 12,300				$s = 218{,}343$ m
						$\quad\quad y \quad\quad\quad\quad x$
+ 0,606 154 74,725 − 0,795 347	+ 45,295 − 59,432	+104,727 − 14,137				L_1 $\;^{25}94\,943{,}321\;\;^{57}12\,391{,}641$ L_2 $\;2595\,122{,}568\;\;^{57}12\,266{,}965$
+ 0,887 813 46,135 − 0,460 205	+ 40,959 + 21,232	+ 19,727 + 62,191				$[\Delta y] = +179{,}247\;\;[\Delta x] = -124{,}676$
+ 0,166 932 22,016 + 0,985 968	+ 3,675 + 21,707	− 18,032 + 25,382				$\tan \alpha'_s = \dfrac{[\Delta \mathfrak{y}']}{[\Delta \mathfrak{x}']} = \dfrac{+190{,}654}{+106{,}468}$
						$\tan \alpha'_s = 1{,}790\,716;\;\; \alpha'_s = 67{,}5772^g$
						$\alpha_s = 138{,}6895^g$ („SOLL")
						$-\alpha'_s = \;\;67{,}5772^g$ („IST")
			$\;\;\;\;\;25$ 94 943,321	$\;\;\;\;\;57$ 12 391 641	L_1	$\Delta\alpha = 71{,}1123^g = \alpha^{PM\,101}_{L_1}$
+ 0,945 512 32,054 − 0,325 586	+ 30,307 − 10,436	+ 40,743 + 19,871	+ 40,740 94 984,061	+ 19,869 12 411,510	101	$s' = \sqrt{[\Delta \mathfrak{y}']^2 + [\Delta \mathfrak{x}']^2}$
						$= \sqrt{4\,7684{,}38}$
− 0,458 791 60,190 − 0,888 544	− 27,615 − 53,481	+ 25,866 − 81,096	+ 25,864 95 009,925	− 81,089 12 330,421	102	$s' = 218{,}368$ m („IST")
						$s = 218{,}343$ m („SOLL")
− 0,449 150 74,725 − 0,893 457	− 33,563 − 66,764	+ 33,201 −100,327	+ 33,197 95 043,122	−100,315 12 230,106	103	$d_s = -0{,}025$ m
− 0,802 810 46,135 − 0,596 235	+ 37,038 − 27,507	+ 64,545 + 9,531	+ 64,539 95 107,661	+ 9,529 12 239,635	104	*Verbesserung für $\Delta \mathfrak{y}$ und $\Delta \mathfrak{x}$*
						$p = \dfrac{s}{s'} - 1 = \dfrac{218{,}343}{218{,}368} - 1$
+ 0,959 366 22,016 + 0,282 165	+ 21,121 + 6,212	+ 14,909 + 27,333	$+^{25}$ 14,907 95 122,568	$+^{57}$ 27,330 12 266,965	L_2	$= 0{,}999\,886 - 1 = \underline{-0{,}000\,114}$
						$v_{\Delta \mathfrak{y}_n} = p \cdot \Delta \mathfrak{y}_n;\;\; v_{\Delta \mathfrak{x}_n} = p \cdot \Delta \mathfrak{x}_n$
						$-0{,}000\,114 \cdot 40\,744\,\text{mm} \approx -4\,\text{mm}$
						usw.

und damit auch s und s' infolge der unvermeidlichen kleinen Meßfehler voneinander abweichen. Die Verbesserung erfolgt nach den Formeln

$$v_{\varDelta \mathfrak{y}_n} = \pm p \cdot \pm \varDelta \mathfrak{y}_n \quad \text{und} \quad v_{\varDelta \mathfrak{x}_n} = \pm p \cdot \pm \varDelta \mathfrak{x}_n \,.$$

Hierin ist $p = \dfrac{s-s'}{s'} = \dfrac{s}{s'} - 1$, s. Rechenbeispiel in Spalte 14.

Eine gute Übereinstimmung der Koordinaten und damit des Lotabstandes unter und über Tage gewährleistet aber noch nicht eine gute Einrechnung, da ein grober Längenfehler in einer rechtwinklig zur Lotlinie verlaufenden Polygonseite den Lotabstand zwar nur sehr wenig, die Richtung der Lotlinie aber erheblich beeinflussen wird. Bei einem Lotabstand von $s = 100$ m bewirkt z. B. ein solcher Längenmeßfehler d_s von 0,1 m nur eine Änderung des Lotabstandes von $f_s = \dfrac{d_s^2}{2s} = 0{,}05$ mm, aber eine Verschwenkung der Lotlinie von $\varepsilon^{cc} = \dfrac{d_s}{s} \cdot \varrho^{cc} = 640^{cc}$, ein Wert, der ein für die Mehrzahl der Fälle vertretbares Maß überschreitet.

Auf Grund der bisher bei Richtungsübertragungen gemachten Erfahrungen hat sich ergeben, daß zur Zeit das *Einrechnungsverfahren* die genauesten Ergebnisse gewährleistet. Stehen für die Anwendung dieses Verfahrens jedoch keine Doppelschächte zur Verfügung, so empfiehlt es sich, die Orientierung mit einem Meridianweiser vornehmen zu lassen, s. Abschn. 117/118, S. 238 u. f.

114. Einfluß der Lotkonvergenz auf die Lotentfernung

Die kugelförmige Erdgestalt bedingt ein Zusammenlaufen aller Lotlinien nach dem Erdmittelpunkt hin. Den Winkel, den die Lotlinien zweier Punkte im Erdmittelpunkt miteinander bilden, bezeichnet man als Lotkonvergenz. Sie bewirkt, daß bei Schachtlotungen eine Verkürzung der Lotentfernungen unter Tage eintritt, deren Ausmaß man bei großen Teufen berücksichtigen muß. Wie aus Abb. 181 ersichtlich, errechnet sich diese Verkürzung $v = s_o - s_u$ aus der Proportion

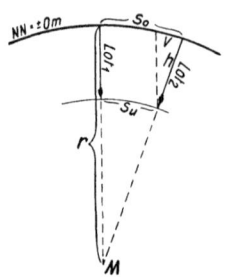

Abb. 181. Verkürzung des Abstandes zweier Lote unter Tage infolge Lotkonvergenz

$$v : h = s_o : r\,,$$

hieraus folgt $\quad v = \dfrac{h}{r} \cdot s_o\,,$

wobei h die Teufe, s_o den Lotabstand über Tage und r den mittleren Erdhalbmesser bedeuten. Für 1000 m Teufe und 100 m Lotabstand ist demnach

$$v = \frac{1\,000 \cdot 100}{6\,370\,000} = 0{,}016 \,\text{m}\,.$$

Die v-Werte sind auch bei der Übertragung (Reduktion) der über und unter Tage gemessenen Längen auf den Landeshorizont (NN. $= \pm\, 0$ m), s. S. 85, zu berücksichtigen. Ihre zahlenmäßige Größe kann im gegebenen Falle für wechselnde Höhen und Längen aus der Tafel 4 oben des Anhanges mit genügender Genauigkeit entnommen werden.

Orientierung mit optischen Verfahren
115. Optische Punkt- und Richtungsübertragung durch Schächte
1. Punktübertragung durch optische Ablotung

Die Übertragung von Punkten durch den Schacht in die Grube kann unter günstigen Umständen auch auf *optischem* Wege mit Hilfe eines mit einer genauen Röhrenlibelle lotrecht zu stellenden Fernrohrs, eines Ablotegerätes, vorgenommen werden. Das mechanische Drahtlot wird in diesem Falle durch die lotrecht gestellte Ziellinie eines optischen Fernrohrs ersetzt.

Als Zielpunkte kann man unten im Schacht angebrachte einfache Zielzeichen, wie z. B. ein Loch, ein Kreuz, konzentrische Kreise oder Signale, benutzen, die in einem Kreuzschlitten verschoben und an Maßstäben abgelesen werden können, oder auch eine schachbrettartig eingeteilte Zieltafel, auf der der Zielpunkt koordinatenmäßig festgelegt werden kann.

Die Genauigkeit der optischen Ablotung eines Punktes ist in erster Linie von der Genauigkeit der Fernrohrzielung und der Libelle abhängig. Bei Verwendung eines Ablotegerätes, das z. B. einen mittleren Zielfehler von $\pm$ 3 bis 6^{cc} und einen mittleren Libellenfehler von $\pm$ 3^{cc} besitzt, würde, falls andere Fehlereinflüsse nicht auftreten, die lineare Zielpunktunsicherheit (Lotpunktfehler) bei Teufen bis 1000 m etwa 0,5 bis 1 cm betragen, was für eine einfache Übertragung (Ortung) *eines* Punktes zum Zwecke seiner Koordinatenübertragung in den meisten praktischen Fällen völlig ausreicht. Größere Lotpunktfehler treten jedoch durch eine unsichere, d. h. nicht standfeste Aufstellung des Abloters und besonders durch eine schwer erfaßbare Strahlenbrechung (Refraktion) im Schacht auf. Beide Fehlerquellen verursachen eine erhebliche Veränderung bzw. Ablenkung der lotrechten Ziellinie. Sie können daher die Anwendung eines optischen Verfahrens ganz in Frage stellen.

Es hat in der Vergangenheit nicht an Versuchen zur optischen Punktübertragung gefehlt, über die ausführlich von STRASSBURG [80] berichtet worden ist. Keine der hierfür entwickelten Sonderkonstruktionen ist jedoch heute noch lieferbar, obwohl zum Teil recht beachtliche Genauigkeiten damit erzielt werden konnten*.

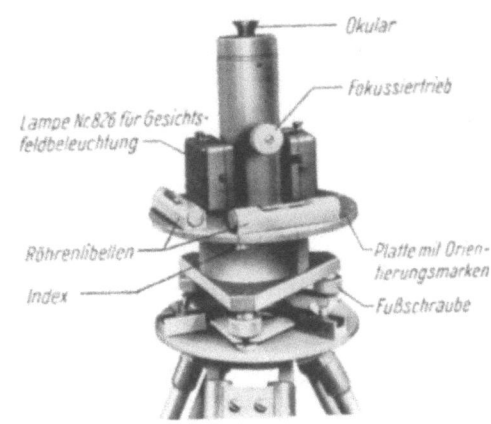

Abb. 182. Schachtlotgerät TELIM der Fa. Breithaupt, Kassel

---

* Die Anwendung eines Laserstrahls zur Punktübertragung wird z. Zt. erprobt; sie läßt manchen Vorteil — insbesondere beim Abteufen — erwarten.

Vor einigen Jahren sind mit einer Neukonstruktion der Fa. Breithaupt, dem optischen Schachtlotgerät TELIM, s. Abb. 182, das auf Anregung von DRENT gebaut wurde, bei den holländischen Staatsmijnen Punktübertragungen durchgeführt worden, über die WIJNANDS [86] kurz berichtet hat. Das 42fach vergrößernde Fernrohr, das auch mit einem rechtwinklig zur Zielachse angeordneten Okularansatz versehen werden kann, wird mit Hilfe von Fußschrauben und Kreuzlibellen lotrecht gestellt. Bei einer Teufe von 550 m sind Punktgenauigkeiten von $\pm$ 1 bis 2 cm erreicht worden.

2. Richtungsübertragung durch optische Ebenen

Da jede kleine Verschiebung der Ortungspunkte eine verhältnismäßig große Verschwenkung der zu übertragenden Richtung hervorruft, so wird letztere hier auch nicht durch eine weitere optische Ablotung eines zweiten Punktes, wie es bei der mechanischen Doppellotung durch Hängen eines zweiten Lotes geschieht, vorgenommen, sondern man überträgt die Richtung einer Linie durch den Schacht mit Hilfe einer *optischen Ebene*, die auf verschiedene Weise hergestellt werden kann. Man unterscheidet das Ziel- und Kippachsenverfahren, ferner das Zielstrichverfahren und das Doppelbildverfahren.

Da diese Verfahren bisher in der markscheiderischen Praxis keinen Eingang gefunden haben, wird hier auf eine Beschreibung der Geräte und Verfahren, wie dies in der 3. Auflage dieses Buches noch geschehen ist, verzichtet. Auch über diese Verfahren hat STRASSBURG in der oben bereits erwähnten Arbeit [80] ausführlich berichtet.

116. Richtungsübertragung mit polarisiertem Licht

Man verwendet hierbei linear polarisiertes Licht, das aus natürlichem Licht mit Hilfe eines Polarisationsfilters, kurz *Polarisator* genannt, durch Aussonderung einer bestimmten Schwingungsrichtung des Lichtes erzeugt wird. Unter dem Polarisator ordnet man ein zweites gleichartiges Filter an, das man als *Analysator* bezeichnet. Sind die Durchlaßrichtungen beider Filter parallel zueinander, so kann das linear polarisierte Licht den Analysator ungehindert durchdringen, und man nimmt größte Helligkeit wahr. Stehen die Durchlaßrichtungen dagegen rechtwinklig zueinander, so erscheint das Licht wesentlich dunkler.

Diese Wahrnehmung kann man zur Richtungsübertragung in Schächten benutzen. Die Abb. 183, oben, zeigt schematisch, wie mit Hilfe von Lichtquelle und Polarisator, die beide über einem Schacht etwa in Höhe der Hängebank fest angebracht sind, ein Bündel von Ebenen polarisierten Lichtes erzeugt wird. Diese Ebenen sind zwar nicht alle lotrecht, aber ihrer Richtung nach untereinander parallel. Dadurch ist der große Vorteil gegeben, daß das Beobachtungsgerät mit Analysator nicht zentrisch unter dem Polarisator stehen muß.

Als Beobachtungsgerät ist z. B. ein Theodolit verwendbar, dessen Fernrohr durch Vorschalten eines Okularprismas für Steilsichten geeignet ist und bei dem der Analysator über den Fernrohrträgern etwa in Form einer aufsetzbaren Brücke angebracht werden kann.

Wie aus der Abb. 183 ersichtlich ist, wird bei der Richtungsübertragung zunächst ein Anschlußpunkt z. B. *PM* 113 im oberen Niveau — Tagesoberfläche oder obere Sohle — angezielt und die entsprechende Teilkreisablesung gemacht. Anschließend dreht man das Instrument um seine Stehachse, bis bei der Steilzielung zum Polarisator bzw. zur

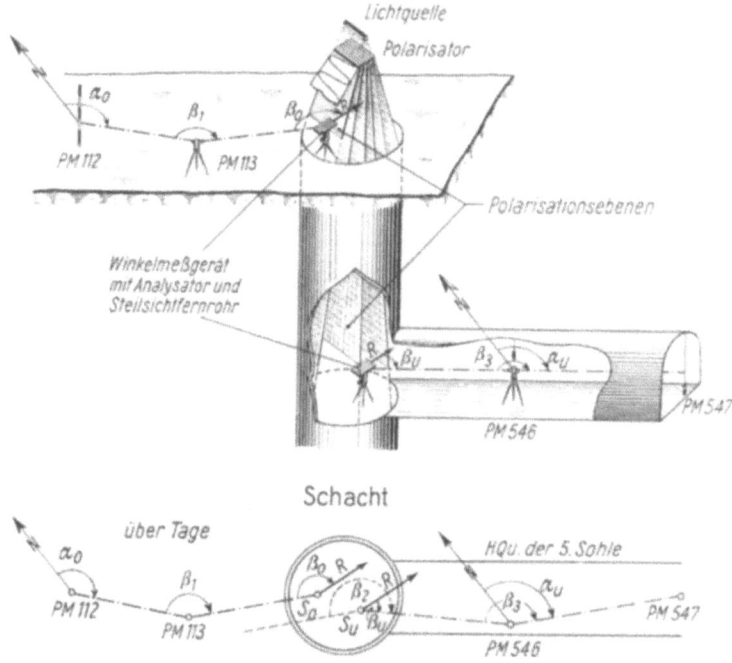

Abb. 183. Optische Richtungsübertragung mit polarisiertem Licht, oben Anschauungsbild, unten Grundriß

Lichtquelle durch den Analysator Dunkelheit beobachtet wird, und liest abermals am Teilkreis ab. Von dieser Bezugsrichtung R wird die vorherige Ablesung abgezogen, und man erhält den Winkel β_o. Auf der zu orientierenden 5. Sohle werden sodann — wie oben beschrieben — die Bezugsrichtung R eingestellt sowie der Anschlußpunkt *PM* 546 angezielt und die zugehörigen Teilkreisablesungen vorgenommen. Die Differenz der beiden Ablesungen ergibt den Winkel β_u. Aus dem Grundriß der Abb. 183 ist abzulesen, daß der in der Örtlichkeit nicht meßbare „Brechungswinkel" β_2, der gebildet wird aus der Parallelen zur Visur nach *PM* 113 und aus der Visur nach *PM* 546, rechnerisch aus der Summe $\beta_o + \beta_u$ gewonnen wird, da die beiden mit Hilfe der Steilzielung ermittelten Richtungen R zueinander parallel sind. Die Brechungswinkel β_1 und β_3 werden vor, während oder nach der Richtungsübertragung in bekannter Weise mit dem Theodolit gemessen. Der gesuchte Richtungswinkel α_u läßt sich nunmehr aus dem bekannten Richtungswinkel α_o

mit Hilfe der Brechungswinkel β_1 bis β_3 berechnen, s. Abschn. 70, Abs. 1, S. 121.

Die Punktübertragung, die zusätzlich notwendig ist, wenn die Koordinaten der Punkte auf der unteren Sohle ermittelt werden sollen, erfolgt nach einem der in den Abschn. 110, S. 221 und 115, S. 235 angegebenen Verfahren; s. auch Fußnote S. 235.

Eine praktische Anwendung findet die Richtungsübertragung mit polarisiertem Licht bei der Schachtvermessung, s. Abschn. 76, Abs. 1, S. 139 u. f.

Orientierung mit nordweisenden Vermessungskreiselgeräten

117. Einführung, Geräte und Verfahren

In allen Fällen, in denen die beschriebenen Verfahren der mechanischen und optischen Richtungsübertragung nicht anwendbar sind, steht heute das kreiseltechnische Orientierungsverfahren sowohl für die Neubestimmung als auch für die Nachprüfung der mit Hilfe der anderen Verfahren ermittelten Richtungen über und unter Tage zur Verfügung. Die hierzu schon vor mehreren Jahrzehnten von K. LEHMANN [50] gegebene Anregung wurde nach dem 2. Weltkrieg von diesem und von O. RELLENSMANN

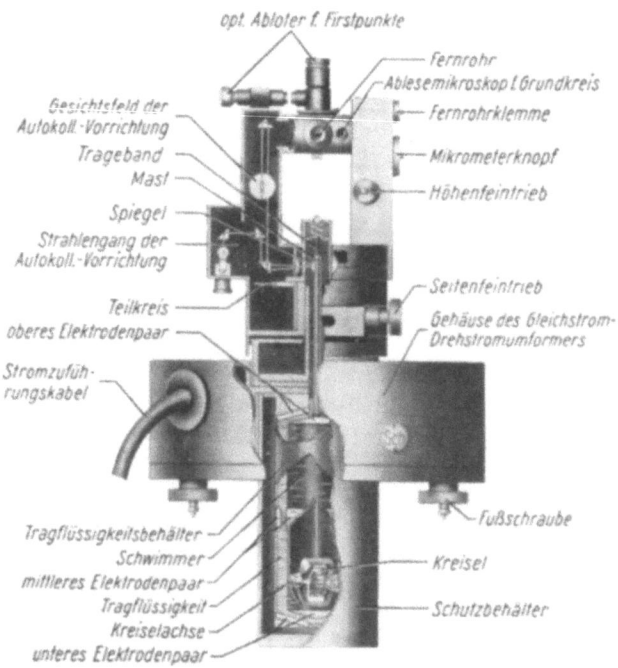

Abb. 184. Schnitt durch den Meridianweiser MW 10 (schematisch)

wieder aufgegriffen und führte ab 1949 zu einsatzfähigen und schlagwettergeschützten Geräten, s. O. RELLENSMANN [61] und K. H. STIER [76, 77]. Seit 1953 betreibt auch die Kreiselmeßstelle des Instituts für Markscheidewesen der Westfälischen Berggewerkschaftskasse die Weiter- und Neuentwicklung sowie den Einsatz von Vermessungskreiselgeräten.

Die Anwendung des nordweisenden Vermessungskreiselgerätes beruht darauf, daß die Achsrichtung eines mit waagerechter Drehachse pendelnd aufgehängten und sehr schnell rotierenden Kreisels unter dem Einfluß der Erddrehung bestrebt ist, sich in die Nord-Süd-, d. h. in die geographische Meridianrichtung, einzustellen. Man bezeichnet solche Kreiselgeräte deshalb auch als *Meridianweiser*. Unter dieser Bezeichnung versteht man schlagwettergeschützte Vermessungskreiselgeräte, die vornehmlich für den Einsatz im Steinkohlenbergbau gedacht sind. Die auf Grund der Entwicklungsarbeiten am Clausthaler Institut für Markscheidewesen gebauten Kreiseltheodolite KT 1 und KT 2 (s. Tafel 26 d. Anhangs) der Firma Fennel und ARK 1 der Firma Wild sowie die als Aufsatzgeräte für Theodolite dienenden Geräte TK 4 von Fennel und GAK 1 von Wild sind nicht schlagwettergeschützt. Den Aufbau dieser Geräte und ihre Anwendung beschreiben O. RELLENSMANN und B. MERTENS [62] sowie H. R. SCHWENDENER [74].

Inzwischen haben sich die Vermessungskreiselgeräte auch außerhalb des Bergbaus bewährt, so beim Tunnel- und Stollenbau für Eisenbahnen, U-Bahnen, Wasserversorgungsanlagen usw. sowie im militärischen Bereich. Über Konstruktion und Verwendbarkeit eines „Kreiseldeklinatoriums" für geomagnetische Messungen berichtet M. HORST [33].

Der Aufbau des bei der Westfälischen Berggewerkschaftskasse entwickelten Meridianweisers MW 10 ist aus der Schnittzeichnung der Abb. 184 und der Ansicht Abb. 185 im einzelnen zu ersehen. Der wirksame Kreiselkörper ist als Läufer eines Asynchron-Drehstrom-Motors ausgebildet. Zur Stromversorgung dient ein angebauter Gleichstrom-Drehstrom-Umformer, der seinerseits von einer Batterie gespeist wird.

Der Kreisel ist in einem zylindrischen Schwimmer eingebaut, der an einem dünnen Metallband in einer Tragflüssigkeit hängt und infolgedessen durch Auftrieb weitgehend gewichtsentlastet ist. Gerät, Umformer und Batterie sind schlagwettergeschützt. Wegen der dadurch bedingten robusten und gekapselten Bauart ist der Meridianweiser sehr transportsicher sowie weitgehend gegen Staub und Wasser abgedichtet.

Abb. 185. Ansicht des Meridianweisers MW 10

Nach Einschalten des elektrischen Stroms pendelt die Kreiselachse nahezu ungedämpft um den Meridian. Die Schwingungen werden mit Hilfe eines kleinen Spiegels, der an einem mit dem Kreisel fest verbundenen lotrechten Mast angebracht ist, über Prismen und Linsen in das Gesichtsfeld der Autokollimationsvorrichtung des oberhalb des Kreiselsystems aufgebauten Theodolits übertragen. Die linken und rechten Umkehrpunkte der Schwingungen werden dort beobachtet bzw. eingestellt und die zugehörigen Zeigerkreisstellungen u_l und u_r des Theodolits am Ablesemikroskop abgelesen. Man beobachtet auf diese Weise 4 bis 6 Umkehrpunkte. Durch Mittelbildung, die hier in der gleichen Weise erfolgen muß wie bei tiefen Schaltlotungen, s. Abschn. 111, S. 222, erhält man die Richtung U und nach Anzielen des Endpunktes PM 3 der zu orientierenden Linie, hier der Polygonseite PM 2 nach PM 3, mit dem Zielfernrohr des Theodolits und Ablesen des Teilkreises die Richtung Z, s. Abb. 186. Die Differenz $Z-U$ dieser beiden Richtungen ergibt den Winkel W, die sog. Weisung des Gerätes ($W = Z - U$). Um nun das Azimut A der Polygonseite zu erhalten, muß von der Weisung der Winkel E abgezogen werden ($A = W - E$). Schließlich ergibt sich der Richtungswinkel α unter Berücksichtigung der Meridiankonvergenz ε nach $\alpha = A \pm \varepsilon$. Die Meridiankonvergenz kann Tafeln entnommen werden, die von H. Rymarzyk [68] aufgestellt wurden. Hierzu müssen die Koordinaten des Standpunktes auf ganze Meter bekannt sein.

Der Winkel E ist eine Gerätekonstante, die unter anderem dadurch bedingt ist, daß die Spiegelnormale nicht genau in der Achsrichtung des Kreisels liegt. Sie kann durch Messung auf einer Orientierungslinie, deren Azimut sehr genau — meist durch astronomische Azimutbestimmung,

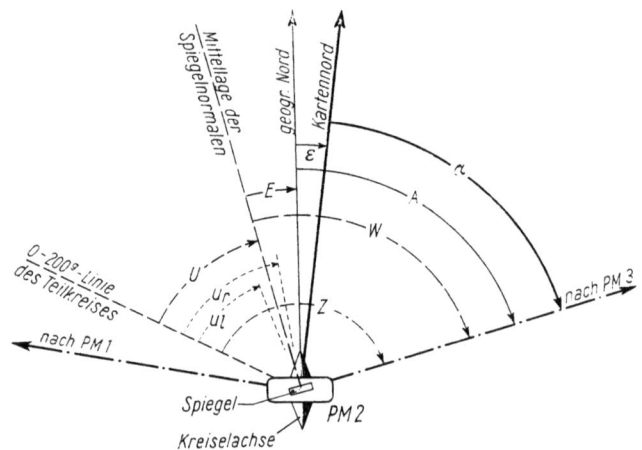

Abb. 186. Schematische Darstellung der Winkelbeziehung bei einer Meridianweisermessung

vgl. hierzu J. Chilian [14] und H. Rymarzyk [69] — bekannt ist, aus der Beziehung $E = W - A$, s. Abb. 186, ermittelt werden.

118. Meridianweisermessung mit Beispiel

Das Zahlenbeispiel auf S. 241 zeigt in Anlehnung an die Abb. 177, S. 226, und das Berechnungsbeispiel einer Doppellotung auf S. 228 u. 229 die Ermittlung des Richtungswinkels α der Polygonseite PM 546 nach PM 547 auf der 5. Sohle mit dem Meridianweiser. Es soll also die Doppellotung durch Meridianweiserorientierung ersetzt oder der mit Hilfe der Doppellotung erhaltene Richtungswinkel mit dem aus der Meridian-

Orientierung mit nordweisenden Vermessungskreiselgeräten

Beispiel für eine Meridianweisermessung

Standpunkt: *PM* 546; Zielpunkt *PM* 547; Ort: Füllort 5. Sohle

linker Umkehrpunkt U_l	rechter Umkehrpunkt U_r	Mittel U		
238,6864		234,0277		
	229,4512	,0285		
238,5221		,0276		
	229,6186	,0287		
238,3510				
	229,7942	,1125		
		234,0281		

Fernrohrlage		Mittel Z		
I	II		Z	325,3662
			$-U$	234,0281
325,3658	3674	325,3666	W	91,3381
325,3649	3667	325,3658	$-E$	3,5034
		,7324	A	87,8347
		325,3662	$\pm\varepsilon$	− 1,0494
			α	86,7853

weisermessung gewonnenen verglichen werden, um somit eine unabhängige Überprüfung zu ermöglichen.

Da wegen der Lageunsicherheit der übertägigen Anschlußpunkte in Bergbaugebieten immer mit einer mehr oder weniger großen Netzverschwenkung gerechnet werden muß, ist es zweckmäßig, auch die Richtung der Anschlußlinie über Tage, in Abb. 177 also der Polygonseite *PM* 112 nach *PM* 113, durch Meridianweisermessung zu überprüfen. Die Ergebnisse der über- und untertägigen Meridianweisermessungen sind in Spalte 6 der Zahlentafel auf S. 242 wiedergegeben. Ergibt sich für die Anschlußlinie gegenüber dem aus Theodolitmessung gewonnenen Richtungswinkel, s. Spalte 7, S. 243 oben, ein Unterschied, so muß dieser sog. *Orientierungsunterschied*, s. Spalte 8, auch bei den Richtungswinkeln der Neulinien als Verbesserung angebracht werden. Erst dann sind die Ergebnisse aus der Meridianweisermessung, s. Spalte 9, und aus anderen Richtungsübertragungen, s. Spalte 10, unmittelbar miteinander vergleichbar.

Das vorstehend behandelte kreiseltechnische Orientierungsverfahren unterscheidet sich von der im Abschn. 121, S. 247 u. f., beschriebenen Magnetorientierung vor allem dadurch, daß mit dem Meridianweiser das *Azimut* der zu orientierenden Meßlinie mit einer Genauigkeit von weniger als 1 Neuminute erhalten wird, während man mit einem magnetischen Feinmeßgerät den *Streichwinkel* einer solchen Linie auf höchstens 2 bis 5 Neuminuten genau bestimmen kann, wenn alle ablenkenden Einflüsse ausgeschaltet werden können. Die Fehlerfortpflanzung, s. S. 262, ist bei beiden Verfahren gleich günstig.

Beispiel für die Auswertung

Ort (über Tage Sohle)	Standpunkt PM	Zielpunkt PM	Azimut aus MW-Messung	Meridian-Konvergenz	Richtungswinkel nach MW-Messung bezogen auf Orientierungslinie Bochum (Sp. 4 + Sp. 5)
1	2	3	4	5	6
über Tage	*Anschlußlinie:* 113	112	286,6620	−1,0492	285,6128
5. Sohle	*Neulinien:* 546	547	87,8347	−1,0494	86,7853
6. Sohle	607	608	84,1250	−1,0495	83,0755

VI. Magnetische Messungen

Magnetische Messungen werden mit Magnetinstrumenten (Kompaß, Bussole, Magnettheodolit, Kreisel- und Spiegeldeklinatorien usw.) ausgeführt. Sie haben den Zweck, die Richtung des magnetischen Meridians, ausgedrückt durch seine Deklination, und die Größe von Streichwinkeln über und unter Tage zu ermitteln. Man bedient sich hierbei der Richtkraft, die das erdmagnetische Feld auf einen im Schwerpunkt freibeweglich aufgehängten Magneten in der Weise ausübt, daß sie ihn in die Richtung des magnetischen Meridians einstellt, sofern ablenkende Einflüsse, wie z. B. Eisen, elektrische Ströme nicht auf den Magneten einwirken.

119. Ermittlung der Deklination und ihrer Änderungen

Die Richtung des magnetischen Meridians ist in der Horizontalebene durch den kleinen Winkel bestimmt, um den der magnetische Meridian von dem astronomischen abweicht (dekliniert). Man bezeichnet diesen Winkel daher als magnetische Deklination oder als Mißweisung.

Die Größe der Deklination läßt sich an jedem von ablenkenden Ein-

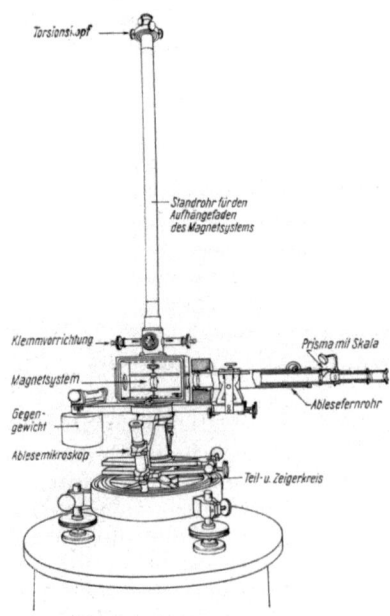

Abb. 187. Magnettheodolit alter Bauart für absolute Messungen der Deklination

von Meridianweisermessungen

Richtungswinkel der Anschlußlinie der Zeche nach Theodolitmessung	Orientierungsunterschied (Sp. 7 − Sp. 6)	Richtungswinkel der Neulinien		Differenz (Sp. 10 − Sp. 9)
		nach MW-Messung bezogen auf Anschlußlinie der Zeche Sp. 6 + Sp. 8)	nach Richtungsübertragung der Zeche	
7	8	9	10	11
285,6221	+0,0093	−	−	−
−	+0,0093	86,7946	86,8000	+0,0054
−	+0,0093	83,0848	83,0964	+0,0116

flüssen freien Ort der Erde für den Zeitpunkt der Messung mit einem Magnettheodolit, s. Abb. 187, oder einem Präzisionsdeklinatorium, z. B. der Askania-Werke, s. Abb. 189, S. 246, auf einer Linie feststellen, deren Azimut bekannt ist oder aus einer astronomischen Messung abgeleitet werden kann. Sie ergibt sich aus dem Unterschied zwischen dem Streichwinkel γ und dem Azimut A der Linie. Die Messung und Berechnung der Deklination δ ist aus folgendem Meßbeispiel zu ersehen:

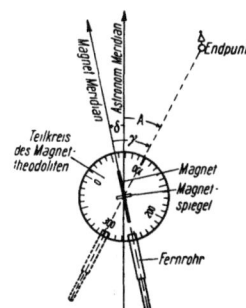

Mittel der Teilkreisablesungen nach dem Endpunkt der Linie	99^g	26^c	36^{cc}
Mittel der Teilkreisablesungen aus den Einstellungen des Magneten	60^g	87^c	26^{cc}
Streichwinkel γ der Meßlinie	38^g	39^c	10^{cc}
Azimut A der Meßlinie	33^g	20^c	96^{cc}
Deklination δ für Bochum am 10. 6. 1961 um 2.35 Uhr	5^g	18^c	14^{cc}

Da sich die Richtung eines aufgehängten Magneten unter der Einwirkung des mit dem Ort und mit der Zeit veränderlichen erdmagnetischen Feldes ständig ändert, so ist auch die Größe der Deklination an verschiedenen Orten und zu verschiedenen Zeiten verschieden groß. In Bochum z. B. betrug die westliche Deklination im Jahre 1940 im Mittel 7,6^g, im Jahre 1960 rund 5,2^g, in Berlin dagegen 1940 etwa 4,3^g und 1960 etwa 2^g. Schon diese wenigen Werte zeigen, daß sowohl in örtlicher als auch in zeitlicher Beziehung eine im wesentlichen regelmäßig verlaufende *Abnahme* der westlichen Deklination von Bochum bis Berlin stattgefunden hat.

Im rheinisch-westfälischen Bergbaugebiet beträgt die *örtliche* Abnahme der westlichen Deklination auf einen Kilometer in der Richtung von Westen nach Osten etwa 75^{cc} und in der Richtung von Norden nach Süden etwa 5^{cc}. In Gebieten, in denen durch im Untergrund abgelagerte, magnetisch wirksame Mineralien und Gesteine, wie z. B. Magneteisen, Basalt u. a., unregelmäßige örtliche Störungen auftreten, sind die örtlichen Änderungen der Deklinationswerte natürlich ganz erheblich größer.

Außer den örtlichen Änderungen machen sich aber auch am selben Ort regelmäßige und unregelmäßige *zeitliche* Bewegungen des aufgehängten Magneten und damit zeitliche Änderungen der Deklination bemerkbar. Man unterscheidet drei verschiedene Bewegungen:

1. eine regelmäßige, täglich wiederkehrende Bewegung, die einen Höchstwert der Deklination gegen 14 Uhr und einen Kleinstwert gegen 7 Uhr bewirkt, wobei der Unterschied zwischen Höchst- und Mindestwert im Sommer etwa $0,3^g$ und im Winter nur etwa $0,1^g$ beträgt.

2. eine stetige Bewegung oder Wanderung der Magnetnadel zur Zeit von Westen nach Osten, die eine allmähliche *jährliche* Abnahme der westlichen Deklination von augenblicklich etwa 7^c hervorruft. Ihre Größe ändert sich ständig. Sie hat in den letzten 30 Jahren — von 1930 bis 1960 — von etwa 22^c bis etwa 8^c abgenommen, und wird nach Erreichen eines Minimums von etwa 4^c wieder bis etwa 20^c ansteigen.

3. unregelmäßige Bewegungen, die man als zeitliche magnetische Störungen oder als magnetische Gewitter bezeichnet. Diese können in wenigen Minuten Deklinationsänderungen von mehreren Graden verursachen, so daß sie selbst magnetische Messungen von verhältnismäßig geringer Genauigkeit, wie z. B. Kompaßmessungen, stark beeinträchtigen oder ganz unbrauchbar machen.

Da aber auch die vorstehend beschriebenen *regelmäßigen* örtlichen und zeitlichen Änderungen der Deklination die bei magnetischen Feinmessungen einzuhaltende Meßgenauigkeit von etwa $0,02^g$ erheblich überschreiten, so ist die genaue Kenntnis und Berücksichtigung ihrer Größe sowohl bei der Ausführung als auch bei der Auswertung derartiger Feinmessungen unbedingt notwendig.

Die *örtlichen* Änderungen der Deklination lassen sich entweder aus einer magnetischen Vermessung des Gebietes mit einem Magnettheodolit feststellen oder aus einer Karte entnehmen, auf welcher Linien gleicher Deklination, sog. Isogonen, eingezeichnet sind. Die durch Messung oder aus der Karte gewonnenen Deklinationswerte beziehen sich aber immer nur auf einen bestimmten Zeitpunkt — bei der Karte in der Regel auf den Anfang oder die Mitte eines bestimmten Jahres. Als Beispiel ist in der Abb. 188, S. 245, ein verkleinerter Auszug aus einer Isogonenkarte für das Jahr 1940 wiedergegeben. Eine neuere Ausgabe dieser von F. BURMEISTER, dem damaligen Leiter des Erdmagnetischen Observatoriums Fürstenfeldbruck, entworfenen Isogonenkarte bezieht sich auf den Anfang des Jahres 1954. Aus derartigen Karten kann man auch die örtlichen Deklinationswerte für frühere oder spätere Zeiten ungefähr ableiten, wenn aus langjährigen früheren Beobachtungen die jährliche Abnahme der Deklination bekannt ist.

Die *zeitlichen* Änderungen der Deklination, die man auch als *Variationen* bezeichnet, werden entweder an einem zweiten Magnetinstrument,

z. B. einem Variometer oder Magnetometer unmittelbar abgelesen oder aus den fortlaufenden Aufzeichnungen der Variationen eines in einem Erdmagnetischen Observatorium bzw. in einer Magnetwarte aufgestellten Deklinatoriums ermittelt. Während um die Jahrhundertwende noch in fast allen deutschen Bergbaugebieten Magnetwarten bestanden, haben heute sämtliche Warten den Betrieb eingestellt, da magnetische *Feinmessungen* infolge der ständig wachsenden ablenkenden Einflüsse im Bergbau nur noch selten ausgeführt werden können, so daß sich eine dauernde Aufzeichnung der zeitlichen Änderungen der Deklination in diesen Gebieten und in besonderen Magnetwarten nicht mehr lohnt.

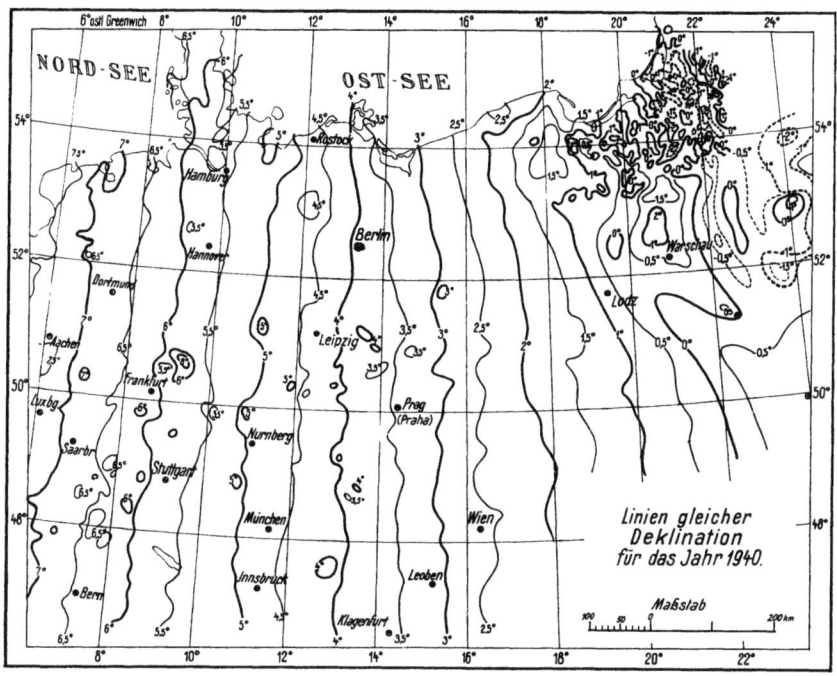

Abb. 188. Verkleinerter Auszug aus einer Isogonenkarte für das Jahr 1940

Zur Zeit findet in Deutschland die Aufzeichnung von Variationen nur noch in Fürstenfeldbruck, ferner in dem im Jahre 1930 erbauten geomagnetischen ADOLF-SCHMIDT-Observatorium in Niemegk, 35 km südlich von Brandenburg, und im Observatorium Vingst, etwa 20 km südlich von Cuxhaven, statt.

Magnetische Feinmessungen

Während bei den mechanischen und optischen Orientierungsverfahren die Richtung einer Polygonseite unter Tage durch Übertragung einer kurzen Lotlinie bzw. einer optischen Ebene durch den Schacht ermittelt wird, erhält man unabhängig von einer Schachtlotung die Richtung einer beliebigen Seite der untertägigen Polygonmessung beim *magnetischen* Verfahren aus den Ergebnissen einer über und unter Tage ausgeführten magnetischen Feinmessung. Die Durchführung und Berechnung einer solchen als *Magnetorientierung* bezeichneten Messung ist im Abschn. 121, S. 247 u. f., näher beschrieben. Voraussetzung für eine solche magnetische Feinmessung ist jedoch, daß keine aus Stromentweichungen aus elektrischen Leitungen über und unter Tage herrührenden und die Tagesoberfläche wie auch das Grubengebäude regellos durchwandernden elektrischen Streuströme die Magnetrichtung beeinflussen, und daß ferner die Grubenstrecke, in der magnetische Feinmessungen stattfinden, auf mindestens 50 m durch Ausräumen aller Eisenteile (Schienen, Rohrleitungen, Lutten usw.) völlig eisenfrei gemacht werden kann. Die Strecke muß auch so weit von dem Hauptabbau des Bergwerks entfernt sein, daß die Gesamtmasse des hier vorhandenen Eisen- und Stahlausbaues, deren ablenkende Wirkung etwa mit der 3. Potenz der Entfernung sehr schnell abnimmt, oder elektrische Starkstromleitungen nicht mehr auf den Magneten einwirken können. Um sicher zu sein, daß derartige schwer erfaßbare Einflüsse möglichst ausgeschaltet sind, wiederholt man die Messung sowohl über wie unter Tage auf mindestens 2 Punkten. Außerdem ist es zweckmäßig, nur in den Nachtstunden zu beobachten, wenn die zeitlichen Änderungen der Deklination nur sehr klein sind.

120. Magnetische Feinmeßinstrumente

Für die Messung benutzt man kleine magnetische Zusatzgeräte, die in der Regel auf die Kippachse eines Theodolits gesetzt werden, und die sich

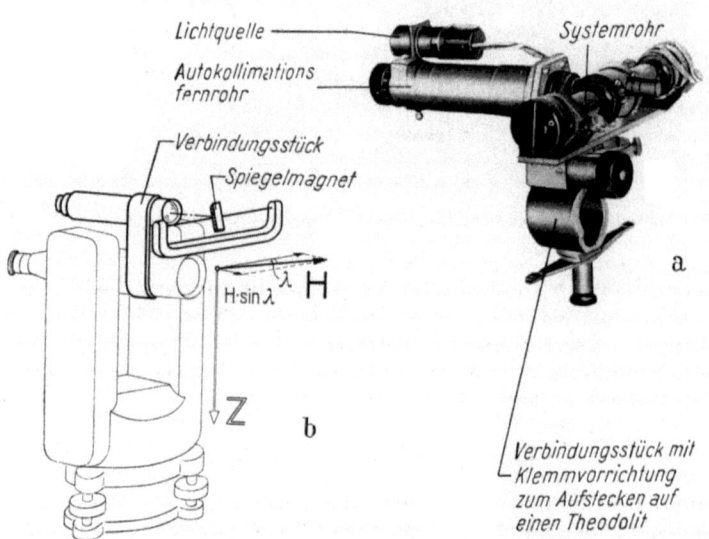

Abb. 189. Askania-Präzisions-deklinatorium a) Ansicht b) schematische Darstellung

im wesentlichen durch die Art der Aufhängung des Magneten unterscheiden. Früher wurden z. B. vielfach Spiegeldeklinatorien mit Spitzenaufhängung oder Magnetometer mit Quarzfadenaufhängung verwandt. Da diese Geräte aber nicht mehr hergestellt werden, so ist auch hier von einer Abbildung der Geräte und einer Beschreibung ihrer Handhabung, wie sie noch in der 3. Auflage dieses Buches enthalten ist, Abstand genommen.

Von den Askania-Werken ist ein kleines magnetisches Feinmeßinstrument als *Askania-Präzisionsdeklinatorium* entwickelt worden, s. Abb. 189. Der verspiegelte Magnet dieses Instrumentes ist an horizontal gespannten Fäden nahezu torsionsfrei aufgehängt. Mittels eines Autokollimationsfernrohres kann die magnetische Nordrichtung mit einer Genauigkeit von etwa 0,1′ oder 0,2^c eingestellt bzw. am Horizontalkreis des Theodolits abgelesen werden. Einzelheiten über Bauart und Handhabung des Gerätes, mit dem auch der absolute Wert der Deklination bestimmt werden kann, sind einer Veröffentlichung von E. THEBIS [81] zu entnehmen.

121. Ausführung einer Magnetorientierung

Mit einem der vorstehend genannten magnetischen Feinmeßinstrumente werden der Streichwinkel γ_o einer Standlinie über Tage, deren Richtungswinkel α_o bekannt sein muß, und der Streichwinkel γ_u einer Polygonseite unter Tage gemessen, s. Abb. 190. Aus dem Unterschied $\Delta \gamma$ der beiden Streichwinkel läßt sich sodann unter Berücksichtigung der durch die verschiedene Lage der Standpunkte über und unter Tage bedingten örtlichen Unterschiede $\Delta \varepsilon$ in den Meridiankonvergenzen und $\Delta \delta$ in den Deklinationswinkeln der Richtungswinkel α_u der Polygonseite unter Tage nach folgenden Formeln berechnen, falls die Vermessung *östlich* des Mittelmeridians eines beliebigen GAUSS-KRÜGERschen Meridianstreifens s. Abschn. 58, S. 91 u. f. stattgefunden hat.

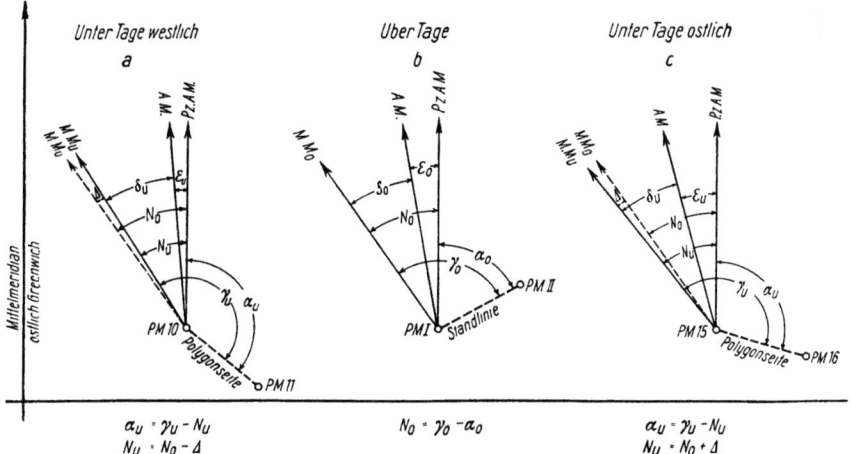

Abb. 190. Wirkung der Standpunktänderung über und unter Tage bei einer Magnetorientierung. AM = Astronomischer Meridian, $P.z.A.M.$ = Parallele zum Astronomischen Meridian MM_0 = Magnetischer Meridian über Tage. MM_u = Magnetischer Meridian unter Tage

Es ist:

$\alpha_u = \alpha_0 + \Delta\gamma - \Delta\varepsilon + \Delta\delta$, wenn die Polygonseite unter Tage *östlich* der Standlinie über Tage liegt, s. Abb. 190c, S. 247,
und
$\alpha_u = \alpha_0 + \Delta\gamma + \Delta\varepsilon - \Delta\delta$, wenn die Polygonseite unter Tage *westlich* der Standlinie über Tage liegt, s. Abb. 190a.

Westlich des Mittelmeridians sind die Vorzeichen von $\Delta\varepsilon$ und $\Delta\delta$ umzukehren.

In den beiden Formeln bedeuten:

α_0 . . . . . . der Richtungswinkel der Standlinie über Tage,
$\Delta\gamma = \gamma_0 - \gamma_u$ der Unterschied der beiden über und unter Tage gemessenen Streichwinkel,
$\Delta\varepsilon = \varepsilon_0 - \varepsilon_u$ der Unterschied der beiden über und unter Tage eintretenden Meridiankonvergenzen,
$\Delta\delta = \delta_0 - \delta_u$ der Unterschied der beiden über und unter Tage bestehenden Deklinationswinkel.

Meß- und Berechnungsbeispiel
ausgeführt am 6./7. April 1930, Zeche Glückauf, über Tage und 5. Sohle,

Zeit	Standpunkt	Zielpunkt	Ablesung am Teilkreis des Theodolits Mittel aus Nonius I u. II			Streichwinkel			Zeitliche Änderung der Magnetrichtung			Verbesserter Streichwinkel		
			g	c	cc	g	c	cc	±	c	cc	g	c	cc
			Über Tage											
$17^h\,30^m$	PI	Magn. Nord PII	52	45	00	52	45	00	±	0	00	52	45	00
$17^h\,33^m$			104	90	50	52	45	50		0	40	52	45	90
$17^h\,35^m$			157	36	00	52	45	50		0	70	52	46	20
$17^h\,39^m$			209	81	50	52	45	50		0	70	52	46	20
$17^h\,42^m$			262	26	50	52	45	00		1	10	52	46	10
									Mittel =			52	45	88
			Unter Tage											
$0^h\,42^m$	$PM\,71$	Magn. Nord $PM\,72$	139	27	00	139	27	00		2	00	139	29	00
$0^h\,44^m$			278	53	00	139	26	00		1	80	139	27	80
$0^h\,47^m$			17	79	50	139	26	50		2	60	139	29	10
$0^h\,52^m$			157	06	00	139	26	50		2	40	139	28	90
$0^h\,55^m$			296	31	50	139	25	50		2	20	139	27	70
									Mittel =			139	28	50

Die Berechnung des Richtungswinkels α_u nach den vorstehenden Formeln ist jedoch nur möglich, wenn vorher die Größe der Deklinationswinkel δ_o und δ_u durch eine entsprechende Messung mit Magnetinstrumenten s. S. 242 und 246, genau ermittelt worden ist. Ist das, wie meistens in der Praxis, nicht der Fall, dann läßt sich die Berechnung von α_u nur mit Hilfe der Nadelabweichung über Tage N_o und unter Tage N_u durchführen. N_o ergibt sich aus dem Unterschied der gemessenen Streichwinkel γ_o und des bekannten Richtungswinkels α_o der Standlinie über Tage, d. h. $N_o = \gamma_o - \alpha_o$, s. Abb. 190b. Es ist nun $\alpha_u = \gamma_u - N_u$. Die Nadelabweichung N_u erhält man aus $N_o \pm \varDelta$, s. Abb. 190a und c. Die Größe des kleinen Winkels $\varDelta$ ist aus folgenden bekannten Werten zu errechnen.

Die Meridiankonvergenz ε nimmt in der Richtung von Westen nach Osten etwa 125^{cc} je Kilometer zu, während die Deklination δ bei normalem Verlauf der Isogonen in der gleichen Richtung etwa 75^{cc} je Kilometer, s. S. 243, abnimmt. Infolgedessen ergibt sich für $\varDelta$ der ungefähre Wert $125^{cc} - 75^{cc} = 50^{cc}$ je Kilometer.

einer Magnetorientierung
2. westl. Abteilung, Flöz Gustav, Muldennordflügel, Grundstrecke nach Osten

	Bemerkungen und Handzeichnung
	Repetitionstheodolit Nr. 619 mit Magnetometer Nr. 4077 von Fennel. Ostwestliche Entfernung $PM\,71$ bis $P\,I$ etwa 1000 m 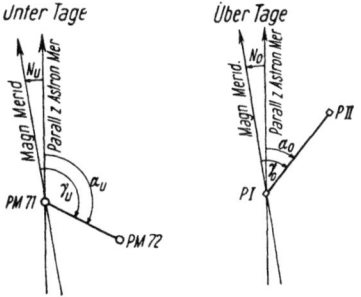

Berechnung des Richtungswinkels der Polygonseite unter Tage

Streichwinkel der Standlinie $P\,I$ bis $P\,II$	= 52,4588^g
Richtungswinkel der Standlinie $P\,I$ bis $P\,II$	= 43,2263^g
Nadelabweichung über Tage	= 9,2325^g
$\varDelta$	= − 0,0050^g
Nadelabweichung unter Tage	= 9,2275^g
Streichwinkel der Polygonseite $PM\,71$ bis $PM\,72$	= 139,2850^g
Nadelabweichung unter Tage	= − 9,2275^g
Richtungswinkel der Polygonseite $PM\,71$ bis $PM\,72$	= 130,0575^g

Der sich entsprechend der Entfernung der beiden Standpunkte unter und über Tage ändernde Winkel Δ ist der Nadelabweichung über Tage N_o hinzuzuzählen, wenn die Polygonseite unter Tage *östlich* der Standlinie über Tage liegt, und von N_o abzuziehen, wenn der Standpunkt unter Tage sich *westlich* des Standpunktes über Tage befindet, s. Abb. 190a u. c.

Bei der *Ausführung* der Magnetorientierung entspricht die Aufstellung des Instrumentes in den Festpunkten der bis vor Ort geführten Polygonmessung vollständig der gewöhnlichen Theodolitaufstellung. Die Messung selbst kann als Wiederholungsmessung mit 8- bis 10facher Repetition des Streichwinkels z. B. in der Weise durchgeführt werden, daß man als linken Schenkel jeweils im Magnetfernrohr den festen Strich auf die Mitte der schwingenden Skala einstellt und als rechten Schenkel den Endpunkt der Polygonseite mit dem Theodolit anzielt. Die Uhrzeit jeder Magneteinstellung ist aufzuschreiben. In gleicher Weise wird über Tage auf dem Anfangspunkt der Standlinie die Messung des Streichwinkels vorgenommen. Statt der jedesmaligen Einstellung auf den Mittelstrich der Magnetskala kann man auch reihenweise Schwingungsbeobachtungen anstellen und hieraus die Ruhelage des Magneten ableiten. In diesem Falle braucht der Endpunkt der zu bestimmenden Linie nicht so häufig angezielt zu werden.

An den über und unter Tage gemessenen Streichwinkeln sind Verbesserungen anzubringen, die sich aus den zeitlichen Änderungen der Magnetrichtung ergeben. Letztere erhält man, wenn die Variationsaufzeichnungen eines magnetischen Observatoriums nicht zur Verfügung stehen, aus den Ablesungen an einem zweiten magnetischen Feinmeßinstrument, die man in Zeitabständen von etwa 5 Minuten unter genauer Angabe der Uhrzeit während der Gesamtdauer der für die Magnetorientierung über und unter Tage auszuführenden Messungen vornimmt. Die sich hieraus ergebenden Verbesserungen der Streichwinkelrichtungen müssen auf den *gleichen* Zeitpunkt bezogen werden, in dem nachstehenden Meßbeispiel auf die erste Magneteinstellung an der Standlinie über Tage.

Die Genauigkeit, die man durch eine störungsfrei und sehr sorgfältig ausgeführte Magnetorientierung erreichen kann, beträgt etwa $\pm 200^{cc}$.

Kompaß- und Bussolenmessungen

122. Hänge-, Setz- und Aufstellkompasse (Bussolen)

Zur Ausführung von Kompaßmessungen benutzt man Hänge-, Setz- und aufstellbare Kompasse (sog. Bussolen).

1. Der *Hängekompaß*, s. Abb. 191

Er besteht aus Kompaßbüchse und Aufhängevorrichtung. Die *Kompaßbüchse* ist eine niedrige zylindrische Messingbüchse, die auf erhöhtem innerem Rande einen zumeist in Grade geteilten Vollkreis trägt. Die Bezifferung der Kreisteilung ist *linksläufig*, weil bei der Messung von Streichwinkeln der Zeiger, das ist die Magnetnadel, immer die gleiche Stellung einnimmt, während die Teilung, dem Verlauf der Linie entsprechend, mit der Aufhängevorrichtung gedreht wird. Die Bezeichnungen der Himmelsrichtungen ,,Ost" und ,,West" auf dem Boden der Kompaßbüchse müssen demnach auch vertauscht sein. Im Mittelpunkt der Kreisteilung befindet sich eine Stahlspitze, auf der die Magnetnadel mit ihrem Hütchen in waagerechter Ebene frei beweglich schwingt. Die

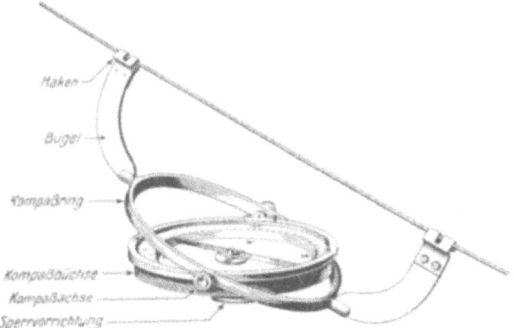

Abb. 191. Hängekompaß in Gebrauchsstellung

Magnetnadel aus Edelstahl wird meist als hochstehende Balkennadel von 7 bis 10 cm Länge mit scharfer Ablesekante ausgeführt. Ihr in Messing gefaßtes Hütchen ist mit einem harten Stein, z. B. Achat, ausgelegt. Zwecks Unterscheidung der Nadelenden hat man entweder in der Mitte der Südhälfte der Nadel die blaue Anlauffarbe des Stahles etwas abgeschliffen, so daß ein weißer Querstreifen entstanden ist, oder sonstige Kennzeichen angebracht. Mit einem kleinen Ausgleichsgewicht auf einer Nadelhälfte kann die Horizontallage der Nadel berichtigt werden. Mittels einer Sperrvorrichtung, die in der Regel durch eine Schraube unter dem Boden der Kompaßbüchse zu betätigen ist, wird die Magnetnadel bei Nichtgebrauch des Kompasses von der Spitze abgehoben und gegen den durch einen Glasdeckel gebildeten oberen Abschluß der Kompaßbüchse gedrückt.

Die *Aufhängevorrichtung* besteht aus dem Kompaßring und dem Hängebügel. Die Verbindung dieser beiden Teile ist meist fest, seltener umklappbar. Zwischen zwei gegenüberliegenden Schraubspitzen des Kompaßringes, die die Kompaßachse bilden, ist die Kompaßbüchse so gelagert, daß sie sich bei jeder Schnurneigung von selbst in die Waagerechte einstellt, und daß die 0^g bis 200^g-Linie der Teilung in Richtung der Bügelebene und damit auch in Richtung der ausgespannten Schnur oder Meßkette liegt. Die nach verschiedenen Seiten umgebogenen Haken des Bügels dienen zum Anhängen des Instrumentes an die Meßkette.

2. Der Setzkompaß

Dieser Kompaß ist in erster Linie zum Aufsetzen oder Anhalten auf oder an Gebirgsschichten- und Gebirgsstörungsflächen, deren Streich- und Einfallrichtung festgestellt werden sollen, eingerichtet. In einfachster Form besteht das Gerät aus einer kleinen Kompaßbüchse, die mit einer

Abb. 192. Einfacher Setzkompaß der Fa. Hildebrand

rechteckigen Messingplatte so verbunden ist, daß die 0^g bis 200^g-Linie der Kompaßteilung parallel zur Längs- oder Anhaltekante der Platte verläuft, s. Abb. 192. Die Sperrung der Nadel geschieht meist durch Druck auf einen seitlich aus der Büchse herausragenden Hebel. Auf dem Boden der Kompaßbüchse ist eine Halbkreiseinteilung, die der Einteilung des Gradbogens, s. S. 50, entspricht, angebracht. An dieser Teilung zeigt ein um die Aufhängespitze der Magnetnadel pendelndes, starres Lot den Fallwinkel der Schnittfläche an, wenn die Längskante der lotrecht gestellten Platte an die Fallinie der Schicht angehalten wird, wie es die Abb. 201, S. 264, veranschaulicht.

Eine andere Ausführung eines Setzkompasses der Fa. Breithaupt gibt die Abb. 202, S. 264 wieder.

Einen *kombinierten Aufhänge-, Setz- und Aufstellkompaß* zeigt die Abb. 193, den Bruton-Universal-Kompaß der Firma Fennel. Der eigentliche Setzkompaß, der im wesentlichen aus einer Kompaßbüchse, einer aufklappbaren Diopterlasche mit Schlitz und Visierloch sowie einem

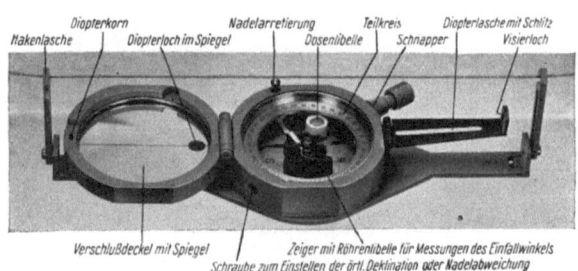

Abb. 193. Bruton-Universal-Kompaß von Fennel, Kassel

Verschlußdeckel mit Innenspiegel und Diopterloch besteht, kann zwecks Erleichterung der Streich- und Neigungswinkelmessung *über* Tage auf ein ausziehbares und 1,15 m hohes Fotostativ mit einem Kugelgelenk aufgeschraubt werden. Für die Horizontalstellung der 400^g-Kreisteilung ist auf dem Boden der Kompaßbüchse eine Dosenlibelle und für die Messung der Neigungs- oder Einfallwinkel am Zeiger des um 100^g zur Seite gekippten Setzkompasses eine kleine Röhrenlibelle angebracht. Will man das Gerät als Hängekompaß *unter* Tage benutzen, so schraubt man den Setzkompaß mittels eines Schnappers auf eine Aufhängeplatte, die an ihren beiden Enden mit je einer Hakenlasche versehen ist, wie es die Abb. 193 zeigt.

Um bei der späteren Zulage der an der Nordspitze der Magnetnadel abgelesenen Streichwinkel mit einer Gradscheibe die örtliche Deklination oder die Nadelabweichung des Setzkompasses *nicht* berücksichtigen zu müssen, läßt sich der Nullstrich der Kreisteilung *vor* der Messung mit Hilfe einer an der Außenseite der Kompaßbüchse befindlichen Schraube um den zur Zeit der Messung gültigen Wert der Deklination oder auch der Nadelabweichung verstellen. Bei der Zulage selbst ist der Setzkompaß auf eine zugehörige 12 × 10 cm große Zulegeplatte mit in Millimeter eingeteilten, abgeschrägten Kanten zu schrauben. In dieser Zusammensetzung kann das Gerät auch für Meßtischarbeiten über Tage in der Weise benutzt werden, daß man es auf eine kleine Meßtischplatte setzt, die auf das Fotostativ des Kompasses geschraubt wird.

Einen neuartigen *Setzkompaß* für geologische Aufnahmen, s. Hauptabschnitt VII, S. 263 u. f., hat die Firma Breithaupt nach Angaben von Prof. Dr. CLAR entwickelt, der die Bezeichnung ,,Geologischer Gefügekompaß Nr. 3180 COCLA" erhalten hat. Mit diesem Kompaß wird *nicht* das *Streichen* einer Schichtfläche gemessen, sondern die *Richtung ihres Einfallens*, d. h. der Winkel, der von der magnetischen Nord-Süd-Richtung und der Horizontalprojektion der Fallinie gebildet wird. Das hat den Vorteil, daß sowohl dieser Winkel als auch der zur eindeutigen Lagebestimmung der Schichtfläche außerdem notwendige *Einfallwinkel* ermittelt werden können, ohne daß der Kompaß in seiner Lage verändert bzw. um 100^g gedreht werden muß.

Der ringförmige Magnet mit rotem Nord- und schwarzem Südanzeiger sowie ein in ganze Grade eingeteilter Horizontalkreis sind in einem rechteckigen Gehäuse aus Leichtmetall untergebracht, s. Abb. 194. Der Magnet

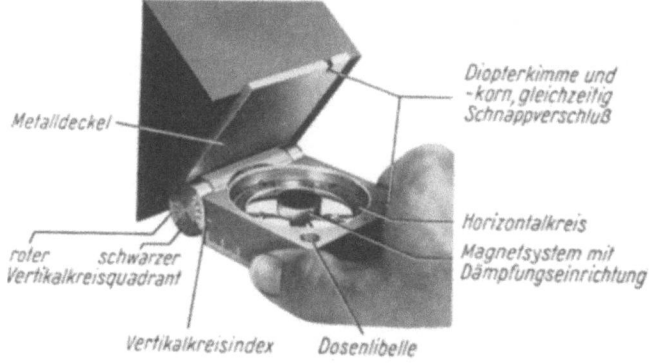

Abb. 194. Geologischer Gefügekompaß Nr. 3180 COCLA von Breithaupt u. Sohn

ist in üblicher Weise auf einer Stahlspitze (Pinne) gelagert und mit einem runden Dämpfungstopf aus Elektrolytkupfer eng umschlossen, der ein schnelles Abklingen der Magnetschwingungen bewirkt. Die Kompaßbüchse und auch die in einer Ecke des Gehäuses angebrachte Dosenlibelle werden nach oben und nach unten von durchsichtigen unzerbrechlichen Kunststoffplatten abgeschlossen. Dadurch ist sowohl das Ablesen des

Horizontalkreises als auch das Einspielen der Libellenblase von unten her, d. h. über dem Kopf des Beobachters, möglich. Die Entarretierung des Magnetsystems geschieht durch Betätigung eines seitlich angeordneten Freigabehebels. Mit Hilfe eines Deklinationstriebes kann der Horizontalkreis verstellt werden, so daß, wie bereits auf S. 253, oben, beschrieben, Nadelabweichung bzw. Deklination unberücksichtigt bleiben können.

Mit dem um eine Scharnierachse drehbaren Metalldeckel wird ein in 5^g-Intervalle geteilter Vertikalkreis mitgedreht. Zur Ablesung des Einfallwinkels einer Schichtfläche dient der an der Gehäuseseitenwand angebrachte Indexstrich.

Bei der Messung legt man den Metalldeckel bei einspielender Dosenlibelle auf oder unter die aufzunehmende Schichtfläche. Nach Freigabe des Magneten liest man den Horizontalkreis am *roten* Magnetzeiger ab. wenn der Vertikalkreisindex im *roten* Quadranten des Vertikalkreises steht, und am *schwarzen* Magnetzeiger, wenn der Index auf den *schwarzen* Quadranten zeigt. Dadurch wird eine eindeutige Ermittlung der Einfallrichtung ermöglicht.

3. *Der Aufstellkompaß (Bussole)*

In unübersichtlichem Gelände, besonders in Waldgebieten, werden magnetische Messungen vorteilhaft mit einem auf ein Stativ gestellten Kompaß mit Zielvorrichtung ausgeführt*. Man bezeichnet ein solches Instrument als Bussole, s. Abb. 195. Die Kompaßbüchse der Bussole mit ihrer Magnetnadel, Spitzenaufhängung und Kreiseinteilung entspricht in Ausführung und Form vollständig derjenigen des Hängekompasses, s. S. 251 u. f. Sie ist mit einem mit 3 Stellschrauben und einer Dosenlibelle versehenen Dreifuß so verbunden, daß die 0^g- bis 200^g-Linie der Kreiseinteilung parallel zur Zielvorrichtung verläuft. Letztere besteht entweder aus einer einfachen Dioptervorrichtung, s.

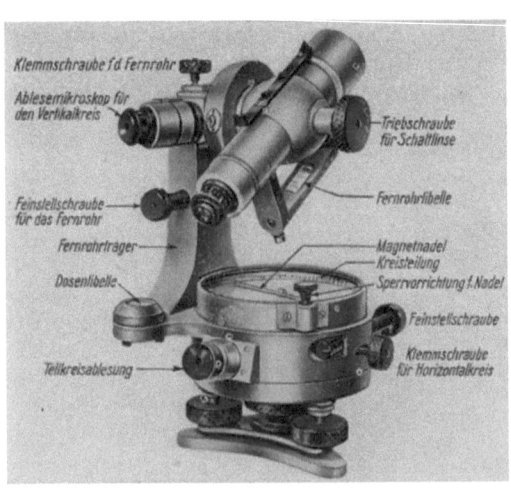

Abb. 195. Bussole von Breithaupt

Abschn. 29, S. 41, oder aus einem Zielfernrohr, das häufig auch mit einem Höhenkreis und einer besonderen Ablesevorrichtung ausgerüstet sowie mit einem entfernungsmessenden Fadenkreuz und Nivellierlibelle versehen

---

* Für genauere Messungen empfiehlt sich jedoch der Einsatz von Vermessungskreiselgeräten, s. S. 238 u. f.

ist. Vielfach wird die Kompaßbüchse auch auf die Kippachse eines kleinen Theodolits gesetzt oder zwischen den Fernrohrträgern eines Theodolits eingebaut oder mit einem Nivellier verbunden. Man spricht sodann von einem Bussolentheodolit, einem Bussolentachymeter oder einer Nivellierbussole. Bei diesen Instrumenten lassen sich die Streichwinkel der Meßlinien nach Anzielen ihrer Endpunkte wie bei der einfachen Bussole an dem einspielenden Nordende der Magnetnadel an der Kreisteilung in der Kompaßbüchse ablesen. Will man jedoch den Teilkreis des Theodolits für die Ermittlung der Streichwinkel benutzen, so stellt man bei drehbarem Grundkreis zuvor den Nullstrich des Zeigerkreises auf den Nullstrich des Teilkreises und das Fernrohr in die einspielende Magnetnadelrichtung, löst den Zeigerkreis, richtet das Fernrohr auf den Zielpunkt und liest den Streichwinkel am Teilkreis des Theodolits ab. Bei feststehendem Grundkreis des Theodolits erhält man den

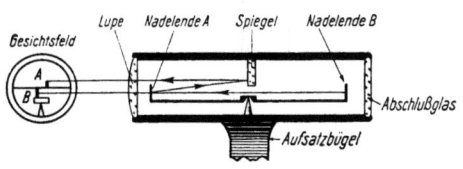

Abb. 196. Kastenbussole

Streichwinkel aus dem Unterschied der Ablesungen nach der einspielenden Magnetnadel und nach dem Zielpunkt. In beiden Fällen genügt aber für die Einstellung der Magnetrichtung eine einfache Kastenbussole, die im wesentlichen aus einer in einem kleinen Messingkasten auf einer Spitze aufgehängten und mit einem Spiegel versehenen Magnetnadel besteht, s. Abb. 196. Die Kastenbussole wird bei der Messung ebenso wie die vorher beschriebene Kompaßbüchse auf die Kippachse des Meßtheodolits gesetzt. Seine Fernrohrachse verläuft bei berichtigtem Instrument parallel zur Magnetrichtung, wenn die beiden Nadelenden im Spiegelbild zusammenfallen.

123. Fehler der Kompaßinstrumente

Bei den Hänge-, Setz- und Aufstellkompassen können folgende Instrumentenfehler auftreten:

a) *Fehler, die durch zu geringe magnetische Kraft der Nadel sowie durch Beschädigung der Stahlspitze oder des Hütchens entstehen.* Sie lassen sich durch folgende einfache Prüfung nachweisen. Nach genauer Ablesung der Ruhelage der Nordspitze der freischwingenden Magnetnadel am aufgehängten oder aufgestellten Kompaß lenkt man die Nadel mit einem kleinen eisernen Gegenstand ab und beobachtet, ob sie nach Entfernung des ablenkenden Gegenstandes in die vorherige Ruhelage zurückkehrt. Ergibt sich ein merkbarer Unterschied gegen die erste Ablesung und bringt eine Nachmagnetisierung der Nadel keine Abhilfe, so muß die Nadelspitze nachgeschliffen oder das Hütchen ausgewechselt werden, da der sonst auftretende unregelmäßige Fehler durch die Art der Messung nicht auszuscheiden ist.

b) *Exzentrizitätsfehler.* Sie treten auf, wenn der Aufhängepunkt der Magnetnadel nicht mit dem Mittelpunkt der Kreisteilung zusammenfällt. Der Fehler wird durch Ablesung an beiden Nadelenden, die bei einem einwandfreien Kompaß stets um 200^g verschieden anzeigen sollen, nachgewiesen und durch Mittelbildung aus diesen Ablesungen unschädlich gemacht.

Ist der Unterschied der Ablesungen an beiden Nadelenden jedoch immer gleich groß, so liegt nur eine Verbiegung der Nadel vor, und es genügt dann die Ablesung der Streichwinkel an der Nordspitze der Nadel, da der hierdurch bewirkte Fehler in der Streichwinkelablesung durch die Berücksichtigung der Nadelabweichung des Kompasses bei der Zulage wieder ausgeschieden wird.

c) *Orientierungsfehler*. Sie entstehen, wenn die 0^g bis 200^g-Linie der Kompaßteilung beim Hängekompaß nicht parallel zur Hakenlinie, bei der Bussole nicht parallel zu der Zielachse oder beim Setzkompaß nicht parallel zur Anschlagkante ist. Da alle mit einem solchen Instrument gemessenen Streichwinkel in diesem Falle um den gleichen Betrag zu groß oder zu klein werden, so muß auch die mit diesem Instrument ermittelte Nadelabweichung um den gleichen Betrag zu groß oder zu klein sein. Man wird also richtige Richtungen erhalten, wenn man die Nadelabweichung des bei der Messung benutzten Kompasses bei der Auftragung der Streichwinkel berücksichtigt, s. Abschn. 126, S. 261.

d) *Kollimationsfehler* k_0. Er wird beim Hängekompaß verursacht, wenn die Kompaßachse nicht rechtwinklig zur Hakenlinie liegt. Dieser Fehler ist durch die sog. Lattenprobe nachzuweisen, bei welcher der Kompaß an mehreren verschieden stark geneigten Schnüren, die sämtlich in einer lotrechten Ebene ausgespannt sein müssen, angehängt wird. Der Einfluß k des Kollimationsfehlers auf die Streichwinkelmessung ist bei söhligen Zügen gleich Null. Er wächst nach der Formel $k = -k_0 \cdot (1-\cos\alpha)$ langsam mit der Neigung α und erreicht erst bei steilen Zügen größere Werte.

e) *Neigungsfehler* i_0. Er zeigt sich beim Hängekompaß, wenn die Kompaßachse bei der Messung nicht waagerecht liegt. Dieser Fehler läßt sich durch Umhängen des Kompasses nachweisen und durch Mittelbildung der Ablesungen ausscheiden. Der Einfluß i des Neigungsfehlers auf die Streichwinkelmessung ist bei söhligen Zügen ebenfalls gleich Null. Er wächst nach der Formel $i = i_0 \cdot \sin\alpha$ mit der Neigung α, aber schneller als der Kollimationsfehler.

Kollimations- und Neigungsfehler sind bei neueren Kompassen meist sehr klein. Ein Verbiegen der Haken oder Bügel, das beim Gebrauch in der Grube eintreten kann, ruft einen Fehler hervor, der sich nicht nur als Orientierungsfehler, sondern in gleichem Ausmaße auch als Kollimationsfehler auswirkt.

124. Ausführung von einfachen Kompaßmessungen unter Tage mit dem Hängekompaß

Obwohl aus Gründen, die bereits in den vorstehenden Abschnitten näher ausgeführt wurden, Kompaßmessungen in der Grube, sofern sie zur Nachtragung der Grubenbaue verwendet werden sollen, im Oberbergamtsbezirk Dortmund durch Verfügung des OBA vom 19. 12. 1951 verboten und im rheinisch-westfälischen Bergbaubezirk durch Messungen mit dem Hängetheodolit ersetzt worden sind, so werden sie doch überall dort, wo die ablenkenden Einflüsse weniger stark auftreten, wegen ihrer einfachen Ausführung und günstigen Fehlerfortpflanzung bei der Aufnahme von Grubenräumen noch gern angewendet, besonders wenn sie an sichere Punkte der Polygonmessung an- und abgeschlossen werden können. Auch bei der Gebirgsschichtenaufnahme über und unter Tage, s. Abschn. 129, S. 265 u. f., sind sie oft nicht zu entbehren.

Bei diesen Messungen sind außer dem Beobachter noch zwei Meßgehilfen, die die Kette oder Schnur ausspannen, notwendig. Von einem bekannten Festpunkt ausgehend, spannt man die 20-m-Meßkette so aus, daß sie nirgendwo anliegt. Der Endpunkt der ersten Zugseite wird durch einen in den Stoßstempel gesteckten Pfriemen bezeichnet, über den man die Kette zieht. Der Beobachter geht dann an der Meßkette entlang, prüft den Freihang, ermittelt die vollen Meter der Zuglänge, mißt den Überschuß mit einem Zentimetermaß und trägt das Ergebnis als flache Länge in das Beobachtungsbuch ein. Nun wird der Hängekompaß an die Meßkette gehängt, und zwar so, daß 0^g der Teilung bzw. die Bezeichnung „Nord" auf dem Boden der Kompaßbüchse nach *vorn*, d. h. nach dem Endpunkt des Zuges, zeigt. Man kann das richtige Anhängen des Kompasses dadurch erleichtern, daß man das vordere Bügelende durch Auszacken oder weißen Lackanstrich besonders kenntlich macht. Die Aufhängestelle des Kompasses ist an sich beliebig, doch wird man sie so wählen, daß man von Eisen und sonstigen ablenkenden Ursachen möglichst weit entfernt bleibt. Ein Straffziehen der Kette ist für die Streichwinkelmessung nicht erforderlich, da alle in einer lotrechten Ebene gelegenen, geraden oder gekrümmten Linien dasselbe Streichen haben. Nach dem Anhängen des Kompasses löst man die Sperrvorrichtung und liest, nachdem die schwingende Magnetnadel zur Ruhe gekommen ist, an ihrer *Nordspitze* auf ganze und zehntel Grade ab. Für die richtige Schätzung der Zehntelgrade ist es vorteilhaft, wenn man auf schattenlose Beleuchtung der Nordspitze und Beobachtung in Richtung der Nadel achtet. Nach der Ablesung wird die Magnetnadel mittels der Sperrvorrichtung wieder von der Spitze abgehoben, der Kompaß von der Kette abgenommen und der Streichwinkel im Beobachtungsbuch verzeichnet. Bei söhligen oder annähernd söhligen Zügen ist damit die Messung einer Zugseite beendet, bei flachen Zügen müssen noch der Neigungswinkel mit dem Gradbogen an der *straff* gespannten Kette sowie meist auch der Abstand der Punkte von der Streckensohle bestimmt werden. Die beiden Meßgehilfen rücken nun um eine Zuglänge vor, d. h. der Hintermann hält den Anfang der Meßkette am bisherigen Endpunkt an, während der Vordermann meist am gegenüberliegenden Streckenstoß einen neuen Punkt wiederum durch Einstecken eines Pfriemens festlegt. Längen- und Winkelmessung werden nun in gleicher Weise wie bei der ersten Zugseite durchgeführt. Das Verfahren ist bis zum Ende der Strecke zu wiederholen. Am Endpunkt der letzten Zugseite wird für spätere Anschlüsse an Stelle des eingesteckten Pfriemens ein Ringeisen eingeschlagen, neben dem man eine Kompaßstufe mit Monat, Jahr und laufender Nummer als Punktbezeichnung, s. S. 18,

Beispiel einer
7. Febr. 1955, nachm. Zeche Glückauf, Schacht 2/3, 3. Sohle, Hauptquerschlag

Punkt	Nr. d. Zuges	Streichwinkel γ		Flache Länge F	Neigungswinkel α			Sohle $s = f \cdot \cos\alpha$	Seigerteufe $h = f \cdot \sin\alpha$		Höhe des Punktes bezogen auf N.N.	Abstand des Punktes von der Sohle
		g	c	m	±	g	c	m	±	m	± m	m
PM 68	1	309	40	5,89							− 226,00	2,00
				Aus PM 68 nach Norden								
	2	3	40	14,44								
	3	15	00	11,57								
				Aus Ende Zug 3. Grundstr. nach Osten								
	4	113	60	11,38								
	5	105	00	14,34								1,95
♂	6	112	40	12,50								
	7	96	20	7,45								1,10
♂ ²/₃₁¹				*Aus Ende Zug 5. Überhauen*								
♂	8	11	80	14,40	+	19	00	13,76	+	4,23	− 225,87	1,95
	9	1	20	13,36	+	26	00	12,26	+	5,30	− 221,64	1,10
	10	18	20	11,68	+	22	50	10,96	+	4,04	− 216,34	1,20
	11	399	60	11,34	+	17	00	10,94	+	2,99	− 212,30	1,25
	12	20	60	10,00	+	23	25	9,34	+	3,57	− 209,31	1,15
	13	399	20	10,45	+	24	75	9,67	+	3,96	− 205,74	1,10
	14	16	00	10,98	+	30	50	9,74	+	5,06	− 201,78	1,05
♂											− 196,72	1,95
				Aus Ende Zug 14. Teilstrecke nach Osten								
	15	106	40	15,50								
	16	121	20	9,10								
♂ ²/₃₁²												0,80
				Aus Ende Zug 14. Teilstrecke nach Westen								
	17	304	60	14,00								
♂ ²/₃₁³												1,05

Abb. 8, anbringt. Die Abstände des Ringeisens von der Sohle und vom Ortsstoß werden gemessen. Auch die Endpunkte einzelner Zwischenzüge, soweit sie an Streckenabzweigungen liegen, sind durch Ringeisen festzulegen, an denen weitere Kompaßzüge angeschlossen werden können.

Die in das Beobachtungsbuch gemachten Eintragungen werden durch Überschrift des Datums, des Ortes und des Zweckes der Messung, ferner durch Angaben über die benutzten Instrumente und die Nadelabweichung des Kompasses sowie durch eine Handzeichnung ergänzt. In die Handzeichnung sind die Lage der Punkte, die Zugnummern, die Streckenstöße und gegebenenfalls weitere Maße, die sich auf die Einmessung von Bauen oder Schichten beziehen, einzuschreiben. Es empfiehlt sich, auch stets die Nordrichtung einzutragen, da dann die ungefähren Werte der

Kompaß- und Bussolenmessung 259

Kompaßmessung
nach Norden, Fl. Hugo, Grundstrecke nach Osten und Überhauen zur Teilsohle

Höhe der Sohle bezogen auf N. N.		Punkt	Bemerkungen und Handzeichnung
±	m		
−	228,00	P.M. 68	Hängezeug Nr. 118 von Breithaupt. Nadelabweichung − 4,44^g
		⌀ 2/31^1	Sprung Str. 43^g, Einf. 74^g SO
−	227,82		
−	222,74		
−	217,54		
−	213,55		
−	210,46		
−	206,84		
−	202,83		
−	198,67		
		⌀ 2/31^2	Sprung Str. 43^g, Einf. 74^g SO
		⌀ 2/31^2	3,5 m bis Ortsstoß, bei 10,3 m Mitte Überh.

Streichwinkel gleich aus der Handzeichnung ersehen und mit den Ablesungen verglichen werden können.

Das vorstehende Meßbeispiel enthält auch die aus den gemessenen Längen und Neigungswinkeln errechneten Sohlen und Seigerteufen sowie die aus letzteren ermittelten Höhen der Punkte und der Sohle. Näheres hierüber ist unter „Gradbogenmessung", s. Abschnitt 86, S. 160 u. f., angegeben.

Bei Vorhandensein geringer Eisenmassen liefert die Kompaßmessung vielfach noch brauchbare Ergebnisse, da die Einwirkung auf die Magnetnadel sehr schnell abnimmt. Man kann daher häufig noch unbeeinflußte Stellen in etwas größerem Abstande von den störenden Ursachen aufsuchen. So wird z. B. der Einfluß der Förderbahngleise in Abbaustrecken

17*

schon in etwa 1 m Höhe, derjenige eines Förderwagens in etwa 2 m Abstand und der einer Druckluftleitung in etwa 0,5 m Entfernung unwirksam. Bei elektrischen Anlagen erzeugen selbst Gleichstromleitungen in eisengepanzerten Kabeln nur noch auf einige Meter merkbare Ablenkungen. Für den Eisenausbau ergibt sich, daß z. B. die Einwirkung von einer Tonne Eisen in 10 m Entfernung mit dem gewöhnlichen Kompaß nicht mehr nachweisbar ist.

125. Ausführung von Bussolenmessungen über Tage

Die Aufstellung der Bussole und das Einstellen der Zielpunkte erfolgen wie bei der Winkelmessung mit dem Theodolit, s. S. 61. Die Messung der Streichwinkel geschieht entweder auf jedem vermarkten Punkt des Bussolenzuges in beiden Richtungen der anschließenden Zugseiten, d. h. der Streichwinkel jeder Seite wird doppelt gemessen, s. Abb. 197 oder aber

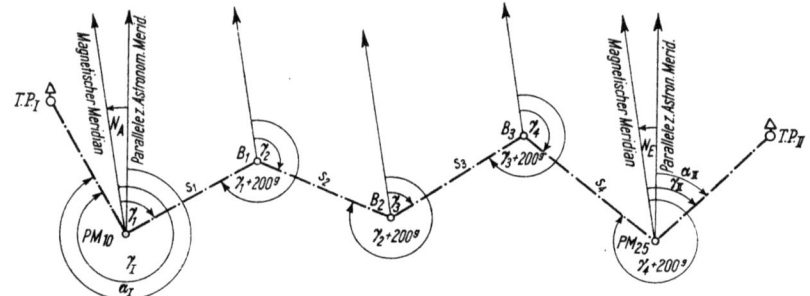

Abb. 197. Doppelt angeschlossener Bussolenzug mit Hin- und Hermessung der Streichwinkel jeder Zugseite

man überspringt jeden zweiten Standpunkt und mißt in „Springständen" den Streichwinkel jeder Seite nur einmal, s. Abb. 198. Nur dort, wo magnetisch störende Einflüsse vorhanden sind oder vermutet werden, wird

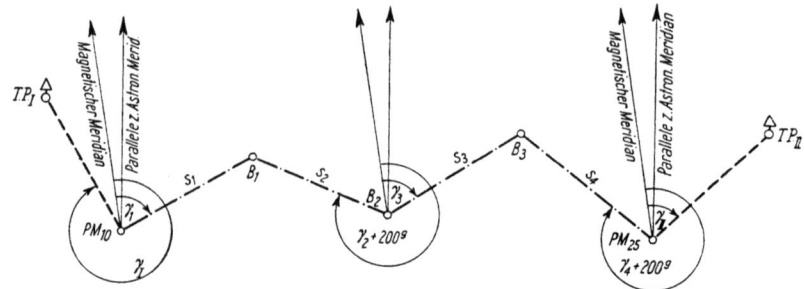

Abb. 198. Bussolenzug in Springständen

man die Streichwinkel der aneinanderstoßenden Zugseiten auf jedem Punkt messen und aus den unsicheren Streichwinkeln die fehlerfreien Brechungswinkel ableiten, da die Ablenkung der Magnetnadel beim Ablesen der Streichwinkel für beide Zugseiten als gleich groß angenommen werden kann.

Besteht die Möglichkeit, den Bussolenzug im Anfangs- und Endpunkt an eine bekannte Richtung an- und abzuschließen, wie es die Abb. 197 und 198 zeigen, so läßt sich aus den gemessenen Streichwinkeln γ und den bekannten Richtungswinkeln α der An- und Abschlußrichtung die Nadelabweichungen N_A und N_E im Anfangs- und Endpunkt des Bussolenzuges berechnen. Zieht man das Mittel aus den beiden N-Werten von jedem gemessenen Streichwinkel ab, so erhält man die Richtungswinkel der einzelnen Seiten des Bussolenzuges und kann hieraus und aus den ermittelten Längen, falls auch die Koordinaten der Anschlußpunkte bekannt sind, die Koordinaten jedes einzelnen Bussolenpunktes berechnen. In den meisten Fällen genügt aber eine einfache Zulage der gemessenen Streichwinkel und Längen.

Bei geneigten Zügen werden die Neigungswinkel mit dem Höhenkreis der Bussole genau wie beim Theodolit, s. Abschn. 43, S. 75 u. f., bestimmt. Die Messung der kurzen, im allgemeinen nicht über 20 m hinausgehenden Längen des Bussolenzuges erfolgt in der Regel nur einmal mit einem 20-m-Stahlband oder einem Rollmeßband, wenn nicht, wie bei Tachymeterbussolen, unter Zuhilfenahme einer in den Zielpunkten lotrecht aufgestellten, eingeteilten Latte eine mittelbare Längenbestimmung stattfindet, s. Abschn. 102, S. 199.

126. Ermittlung der Nadelabweichung an einer Orientierungslinie

Für die Auftragung einer Kompaßmessung auf den Riß ist die Kenntnis der Nadelabweichung des bei der Messung benutzten Kompasses notwendig, da nur durch Verwendung dieses Winkelwertes bei der Zulage der durch den Orientierungsfehler, s. S. 256, entstandene Fehler in der

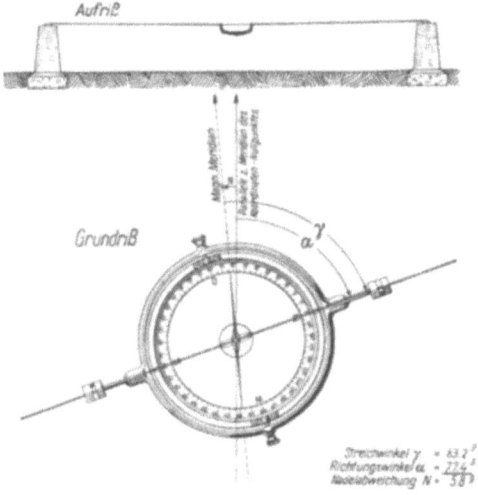

Abb. 199. Ermittlung der Nadelabweichung eines Hängekompasses an einer Orientierungslinie

Streichwinkelmessung ausgeschieden werden kann. Die Ermittlung dieser Nadelabweichung geschieht an einer festen, aus zwei Steinpfeilern bestehenden und mit eingelassenen Marken versehenen Linie, die früher

262   Magnetische Messungen

in fast jedem Grubenfeld vorhanden war, s. Abb. 199, S. 261. Man bezeichnet eine solche Linie allgemein als Orientierungslinie, wenn ihr Richtungswinkel im Anschluß an das Festpunktnetz der Polygon- oder Kleindreiecksmessung bestimmt und ihr Streichwinkel mit dem Hängekompaß an einer zwischen den Marken ausgespannten Kette oder Schnur gemessen werden kann. Für Magnetinstrumente mit einer Zielvorrichtung, z. B. für eine Bussole, s. Abschn. 122, Abs. 3, S. 254, genügt *ein* Pfeiler und ein Zielpunkt, z. B. der TP einer Kirchturmspitze.

Der Unterschied: Streichwinkel γ minus Richtungswinkel α einer solchen Orientierungslinie ergibt die Nadelabweichung N für das benutzte Instrument, s. Abb. 199.

Da der so ermittelte Wert der Nadelabweichung aber infolge der örtlichen und zeitlichen Änderungen der Magnetnadelrichtung nur für ein begrenztes Gebiet und für begrenzte Zeit gilt, so muß die Ermittlung der Nadelabweichung für die Zulage der Kompaßmessungen mindestens einmal im Jahr wiederholt werden. Dieser Wert kann alsdann für alle während des Jahres mit dem gleichen Kompaß innerhalb des Grubenfeldes ausgeführten Messungen eingesetzt werden, vorausgesetzt, daß größere magnetische Störungen während der Zeit der Messung nicht auftreten.

Bei Setzkompassen, an denen das Streichen der Gebirgsschichten gewöhnlich nur auf volle Grade ermittelt wird, kann die festgestellte Nadelabweichung für einige Jahre in einem Verwendungsbereich von etwa 30 km ostwestlicher Ausdehnung beibehalten werden.

127. Fehlerfortpflanzung in Kompaß- und Theodolitzügen

Die Fehler der Kompaß- und Bussolenzüge unter und über Tage setzen sich, ebenso wie die der Polygonmessung, aus Längen- und Winkelfehlern zusammen. Erstere rufen eine Parallelverschiebung, letztere eine Verschwenkung der einzelnen Zugseiten hervor. Beide zusammen bewirken eine Abweichung des Zugendpunktes von seiner wirklichen Lage.

Die Winkelbestimmung sowohl mit dem Hängekompaß als auch mit der Bussole ist erheblich ungenauer als diejenige mit dem Theodolit.

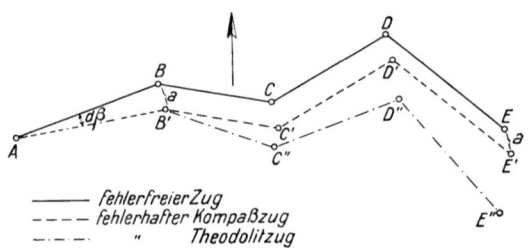

Abb. 200. Fehlerfortpflanzung in Kompaß- und Theodolitzügen

Trotzdem liefern die Kompaßzüge verhältnismäßig günstige Ergebnisse Es liegt das an der günstigen Fortpflanzung der Winkelfehler in den Kompaßzügen. In Abb. 200 ist für einen Kompaßzug und einen Theodolitzug angenommen worden, daß die Seiten A bis B infolge falscher Winkelmessung beidemal um denselben Betrag $d\beta$ verschwenkt sei. Dann wird der Endpunkt dieser Zugseite für Kompaß und Theodolitmessung statt nach B nach B' fallen, also eine Abweichung a aufweisen. Werden für den weiteren Verlauf beider Züge die Winkel und Längen als fehlerfrei angesehen, so bleibt die Abweichung a beim Kompaßzug bis zum Endpunkt in gleicher Größe bestehen, da keine Verschwenkung, sondern nur eine Parallelverschiebung des weiteren Zugteiles eintritt. Beim Theodolitzug wirkt sich dagegen der eine Winkelfehler in einer Verschwenkung des ganzen folgenden Zuges aus und die Abweichung der Punkte wächst mit der Länge des Zuges. Schon daraus folgt, daß die Winkel mit dem Theodolit viel genauer gemessen werden müssen als mit dem Kompaß. Hinzu kommt beim Vergleich der Theodolit- mit einer Bussolenmessung, daß auch die Zentrierfehler bei der Theodolitaufstellung ungünstig auf die Zugverschwenkung einwirken, während sie bei der Bussolenaufstellung fast unschädlich sind. Der Einfluß kleiner Winkelmeß- und Zentrierfehler läßt es beim Theodolitzug ratsam erscheinen, möglichst wenig Standpunkte, also lange Zugseiten zu wählen, um die Zahl der unvermeidlichen Fehler zu verringern. Beim Kompaßzug, bei dem die Ablesefehler an sich größer sind, sucht man dagegen den Einfluß derselben durch Wahl kürzerer Zugseiten herabzudrücken. Was hier für den Theodolitzug gesagt wurde, gilt für jeden Linienzug, bei dem die Richtungen der Zugseiten aus Brechungswinkelmessungen ermittelt werden. Es trifft also auch für diejenigen Kompaßmessungen zu, bei denen Brechungswinkel aus den Unterschieden zweier Streichwinkel abgeleitet werden.

VII. Geologische Aufnahmen unter Tage

Unter den *geologischen Aufnahmen* in der Grube versteht man allgemein die Vermessung und die Ermittlung der kennzeichnenden Merkmale aller in den aufgefahrenen Grubenbauen gemachten Aufschlüsse der Lagerstätte, der Nebengesteinsschichten und der Gebirgsstörungen. Die Ergebnisse dieser Aufnahmen bilden die Unterlage für die Darstellung der geologischen Verhältnisse im Grubenrißwerk.

128. Ermittlung der Lage und Erstreckung der Gebirgsschichten

Die *vermessungstechnische* Aufnahme bezweckt die Lagebestimmung der Schichten (Flöze und Nebengestein). Sie erfolgt möglichst im Anschluß an das untertägige Vermessungsnetz.

Die *geologische* Aufnahme bezieht sich vorwiegend auf den Verlauf der Gebirgsschichten, d. h. auf ihr Streichen und Einfallen sowie auf den Aufbau und die Zusammensetzung der Schichten, d. h. ihre Mächtigkeit und Beschaffenheit.

Als *Streichen* bezeichnet man den söhligen Verlauf der Schichten in einer bestimmten Himmelsrichtung, die durch die Größe des Streichwinkels gekennzeichnet ist. Unter dem *Streichwinkel* versteht man hier den Horizontalwinkel, der von der magnetischen Nordrichtung und einer

Streichlinie der Schicht gebildet wird. Die *Streichlinie* ist eine söhlige Linie in der Schichtfläche, welche die söhlige Erstreckung der Schicht wiedergibt, s. Abb. 201. Sie verläuft z. B. in einem Flöz parallel zum Hangenden oder Liegenden und in einer Gebirgsstörung parallel zu den Begrenzungsflächen der letzteren. In einer geneigten, völlig ebenen Schichtfläche haben alle Streichlinien die gleiche Richtung; sie unterscheiden sich nur durch die verschiedene Höhenlage. Die Streichlinien eines Flözes geben jede Änderung im söhligen Verlauf desselben wieder.

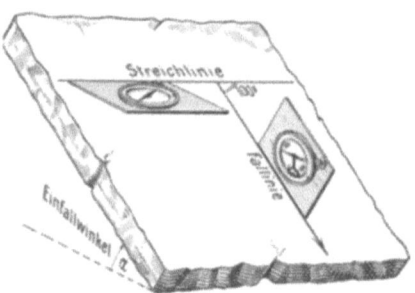

Abb. 201. Ermittlung des Streichens und Einfallens einer Schicht mit dem Setzkompaß

Als *Einfallen* bezeichnet man den geneigten Verlauf der Gebirgsschichten und Störungen nach der Teufe zu. Man unterscheidet Einfallstärke und Einfallrichtung. Unter der *Einfallstärke* versteht man den Vertikalwinkel, der von der Fallinie der Schicht und deren söhliger Projektion gebildet wird. Die *Fallinie* gibt die Richtung des stärksten Gefälles auf der Schichtfläche an, sie verläuft stets rechtwinklig zur Streichlinie, s. Abb. 201. Die *Einfallrichtung* wird im Grundriß durch einen kurzen Pfeil angegeben, der die Himmelsrichtung, nach der sich das Flöz oder die Störung nach unten erstreckt, angibt. Der Einfallwinkel zählt, an der söhligen Linie mit 0^g beginnend, nach unten oder oben bis 100^g.

Ist das Hangende oder Liegende einer Schicht freigelegt, so läßt sich die Ermittlung des Streichens und Einfallens am einfachsten mit einem

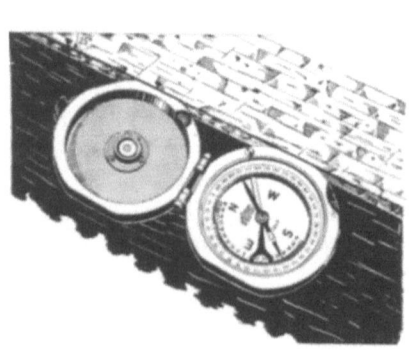

Abb. 202. Messung des Einfallens mit dem Setzkompaß von Breithaupt

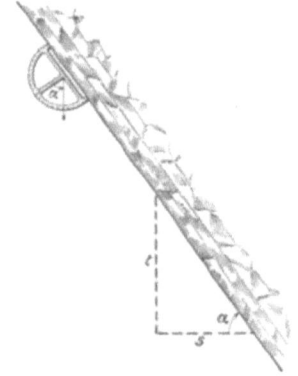

Abb. 203. Messung des Einfallens mit dem Gradbogen und Berechnung mit Hilfe eines Falldreiecks

Setzkompaß, s. Abschn. 122, Abs. 2, S. 251, vornehmen. Das Streichen der Schicht mißt man, indem man die rechteckige Platte, in die die

Kompaßbüchse eingefügt ist, oder die abgeflachte Aufsatzfläche der Kompaßbüchse mit seiner zur 0^g bis 200^g-Linie der Teilung parallelen Anschlagkante horizontal an eine Streichlinie der Schicht hält, wie es die Abb. 201 zeigt, die Sperrvorrichtung der Magnetnadel löst und an ihrer Nordspitze den Streichwinkel abliest.

Zwecks Ermittlung des Einfallwinkels hält man die gleiche Kante bei vertikaler Platten- bzw. Kompaßlage an eine Fallinie der Schicht und liest am Zeiger des starren Lotes die auf dem Boden der Kompaßbüchse angebrachte halbkreisförmige Gradteilung ab, s. Abb. 201 und 202.

Die Messung des Einfallwinkels mit dem Gradbogen erfolgt in der Weise, daß man die Aufhängehaken des Gradbogens in Richtung der Fallinie unter die freigelegte Schichtfläche hält und am Lotfaden abliest, s. Abb. 203. Da der Einfallwinkel zugleich der größte Neigungswinkel der Schicht ist, so läßt sich die Fallinie durch Hin- und Herbewegen des unteren Aufhängehakens und Ablesen der größten Gradzahl leicht feststellen.

Schließlich ist der Einfallwinkel bei freigelegten Schichtflächen auch ohne Gradbogen oder Setzkompaß durch Messung der söhligen und seigeren Kathete oder einer Kathete und der Hypotenuse des Falldreiecks, d. h. eines in der vertikalen Fallebene gelegenen rechtwinkligen Dreiecks, und auch durch trigonometrische Berechnung zu ermitteln, s. Abb. 203, doch ist dieses Verfahren ungenau.

129. Gebirgsschichtenaufnahme

Die *Lagebestimmung* der geologischen Flächen (Flöze, Nebengesteinsschichten, Störungsflächen) erfolgt mit Hilfe eines Meßbandes, das z. B. von einem Polygonpunkt aus in Streckenmitte oder an einem Streckenstoß auf der Sohle der Strecke ausgelegt wird, indem man die Schnittpunkte der Flächen mit dieser Aufnahmelinie einmißt, s. Abb. 206, S. 267.

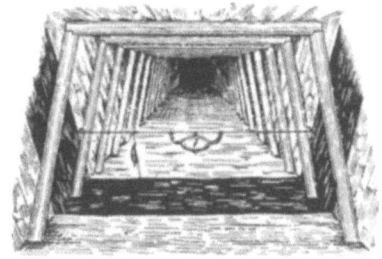

Bei ungefähr querschlägig durchfahrenen Gebirgsschichten bestimmt man das *Streichen* der Schichten mit dem Hängekompaß, den man an eine zwischen den Aufschlußpunkten an den beiden Streckenstößen söhlig ausgespannte Schnur hängt, s. Abb. 204 oben. Die söhlige Lage der Schnur, die hier eine Streichlinie der Schicht verkörpert, ist dabei roh durch Abmessen gleicher Abstände von der Streckensohle oder genauer durch Anhängen eines Gradbogens zu prüfen. Ferner ist darauf zu achten, daß beiderseits an der glei-

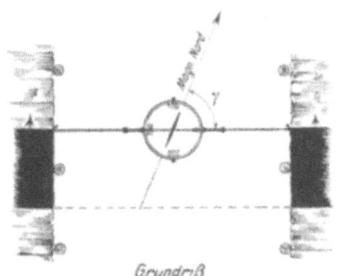

Abb. 204. Messung des Streichens und Einfallens eines querschlägig durchfahrenen Flözes mit dem Hängezeug

chen Grenzfläche der Schicht, d. h. entweder nur am Hangenden oder nur am Liegenden, angehalten wird, s. Abb. 204, S. 265 unten. Die Lage des Nullpunktes der Kompaßteilung ist dagegen beliebig, da sich durch rückwärtiges Verlängern der zugelegten Streichrichtung immer die richtige Erstreckung der Schicht ergibt.

Ist die Verwendung des Kompasses wegen zu starker Störeinflüsse nicht möglich, so kann man — wie die Abb. 205 zeigt — die Schnittpunkte der Grenzflächen in der Streckensohle mit *zwei* Aufnahmelinien einmessen, die man durch Auslegen je eines Meßbandes an den beiden Stößen herstellt. Nach Zulage der Meßergebnisse in einem Grundriß, in dem die aufzunehmende Strecke bereits kartiert sein muß, kann man sodann mit Hilfe einer Gradscheibe die Streichrichtungen, d. h. die Richtungswinkel der Streichlinien, unter Benutzung der Gitternetzlinien ermitteln.

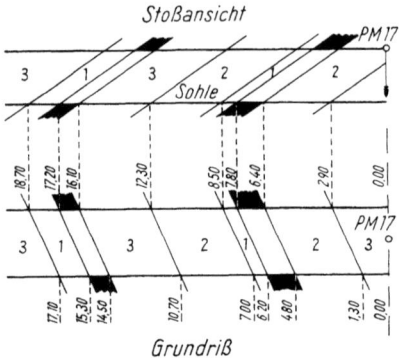

Abb. 205. Gebirgsschichtenaufnahme in einem Querschlag mit Hilfe zweier Aufnahmelinien.
1 Schieferton, *2* Sandschiefer, *3* Sandstein

Ist ein Stück des Hangenden oder Liegenden der Schicht freigelegt, so mißt man den *Einfallwinkel* nach einem der auf S. 265 angegebenen Verfahren. Anderenfalls kann er an einer zweiten Schnur, die rechtwinklig zu der oben erwähnten, söhlig ausgespannten Schnur von dieser zu der in der Sohle aufgeschlossenen Grenzfläche der Schicht gehalten wird, mit Hilfe des Gradbogens bestimmt werden, s. Abb. 204 oben.

Die *Mächtigkeit* der aufgeschlossenen Flöze bzw. Flözbänke und der Bergemittel wird stets in der gleichen Reihenfolge vom Hangenden zum Liegenden rechtwinklig zum Einfallen, d. h. ,,bankrecht", in Zentimeter gemessen. Sodann wird die *Beschaffenheit* der Nebengesteinsschichten, die im Ruhrkohlenbezirk vorwiegend aus Schieferton, Sandschiefer oder Sandstein bestehen, mit ihren petrographischen Einschlüssen bestimmt.

Die Ergebnisse der Gebirgsschichtenaufnahmen werden bei der Messung in Handzeichnungen eingetragen. Bei der späteren rißlichen Zulage ist, sofern der Kompaß benutzt wurde, die Nadelabweichung, s. Abschn. 126, S. 261, zu berücksichtigen.

Als Beispiel einer solchen geologischen Aufnahme ist in Abb. 206 ein kurzer Abschnitt eines in der Auffahrung begriffenen Querschlags wiedergegeben. Die Aufnahmelinie hat man hier im Anschluß an den Polygonpunkt 35 durch die Mitte des Querschlags gelegt und die Schnittpunkte der Schichtflächen mit einem auf der Sohle ausgezogenen Meßband eingemessen. Die Streichwinkel wurden mit dem Kompaß gemessen.

Bei *regelmäßiger* Ablagerung, d. h. wenn die Schichten des Nebengesteins das gleiche Streichen und Einfallen wie die durchfahrenen Flöze haben, genügt es in der Regel, das Streichen und Einfallen der Flöze zu bestimmen und die Grenzflächen der Nebengesteinsschichten nur an den Schittpunkten mit der Aufnahmelinie einzumessen. Dabei ist auch die Aufnahme und Aufzeichnung nur *eines* Streckenstoßes ausreichend.

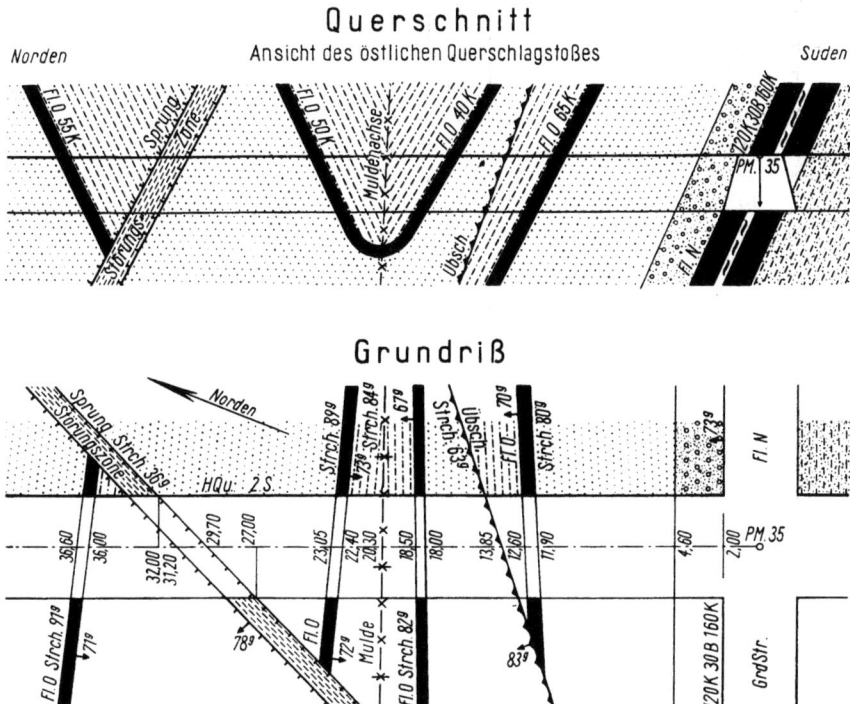

Abb. 206. Gebirgsschichtenaufnahme in einem Querschlag

Bei *unregelmäßigem* und gestörtem Verhalten der Schichten ist es jedoch besser, beide Stöße aufzunehmen und von jedem eine Ansicht zu zeichnen, um so ein richtiges Bild der Ablagerung zu erhalten. Auch in diesem Fall verlegt man die Aufnahmelinien an die Stöße, damit man die entsprechenden Schnittpunkte unmittelbar ablesen kann.

In Schächten und Blindschächten muß die Einmessung der Schichten in lotrechter Richtung von oben oder unten her vorgenommen werden. Auch hier geht man entweder nur von einer Mittellage der Aufnahmelinie aus oder man nimmt zwei gegenüberliegende Stöße, jeden für sich auf. Die Bestimmung des Streichens und des Einfallens der Schichten entspricht den bei söhliger Durchörterung behandelten Verfahren.

130. Stratigraphische Feinaufnahme der Gebirgsschichten

Während für die Darstellung der Gebirgsschichten in den verschiedenen Rißarten des Grubenbildes die vorstehend beschriebenen Aufnahmeverfahren im allgemeinen ausreichen, genügen sie nicht, wenn es sich darum handelt, die genaue Zusammensetzung der verschiedenartig ausgebildeten Flöze und des anschließenden Nebengesteins zu erfassen, um sie in den stratigraphischen sowie in den Grob- und Feinstrukturkarten des Flözarchivs in Form von Flöz- und Schichtenschnitten darzustellen, s. Abb. 311, S. 368. In solchen Fällen müssen die Aufnahmen nach den in den DIN 21941 [17] enthaltenen Anweisungen vorgenommen werden. Danach sind von jedem Flöz die Schlechten, die Aufgliederung der Bänke, die in etwa gleichartiger Zusammensetzung auf längere Erstreckung hin aushalten, und die typischen für die Flözgleichstellung in Betracht kommenden Schichten wie Streifen mit Kaolinkohlentonstein, Toneisenstein, Dolomitknollen, Schwefelkies, Harz, Fossilien usw. sowie der makropetrographische Streifenaufbau der Kohle zu bestim-

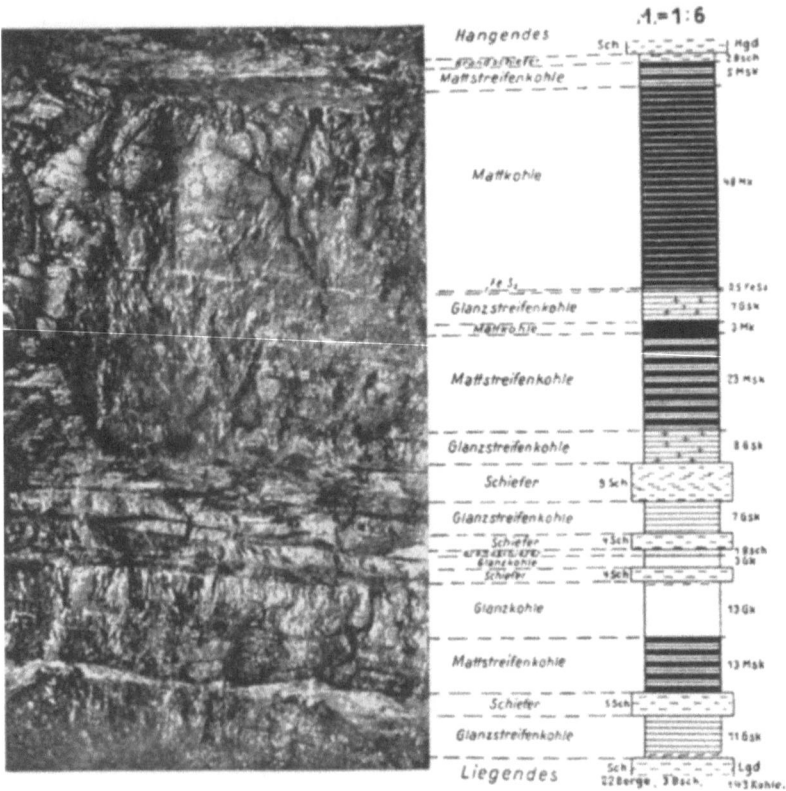

Abb. 207. Makropetrographischer Flözschnitt

men. Die Aufnahme der Flöze erfolgt in bestimmten Abständen an sorgfältig ausgesuchten ungestörten Aufschlußstellen in der Weise, daß man die sichtbaren Kohlestreifen besonders markiert und sodann mit einem Zentimetermaß einmißt. Man unterscheidet hierbei die verschiedene Ausbildung des Streifens als Glanzkohle (Glk), Mattkohle (Mk), Faserkohle (Fk), Streifenkohle (Strk), Kennelkohle (Kk), Boghead-Kohle

(Bk), Brandschiefer (Bsch) und unreine Kohle (unr. K.), s. Abb. 207. Die wichtigsten physikalischen, chemischen und technologischen Eigenschaften der anstehenden Kohle erhält man durch Untersuchung von Schlitzproben. Für die Ausführung der Proben sind in der erwähnten DIN 21 941 gleichfalls genaue Anweisungen gegeben.

131. Die Aufnahme von Schlechten und Klüften

Für die Hereingewinnung der Kohle ist auch der Verlauf der durch Druck und Dehnung in der Kohle und im Nebengestein entstandenen Trennflächen, die man in der Kohle als Schlechten und im Nebengestein als Klüfte bezeichnet, zum Abbaustoß von Bedeutung. Es empfiehlt sich daher, das Streichen und Einfallen dieser Spaltflächen *vor* dem Abbau

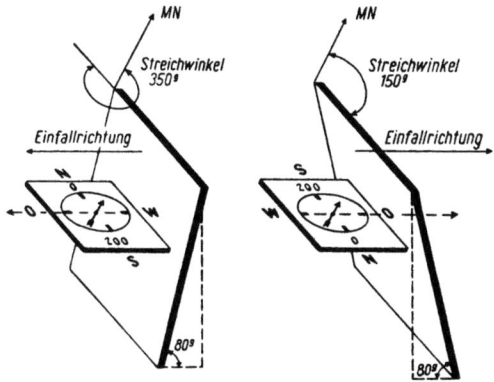

Abb. 208. Messung des Streichens von Schlechten und Klüften

des in Betracht kommenden Flözteiles durch einfache Messung mit einem Setzkompaß zu ermitteln und alsdann — wenigstens die meist gut erkennbaren Hauptschlechten — in die Betriebspunktrisse des Flözarchivs einzutragen. Bei der Ermittlung des Streichens der Schlechten ist zu beachten, daß die 0^g- bis 200^g-Linie der Kompaßteilung bzw. die hierzu parallel verlaufende Kante so an die Schlechtenfläche gehalten wird, daß die Verbindungslinie der auf dem Boden der Kompaßbüchse eingravierten Worte „West" und „Ost" stets horizontal in Richtung des Schlechteneinfallens zeigt, wie es die Abb. 208 wiedergibt. Die Durchführung der Messung wird zweckmäßig nach dem vom Ausschuß für Geologie des Steinkohlenbergbauvereins erarbeiteten „Richtlinien für die Aufnahmen von Trennfugen im Gebirgsverband" vorgenommen, s. hierzu F.-K. BRENTRUP und F. HEINE [9].

VIII. Absteckungen und Angaben

Unter Absteckungen und Angaben versteht man die Übertragung und Festlegung von Punkten oder Linien, die im Gelände und in der Grube die Ausführung von Neuanlagen ermöglichen sollen. Die Unterlagen für diese Übertragungen werden in der Regel aus Lage- und Höhenplänen, in denen die Neuanlagen im Entwurf eingezeichnet werden, entnommen. Vereinzelt ergeben sie sich auch gleich aus den bei der Aufnahme vorgefundenen örtlichen Verhältnissen.

Absteckungsarbeiten über Tage
132. Einfache Achsabsteckungen

Ist eine *geradlinige* Graben-, Wege- oder Bahnachse über Tage abzustecken, so werden zunächst Anfangs- und Endpunkt von vorhandenen Meßlinien oder Tagesgegenständen aus mittels Längenmessungen in das Gelände übertragen und durch Pfähle oder Rohre vermarkt. Weitere Zwischenpunkte, die meist aus kleinen Holzpfählen bestehen, wird man in runden Abständen von 10 bis 50 m und bei Gefällwechsel anbringen.

Bei mehrfach *gebrochenen* Mittelachsen werden, sofern nicht sämtliche Brechpunkte, z. B. im freien Felde, durch einfache Längenmessungen von bekannten Punkten aus festgelegt werden können, die aus einem Plan entnommenen Brechungswinkel mit einem Theodolit und die Seitenlängen mit dem Meßband ins Gelände übertragen. Zu diesem Zweck wird nach Anzielen des rückswärts gelegenen Achspunktes der Brechungswinkel zur Teilkreisablesung addiert, der so erhaltene Wert eingestellt und nun in ungefähr richtiger Entfernung ein Fluchtstab in die Zielachse eingewiesen. Nach genauer Längenermittlung ist dann der neue Punkt in der Achsrichtung entsprechend zu verlegen.

In diesem Zusammenhang sei auch die Absteckung von *Maschinenachsen*, z. B. einer Fördermaschine, erwähnt. Nachdem vor der Erstellung des Fördermaschinenhauses die Maschinenfundamente auf Grund eines Lageplanes durch Absetzen der darin angegebenen Maße abgesteckt worden sind, muß sodann im fertigen Gebäude vor der Montage der Maschine die genaue Richtung der Treibscheiben- oder Trommelachse der Fördermaschine angegeben werden. Für die meßtechnische Festlegung dieser Richtung, die von der Art der Fördermaschine und von der Anordnung der Seilscheiben abhängig ist, kann ein allgemein gültiges Verfahren nicht beschrieben werden, da in jedem Einzelfall die Messung den jeweils vorliegenden Verhältnissen angepaßt werden muß. Die Achsrichtung wird z. B. durch eine Schnur, die zwischen zwei in gegenüberliegenden Wänden des Maschinenraumes vermarkten Punkten gespannt wird, für die Montage der Achslager gekennzeichnet.

133. Kurvenabsteckungen

Bei *gebrochener* Linienführung erfolgt der Übergang von einer zur anderen Achsrichtung durch eine *Kreiskurve*, von der sowohl Anfangs- und Endpunkt als auch meist eine für die richtige Einhaltung der Krümmung genügende Anzahl von Zwischen- oder Kleinpunkten besonders abgesteckt werden müssen.

1. Absteckung durch Kreisbogenschlag. Bei kleinen Halbmessern von etwa 10 bis 30 m kann im freien Gelände der Kreisbogen oft mittels einer Meßkette oder eines Meßbandes unmittelbar geschlagen werden, wenn der Kreismittelpunkt festliegt. Diesen Punkt erhält man, indem man vom Anfangspunkt der Kreiskurve aus rechtwinklig zur bisherigen

Achsrichtung den gegebenen Halbmesser abträgt. Zwischenpunkte werden in runden Abständen auf der vorgerissenen Kreiskurve festgelegt.

2. *Absteckung der Hauptpunkte eines Kreisbogens von der Tangente aus.* Bei Kreiskurven mit *großen* Halbmessern ist es jedoch notwendig, die Lage ihrer Hauptpunkte zunächst zu berechnen und sie sodann im Gelände abzustecken. Zu diesem Zweck mißt man im Schnittpunkt der beiden Achsrichtungen, dem Tangentenschnittpunkt T, mit einem Theodolit den Winkel β, s. Abb. 209, und erhält damit aus der Beziehung $200^g - \beta$ den Außenwinkel α, der gleich dem Mittelpunktswinkel AME ist. Steht ein Winkelmeßinstrument nicht zur Verfügung, so kann der Winkel α auch mit Hilfe der zu messenden Längen a und d, wie es die Nebenzeichnung der Abb. 209, rechts oben zeigt, aus der Formel $\sin\frac{\alpha}{2} = \frac{d}{2a}$ ermittelt werden.

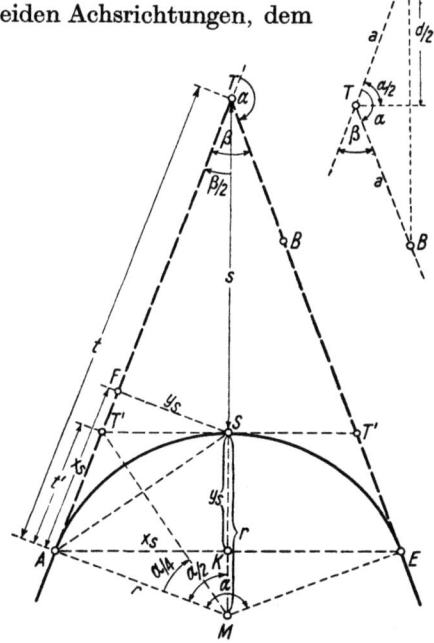

Mit dem Mittelpunktswinkel α bzw. seinen Unterteilungen $\alpha/2$ und $\alpha/4$ sowie mit dem aus einem Plan zu entnehmenden Halbmesser r werden nun die Bogenlänge, die Längen der Haupt- und Hilfstangenten, der Scheitelabstand und die Koordinaten des Scheitelpunktes S der Kreiskurve nach folgenden Formeln, die sich aus

Abb. 209. Absteckung der Hauptpunkte einer Kreiskurve von der Tangente aus

der Abb. 209 leicht ableiten lassen, berechnet. Es ist:

Haupttangente $\quad TA = TE = t = r \cdot \tan\frac{\alpha}{2}$;

Hilfstangente $\quad AT' = T'S = t' = r \cdot \tan\frac{\alpha}{4}$;

Scheitelabstand $\quad TS = s = TM - r$; $\quad TM = r \cdot \sec\frac{\alpha}{2} = \dfrac{r}{\cos\dfrac{\alpha}{2}}$

also $\qquad\qquad s = r \cdot \sec\dfrac{\alpha}{2} - r = \dfrac{r}{\cos\dfrac{\alpha}{2}} - r$

und hieraus $\qquad s = r \cdot \left(\sec\dfrac{\alpha}{2} - 1\right) = r\left(\dfrac{1}{\cos\dfrac{\alpha}{2}} - 1\right)$

Bogenlänge $\qquad ASE = b = r \cdot \dfrac{\alpha \cdot \pi}{200^g} = r \cdot \dfrac{\alpha}{\varrho}$; s. auch S. 32, unten.

Die rechtwinkligen Koordinaten des Scheitelpunktes S, bezogen auf den Anfangspunkt A der Kurve als Koordinaten-Nullpunkt und auf die Haupttangente AT als Abszissenachse, erhält man aus den Formeln:

$$x_s = AF = AK = \frac{AE}{2} = r \cdot \sin \frac{\alpha}{2};$$

und $\quad y_s = FS = SK = r - KM; \quad KM = r \cdot \cos \frac{\alpha}{2}$

demnach $\quad y_s = r - r \cdot \cos \frac{\alpha}{2}$

hieraus $\quad y_s = r \cdot \left(1 - \cos \frac{\alpha}{2}\right).$

Ist z. B. der Halbmesser $r = 200$ m und $\alpha = 154{,}20^g$, so ergeben sich aus den vorstehenden Formeln folgende Absteckungsmaße:

Haupttangente	$t = 200 \cdot 2{,}659$	$= 531{,}80$ m
Hilfstangente	$t' = 200 \cdot 0{,}6923$	$= 138{,}46$ m
Scheitelabstand	$s = 200 \cdot \left(\dfrac{1}{0{,}352} - 1\right)$	$= 368{,}18$ m
Scheitelpunktabszisse	$x_s = 200 \cdot 0{,}936$	$= 187{,}20$ m
Scheitelpunktordinate	$y_s = 200 \cdot (1 - 0{,}352)$	$= 129{,}60$ m
Bogenlänge	$b = 200 \cdot \dfrac{154{,}2^g \cdot 3{,}1416}{200^g}$	$= 484{,}43$ m.

Durch Absetzen des Haupttangentenmaßes t auf die beiden Achsrichtungen und des Scheitelabstandes s auf die Halbierende des Tangentenschnittpunktswinkel β erhält man Anfangs-, End- und Scheitelpunkt der Kreiskurve.

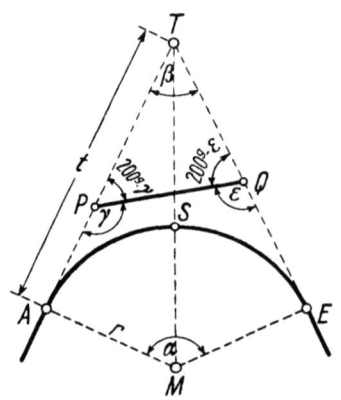

Abb. 210. Absteckung einer Kreiskurve, wenn Tangentenschnittpunkt unzugänglich

Die vorstehend formel- und zahlenmäßig angegebenen Absteckungswerte t, s, x_s, y_s und b eines abzusteckenden Kreisbogens lassen sich bequemer mit Hilfe von Kurventabellen berechnen [34 u. 70]. Aus diesen Tabellen können die natürlichen Zahlenwerte für $\tan \dfrac{\alpha}{2}$, $\sec \dfrac{\alpha}{2} - 1$, $1 - \cos \dfrac{\alpha}{2}$ und $\dfrac{\pi \cdot \alpha}{200^g}$ für jeden Mittelpunktswinkel α von 0^g bis 100^g in Abständen von je 4^c und für einen Halbmesser $r = 1$ entnommen werden. Ist $\alpha > 100^g$, dann berechnet man die obigen Absteckungswerte mit dem Tangentenschnittpunktswinkel β.

Wenn der Schnittpunkt der beiden Haupttangenten infolge eines Hindernisses (Gebäude, Wasser usw.) nicht zugänglich ist, was in der

Praxis häufig vorkommt, dann läßt sich die Absteckung und Berechnung der Kreiskurve wie folgt vornehmen, s. Abb. 210.

Man wählt auf den Haupttangenten in der Nähe des Scheitelpunktes S zwei Punkte, z. B. P und Q so aus, daß man die Winkel γ und ε sowie die Länge von P nach Q messen kann, dann ist im Dreieck PTQ:

$$\beta + (200^g - \gamma) + (200^g - \varepsilon) = 200^g,$$

also $\quad\quad\quad\quad \beta = \gamma + \varepsilon - 200^g.$

Sodann berechnet man mit $\dfrac{\beta}{2}$ die Längen der Haupttangenten $t = TA = TE$ nach der Formel

$$t = \frac{r}{\tan\dfrac{\beta}{2}}$$

und weiter die Längen PA und QE, um durch Abmessung dieser Längen von P und Q aus den Anfangs- und Endpunkt der Kurve zu erhalten.

Es ist: $\quad\quad\quad PA = TA - TP \quad$ und $\quad QE = TE - TQ.$

Im Dreieck PTQ: $\quad TP = PQ \cdot \dfrac{\sin\varepsilon}{\sin\beta} \quad$ und $\quad TQ = PQ \cdot \dfrac{\sin\gamma}{\sin\beta}.$

Kann die Länge von P nach Q nicht unmittelbar gemessen werden, so ist um das Hindernis herum ein Polygonzug von P nach Q zu legen und aus den berechneten Koordinaten der Polygonpunkte die Länge PQ zu berechnen.

3. *Absteckung von Kleinpunkten eines Kreisbogens nach rechtwinkligen Koordinaten von der Haupttangente aus.* Um den Verlauf eines längeren Kreisbogens genauer angeben zu können, sind weitere Klein- oder Zwischenpunkte einzuschalten. Die Berechnung und Absteckung dieser Zwischenpunkte kann auch ohne Kenntnis des Winkels α durchgeführt werden, wenn man für die Abszisse x einen runden Meterwert wählt, wie es die Abb. 211 zeigt. Man erhält sodann im rechtwinkligen Dreieck $A'Z_1M$:

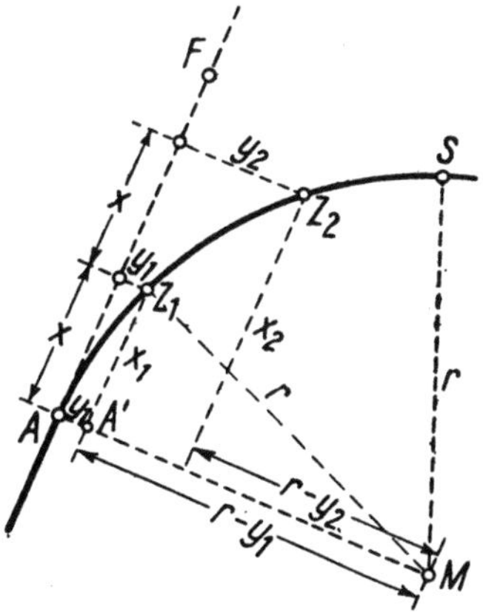

$$r^2 = x_1^2 + (r - y_1)^2$$
$$r^2 - x_1^2 = (r - y_1)^2$$
$$\sqrt{r^2 - x_1^2} = r - y_1$$
$$y_1 = r - \sqrt{r^2 - x_1^2}$$

oder $\quad\quad y_1 = r - \sqrt{(r + x_1) \cdot (r - x_1)}$

und $\quad\quad y_2 = r - \sqrt{(r + x_2) \cdot (r - x_2)}.$

Abb. 211. Absteckung von Kleinpunkten von der Tangente aus nach rechtwinkligen Koordinaten

Ist z. B. $r = 200$ m und $x_1 = 10$ m, dann ist

$$y_1 = 200 - \sqrt{200^2 - 10^2} = 0{,}250 \text{ m},$$
$$y_2 = 200 - \sqrt{200^2 - 20^2} = 1{,}003 \text{ m}.$$

Auch diese Ordinatenwerte y können für bestimmte Abszissen x und bestimmte Halbmesser r eines Kreisbogens aus den oben angegebenen Kurventabellen unmittelbar entnommen werden.

4. Absteckung von Punkten eines Kreisbogens nach dem Sehnenverfahren durch Polarkoordinaten. Wenn örtliche Hindernisse (starke Bebauung, enge Geländeeinschnitte usw.) vorliegen oder wenn es sich nach Fertigstellung des Unterbaues einer Eisenbahn lediglich um eine Nachprüfung bzw. Neuabsteckung der Gleisanlagen handelt, so ist eine Absteckung der Kreispunkte nach dem rechtwinkligen Koordinatenverfahren von der Tangente aus infolge Platzmangels meist nicht möglich. In solchen Fällen läßt sich die Absteckung der Bogenpunkte besser nach dem Sehnenverfahren durch Polarkoordinaten vornehmen.

Diesem Verfahren liegen die Winkelsätze am Kreis zugrunde, daß alle Umfangswinkel über gleichen Bögen bzw. Sehnen unter sich gleich und gleich den halben auf denselben Bögen stehenden Mittelpunktswinkel sind und weiter, daß der Winkel, den die Sehne in einem ihrer Endpunkte mit der Tangente an dem Kreis bildet (Sehnentangentenwinkel), gleich ist dem zugehörigen halben Mittelpunktswinkel.

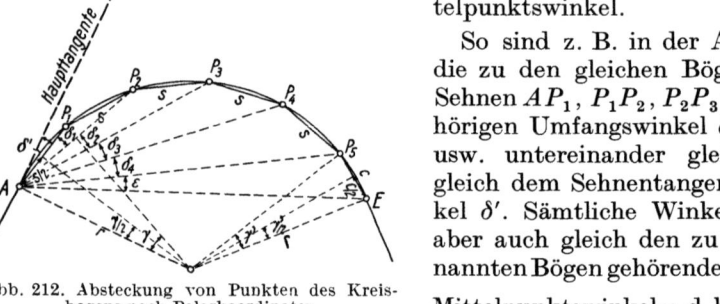

Abb. 212. Absteckung von Punkten des Kreisbogens nach Polarkoordinaten

So sind z. B. in der Abb. 212 die zu den gleichen Bögen bzw. Sehnen AP_1, P_1P_2, P_2P_3 usw. gehörigen Umfangswinkel δ_1, δ_2, δ_3 usw. untereinander gleich und gleich dem Sehnentangentenwinkel δ'. Sämtliche Winkel δ sind aber auch gleich den zu obengenannten Bögen gehörenden halben Mittelpunktswinkel γ, d. h. $\delta = \frac{\gamma}{2}$.

Bei bekanntem Halbmesser r und bekannter Sehnenlänge s berechnet sich der Mittelpunktswinkel $\gamma/2$ aus

$$\sin \frac{\gamma}{2} = \frac{s}{2 \cdot r}.$$

Die Absteckung der einzelnen Punkte des Kreisbogens erfolgt mit einem im Anfangspunkt A der Kurve aufgestellten Winkelmeßinstrument und einem Meßband, indem man von der Haupttangente, d. h. der Verlängerung der Achsrichtung aus, zunächst den Sehnentangentenwinkel δ' absetzt und auf der so erhaltenen neuen Richtung die Länge der Sehne s bis zum Zwischenpunkt P_1 abmißt. Sodann wird im Anschluß an δ' der Winkel δ_1 am Teilkreis eingestellt und in die Zielrichtung das durch einen Fluchtstab gekennzeichnete Ende der Sehne s von P_1 aus eingewiesen. Man erhält so den Punkt des Kreisbogens P_2. In dieser Weise werden sämtliche Punkte des bis zum Endpunkt E der Kurve übersehbaren Kreisbogens festgelegt. Zum Schluß wird noch ein mehr oder minder großer Restbogen übrigbleiben. Man kann zur Prüfung die noch verbleibende Sehne bis zum Endpunkt E messen, daraus den zugehörigen letzten Mittelpunktswinkel γ' berechnen und ihn mit dem von A aus gemessenen Umfangswinkel ε vergleichen.

Die Absetzung der Winkel δ läßt sich auch von einer Sehne, z. B. der Verbindungslinie AE, vornehmen.

In den oben angeführten Kurventabellen sind für die in der Praxis meist benutzten Halbmesser von 10 m bis 5000 m die Umfangswinkel δ angegeben, die zu *Bogenlängen* von 1 cm, 1 bis 9 dm, 1 bis 10 m und Vielfachen von 10 m gehören. Da bei der Absteckung jedoch *Sehnen*längen verwandt werden, so empfiehlt es sich, vorher die zum Bogen gehörige Sehne aus $2r \cdot \sin\delta$ zu berechnen.

5. *Absteckung von Punkten eines Kreisbogens nach Näherungsverfahren.* Bei einfachem Wege- und Feldbahnbau genügt in der Regel für die Absteckung aller Punkte des Kreisbogens ein Näherungsverfahren, wie z. B. das Viertelsverfahren oder die Absteckung mit einer Prismentrommel oder das Einrückverfahren. Letzteres wird besonders häufig in der Grube angewandt und ist im Abschnitt 142, Abs. 2, S. 294 u. f. näher beschrieben.

a) Das *Viertelsverfahren*, s. Abb. 213, besteht darin, daß man die Länge der Sehne AE zwischen dem bekannten Anfangs- und Endpunkt der Kreiskurve mißt, sodann halbiert, im Mittelpunkt F eine Rechtwinklige errichtet und darauf die Pfeilhöhe h_1 abträgt. Man erhält so den Scheitelpunkt S, von dem aus man die Längen bis zum Anfangs- bzw. Endpunkt der Kurve wieder mißt, halbiert in den Mittelpunkten F' und F'' Rechtwinklige errichtet und darauf den vierten Teil von h_1, also $h_2 = \dfrac{h_1}{4}$ abträgt.

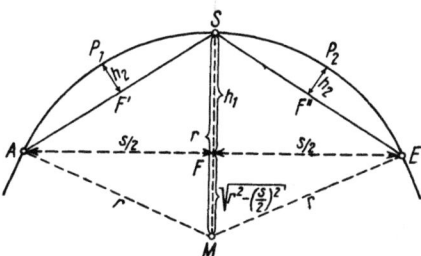

Abb. 213. Absteckung von Kurvenpunkten nach dem Viertelsverfahren

Auf diese Weise erhält man die Zwischenpunkte P_1 und P_2. Das Verfahren ist bei flachen langen Bögen noch ein- oder zweimal zu wiederholen, um weitere Kleinpunkte festzulegen. Als Pfeilhöhe ist stets der vierte Teil der zuletzt abgetragenen Höhe zu verwenden, d. h. also bei dreimaliger Wiederholung des Verfahrens $h_3 = \dfrac{h_1}{16}$, bei viermaliger $h_4 = \dfrac{h_1}{64}$ usw.

Die Berechnung der Pfeilhöhe h_1 erfolgt bei bekannten s und r nach der Formel
$$h_1 = r - \sqrt{r^2 - \left(\frac{s}{2}\right)^2}, \quad \text{wenn } \frac{s}{r} > 0{,}2 \text{ ist,}$$
oder
$$h_1 \approx \frac{s^2}{8r}, \quad \text{wenn } \frac{s}{r} < 0{,}2 \text{ ist.}$$

Sie kann für Halbmesser von 25 bis 1000 m und Sehnen von 5, 10 und 20 m genähert auch aus nachstehendem Diagramm entnommen werden.

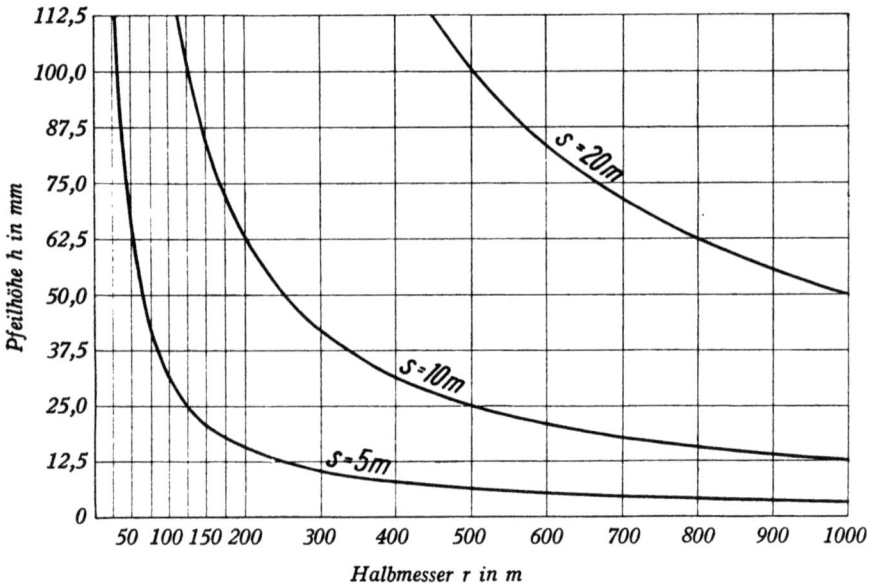

Abb. 214. Diagramm zur Entnahme der Pfeilhöhe h

b) *Absteckung mit einer Prismentrommel.* Um Flurschäden an bestellten Feldern beim Kurvenabstecken möglichst zu vermeiden, kann man bei gegebenem Anfangs- und Endpunkt auch gleich auf dem Kreisbogen selbst beliebig viele Zwischenpunkte mit einer DECHERschen Prismentrommel nach dem Sehnenverfahren aufsuchen. In einem zylindrischen, mit Kreisteilung versehenen Gehäuse der Prismentrommel sind zwei

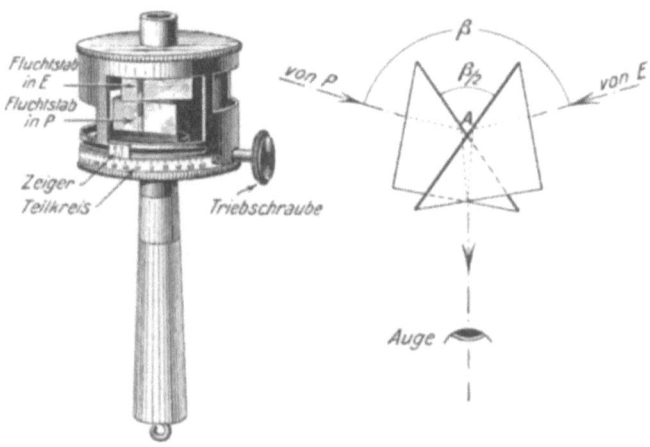

Abb. 215. Einrichtung und Strahlengang einer Prismentrommel

dreiseitige Winkelprismen untergebracht, von denen das eine fest, das andere drehbar angeordnet ist, s. Abb. 215. An einem mit dem drehbaren Prisma verbundenen Zeiger kann man bei Doppelgradbezifferung gleich den Winkel ablesen, der von den Strahlen nach 2 Punkten eingeschlossen wird, wenn die Bilder dieser Punkte in den beiden Prismen an der Kreuzungsstelle der Kathetenflächen übereinanderstehen. Man mißt auf diese Weise, z. B. im Punkt A, s. Abb. 216, mit der auf einem Stockstativ aufgeschraubten Prismentrommel den Winkel β zwischen der Tangente und der Sehne, indem man die in den Prismen erscheinenden Bilder von P und E durch Drehen des einen Prismas zur Deckung bringt. In dieser Stellung beläßt man die beiden Prismen und ermittelt nun in runden Abständen vom Anfangspunkt der Kurve weitere Punkte, auf denen sich jeweils die Bilder von A und E decken müssen. Alle diese Punkte liegen auf der gesuchten Kreiskurve.

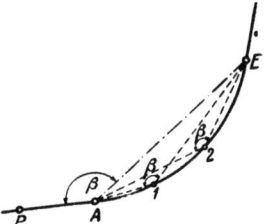

Abb. 216. Kurvenabsteckung mit der Prismentrommel nach Sehnenwinkel

c) *Pfeilhöhenmessung.* Zur raschen Nachprüfung der gleichmäßigen Krümmungen von bereits verlegten Gleisen eignet sich besonders der Pfeilhöhenmesser von der Fa. Wolz, Bonn.

134. Berechnung und Absteckung eines Übergangsbogens von mäßiger Länge

Beim Übergang von einer Geraden in eine Kreiskurve, deren Halbmesser < 2000 m ist, muß nach den amtlichen Vorschriften für Haupt- und Nebenbahnen, zu denen auch die Zechenanschlußbahnen gehören,

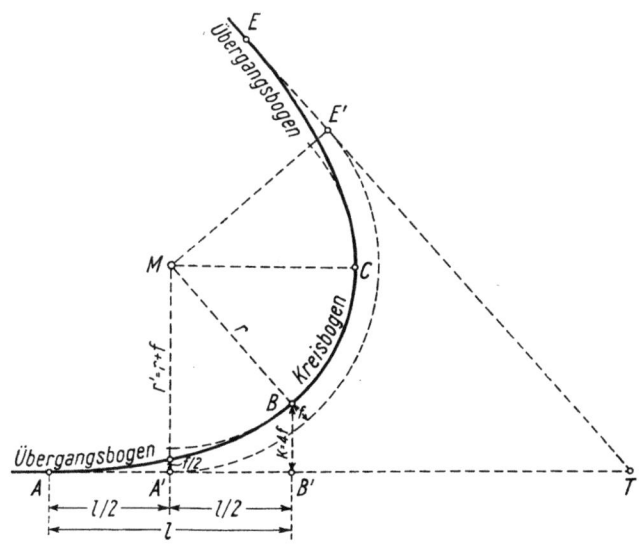

Abb. 217. Absteckung eines Übergangsbogens

zwischen der geraden Strecke und der Kreiskurve ein Übergangsbogen eingelegt und die äußere Gleisschiene entsprechend überhöht werden. Der Übergangsbogen hat annähernd die Form einer kubischen Parabel.

Man steckt zunächst den Punkt A' als Anfangspunkt einer gedachten Kreiskurve $A'E'$ mit dem Radius $r' = A'M$, s. Abb. 217, S. 277, so ab, wie es im Abschn. 133, Abs. 2, S. 271 u. f., beschrieben ist. Um den Übergangsbogen zwischen seinem Anfangspunkt A und seinem Endpunkt B einlegen zu können, muß der bei B beginnende wirkliche Kreisbogen BC den Radius $BM = r$ haben, der um ein bestimmtes Maß f kürzer als r' ist. Da der Übergangsbogen je etwa zur Hälfte vor und hinter dem Punkt A' liegen soll, trägt man auf der über A' hinaus verlängerten Tangente TA von A' aus das Maß $l/2$ nach vorwärts bis A und nach rückwärts bis B' ab. Sodann wird in B' eine Rechtwinklige errichtet und darauf das Maß $k = 4f$ bis zum Endpunkt B des Übergangsbogens AB abgemessen. Einen weiteren Punkt des Übergangsbogens erhält man in der Mitte des Bogens, indem man von A' aus das Maß $f/2$ rechtwinklig zur Tangente TA abträgt.

Die zweckmäßige Länge des Übergangsbogens $AB = L$ läßt sich bei bekanntem Halbmesser in runden Metern aus Tafeln entnehmen. Ihre Projektion auf die Tangente $AB' = l$ errechnet sich aus der Formel:

$$l = L - \frac{L}{10} \cdot \left(\frac{L}{2r}\right)^2.$$

Die Absteckmaße k und f erhält man, wenn man in der Koordinatengleichung der kubischen Parabel $y = \dfrac{x^3}{6 \cdot l \cdot r}$ für $y = k$ und für $x = l$ setzt. Es ist sodann

$$k = \frac{l^3}{6 \cdot l \cdot r} = \frac{l^2}{6 \cdot r} \qquad \text{und} \qquad f = \frac{k}{4} = \frac{l^2}{4 \cdot 6 \cdot r}.$$

Für weitere von der Tangente AB' nötigenfalls abzusteckende Zwischenpunkte des Übergangsbogens errechnen sich bei gleichbleibenden runden Abszissenlängen x die zugehörigen Ordinaten y nach:

$$y = \frac{x^3}{6 \cdot l \cdot r}.$$

Ist z. B. der Halbmesser der Kreiskurve $r = 200$ m, die gewählte Bogenlänge $L = 40$ m und die gleichbleibende Abszissenlänge $x_1 = 10$ m, dann ist $l = 29{,}96$ m; $k = 1{,}33$ m; $f = 0{,}33$ m und $y_1 = 0{,}021$ m.

Für Punkte, die auf der anschließenden Kreiskurve BC abgesteckt werden sollen, errechnen sich die Ordinaten y zu den wiederum runden Abszissenwerten x in ähnlicher Weise, wie im Abschn. 133, Abs. 3, S. 273, beschrieben, aus:

$$y = r + f - \sqrt{r^2 - \left(x - \frac{l}{2}\right)^2}$$

oder

$$y = r + f - \sqrt{\left(r - \frac{l}{2} + x\right)\left(r + \frac{l}{2} - x\right)}.$$

Die vorstehenden formelmäßig angegebenen Werte für l, f, x und y sind für die am häufigsten in der Praxis vorkommenden Fälle wieder leicht aus den auf S. 272 erwähnten Kurventabellen zu entnehmen.

Zwischen entgegengesetzten Krümmungen einer Bahnlinie sind Übergangsgeraden von 10 bis 30 m einzulegen. Angaben über die in allen Kreis- und Übergangsbögen notwendigen Überhöhungen und Spurerweiterungen sind im Abschn. 136, Abs. 4, S. 283, enthalten. Auf weitere im bergmännischen Vermessungswesen seltener vorkommende Absteckungsverfahren von Übergangsbögen wie z. B. auf die Absteckung von Klotoiden und Korbbögen, sowie auf das bei Gleisabsteckungen gern angewandte Evolventenverfahren nach NALENZ soll hier nicht eingegangen werden. Im Bedarfsfalle verweisen wir auf ,,Hütte", Band VB [34].

135. Abstecken von Querlinien

Soweit es sich bei Neuanlagen nicht lediglich um das Ausheben schmaler Gräben oder die Herstellung schmaler Anschüttungen handelt, sind an den Hauptpunkten der Längsachse des Wege- und Bahnbaues auch Querlinien abzustecken und aufzunehmen, um so die Form des Geländes auch in der Querrichtung z. B. die Geländeneigung feststellen und somit die nötigen Angaben für die Berechnung der Erdmassen und die Ausführung der Erdarbeiten machen zu können. Bei geradliniger Achse verlaufen diese Querlinien rechtwinklig zu dieser, in den Kurven dagegen radial, d. h. auf den Mittelpunkt M des Kreisbogen gerichtet. Das rechtwinklige Abstecken der Querlinien erfolgt mit einem Winkelprisma, s. Abschn. 32, S. 47. Bei den radialen Linien muß z. B. mit einer Prismentrommel der von zwei benachbarten gleichlangen Sehnen eingeschlossene Winkel halbiert werden, da ein unmittelbares Anvisieren des Kurvenmittelpunktes meist nicht möglich ist. Die Höhen der in den Querlinien verpflockten Geländepunkte sind von der Längsachse aus mit einem Staffelzeug zu bestimmen oder besser einzunivellieren, s. Abschn. 94, Abs. 2, Abb. 144, S. 186.

136. Vorarbeiten für Anschlußbahnen. Trassierungen

Man unterscheidet Schmalspurbahnen mit Spurweiten von 50 bis 75 cm, Kleinbahnen mit Spurweiten von 75 bis 100 cm und Anschlußbahnen mit der für staatliche Eisenbahnen üblichen Normalspurbreite von 143,5 cm. Während mit dem Bau von Schmalspur- und Kleinbahnen im allgemeinen nur wenig Vorbereitungen verbunden sind, da der Unterbau dieser Bahnen möglichst der natürlichen Bodenform angepaßt wird und daher nur geringe Erdarbeiten erforderlich macht, so bedarf die Anlage von Anschlußbahnen fast immer umfangreicher zeichnerischer, rechnerischer und vermessungstechnischer Vorarbeiten.

1. Anfertigung von Längen- und Querschnitten der Bahnlinie. Man beginnt mit der Einzeichnung der geplanten Linienführung (Trasse) in vorhandene oder neu herzustellende und mit Höhenlinien zu versehende Pläne, s. Abb. 218, oben. Erst dann folgt die Übertragung der Leitlinie (Bahnachse), die sich aus Geraden, Kreiskurven und Übergangsbögen zusammensetzt, in das Gelände. Die hierfür auszuführenden Absteckungsarbeiten sind in den vorausgegangenen Abschnitten 132 bis 135 näher

280   Absteckungen und Angaben

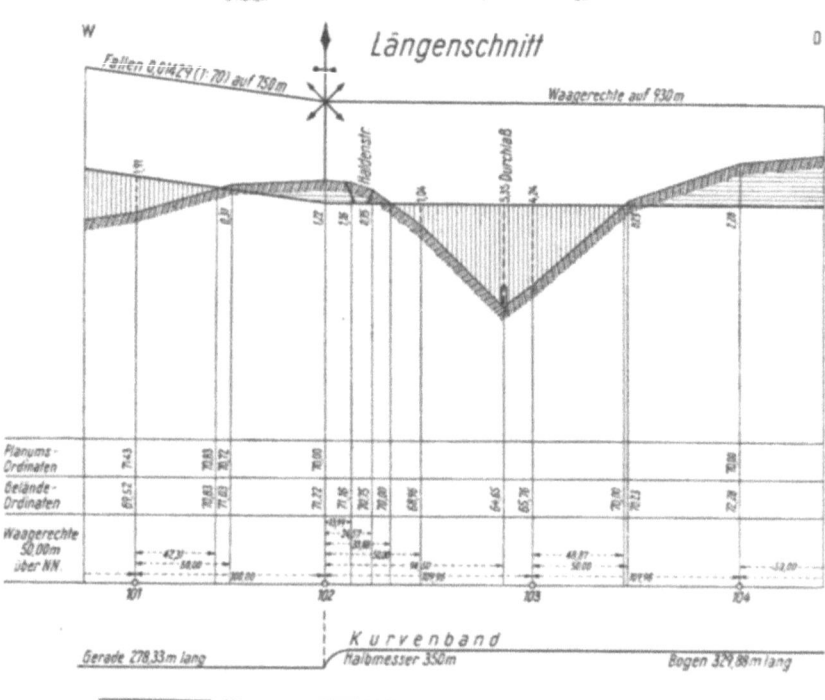

Abb. 218. Ausschnitte aus Grundriß und Längenschnitt einer Anschlußbahn

beschrieben. Nach Verpflockung der ganzen Bahnachse in regelmäßigen Abständen von etwa 20 m, den sogenannten Stationen, werden die Höhen aller Punkte der Leitlinie durch ein Längennivellement, s. Abschn. 94, Abs. 2, S. 184 u. f. ermittelt. Aus den Nivellementsergebnissen konstruiert man in Verbindung mit den jeweils erforderlichen Längenmessungen und Lageaufnahmen einen Längenschnitt der Bahnachse, s. Abb. 218, unten, und weitere Querschnitte durch Stationspunkte, sogenannte Querlinienschnitte, s. Abb. 219.

In den Längenschnitt trägt man sodann die zulässigen Steigungsverhältnisse des geplanten Unterbaues der Bahn so ein, daß sich die abzutragenden Erdmassen in den Einschnitten mit den aufzutragenden Erdmassen der Dammschüttungen möglichst ausgleichen. In den Querlinienschnitten werden die Schnitt-

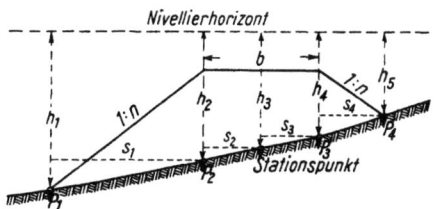

Abb. 219. Schema für die Berechnung eines Dammes in einem Querlinienschnitt der Bahnachse

zeichnungen der Dämme und Einschnitte mit allen für die Herstellung und Berechnung notwendigen Maßzahlen eingetragen, wobei die Höhen bzw. die Tiefen des Auf- und Abtrages aus dem Längenschnitt zu übertragen sind. Die bei Einschnitten und Dämmen herzustellenden Böschungen sind in festen Böden (Lehm, Ton, Mergel) mit 1½facher Neigung (Anlage), in losen Böden (Sanden, Kies, usw.) mit Neigungen 1:2 und mehr anzulegen. In den Einschnitten ist auf jeder Seite ein genügend großer Entwässerungsgraben vorzusehen.

In den Längenschnitten werden die Höhen in der Regel im zehnfachen Maßstab der Längen, d. h. zehnfach überhöht, dargestellt. Ferner sind sämtliche Kunstbauten wie z. B. Durchlässe für Gewässer, kleine Brücken, Wege usw. einzuzeichnen, wie es die Abb. 218, unten, im einzelnen wiedergibt.

2. *Erdmassenberechnung.* Nach Fertigstellung der Längen- und Querschnitte berechnet man den *Rauminhalt* der auf- und abzutragenden Erdmassen abschnittsweise zwischen den einzelnen Querschnitten und zählt die Ergebnisse, getrennt nach Auf- und Abtrag, zusammen. Der Flächeninhalt der Querschnitte ist fast immer aus einfachen geometrischen Figuren zu ermitteln. Der Rauminhalt J zwischen zwei ungefähr parallel zueinander verlaufenden Querschnitten ergibt sich angenähert aus dem arithmetischen Mittel der beiden Querschnittsflächen multipliziert mit ihrer Entfernung.

An den Schnittpunkten der im Längenschnitt eingezeichneten Steigungslinie der Bahn mit der Oberfläche des Geländes findet ein Übergang von Auftrag in Abtrag, oder umgekehrt statt. Man muß auch durch diese Punkte Querschnitte legen, deren Flächen bei ebenem Gelände gleich Null sind.

Im allgemeinen genügt für die Ermittlung der Flächeninhalte der Dämme und Einschnitte in nahezu ebenem Gelände auch die Benutzung eines Flächenmaßstabes, in den die Querschnittsflächen als Funktion der Dammhöhe h und der Einschnittstiefe t eingezeichnet werden, s. Abb. 221.

Der Flächeninhalt eines Dammes F_d und der eines Einschnittes F_e im waagerechten Gelände errechnet sich, wie aus der Abb. 220 hervorgeht, aus
$$F_d = b \cdot h + m \cdot h^2$$
und
$$F_e = b_1 \cdot t + m \cdot t^2 + 2g.$$

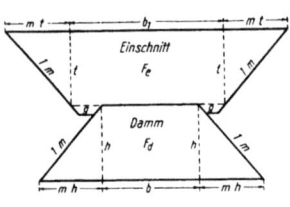

Abb. 220. Flächeninhaltsermittlung von Damm, Einschnitt und Graben im waagerechten Gelände

In beiden Formeln bedeuten:

b die Breite der Dammkrone = 7,5 m

b_1 die Breite der Einschnittsohle, einschl. der beiden Gräben, hier = 7,5 + 4,8 = 12,3 m

m die Zahl des Böschungsverhältnisses $1:m$, hier ist m zu 1,5 angenommen

g den Flächeninhalt eines Grabens, hier = $0,6 \cdot 0,6 + 0,9 \cdot 0,6 = 0,9^2$, s. Abb. 220, unten.

Aus den vorstehenden angegebenen Maßen ist der nachstehende Flächenmaßstab konstruiert worden.

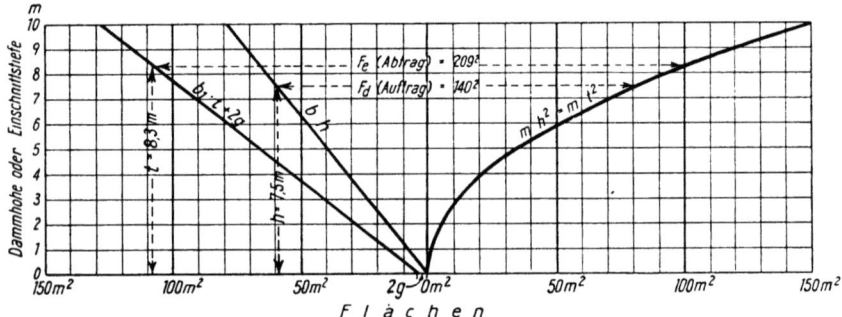

Abb. 221. Flächenmaßstab für waagerechtes Gelände nach GRÖNING

Ist z. B. die Höhe h des Dammes = 7,5 m und die Tiefe t des Einschnittes = 8,3 m, so ergibt die Berechnung der entsprechenden Flächeninhalte nach den obigen Formeln für $F_d = 140{,}63$ m² und für $F_e = 208{,}72$ m², während man aus dem Flächenmaßstab die runden Werte für F_d (Auftrag) = 140 m² und für F_e (Abtrag) = 209 m² ohne weiteres entnehmen kann, wie die Abb. 221 zeigt.

Für genauere Inhaltsberechnungen benutzt man die SIMPSONsche Formel
$$J = \frac{h}{6} \cdot (F_1 + 4F_2 + F_3).$$

Hierin bedeuten F_1, F_2 und F_3 drei benachbarte Querschnitte gleichen Abstandes und h die söhlige Entfernung zwischen den Querschnitten F_1 und F_3. Bei sehr unregelmäßigen Querschnitten ist es zweckmäßig, die Flächen auszuplanimetrieren, s. Abschn. 79, S. 146 u. f.

3. *Angaben für die Ausführung des Unterbaus.* In den Querlinien bezeichnet man die seitlichen Begrenzungen des Unterbaus durch Pfähle, die z. B. bei Einschnitten und Dämmen die Lage der Böschungskanten angeben. An den Pfählen in der Leitlinie und den Querlinien werden vielfach die Anschüttungs- und Abtragungsmaße angeschrieben. Für niedrige Aufschüttungen läßt man Lehrprofile aus dem Anschüttungsmaterial oder aus Pfählen und Latten herstellen. Höhere Aufschüttungen können durch einzelne lange Achspfähle mit Querlatten, die mit der zukünftigen Dammkrone abschneiden, und durch Böschungsanschnitte bezeichnet werden, s. Abb. 222.

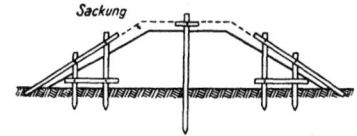

Abb. 222. Achspfahl und Lattengerüste für eine Dammanschüttung

Auf die zu erwartende Sackung des aufgeschütteten Bodens ist Rücksicht zu nehmen. Für Einschnitte lassen sich oft den endgültigen Verhältnissen entsprechende schmale Quergräben ausheben.

4. *Angaben für den Oberbau.* Nach Herstellung des Bahnkörpers (Unterbaus) ist zwecks Ausführung des Oberbaus, bestehend aus einer etwa 15 bis 30 cm starken Schotterbettung sowie den Schwellen und Schienen, die Mittellinie der Gleisachse nochmals mit allen Einzelheiten wie z. B. Weichen, Gleiskreuzungen usw. abzustecken und wieder durch Pfähle zu bezeichnen. Für Weichen sind Anfang und Ende sowie der Weichenmittelpunkt unter Angabe des abzweigenden Gleises und der Weichenneigung, wie es die Abb. 223 zeigt, festzulegen. Die Absteckungsmaße für die verschiedenen Weichenformen sind aus Tabellen

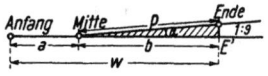

Abb. 223. Absteckung einer Regelweiche 1:9 (Linienbild)

oder Sonderzeichnungen zu entnehmen. Bei den Vorarbeiten, insbesondere bei der Ausführung des Unter- und Oberbaus von Anschlußbahnen, auf deren Gleisen später Fahrzeuge der staatlichen Hauptbahnen verkehren sollen, müssen die behördlichen Bauvorschriften, s. z. B. „Hütte", Band VB [34], beachtet und eingehalten werden. Es sollen daher hier nur einige wenige allgemeine Angaben gemacht werden.

Der kleinste *Krümmungshalbmesser* in den Gleisen, der mit einer Höchstgeschwindigkeit von 20 km/Std. durchfahren werden darf, beträgt z. B. bei Anschlußbahnen 120 m.

Die stärkste *Neigung* der Streckengleise soll in der Regel 1:40 (2,5%) nicht überschreiten. In Aufstellungsgleisen darf das Neigungsverhältnis nicht mehr als 1:400 (0,25%) betragen. Die Neigungswechsel sind nach einem Halbmesser von $\geq$ 1000 m auszurunden.

Die *Überhöhung* h in den Kurven der durchgehenden Gleise errechnet sich nach der Formel

$$h = 8 \cdot \frac{v^2}{r},$$

in der v die größte vorkommende Fahrgeschwindigkeit in km/Std. und r den Kurvenhalbmesser bedeuten.

Beträgt z. B. $v = 40$ km/Std. und $r = 200$ m, dann ist $h = 8 \cdot \frac{1600}{200}$ = 48 mm, bis zu welchem Betrag die äußere Gleisschiene gleichmäßig ansteigend überhöht werden muß. Die Länge dieses Ansteigens, d. h. die Länge der *Überhöhungsrampe*, die eine Neigung von 1:100 haben soll, berechnet man aus der Überhöhung $h = 48$ mm mal der Neigung, die hier bei einer Fahrgeschwindigkeit von $v = 40$ km/Std. 1:400 groß ist, also zu $48 \cdot 400 = 19200$ mm = 19,20 m.

Die *Spurenerweiterung* des Gleises beträgt bei einem Kurvenhalbmesser von 300 bis 250 m etwa 5 mm, von 250 bis 180 m etwa 10 mm. In der geraden Strecke sind Verengungen bis zu 3 mm und Erweiterungen bis zu 10 mm zulässig.

Der Abstand zweier Gleise von Mitte zu Mitte soll mindestens 3,50 m betragen.

Angaben unter Tage
beim Auffahren von Grubenbauen nach Richtung und Höhe

Für die geradlinige Auffahrung der Querschläge, Richtstrecken, Bandstrecken, Aufhauen und ähnlicher Grubenbaue müssen außer den Ansatzpunkten die Richtungen und Längen der Mittellinien, sowie für die richtige Lage der Förderbahnen in diesen Strecken auch die Höhen- und Ansteigeverhältnisse angegeben werden. Hier sei besonders auf die vorteilhafte Verwendung von Vermessungskreiselgeräten hingewiesen, s. S. 238 u. f.

137. Richtungsangaben mit einfachen Winkelmeßinstrumenten — Stundenhängen

1. Stundenhängen mit dem Hängekompaß

Man bezeichnet diese Verfahren der betrieblichen Richtungsangaben nach der früheren Einteilung des Kompaßkreises in ,,Stunden" auch heute noch allgemein als ,,Stundenhängen" und dementsprechend die Richtung selbst als ,,Stunde" bzw. die die Richtung angebenden Festpunkte und Lote als ,,Stundenpunkte" und ,,Stundenlote".

Ist in Abb. 224 vom Punkt A aus ein Überhauen im Flöz parallel zum Querschlag von der Grund- zur Teilstrecke aufzuhauen, so wird zunächst die Mittellinie dieses Überhauens mit Bleistift in den Abbaugrundriß des Grubenbildes eingetragen und eine Parallele zur Nordrichtung durch A gezogen. Damit sind die Unterlagen für die Auffahrung, d. h. Ansatz- und Endpunkt sowie die Richtung, in der Zeichnung festgelegt und aus dieser zu entnehmen. Man greift zu diesem Zweck zunächst die Lage des Ansatzpunktes A gegen einen in der Grube vorhandenen Festpunkt oder gegen einen bereits aufgetragenen Grubenbau, z. B. eine Streckenkreuzung, Stapelecke usw., und ferner auch die söhlige Entfernung A bis E ab. Alsdann wird unter Berücksichtigung der Nadelabweichung des Meßkompasses, s. S. 261 u. f., mit einer Gradscheibe der Streichwinkel γ der Mittellinie A bis E des Überhauens abgenommen, s. S. 323. Um die wirkliche flache Länge des Aufhauens zu erhalten, muß die im Grundriß abgegriffene söhlige Länge A bis E durch den Kosinus des Einfallwinkels geteilt werden.

In der Grube mißt man von dem vorhandenen Festpunkt oder Grubenbau aus mit einem Meßband oder einer Meßkette die auf dem Riß ermittelte Entfernung zum Ansatzpunkt des Überhauens ab und läßt an dieser Stelle erst einige Meter in der ungefähr verlangten Richtung aufhauen. Nach Vermarkung des Ansatzpunktes A durch ein Ringeisen in einer Kappe des Ausbaus oder besser in einem besonders anzubringenden Firstpflock bindet man eine Schnur daran und hält das vordere Ende der durchhängenden Schnur in zwei bis drei Meter Abstand vom Anfangspunkt A unter die First des Einbruches, etwa bei B. Man läßt hierbei die Schnur

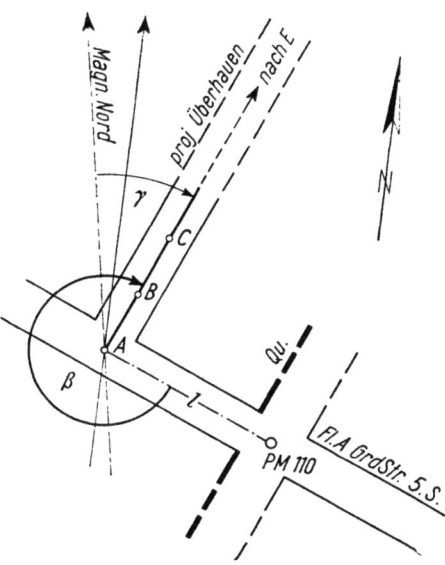

Abb. 224. Ermittlung des Ansatzpunktes und der Richtung eines Überhauens

soweit durchhängen, daß man, nach vorhergehender Entfernung aller in der Nähe befindlichen Eisen- und Stahlteile — im wesentlichen des Gezähes — einen Kompaß daran aufhängen und gut ablesen kann. Dabei ist zu beachten, daß der Nullgradstrich der Kompaßeinteilung, vom Ansatzpunkt A aus gesehen, zum Anhaltepunkt bei B zeigt. Nach Lösen der Sperrvorrichtung der Magnetnadel liest man den Streichwinkel der Schnur an der Nordspitze der Nadel ab. Wenn dieser Winkel *kleiner* ist als der vorher auf dem Riß ermittelte, so muß man das Ende der Schnur — immer vom Ansatzpunkt A aus gesehen — nach *rechts*, falls der Winkel *größer* ist, nach *links* so weit seitwärts verschieben, bis man den richtigen Streichwinkel des Überhauens abliest. Sodann vermarkt man den so gefundenen Punkt B ebenfalls durch ein Ringeisen, bindet daran die Schnur und prüft durch nochmaliges Ablesen des Kompasses, ob sich der richtige Streichwinkel ergibt. Kleine Abweichungen davon z. B. von wenigen Zehntelgraden lassen sich auch jetzt noch durch leichtes Seitwärtsschlagen des Ringeisens im Punkt B berichtigen. Nach Einhängen der Stundenlote in die beiden Ringeisen gibt die Vertikalebene durch die Lotschnüre die Richtung an, in der das Überhauen aufzufahren ist.

Um jederzeit eine Nachprüfung der richtigen Lage der beiden Stundenpunkte A und B vornehmen zu können, ist die Anbringung eines in Richtung der Auffahrung wieder einige Meter von B entfernten dritten Stundenpunktes C notwendig, s. hierzu auch Abschn. 139, S. 287. Die Festlegung von C kann jedoch auch ohne Kompaß lediglich durch Einweisen mit dem bloßen Auge erfolgen.

2. *Stundenhängen mit einem Nachtragetheodolit*

Ist die Ausschaltung der auf die Magnetnadel des Kompasses einwirkenden ablenkenden Einflüsse nicht möglich, so muß der Kompaß durch einen Nachtragetheodolit, s. Abschn. 38, S. 57, ersetzt werden. In diesem Fall, der im rheinisch-westfälischen Steinkohlenbezirk die Regel bildet, ist statt des Streichwinkels γ der gleichfalls vorher vom Riß abzunehmende Brechungswinkel β als sogenannter „Abgabewinkel", d. h. in der Abb. 224, S. 285 der Winkel PM 110-A-E, im Ansatzpunkt A durch Messung, wie sie im Abschn. 138, letzter Absatz, beschrieben ist, in die Grube zu übertragen. Die Stundenpunkte B und C erhält man, indem man den Vertikalstrich des Theodolit-Strichkreuzes mit den bei B und C unter die First des Überhauens gehaltenen Stundenloten zur Deckung bringt und die so gefundenen Punkte vermarkt, wie im 1. Absatz beschrieben.

138. Richtungsangaben mit einem Feinmeßtheodolit — Durchschlagsangaben

Bei längeren Gesteinsstrecken, bei Gegenortsbetrieben, bei Schacht- und Blindschachtunterfahrungen, d. h. bei allen Vortriebsarbeiten, die ein genaues Auskommen im Durchschlagspunkt erfordern, muß die Richtungsangabe mit einem Feinmeßtheodolit ausgeführt werden.

Im folgenden soll der in Abb. 225 dargestellte einfache Fall, daß ein Querschlag zwischen den Punkten P und Q im Gegenortsbetrieb, d. h. von P und Q aus gleichzeitig aufzufahren ist, behandelt werden.

Nachdem die beiden Ansatzpunkte in die Grube übertragen und vermarkt worden sind, müssen wieder beiderseits einige Meter nach vorläufiger Angabe aufgefahren werden. Zur endgültigen Richtungsbestimmung schließt man dann die Punkte P und Q an das Grubenpolygonnetz an, d. h. man verbindet jeden dieser Punkte durch Längen- und Brechungswinkelmessung mit der durch die beiden nächstgelegenen Festpunkte gegebenen Seite des vorhandenen Polygonzuges. Für Punkt P ist das die Polygonseite *24* bis *25*, so daß nach Prüfung der unveränderten Richtung dieser Seite durch Nachmessung des Brechungswinkels *23-24-25* nur noch der Brechungswinkel *24-25*-P und die Länge *25* bis P zu messen sind. Aus dem gemessenen Brechungswinkel und dem aus der Polygonberechnung bekannten Richtungswinkel *24* bis *25* ergibt sich der Richtungswinkel der Linie *25* bis P. Aus diesem und der gemessenen Länge der Polygonseite werden die Koordinatenunterschiede berechnet, die zu den bekannten Koordinaten des Punktes *25* algebraisch addiert, die Koordinaten von P liefern, s. Abschn. 70, S. 120 u. f. In der gleichen Weise wird man den Gegenpunkt Q an die Polygonseite *71* bis *72* anschließen und die Koordinaten von Q berechnen. Aus den so erhaltenen Koordinatenwerten von P und Q ermittelt man nun den Richtungswinkel α_P^Q bzw. α_Q^P und die Länge s des aufzufahrenden Querschlages nach den Formeln

$$\tan \alpha_P^Q = \frac{y_Q - y_P}{x_Q - x_P} \quad \text{und} \quad s = \frac{y_Q - y_P}{\sin \alpha_P^Q} = \frac{x_Q - x_P}{\cos \alpha_P^Q}.$$

Da die Richtungswinkel α_P^Q und α_Q^P des Querschlages nicht mit dem Theodolit angegeben werden können, so müssen die *Abgabewinkel* β_1 und β_2, d. h. die Brechungswinkel zwischen der jeweils letzten Polygonseite und der Durchschlagsrichtung aus den Richtungswinkeln der beiden letzteren berechnet werden, s. auch S. 6, 3. Abs. Es ist

$$\beta_1 = \alpha_P^Q - \alpha_{25}^P + 200^g$$

und
$$\beta_2 = 200^g + \alpha_P^Q - \alpha_{72}^Q - 200^g = \alpha_P^Q - \alpha_{72}^Q.$$

Für die Richtungsangabe im Punkt P wird nach Aufstellung des Theodolits in diesem Punkt zunächst am Grundkreis 0^g eingestellt und der Punkt 25 angezielt. Dann dreht man den Zeigerkreis so weit, bis als Ablesung I der berechnete Abgabewinkel β_1 erscheint. In dieser Lage gibt die Zielachse des Fernrohres die Durchschlagsrichtung an, und man kann nun in die Ziellinie ein an der Firste vor dem Ortsstoß angehaltenes Lot einweisen, dessen Anhaltepunkt P_1 danach durch einen Firstenpflock mit Ringeisen vermarkt wird. Nach Prüfung und Berichtigung des in das Ringeisen eingehängten Lotes muß der in beiden Fernrohrlagen gemessene Winkel 25-P-P_1 mit dem Abgabewinkel übereinstimmen. Im Punkt Q ist in

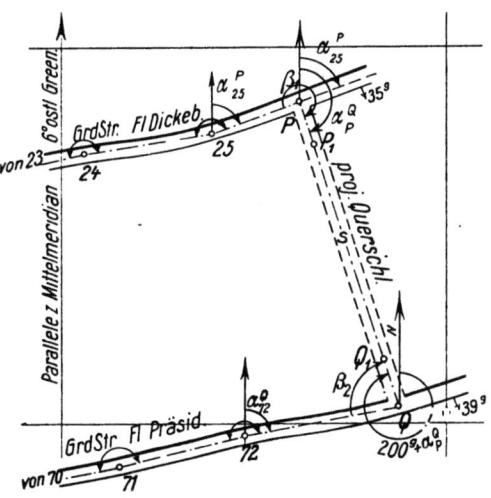

Abb. 225. Durchschlagsangabe für einen Querschlag

der gleichen Weise die Angabe mit dem Abgabewinkel β_2 vorzunehmen und schließlich in beiden Gegenortsbetrieben auch der dritte Stundenpunkt anzubringen.

139. Einhalten und Verlängern der Auffahrrichtungen

Beim Auffahren der Strecken nach einer angegebenen Richtung ist eine möglichst genaue Einhaltung dieser Richtung unbedingt zu fordern, da sich Abweichungen hiervon oft sehr nachteilig für den Betrieb auswirken. Das Einhalten und auch das Verlängern der Richtung durch die entsprechend anzuleitende örtliche Belegschaft muß daher von den zuständigen Betriebsbeamten dauernd überwacht werden, wobei in erster Linie zu prüfen ist, ob die drei Stundenpunkte noch in einer Richtung liegen. Ist das nicht der Fall, so hat man ein möglichst baldiges Neuhängen der Stunde, wie es in den vorangegangenen Abschnitten 137 und 138, S. 284 u. f., beschrieben ist, zu veranlassen. Ein einfaches Einrücken oder Einweisen eines Stundenpunktes in die Stundenrichtung genügt nicht, da man nicht erkennen kann, welcher der drei Punkte durch Gebirgsdruck oder sonstige Vorkommnisse seine Lage verändert hat.

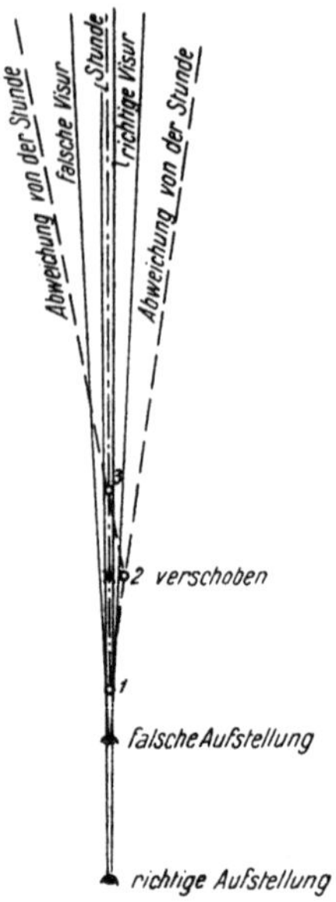

Vor der Herstellung jedes Streckeneinbruches ist die Mitte des Ortsstoßes durch eine nach den Stundenpunkten eingewiesene Lampe zu bezeichnen, während beim Setzen der Baue zweckmäßig ein von einer Mittelmarke an der Kappe herabhängendes Lot in die Stundenrichtung gebracht wird. Weiter darf man sich beim Einweisen nicht unmittelbar hinter das erste Lot stellen, sondern muß möglichst einige Meter davon entfernt bleiben, damit die an der ersten Lotschnur vorbeigehenden Visierlinien nur einen schmalen Streifen begrenzen, in dem die eingewiesenen Punkte liegen, s. Abb. 226. Diese Abbildung zeigt weiter, wie bei Benutzung nur zweier Stundenpunkte, von denen einer etwas aus seiner Lage verschoben ist, die ursprüngliche Richtung mit dem Weiterauffahren der Strecke immer mehr verlorengeht. Einen gleichen Fehler kann ein Entlangsehen an den Stoßstempeln bewirken, wenn geringe Unterschiede in der Dicke oder Form der Stempel bzw. in der Länge der Kappen vorliegen. Auch die Verlängerung der Stunde mit einer an den eingehängten Stundenloten vorbeigezogenen Schnur führt fast immer zu falschen Ergebnissen.

Abb. 226. Einhalten und Verlängern einer Stunde

Besondere Sorgfalt ist beim Sonderausbau der Strecken in Formsteinen, stählernen Ringen, Gelenkbogen usw. auf die Einhaltung der richtigen Stunde zu verwenden. Bei den auf festen Auflagern ruhenden Gelenkbogen des MOLLschen Ausbaues in streichenden Flözstrecken z. B. liegen die in der Firste am Mittelläufer anzubringenden Stundenpunkte nur dann in der Mitte der Strecke, wenn die Stoßläufer der beiden Halbbogen sich in gleicher Höhe befinden, was bei gleich hohen Auflagern und söhliger Flözablagerung ohne weiteres der Fall ist. Dagegen verschiebt sich die Stunde ebenso wie der Mittelläufer, s. Abb. 227, wenn bei geringem Flözeinfallen gleich hohe Auflager h auf dem Flözliegenden aufgebaut werden, und zwar parallel zur Streckenmitte, wenn das Einfallen gleichmäßig bleibt, sonst aber unregelmäßig. Um daher bei wechselndem Einfallen, wie es bei flacher Ablagerung vielfach auftritt, eine

Flözstrecke nach der Stunde gerade auffahren zu können, ist es notwendig, die Stoßläufer durch Ausgleich der Auflager auf beiden Seiten immer in einer gleichbleibenden, etwa dem mittleren Flözeinfallen entsprechenden Querneigung zu legen. In Bandstrecken ist außerdem natürlich noch auf bestmögliche Ausrichtung des Förderbandes Bedacht zu nehmen, da schon durch kleine Knicke in seiner Längsrichtung ein erheblicher Verschleiß während des Betriebes eintreten kann.

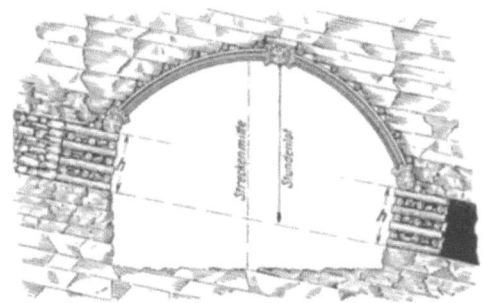

Abb. 227. Stundenpunkt beim MOLLschen Ausbau in der streichenden Strecke eines flach einfallenden Flözes

Ein Verlängern oder Vortragen der Stunde, das bei fortschreitender Auffahrung infolge Sichtbehinderung oder mangelnder Verständigung notwendig wird, kann, wenn es sehr sorgfältig ausgeführt wird, auch ohne Instrument durch einfaches Einweisen von weiteren 3 Stundenpunkten vor Ort in die Stundenrichtung vorgenommen werden, da das Auge für die Feststellung der Deckung von Punkten, die durch Lotschnüre oder eingehängte Lampen gekennzeichnet sind, sehr empfindlich ist.

Bei wichtigen Durchschlägen ist es jedoch immer ratsam, das Verlängern der Richtung nicht durch Augenvisur, sondern mit einem Theodolit vorzunehmen.

Mit Vorteil verwendet man als „Stundenpunkte" auch Metalldreiecke oder -stäbe, die mit reflektierender Folie überzogen sind. Sie werden im Abstand von 20 bis 50 m mit Hilfe von Ketten am Ausbau oder an Firstpflöcken befestigt. Beim Anleuchten mit einer Scheinwerfer- oder Kopflampe sind diese Richtzeichen über 100 m weit gut zu sehen. Das Verfahren bietet den Vorteil, daß der Ausbau von der Ortsbrust aus unmittelbar eingerichtet werden kann, ferner, daß man wegen des größeren Abstandes der Stundenpunkte voneinander die Richtung genauer einzuhalten vermag und nicht zuletzt, daß die Stunde nicht so häufig verlängert bzw. vorgehängt werden muß.

Als besonders vorteilhaft hat sich die Verwendung des Laserlichts als „Leitstrahl" beim Streckenvortrieb, vor allem beim Einsatz von Vortriebsmaschinen, erwiesen, s. hierzu H. LAUTSCH u. B. THIEME [48].

140. Ermittlung und Prüfung des Ansteigeverhältnisses in Strecken

Für das Auffahren von Grubenstrecken ist die richtige Höhenlage der Sohle oder der Förderbahn ebenso wichtig wie das genaue Einhalten der Seitenrichtung. Insbesondere erfordern alle Gegenortsbetriebe genaue Höhenangaben. Der Höhenunterschied zwischen den Schienenoberkanten am Anfang A und Ende E der zu treibenden Strecke s wird vielfach durch ein besonderes Nivellement ermittelt, das zwischen diesen

Punkten auch ohne Anschluß an Höhenfestpunkte ausgeführt werden kann. In anderen Fällen ist der Anschluß an benachbarte sichere Höhenpunkte bequemer. Der Unterschied der errechneten Höhenzahlen gibt alsdann den Höhenunterschied h an, d. h. das Ansteigen oder Abfallen der neu aufzufahrenden Strecke.

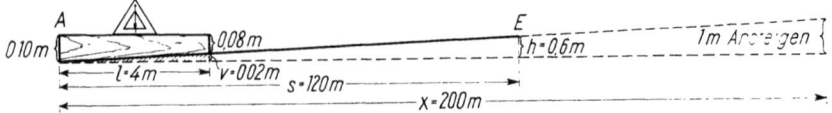

Abb. 228. Das Ansteigen einer Strecke und der Gebrauch der Ansteigelatte (unmaßstäblich)

Aus der Abb. 228 läßt sich die Verhältnisgleichung $h:s = 1:x$ ablesen und hieraus

$$x = \frac{s}{h}$$

berechnen. Den Bruch $1:x$ bezeichnet man als *Ansteigeverhältnis*, wobei x diejenige Streckenlänge darstellt, bei der das Ansteigen 1 m beträgt.

Für $s = 120$ m und $h = 0,6$ m ist $x = 200$ m und demnach das Ansteigeverhältnis $1:200$, nach dem das Auffahren der Strecke vorzunehmen ist.

Um während des Auffahrens das verlangte Ansteigeverhältnis einhalten oder das Gestänge der Förderbahn danach verlegen zu können, verwendet man eine 3 bis 5 m lange *Ansteigelatte*. Diese muß so zugeschnitten sein, daß eine der Kopfseiten um das Maß v schmaler ist als die andere. Nach den aus der Abb. 228 abzulesenden Beziehungen $v:l = h:s = 1:x$ läßt sich v aus folgender Formel berechnen:

$$v = \frac{l \cdot h}{s} = \frac{1}{x}.$$

Ist z. B. die Lattenlänge $l = 4$ m und das Ansteigeverhältnis $1:200$, so ist $v = 0,02$ m.

Die Ansteigelatte ist so auf die Schienenoberkante oder unter Ausgleich von Unebenheiten auf die Streckensohle zu legen, daß das zweckmäßigerweise durch einen Pfeil gekennzeichnete schmale Lattenende nach dem höher gelegenen End- oder Anfangspunkt der Strecke zeigt. Das Ansteigeverhältnis ist dann richtig eingehalten, wenn die Oberkante der Latte horizontal liegt, was durch eine aufgesetzte Libelle oder durch eine Setzwaage zu prüfen ist.

Beim Auffahren stark ansteigender Gesteinsstrecken benutzt man statt der Ansteigelatte auch vielfach ein *Ansteigetrapez*. Dies ist, wie die Abb. 229 erkennen läßt, ein rechtwinkliges Dreieck, dessen spitzer, der Streckenneigung entsprechender Winkel α soweit abgeschnitten ist, daß die verbleibende Länge der Aufsetzkathete gleich dem vorgeschriebenen Abstand der Baue des Streckenausbaus ist. Die andere Kathete ermöglicht es, die Baue rechtwinklig zur Streckensohle zu setzen. Das Ansteigetrapez wird auf eine 3 bis 5 m lange Richtlatte aufgesetzt, die man zur Ausgleichung von Unebenheiten der Streckensohle in die Auffahrrichtung gelegt hat. Die Streckensohle hat dann die richtige Neigung, wenn die Blase einer auf die Oberseite des Trapezes aufgehaltenen Libelle einspielt. Die Größe des Neigungswinkels α kann z. B. aus einem Längsschnitt durch die Strecke entnommen oder mit Hilfe des gemessenen oder festgelegten Höhenunterschieds h zwischen Anfangs- und Endpunkt der Strecke sowie der aus dem Grundriß abgegriffenen söhligen Länge s nach $\tan α = \dfrac{h}{s}$ oder auch unter Benutzung der flachen Streckenlänge f nach $\sin α = \dfrac{h}{f}$ berechnet werden.

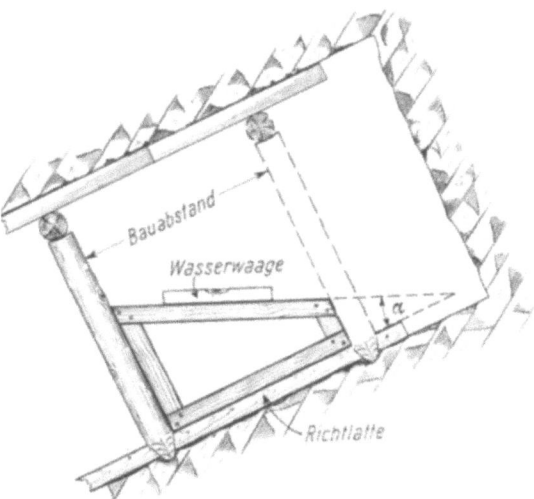

Abb. 229. Streckenauffahren mit dem Ansteigetrapez

Das Verlegen der Gleise mit Hilfe einer Ansteigelatte und damit das Einhalten des vorgesehenen Ansteigeverhältnisses ist im Grubenbetrieb oft umständlich und fällt daher vielfach recht ungenau aus. Deshalb werden, besonders bei Gegenortsbetrieben, von der Markscheiderei an den Streckenstößen oder am Ausbau in Abständen von einigen Metern häufig Höhenmarken (Bolzen, Nägel, Farbstriche usw.) so angebracht und einnivelliert, daß das Fördergestänge durch Abmessen eines der Ortsbelegschaft anzugebenden runden Maßes von diesen Marken aus leicht in die richtige Höhenlage gebracht werden kann.

141. Ausgleichen des Gefälles in söhligen und geneigten Strecken

Weitere Höhenangaben sind in der Grube erforderlich, wenn in söhlig oder mit leichtem Ansteigen aufgefahrenen Strecken die Förderbahn

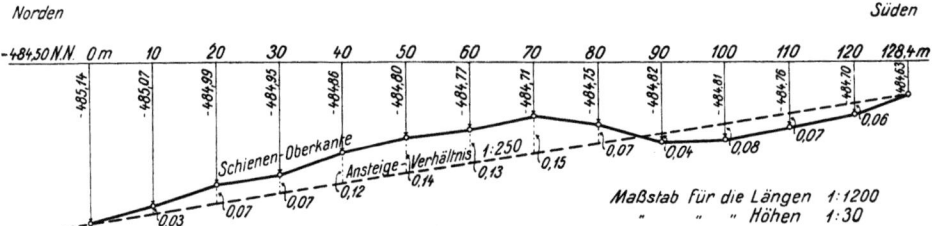

Abb. 230. Längenschnitt einer Förderbahn zwecks Ausgleichung des Gefälles

z. B. durch Gebirgsdruck ungleichmäßiges Gefälle aufweist. Man wird in solchen Fällen die Lage der Schienenoberkante zunächst durch ein

Längennivellement ermitteln, s. S. 184 u. f., und in einen stark überhöhten Längenschnitt eintragen, s. Abb. 230. Nach Einzeichnen der im meist vorgeschriebenen Ansteigeverhältnis geplanten Neigungslinie der Strecke entnimmt man aus diesem Schnitt an den vorher abgemessenen und durch Kreidestriche auf der Schiene bezeichneten Teilpunkten die Maße, um die das Gestänge hochzuziehen oder abzusenken, d. h. die Sohle aufzufüllen oder nachzureißen ist.

Auch beim Ausbau von *Überhauen* zu Gesteinsbergen kann z. B. bei welliger Lagerung ein Nachschießen des Liegenden notwendig werden. Die Aufnahme erfolgt durch eine Gradbogenmessung, s. Abschn. 86, Abs. 1, S. 160, und Meßbeispiel, S. 162 u. 163, mit Berechnung der Sohlen und Seigerteufen sowie der Höhen.

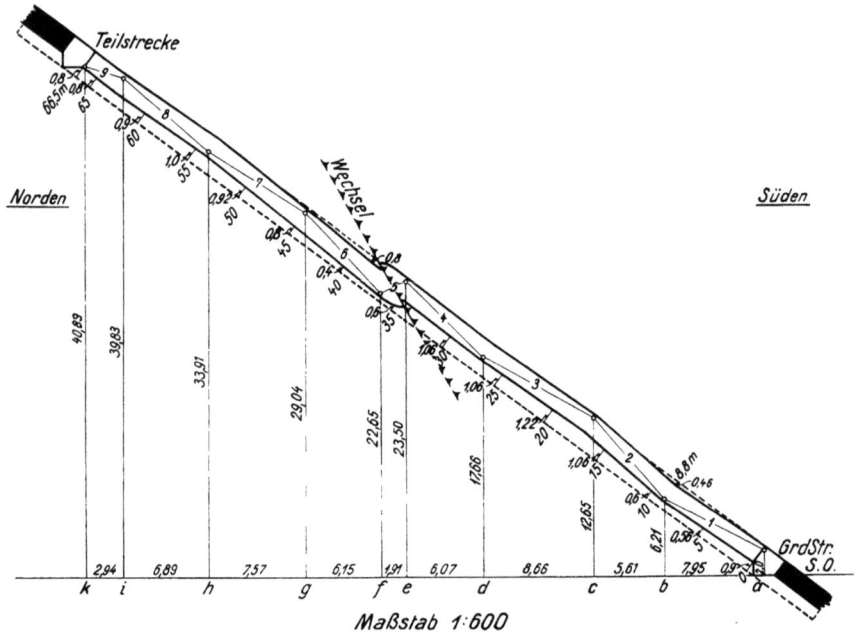

Abb. 231. Längenschnitt eines Überhauens zwecks Herstellung gleichmäßigen Gefälles

Aus den Meß- und Berechnungsergebnissen dieses Beispiels ist, wie Abb. 231 wiedergibt, ein Längenschnitt durch das Überhauen konstruiert und eine gestrichelte Linie im Liegenden so eingezeichnet worden, daß ein gleichmäßiges Gefälle und die notwendige lichte Höhe des Gesteinsberges gewährleistet ist. Die in regelmäßigen Abständen von 5 m von der Gefällinie bis zum Liegenden des Überhauens in der Zeichnung abgegriffenen Maße geben an, wieviel Zentimeter das Liegende in der Grube an den abzumessenden Stellen nachzureißen ist.

142. Kurvenauffahrungen

1. Abstecken nach einer Kurvenzeichnung

Querschläge und Flözstrecken werden meist, sofern Wagenförderung vorgesehen ist, durch Kurven mit kleinen Radien von etwa 5 bis höchstens 60 m miteinander verbunden. Für das Auffahren dieser Kurven sind Richtungsangaben durch Stundenhängen sowie weitere Angaben von Stoßpunkten für den Ausbau der Kurven erforderlich.

In der Regel erfolgen die Kurvenauffahrungen anhand besonderer *Kurvenzeichnungen* im Maßstab 1:50 bis 1:500. Die Grundlage einer solchen Zeichnung bildet ein entsprechender Riß des Grubenbildes — meist ein Sohlengrundriß —. In diesem Riß werden der Anfangs- und Endpunkt sowie der zugehörige Radius der geplanten Kurve festgelegt. In der nach diesen Unterlagen anzufertigenden besonderen Kurvenzeichnung trägt man alle für das Auffahren und den Ausbau der Kurven notwendigen Richtungen und Maße ein, wie es die Abb. 232 zeigt.

Erfolgt der *Ausbau* der Kurvenstöße nicht durch Mauerung, sondern durch Holz- oder Stahlbaue, so sind die einzelnen Baue *radial* zum Kurvenmittelpunkt zu setzen. Dies kann wiederum durch Absetzen der aus einer entsprechenden Kurvenzeichnung, s. Abb. 232 rechts, zu entnehmenden Maße in der oben beschriebenen Weise geschehen.

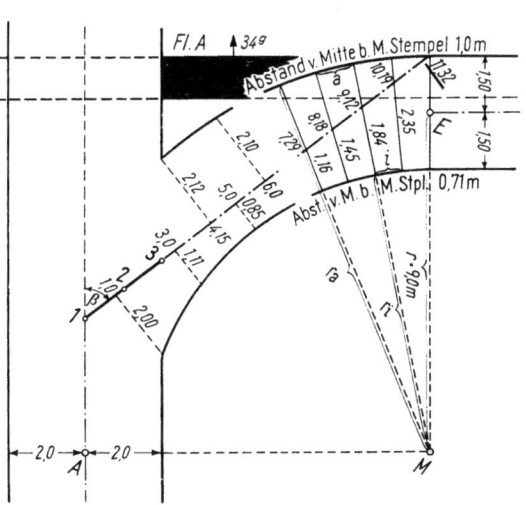

Abb. 232. Auffahren einer Kurve nach Kurvenzeichnung

Da sich die gleichbleibenden Abstände der einzelnen Baue voneinander am inneren Kurvenstoß zu den ebenfalls gleichbleibenden Bauabständen am äußeren Stoß wie die entsprechenden Radien der beiden Stöße verhalten, so läßt sich hieraus der innere Abstand i der Baue nach der folgenden Formel berechnen:

$$i = a \cdot \frac{r_i}{r_a}.$$

Wählt man den äußeren Bauabstand $a = 1$ m, den äußeren Radius $r_a = 10{,}5$ m und die Streckenbreite $b = 3{,}0$ m, also $r_i = 7{,}5$ m, so wird $i = 1 \cdot \dfrac{7{,}5}{10{,}5} = 0{,}71$ m.

Für die *Übertragung* der aus dieser Zeichnung zu entnehmenden Richtungen und Längenmaße in die Grube genügen ein einfacher Nachtragetheodolit und einfache Längenmeßgeräte wie z. B. ein Rollbandmaß und ein Zollstock. Das Verfahren der Richtungsangabe (Stundenhängen) ist im Abschn. 137, S. 284, eingehend beschrieben. Das rechtwinklige Absetzen der kurzen Längenmaße von der Stundenlinie zu den Stößen erfolgt entweder nach Augenmaß oder etwas genauer mit Hilfe eines rechtwinkligen Holzdreiecks.

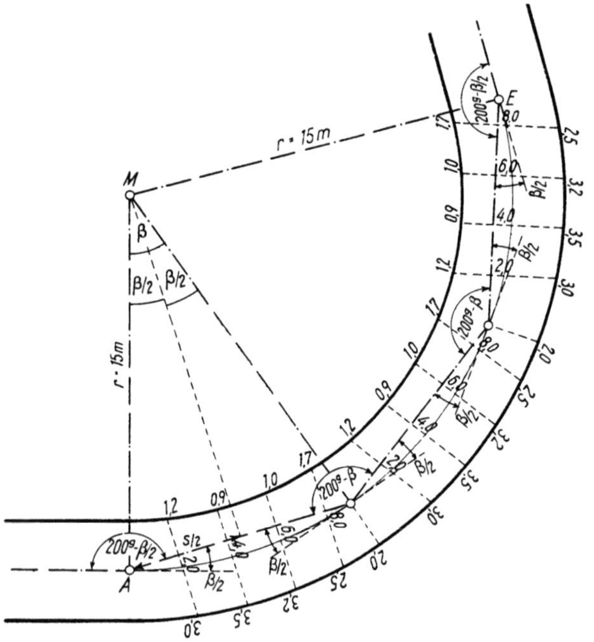

In *kurzen, engen* Kurven genügt meist die Angabe *einer* Richtung; in *längeren* Kurven zeigt sich schon bei der Anfertigung der Kurvenzeichnung oft die Notwendigkeit, die Stundenrichtung mehrfach zu ändern. In diesem Fall kann die Absteckung der Kurve auch von einem *Sehnenpolygon* aus erfolgen, das man vorher wieder in die Kurvenzeichnung mit gleich langen Polygonseiten bzw. Sehnen s, s. Abb. 233, einträgt. Die für das spätere Stundenhängen benötigten Abgabewinkel in den

Abb. 233. Kurvenabsteckung von einem Sehnenpolygon aus

Punkten des Sehnenpolygons nimmt man unmittelbar mit einer Gradscheibe aus der Zeichnung ab oder man berechnet sie aus der halben Sehnenlänge $s/2$ und dem Radius r nach der Formel

$$\sin \frac{\beta}{2} = \frac{s}{2r}.$$

Die Abgabewinkel im Anfangspunkt A und im Endpunkt E der Kurve betragen $200 - \frac{\beta}{2}$, in den übrigen Punkten des Sehnenpolygons $200^g - \beta$. Die Übertragung der Winkel in die Grube und das Absetzen der aus der Kurvenzeichnung zu entnehmenden Stoßmaße erfolgt in der bereits oben beschriebenen Weise.

2. *Abstecken nach dem Einrückverfahren*, s. Abb. 234.

Ein weiteres Kurvenabsteckverfahren ist das sog. Einrückverfahren. Es hat den Vorteil, daß es *ohne* vorherige Anfertigung einer besonderen Kurvenzeichnung und ohne Benutzung eines Theodolits bei der Absteckung der Punkte der Kurvenachse durchgeführt werden kann. Es eignet sich besonders für das Auffahren und Verlegen der Förderbahn in engen Kurven. Zum Abstecken der Kurvenachse verlängert man die durch den

Polygonpunkt 32 und den Kurvenanfangspunkt A gehende Mittellinie des Querschlags um eine beliebige runde Länge x, z. B. von 2 m, bis zum Punkt Q und setzt von diesem Punkt rechtwinklig die vorher zu berechnende Länge y ab, wodurch man den ersten Kurvenachspunkt B erhält.

Die abzusetzende Länge y errechnet sich wie folgt:

aus dem Sehnen-Tangenten-Dreieck AQB erhält man $\sin \dfrac{\beta}{2} = \dfrac{y}{s}$.

aus dem Dreieck AMF $\sin \dfrac{\beta}{2} = \dfrac{s}{2r}$.

Da in beiden Gleichungen die Winkel $\beta/2$ gleich groß sind, ist auch

$\dfrac{y}{s} = \dfrac{s}{2r}$ und daraus $y = \dfrac{s^2}{2r}$.

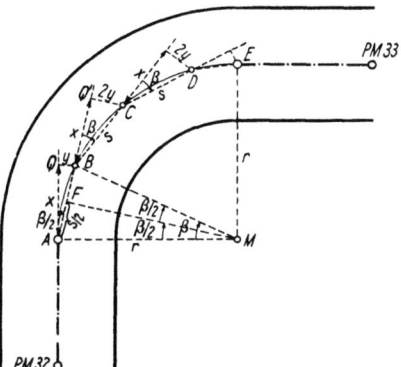

Abb. 234. Kurvenabsteckung nach dem Einrückverfahren

Da die Winkelwerte $\beta/2$ vielfach sehr klein sind, kann man für die Sehne s genähert auch das Verlängerungsmaß x setzen und für die Berechnung von y folgende Näherungsformel benutzen:

$$y \approx \dfrac{x^2}{2r}$$

Diese Formel genügt in allen in der Praxis vorkommenden Fällen, da der durch die Näherung hervorgerufene Fehler nur 1 bis 2 mm beträgt, wenn man die Länge x nicht größer als $\tfrac{1}{5}$ des Halbmessers r wählt.

Bei der Absteckung des nächsten Kurvenachspunktes C verlängert man nicht wie beim Punkt B die Tangente, sondern die Sehne AB des Kreisbogens um die Länge x über B hinaus bis zum Punkt Q'. Da nun der Sehnensekantenwinkel doppelt so groß ist wie der Sehnentangentenwinkel $\beta/2$, so wächst auch die von Q' nach C wieder rechtwinklig abzusetzende Länge y um den doppelten Betrag, d. h. sie wird $2y$.

Das Verfahren ist so oft zu wiederholen, bis das Ende der Kreiskurve erreicht ist. In den meisten Fällen wird aber noch ein Reststück bis zum Endpunkt E übrig bleiben. Die jetzt in Betracht kommenden Maße sind leicht aus der Zeichnung zu entnehmen und können mit den bei der Übertragung in die Grube gemessenen Werten verglichen werden.

143. Angaben für Tagesschächte und Blindschächte

Die Übertragung der beim Abteufen von seigeren Schächten für den Ausbau der Schachtwandungen und den Einbau der Einstriche und Spurlatten einzuhaltenden Maße, die vorher in entsprechenden Zeichnungen der Schachtscheiben, wie z. B. in Abb. 236, S. 297, festgelegt werden, erfolgt von Loten aus, die man in ähnlicher Weise, wie im Abschn. 110, S. 221, beschrieben, in den Schacht einhängt*.

---

* Siehe Fußnote auf S. 235.

296   Absteckungen und Angaben

Für die vorgenannten Arbeiten sind folgende Angaben zu machen:

1. Angabe des Ansatzpunktes

Bevor *über Tage* mit dem Abteufen eines Schachtes begonnen werden kann, muß der bei der Planung festgelegte Ansatzpunkt als Mittelpunkt des meist kreisrunden Schachtquerschnittes angegeben werden. Dies geschieht z. B. durch Polygonmessung, die an das übertägige Vermessungsnetz anzuschließen ist. Wird der Schacht im Gefrierverfahren niedergebracht, so werden in ähnlicher Weise die Ansatzpunkte der Gefrierbohrlöcher auf der Sohle eines sogenannten Vorschachtes angegeben. Die Schacht- und Bohrlochansatzpunkte werden durch Holzpflöcke vermarkt.

Für das Abteufen von *Blindschächten* ist vielfach zunächst eine Erweiterung des Streckenquerschnittes oder die Herstellung eines Umtriebs, der nach der Stunde, s. Abschn. 137, S. 284, aufgefahren wird, notwendig. Sodann wird der Ansatzpunkt für den Blindschacht selbst durch Anschluß an das untertägige Polygonnetz angegeben. Soll vorweg eine Bohrung, wie man sie zum Abtransport der beim Abteufen anfallenden Berge benutzt, ausgeführt werden, so ist auf die gleiche Art deren Ansatzpunkt anzugeben. Die Vermarkung erfolgt durch Firstpflock und Ringeisen, s. Abb. 10, S. 18.

2. Angaben für Schächte mit rundem Querschnitt

Hier genügt zunächst für das Herstellen des Ausbruchquerschnitts und das Einbringen des Ausbaues *ein* Lot in der Mitte der Schachtscheibe. Der Lothaspel wird entweder auf einer Bühne über dem Schacht montiert oder seitwärts aufgestellt, wobei sodann der Lotdraht über eine Umlenkrolle geführt werden muß. Der Lotkörper soll mindestens 30 bis 50 kp wiegen. Die Lotlänge wird man der besseren Handhabung wegen nicht größer als etwa 150 m wählen. Wird diese Teufe überschritten, so muß das Lot umgehängt, d. h. in dieser Teufe ein neues Lot gehängt werden.

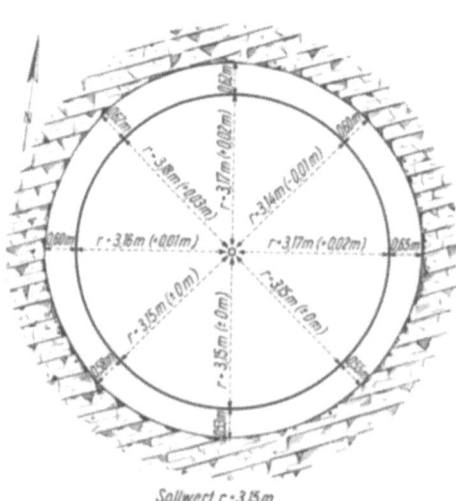

Abb. 235. Überprüfen der Mauerung beim Schachtabteufen

Die Überprüfung des Ausbruchquerschnittes, der richtigen Lage und Form des Ausbaues, der Stärke der Mauerung usw., die man in bestimmten Teufenabständen, z. B. alle 50 m, vornimmt, wird durch radiale Längenmessung vom Mittellot aus durchgeführt, s. Abb. 235.

Für die Montage der Einbauten, insbesondere der Einstriche, gibt man meist 4 weitere Lote an, s. Abb. 236. Die genaue Lage des einzelnen Lots wird durch eine am obersten Einstrich befestigte Lasche, die mit einem Einschnitt versehen ist, festgelegt, s. Abb. 237. Die in Abb. 236 mit a_1 bis a_4 bezeichneten Abstände der Einstriche von diesen Loten bleiben bei neuen und weiter geteuften Schächten und Blindschächten über die ganze Teufe gleich, z. B. jeweils 10 cm.

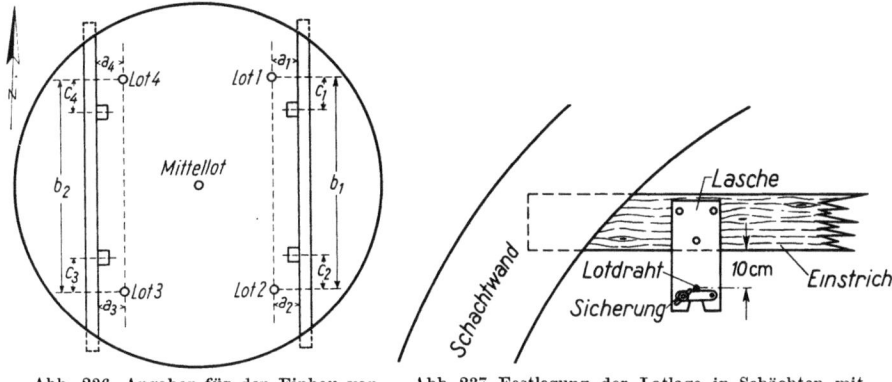

Abb. 236. Angaben für den Einbau von Einstrichen und Spurlatten in einem Schacht

Abb. 237. Festlegung der Lotlage in Schächten mit rundem Querschnitt

Die Lotabstände b_1 und b_2 werden vor dem Einbau auf den Einstrichen markiert, so daß deren ordnungsgemäßer Einbau mit Hilfe von rechtwinkligen Dreiecken möglich ist.

Sollen die Einbauten eines älteren Schachtes erneuert werden, so muß zunächst eine Schachtvermessung, s. Abschn. 75 und 76, S. 138 u. f. erfolgen, insbesondere wenn der Schacht durch Abbaueinwirkung eine Lageänderung erfahren hat. In solchen Fällen werden die Maße a_1 bis a_4 und c_1 bis c_4 nicht mehr über die ganze Teufe konstant bleiben. Man wird sie nach den Ergebnissen der Schachtvermessung so wählen, daß eine möglichst günstige Korbführung gewährleistet ist, s. hierzu H. LAUTSCH [47].

3. *Angaben für Schächte mit rechteckigem Querschnitt*

Auch hierbei verwendet man zweckmäßigerweise und insbesondere für das Einbauen der Ausbaurahmen 4 Lote, deren Festlegung durch Laschen erfolgt, s. Abb. 238. Diese Laschen werden am obersten Rahmen, dessen richtige Lage vermessungstechnisch überprüft werden muß, befestigt. Man kann auch notfalls mit 2 in einer Schachtdiagonalen angebrachten Loten auskommen. Allerdings ist die rechtwinklige Lage der Rahmen in diesem Fall nur dann gewährleistet, wenn die Belegschaft beim

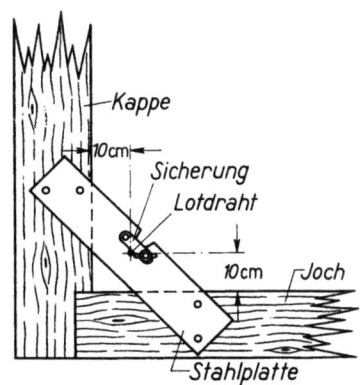

Abb. 238. Festlegung der Lotlage in Schächten mit rechteckigem Querschnitt

Einbau jedes einzelnen Rahmens die Längen der beiden Diagonalen möglichst genau mißt und beachtet, daß diese gleich groß sein müssen, wobei noch vorausgesetzt werden muß, daß die beiden Kappen und die beiden Jochhölzer jeweils gleich lang sind.

Bei den heute selten ausgeführten *Aufbrüchen* ist das lagerichtige Einbringen der Ausbaurahmen besonders schwierig, weil man nicht mit durchgehenden Loten arbeiten kann. Häufige Kontrollmessungen sind deshalb anzuraten.

4. Angaben für das gleichzeitige Abteufen und Hochbrechen von Schächten

Dies ist eine der schwierigsten markscheiderischen Vermessungsaufgaben, zumal dann, wenn mit dem Auffahren die Einstriche bereits eingebaut werden sollen. Alles, was im Abschn. 138, S. 286, über Durchschlagsangaben gesagt worden ist, muß mit größter Sorgfalt ausgeführt werden. Darüber hinaus wird man sich zweckmäßig zur Richtungsangabe bzw. -kontrolle des Meridianweisers bedienen, s. Abschn. 117 und 118. S. 238 u. f. In besonders gelagerten Fällen kann auch. sofern eine Vorbohrung gemacht worden ist, der Einsatz eines Kreisellotgerätes, z. B. der Fa. Eastman, zur Übertragung der Koordinaten angebracht sein. wie dies von F. J. OERTGEN [57] geschildert wird.

IX. Bildmessungen (Photogrammetrie)

144. Zweck und Einteilung

Die Bildmessung hat im Vermessungswesen die Aufgabe. aus photographischen Aufnahmen, die nach den Gesetzen der Zentralperspektive aufgenommen worden sind, maßstäbliche geometrische Karten und Pläne herzustellen. Man unterscheidet die *Erdbildmessung*, bei der die Aufnahme von festen Standpunkten auf der Erdoberfläche aus vorgenommen wird, und die *Luftbildmessung*, bei der diese Aufnahme in der Regel von einem Flugzeug aus erfolgt.

Während man bis zur Jahrhundertwende nur die *einfache* Erd- und Luftbildmessung mit entsprechender Auswertung kannte, werden die Bildmessungen seit längerer Zeit mehr und mehr so durchgeführt, daß die Aufnahmen als Raumbilder betrachtet und damit besser ausgewertet werden können. Man spricht sodann von *Raumbildmessungen*, die man auch als Stereophotogrammetrie bezeichnet.

Da die Bildmessung im Bergbau — mit Ausnahme des Braunkohlentagebaues — bisher sehr wenig Eingang gefunden hat, sollen ihre Meßverfahren hier nur in großen Zügen behandelt werden.

145. Luftbildmessung

Dieser Zweig der Bildmessung ist praktisch für jedes Gelände anwendbar. Die Aufnahmen erfolgen mit besonderen *Meßkammern*, die fest im Flugzeug eingebaut und meist als Reihenbildner, s. Abb. 239 mit einem von Hand oder durch Elektromotor anzutreibenden Aufnahmemechanismus versehen sind. Wegen der schnellen Bewegung des Flugzeuges müssen die Aufnahmen in rascher Aufeinanderfolge mit kurzer Belichtungszeit gemacht werden, was nur bei klarem Wetter durchzuführen ist.

Als Aufnahmearten kommen *Schräg-* und *Senkrechtaufnahmen* sowie Konvergentaufnahmen mit zwei Meßkammern in Frage. Bei ersteren ist die Aufnahmeachse um 30^g bis 50^g gegen die Waagerechte geneigt. Sie

Abb. 239. Reihenbildmeßkammer der Fa. Carl Zeiss, Oberkochen

zeigen gegenüber den Senkrechtaufnahmen einen größeren Geländeabschnitt im Einzelbilde, aus dem man auch Höhenunterschiede entnehmen kann. Andererseits ist das Bildmaß nicht einheitlich, was eine schwierigere Umformung bedingt.

Senkrechtaufnahmen werden immer nur mit annähernd lotrechter Aufnahmeachse gemacht, da die genaue Einhaltung der Vertikalen im schwankenden Flugzeug unmöglich ist. Sie geben trotzdem schon ein ungefähr grundrißliches Bild, wenn es sich um ein ebenes Aufnahmegelände handelt. Der Maßstab dieses Bildes ist durch das Verhältnis der Objektivbrennweite zur Flughöhe gegeben. Er kann durch entsprechende Wahl der Flughöhe dem gewünschten Kartenmaßstab in etwa angepaßt werden. Abb. 241, S. 300, zeigt die Flugsenkrechtaufnahme eines Braunkohlentagebaus.

Wenn Luftbildaufnahmen auch räumlich betrachtet und ausgewertet werden sollen, muß eine Überdeckung der Einzelbilder dergestalt stattfinden, daß jeder Punkt in zwei benachbarten Bildern zu sehen ist.

Dem Vorzug der unbegrenzten Einsicht in das Gelände steht bei der Luftbildmessung der Nach-

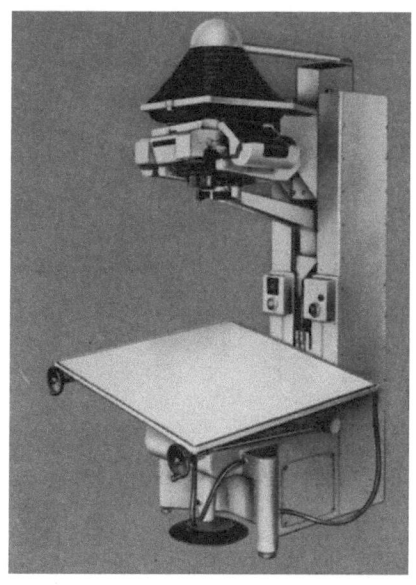

Abb. 240. Entzerrungsgerät der Fa. Carl Zeiss, Oberkochen

300 Bildmessungen (Photogrammetrie)

Abb. 241. Flugsenkrechtaufnahme eines Braunkohlentagebaues im ungefähren Maßstab 1:10000 (hier auf etwa 1:15000 verkleinert). Aufgenommene Fläche etwa 220 ha. Flughöhe etwa 1650 m über NN ungefähr 1500 m über Geländeoberfläche. Freigegeben vom Reg. Präsident Düsseldorf Nr. 103 am 3. 5. 62

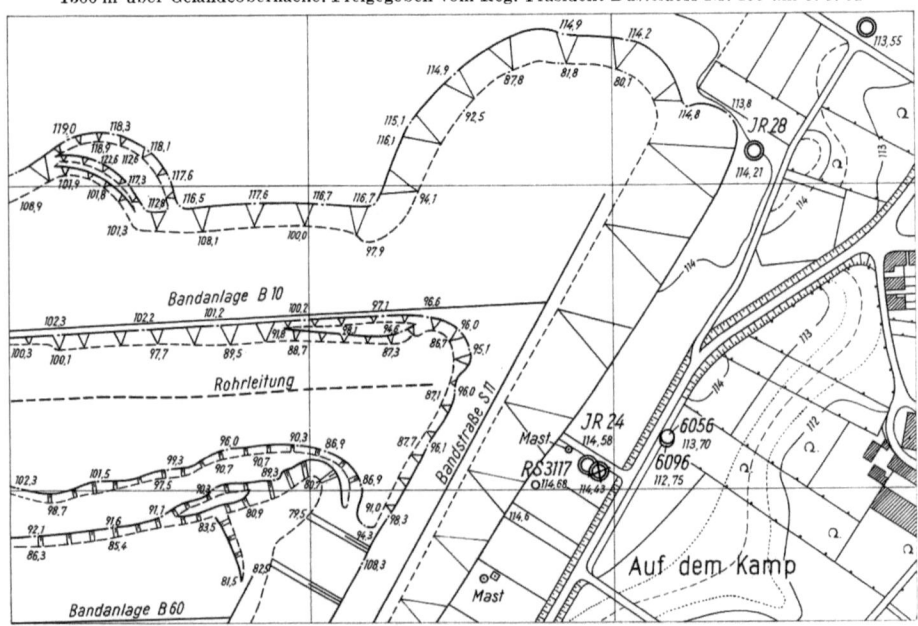

Abb. 242. Auswertungsergebnis des weiß umrandeten Teiles des obigen Luftbildes: Ausschnitt aus dem Tagebaugrundriß 1:2000 (hier verkleinert auf 1:5000)

teil entgegen, daß Lage und Höhe der jeweiligen Aufnahmestandpunkte von vornherein nicht bekannt sind. Diese Standorte müssen vielmehr erst nachträglich nach festen, in den Bildern erkennbaren Bodenpunkten bestimmt werden, und zwar sind für jedes Einzelbild mindestens drei solcher Punkte erforderlich.

Die Art der Auswertung von Luftbildern hängt von dem Verwendungszweck ab. Sollen in ebenem Gelände diese Bilder zur Ergänzung und Berichtigung vorhandener Karten dienen, so werden die *einzelnen* Senkrechtaufnahmen durch photographische Umformung in einem *Entzerrungsgerät*, s. Abb. 240, S. 299 auf die im Grundriß aufgetragenen Festpunkte eingepaßt und in den richtigen Maßstab gebracht.

Handelt es sich dagegen um hügeliges oder gebirgiges Gelände oder in der Ebene um die Herstellung einer Luftbildkarte mit Höhenlinien, so muß die Auswertung *räumlich* mit Hilfe von *Stereogeräten* erfolgen. Hierzu werden jeweils zwei, zur räumlichen Betrachtung geeignete Aufnahmen verwendet, in denen wiederum mindestens je drei Paßpunkte vorhanden sein müssen. Dieses Verfahren ist deshalb von Vorteil, weil man beim stereoskopischen Betrachten der beiden Luftbilder den aufgenommenen Geländeabschnitt als ,,Geländemodell'' mit allen Einzelheiten körperlich sieht und eine Meßmarke des Gerätes sich sehr genau auf jeden Punkt des Raumbildes ,,aufsetzen'' läßt. Lage und Höhe eines jeden Punktes werden sodann in Form von Bildkoordinaten an Zählwerken abgelesen oder mit elektromagnetischen Zusatzgeräten auf Lochkarten oder Lochstreifen registriert. Um die Auswertung der Raumbilder zu beschleunigen, hat man besondere *Auswertegeräte* entwickelt, welche die mit

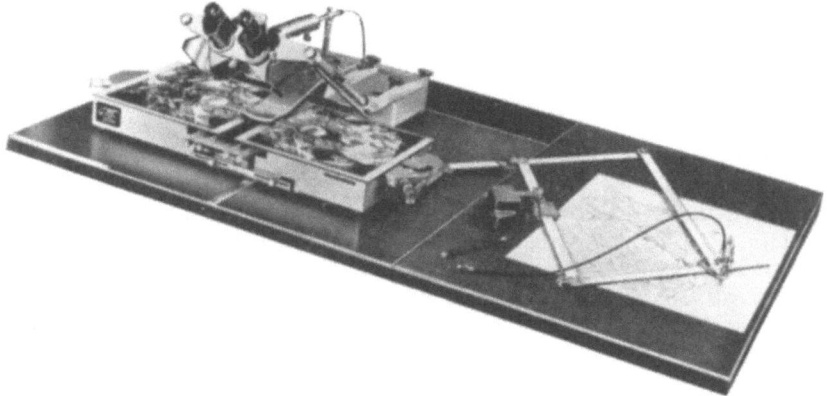

Abb. 243. Stereotop der Fa. Carl Zeiss, Oberkochen

der Meßmarke umfahrenen Linien auf mechanischem Wege mit einem Zeichenstift auf den Riß übertragen, s. Abb. 243, und damit die automatische Anfertigung des Lageplans mit Höhenlinien ermöglichen. Derartige, unter den Namen Stereotop, Stereoautograph, Autokartograph, Stereoplanigraph, s. Abb. 244, bekannte Auswertemaschinen sind allerdings recht kostspielig und daher nur bei besonderen, mit solchen Aufgaben fortlaufend betrauten Stellen mit geschultem Personal in Benutzung.

Senkrechtaufnahmen lassen sich ferner paarweise mit einem Doppelprojektor auswerten, der ein Raummodell erzeugt, dessen Einzelheiten auf einer in lotrechter Richtung verstellbaren, waagerechten Zeichenplatte aufgefan-

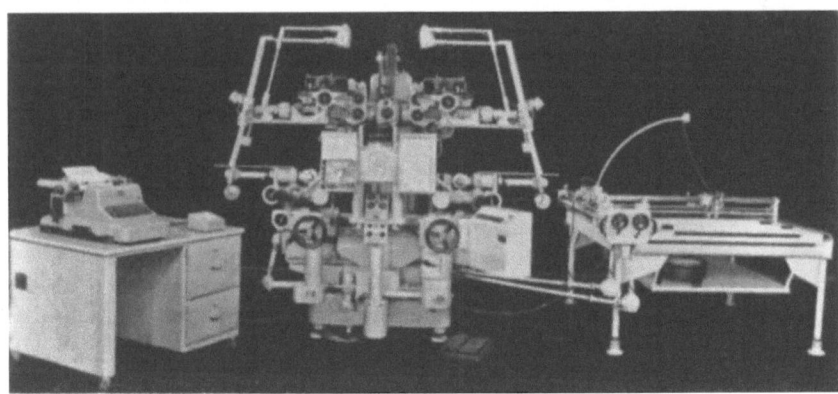

Abb. 244. Stereoplanigraph der Fa. Carl Zeiss, Oberkochen, mit elektromagnetischer Koordinaten-Registrieranlage Ecomat und Streifenlocher

gen und nachgezogen werden können. Die hierbei durch Einschalten roter und grüner Filter in den Strahlengang nach dem Anaglyphenverfahren erzeugten Raumbilder, s. S. 351, Abschn. 161, müssen bei der Kartierung durch eine Brille mit entsprechenden Filtern betrachtet werden.

Für die Luftbildmessung eignen sich Bildmaßstäbe zwischen 1:3000 und 1:50000 sowie fünf- bis achtmal größere Kartiermaßstäbe. Man kann eine Punktgenauigkeit für Lage und Höhe von rund $0.01°/_0$ der Flughöhe erreichen.

Die Luftbildmessung wird in größerem Umfang in den Tagebaubetrieben des rheinischen Braunkohlenreviers und zwar für regelmäßige Tagebauaufnahmen zwecks Abraum- und Kohlemassenberechnung sowie für die berggesetzlich vorgeschriebenen Nachtragungen des Grubenbildes, s. S. 405, Abschn. 187, angewandt. Hierüber haben H. HEYLL [31] und K. REICHENBACH [63] berichtet. Abb. 242, S. 300, zeigt als Beispiel für das Auswertungsergebnis eines Luftbildes einen Ausschnitt aus einem Tagebaugrundriß. Im rheinisch-westfälischen Steinkohlenbergbau sind bisher Senkrechtaufnahmen im wesentlichen nur zur Vervollständigung der von der Westfälischen Berggewerkschaftskasse Bochum herausgegebenen topographischen Übersichtskarten 1:10000 herangezogen worden. Die Herstellung selbständiger Luftbildkarten wird aber auch in Zukunft im Bergvermessungswesen auf Einzelfälle beschränkt bleiben. In der Geodäsie hat jedoch die Luftbildmessung große Bedeutung erlangt, so z. B. bei der Herstellung der Deutschen Grundkarte und bei der Flurbereinigung.

146. Erdbildmessung

Die Anwendung dieses Verfahrens verlangt, ebenso wie die Tachymetrie, übersichtliches Gelände, in dem von zwei Standpunkten aus, die ihrer Lage und Höhe nach bekannt sein müssen, die Aufnahmen mit einem Phototheodolit ausgeführt werden. *Der Phototheodolit*, s. Abb. 245, ist eine Verbindung von Theodolit und einer photographischen Kammer, deren Bildrahmen mit Marken zur Festlegung der waagerechten und lotrechten Achse stets in unveränderlichem Abstand vom Objektiv liegt. Die Einrichtungen des Theodolits dienen zur Bestimmung der Richtung und Neigung der Aufnahmeachsen der photographischen Kammer.

Die Auswertung kann bei der *einfachen* Bildmessung derart erfolgen, daß die Lage der Geländepunkte in der grundrißlichen Zeichnung als Schnitt der Verbindungslinien von den Standpunkten zu den Bildpunkten in den richtig aufgelegten Bildern ermittelt wird. Sie läßt sich aber auch, ebenso wie die Höhe, durch punktweise Ausmessung der Abstände von dem durch die Rahmenmarken gegebenen Achsenkreuz mittels besonderer Geräte — *Komparatoren* — bestimmen. Schließlich können auch mit einem Bildmeßtheodolit die der Aufnahme entsprechenden Richtungs- und Neigungswinkel aus den Bildern unmittelbar festgestellt und zur Übertragung in die Zeichnungen benutzt werden.

Abb. 245. Phototheodolit P 30, der Fa. Wild, Heerbrugg

Das Auswertungsergebnis wird genauer, wenn die auf den beiden Standpunkten mit angenähert parallelen Achsen aufgenommenen Bilder gleichzeitig in einem Doppelkomparator — *Stereokomparator*, s. Abb. 246 — *räumlich* betrachtet und dadurch schärfer ausgemessen werden. Außerdem können solche Aufnahmen auch mit den bei der Luftbildmessung erwähnten halbautomatischen Stereokartiergeräten ausgewertet werden.

Die Genauigkeit der Ergebnisse, die meist in den Maßstäben 1:1000 bis 1:5000 dargestellt werden, entspricht etwa derjenigen der einfachen Tachymetrie, s. S. 199, Abschn. 102. Für den Bergbau kommt die Anwendung gelegentlich bei der Aufnahme von Tagebauen, Bergehalden und großen Hohlräumen unter Tage in Betracht.

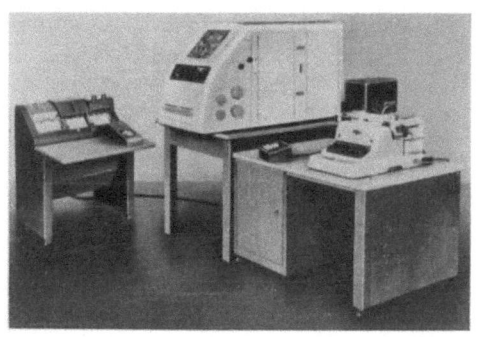

Abb. 246. Präzisions-Stereokomparator der Fa. Carl Zeiss, Oberkochen, mit elektromagnetischer Koordinaten-Registrieranlage Ecomat II und Kartenlocher

Zweiter Teil

Darstellungen

147. Zweck, Einteilung und Inhalt bildlicher Darstellungen

Die im ersten Teil des Buches beschriebenen über und unter Tage ausgeführten markscheiderischen Messungen und geologischen Aufnahmen bilden mit den zugehörigen Berechnungen und Auswertungen die *Grundlage* der im nachfolgenden zweiten Teil zu behandelnden bildlichen Darstellungen für bergbauliche Zwecke. Man bezeichnet sie im allgemeinen als Risse, Karten und Pläne.

Unter einem *Riß* versteht man allgemein jede *groß*maßstäbliche, d. h. etwa in den Maßstäben 1:50 bis 1:5000, durch *Zulegung* der Messungs- und Berechnungsergebnisse entstandene geometrisch richtige Darstellung.

Als *Karten* werden dagegen *klein*maßstäbliche, etwa in den Maßstäben 1:10000 und kleiner angefertigte Darstellungen bezeichnet, die vielfach aus der mechanischen Verkleinerung großmaßstäblicher Risse hervorgegangen sind. Sie sollen größere Gebiete im Zusammenhang veranschaulichen und damit eine bessere Übersicht vermitteln.

Als *Pläne* schließlich bezeichnet man groß- und kleinmaßstäbliche Darstellungen, in denen bestimmte technische Planungsvorhaben eingezeichnet sind, z. B. die übertägige Planung einer Zechenanschlußbahn oder in der Grube die Planung der Aus- und Vorrichtungsbaue einer Bauabteilung des Grubenfeldes.

Die Zusammenfassung einer größeren Anzahl von zusammengehörigen Rissen, Karten und Plänen eines bestimmten bergbaulichen Aufgabenbereiches bezeichnet man als *Riß-*, *Karten-* und *Planwerke*. So unterscheidet man je nach dem Inhalt:

1. Das *Berechtsamsrißwerk*. Es umfaßt sämtliche Risse der Bergbauberechtigungen, s. Abschn. 182, S. 391. Sie stellen urkundlich die Lage und Größe des bergbaulichen Besitzes, d. h. die auf das erschürfte oder erbohrte Mineral verliehenen Grubenfelder, dar.

2. Das *Zulegerißwerk*. In ihm sind sämtliche durch Zulegung der vorangegangenen Messungen und Berechnungen entstandenen Risse enthalten, s. Abschn. 183, S. 394. Sie gelten als die eigentlichen Urkunden der berggesetzlich vorgeschriebenen Grubenbilder.

3. Das *Grubenrißwerk*. Es umfaßt in erster Linie das *Amts-* und das *Werksgrubenbild*, dessen Risse in der Regel genaue Kopien der Risse des vorgenannten Zulegerißwerkes sind, während die *Übersichtsgrubenbilder* der Werksleitung meist nur Verkleinerungen des Werksgrubenbildes darstellen, s. Abschn. 185, S. 397. Zum Grubenrißwerk gehören ferner das *Lagerstättenarchiv*, s. Abschn. 189, S. 407, die bergbehördlich

vorgeschriebenen *Sonderrisse* und das betriebliche *Planungsrißwerk*, s. Abschn. 191, S. 410.

4. *Übersichtskartenwerke.* Hierher gehören vorwiegend die zahlreichen topographischen Karten, s. Abschn. 200, S. 421, und die bergmännisch-geologischen Übersichtskarten der deutschen Bergbau- gebiete, s. Abschn. 196, S. 417.

In den vorgenannten Riß-, Karten- und Planungswerken werden nun neben vielen bergrechtlichen, lagerstättenkundlichen, rohstofflichen, betrieblichen und sicherheitlichen Einzelheiten im wesentlichen folgende Dinge zur Darstellung gebracht:

1. Die *Tagesoberfläche* mit allen Gegenständen, die für den Bergbau von Bedeutung sind bzw. auf die der Bergbau beim Abbau der Lagerstätte Rücksicht nehmen muß,

2. die *Grubenbaue*, die zur Aufschließung, Wetterführung, Gewinnung und Förderung aufgefahren oder geplant sind, und die bereits vorgerichteten oder schon mit oder ohne Versatz abgebauten Feldesteile sowie

3. die geologischen *Lagerungsverhältnisse* der Gebirgsschichten (Mineral und Nebengestein) im Grubenfeld.

Von allen für bergbauliche Zwecke auf bergmännischen Rissen, Karten und Plänen darzustellenden Gegenständen sollen außer Größe und Form stets ihre genaue Lage *neben-, über-* und *untereinander* sowie ihre Orientierung nach Himmelsrichtung und Höhe zu ersehen sein.

Für die Veranschaulichung der vorstehend genannten Gegenstände stehen mehrere Darstellungsmöglichkeiten zur Verfügung. Im wesentlichen werden folgende drei nach Ausführung und Anwendung verschiedene *Darstellungsarten* angewandt:

1. die geometrischen Darstellungen,
2. die perspektivischen Darstellungen und
3. die raumbildlichen Darstellungen.

An alle drei Darstellungsarten sind grundsätzlich folgende, allerdings im Einzelfall oft nur sehr schwer erfüllbare Anforderungen zu stellen:

1. die darzustellenden Gegenstände sowohl der Tagesoberfläche als auch der Grubenbaue und Lagerungsverhältnisse sollen, wie bereits erwähnt, in ihrer Lage zueinander, und zwar in ihrer dreidimensionalen Ausdehnung — Länge, Breite und Höhe — *richtig,* d. h. maßstabgetreu, *formgerecht* und *vollständig* wiedergegeben werden,

2. die vorwiegend für markscheiderische und betriebliche Angaben benötigten *Längen* und *Winkel*, wie z. B. bestimmte Entfernungen, Streich- und Richtungswinkel, Höhenunterschiede usw., sollen in ihrer wirklichen Größe entweder aus den jeweiligen rißlichen Darstellungen unter Berücksichtigung des Maßstabs unmittelbar zu entnehmen oder mit Hilfe von Fluchttafeln, Nomogrammen oder ähnlichen Hilfsmitteln leicht und schnell zu ermitteln sein,

3. die Darstellung soll dem Benutzer der Risse und Pläne möglichst eine zutreffende *Vorstellung von der räumlichen Lage* der abgebildeten Gegenstände vermitteln. Außerdem soll der Betrachter einen deutlichen

Eindruck von der Lagerung der abzubauenden Flöze, von ihrer sehr verschiedenartig ausgebildeten Faltung und von den Gebirgsstörungen, die den späteren Abbau oft entscheidend beeinflussen, gewinnen. Dieses nur durch langjährige Übung zu erlangende räumliche Vorstellungsvermögen ist nicht nur für das richtige Lesen, Deuten und Auswerten des Rißinhaltes von Bedeutung, sondern bildet auch die Voraussetzung für viele Maßnahmen der bergmännischen Planung, z. B. für die Wahl des Schachtansatzpunktes, für die Auffahrrichtungen und -längen der Ausrichtungsquerschläge, Richtstrecken und Vorrichtungsbaue.

Den vorstehend unter 1. und 2. genannten Anforderungen entsprechen am besten die auf den Sätzen der darstellenden und analytischen Geometrie beruhenden *geometrischen* Darstellungen, während die unter 3. erwähnte räumliche Vorstellung mit dieser Darstellungsart nur bei regelmäßigen, wenig gestörten Lagerungsverhältnissen und bei einem übersichtlichen Grubengebäude, in dem die Strecken mehr oder weniger söhlig aufgefahren sind, zu erreichen ist.

Liegen dagegen stark gestörte Lagerungsverhältnisse vor oder handelt es sich um die Veranschaulichung eines weit verzweigten Streckennetzes in unterschiedlicher Höhenlage, zu dessen Wiedergabe in geometrischer Darstellung zwangsläufig verschiedene Rißarten benutzt werden müssen, so eignen sich für das Zustandekommen des räumlichen Eindrucks weitaus besser die *perspektivischen* und *raumbildlichen* Darstellungsarten. Sie bieten den Vorteil, daß die drei zusammengehörigen Dimensionen der Gegenstände — ihre Länge, Breite und Höhe oder bei Meßpunkten die drei Raumkoordinaten x, y und z — in einer Bildebene zusammen veranschaulicht werden können, was in den söhligen, seigeren oder flachen Bildebenen der geometrischen Darstellungen, in denen sich immer nur zwei Dimensionen wiedergeben lassen, nicht möglich ist.

In Ausnahmefällen fertigt man zur Veranschaulichung und Klärung schwieriger Lagerungsverhältnisse auch *Modelle* aus Gips, Holz und Pappe oder aus durchsichtigem Material — Glas, Plexiglas u. ä. Stoffe — an. Sie haben jedoch im Gegensatz zu den rißlichen Darstellungen den Nachteil, daß sie beim Fortschreiten des Abbaus nicht nachgetragen oder bei neuen Aufschlüssen, die das Bild der Lagerungsverhältnisse verändern, nicht berichtigt werden können. Auch ist ihre Anfertigung verhältnismäßig kostspielig und zeitraubend.

Erwähnt sei in diesem Zusammenhang noch die Herstellung von sogenannten Hochbildern, die z. B. durch Hochpressen eines mit Höhenschichtlinien versehenen Grundrisses der Tagesoberfläche des jeweiligen Grubenfeldes ein körperhaftes Bild entstehen lassen.

Zu den bildlichen Darstellungen gehören ferner Schaubilder, Handzeichnungen, Skizzen, Unfallbilder u. ä.

Als *Schaubilder* bezeichnet man nach DIN 21 900 anschauliche, auch raumbildlich wirkende, ein- bis dreiachsige und ein- oder mehrmaßstäbliche Darstellungen von Zählungs-, Messungs-, Beobachtungs- und Berechnungsergebnissen sowie über den Ablauf betriebstechnischer Vorgänge bei Planungen.

Handzeichnungen sind nichtmaßstäbliche Darstellungen, die von jeder über und unter Tage vorgenommenen größeren Messung angefertigt werden müssen und Auskunft über die Örtlichkeit, den Anschluß an frühere Messungen sowie die Gesamtanlage und die Ausdehnung der Messung geben sollen.

Unfallbilder sind von der Bergbehörde angeforderte, skizzenmäßige, oft unmaßstäbliche Darstellungen von Unfällen in der Grube, die das Wesentliche des Vorganges, z. B. die mögliche Unfallursache, die Lage des Verletzten u. ä. veranschaulichen sollen.

Das Zeichnen dieser Bilder unterliegt *nicht* vorgeschriebenen Normen, sondern erfolgt nach freiem Ermessen, jedoch unter Beachtung der für *jede* Zeichnung gültigen allgemeinen Zeichenregeln.

Im folgenden sollen nun die drei Hauptdarstellungsarten und die verschiedenen Rißarten, die praktische Herstellung der Risse durch Zulegen sowie die fast allen Rissen gemeinsamen Unterlagen noch im einzelnen behandelt werden.

I. Geometrische Darstellungen

148. Entstehung und Einteilung der Rißarten

Die geometrischen Bilder der darzustellenden Gegenstände entstehen durch Projektionen und Schnitte.

1. Projektionen

Bei der Anwendung von Projektionen denkt man sich die Gegenstände durch eine *rechtwinklige* (*orthogonale*) *Parallelprojektion* auf eine *waagerechte* (söhlige) oder *lotrechte* (seigere) oder *geneigte* (flache) *Bildebene* — auch Projektionsebene genannt — übertragen (projiziert).

Den Vorgang solcher Projektionen zeigen die Abb. 247a und b. In der Darstellung a) wird die Übertragung von zwei durch ein Überhauen miteinander verbundenen söhligen Strecken durch Einzeichnen von parallelen lotrechten Projektionsstrahlen, welche die söhlige Bildebene rechtwinklig schneiden, sowie von waagerechten Strahlen, die mit der seigeren Bildebene gleichfalls rechte Winkel bilden, verdeutlicht. Die Abb. 247b gibt die Übertragung der gleichen Grubenbaue durch Einzeichnen rechtwinkliger, paralleler Projektionsstrahlen auf eine parallel zur Flözfläche verlaufende flache Bildebene wieder.

Das in der *söhligen* Bildebene durch Verbinden der entsprechenden Durchstoßpunkte der Projektionsstrahlen entstehende geometrische Bild bezeichnet man als *Grundriß*, die auf die *seigere* Bildebene übertragene Darstellung als *Seigerriß* und das auf die *flache* Bildebene projizierte Bild als *Flachriß*.

In der grundrißlichen, seigerrißlichen und flachrißlichen Projektion erscheinen die parallel zu den jeweiligen Bildebenen verlaufenden söhligen Grubenstrecken in ihren natürlichen, lediglich im Zeichenmaßstab verkleinerten Längen. Die geneigten, flach oder diagonal aufgefahrenen Grubenbaue erleiden dagegen durch die *grund-* und *seigerrißliche* Pro-

20*

jektion eine mehr oder weniger große *Verkürzung*. Die verkürzte Länge läßt sich aus der gemessenen flachen Länge des Grubenbaues und ihrem Neigungswinkel, s. Grundbegriffe, S. 8, berechnen. Bei der *flachrißlichen* Projektion erscheinen sämtliche im Flöz aufgefahrenen söhligen und geneigten (flachen) Grubenbaue unverkürzt und die Abbauflächen in ihrer wirklichen Längen- und Breitenausdehnung, sofern die flache

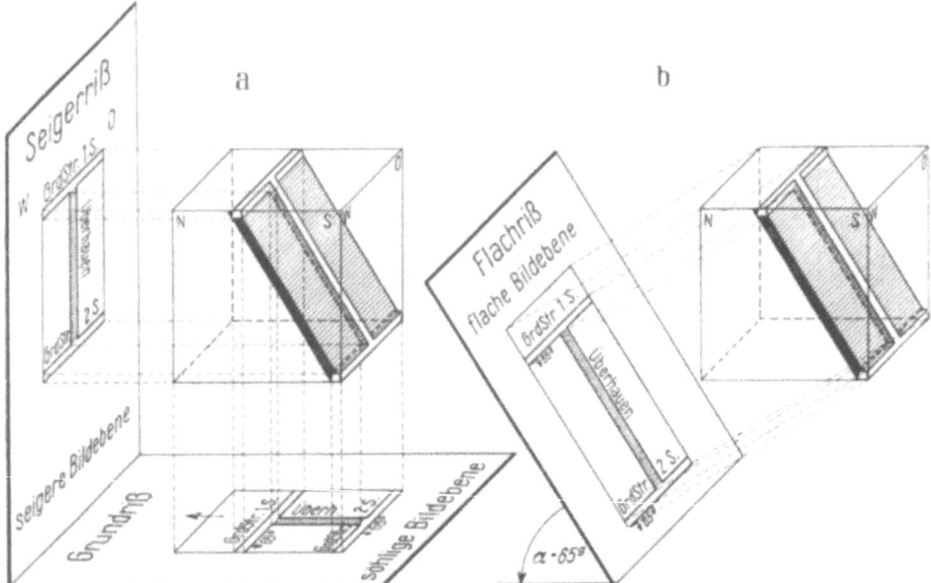

Abb. 247. Projektion von Grubenbauen, a) auf eine söhlige und eine seigere Bildebene, b) auf eine flache Bildebene

Bildebene parallel zum Streichen und Einfallen des jeweiligen Flözflügels verläuft, wie das in der Abb. 247b der Fall ist.

Außer der am meisten angewandten rechtwinkligen Parallelprojektion benutzt man auch z. B. bei der perspektivischen Darstellungsart schiefwinklige (plagionale) Projektionen. So schneiden z. B. bei der Militärperspektive die Projektionsstrahlen die söhlige Bildebene unter einem Winkel von 50^g, s. Abschn. 156, S. 338.

2. *Schnitte*

Bei der rißlichen Darstellung der Lagerungsverhältnisse, insbesondere der Faltung und der Gebirgsstörungen (Tektonik) und der Zusammensetzung (Stratigraphie) der aufgeschlossenen Gebirgsschichten (Flöze und Nebengestein) verwendet man neben den durch Projektion entstandenen Grund-, Seiger-, und Flachrissen in erster Linie *Schnittrisse*. Man denkt sich die Tagesoberfläche, das gegebenenfalls vorhandene Deckgebirge und die darunter liegenden Gebirgsschichten *lotrecht* geschnitten. Je nach der *Richtung*, in der die *Schnittlinien* (Spuren) der lotrechten Schnittebenen in der Grundrißebene verlaufen, unterscheidet man Quer-, Längs- und Längenschnitte.

Geometrische Darstellungen 309

Querschnitte. Ihre Spuren verlaufen *unter Tage* rechtwinklig zur Streichrichtung der Lagerstätte, deren einfallende Erstreckung nach der Teufe zu sie veranschaulichen sollen. Sie werden oftmals auch durch Haupt- und Abteilungsquerschläge der in Abständen von 100 bis 200 m untereinander aufzufahrenden Sohlen gelegt. Sie geben in einem solchen Fall allerdings nur dann den richtigen Einfallwinkel der Gebirgsschichten

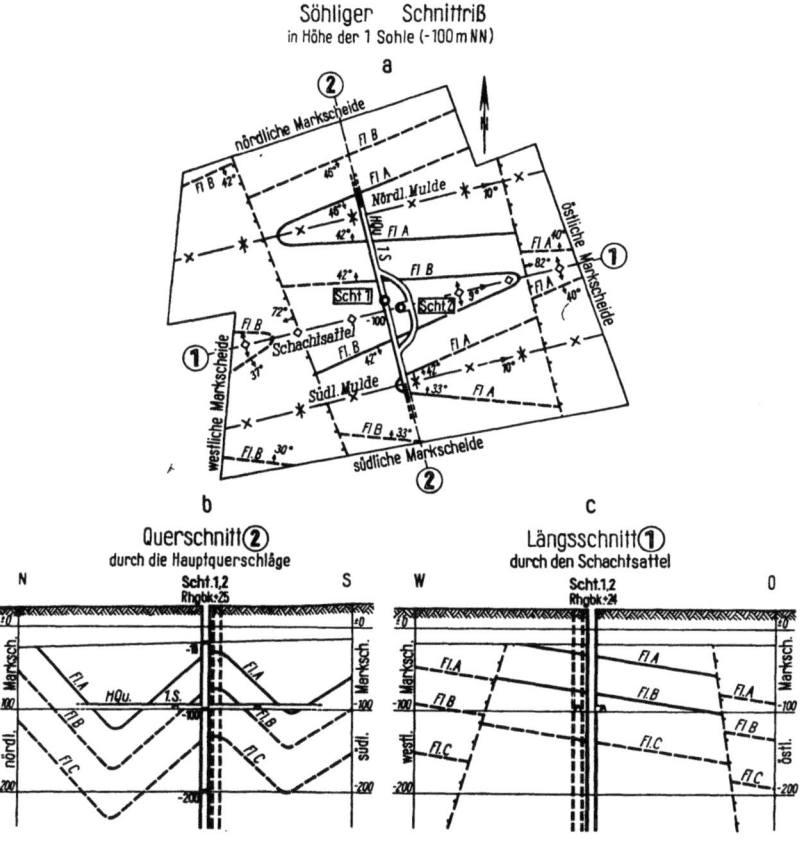

Abb. 248. a) Söhliger Schnitt in Höhe der 1. Sohle (—100 m NN) eines Grubenfeldes, b) Querschnitt 2 durch die Hauptquerschläge, c) Längsschnitt 1 durch den Schachtsattel

wieder, wenn die Querschläge rechtwinklig zum Streichen der Lagerstätten aufgefahren sind, was in der Praxis aber aus betrieblichen Gründen häufig nicht durchführbar ist. Querschnitte von größerer Ausdehnung zeigen u. a. ein zusammenhängendes Bild der Sättel und Mulden der gefalteten Lagerstätten, s. Abb. 248b.

Über Tage werden Querschnitte z. B. zwecks Ermittlung der Geländeneigung und der zu bewegenden Erdmassen rechtwinklig zu den Trassenlinien des Wege-, Straßen-, Tunnel- und Eisenbahnbaues gelegt, s. auch Abschn. 136, Abs. 1, S. 279 u. f.

Längsschnitte. Sie schneiden *unter Tage* geradlinig die in der Streichrichtung der Lagerstätten verlaufenden Sattelhöchsten oder Muldentiefsten. Sie sollen in erster Linie die söhlige oder geneigte Lage des ganzen Gebirgskörpers mit seinen Flözen und Nebengesteinsschichten in der Streichrichtung veranschaulichen. Sie zeigen das mehr oder weniger starke Heraussheben bzw. Einsinken der Schichten und damit auch die geneigte oder söhlige Lage der Sattelrücken bzw. der Muldentäler, s. Abb. 248c. Bringt man in einem solchen Längsschnitt die geneigt dargestellten Sattelhöchsten bzw. Muldentiefsten mit den eingezeichneten söhligen Höhenlinien — in Abb. 248c die —100 m Linie — zum Schnitt, so geben die so ermittelten Schnittpunkte die Lage der grundrißlichen Sattel- bzw. Mulden*wendungen* an. Auf diese Weise ist es möglich, auch die Lage der beim späteren Abbau auftretenden Sattel- bzw. *Muldenumfahrungen* in den Sohlen schon bei der Planung zu bestimmen, s. Abb. 248a.

Die vorwiegend bei den Lagerstättenentwurfsrissen anzufertigenden Längsschnitte zeigen aber auch die mehr oder minder stark einfallenden Querstörungen des Gebirges (Sprünge), s. S. 357, und deren Erstreckung in die Teufe sowie die zugehörigen Verwurfshöhen. Sie geben daher ein anschauliches Bild von der Auswirkung dieser Gebirgsstörungen auf die betroffenen Schichten und damit eine gute Vorstellung von der Schollenbildung des Gebirges in der Streichrichtung.

Die *Längenschnitte* unterscheiden sich von den vorstehend beschriebenen Längsschnitten nur dadurch, daß sich die Spuren der Längenschnitte jeder Änderung in der Streichrichtung der darzustellenden Lagerung oder Grubenbaue anpassen. Sie verlaufen daher nicht geradlinig

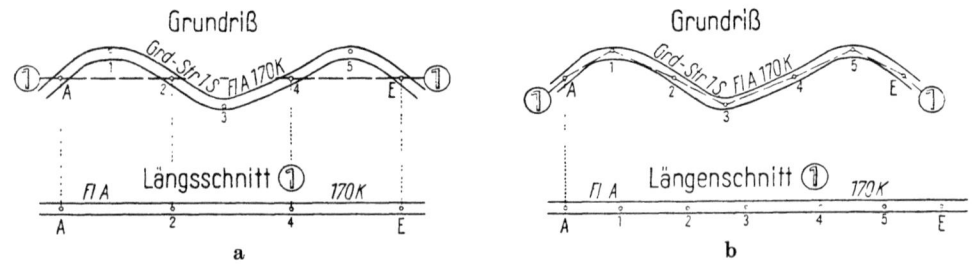

Abb. 249. Konstruktion a) eines Längsschnittes und b) eines Längenschnittes durch eine Grundstrecke

wie bei den Längsschnitten, sondern zeigen viele Knickpunkte. Infolgedessen erscheinen z. B. die in den Längenschnitten dargestellten Faltenlinien und söhlig aufgefahrenen Grubenbaue in ihrer wirklichen Länge, während die aus den Längsschnitten zu entnehmenden Längen und Entfernungen, wenn Abweichungen vom geradlinigen Verlauf vorliegen, häufig stark verkürzt sind, wie es in der in Abb. 249a und b wiedergegebenen Gegenüberstellung der beiden Darstellungsarten am Beispiel einer Sohlenstrecke, deren Streichrichtung sich auf kurze Entfernung stark ändert, gezeigt wird.

Über Tage folgen die Längenschnitte dem oft gekrümmten Verlauf der bereits erwähnten Trassen des Eisenbahn- und Straßenbaues, s. Abb. 218, S. 280.

Söhlige Schnitte. Neben den im bergmännischen Rißwesen am meisten angewandten lotrechten Schnitten verwendet man in Sonderfällen, z. B. bei den grundrißlichen Darstellungen der bereits oben erwähnten Lagerstättenentwurfsrisse, auch söhlige Schnitte. Sie unterscheiden sich von den durch Projektion entstandenen Grundrissen, die u. a. auch die durch Grubenbaue aufgeschlossenen Lagerungsverhältnisse veranschaulichen, dadurch, daß sie die gesamte Ablagerung auch in den noch nicht aufgeschlossenen Teilen eines Grubenfeldes erfassen. Sie zeigen also in erster Linie den zusammenhängenden streichenden Verlauf der Flöze, der Sattel- und Muldenlinien sowie der Gebirgsstörungen, s. Abb. 248a.

Bankrechte Schnitte. Sie schneiden die Gebirgsschichten *bankrecht*, d. h. rechtwinklig zu ihrem Einfallen.

Eine Sonderstellung nehmen hier die *Schichtenschnitte* ein. Sie sollen im wesentlichen die Mächtigkeit, Ausbildung und Zusammensetzung der Flöze mit ihren Nebengesteinsschichten in schmalen Schnitten zur Darstellung bringen. Man denkt sich z. B. ein Flöz oder auch mehrere Flöze einer bestimmten Flözgruppe oder einer ganzen Schichtenfolge,

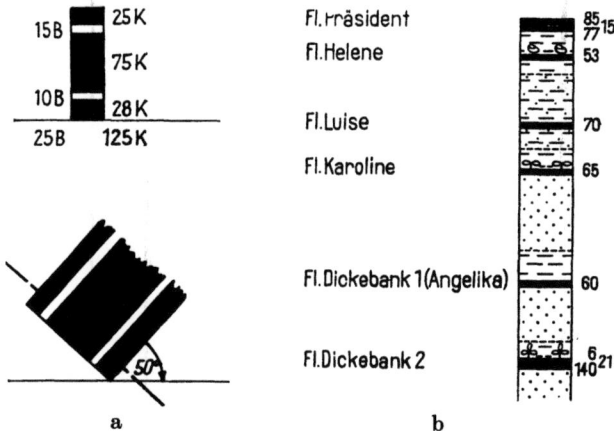

Abb. 250. a) Querschnitt eines Flözes mit eingezeichneter bankrechter Schnittlinie, darüber zugehöriger Flözschnitt, b) Schichtenschnitt: untere Bochumer Schichten

z. B. der Bochumer Schichten, mit ihren charakteristischen Merkmalen *bankrecht* geschnitten, s. Abb. 250. Man zeichnet jedoch den bankrechten Flöz- bzw. Schichtenschnitt — ohne Rücksicht auf das jeweilige Einfallen zu nehmen — so, als wenn die Gebirgsschichten söhlig abgelagert wären, d. h. im Vertikalschnitt, s. Abb. 250a, oben. Die Schnitte werden an den Stellen, wo sie in der Grube vorher aufgenommen werden, in den entsprechenden Grundrissen des Grubenrißwerkes eingetragen.

Die Schichtenschnitte einer größeren Bauabteilung oder eines ganzen Feldesteiles werden häufig zu einem einzigen Schnitt, der nur die wesentlichen Merkmale und die mittleren Mächtigkeiten der Flöze und der Nebengesteinsschichten wiedergibt, zusammengefaßt. Man bezeichnet einen solchen Schnitt als „Hauptschichtenschnitt".

3. Einteilung der Rißarten nach ihrem Inhalt

Nach dem wesentlichen Inhalt, den die geometrischen Darstellungen veranschaulichen, unterscheidet man „Tagesrisse" und „Grubenrisse".

Als *Tageriß* bezeichnet man die grundrißliche Darstellung der Gegenstände an der Erd- oder Tagesoberfläche eines Grubenfeldes, während man unter *Grubenrissen* alle grund-, seiger-, flach- und schnittrißlichen Darstellungen unter Tage versteht.

Bei den Grubenrissen unterscheidet man wieder „Sohlenrisse" und „Abbaurisse".

Als *Sohlenrisse* bezeichnet man die grund- und seigerrißlichen Darstellungen der in einer Sohle oder mehreren Sohlen aufgefahrenen Grubenbaue und Gebirgsaufschlüsse, s. Tafel 35 des Anhangs.

Abbaurisse nennt man dagegen die grund-, seiger- und flachrißlichen Darstellungen der in einer Lagerstätte (Flöz) oder einem Lagerstättenteil (Flözflügel) angefahrenen Grubenbaue und aufgeschlossenen Gebirgsstörungen. Sie geben insbesondere den jeweiligen Stand des gesamten Abbaus der Flöze mit den in Betracht kommenden natürlichen und künstlichen Grenzen sowie Sicherheitspfeiler und Schutzzonen wieder. Man unterscheidet Abbau*grund*risse, s. Abschn. 185,5, S. 400, Abbau*seiger*risse, s. Abschn. 185,5, S. 403, und Abbau*flach*risse, s. Abschn. 153, S. 328 u. f.

Bei den *Schnittrissen* ist eine weitere Unterteilung als nach den auf den S. 308 bis 312 gegebenen Merkmalen im allgemeinen nicht üblich.

Die Herstellung der Risse

149. Gemeinsame Vermessungsgrundlagen

1. Geodätische Grundlagen

Seit Bestehen eines geordneten Rißwesens verlangen die bergbehördlichen Vorschriften, daß die für die Anfertigung und Nachtragung des Grubenbildes notwendigen über- und untertägigen markscheiderischen Messungen an trigonometrische Festpunkte des Landesdreiecksnetzes, s. Abschn. 60, S. 98 u. f., angeschlossen werden. Dadurch wird erreicht, daß die bergbaulichen Rißwerke in dem über Tage geltenden amtlichen Koordinatensystem der Landesvermessung hergestellt werden können. Dies ist z. B. für die eindeutige Festlegung der Lage der Grubenfelder und ihrer Grenzen, der Markscheiden, aber auch zur Ermittlung der Lage der Tagesgegenstände zu den Abbauflächen in den Flözen einer Grube von Bedeutung. Aus den gleichen Gründen müssen die markscheiderischen Messungen auch an das Landeshöhennetz angeschlossen und alle Höhenangaben des Rißwerks auf Normal-Null (NN) bezogen werden.

Die Landesvermessungsämter und zum Teil auch die Oberbergämter stellen zu diesem Zweck Koordinaten- und Höhenverzeichnisse auszugsweise zur Verfügung. Auch die sogenannten Festpunktbeschreibungen mit ihren zahlen- und skizzenmäßigen Angaben über den jeweiligen Anschlußpunkt können für das Aufsuchen der Punkte von großem Nutzen sein.

2. Markscheiderische Vermessungsgrundlagen

Hierzu gehören die im ersten Teil dieses Buches behandelten markscheiderischen Messungen von der Kleindreiecksmessung, s. Abschn. 61, S. 101, über die Polygonmessung über und unter Tage, s. Abschn. 66 u. f., S. 115 u. f., und die Orientierungsmessung, s. Abschn. 109 u. f., S. 220 u. f., bis zur Lageaufnahme, s. Abschn. 73 u. f., S. 113 u. f. Mit diesen Messungen wird nicht nur der oben erwähnte Anschluß an die Landesvermessung erzielt, sondern man gewinnt letztlich auch die Zahlenangaben, wie Koordinaten und Höhenzahlen, die für die Herstellung der Risse durch Zulegen notwendig sind.

150. Zeichentechnische Grundlagen

1. Maßstäbe. In den geometrischen Darstellungen werden die wirklichen Gegebenheiten in starker Verkleinerung wiedergegeben. Diese Verkleinerung wird ziffernmäßig durch eine Verhältniszahl oder durch einen Bruch ausgedrückt, dessen Zähler gleich 1 und dessen Nenner gleich einer runden Zahl, der sog. Maßstabszahl ist. Das Verjüngungsverhältnis oder kurz der „Maßstab" gilt für die Verkleinerung der Längen. Hat z. B. ein Plan den Maßstab 1:1000, so ist in der Zeichnung jede Entfernung auf ein Tausendstel ihrer Länge verkleinert. Jedes Meter in der Natur wird also durch ein Millimeter auf dem Plan dargestellt. Umgekehrt muß jede in der Zeichnung abgegriffene Strecke mit der Maßstabszahl multipliziert werden, um die wirkliche Länge in der Natur zu erhalten. Am meisten werden bei bergbaulichen Darstellungen die Maßstäbe 1:500, 1:1000, 1:2000, 1:5000 und 1:10000 angewandt. Der Maßstab 1:2000 ist kleiner, und zwar halb so groß wie der Maßstab 1:1000, aber größer, und zwar 2½mal so groß wie der Maßstab 1:5000.

Flächen werden in der Darstellung im Quadrat des Maßstabes verkleinert. Ein rechteckiges Grundstück von 50×20 m Ausdehnung wird in einem Riß im Maßstab 1:2000 durch Seitenlängen von 25 mm und 10 mm begrenzt. Dem wirklichen Inhalt von 50×20 m = 1000 m² oder 1 000 000 000 mm² entspricht also die Zeichengröße 25×10 mm = 250 mm², das ist $\frac{1}{4\,000\,000}$ oder $\frac{1}{2000^2}$ der natürlichen Größe.

Um das genaue Eintragen von Längen in zeichnerische Darstellungen und umgekehrt das Abgreifen der Maße aus diesen zu erleichtern, hat man für die verschiedenen Verjüngungsverhältnisse besondere *Zeichenmaßstäbe* aus Metall oder Kunststoff geschaffen, auf denen die verkleinerten Maße dargestellt, aber die wirklichen Längen angeschrieben sind. Da die Unterteilung auf *einer* Linie bei starken Verkleinerungen nicht weit genug durchgeführt werden kann, benutzt man zum Auftragen der Längen meist *Transversalmaßstäbe*, s. Abb. 251, bei denen auf 10 zur Grundlinie parallelen Linien mit Hilfe diagonaler Verbindungen einzelne Zehntel der Teilungseinheit und in den Zwischenräumen dieser Parallelen durch Schätzen auch noch einzelne Hundertstel dieser Teilungseinheit abgegriffen werden können.

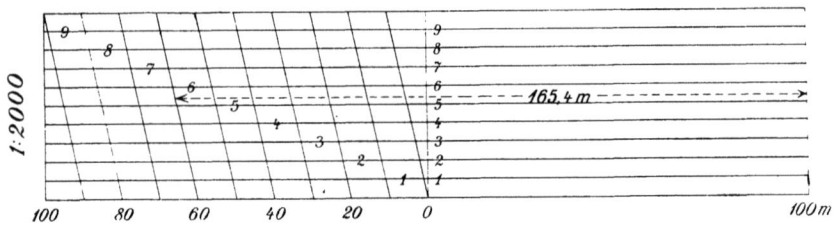

Abb. 251. Transversalmaßstab und seine Benutzung

Auf den Zeichnungen selbst befindet sich ebenfalls ein Zeichenmaßstab, der allerdings in der Regel nur als einfacher *Strichmaßstab*, s. Abb. 252, ausgeführt ist. Seine Benutzung erspart die Umrechnung der Naturmaße in Zeichenmaße und umgekehrt.

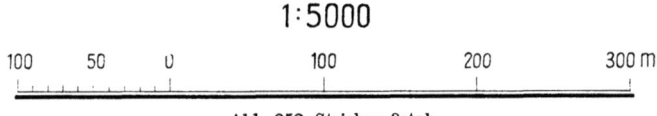

Abb. 252. Strichmaßstab

2. *Blatteinteilung und Blattbezeichnung.* Die Blatteinteilung der in der Praxis anzufertigenden Risse, Karten und Pläne verschiedenen Maßstabes und verschiedener Lage beruht auf der Blatteinteilung der Übersichtskarte 1:10000 im GAUSS-KRÜGERschen Meridianstreifensystem. Die Abb. 253, S. 315, oben, zeigt 9 dieser Übersichtskarten, von denen die Karte „Essen-Werden" durch Schraffur hervorgehoben ist. Auf diese Einzelkarte 1:10000 entfallen z. B. 4 Karten im Maßstab 1:5000 und 25 Risse im Maßstab 1:2000; auf einen Riß 1:2000 entfallen 4 Risse i. M. 1:1000 und schließlich auf einen Riß 1:1000 wieder 4 Risse i. M. 1:500, s. Abb. 253, unten.

Die *Bezeichnung* dieser Karten und Risse erfolgt nach dem Ortsnamen, der für die Karten 1:10000, aus denen die Karten und Risse größeren Maßstabes abgeleitet werden, festgelegt ist, in Verbindung mit der Numerierung des jeweiligen Karten- oder Rißbildes des Grubenrißwerkes, z. B. Bl.Essen-Werden 8.

Die Numerierung der Einzelblätter geschieht bei den Karten 1:5000 in römischen und bei den übrigen Rissen in arabischen Ziffern und zwar beginnt man mit der Zählung an der unteren *linken* Ecke, s.Abb. 253.

Zur weiteren Kennzeichnung der Einzelblätter ist noch unter dem Namen und der Nummer des Blattes der Rechts- und Hochwert der *unteren linken* Blattecke in GAUSS-KRÜGERschen Koordinaten anzugeben.

Die Herstellung der Risse 315

Übersichtskarten 1 : 10 000

$$\text{Bl.} \frac{\text{Essen-Werden}}{2567{,}5 \text{ R} - 5695 \text{ H}}$$

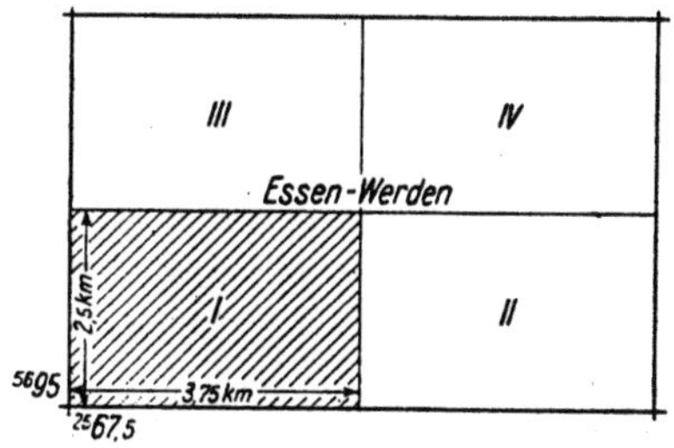

Karten 1 : 5000
aus 1 : 10 000

$$\text{Bl.} \frac{\text{Essen-Werden I}}{2567{,}5 \text{ R} - 5595 \text{ H}}$$

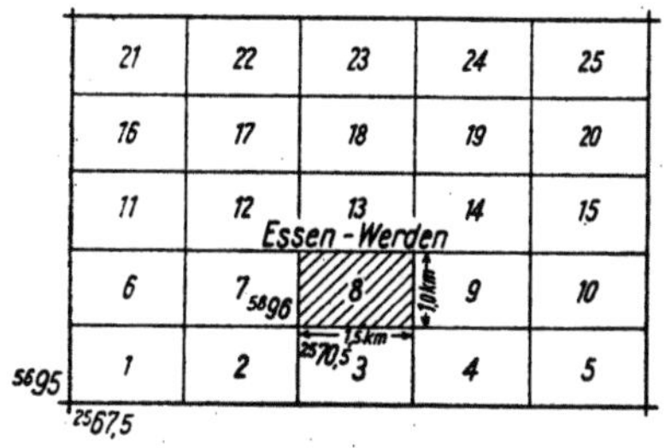

Risse 1 : 2000
aus 1 : 10 000

$$\text{Bl.} \frac{\text{Essen-Werden 8}}{2570{,}5 \text{ R} - 5596 \text{ H}}$$

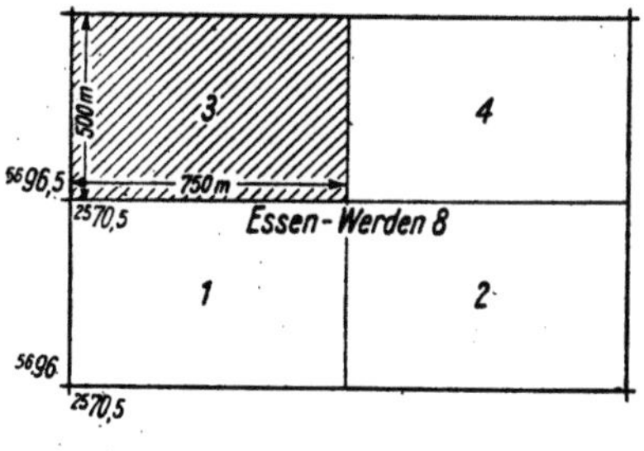

Risse 1 : 1000
aus 1 : 2000

$$\text{Bl.} \frac{\text{Essen-Werden 8,3}}{2570{,}5 \text{ R} - 5696{,}5 \text{ H}}$$

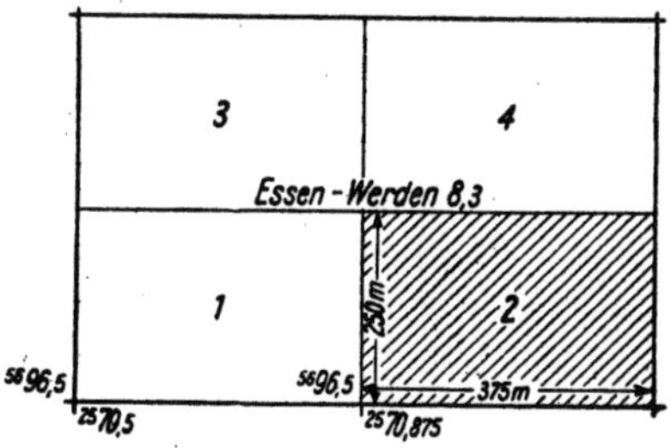

Risse 1 : 500
aus 1 : 1000

$$\text{Bl.} \frac{\text{Essen-Werden 8,32}}{2570{,}875 \text{ R} - 5696{,}5 \text{ H}}$$

Abb. 253. Blatteinteilung der Risse, Karten und Pläne des Grubenrißwerkes (Nach DIN 21900, 1.10)

3. Blatt- und Bildgröße. Als Blattgröße wird für Zulegerisse und Grubenbilder das Format DIN A 1 (594×841 mm) benutzt. Die Netzfläche (Bildgröße) dieser Risse ist einheitlich 500×750 mm groß. Es bleibt daher *links* und *oben* ein schmaler Rand von je 15 mm Breite, der zum Beschreiben der Netzlinienentfernungen (Koordinaten), der Netzquadrate (oben arabische Ziffern, links kleine lateinische Buchstaben), der Schnittlinien (Spuren), des Nordpfeils und der Anschlußblätter bestimmt ist. *Unten* und *rechts* befindet sich dagegen ein breiter Rand von 79 bzw. 76 mm, der zur Aufnahme des Titels, einer Blatteinteilung, einer Zeichen- und Farbenerklärung, der erläuternden Sonderdarstellungen z. B. von Schnittzeichnungen und des Namens des Zeichners dient.

Für Karten und Pläne können auch andere Papierformate der Reihe A verwandt werden, z. B. DIN A0 (841×1189 mm) oder DIN A2 (420× 594 mm) oder DIN A4 (210×297 mm) usw.

Der *Titel* wird stets *unten rechts* angebracht. Er soll die Bezeichnung des Minerals und den Namen des Bergwerkbetriebes, z. B. ,,Steinkohlenbergwerk Glückauf", die Art des Bergbaues (Tiefbau, Tagebau), die Bezeichnung der Rißart, z. B. ,,Sohlengrundriß 2. Sohle", einen einfachen Maßstab, die Bezeichnung des Blattes und einen Anfertigungsvermerk enthalten.

4. Schriftart, und Farbgebung. Die Auswahl der Schriftart ist freigestellt. Für die Risse des Grubenbildes wird jedoch die schräge Mittelschrift nach DIN 1451 bevorzugt. Schriftgröße, Schreibweise und Schriftanordnung sind für allgemein vorkommende Fälle genormt.

Der Farbengebung ist nach DIN 21900 auf allen Rissen, Karten und Plänen die OSTWALDsche *Farbenlehre* zugrunde gelegt. Durch diese wird die gesamte Farbenwelt in 2 Farbengruppen, nämlich in bunte Farben — gelb, rot, blau und grün — und in unbunte Farben — schwarz, grau und weiß — eingeteilt. Aus den 4 bunten Grundfarben werden 8 Hauptfarben — gelb, kreß, rot, veil, ublau, eisblau, seegrün und laubgrün — entwickelt. Jede der 8 Hauptfarben hat 2 Übergänge (Abstufungen) zu der Nachbarfarbe, so daß insgesmat 24 *Vollfarben* entstehen, die man auch als *reine* Farben bezeichnet, da sie keine Beimischungen von schwarz oder weiß aufweisen. Durch Beimischung eines bestimmten Weiß- oder Schwarzgehaltes können die 24 Vollfarben weiter abgestuft, d. h. bis zum reinen Weiß aufgehellt oder bis zum reinen Schwarz verdunkelt werden. Auf diese Weise entsteht eine große Anzahl von Farbtönen, so daß es möglich wird, jeden auf den Rissen, Karten und Plänen darzustellenden Gegenstand, z. B. jede vorkommende Gesteinsart, durch einen bestimmten genormten Farbton zu kennzeichnen. Der jeweilig anzuwendende Farbton wird durch ein Farbzeichen, das aus einer Zahl und zwei kleinen lateinischen Buchstaben besteht, genau festgelegt. Die Zahlen von 1 bis 24 geben im Farbtonkreis die Vollfarbe an, während die beigefügten kleinen Buchstaben *a* bis *p* den Weiß- oder Schwarzgehalt der Vollfarbe in einer geometrischen Reihe, die man Grauleiter nennt, kennzeichnen. So bedeutet z. B. das Farbzeichen 7 *na* für die 2. Tiefbausohle, daß es sich um die Abstufung der Vollfarbe rot mit dem Weißgehalt n und dem Schwarzgehalt a handelt.

Die gebräuchlichsten Farbenzeichen für Tagesgegenstände, Grubenbaue, geologische und betriebliche Darstellungen sind auf den Tafeln 30 bis 35 des Anhanges zusammengestellt. Leider liefern die Hersteller von Tuschen, Wasserfarben, Farbstiften usw. diese nicht mehr wie bisher mit der OSTWALDschen Bezeichnung. Der Benutzer muß also bis zu einer neuen Regelung, um die man seit längerem bemüht ist, und mit der auch eine Reduzierung der Vielzahl der in DIN 21900 bisher vorgesehenen Farben angestrebt wird, aus den zur Verfügung stehenden Farben diejenigen auswählen, die den genannten Farbtönen nahekommen.

Für die Kennzeichnung der *Sohlen* sämtlicher Rißarten des Grubenrißwerkes sind folgende Farben und Farbzeichen vorgeschrieben:

```
1. Tiefbausohle  . . . . . . . . . .  ublau      15 na
2.     ,,        . . . . . . . . . .  rot         7 na
3.     ,,        . . . . . . . . . .  laubgrün   23 na
4.     ,,        . . . . . . . . . .  veil       11 na
5.     ,,        . . . . . . . . . .  gelb        3 na
```

Die Stollensohlen erhalten die Sohlenfarben in umgekehrter Reihenfolge, also

```
1. (tiefste) Stollensohle  . . .  gelb        3 na
2. (mittlere)    ,,        . . .  veil       11 na
3. (obere)       ,,        . . .  laubgrün   23 na
```

Für die Farbengebung von Flächen ist zu beachten, daß Vollfarben nur bei sehr kleinen Flächen angewandt werden, größere Flächen müssen stets Abstufungen nach weiß (ia, ea) oder nach schwarz (ne, ni) erhalten.

5. *Zeichengrundstoffe.* Für das Berechtsamsrißwerk, das Zulegerißwerk, für das Amts- und das Werksgrubenbild sowie für andere Risse, Karten und Pläne, von denen lange Lebensdauer gefordert wird, müssen verschleißfeste und dauerhafte Zeichengrundstoffe verwendet werden, die außerdem möglichst maßbeständig sein sollen. Für solche Teile der Rißwerke, die durchsichtig sein sollen (Urpausen, Deckrisse), eignen sich insbesondere Folien aus Kunstharzen wie Pokalon, Astralon, Plexiglas u. a., sodann auch Polyesterfolien, z. B. Hostaphan. Als undurchsichtiger Zeichengrundstoff wird einfach oder mehrfach geklebtes oder auf Leinen aufgezogenes Zeichenpapier benutzt, aber auch Zeichenkarton mit Aluminiumfolie als Einlage.

Kurzlebige Darstellungen aller Art, von denen meist keine besonders große Maßbeständigkeit erwartet wird, werden auf Transparent- oder Pauspapier bzw. auf einfachem Zeichenpapier angefertigt. Es gibt aber neuerdings auch Transparentpapierarten, die verhältnismäßig fest, maßhaltig und unempfindlich gegen Wasser und Wärme sind.

Für die Neuanfertigung größerer Riß- oder Kartenwerke haben sich beschichtete Folien bewährt, die mit Spezialstichneln graviert werden und nach entsprechender chemischer Behandlung eine sehr gleichmäßige und saubere Darstellung liefern.

6. *Normen und Rißmuster.* Die Anfertigung der bergbaulichen Risse, Karten und Pläne erfolgt nach den Vorschriften der zurzeit noch geltenden Markscheider-Ordnung vom 23. März 1923 (MO)* in Verbindung mit den im Jahre 1951 von allen Länderregierungen der Bundesrepublik für verbindlich erklärten „Richtlinien für Herstellung und Ausgestaltung des bergmännischen Rißwerks — DIN 21 900". Diese Richtlinien umfassen 154 Normblätter und enthalten in 4 großen Abschnitten alle notwendigen Angaben über

1. Form und Gestalt der Rißwerke,
2. Zeichen für Grubenbaue,
3. Geologische Zeichen und
4. Betriebliche Sonderdarstellungen.

Im 1. Abschnitt — 1,01 bis 1.14 — dieses großen Normwerkes sind Richtlinien für Papierformate, Formatanordnungen und Faltvorschriften, für Schriftarten und Beschriftungsmethoden sowie für Blatteinteilungen, Blattgestaltung und Farbengebung behandelt, während im 2. Abschnitt — 2.01 bis 2.13 — Anweisungen für die Darstellung der Bergbauberechtigungen, der Grubenbaue sowie der Versatzarten, der Wetterführung, der Gefahrenzonen, der Punktvermarkungen u. ä. gegeben werden. Im 3. Abschnitt — 3.01 bis 3.15 — sind Regeln der Zeichen- und Farbengebung von geologischen, petrographischen und tektonischen Lagerungsverhältnissen zusammengestellt. Der 4. Abschnitt — 4.01 bis 4.08 — schließlich enthält Sonderdarstellungen auf den Gebieten des allgemeinen Vermessungswesens und der Bergschadenkunde, insbesondere Zeichen für die Berechnung und Darstellung von Abbaueinwirkungen, ferner Darstellungen der Flächennutzung und Raumordnung sowie Sinnbilder der Bergwerksmaschinen, Fördermittel, der Gewinnungs- und Absetzergeräte, des Ausbaues, der Leitungen, der elektrischen Anlagen und Schaltzeichen.

Für die Lagerstättenarchive (s. S. 407 u. f., Abschn. 189/190) einiger Bergbauzweige sind eigene Normenwerke geschaffen worden z. B. für den Steinkohlenbergbau DIN 21941 (1953) [17], für den Braunkohlenberg bau DIN 21942 (1961) [18] und für den Eisenerzbergbau DIN 21943 (1964) [19].

Alle genannten Normenwerke enthalten einige Rißmuster oder Ausschnitte von Rissen, die als Ausführungsbeispiele dienen und die Anwendung der Einzelzeichen in den verschiedenen Rißarten zeigen.

Es muß an dieser Stelle erwähnt werden, daß auf dem Gebiet der markscheiderischen Normung zurzeit nicht unerhebliche Neuerungen angestrebt werden, die z. T. durch die Weiterentwicklung des Bergmännischen Rißwerks bedingt sind und auf die später bei der Behandlung der einzelnen Risse und Pläne noch hingewiesen werden soll. Aber auch die moderne Betriebsplanung und Betriebsführung und nicht zuletzt die neueren bergbehördlichen Vorschriften verlangen eine entsprechende Anpassung des Rißwesens. Als Beispiel hierfür ist auf einer Tafel (in der Tasche des hinteren Buchdeckels) der *Entwurf* für die Zeichen wieder-

---
* Siehe hierzu auch S. 2, letzter Absatz.

gegeben, die bei der schwarz-weißen Darstellung eines Wetterführungsplanes, s. S. 413, Abschn. 193, verwendet werden sollen.

151. Die Herstellung der Grundrisse

1. Koordinatennetze. Jede grundrißliche Zeichnung ist in der Regel mit einem Quadratnetz zu versehen, das aus dünnen schwarzen Linien besteht, die meist parallel zu den Blatträndern verlaufen. Die Maschenweite dieses Quadratnetzes richtet sich nach dem Maßstab der Zeichnung. Bei Rissen 1:500 und 1:1000 wird der Abstand der Netzlinien meist 10 cm betragen, während beim Maßstab 1:2000 hierfür 5 cm gewählt werden, s. hierzu [16], Abschn. 1.071. Das Auftragen des Netzes erfolgt am bequemsten mittels eines Quadriertisches, an dessen Rand Marken in festen Abständen das Anlegen eines Lineals zum Ziehen der Netzlinien ermöglichen, oder mittels einer Quadrierplatte, die zum Durchstechen der Netzpunkte feine Öffnungen aufweist. Stehen derartige Vorrichtungen nicht zur Verfügung, so ist zunächst ein rechtwinkliger Rahmen in Bleilinien zu konstruieren. Das geschieht, da die Katheten der Zeichendreiecke für die langen Linien nicht immer genügend rechtwinklig zueinander sind, durch Einzeichnen zweier Diagonalen, auf deren 4 Hälften vom Schnittpunkt aus mit einem Stangenzirkel oder gut geteiltem Lineal gleiche Stücke abgetragen werden, s. Abb. 254.

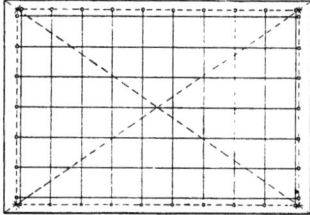

Abb. 254. Herstellung eines Quadratnetzes

Verbindet man die Endpunkte der Halbdiagonalen miteinander, so erhält man ein genaues Rechteck, auf dessen Seiten nun unter Berücksichtigung gleicher oder im Einzelfalle vorgeschriebener Randbreiten die Netzabstände mittels Anlegemaßstab oder Zirkel und Transversalmaßstab markiert werden. Durch die so erhaltenen Punkte sind die einander rechtwinklig schneidenden Scharen von Netzlinien mit Tusche fein auszuziehen. In manchen Fällen genügt es auch, statt der Netzlinien in deren Schnittpunkten kleine Strichkreuze zu zeichnen.

Das Quadratnetz soll das Eintragen der koordinatenmäßig bestimmten Punkte in den Grundriß ermöglichen, also als *Koordinatennetz* dienen. Zu diesem Zweck „orientiert" man zunächst das Zeichenblatt, indem man das obere Ende einer Netzlinie mit einem Nordpfeil versieht. Sodann schreibt man am oberen Blattrand an die nordsüdlich verlaufenden Netzlinien die runden Ost-West-Entfernungen (Ordinaten) von der Nord-Süd-Achse des örtlichen Koordinatensystems und am linken Blattrand an die ost-westlich verlaufenden Netzlinien die Nord-Süd-Entfernungen (Abszissen) von der Ost-West-Achse jeweils mit den entsprechenden Vorzeichen an.

Nach Einführung der GAUSS-KRÜGER-Koordinaten werden die Nord-Entfernungen der Netzlinien vom Äquator (Hochwerte) und die West- bzw. Ost-Entfernungen der Linien vom jeweiligen Mittelmeridian (Rechtswerte) in Kilometerzahlen, deren Bruchteile auf 100 m abgerundet werden, an den oberen und linken Blatträndern der Risse waagerecht vermerkt, wie es die Abb. 255 zeigt. Zu den Rechtswerten ist noch die Numerierung des jeweiligen in Betracht kommenden Meridianstreifens hinzuzufügen und zur Vermeidung der Vorzeichenangabe — der angenommene — Ostwert des Mittelmeridians = 500 km zu berücksichtigen, siehe Abschn. 58, S. 91 f.

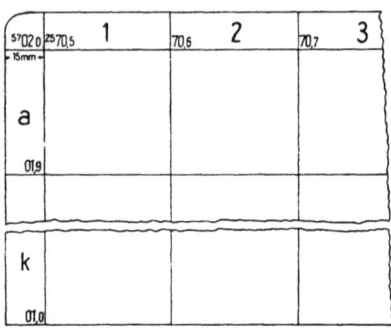

Abb. 255. Planquadrate im 2. Meridianstreifen des GAUSS-KRÜGERschen Koordinatennetzes

Zum leichteren Auffinden eines auf dem Riß dargestellten Gegenstandes sind die durch die Netzlinien entstandenen Planquadrate am oberen Blattrand mit Ziffern, am linken Blattrand mit kleinen lateinischen Buchstaben zu bezeichnen.

Bei Sonderplänen oder -rissen wählt man die Koordinaten für die einzelnen Netzlinien so, daß die Darstellung möglichst auf einem Blatt erfolgen kann, und daß sie einigermaßen symmetrisch zu den Blatträndern liegt. Für Einzelblätter in zusammenhängenden Plan- und Rißwerken sind die Koordinaten für die untere linke Blattecke durch eine Blatteinteilung vorgeschrieben, s. Abschn. 150, Abs. 2, S. 315, Abb. 253.

2. *Auftragen von Punkten nach rechtwinkligen Koordinaten.* Das Auftragen erfolgt vielfach noch mit Stechzirkel und Transversalmaßstab.

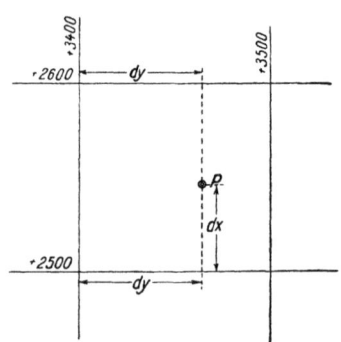

Abb. 256. Auftragung eines Polygonpunktes nach rechtwinkligebenen Koordinaten

Man ermittelt zunächst das Netzquadrat, in welches der betreffende Punkt fällt und trägt dann auf der oberen und unteren Seite dieses Quadrates von der dem Nullmeridian am nächsten gelegenen nordsüdlichen Netzlinie aus den Ordinatenüberschuß dy über den Netzlinienwert ab, s. Abb. 256. Die so erhaltenen Hilfspunkte werden durch eine dünne Bleilinie verbunden, auf der dann von der nächstgelegenen ostwestlichen Netzlinie aus der Restbetrag der Abszisse dx abzustechen ist. Zur Prüfung der Auftragung und der Netzeinteilung können auch die Ergänzungen zum Maschenabstand von der Gegenseite aus abgesetzt werden. Der Punkt selbst wird durch einen Zirkelstich bezeichnet, um den zur besseren Sichtbarmachung ein kleiner Kreis, zunächst nur in Blei gezogen wird. Die Nummer oder sonstige Benennung des Punktes ist beizuschreiben.

Schneller erfolgt das Absetzen der Koordinatenüberschüsse dy und dx mit *Anlegemaßstäben*, die für weniger genaue Auftragungen als prismatische Stäbe mit mehreren Verjüngungsverhältnissen ausgebildet sind, während für genaue Arbeiten Glasmaßstäbe mit Nadel und Lupe oder verschiebbare Maßstabslineale mit Feineinstellung zur Verfügung stehen.

Noch vorteilhafter sind *Kartiergeräte*, an denen gleich die beiden, rechtwinklig zueinander gelegenen Entfernungen eingestellt und die gewünschten Punkte mit Hilfe einer Nadel auf dem Riß bezeichnet werden können, s. Abb. 257. Schließlich seien hier auch die großen *Koordinatographen* erwähnt, die bei umfangreichen Kartierungen sowohl für die Netzherstellung als auch zum Auftragen der Punkte benutzt werden.

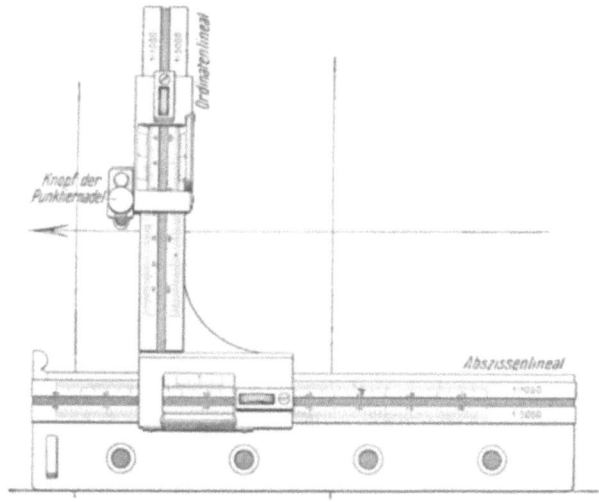

Abb. 257. Klein-Koordinator der Firma Ott zum Auftragen von Punkten nach rechtwinkligen Koordinaten

Sind alle koordinatenmäßig errechneten Punkte aufgetragen, so zeichnet man die Verbindungslinien zwischen den Punkten und erhält das Zugnetz in dem bei der Aufnahme gewählten Verlauf. Durch Abgreifen der Zugseiten auf dem Riß und Vergleich mit den bei der Messung oder durch Rechnung erhaltenen *söhligen* Maßen prüft man die Auftragung und in bezug auf grobe Fehler auch die Berechnung.

3. Zulage der rechtwinkligen Lageaufnahme. Ist die Einzelaufnahme oder Stückvermessung durch Bestimmung rechtwinkliger Abstände auf und von den Zugseiten aus erfolgt, so kann das Auftragen der in den Handzeichnungen eingeschriebenen Maßzahlen wieder mit Hilfe von Stechzirkel und Transversalmaßstab geschehen, während die rechten Winkel mittels zweier Zeichendreiecke oder mit einem Lineal und einem Dreieck aufgetragen werden. Zunächst sind auf jeder Zugseite die Fußpunkte sämtlicher Rechtwinkligen nach Abtragen der Abstände vom Anfangspunkt der Linie durch Zirkelstiche zu kennzeichnen. Dann werden durch die so kenntlich gemachten Fußpunkte nach der Handzeichnung die Rechtwinkligen rechts und links der Meßlinie mit Bleistift gezogen und schließlich auf diesen Rechtwinkligen die Abstände der Eck- und Brechpunkte von der Zugseite aus abgetragen, s. S. 134, Abb. 97.

Auch hier läßt sich durch Verwendung der obenerwähnten Anlegemaßstäbe oder der Kartiergeräte, deren Abszissenlineal man jetzt parallel zur Aufnahmelinie legt und an deren Ordinatenlineal man die Länge der Rechtwinkligen einstellt, eine wesentliche Beschleunigung der Arbeit erreichen. Im letzteren Falle wird zudem die Zeichenfläche weitgehend geschont, da keine Punkte auf den Zugseiten abzustechen und keine Rechtwinkligen zu ziehen sind.

Wenn bei der Lageaufnahme im Gelände sämtliche Begrenzungspunkte angeschnitten und im Grundriß zugelegt worden sind, so ergibt die Verbindung dieser Punkte unmittelbar die söhligen Umrißlinien, d. h. den „Grundriß" des betreffenden Gegenstandes. Bei Gebäuden werden in der Regel aber nur 2 bis 3 Punkte an einer Front festgelegt. Daher muß man die grundrißliche Form hier aus den gemessenen Längen der rechtwinklig aufeinanderstehenden Seiten ergänzen.

Als Maßstabverhältnisse für Lagepläne kommen meist 1:500 bis 1:2000 in Betracht. Da die Auftragegenauigkeit höchstens 0,1 mm beträgt, so genügt es in jedem Falle, wenn die Maße der Kleinaufnahme auf 5 cm genau gemessen sind. Ein Aneinanderreihen der Auftragestücke und damit eine Anhäufung der Auftragefehler findet hier nicht statt.

4. *Zulage von Hängetheodolit-, Kompaß- und Tachymeterzügen.* Soweit die Einzelaufnahme nach dem Polarkoordinatenverfahren, s. Abschn. 73, S. 133 erfolgt ist oder Kompaß- und Hängetheodolitzüge als Grundlage untergeordneter Aufnahmen ausgeführt worden sind, erfolgt die Auftragung des gemessenen oder abgeleiteten Winkel- und Längengrößen auf zeichnerischem Wege, wenn nicht schon — wie bei einzelnen Tachymetermessungen — mit der Aufnahme im Gelände die Auftragung der Richtungen und Längen gleich verbunden war. Die Winkel werden dabei in einfachster Weise mit einer Gradscheibe, genauer mit einem Zulegetransporteur oder einer Zeichenmaschine auf den Riß übertragen, während man die Längen wieder mit dem Stechzirkel auf dem Transversalmaßstab abgreift oder mit einem Anlegemaßstab absetzt.

Als *Gradscheibe*, die für viele praktische Bedürfnisse ausreicht, verwendet man einen Halbkreis von 12 bis 20 cm Durchmesser aus durchsichtigem Kunststoff. Am Rande dieser Scheibe ist eine durchgehend rechtsherum bezifferte Gradeinteilung von 0^g bis 200^g angebracht; oft ist auch eine zweite Bezifferung von 200^g bis 400^g vorhanden. Der Mittelpunkt der Teilung ist durch den Schnitt des Durchmessers mit dem hierzu rechtwinkligen Halbmesser gekennzeichnet.

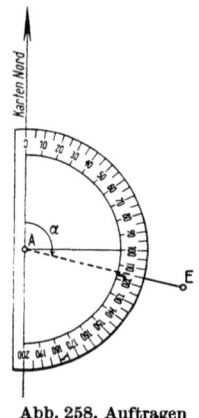

Abb. 258. Auftragen eines Richtungswinkels mit der Gradscheibe

Zum Auftragen eines *Richtungswinkels*, s. Abb. 258, legt man die Gradscheibe mit ihrem Mittelpunkt auf den Anfangspunkt des Zuges, und zwar so, daß der Durchmesser mit einer durch den Anfangspunkt gezogenen Parallelen zur Nord-Süd-Richtung (Kartennord) zusammenfällt. Für Richtungswinkel unter 200^g muß hierbei der Halbkreis *rechts* der Nord-Süd-Richtung, für Winkel über 200^g *links* dieser Linie gelegt werden. Dann bezeichnet man mit scharfem Bleistift am Rande der Teilung den aufzutragenden Richtungswinkel auf ganze und schätzungsweise zehntel Grade und zeichnet nun die Zugrichtung durch Verbindung des Auftragepunktes mit der Randmarke.

Sind *Streichwinkel* aufzutragen, so kann man diese entweder durch Abzug der für den betreffenden Kompaß ermittelten Nadelabweichung auf Richtungswinkel zurückführen oder aber besser die Gradscheibe so

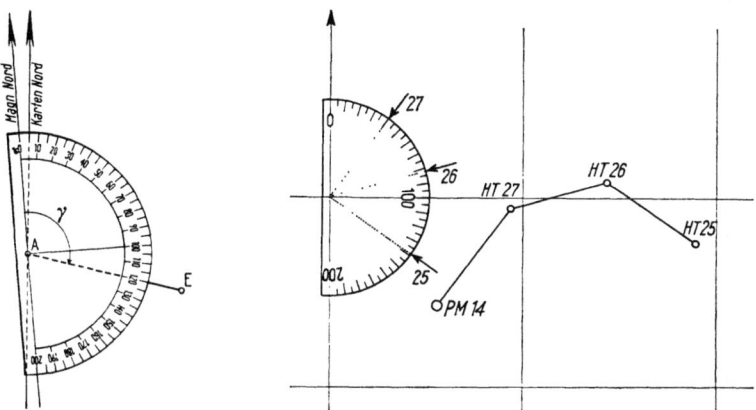

Abb. 259. Auftragung eines Streichwinkels mit der Gradscheibe

Abb. 260. Auftragung mehrerer Richtungswinkel von einem Netzpunkt aus

drehen, daß die durch den Auftragepunkt gezogene Parallele zur Nord-Süd-Linie (Kartennord) am Rande der Gradscheibe die Nadelabweichung anzeigt, s. Abb. 259.

Um beim Auftragen mehrerer Richtungs- oder Streichwinkel das jedesmalige Ziehen der Nord-Süd-Richtung und das Auflegen der Gradscheibe zu vermeiden, geht man zweckmäßigerweise von einem Netzpunkt des Blattes aus und trägt hier möglichst alle Richtungen ab, deren Randmarken die jeweiligen Punktnummern beigefügt werden, s. Abb. 260. Die Übertragung dieser Richtungen an den jeweils benötigten Punkt geschieht dann durch Parallelverschiebung mit zwei Zeichendreiecken oder mit Lineal und Dreieck.

Als *Zulegetransporteur* wird meist ein Metallhalbkreis von 20 bis 30 cm Durchmesser gebraucht, um dessen Mittelpunkt eine Regel, d. h. ein Lineal, das einen als Nonius ausgebildeten Zeiger trägt, drehbar angeordnet ist. Ein Führungslineal, an dem der Transporteur mit seinen parallel zum Durchmesser angebrachten Ansatzstücken verschoben werden kann, wird mittels zweier Schraubzwingen am Zeichentisch befestigt, s. Abb. 261, S. 324, oben. Dann ist der Zeichenbogen zu orientieren, d. h. er wird so weit gedreht, bis die auf 100^g oder bei Streichwinkeln auf 100^g plus Nadelabweichung gestellte Regel mit den ostwestlichen Netzlinien zusammenfällt. In dieser Lage wird das

Blatt festgehalten. Die Einzeichnung der Züge geschieht nach Einstellen des Richtungs- oder Streichwinkels unmittelbar an der Regel, s. Abb. 261.

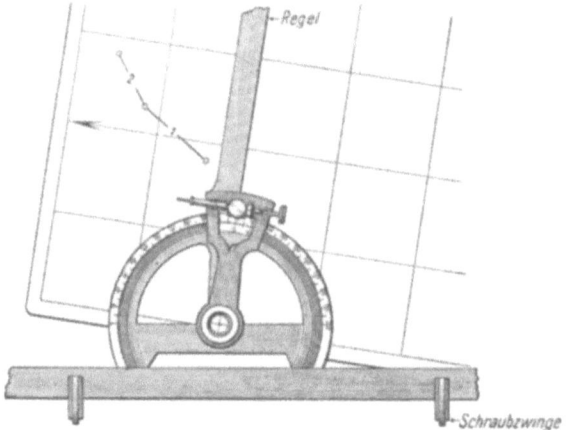

Abb. 261. Orientierung der Grundrißzeichnung bei Benutzung eines Zulegetransporteurs

Eine besondere Art von Zulegegerät ist die KUHLMANNsche Zeichenmaschine s. Abb. 262, die zum Auftragen der Winkel einen drehbaren Vollkreistransporteur besitzt, der mittels einer am Zeichentisch befestigten Parallelführung bequem an alle Stellen auf dem Zeichenbogen gerückt und dann auf jeden Zugpunkt richtig orientiert aufgesetzt werden kann. An einem verstellbaren, mit Teilungen versehenen Linealkreuz werden die söhligen Längen oder auch Koordinatenunterschiede abgesetzt.

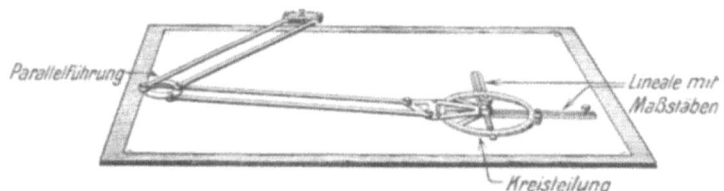

Abb. 262. KUHLMANNsche Zeichenmaschine

Die früher gebräuchliche Art der Auftragung von Streichwinkeln mit dem Kompaß in der Zulegeplatte ist wegen der in modernen Gebäuden stets störenden Einflüsse von Bauteilen aus Eisen und Stahl und von elektrischen Leitungen mit Recht fast völlig aufgegeben worden.

Für das Auftragen von Tachymetermessungen kann auch ein kleiner Polarkoordinatograph der Firma Ott benutzt werden, bei dem die Winkelgröße durch Abwicklung einer Meßrolle, die mit einem um seinen Endpunkt drehbaren Maßstabslineal zum Auftragen der Längen fest verbunden ist, bestimmt werden, s. Abb. 263.

Für genaue Auftragung von Polarkoordinaten aus umfangreichen Messungen werden auch größere *Polarkoordinatographen* benutzt. Die Abb. 264 zeigt ein solches Gerät der Firma Coradi. Es besteht im wesent-

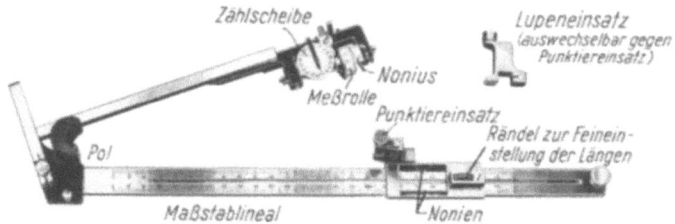

Abb. 263. Polarkoordinatograph der Firma Ott, Kempten

lichen aus einer kreisrunden Basis, einen darauf drehbar gelagerten Winkelwagen und einem linear verschiebbaren Distanzwagen. Die Einstellung der Winkel erfolgt mittels einer Winkelskala und das Absetzen der Längen mit einer Distanzskala. Die Übertragung der Punkte geschieht mit Hilfe eines besonderen Punktier-Mikroskopes.

Die Genauigkeit der Winkelauftragung mit der Gradscheibe beträgt bei sorgfältiger Ausführung etwa $0,1^g$ bis $0,2^g$. Bei dem Zulegetransporteur, der Zeichenmaschine und den Polarkoordinatographen wird sie bei etwa $\pm 2^c$ bis 5^c liegen.

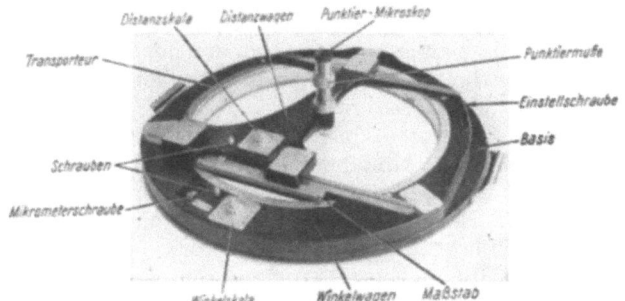

Abb. 264. Polarkoordinatograph der Firma Coradi, Zürich

5. Ausgleich von Meß- und Zulagefehlern, s. Abb. 265, S. 326. Ist ein Hängetheodolitzug an einem seiner Lage nach bekannten Punkte E abgeschlossen worden, und zeigt sich nach der Auftragung, daß dieser mit dem Endpunkt E' des mechanisch zugelegten Zuges nicht ganz zusammenfällt, so kann die wahrscheinlichste Lage der Zwischenpunkte B, C und D nach folgendem Verfahren erhalten werden. Man verbindet den Anfangspunkt A mit E' und fällt auf diese Verbindungslinie von den Zwischenpunkten B', C' und D' die Rechtwinkligen b, c und d. Durch die Fußpunkte dieser Rechtwinkligen zeichnet man die Parallele zur Endabweichung E' bis E und errichtet in den Schnittpunkten dieser Parallelen mit der Verbindungslinie A bis E wieder Rechtwinklige. Auf diesen werden die Längen b, c und d abgetragen, deren Endpunkte die Punkte B, C und D liefern.

Bei geschlossenen Zügen kann man dasselbe Verfahren anwenden, wenn man den Zug in zwei Teilen vom Anfangspunkt aus zulegt, den beim Zusammentreffen der beiden Zughälften auftretenden Unterschied halbiert und nun jeden Teil auf diesen Halbierungspunkt einpaßt.

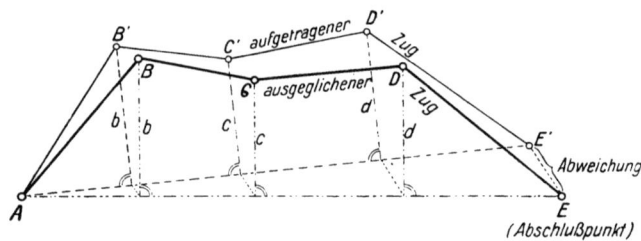

Abb. 265. Zeichnerischer Ausgleich von Fehlern bei der Zulage eines Hängetheodolitzuges. Darstellung im Grundriß

Auch können die in diesem Falle parallel zur Endabweichung e bei den Zwischenpunkten vorzunehmenden Verschiebungen v aus der Gesamtlänge des Zuges $[s]$ und den jeweiligen Teillängen s nach der Formel $v = \dfrac{e}{[s]} \cdot s$ berechnet werden.

6. *Ausarbeitung der Zeichnungen.* Auf den Zulegerissen werden sämtliche Meßpunkte und Seiten sowohl des Hauptzugnetzes wie auch der Nebenzüge in Tusche ausgezogen, während auf den Rissen der Grubenbilder meist nur die Endpunkte der Messungen aufgetragen werden. Die Punkte werden durch kleine, mit dem Nullenzirkel um den Stichpunkt geschlagene, schwarze oder farbige Kreise mit gleichfarbiger Numerierung und die Seiten durch stichpunktierte feine Tuschlinien gekennzeichnet. Die rechtwinkligen Abstände der Kleinaufnahme und die Visierstrahlen der Tachymetermessungen werden dagegen nur in seltenen Fällen in Reinzeichnungen übernommen. Die Umrißlinien der Gegenstände zieht man dann mit schwarzer Tusche aus. Weiterhin müssen der Darstellung Einzelheiten durch Farben oder Zeichen, die den natürlichen Verhältnissen angepaßt sind, sinnfällig hervorgehoben und durch entsprechende Beschriftung kenntlich gemacht werden, wobei die Anwendung verständlicher Abkürzungen häufig notwendig ist, s. auch Tafeln 30 bis 35 des Anhanges und DIN 21900 [16].

152. Konstruktion der Seigerrisse

Die Seigerrisse spielen im bergbaulichen Rißwesen bei der Wiedergabe der Grubenbaue und Lagerungsverhältnisse beim Abbau in steiler Lagerung als Ergänzung der Grundrisse eine Rolle.

Bei einer gefalteten Lagerstätte — wie dem Ruhrkarbon — dient der Seigerriß immer nur zur Darstellung *eines* Sattel- oder Muldenflügels. Er kann sich also äußerstenfalls nach oben bis zum Sattelhöchsten, nach unten bis zum Muldentiefsten erstrecken. Für die Darstellung der Gegenflügel müssen gegebenenfalls weitere Seigerrisse hergestellt werden. In der Regel wird der Seigerriß aus dem Grundriß oder wenigstens unter

Zuhilfenahme der Grundrisse als sogenannter *Folgeriß* konstruiert, s. hierzu jedoch Abschn. 155, S. 332 u. f. Auf eine parallel zum Streichen des Flözes verlaufende, seigere Bildebene werden hierbei alle Einzelheiten, aber nur soweit sie in der Lagerstätte selbst auftreten, rechtwinklig übertragen, s. Abb. 247a, S. 308.

Da in einem einfachen Seigerriß über das Verhalten des Flözes, z. B. über sein Streichen und Einfallen, nichts zu erkennen ist, so wird ihm gewöhnlich eine grundrißliche Wiedergabe der Hauptstrecken beigefügt, aus der sich auch der Verlauf der Seigerrißebene (Spur) ergibt, s. Abb. 266, oben. Letztere legt man bei südlichem oder westlichem Einfallen in der Regel ins Hangende, bei nördlichem oder östlichem Einfallen ins Liegende der Lagerstätte. Der Verlauf der Bildebene wird im Grundriß durch ihre Spur, im Seigerriß durch Anschreiben der ungefähren Himmelsrichtung links und rechts auf jedem Blatt der Darstellung gekennzeichnet, wobei Norden oder Westen in der Regel *links* angeordnet wird. Um das Auftragen und das Abgreifen von Punkten zu ermöglichen, sind die Seigerrisse im allgemeinen mit einem Quadratnetz überzogen, an dessen waagerecht verlaufenden Netzlinien jeweils der Abstand von Normal-Null mit positivem oder negativem Vorzeichen angeschrieben ist, während die lotrechten Netzlinien das Absetzen und Entnehmen von söhligen Entfernungen erleichtern.

Zur Konstruktion des Seigerrisses zieht man zunächst in dem zugehörigen Grundriß von allen bemerkenswerten Punkten — Streckenkreuzungen, End- und Knickpunkten — Bleistiftlinien rechtwinklig auf die Spur der Seigerrißebene, greift die Entfernungen der so erhaltenen Schnittpunkte von einem Ausgangspunkt, z. B. einer Querschlagkreuzung oder ähnlichem, ab und überträgt sie söhlig in den Seigerriß. Auf den lotrechten Linien durch die so übertragenen Punkte werden die jeweiligen Höhenzahlen, von der nächsten runden Höhenlinie ausgehend, abgesetzt. Die nicht im Grundriß auftretenden Baue, wie Abbaustrecken, Durchhiebe, Abbauflächen, sind unmittelbar nach den Messungsergebnissen — söhlige Längen — und nach den errechneten Werten — Höhenzahlen oder Seigerteufen — einzutragen. Zum Schluß werden die zueinandergehörigen Punkte verbunden. Man erhält dann von allen streichenden Strecken im Flöz neben der wirklichen Länge die Begrenzungslinien, d. h. Sohle und Firste, von allen flachen Grubenbauen die Projektion ihrer wirklichen Länge und die Streckenstöße. Alle Querschläge erscheinen im Querschnitt. Nicht in das Flöz fallende, sie aber durchsetzende, seigere Grubenbaue, die aus irgendeinem Grunde mit aufgenommen werden sollen, wie z. B. Schächte, dürfen nur in gerissenen Linien dargestellt werden.

Damit im Seigerriß die streichenden Längen richtig wiedergegeben werden, muß die Bildebene dem Streichen des Flözes ziemlich genau parallel verlaufen. Bei unregelmäßigem Verhalten der Lagerstätte wird daher häufig eine mehrmalige Richtungsänderung, d. h. ein Knicken dieser Bildebene erforderlich sein, um sich der Streichrichtung immer anpassen zu können. An den Knickpunkten entsteht nun — je nach Lage der Streckenkrümmungen zur Seigerrißebene — mit zunehmender Entfernung der Baue von letzterer ein keilförmiges Klaffen oder eine keilförmige Überdeckung in der Darstellung. Bei einer Überdeckung, s. Abb. 266, links, muß die Bildebene um den Betrag der größten Überdeckung auseinander gezogen werden, während bei einem Klaffen, s. Abb. 266, rechts, sich an den Knickpunkten die Aussparungen in der Darstellung ohne weiteres ergeben.

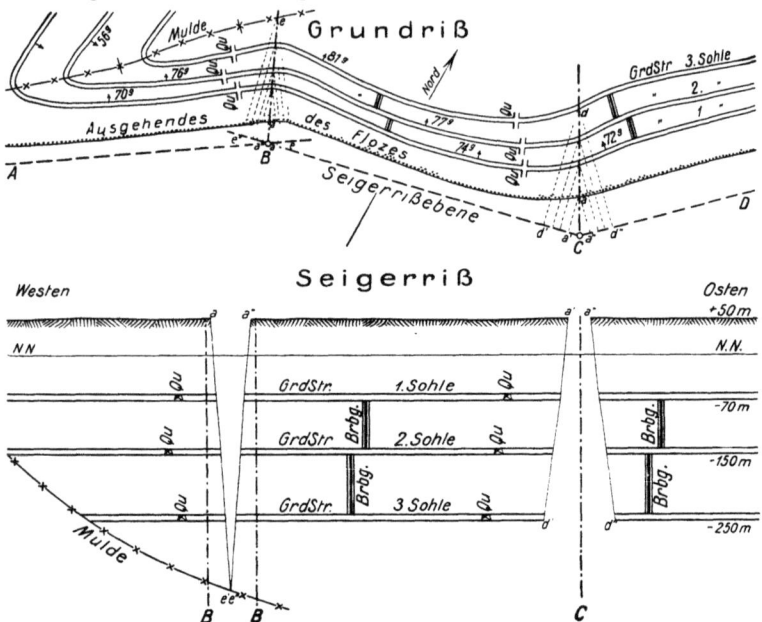

Abb. 266. Konstruktion eines Seigerrisses bei geknicktem Verlauf der Bildebene

Der Seigerriß läßt sich durch Eintragen von Scheibenlinien als *Querabstandslinien*, d. h. Linien gleichen Abstandes der Lagerstätte von der seigeren Bildebene, weiter ausgestalten, um so aus dem Verlauf dieser, den Höhenkurven im Grundriß etwa entsprechenden Linien die Änderung im Streichen und Einfallen des Flözes auch *ohne* Grundriß erkennen zu können. Die Konstruktion der Scheibenlinien erfordert eine möglichst vollständige Lage- und Höhenaufnahme aller aufgefahrenen Strecken und Abbaue.

153. Die Herstellung der Flachrisse

In diesem Abschnitt sollen zunächst nur die *betrieblichen Flachrisse*, für die NIEMCZYK/HAIBACH [56], Bd. III, 1. Halbbd., S. 227, die Bezeichnung *flache Zustandsrisse* vorschlagen, behandelt werden. Man versteht hierunter meist großmaßstäbliche Darstellungen (z. B. 1:500) von Betriebspunkten, wie z. B. Schrägbaustreben in mäßig geneigter bis steiler Lagerung, die für die Betriebsführung und -planung in verhältnismäßig großer Zahl benötigt werden. Grundlage hierfür bildet im allgemeinen die Strebaufnahme, d. h. die Einmessung aller den Betrieb interessierenden Einzelheiten wie Lage des Kohlenstoßes, der Versatzböschung, des Fördermittels, des Ausbaus, der geologischen Störungen usw.

Die Abb. 267 zeigt an einem einfachen Beispiel die Herstellung eines betrieblichen Flachrisses. Der Verlauf der Abbaustrecken wird aus dem Abbaugrundriß übernommen, wobei der flache Abstand f zwischen Kopf- und Ladestrecke entweder dem Querschnitt entnommen oder aus der

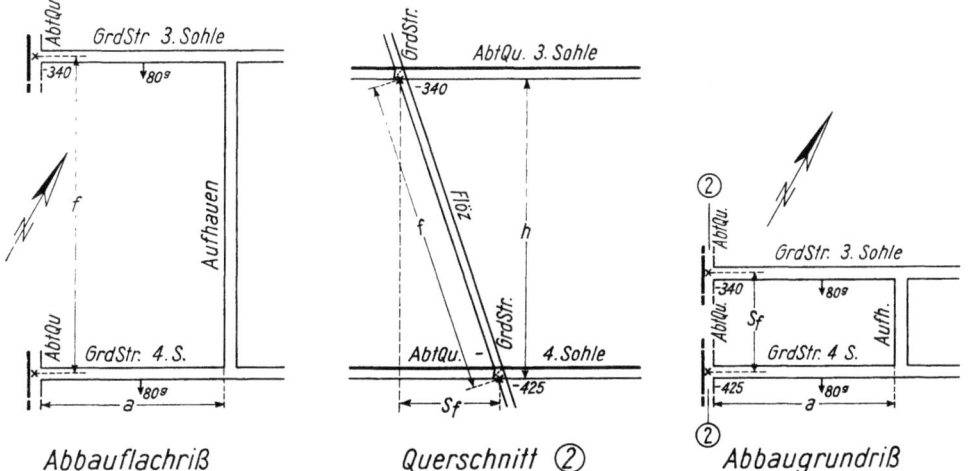

Abb. 267. Herstellung eines betrieblichen Flachrisses

im Grundriß abgegriffenen söhligen Länge s_f und dem Einfallen α nach $f = \dfrac{s_f}{\cos \alpha}$ berechnet werden kann. Alle söhligen Maße, wie die Länge der Abbaustrecken, die Ansatzpunkte des Aufhauens usw. können ebenfalls aus dem Grundriß entnommen werden. Die Darstellung wird schließlich vervollständigt durch Einzeichnen der Verbindungslinien, Farbgebung u. a. m.

In der Abb. 268 ist als Beispiel die hier auf den Maßstab 1:1000 verkleinerte flachrißliche Darstellung eines Schrägbaustrebs mit firstenbauartigem Verhieb wiedergegeben, in dem zusätzlich der Regelausbau im zehnfach größeren Maßstab dargestellt ist.

Wenn es sich bei derartigen Zeichnungen um *geplante* Betriebspunkte handelt, so werden die Einzelheiten, wie z. B. die Maße der Firsten, nach den Angaben des Betriebes eingezeichnet. Wird dagegen der *laufende* Betrieb dargestellt, so müssen die in der Örtlichkeit gemessenen Werte für die Kartierung benutzt werden. Vielfach wird der betriebliche Flachriß ergänzt durch weitere Angaben über die Ausbildung der Lagerstätte und des Nebengesteins, über Gebirgsstörungen, Klüfte und Schlechten usw. Beispiele hierfür sind in O. NIEMCZYK/O. HAIBACH [56], Bd. III, 1. Halbbd., S. 226f. enthalten.

330 Geometrische Darstellungen

Solange sich Streichen und Einfallen nicht allzu sehr ändern, d. h. die notwendige Parallelität zwischen Lagerstätte und Bildebene in etwa erhalten bleibt, was bei der Wiedergabe einzelner Abbaubetriebe meist angenommen werden kann, reicht die Genauigkeit der in der oben geschilderten Weise hergestellten flachrißlichen Darstellungen für betriebliche Zwecke aus. Will man dagegen größere zusammenhängende Lagerstättenteile flachrißlich darstellen, soll also der Flachriß Bestandteil des Grubenrißwerks werden, so muß man andere Wege beschreiten.

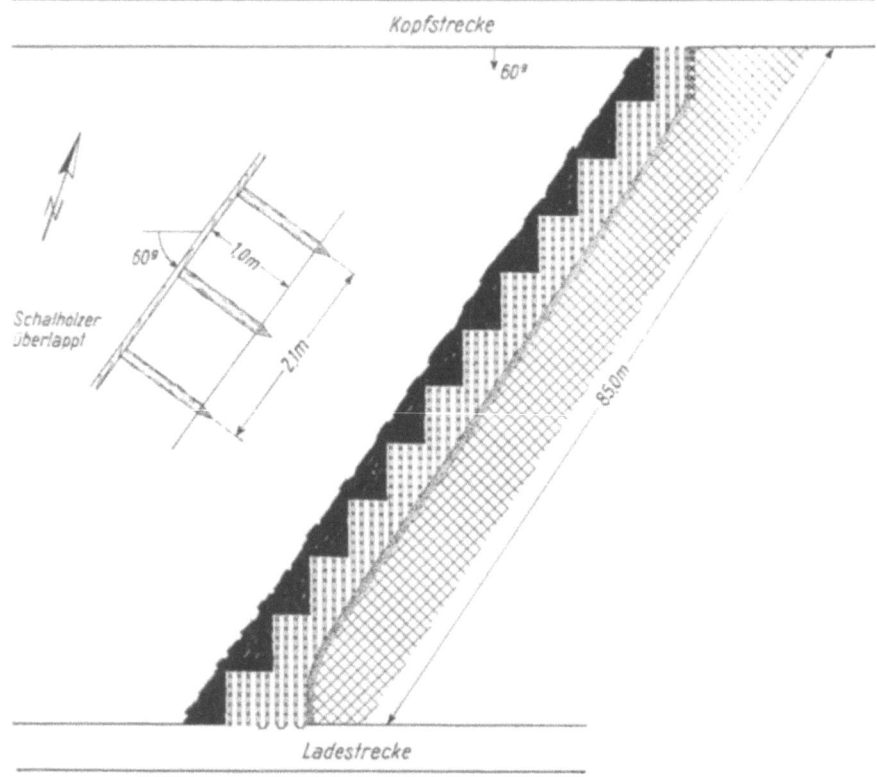

Abb. 268. Betrieblicher Flachriß: Schrägbau mit firstenbauartigem Verhieb

Man kann sodann entweder den Flachriß unter Zuhilfenahme des Grundrisses und einer möglichst großen Zahl von Schnitten als *Folgeriß* konstruieren oder ihn mit Hilfe der aus den Meßwerten rechnerisch gewonnenen Raumkoordinaten unmittelbar durch Zulage als *Ursprungsriß* erhalten. Da, wie O. NIEMCZYK in [56], Bd. III, 1. Halbbd., S. 223, auf Grund von Zeitstudien von K. BURGER mitteilt, die Herstellung als Folgeriß keine nennenswerten Zeitvorteile gegenüber der Konstruktion des Ursprungsrisses bietet, wohl aber dabei ein geringer Genauigkeitsverlust in Kauf genommen werden muß, sei auf diese Methode hier nicht weiter eingegangen. Der Flachriß als Ursprungsriß wird dagegen im Abschn. 155, S. 332 u. f. kurz behandelt.

154. Die Konstruktion der Schnitte

Wie bei den Seigerrissen so wird auch bei der Herstellung der Schnitte meist von den Grundrissen ausgegangen, in die man zunächst den Verlauf der Schnittlinie (Spuren) zwischen den lotrechten Schnittebenen und den Grundrißebenen als gestrichelte Linien einzeichnet und durch Hinzufügen von in Kreise gesetzten Zahlen — gerade Zahlen für Querschnitte, ungerade für Längsschnitte — kennzeichnet. Im allgemeinen werden geradlinig verlaufende Schnittlinien gewählt; doch kann bei Grubenbauen durch die Lage aufschlußreicher Strecken, wie Querschläge oder Richtstrecken, bei Lagerungsverhältnissen durch das Auftreten von Störungen oder durch Unregelmäßigkeiten im Verlauf von Falten und im Schichtstreichen ein Knicken oder Absetzen der Schnittlinien notwendig werden. Auch der Schnittriß wird mit einem Quadratnetz überzogen und sein Verlauf durch Angabe der ungefähren Himmelsrichtung gekennzeichnet, wie im Abschn. 152, S. 326, für die Seigerrisse beschrieben.

Bei der Anfertigung der Schnittzeichnung geht man von einem, in der Schnittebene gelegenen Grubenbau, z. B. von einem Schacht oder Blindschacht aus, den man, in Breite und Höhe richtig begrenzt, an geeigneter Stelle, möglichst auf einer lotrechten Netzlinie, zuerst aufträgt. Dann greift man mit dem Zirkel die Entfernungen von Mitte Schacht zu den Begrenzungslinien aller übrigen, die Schnittlinie schneidenden Grubenstrecken oder Streichlinien in den Grundrissen ab und überträgt diese Entfernung *söhlig* in den Schnitt. Durch die so erhaltenen Punkte werden lotrechte Bleistiftlinien gezogen, auf denen man nun die Höhenlage durch Absetzen des seigeren Abstandes von der nächsten, mit runder Höhenzahl bezeichneten, waagerechten Netzlinie bestimmt. Zum Schluß verbindet man die zueinander gehörigen Punkte, z. B. an Blindschachtstößen, am Liegenden und Hangenden der Lagerstätten, an der Sohle und Firste der Grubenstrecken usw. Werden die söhligen Entfernungen vom Ausgangspunkt für das Abgreifen mit dem Zirkel zu groß, so teilt man die Schnittlinie im Grundriß vom Schacht ausgehend in runde Entfernungen — meist 100 m — und schreibt diese Entfernungen an den lotrechten Netzlinien des Schnittblattes an. Bei der Auftragung von söhligen Längen hat man dann nur das Maß von der letzten Netzlinie aus abzusetzen.

Bei geknickten Schnittlinien ist darauf zu achten, daß nicht die kürzesten Entfernungen vom Ausgangspunkt, sondern diejenigen in der gebrochenen Schnittlinie abzugreifen sind. Muß ein Absetzen der Schnittlinie eintreten, so kann dies entweder rechtwinklig zu dieser erfolgen oder aber im Streichen einer Gebirgsschicht bzw. Lagerstätte vorgenommen werden. In letzterem Falle wird das mehr oder weniger rechtwinklig zum Hauptverlauf der Schnittebene liegende Stück in der Zeichnung ausfallen. Die beiden Teilstücke werden dann einfach aneinander gefügt, obwohl es vielfach besser wäre, sie vollständig voneinander zu trennen, zumal wenn es sich um ganz verschiedene Gebirgsteile im Hangenden und Liegenden einer Störung handelt.

Auch einzelne, durch Messung gewonnene und durch Rechnung in söhlige Entfernungen und seigere Höhen umgewandelte Werte können unmittelbar in eine Schnittzeichnung eingetragen werden. So wird z. B. die Auftragung einer durch die Mitte eines Aufhauens ausgeführten Gradbogenmessung im Schnitt in der Weise erfolgen, daß man auf einer waagerechten Linie durch den Anfangspunkt die söhligen Längen in Richtung der Messung aneinander reiht, durch die so gewonnenen Punkte lotrechte Linien zieht und auf diesen die berechneten Seigerteufen oder die Höhenzahlen abträgt, s. S. 292, Abb. 231. Sohle und Firste des Aufhauens lassen sich nach Lage der Punkte in der Handzeichnung oder nach dem Abstand der Punkte von den genannten Flächen einzeichnen. Verlaufen jedoch die einzelnen Gradbogenzüge von Stoß zu Stoß, so muß man erst die Punkte der im Grundriß dargestellten Züge auf die Schnittlinie rechtwinklig übertragen und dann die söhligen Entfernungen auf dieser Linie abgreifen.

Sind im Einzelfall im Grundriß Höhenzahlen nicht oder nur unvollständig angegeben, so kann die Eintragung von rechtwinklig zum Streichen geschnittenen Lagerstätten und sonstigen Gebirgsschichten im Querschnittriß auch mit Hilfe der Einfallwinkel dieser Schichten erfolgen. Für diagonal geschnittene Schichten muß der Schnittwinkel aus dem Einfallwinkel und dem Unterschied der Richtungswinkel von Schicht- und Schnittlinie erst ermittelt werden, s. Abschn. 176. S. 378 und Tafel 7, oben.

Wenn auch im allgemeinen für Schnittrisse der Grundsatz gilt, daß nur die in der Schnittebene befindlichen Gegenstände aufgetragen werden, so schließt das doch nicht aus, daß auch in unmittelbarer Nachbarschaft dieser Schnittlinien gelegene Baue mit dargestellt werden, wenn die Darstellung dadurch an Anschaulichkeit gewinnt und keine falschen Deutungen möglich sind. So wird man z. B. bei einem Schnitt durch übereinanderliegende Querschläge auch die unmittelbar seitwärts dieser Querschläge liegenden Blindschächte eintragen.

Durchkreuzen sich im Grundriß zwei Schnittlinien, z. B. von Quer- und Längsschnitten, so sind diese Stellen in den einzelnen Schnittrissen als lotrechte strichpunktierte Linien zu kennzeichnen. Alle Eintragungen an diesen Stellen müssen in beiden Schnitten in gleicher Höhenlage auftreten.

Die Ausarbeitung der Schnittrisse erfolgt in der gleichen Weise wie die der Grundrisse, wobei nicht unmittelbar in der Schnittebene gelegene Teile durch gestrichelte Linien kenntlich gemacht werden.

155. Seiger- und Flachrisse als Ursprungsrisse

Im Abschn. 152 ist gezeigt worden, wie ein Seigerriß als Folgeriß aus dem Grundriß entsteht. Auch für den Flachriß wurde im Abschn. 153 auf diese Konstruktionsmethoden hingewiesen. Es ist jedoch auch möglich, nach entsprechender Umformung der für die Kartierung notwendigen Meßwerte in *jeder* Projektionsart unmittelbar durch Zulage

Ursprungsrisse anzufertigen. Hierfür hat O. HAIBACH in den letzten beiden Jahrzehnten die Voraussetzung geschaffen. Wegen des großen Umfangs dieser Arbeiten ist es bei der hier gebotenen Kürze nicht möglich, sie auch nur annähernd wiederzugeben. Es können deshalb nur die Grundgedanken und ihre Bedeutung für die Seiger- und Flachrisse angedeutet sowie Literaturhinweise gegeben werden.

1. Grundlagen. Zunächst werden die wichtigsten Zeichen gemäß der von HAIBACH eingeführten Systematik erläutert. Große Buchstaben kennzeichnen die Rißarten, so z. B.

G = Grundriß,
S = Seigerriß,
F = Flachriß.

Wird kein weiterer Zusatz gemacht, so drücken diese Buchstaben gleichzeitig aus, daß der jeweilige Riß durch *orthogonale* (= rechtwinklige Parallel-) Projektion entstanden ist. Treffen die Projektionsstrahlen nicht rechtwinklig auf die Projektionsebene, so liegt eine *plagiogonale* (= schiefe Parallel-) Projektion vor; dies wird dadurch ausgedrückt, daß

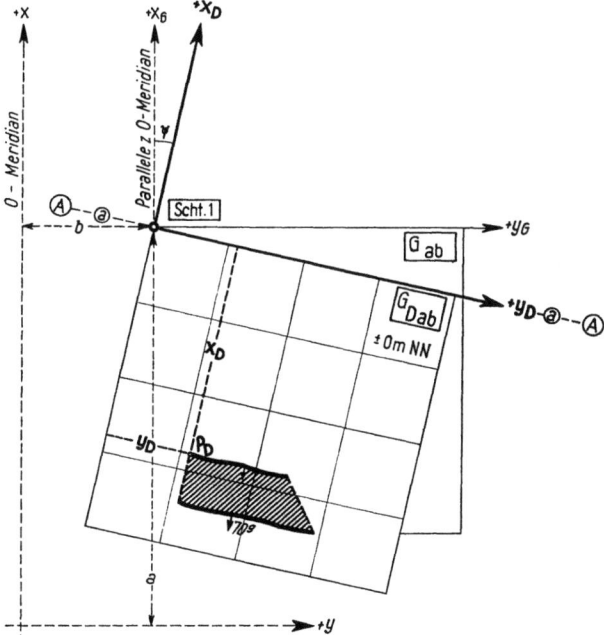

Abb. 269. Nullpunktverschiebung und Drehung des Koordinatensystems für die Konstruktion von Ursprungsseigerrissen und -flachrissen

dem die Rißart kennzeichnenden großen Buchstaben ein kleines s vorangesetzt wird. Der Neigungswinkel γ der Projektionsstrahlen wird mit der zugehörigen Gradzahl als Index beigeschrieben. Es bedeutet also z. B. $sG_{\gamma = 50^g}$ eine schiefe Parallelprojektion unter einem Winkel von 50^g auf eine Grundrißebene (= Militärperspektive, s. Abschn. 156, S. 338).

Der Neigungs- bzw. Kippwinkel α einer Projektionsebene, etwa der Flachrißebene, wird mit der entsprechenden Gradzahl ebenfalls als Index angegeben, also z. B. $F_{\alpha\,=\,60^g}$.

Um unmittelbar in einem Ursprungsseigerriß oder -flachriß zulegen zu können, muß man ein Koordinatensystem benutzen, das der Lage des darzustellenden Gegenstandes im Raum, z. B. eines Flözteiles, angepaßt ist. Wie die Abb. 269 zeigt, kann hierzu eine Verschiebung des Koordinatennullpunktes um a in der Abszisse und um b in der Ordinate zweckmäßig sein. Sodann wird das System soweit um den Winkel ψ gedreht,

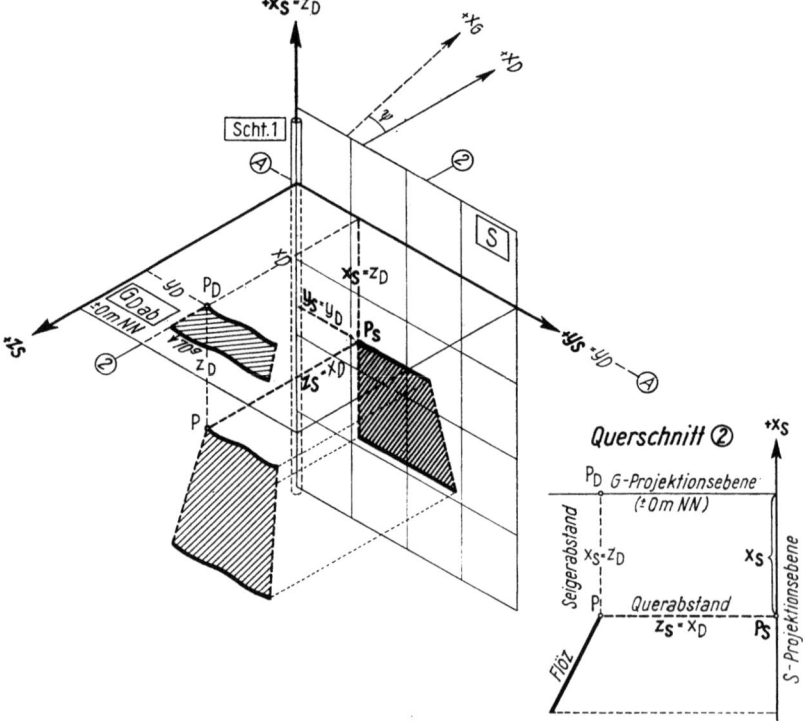

Abb. 270. Raumkoordinaten für die Konstruktion eines Ursprungsseigerrisses. Links: Perspektivische Darstellung, rechts: Querschnitt durch P.

daß die Ordinatenachse parallel zum Streichen des Flözes und damit zur Spur der Seiger- bzw. Flachrißebene verläuft. Der Winkel ψ wird so gewählt, daß die positive x_D-Achse in die Gegenrichtung zur Einfallrichtung der Lagerstätte weist; sie zeigt also bei nördlichem Einfallen nach Süden, bei südwestlichem Einfallen nach Nordosten usw. Die notwendige Koordinatenumformung — vgl. auch Abschn. 59, S. 94 — wird durch den Index D für die Drehung und den Index $a\,b$ für die Nullpunktverschiebung ausgedrückt, so daß der Übergang zum Seigerriß wie folgt in Kurzform angegeben werden kann:

$$G \to G_{Dab} \to S.$$

Die Achsen des gedrehten Koordinatensystems bezeichnet man mit x_D, y_D und z_D, wobei die z_D-Werte den Höhen entsprechen.

Für die Zulage im *Ursprungsseigerriß* erhält die Seigerrißebene ein quadratisches Gitternetz, s. Abb. 270. Seine positive x_s-Achse zeigt zum oberen Blattrand und ist identisch mit der $+z_D$-Achse. Die positive y_s-Achse verläuft nach rechts, wenn die Lagerstätte auf den Betrachter zu einfällt.

Die z_s-Werte sind oberhalb der Seigerrißebene positiv und unterhalb negativ — vergleichbar den Höhenzahlen ober- und unterhalb der NN-

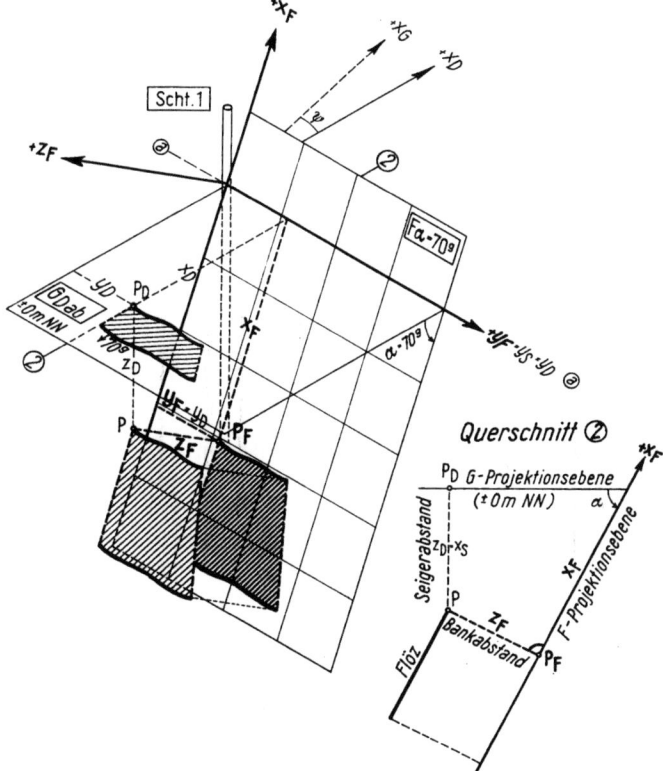

Abb. 271. Raumkoordinaten für die Konstruktion eines Ursprungsflachrisses. Links: Perspektivische Darstellung, rechts: Querschnitt durch P.

Fläche —; sie entsprechen dem Betrag nach den x_D-Werten, haben jedoch umgekehrte Vorzeichen.

Soll ein *Ursprungsflachriß* hergestellt werden, so muß eine Umformung erfolgen, die durch die Kippung der Flachrißebene um den Vertikalwinkel — hier $\alpha = 70^g$ — bedingt ist, s. Abb. 271, oder in Kurzform ausgedrückt:
$$G \rightarrow G_{Dab} \rightarrow F_{\alpha = 70^g}.$$

Für die Zulage werden die Achsen des gekippten Koordinatensystems benutzt, die mit x_F, y_F und z_F bezeichnet werden. Die positive x_F-Achse zeigt zum oberen Blattrand des Flachrisses. Die y_F-Werte sind gleich den y_s-Werten des Seigerrisses. Die z_F-Werte bedeuten bankrechte Abstände des Flözes von der Projektionsebene. Sie sind über der Flachrißebene positiv, darunter negativ.

Wie im Grundriß, so kann auch in allen übrigen Ursprungsrissen die Zulage nach zwei Verfahren erfolgen, und zwar 1. durch Auftragen der Punkte nach rechtwinkligen Koordinaten (vgl. Abschn. 151, Abs. 2, S. 320) und 2. durch Zulage nach Polarkoordinaten (vgl. Abschn. 73, S. 134 und Abschn. 151, Abs. 4, S. 322). Im ersten Fall sind die Meßwerte unter Berücksichtigung des Drehwinkels ψ und des Kippwinkels α so umzurechnen, daß die Raumkoordinaten x_s, y_s und z_s bzw. x_F, y_F und z_F entstehen, die sodann vom Gitternetz des Ursprungsrisses aus mit Hilfe von Zirkel und Transversalmaßstab aufgetragen werden. Im zweiten Fall müssen Richtungswinkel und Längen so reduziert werden, daß ihre Werte im Ursprungsriß — ausgehend von bereits kartierten Punkten — unmittelbar zugelegt werden können.

Für beide Fälle sind in NIEMCZYK/HAIBACH [55, Band II, S. 108 bis 125 und S. 199 bis 220] alle notwendigen Formeln unter Anwendung der analytischen Geometrie abgeleitet worden. Es sei ausdrücklich betont, daß sich diese Formelentwicklungen nicht nur auf die Seiger- und Flachrisse beschränken, sondern auch alle anderen Projektionsarten einschließen. NIEMCZYK/HAIBACH [56, Band III] enthält Berechnungsbeispiele, aus denen hervorgeht, daß der Rechenumfang allerdings recht erheblich ist, s. hierzu jedoch Abs. 3, S. 337.

2. Formbeschreibung durch Wertlinien. Bieten die oben geschilderten Entwicklungen die Möglichkeit, für die zweckmäßige Darstellung der Lagerstätte beliebige Projektionsarten zu wählen und damit allein schon eine höhere Aussagekraft der Risse zu erzielen, so liegt ein weiterer Vorteil darin, daß bei den Umformungen ohne großen Mehraufwand die Werte mit gewonnen werden können, die zur *Formbeschreibung,* z. B. der Flözfläche, durch Wertlinien nötig sind. Der allgemein bekannte Fall einer Formbeschreibung ist die der Geländeoberfläche durch Höhenlinien, s. Abb. 145, S. 187, und Abschn. 172, S. 373. Auch bei den Abbaugrundrissen, s. Abschn. 185,5, S. 400, ist es vielfach üblich, die Form der Liegendfläche der Lagerstätte durch Höhen- oder Schichtlinien zu veranschaulichen, weil dies für die Abbauplanung und andere bergtechnische Fragen von Bedeutung ist. Es handelt sich hierbei um Linien gleichen Abstandes von der Normal-Null-Fläche. HAIBACH nennt sie *Seigerabstandslinien* und die zugehörigen Werte *t-Werte.* In ähnlicher Weise kann man Linien gleichen Abstands einer Fläche rechtwinklig oder *quer* zur Seigerrißebene gewinnen, die sogenannten *Querabstandslinien* mit den dazu notwendigen *q-Werten.* Bei der flachrißlichen Darstellung dienen Linien gleich *bankrechten* Abstandes zur Formbeschreibung; sie heißen *Bankabstandslinien* und werden mit Hilfe der *b-Werte* konstruiert. Grundsätzlich können alle diese Wertlinien, nämlich *t-, q-* und *b-*Linien, zur vollständigen Formbeschreibung in den Projektionsarten G, S und F verwendet werden.

Die t-, q- und b-Werte lassen sich durch Anbringen von Verbesserungen, die durch den bankrechten Abstand b_i des Meßpunktes von der Liegendfläche bedingt sind, aus den z_D- ($= x_s$-)Werten, den z_s- ($= x_D$-) Werten und den z_F-Werten des Meßpunktes gewinnen, s. Abb. 272. Es muß also bei der Messung darauf geachtet werden, daß der jeweilige Abstandswert b_i zum Liegenden mit aufgenommen wird. Bei der Verbesserung ist auf die Vorzeichen zu achten.

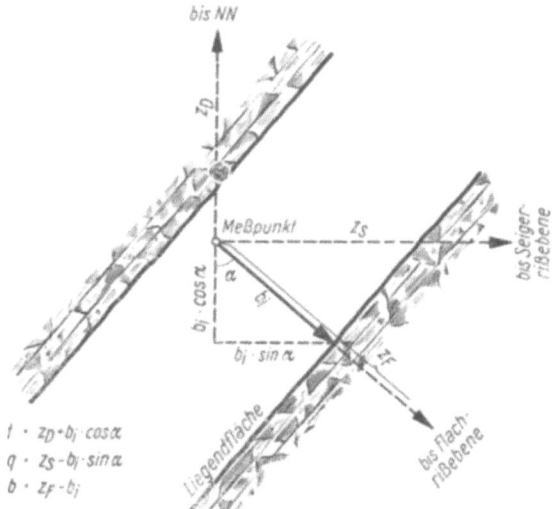

Abb. 272. Ermittlung der t-, q- und b-Werte zur Formbeschreibung der Liegendfläche (Querschnitt durch ein Aufhauen)

In den Anlagen zum 1. Halbband des Bandes III von NIEMCZYK/ HAIBACH [56] sind mehrere Rißbeispiele enthalten, die mit Wertlinien zur Formbeschreibung eines Flözes ausgestattet sind, ebenso bei K. BURGER [10, 11]. Dort sind auch Hinweise gegeben auf die Bedeutung der Wertlinien für betriebliche Belange im Rahmen der Abbauplanung sowie für die Beurteilung geologischer Fragen, wie z. B. der Morphologie und der Ausbildung der Gesteinsschichten zwischen den Flözen. Im besonderen Maße gilt dies auch für die Störungstektonik, s. BURGER [12].

3. Hilfsmittel für die Herstellung und den Gebrauch der Ursprungsrisse.
Wie BURGER in [11] ermittelt hat, ist zwar der Zeitaufwand für die Herstellung eines Ursprungsflachrisses einschließlich der Berechnung in herkömmlicher Weise mehr als doppelt so groß wie bei einem Grundriß. Dieser Zeitaufwand kann jedoch wegen der Möglichkeit zur Benutzung von elektronischen Rechenanlagen, von denen es heute auch schon geeignete Tischgeräte zu erschwinglichen Preisen gibt, nicht mehr als Nachteil gelten, vgl. O. HAIBACH [27].

Die neue rißtechnische Entwicklung wäre unvollständig, wenn nicht auch Wege gewiesen wären, die den Gebrauch der Ursprungsrisse in den verschiedenen Projektionsarten in einfacher Weise ermöglichen. Zu diesem Zweck hat HAIBACH in [25, 26, 28] für die Projektionen S, F und sG Schachtelnomogramme veröffentlicht, die nach einheitlichen Gesichtspunkten aufgestellt sind. Man greift z. B. in einem Ursprungsseigerriß mit Zirkel und Maßstab bzw. mit der Gradscheibe die Werte für die Länge und den Richtungswinkel einer Geraden, z. B. einer Polygonzugseite, ab und ermittelt ebenfalls aus dem Riß den Seigerabstands- (= Höhen-)unterschied sowie den Querabstandsunterschied zwischen Anfangs- und Endpunkt der Geraden. Mit Hilfe dieser Werte kann man aus dem Nomogramm die wahre Länge der Geraden, deren söhlige Projektion und den Richtungswinkel (im gedrehten Grundriß) entnehmen. Selbstverständlich ist auch der umgekehrte Weg möglich, d. h. die Entnahme von Werten für die Zulage nach Polarkoordinaten in den Ursprungsrissen.

Weitere Entwicklungen mit dem Ziel, die Aussagekraft des bergmännischen Rißwerks insbesondere auch ,,in Beziehung zu den betriebstechnischen und -wirtschaftlichen Aufgaben" zu erhöhen, hat HAIBACH in [29] angekündigt.

II. Perspektivische Darstellungen

Während in den geometrischen Darstellungen im wesentlichen nur die Umriß- und Schnittlinien der Gegenstände wiedergegeben werden, sollen in den *perspektivischen Zeichnungen* die zu den Umrißlinien, Kanten und Schnittlinien gehörenden Flächen so in *einer* Zeichenebene zur Darstellung kommen, daß der Betrachter von den Gegenständen ein körperliches Bild gewinnt. Das geschieht durch Anwendung eines parallelperspektivischen oder zentralperspektivischen Zeichenverfahrens. Bei diesen Verfahren werden aber die Längen und Winkel besonders in den nach rückwärts verlaufenden Flächen meist in jeder Richtung verschieden verzerrt, so daß in perspektivischen Darstellungen mit Ausnahme der Militärperspektive, s. S. 339, Abs. 3, ein unmittelbares maßstäbliches Auftragen oder Abgreifen von Entfernungen, Winkeln und Flächen nicht ohne weiteres möglich ist. Die perspektivischen Darstellungen können schon aus diesem Grunde die geometrischen Risse nicht ersetzen, siehe jedoch hierzu Abschn. 155, S. 332 u. f.

Die perspektivischen Darstellungen werden ähnlich wie die Hoch- und Raumbilder vorwiegend zum besseren Verständnis von schwierigen Lagerungsverhältnissen angefertigt. Sie finden aber auch als Sonderrisse wie z. B. bei der Darstellung der Wetterführung (Wetterführungspläne) vorteilhafte Verwendung. Im folgenden sollen die einzelnen perspektivischen Verfahren kurz erläutert und ihre bildliche Wirkung an einfachen Beispielen gezeigt werden.

156. Parallelperspektive

Gegenüber der Zentralperspektive als natürlicher Perspektive, s. Abschn. 158, S. 346, haben wir es bei den Parallelperspektiven, die vielfach nur als schiefe Parallelprojektionen angesprochen werden, mit

Darstellungen zu tun, deren Herstellungsregeln durch Übereinkommen festgelegt worden sind. Bedingung ist nur, daß alle am Körper parallelen Kanten auch in der Darstellung parallel erscheinen. Demzufolge müssen die Projektionsstrahlen parallel zueinander verlaufen. Aus der großen Zahl der Möglichkeiten seien hier nur folgende herausgegriffen und zunächst an der Würfeldarstellung erläutert.

1. Die dimetrische Darstellung bildet die Vorderfläche eines Würfels und alle zu ihr parallelen Flächen in gleichem Maßstab geometrisch richtig ab. Grund- und Oberfläche dagegen werden ebenso wie die Seitenflächen verzerrt wiedergegeben, s. Abb. 273.

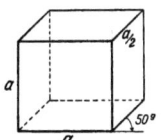

Abb. 273. Würfel in dimetrischer Darstellung

Die Seitenkanten verlaufen nach rechts oder links, schräg aufwärts oder abwärts unter 50^g bzw. 150^g gegen die waagerechten oder auch gegen die anstoßenden lotrechten Würfelkanten und werden dabei auf die Hälfte ihrer wirklichen Länge verkürzt.

2. Die trimetrische Darstellung. Bei diesem in der Technik häufiger verwendeten Verfahren behalten nur die lotrechten Körperkanten ihre Richtung und Länge. Von den waagerechten Kanten erscheint die eine Schar wie bei der vorherigen Darstellungsart unter 50^g schräg auf- oder abwärts mit halber Länge, während die andere Schar beispielsweise unter $11{,}1^g$ gegen die Waagerechte schräg auf- oder abwärts geneigt und auf 9/10 ihrer wirklichen Länge verkürzt ist, s. Abb. 274.

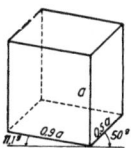

Abb. 274. Würfel in trimetrischer Darstellung

3. Die Militärperspektive. Da sämtliche bisher behandelten perspektivischen Darstellungen eine Umzeichnung der vorhandenen geometrischen Grundrisse erfordern, wobei alle Maße in verschiedenen Richtungen eine mehr oder weniger starke Verzerrung erleiden, so verwendet man auch im Bergbau die als Militärperspektive bekannte Parallelprojektion. Bei diesem Verfahren werden die unverändert bleibenden Grundrisse in ihren wirklichen Höhenabständen übereinander gelegt, wodurch sich ein in den söhligen und seigeren Richtungen unverzerrtes und maßstäbliches Bild ergibt.

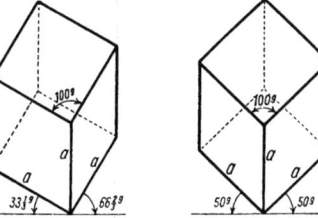

Abb. 275. Würfel in Militärperspektive

Wie in Abb. 275 zu sehen, kann die Stellung des Körpers, hier eines Würfels, in der Zeichenebene verschieden gewählt werden, so daß die Seitenkanten z. B. unter je 50^g, Abb. 275, rechts, oder unter $33{,}3^g$ und $66{,}7^g$, Abb. 275, links, gegen die Waagerechte geneigt, verlaufen.

Abb. 276a zeigt die in Abb. 276b grundrißlich dargestellten Grubenbaue in Militärperspektive. Bei Benutzung eines durchsichtigen Zeichenstoffes braucht man diesen nur jeweils um den Betrag des Sohlenabstandes an einer Lotrechten zu verschieben und dann die auf der betreffenden Sohle vorhandenen Grubenbaue durchzupausen. Die lot-

340 Perspektivische Darstellungen

rechten und flachen Grubenbaue ergeben sich durch Verbindung der Ansatzpunkte auf den einzelnen Sohlen.

Der in vielen Fällen ausschlaggebende Vorzug der schnellen und bequemen Anfertigung sowie der Maßstäblichkeit in söhligen und seigeren Richtungen wird allerdings bei diesem Verfahren durch eine im Vergleich zu den übrigen Perspektiven etwas geringere Bildwirkung, die sich insbesondere bei tiefgegliederten Darstellungen bemerkbar macht, erkauft.

4. Die isometrische Darstellung. Wie schon der Name sagt, handelt es

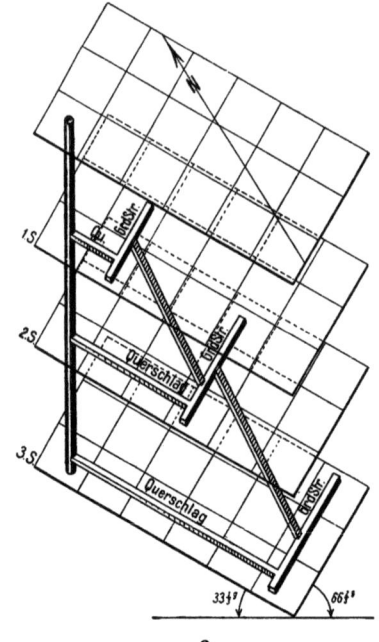

Abb. 276. a) Grubenbaue in Militärperspektive, b) dazugehöriger Grundriß

sich hierbei um eine in den Achsenrichtungen gleichmaßstäbliche Darstellung, beim Würfel also um eine Abbildung mit gleichlangen Kanten.

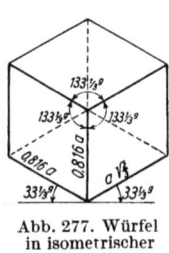

Abb. 277. Würfel in isometrischer Darstellung

Dieses Bild erhält man, wenn man den Würfel so stellt, daß die Projektionsstrahlen in Richtung einer Würfeldiagonalen die vor einer Ecke gedachte Zeichenebene rechtwinklig schneiden. Die Strahlen bilden dann mit sämtlichen Würfelflächen Winkel von etwa 39,2^g. Wie aus der Abb. 277 zu ersehen, stoßen die Würfelkanten in der vor- und zurückliegenden Ecke unter 133,3^g aneinander. Die übrigen Kanten bilden die Form eines regelmäßigen, in einem Kreis eingeschriebenen Sechsecks. Eine Schar paralleler Kanten steht immer lotrecht, während die übrigen gleichgerichteten unter 33,3^g nach links und rechts aufwärts oder abwärts verlaufen. Alle Würfelflächen sind ebenso wie die Würfelkanten gleichmäßig verzerrt.

Um das Maß der Verzerrung in den Längen und Winkeln zu ermitteln, betrachten wir eine Würfelfläche. In Abb. 278 ist $ABCD$ eine quadra-

Perspektivische Darstellungen 341

tische Würfelfläche und $AB'CD'$ ihr isometrisches Bild. $AD = a$ ist die Quadratseite, $AD' = a'$ die Seite des Rhombus, $AC = d$ die unverzerrt bleibende lange Diagonale, $B'D' = d'$ die kurze Diagonale, $MP = s$ eine Strecke im Quadrat in Richtung α, $MP' = s'$ dieselbe Strecke in isometrischer Verkürzung in Richtung α' gegen die lange Diagonale, $\sphericalangle BAM = 50^g$ und $\sphericalangle B'AM = 33,3^g$.

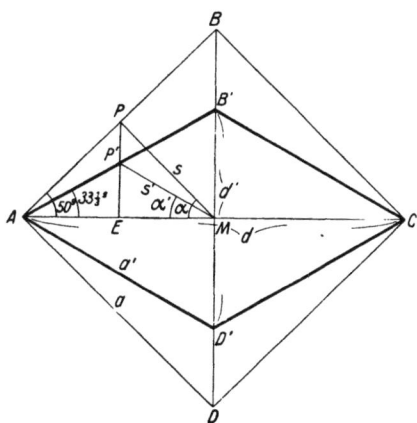

Abb. 278. Winkel- und Längenverzerrung bei der isometrischen Darstellung

Im rechtwinkligen Dreieck $P'ME$ ist $\tan \alpha' = \dfrac{P'E}{EM}$ und $\cos \alpha' = \dfrac{EM}{s'}$

,, ,, ,, PME ist $\tan \alpha = \dfrac{PE}{EM}$ und $\cos \alpha = \dfrac{EM}{s}$

daraus folgt $\dfrac{\tan \alpha'}{\tan \alpha} = \dfrac{P'E}{PE}$ und $\dfrac{\cos \alpha}{\cos \alpha'} = \dfrac{s'}{s}$.

Im rechtwinkligen Dreieck $P'AE$ ist $\tan 33,3^g = \dfrac{P'E}{AE}$

,, ,, ,, PAE ist $\tan 50^g = \dfrac{PE}{AE}$

also $\dfrac{\tan 33,3^g}{\tan 50^g} = \dfrac{P'E}{PE}$.

Aus vorstehenden Ableitungen ergibt sich zunächst

$\dfrac{\tan \alpha'}{\tan \alpha} = \dfrac{\tan 33,3^g}{\tan 50^g}$ oder $\tan \alpha' = \dfrac{\tan 33,3^g}{\tan 50^g} \cdot \tan \alpha$.

Da $\tan 33,3^g = \sqrt{\tfrac{1}{3}} = 0,577$ und $\tan 50^g = 1$, so ist $\tan \alpha' = 0,577 \cdot \tan \alpha$. Hieraus kann man die verzerrten Richtungswinkel α' der isometrischen Darstellung, gegen die lange Diagonale gerechnet, ermitteln.

Die Gleichung $\dfrac{s'}{s} = \dfrac{\cos \alpha}{\cos \alpha'}$, die sich, da $\dfrac{\sin \alpha'}{\cos \alpha'} = 0,577 \cdot \dfrac{\sin \alpha}{\cos \alpha}$ ist, auch in der Form $\dfrac{s'}{s} = 0,577 \cdot \dfrac{\sin \alpha}{\sin \alpha'}$ aufstellen läßt, gibt den Verkürzungsfaktor

342   Perspektivische Darstellungen

an, mit dem die wirklichen Längen s der in Richtung α gezogenen Strahlen multipliziert werden müssen, um ihre Länge s' in der isometrischen Darstellung zu erhalten. Aus der graphischen Tafel, s. Abb. 279, sind die verzerrten Richtungswinkel α' und die Verkürzungsfaktoren $\frac{s'}{s}$ für die isometrische Darstellung zu entnehmen.

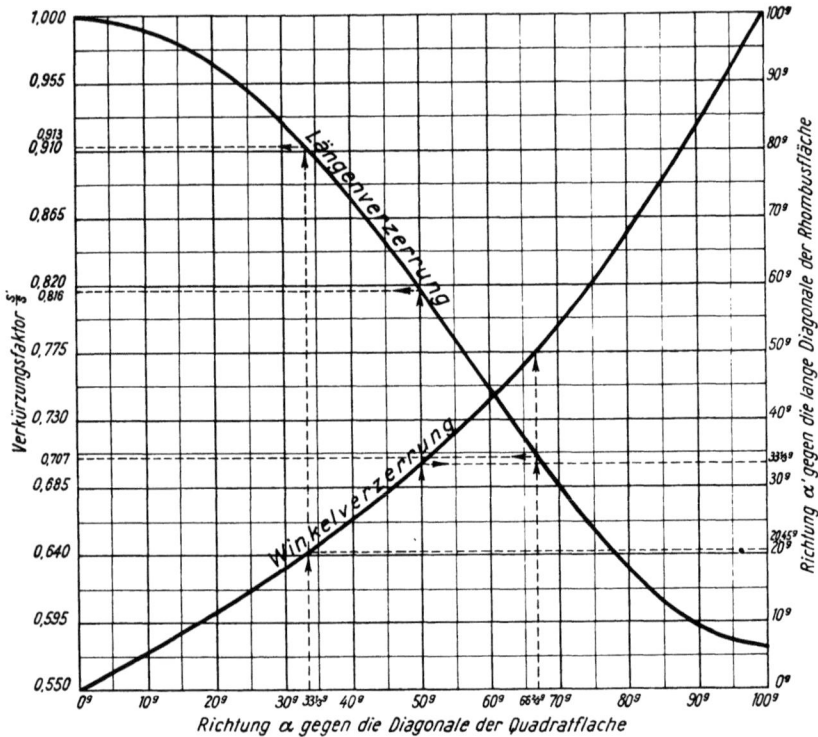

Abb. 279. Graphische Tafel zur Ermittlung der Winkel- und Längenverzerrungen bei der isometrischen Darstellung

Für Strecken in Richtung der langen Diagonalen d ist der Faktor gleich 1, in Richtung der kurzen Diagonalen d' dagegen gleich 0,577 und in Richtung der Rhombusseite a' gleich 0,816.

Die isometrische Darstellung, die schon vor mehr als hundert Jahren für die Wiedergabe von Grubenbauen und Lagerstätten verwendet wurde, ist wegen der gleichmäßigen Verzerrung in den drei Hauptbildebenen für bergbauliche Zwecke sehr beliebt.

Beispiele:

α	α'	$\frac{s'}{s}$
33,3^g	20,45^g	0,913
50,0^g	33,3^g	0,816
66,7^g	50,0^g	0,707

Zur Übertragung geometrischer Darstellungen kann man auch ein besonderes „Stereomillimeterpapier" — Rautennetz auf Pauspapier — und für die Auftragung von Winkeln einen nach obigen Winkelverzerrungen konstruierten „Stereotransporteur" aus transparentem Kunststoff benutzen.

In Abb. 280 sind die schon im 3. Absatz dargestellten Grubenbaue nach dem Grundriß der Abb. 276b, S. 340, in isometrischer Darstellung wiedergegeben. Bei der Anfertigung muß die Übertragung der Baue in ein Rautennetz mit Seitenlängen von 0,816 mal der Länge einer Quadratseite und Winkeln von $133{,}3^g$ und $66{,}7^g$ vorgenommen werden. Auch die auf der lotrechten Achse abzutragenden Sohlenabstände betragen nur das 0,816fache ihres maßstäblichen Wertes. Im übrigen wurden die Begrenzungslinien des Rhombennetzes an die unter $33{,}3^g$ gegen die Waagerechte geneigten Achsen angelegt.

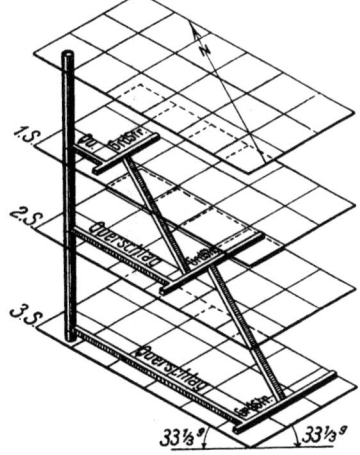

Abb. 280. Grubenbaue in isometrischer Darstellung

Die durch das Achsenkreuz getrennten drei vorderen Ebenen entsprechen wie bei dem im 3. Absatz aufgeführten perspektivischen Bild den Bildebenen des Grundrisses, des Querschnittes und des Längsschnittes oder des Seigerrisses.

Nicht immer wird die hier gewählte Art der Orientierung der Baue zweckmäßig sein, insbesondere dann nicht, wenn Strecken in einer vom Beschauer abfallenden Lagerstätte dargestellt werden sollen.

Wie Abb. 281, links, für eine gefaltete Flözablagerung erkennen läßt, liegen die Grundstrecken auf dem mit 45^g einfallenden Muldensüd-

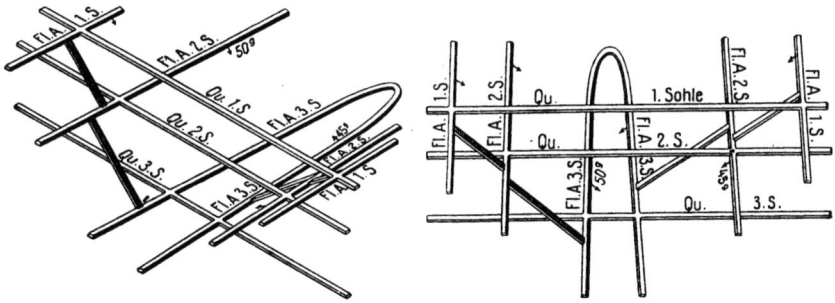

Abb. 281. Isometrische Darstellung von Grubenbauen in einer Mulde

flügel eines Flözes schon sehr dicht zusammen. Sie würden bei 50^g Einfallen sich völlig decken. In solchen Fällen wählt man den Einblick etwas anders, d. h. man dreht das für die Übertragung zu Hilfe genommene Netz auf dem Grundriß. Abb. 281, rechts, zeigt das Bild der Mulde nach Drehung des Netzes um den Höchstbetrag von 50^g.

344 Perspektivische Darstellungen

Da insbesondere Wetterführungspläne häufig in isometrischer Darstellung angefertigt werden, ist in Abb. 282 ein Ausschnitt aus einem solchen, nach obigen Grundsätzen konstruierten Bilde wiedergegeben. Als Grundform ist wegen der ungleichen Erstreckung in streichender

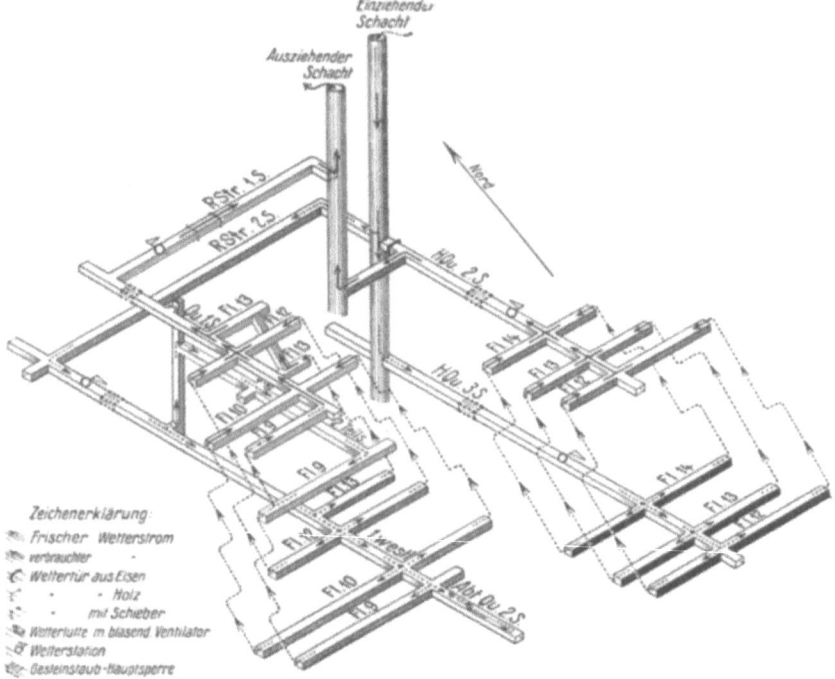

Abb. 282. Wetterführungsplan in isometrischer Darstellung

und querschlägiger Richtung sowie nach der Teufe zu nicht mehr der Würfel, sondern ein Block angenommen worden, von dessen Achsen eine lotrecht verläuft, während die übrigen wie sonst mit dieser Achse Winkel von je $133{,}3^g$ einschließen.

157. Isometrische Darstellung von gestörten Lagerstättenteilen

Bei verwickelter Ablagerung wie z. B. bei Sprungkreuzungen, Durchsetzung von Sprung und Wechsel bei mehrfach gefalteter Lagerstätte u. ä. empfiehlt es sich zwecks richtiger Erfassung des Zusammenhanges die perspektivische Darstellung anzuwenden.

Im folgenden soll an einem einfachen Beispiel eines durch einen Sprung gestörten Flözsattels gezeigt werden, wie man auch *ohne* vorherige Anfertigung einer geometrischen Zeichnung ein parallelperspektivisches (isometrisches) Bild durch Abtragen der entsprechenden Längen und Winkel erhalten kann, s. Abb. 283.

Gegeben ist die querschlägige Entfernung der Strecken auf der 1. Sohle in den Flügeln des stehengebliebenen Teiles zu 120 m, das Streichen beider Flügel zu 78^g, das Einfallen des nördlichen Sattelflügels zu 44^g und des südlichen zu 67^g, ferner ein Sprung, der unter 389^g streicht und mit 56^g nach Westen einfällt. Als bekannt soll weiter vorausgesetzt werden, daß Flözflügel und Sprung ebenflächig verlaufen, und daß der Seigerverwurf am Sprung 50 m beträgt. Der Einblick wird ungefähr von Südwesten her gewählt, und zwar so, daß der Sprung in Richtung einer söhligen Würfelkante streicht. Eine 2. Sohle ist 90 m unter der 1. anzunehmen.

Bei einem in Abb. 283 angedeuteten isometrischen Hilfswürfel zeichnet man in die obere Grundrißfläche, die als 1. Sohle angenommen wird, die Streichlinie des

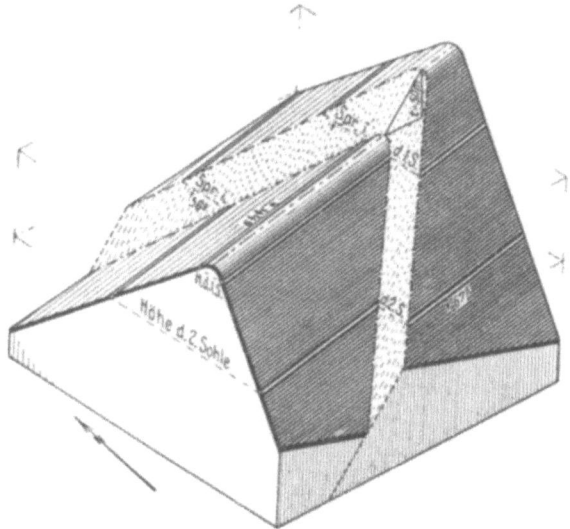

Abb. 283. Isometrische Darstellung eines durch einen Sprung gestörten Sattels

Sprunges ein. Auf dieser Streichlinie trägt man etwa in der Mitte die Entfernung der beiden Flözflächen auf der 1. Sohle, die sich zu $\frac{120}{\cos 11^g} \approx 122$ m ergibt, in ihrer isometrischen Verkürzung mit $122 \cdot 0{,}816 \approx 99{,}5$ m ab. In den beiden Ansatzpunkten legt man den Stereotransporteur auf und zeichnet, unter 89^g gegen die Streichlinie des Sprunges gerichtet, die beiden Flözstrecken der 1. Sohle bis zum rechten hinteren Rande der Grundrißfläche ein. Dann werden an den Grenzen der Streichlinie des Sprunges, d. h. in der vorderen rechten und hinteren linken Würfelfläche, der Einfallwinkel des Sprunges, in der rechten hinteren Fläche die Schnittwinkel in beiden Flözflügeln, die sich hier nur wenig kleiner als die Fallwinkel, zu 43,9^g für den Nordflügel und 66,2^g für den Südflügel, ergeben, mit dem Stereotransporteur abgetragen.

Beim Gebrauch des Stereotransporteurs ist zu beachten, daß die in Rhombusform begrenzten Kanten desselben immer parallel zu den Grenzlinien der Rautenflächen liegen müssen, in denen Richtungs- oder Neigungswinkel einzuzeichnen sind. Steht ein Stereotransporteur aus Kunststoff nicht zur Verfügung, so kann man sich einen solchen aus Pauspapier leicht selbst herstellen oder nach der Formel $\tan \alpha' = 0{,}577 \cdot \tan \alpha$ bzw. nach Abb. 279, S. 342, die verzerrten Winkel ermitteln und mit einer gewöhnlichen Gradscheibe abtragen, muß aber hierbei immer von der langen Diagonalen der Rhombusfläche ausgehen, da sich die berechneten Werte hierauf beziehen.

Die Schnittlinien von Sprung und Flöz werden in den Seitenflächen gezogen und beim Flöz bis zur Sattelkuppe verlängert, wo den wirklichen Verhältnissen entsprechend eine Abrundung eintritt. Nun trägt man die 2. Sohle ein, indem an den lotrechten Kanten von den Begrenzungslinien der oberen Fläche aus je $0{,}816 \cdot 90 = 73{,}4$ m als Sohlenabstand abgesetzt und diese Punkte miteinander verbunden werden. In der rechten vorderen und in der linken hinteren Seitenfläche schneiden die Grenzen der 2. Sohlenebene die Fallinien des Sprunges in diesen Flächen. Die Verbindungslinie dieser Schnittpunkte ergibt die Streichlinie des Sprunges auf der 2. Sohle. Zieht man weiter durch die Schnittpunkte der beiden Flözflügel mit der 2. Sohlenbegrenzung in der rechten hinteren Fläche die Streichlinien parallel zu denjenigen auf der 1. Sohle, so erhält man beim Auftreffen auf die Streichlinie des Sprunges zwei gemeinsame Punkte von Flöz und Störung in der 2. Sohle. Durch Verbindung der gemeinsamen Punkte von Flöz und Sprung in jedem Sattelflügel auf beiden Sohlen und Verlängerung einerseits bis zur Kuppe, andererseits bis zum Schnitt mit den Fallinien des Sprunges an den Seitenflächen ergibt sich die obere Kreuzlinie, d. h. die Schnittlinie zwischen Sprung und stehengebliebenen Flözteil. Gleichzeitig bekommt man die Begrenzung der Flözflügel in der rechten vorderen und in der linken hinteren Fläche, wenn man den Schnitt zwischen Kreuzlinie und Fallinie des Sprunges mit den Schnittpunkten des Flözes an der rechten bzw. an der hinteren Würfelkante verbindet.

Die Kreuzlinie des abgesunkenen Flözteiles wird erhalten, indem man an die vorhandene obere Kreuzlinie auf jedem Sattelflügel das Verwurfsdreieck anlegt, das aus der Fallinie des Sprunges, dem lotrecht abzutragenden, verkürzten Seigerverwurf und einer zur Sprungrichtung rechtwinkligen, söhligen Geraden leicht konstruiert werden kann. Durch die so gewonnenen Punkte wird die untere Kreuzlinie auf beiden Flözflügeln parallel zur oberen gezogen. Die Schnittpunkte dieser Kreuzlinie mit den Streichlinien des Sprunges auf der 1. und 2. Sohle liefern wieder die Ansatzpunkte des Flözes in diesen Höhenlagen, so daß die Streichlinien auf den Sattelflügel parallel zum Verlauf im stehengebliebenen Stück ohne weiteres eingetragen werden können. Durch Verbindung der Schnittpunkte, die diese Streichlinien mit den Sohlenbegrenzungen in der linken vorderen Fläche haben, erhalten wir die Grenze des abgesunkenen Flözteiles in dieser Fläche, während in der rechten vorderen und linken hinteren Fläche die Kantenschnittpunkte wieder mit den gemeinsamen Punkten von unterer Kreuzlinie und Fallinie des Sprunges verbunden werden müssen.

Bei der Ausarbeitung des Bildes läßt man zwecks Erhöhung der Anschaulichkeit alle nicht mit Flöz- und Störungsfläche zusammenfallenden oberen Linien des Hilfswürfels fort und stellt nur den unteren vorderen Teil, gewissermaßen als Stützblock, dar. Durch Eintragung von Parallelen zu den Streichlinien auf den Flözflügeln und von Fallinien auf der Störung sowie auch durch farbiges Anlegen wird die flächenhafte Wirkung an diesen Ebenen vergrößert.

In ähnlicher, z. T. noch einfacherer Weise als vorstehend für die isometrische Darstellung gezeigt, lassen sich auch perspektivische Bilder der Lagerungsverhältnisse in den übrigen Perspektiven herstellen und weiterhin gegebenenfalls zu stereoskopischen Doppelbildern oder Anaglyphenbildern zusammensetzen.

158. Polar- oder Zentralperspektive

Ein Würfel läßt sich bei diesem Verfahren darstellen, indem man zunächst im Vordergrund eine seiner Flächen geometrisch maßstäblich zeichnet und dann die von dieser Fläche nach rückwärts verlaufenden, in Wirklichkeit parallelen Körperkanten so zieht, daß sie alle auf einen Punkt, den Fluchtpunkt F, gerichtet sind. Die Lage von F ist an sich beliebig. Wie Abb. 284 zeigt, kann F innerhalb der Vorderfläche, über oder unter derselben, rechts oder links von ihr liegen. Die hinteren, zur Vorderseite parallelen Flächen erscheinen immer wieder geometrisch richtig, allerdings gegenüber der Vorderfläche verkleinert. Die obere und die untere Grundfläche sind dagegen ebenso wie die Seitenflächen verschiedenartig verzerrt. Das Maß dieser Verzerrung hängt von der Wahl des Fluchtpunktes ab.

Man kann bei der Zentralperspektive den Körper auch so drehen, daß nur eine lotrechte Kante nach vorn zu liegen kommt, s. Abb. 285.

Dann laufen alle waagerechten, am Körper parallelen Kanten paarweise
auf zwei Fluchtpunkte zu, und nur die lotrechten Kanten bleiben einander parallel. Sämtliche Flächen sind jetzt in Gestalt und Größe verzerrt.

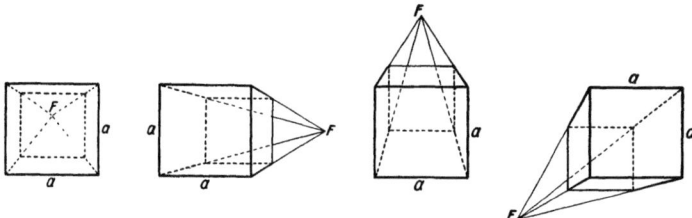

Abb. 284. Darstellung eines Würfels in Zentralperspektive mit einem Fluchtpunkt

Die räumliche Wirkung der zentralperspektivischen Bilder hängt
wesentlich von der richtigen Verkürzung der nach rückwärts gerichteten
Kanten ab.

Die Zentralperspektive ist bei zweckmäßiger Wahl des Augpunktes
und richtiger Betrachtung von diesem Punkt aus die am natürlichsten
wirkende Darstellung, da sie
dem Sehen mit freiem Auge
nachgebildet wurde. Wenn sie
trotzdem nicht die verbreitetste Art des perspektivischen
Bildes ist, so liegt das z. T. an
der immerhin noch umständlichen Netzkonstruktion. Bei
der Wiedergabe umfangreicher
Grubenbaue kommt hinzu, daß

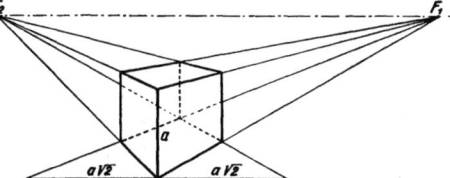

Abb. 285. Zentralperspektivische Würfeldarstellung
mit zwei Fluchtpunkten

entweder eine leicht unklar wirkende Überdeckung der Baue in verschiedenen Höhenlagen in Kauf genommen werden muß oder aber, daß
bei größerem Abstand des Augpunktes von der Darstellung eine zu
starke Tiefenverkürzung eintritt.

159. Hilfsmittel bei der Herstellung perspektivischer Zeichnungen

1. *Der Affinzeichner von* FOX-BREITHAUPT. Um das Umzeichnen der
Grundrisse in perspektivische Darstellungen ohne Rechnung zu erleichtern, wird gelegentlich der *Affinzeichner* von FOX-BREITHAUPT benutzt,
s. Abb. 286. Bei diesem Gerät ist auf einem mit 3 Rollen versehenen und
in einer Richtung fahrbaren starren Rahmen eine bewegliche Zeichenvorrichtung mit Fahrstift und Zeichenstift angebracht. Der Abstand des
Zeichenstiftes vom Fahrstift bleibt in der Fahrrichtung stets gleich,
während bei Bewegungen des Fahrstiftes rechtwinklig zu dieser Richtung
der Zeichenstift nur einen Teilbetrag dieser Bewegung ausführt und
zwar bei der normalen Einstellung des Blickwinkels das 0,577fache
($\sin 39{,}2^g = 0{,}577$). Die Fahrrichtung des Affinzeichners entspricht also
der Richtung der langen Diagonalen der Rhombusfläche in Abb. 278,
S. 341, während rechtwinklig dazu vom Zeichenstift die isometrische

Länge der kurzen Diagonalen angegeben wird. Umfährt man mit dem Fahrstift eine in einer söhligen Ebene liegende Zeichnung, so liefert der Zeichenstift, nachdem er mittels Auslösevorrichtung auf den Zeichenbogen herabgelassen worden ist, ihr isometrisches Bild. Für die Umfahrung jeder höher oder tiefer gelegenen söhligen Ebene ist eine Verschiebung des Zeichenstiftes um das 0,816fache (cos $39{,}2^g = 0{,}816$) des

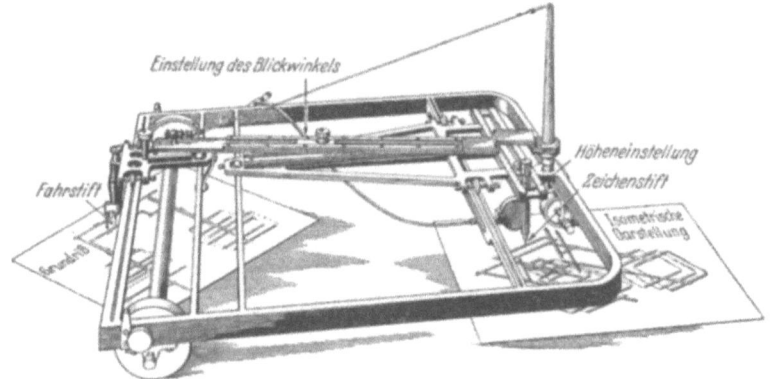

Abb. 286. Affinzeichner von FOX-BREITHAUPT

Höhenunterschiedes der Ebenen im Maßstabe des Grundrisses an der Höheneinstellung erforderlich. Da sich die Einstellung des Blickwinkels am Affinzeichner zwischen etwa $16{,}1^g$ und $59{,}9^g$ verändern läßt, so sind mit diesem Gerät auch unter- oder überhöhte isometrische Darstellungen anzufertigen. Man kann ferner mit ihm durch Wahl der Blickrichtung rechtwinklig zum Streichen d. h. zum Einfallen einer Lagerstätte bei Einfallwinkeln von $41{,}6^g$ bis $83{,}9^g$ aus einem Grundriß gleich einen Flachriß herstellen.

In Fortbildung des Affinzeichners ist von FOX-BREITHAUPT auch ein *Parallelprojektor* zur mechanischen Ausführung jedweder Parallelprojektion entwickelt worden.

2. Dem gleichen Zweck dient der *Universal-Perspektivzeichner* von SCHARF-RELLENSMANN, der außer der Darstellung in den verschiedenen Parallelprojektionsarten und der Herstellung perspektivischer Doppelbilder als Stereobilder sowie der Anaglyphenbilder auch die Umzeichnung in die Zentralperspektive gestattet. Die Konstruktion des in seinem Aufbau einfachen Gerätes beruht auf dem Gedanken, den natürlichen Sehvorgang durch einen Lichtstrahl zu ersetzen. Das Gerät besteht im wesentlichen aus einer einfachen mit Parallelogrammlenker versehenen Zeichenmaschine, einer etwa 45 cm hohen Einstellsäule mit einer Lichtquelle in einem Peilfernrohr und einer kippbaren Zeichenebene, s. Abb. 287, S. 349. Zwischen den beiden Vertikalstäben der Einstellsäule gleitet ein Schlitten mit dem Peilrohr, dessen Neigung an einer Gradbogeneinteilung abgelesen werden kann, ferner eine Grob- und Feinstellschraube für die Einstellung der an der Säule markierten Höhen. Die Grundplatte der Einstellsäule, die mit der Zeichenmaschine

fest verbunden ist, besitzt eine Kreisteilung für die Einstellung der Peilrohrrichtung in der Grundrißebene.

In dem Peilfernrohr sind nacheinander ein Hohlspiegel, ein kleines elektrisches Lämpchen, ein Fadenkreuz und eine Schaltlinse so angeordnet, daß das beleuchtete Fadenkreuz nach scharfer Einstellung durch

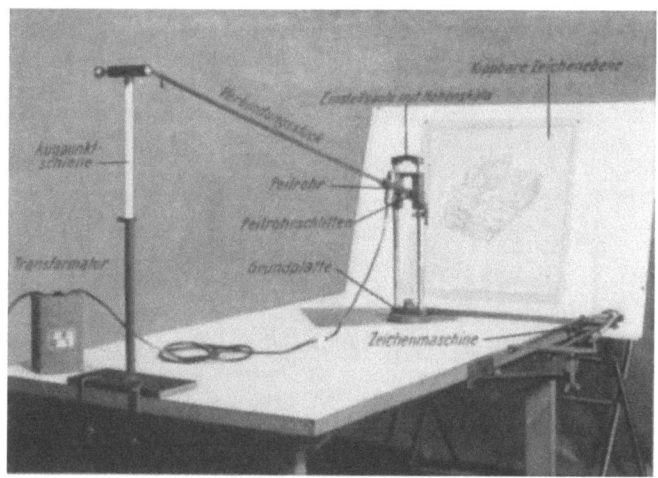

Abb. 287. Universal-Perspektivzeichner SCHARF-RELLENSMANN
(Aufstellung für zentralperspektivische Umzeichnung)

die Schaltlinse als Lichtpunkt erscheint, der auf der kippbaren Zeichenebene mit Bleistift oder Kopiernadel festgehalten wird. Setzt man die Einstellsäule mit Peilrohr, die durch die Zeichenmaschine geführt wird, auf einen bestimmten Punkt der auf dem waagerechten Zeichentisch festgelegten Grundrißzeichnung, so wird dieser Punkt mittels des Projektionsstrahles des Peilfernrohres auf die kippbare Zeichenebene übertragen.

Je nachdem, ob man den Grundriß in eine einfache Militärperspektive oder in ein isometrisches Bild umzeichnen will, muß man das Peilrohr und die Zeichenebene um einen bestimmten Winkel neigen.

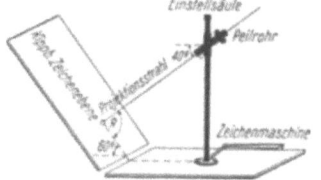

Bei der einfachen *Militärperspektive* beträgt der Neigungswinkel des Peilrohres 50^g und der kippbaren Zeichenebene 0^g; bei der *isometrischen* Darstellung dagegen

Abb. 288. Einstellung des Peilrohrs und der kippbaren Zeichenebene für die Umzeichnung in ein isometrisches Bild

müssen das Peilrohr auf 40^g und die Zeichenebene auf 60^g eingestellt werden, damit der Projektionsstrahl und die Zeichenebene einen rechten Winkel miteinander bilden, s. Abb. 288. Zu bemerken ist, daß bei der Parallelperspektive die Blickwinkel von den oben angegebenen Gradzahlen auch abweichen können, wenn man hierdurch ein anschaulicheres perspektivisches Bild erhält. Die jeweiligen Neigungswinkel müssen alsdann an den entsprechend angebrachten Gradbogeneinteilungen eingestellt werden.

Für die Umzeichnung des Grundrisses in *zentralperspektivische* Bilder bedarf es noch einer Zusatzeinrichtung, um den bei dieser Projektionsart erforderlichen Zentralpunkt — auch Flucht- oder Augpunkt genannt — einstellen zu können. Sie besteht aus einer vertikalen, in mm eingeteilten Augpunktschiene, die durch ein Kugelgelenk und ein teleskopartig ausziehbares Verbindungsstück mit dem Peilrohr verbunden ist. Die kippbare Zeichenebene ist in diesem Falle lotrecht zu stellen und der Abstand der Zeichenebene entsprechend dem gewünschten Abstand des Gegenstandes von dem Grundriß festzuhalten, s. Abb. 289.

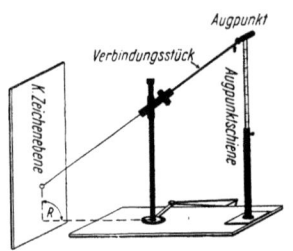

Abb. 289. Einstellung des Augpunktes und der Zeichenebene für die Umzeichnung in ein zentralperspektivisches Bild

Beim *Anaglyphenbild*, bei dem zwei Bilder gezeichnet werden müssen, deren Zentralpunkte um den Abstand der Augen, d. h. um 65 mm verschoben sind, überträgt man zuerst den Projektionspunkt für das rechte Auge, verschiebt sodann die oben an der Augpunktschiene sitzende Augpunktröhre bis zum Anschlagstift, also um 65 mm, und erhält so den zweiten Punkt. Nach Zurückschieben des Augpunktes in die Ausgangsstellung wird der nächste Punkt eingestellt usf.

3. Von O. NIEMCZYK und O. HAIBACH [55, S. 597] wird ein *Projektionszeichengerät*, das von O. HAIBACH erfunden und konstruiert worden ist, beschrieben. In diesem Gerät sind eine Zeichenmaschine und verschiedene Rechenbilder (nomographische Kurventafeln) miteinander so vereinigt, daß mit ihm ohne weitere Rechenarbeit perspektivische Bilder unmittelbar aus gemessenen Werten „zugelegt" werden können. Unter Benutzung entsprechender Rechenbilder lassen sich auch zentralperspektivische Darstellungen anfertigen. Über den neuesten Stand dieses Gerätes und dessen wesentlich erweiterten Anwendungsmöglichkeiten wird O. HAIBACH in Kürze berichten.

4. In den letzten Jahren hat sich das Institut für Markscheidewesen und Bergschadenkunde der Bergakademie Freiberg um die Entwicklung von Geräten bemüht, die einerseits vielseitiger in der Anwendung und andererseits genauer im Ergebnis sein sollten, s. NEUBERT und STEIN [53]. Als eines der Ergebnisse dieser Arbeiten sei hier das *Universaldarstellungsgerät* erwähnt, das von ROUTSCHEK beschrieben worden ist. Das Gerät kann nach dem Baukastenprinzip jeweils so verändert werden, daß es für zentral- und parallelperspektivische, für flachrißliche Darstellungen, für die Konstruktion von Anaglyphenbilder sowie zum pantographischen Umzeichnen eingesetzt werden kann.

III. Raumbildliche Darstellungen

160. Stereoskopische Raumbilder

Wie bei der Raumbildmessung, S. 301 u. 302, durch Betrachten zweier von verschiedenen Standpunkten aufgenommener Lichtbilder im Stereokomporator, wird auch im Raumglas — Stereoskop — von zwei nebeneinander gelegten, aus verschiedenen Punkten gesehenen perspektivischen Zeichnungen eine Raumwahrnehmung erzielt. Sie beruht darauf, daß die mit beiden Augen erfaßten Darstellungen wie beim gewöhnlichen Sehen in unserer Vorstellung einen körperlichen Eindruck hervorrufen. Bei Verwendung des gewöhnlichen Linsenraumglases dürfen aber die gleichen Punkte in beiden Bildern nicht weiter auseinanderliegen als der Augenabstand beträgt, also etwa 65 mm, so daß man bei der Betrachtung nur kleine Ausschnitte aus einer Darstellung zusammenfügen kann oder diese in sehr kleinem Maßstab anfertigen muß. Etwas mehr Spielraum in der Größenanordnung hat man allerdings beim Spiegelraumglas, das Bilder bis 18×24 cm Größe zu betrachten erlaubt. Für die üblichen Rißformate kommt jedoch diese stereoskopische Betrachtungsweise nicht in Frage.

161. Anaglyphen-Raumbilder

Die Raumwahrnehmung erfolgt bei diesem Verfahren in gleicher Weise wie bei den vorerwähnten stereoskopischen Bildern, doch wird hier jedem Auge sein Bild dadurch zugeordnet, daß es in einer bestimmten Farbe — rot oder grün — gezeichnet und durch eine Brille mit Filter in den Gegenfarben — grün oder rot — betrachtet wird. Das mit rotem Filter ausgerüstete Auge erblickt dann von der rot-grünen Zeichnung nur die grünen Linien, und zwar schwarz, während die roten Linien für dieses Auge verschwinden. Umgekehrt sieht das mit grünem Filter ausgestattete Auge nur die roten Linien schwarz, während hierfür die grünen Linien verschwinden, s. S. 352, Abb. 291.

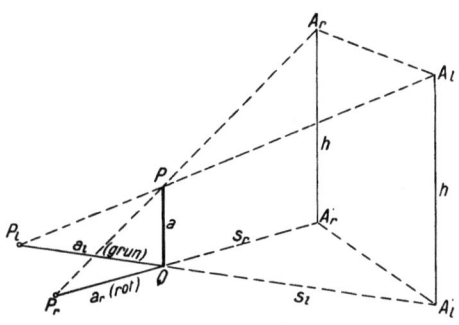

Abb. 290. Zentralperspektivische Abbildung einer lotrechten Strecke für beide Augen

Bei der Herstellung der Anaglyphenzeichnungen kommt es darauf an, daß die aus der Grundfläche eines Körpers aufragenden Kanten nach Richtung und Länge bzw. die Lage der Grundrisse der verschiedenen Sohlen in der Zeichenebene richtig dargestellt werden. Nach Abb. 290 ergibt sich bei zentralperspektivischer Abbildung als Bildpunkt von P für das rechte Auge A_r der Punkt P_r, für das linke Auge A_l der Punkt P_l und demgemäß als Abbilder der lotrechten Strecke a die waagerechten Strecken a_r und a_l. Befinden sich die Augenpunkte A_r und A_l um den

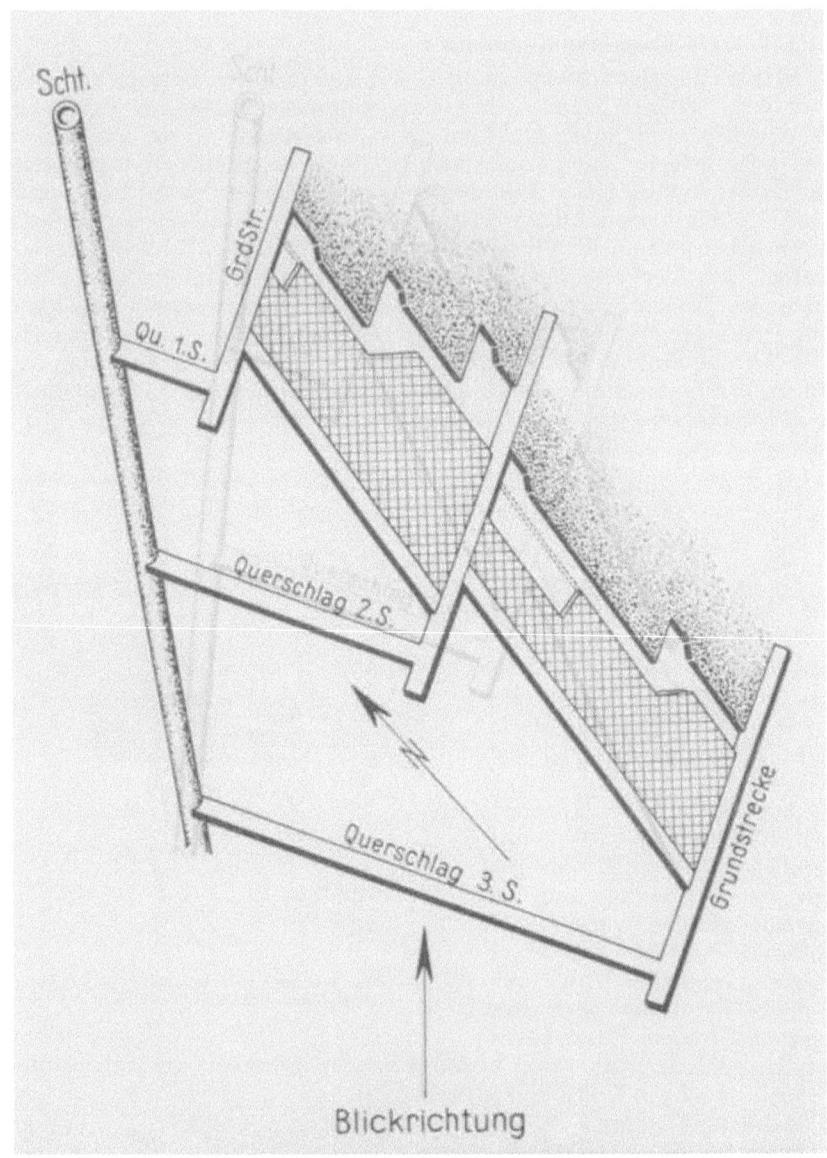

Abb. 291. Grubenbaue in Militärperspektive als Anaglyphenbild

Anweisung für die Betrachtung des Bildes:

Entfernung vom Auge etwa 20 bis 30 cm — Winkel zum Auge etwa 60 bis 70^g
Zeitdauer bis zum Eintritt der plastischen Wirkung 5 bis 30 Sekunden

Die Brille zur Betrachtung des Anaglyphenbildes befindet sich in einer Tasche am hinteren Buchdeckel

Betrag h über der Zeichenebene und sind die Entfernungen ihrer Fußpunkte A_r' und A_l' von Q gleich den Strecken s_r und s_l, so erhält man

oder
$$\frac{a_r}{a} = \frac{s_r}{h-a}$$
$$a_r = \frac{a}{h-a} \cdot s_r \quad \text{und} \quad a_l = \frac{a}{h-a} \cdot s_l.$$

Die Strecken a_r und a_l liegen auf den Verlängerungen von s_r und s_l. Auf diese Weise kann man für alle Punkte eines Körpers außerhalb der Grundfläche bei gleichem h die Werte für a_r und a_l ermitteln und in den entsprechenden Richtungen abtragen. Durch richtige Verbindung der zugehörigen Punkte erhält man zwei zentralperspektivische Bilder des Körpers, von denen das linke in roter, das rechte in grüner Farbe ausgezogen wird.

Die vorstehend angegebene Konstruktion der beiden zentralperspektivischen Zeichnungen für ein Anaglyphenraumbild ist bei umfangreichen Darstellungen recht umständlich. Man kommt erheblich einfacher zum gleichen Ziel, wenn man für diesen Zweck parallelperspektivische Bilder heranzieht, und zwar gänzlich ohne Umzeichnung, wenn man die auf S. 339, Abs. 3, behandelte Militärperspektive mit einer Einblickneigung von 50^g hierfür zugrunde legt, Abb. 292. Um die in Abb. 276 b, S. 340, grundrißlich dargestellten Grubenbaue auf diese Weise im Anaglyphenbild zu zeichnen, zieht man nach dem Beispiel in Abb. 292 auf einem aufgelegten Pauspapier durch 2 Punkte des Grundrisses die Einblickrichtungen für das rechte und linke Auge, die in vorliegendem Falle einen angenommenen Winkel von $16{,}7^g$ miteinander bilden. Nachdem man dann die auf der untersten Sohle liegenden Baue durchgepaust hat, verschiebt man, da beim Einblick unter 50^g Neigung sämtliche söhligen Abstände a_r und a_l der Abb. 290 gleich dem seigeren a werden, das

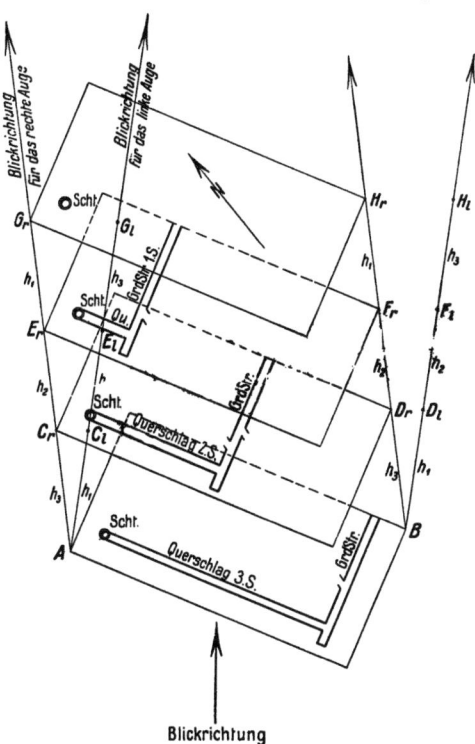

Abb. 292. Zeichnung der beiden Bilder in Militärperspektive beim Anaglyphenverfahren

Pauspapier zunächst an den beiden linken Blickstrahlen jeweils um den Betrag des Sohlenabstandes, so daß sich die Punkte A und B des Grundrisses nacheinander mit den Punkten C_r und D_r, E_r und F_r, G_r und H_r der Pause decken, s. Abb. 292. Sodann zeichnet man nach jedem Verschieben die Baue der betreffenden Sohlen in roter Farbe nach und trägt schließlich die außerhalb der Sohle liegenden Grubenbaue, wie Schacht und Überhauen, durch Verbindung der Ansatzpunkte auf den Sohlen ein. In gleicher Weise wird dann das grüne Bild für das linke Auge durch Verschieben an den rechten Blickstrahlen und jeweiliges Durchzeichnen der entsprechenden Baue erhalten. Bei Betrachtung der so gezeichneten farbigen Bilder durch eine Brille, deren rotes Filter vor das linke und deren grünes Filter vor das rechte Auge gebracht werden muß, sieht man ein scheinbar im Raume stehendes Modell der Grubenbaue, dessen Form sich beim Hin- und Herbewegen oder Heben und Senken des Kopfes „affin", d. h. gesetzmäßig parallel verändert, s. Abb. 291, S. 352.

Da bei dem Anaglyphenverfahren die Betrachtung der Bilder abschnittsweise erfolgen kann, so läßt sich hiermit auch der Inhalt eines größeren Kartenblattes raumbildlich erfassen, wodurch dieses Verfahren sich auch für bergbauliche Darstellungen als geeignet erweist. Andererseits ist allerdings bei allen Anaglyphenbildern der sonst übliche Gebrauch von Farben zur Kennzeichnung bestimmter Schichten, Flächen oder Höhenlagen nur in geringem Umfange möglich.

IV. Die Darstellung der Lagerungsverhältnisse

Durch *Zulage* der in den Abschn. 128 u. f., S. 263 u. f., behandelten geologischen *Aufnahmen* der an der Tagesoberfläche, in den Grubenbauen und Bohrlöchern vorhandenen Gebirgsaufschlüsse auf den verschiedenen Rissen des Grubenbildes erhält man die Darstellung kleiner *Ausschnitte* aus dem streichenden und einfallenden Verlauf der durchfahrenen *Gebirgsschichten*, d. h. der Lagerstätte und ihres Nebengesteins sowie der *Gebirgsstörungen*.

Ein einigermaßen zutreffendes Bild von den Lagerungsverhältnissen, insbesondere in den *nichtaufgeschlossenen* Teilen des Grubenfeldes, das den Verlauf und das Verhalten der Gebirgsschichten mit ihren Störungen im *Zusammenhang* wiedergibt, läßt sich geometrisch in Grund- und Schnittrissen nur durch die Herstellung von Flözentwurfsrissen (Projektionsrissen) gewinnen. Für die zusammenhängende Darstellung einzelner Flöze eignet sich jedoch am besten das perspektivische Bild, das jedoch wegen des hohen Aufwandes nur in Ausnahmefällen hergestellt wird. So zeigt beispielsweise die Abb. 293 ein parallelperspektivisches (isometrisches) Bild des Flözes Sonnenschein im Bereich der Essener Mulde zwischen dem Gelsenkirchener und Wattenscheider Sattel bis zu einer Teufe von -1200 m NN. Hierbei sind alle über dem Flöz bzw. oberhalb der Ebene bei -1200 m NN liegenden Schichten abgedeckt.

Die Darstellung der Lagerungsverhältnisse 355

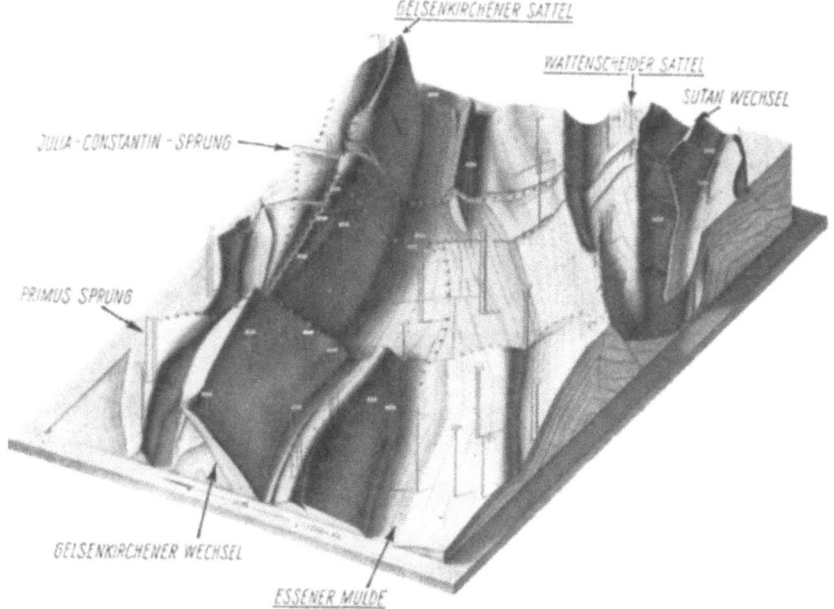

Abb. 293. Parallelperspektivisches Bild der Lagerungsverhältnisse eines Flözes in einem größeren Gebiet

162. Darstellung der Faltung

Sehr anschaulich kommt die Faltung, d. h. die *Sattel-* und *Muldenbildung* der Gebirgsschichten, auch in den *Querschnitten* des Grubenrißwerkes zum Ausdruck. Sie zeigen das wirkliche Einfallen der aufgeschlossenen Flöze und ihres Nebengesteins. Es ist nun einfach, diese Aufschlußstellen in den Querschnittrissen zu Sätteln und Mulden zu ergänzen. Verbindet man über eine Folge von Querschnitten hinweg die Umbiegestellen einer Schicht, d. h. die höchsten Punkte eines Sattels bzw. die tiefsten Punkte einer Mulde in den einzelnen Querschnitten, jeweils miteinander, so erhält man das *Sattelhöchste* bzw. das *Muldentiefste* dieser Schicht, z. B. eines Flözes, siehe AB in Abb. 294. Diese Linien sollen nach neuesten Vorschlägen der Internationalen Normenorganisation* Sattelhöchstenlinie oder kurz *Höchstenlinie* bzw. Muldentiefstenlinie oder kurz *Tiefstenlinie* genannt werden.

Die Fläche, in der die Höchstenlinien der Schichten *eines* Sattels bzw. die Tiefstenlinien der Schichten *einer* Mulde liegen, $EFGH$ in Abb. 294, wird nach den neuen Vorschlägen *Höchstenlinienfläche* bzw. *Tiefstenlinienfläche* (bisher Sattel- bzw. Muldenachsenfläche) genannt. Diese Flächen sind zwar in der Natur nicht vorhanden, für die Darstellung der Faltung

---

* International Organization for Standardization (ISO). — Innerhalb des Technischen Komitees 82 „Bergbau" der ISO befaßt sich eine Arbeitsgruppe mit der Ausarbeitung von geologischen Zeichen sowie von Erläuterungen und Definitionen dazu.

aber recht bedeutungsvoll. Ihre Schnittlinien (Spuren) mit den verschiedenen Darstellungsebenen werden durch besondere Signaturen gekennzeichnet, z. B. *EH* in Abb. 294. Die Spuren im Sohlengrundriß, die im bisherigen Sprachgebrauch *Sattel-* bzw. *Muldenlinien* heißen, geben den streichenden Verlauf der Faltung wieder. Ihre Spuren im Querschnitt — bisher im

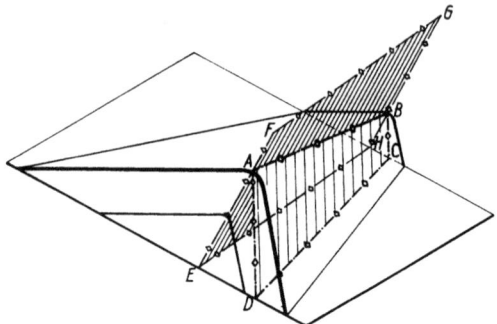

Abb. 294. Ungleichschenkliger und abtauchender Sattel

bergmännischen Sprachgebrauch Sattel- bzw. Muldenachsen genannt — lassen das mehr oder weniger starke Einfallen der Höchstenlinienfläche bzw. der Tiefstenlinienfläche erkennen, das im Grundriß durch einen rechtwinklig zur Spur liegenden kurzen Einfallpfeil mit beigeschriebener Gradzahl gekennzeichnet wird. Das verhältnismäßig schwache *Einsinken* der Höchsten- bzw. Tiefstenlinien — auch *Abtauchen* genannt — verdeutlicht man im Grundriß durch Einfallpfeile in der entsprechenden Streichrichtung mit Gradzahlangabe, siehe Abb. 295.

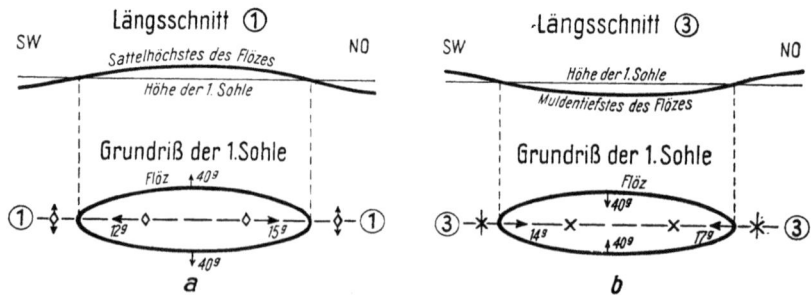

Abb. 295. Darstellung a) eines geschlossenen Sattels, b) einer geschlossenen Mulde

Sichtbar wird dieses Abtauchen des ganzen Gebirgskörpers in der Streichrichtung in den *Längsschnitten* der Grubenrisse, in denen der söhlige oder geneigte Verlauf der Sattelhöchsten oder der Muldentiefsten in der Streichrichtung zur Darstellung kommt.

Es wird besonders darauf hingewiesen, daß die Sattelhöchsten- bzw. Muldentiefstenlinie im *Abbaugrundriß* nur durch lotrechte *Projektion* abgebildet werden kann, *DC* in Abb. 294. Ihre Lage wird nur dann mit der

Spur der Höchsten- bzw. Tiefstenlinienfläche im Sohlengrundriß übereinstimmen, wenn diese Flächen lotrecht stehen.

Sinkt das *über* einer Sohle abgelagerte Sattelhöchste eines Flözes nach *beiden* Seiten der Streichrichtung ein, so entsteht auf beiden Seiten an der Stelle, an der das Sattelhöchste die Sohle schneidet, im Sohlengrundriß eine Sattelwendung, und man spricht von einem *geschlossenen Sattel*. In gleicher Weise entsteht eine geschlossene Mulde, wenn das *unter* einer Sohle liegende Muldentiefste in der Streichrichtung nach beiden Seiten abtaucht, s. Abb. 295a u. b.

163. Darstellung der Gebirgsstörungen

Durch gebirgsbildende Kräfte sind an Schwächezonen des Gebirgskörpers *Trennflächen* entstanden, die auch *Störungsflächen* oder *Störungsklüfte* genannt werden. Je nach Art und Richtung der Kräfte sind die voneinander getrennten Gebirgsteile entlang der Störungsflächen auf verschiedene Weise gegeneinander bewegt worden. Die einzelnen Phasen der Bewegungen, ihre Richtungen und Ausmaße interessieren bei der rißlichen Darstellung dieser *Gebirgsstörungen* im allgemeinen nicht. Es kommt hierbei lediglich auf die Wiedergabe des *derzeitigen Zustandes* an. Man unterscheidet je nach dem streichenden Verlauf und dem Verhalten der Gebirgsstörungen im wesentlichen 3 Hauptarten, wobei das besseren Verständnisses wegen alle Übergänge zwischen diesen und alle Sonderfälle hier vernachlässigt werden:

1. Querschlägige und spitzwinklige Sprünge, s. Abb. 296. Die ersteren verlaufen genau rechtwinklig zum Gebirgsstreichen, die letzteren weichen

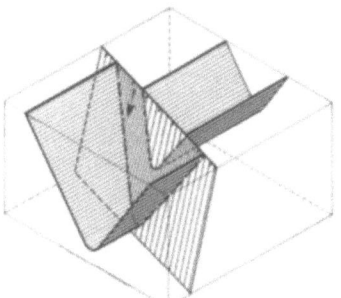 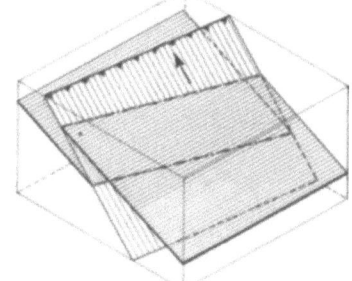

Abb. 296. Verwerfung einer Mulde an einem Sprung

Abb. 297. Überschiebung eines Muldenflügels an einem Wechsel

hiervon mehr oder minder stark ab und schneiden die Gebirgsschichten in ihrer Streichrichtung unter spitzen und stumpfen Winkeln. An den Sprüngen ist ein *Verwerfen* (Absinken — Abschieben) der Gebirgsschichten im Hangenden der Störungskluft von wenigen Dezimetern bis etwa 1000 m feststellbar.

2. Wechsel, s. Abb. 297. Sie verlaufen entweder fast parallel zum Streichen der Gebirgsschichten oder schneiden die Schichten in der Streichrichtung unter einem meist spitzen Winkel von etwa 15^g bis 20^g.

An den Wechseln hat ein *Überschieben* (Aufschieben) der hangenden über die liegenden Schichten stattgefunden, stellenweise bis zu 2000 m und mehr; dies macht sich beim Durchfahren der oft nur wenige Zentimeter mächtigen Störungsrisse in der Grube durch einen „Wechsel" in der Schichtenfolge — ältere Schichten liegen über jüngeren — bemerkbar.

3. Blätter, s. Abb. 298. Sie streichen im Ruhrkarbon in westöstlicher, seltener in nahezu nordsüdlicher Richtung und schneiden die Streichrichtung der Gebirgsschichten meist diagonal. Sie zeigen eine söhlige *Verschiebung* der Gebirgsschichten gegeneinander. Sie haben im Gegensatz zu den oft sehr breiten Störungszonen der Sprünge in der Regel nur geringe Mächtigkeit. Ihre fast lotrechten, oft überkippten und häufig wellen- oder schaufelförmig ausgebildeten Kluftflächen haben dieser Störungsart den Namen „Blätter" gegeben.

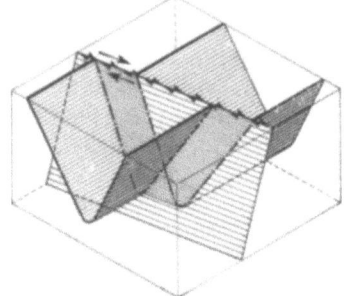

Abb. 298. Verschiebung einer Mulde an einem Blatt

Ferner unterscheidet man je nach dem einfallenden Verlauf der parallel oder spitzwinklig zu den Gebirgsschichten streichenden Gebirgsstörungen *gleichfallende* und *gegenfallende* sowie *steiler* und *flacher* als die Gebirgsschichten einfallende Störungen.

Den im Liegenden der jeweiligen Gebirgsstörung befindlichen, als nicht bewegt angenommenen Teil der Gebirgsschichten nennt man den *liegenden* oder *stehengebliebenen Teil*, während man den im Hangenden der Störung befindlichen Teil als den *hangenden* Teil bezeichnet. Den letzteren Teil nennt man auch beim Sprung den *abgesunkenen*, beim Wechsel den *aufgeschobenen* oder *überschobenen* und beim Blatt den *verschobenen* Teil.

Das scheinbare Bewegungsmaß der Gebirgsteile gegeneinander läßt sich bei Sprüngen und Wechseln in einem rechtwinklig zur Streichlinie der Störung liegenden Schnitt — Querschnitte ① in den Abb. 299 bis 305 — ermitteln, für die Blätter dagegen aus dem Grundriß, s. Abb. 306. Man unterscheidet nach DIN 21900 [16], Abschn. 3.01,

beim Sprung: Sprungweite (flache Sprunghöhe) w,
seigere Sprunghöhe (Seigerverwurf) t,
söhlige Sprungweite s;

beim Wechsel: Schubweite (flache Schubhöhe) w,
seigere Schubhöhe t,
söhlige Schubweite s;

beim Blatt: söhlige Verschiebungsweite v.

In den *Grundrissen* werden vielfach die durch Aufschluß bekannt gewordenen Maße t und v an den durch genormte Zeichen — s. Tafel 32 des Anhanges — unterschiedenen Streichlinien der 3 Hauptstörungsarten angeschrieben.

Die Abb. 299 bis 305 zeigen in je einem Grundriß, zwei zugehörigen Querschnitten und einem Flächenbild die gegenseitige Lage der beiden durch Sprung und Wechsel getrennten Teile desselben Flözes in den im Steinkohlengebirge hauptsächlich auftretenden Fällen, und zwar unter der Annahme eines gleichbleibenden Seigerverwurfes von 50 m.

Während die Querschnitte ①, rechtwinklig zum Streichen der Störung, d. h. in Richtung ihres Einfallens, die Lage der beiden Flözteile und damit die wirkliche Größe des Seigerverwurfes t richtig wiedergeben, ist das bei den Querschnitten ② in der Einfallrichtung des Flözes nicht der Fall.

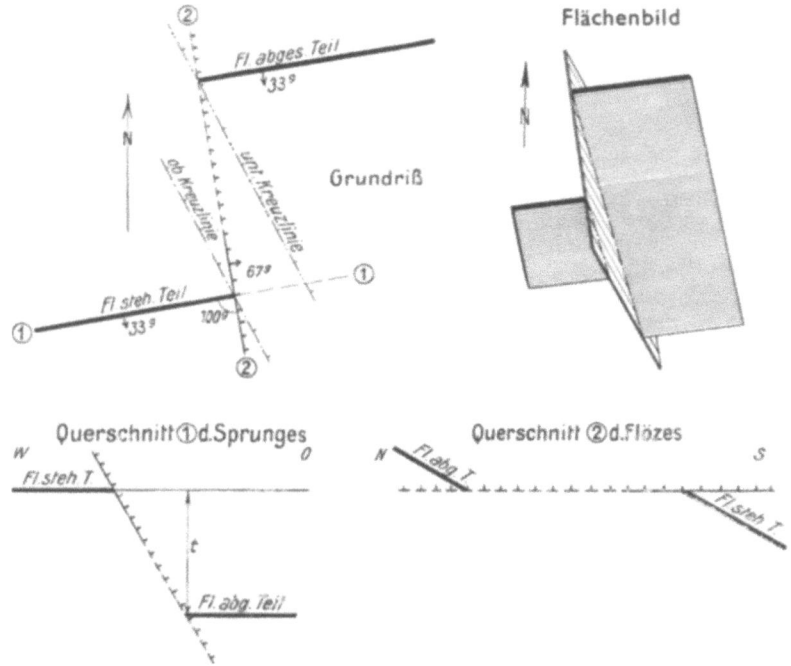

Abb. 299. Querschlägiger Sprung. Seigerverwurf: $t = 50$ m

Die Unterschiede gegen das wirkliche Maß des Seigerverwurfes t und der söhligen Schubweite s sind um so größer, je mehr die Einfallrichtung der Störung von der Fallrichtung des Flözes abweicht. So täuscht z. B. der Querschnitt ② beim querschlägigen Sprung, s. Abb. 299, eine söhlige Verschiebung und beim gleichfallenden Sprung, s. Abb. 300, sogar eine erhebliche Aufschiebung vor. Man sieht aus diesen beiden Beispielen, daß die Beurteilung der Auswirkung einer Störung lediglich auf Grund der beim Grubenbild fast ausschließlich angewandten Querschnitte ② besonders bei den ungefähr querschlägig verlaufenden Sprüngen zu ganz falschen Deutungen führen kann.

360   Die Darstellung der Lagerungsverhältnisse

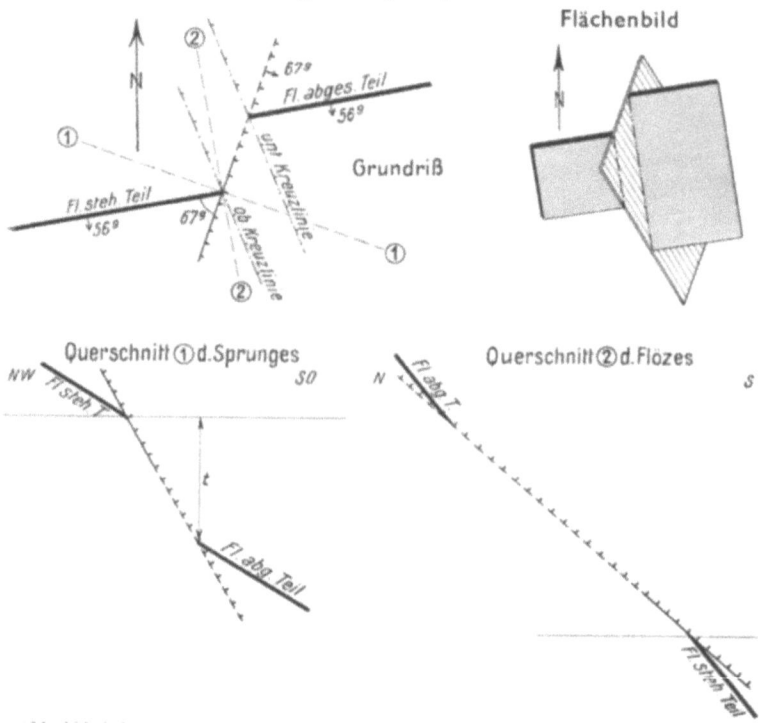

Abb. 300. Spießwinklig-gleichfallender Sprung. $t = 50$ m (steiler als das Flöz einfallend)

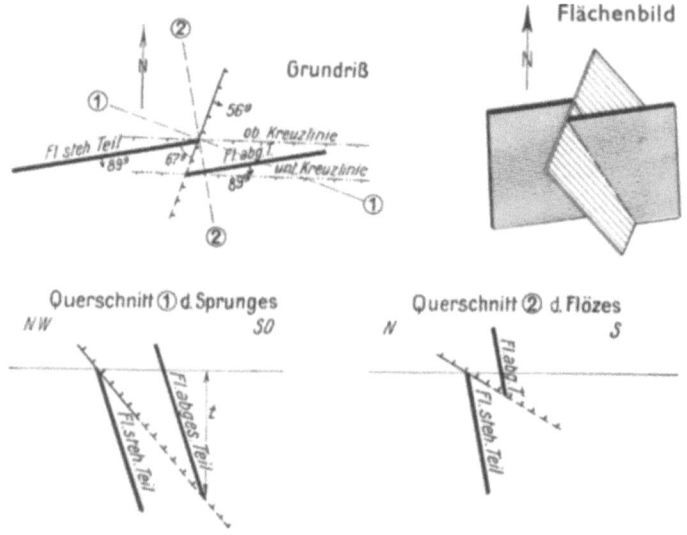

Abb. 301. Spießwinklig-gleichfallender Sprung. $t = 50$ m (flacher als das Flöz einfallend)

Die Darstellung der Lagerungsverhältnisse 361

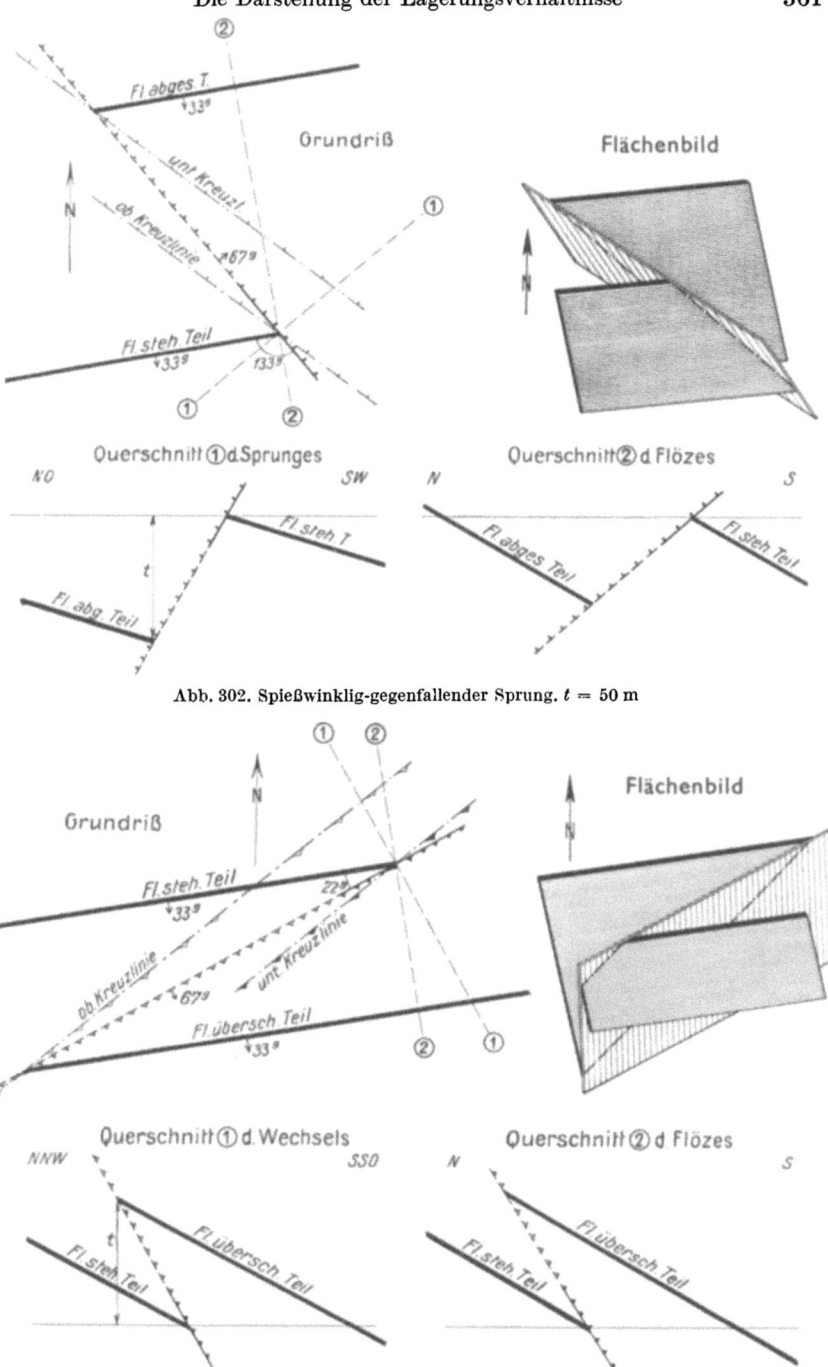

Abb. 302. Spießwinklig-gegenfallender Sprung. $t = 50$ m

Abb. 303. Gleichfallender Wechsel. $t = 50$ m (steiler als das Flöz einfallend)

362   Die Darstellung der Lagerungsverhältnisse

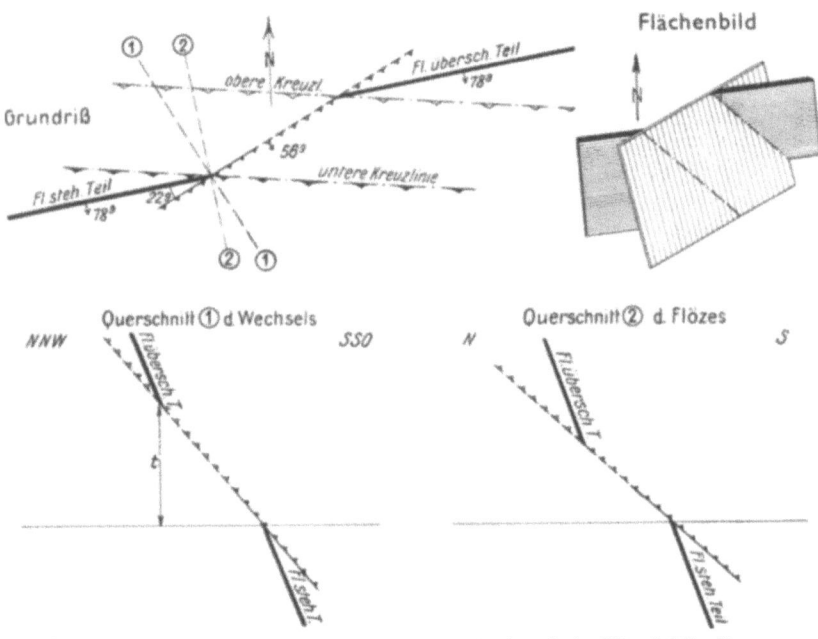

Abb. 304. Gleichfallender Wechsel. $t = 50$ m (flacher als das Flöz einfallend)

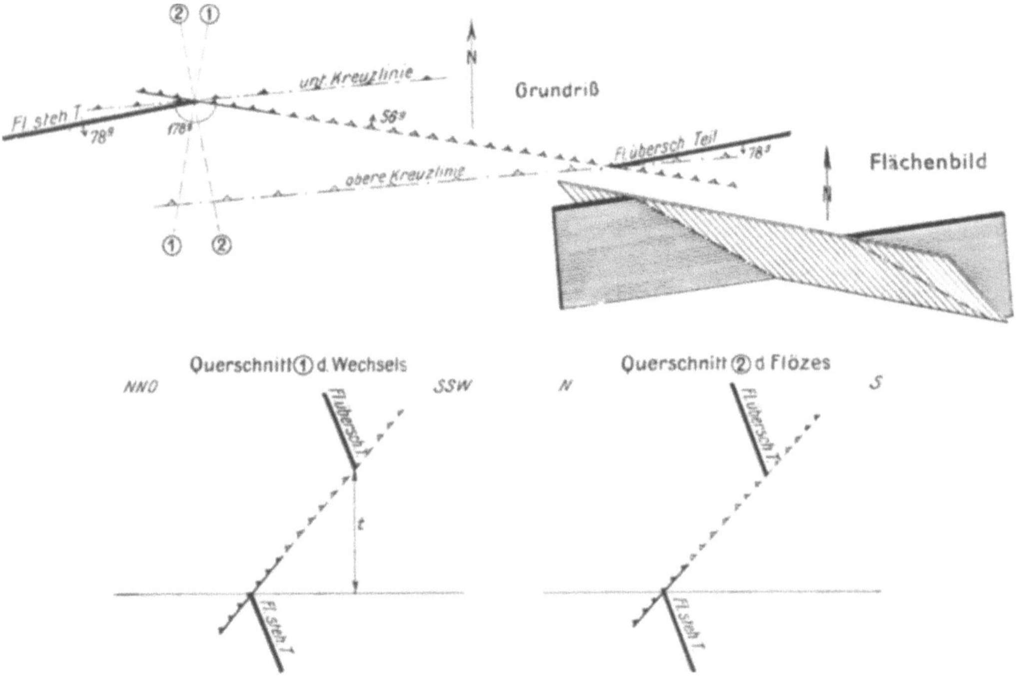

Abb. 305. Gegenfallender Wechsel. $t = 50$ m

Aus der richtigen Lage der getrennten Flözteile in den Querschnitten ① ergeben sich nachstehende Folgerungen:

1. Die *gleichfallenden* und *steiler* als das Flöz einfallenden *Sprünge* bewirken ebenso wie die *gleichfallenden*, aber *flacher* als das Flöz einfallenden *Wechsel* einen *Ausfall* der Gebirgsschichten.

2. Die *gleichfallenden* und *steiler* als das Flöz einfallenden *Wechsel* rufen ebenso wie die *gleichfallenden*, aber *flacher* als das Flöz einfallenden *Sprünge* eine *Doppellagerung* hervor.

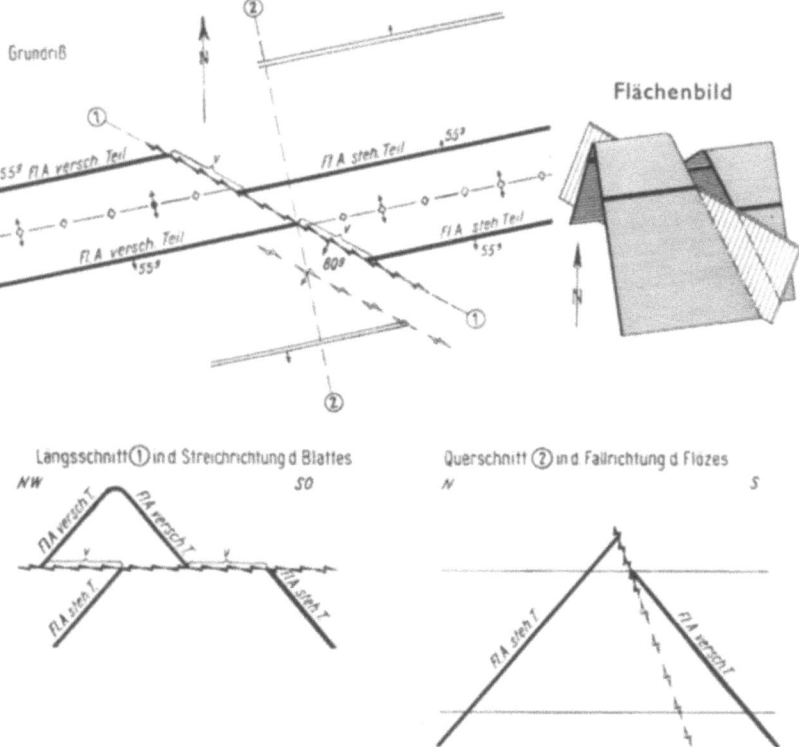

Abb. 306. Verschiebung eines gleichschenkligen Sattels an einem Blatt

Bei *gegenfallenden Wechseln* tritt nur in *seigerer Richtung*, bei *gegenfallenden Sprüngen* dagegen nur in *söhliger* Richtung eine verhältnismäßig geringe *Doppellagerung* ein.

Die Abb. 306 zeigt im Grundriß sowie im Längsschnitt ① und Querschnitt ② die durch ein Blatt verursachte Verschiebung eines gleichschenkligen Sattels. Auch hier gibt außer dem Grundriß nur der Längsschnitt ① in der Streichrichtung des Blattes die richtige Lage der verschobenen Flözteile und damit die wirkliche Größe der söhligen Schubweite v wieder und nicht der Querschnitt ②, wie ihn das Grubenbild zeigt.

Bei den ungefähr in westöstlicher Richtung streichenden und oft viele km aufgeschlossenen Blättern des Ruhrgebietes wurde festgestellt, daß die *südlich* eines solchen Blattes gelegenen Flözteile, unabhängig von dem nach Norden oder Süden gerichteten Einfallen, regelmäßig als in der Streichrichtung nach *Westen* verschoben erscheinen.

164. Darstellung der durch Gebirgsstörungen hervorgerufenen Abbaugrenzen (Kreuzlinien zwischen Flöz und Störung)

Die in dem Abschnitt 163 behandelten Gebirgsstörungen bilden in der Grube die *natürlichen Gesteinsgrenzen* des Abbaues. Sie werden in allen Abbaugrund- und -seigerrissen durch strichpunktierte, mit dem Kennzeichen der Störungsart versehene Linien, die man als *Kreuzlinien* bezeichnet, dargestellt. Streng genommen ist diese Begrenzung ein an der Störungsfläche zwischen dem Hangenden und dem Liegenden des Flözes verlaufender Flächenstreifen, der jedoch in kleinmaßstäblichen Grubenrissen als Linie gezeichnet wird. Die Kreuzlinie ist im allgemeinen eine Diagonale sowohl in der Flöz- als auch in der Störungsfläche. Ihr streichender Verlauf fällt also mit den Streichlinien dieser Schichten nicht zusammen, ihre Neigung ist geringer als das Einfallen des Flözes und dasjenige der Störung. Die Kreuzlinie ändert sowohl ihren streichenden Verlauf als auch ihre Neigung bei jeder Änderung des Einfallens von Störung und Flöz,

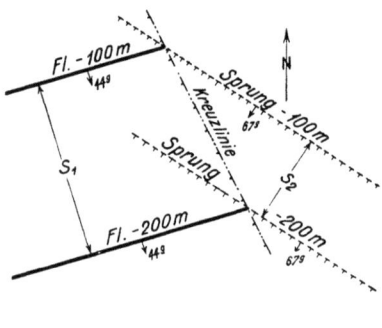

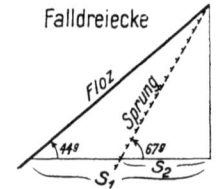

Abb. 307. Grundrißliche Ermittlung der Kreuzlinie eines durch einen Sprung verworfenen Flözes

besonders stark im Sattelhöchsten und Muldentiefsten des Flözes.

Man erhält den Verlauf der Kreuzlinie zwischen einem ebenflächigen Flöz und einer einigermaßen ebenflächigen Störung in einer grundrißlichen Darstellung, wenn man zwei in verschiedenen Höhenlagen, aber im gleichen Flözteil gelegene Aufschlußpunkte der Störung geradlinig miteinander verbindet. Ist z. B. die Kreuzlinie für den durch einen Sprung begrenzten Flözteil in der Abb. 307 zu bestimmen, so zeichnet man zunächst je eine Streichlinie des Flözes und der Störung etwa in den Höhenlagen -100 m und -200 m durch Abtragen der söhligen Entfernungen s_1 in der Fallrichtung des Flözes und s_2 in der Fallrichtung des Sprunges in den Grundriß ein, bringt die zusammengehörigen, d. h. gleich hoch liegenden Streichlinien von Flöz und Sprung zum Schnitt und verbindet die so erhaltenen beiden Ansatzpunkte des Flözteiles durch eine Linie, die die Kreuzlinie darstellt.

Die söhlige Entfernung s_1 ist aus einem Falldreieck des Flözes, s. Abb. 307, unten, welches aus dem Einfallwinkel des Flözes und dem Höhenunterschied der beiden Streichlinien konstruiert wird, zu entnehmen, während die söhlige Entfernung s_2 durch Zeichnung eines entsprechenden, aus dem Einfallwinkel des Sprunges und dem Höhenunterschied zu konstruierenden Falldreiecks der Störung erhalten wird. Ändern Flöz- oder Störungsfläche ihr Streichen oder ihr Einfallen, so konstruiert man zunächst in kleinerem Abstand, z. B. alle 10 m oder 20 m, für beide Flächen Höhenlinien, s. Abschn. 172, S. 373. Die Verbindungslinien aller Schnittpunkte höhengleicher Linien von Flöz und Störung stellt sodann die Kreuzlinie dar.

Die *Neigung* der Kreuzlinie läßt sich zeichnerisch durch Konstruktion eines Schnittes in Richtung des grundrißlichen Verlaufs der Kreuzlinie ermitteln.

165. Die zeichnerische Ausrichtung der Gebirgsstörungen

Bei der Ausrichtung von Störungen handelt es sich in vielen Fällen um die Aufsuchung des verlorenen Flözteiles in der Höhenlage des aufgeschlossenen Teiles durch eine söhlige Gesteinsstrecke. Am einfachsten und sichersten ist diese Aufgabe durch Einzeichnen des „*Weges*", den der verlorene Flözteil im Hangenden der Störungsfläche zurückgelegt hat, in einer Grundrißzeichnung, in die der aufgeschlossene Flözteil eingetragen ist, zu lösen. Voraussetzung für eine solche Zeichnung ist jedoch die Kenntnis der *Richtung* und der *Länge* des Weges.

Die *Wegrichtung* fällt, wie bereits ausgeführt, angenähert mit der Fallrichtung der Störung zusammen.

Die *Weglänge* dagegen wird aus dem Verwurfsdreieck, das man aus dem Seigerverwurf (bzw. der seigeren Schubhöhe) oder der flachen bzw. söhligen Sprung-(bzw. Schub-)weite und dem gemessenen Einfallen der Störung konstruiert, entnommen.

Als Beispiel sei hier die söhlige Ausrichtung eines gleichfallenden, spitzwinkligen Sprunges wiedergegeben, s. Abb. 308. Man trägt vom Aufschlußpunkt A der 1. Sohle des stehengebliebenen Flözteiles aus auf der Fallinie des Sprunges die söhlige Projektion der Weglänge, d. h. die söhlige Sprungweite s bis zum Ansatzpunkt B des abgesunkenen Flözteiles ab; alsdann trägt man von dem so wiedergefundenen, aber um den Seigerverwurf t tiefer gelegenen Flözteil aus die söhlige Projektion s_1 der flachen Bauhöhe in der Fallrichtung des Flözes, jedoch nach oben, ab. Durch den so erhaltenen Punkt C zieht man eine Parallele zur Streichlinie des aufgeschlossenen Flözteiles bis zur Streichlinie des Sprunges in der 1. Sohle, d. h. bis zum Punkt D.

Verbindet man nun die beiden in verschiedenen Höhenlagen erhaltenen Ansatzpunkte B und D des abgesunkenen Flözteiles miteinander, so erhält man die Kreuzlinie als Abbaugrenze dieses Flözteiles und durch Einzeichnung einer Parallelen hierzu durch den Ansatzpunkt A die Kreuzlinie des stehengebliebenen Teiles.

Zu dem gleichen Ergebnis gelangt man, wenn man, wie im Abschn. 164, S. 364 beschrieben, zuerst die Kreuzlinie des aufgeschlossenen Flözteiles durch Einzeichnen der Streichlinien dieses Flözteiles und des Sprunges in zwei verschiedenen Höhenlagen, z. B. in der 1. und 2. Sohle, bestimmt und sodann im Abstand der söhligen Sprungweite s, die man wieder

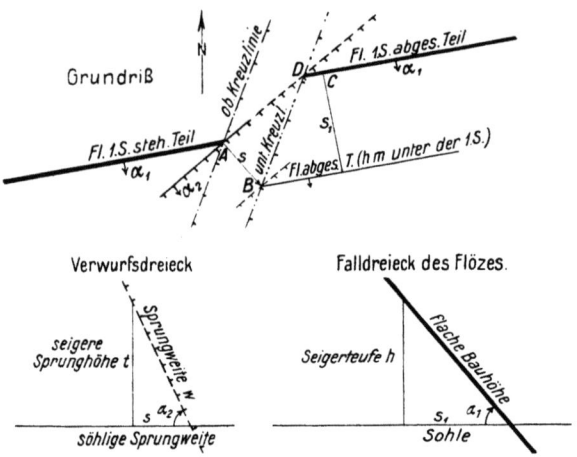

Abb. 308. Zeichnerische Ausrichtung eines durch einen Sprung verworfenen Flözes

von den Ansatzpunkten des stehengebliebenen Flözteiles in der Fallrichtung des Sprunges abträgt, die Kreuzlinie des abgesunkenen Flözteiles als Parallele zur vorhandenen oberen Kreuzlinie einzeichnet. Die so gefundene untere Kreuzlinie schneidet die Streichlinien des Sprunges in denjenigen Punkten, in denen der abgesunkene Flözteil in Höhe dieser Streichlinien und damit auch in Höhe der Streichlinien des stehengebliebenen Flözteiles, wieder ansetzt, s. Abb. 309.

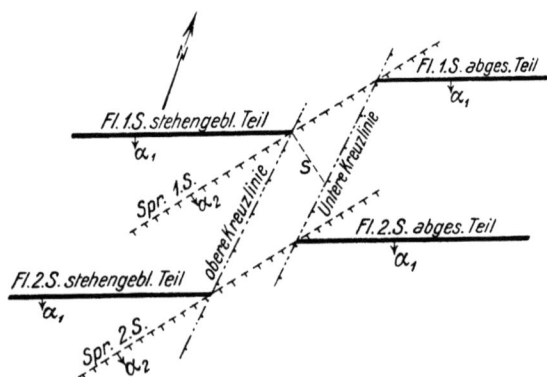

Abb. 309. Zeichnerische Ausrichtung mit Hilfe der Kreuzlinie des verworfenen Flözteils

Die söhlige Entfernung der Ansatzpunkte der beiden Flözteile entspricht der Länge der an der Störung entlang aufzufahrenden Ausrichtungsstrecke, wenn, wie im vorliegenden Fall, die Störung einen

Schichtenausfall hervorruft. Ist jedoch durch die Störung eine Doppellagerung der Gebirgsschichten entstanden, so ist vom Aufschlußpunkt der Störung aus in querschlägiger Richtung, d. h. rechtwinklig zum Streichen des Flözes, aufzufahren. Die Längen dieser Ausrichtungsstrecken sind jeweils aus der entsprechenden Grundrißzeichnung zu entnehmen.

Aus den söhligen Darstellungen der im Hangenden und Liegenden von Sprüngen und Wechseln in *gleicher* Höhe gemachten Aufschlüsse der gleichen an bestimmten geologischen Merkmalen sicher wiederzuerkennenden Gebirgsschichten sind für den praktischen Gebrauch folgende allgemein gültige *Ausrichtungsregeln* für Sprünge und Wechsel abgeleitet worden, s. Abb. 299 bis 305, die eine Ausrichtung derselben auch *ohne* Zeichnung möglich machen.

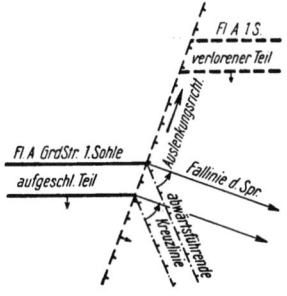

Abb. 310. Auslenkung auf Grund einer allgemein gültigen Ausrichtungsregel

1. Liegen die *gleichen* Gebirgsschichten hinter der Störung *tiefer*, so ist nach der Seite auszulenken, nach der die *Fallinie* der Störung von der abwärtsführenden *Kreuzlinie* abweicht, s. Abb. 310.

2. Liegen dagegen die gleichen Gebirgsschichten hinter der Störung höher, so ist der verlorene Flözteil auf der Seite zu suchen, nach der die abwärtsführende *Kreuzlinie* von der *Fallinie* der Störung abweicht.

Bei den *Verschiebungen auf den west-östlich streichenden Blättern*, s. Abb. 306, S. 363, lautet die Ausrichtungsregel folgendermaßen:

„Trifft eine streichend im Flöz aufgefahrene Strecke auf ein Blatt, so muß nach seiner Durchfahrung die Auslenkung an dem Blatt entlang nach der Richtung vorgenommen werden, nach welcher die verlängerte Streichlinie der Grubenstrecke mit der Streichlinie des Blattes einen spitzen Winkel bildet."

166. Darstellung der Mächtigkeit, Art und Zusammensetzung der Gebirgsschichten

Die an vielen Stellen aufgenommenen *Flözmächtigkeiten* werden zahlenmäßig so, wie sie in der Grube vom Hangenden zum Liegenden der aufgeschlossenen Flöze bankrecht in cm gemessen sind, in allen Rißarten des Grubenbildes möglichst an den jeweiligen Meßstellen eingeschrieben, z. B. 40 K 20 B 60 K, so daß schon aus der Reihenfolge der Einmessungen die Lage der Kohlenbänke (Unter- und Oberbank) und der Bergemittelpacken zum Hangenden oder Liegenden des Flözes ohne weiteres zu ersehen ist. Nur in den Flöz- und Schichtenschnitten werden die Mächtigkeiten der einzelnen Kohlenbänke und Bergemittel auch *rißlich* in der Reihenfolge vom Liegenden zum Hangenden dargestellt, s. Abb. 311.

Die im wesentlichen aus Schieferton, Sandschiefer, Sandstein und Konglomeraten bestehenden *Schichten des Nebengesteins* werden in schmalen Streifen an den Stößen der in den Sohlengrundrissen eingetragenen Querschläge sowie ober- und unterhalb der in den Querschnittrissen des Grubenbildes zur Darstellung kommenden Sohlen und an den Stößen der Blind- und Hauptschächte unter Anwendungen genormter Farben oder Zeichen, s. Tafel 33 und 35 des Anhanges, eingezeichnet.

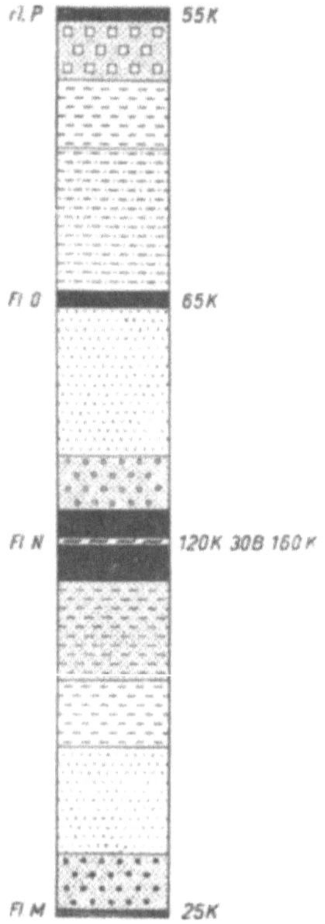

Außerdem erfolgt die Darstellung der Nebengesteinsschichten in zahlreichen *Schichtenschnitten*, die auch etwa vorhandene Fossilien und sonstige Einlagerungen enthalten, s. Abb. 311. Die Schnitte werden an den Stellen, an denen sie in der Grube aufgenommen worden sind, unmittelbar in die stratigraphischen Grundrißkarten des Flözarchives, s. Abschn. 190, Abs. 2, S. 409, eingetragen. Sie sollen in erster Linie die wechselnde stratigraphische Ausbildung der gesamten Ablagerung sowohl in streichender als auch querschlägiger Richtung zum Ausdruck bringen.

Die sich oft schon auf kurze Entfernungen stark ändernde Mächtigkeit und Zusammensetzung (Struktur) der bauwürdigen Flöze wird dagegen in besonderen *Flözschnitten*, die nur das jeweilige Flöz, getrennt nach reiner und unreiner Kohle, nach Brandschiefer und Bergen, gegebenenfalls auch nach Ober-, Mittel- und Unterbank wiedergegeben, dargestellt, während in *makropetrographischen Flözschnitten* der Streifenaufbau der Kohle gezeigt wird, s. Abb. 207, S. 268. Die Flözschnitte werden in Betriebspunktrisse, Flözeigenschafts- und Grobstrukturkarten des Flözarchivs eingezeichnet, die petrographischen Schnitte dagegen in Feinstrukturkarten.

Abb. 311. Schichtenschnitt

In Sonderfällen, insbesondere bei mächtigen Lagerstätten, werden die Mächtigkeitsverhältnisse in einem Flöz auch durch Linien, die Punkte gleicher Mächtigkeit miteinander verbinden, dargestellt.

V. Vervielfältigungen von zeichnerischen Darstellungen

In allen markscheiderischen Zeichenbüros sind fast täglich Abzeichnungen und Vervielfältigungen von Zeichnungen, Rissen und Plänen im gleichen oder auch im verkleinerten bzw. vergrößerten Maßstab herzustellen. Die hierbei hauptsächlich angewandten Verfahren sollen im folgenden kurz erläutert werden.

167. Abzeichnungen im gleichen Maßstab

Wenn eine Abzeichnung auf durchsichtigem Zeichenstoff — Pauspapier, Astralon, Pokalon usw. — erfolgen soll, so legt man die Pause glatt auf die Urzeichnung und hält sie in ihrer Lage durch Gewichte unverrückbar fest. Dann zieht man jede Linie je nach Erfordernis mit spitzem Bleistift oder mit Ziehfeder und Tusche genau nach, indem man für Gerade ein Zeichendreieck, für Kreisbogen einen Zirkel und für sonstige Bogen Kurvenlineale zu Hilfe nimmt. Vermessungspunkte werden mit dem Nullenzirkel lotrecht durchstochen und umringelt. Durch Beschriftung, Zeichen- und Farbgebung kann die Pause wie die Urzeichnung ausgeführt werden.

Ist umgekehrt die Pauszeichnung auf Zeichenpapier, z. B. auf eine Rißplatte zu übertragen, so sind alle Eck- und Brechpunkte der geradlinig begrenzten Gegenstände ebenso wie die Vermessungspunkte und etwaige Netzpunkte der festgelegten Pause mittels einer spitzen, lotrecht gehaltenen Kopiernadel zu durchstechen und nach Unterlage von Graphitpapier alle weiteren Linien und Darstellungen durchzudrücken.

Ein anderes Verfahren, bei dem unter Ausschaltung der Pause die Abzeichnung auf dem über den Urriß gelegten Zeichenbogen unmittelbar vorgenommen wird, ermöglicht der *Durchleuchtungstisch*, der auch vielfach zum Vergleich des Inhaltes übereinandergelegter Risse, z. B. des Abbaustandes in mehreren übereinander liegenden Flözen benutzt wird. Die Platte dieses Tisches besteht aus einer kräftigen Spiegelglasscheibe, unter der sich ein Kasten mit elektrischen Lampen oder Leuchtröhren befindet. Werden Kaltlichtröhren als Lichtquelle verwendet, so sind Wärmeschutzscheiben und Ventilatoreinrichtung nicht erforderlich. Die Leuchtkraft der Lampen muß jedoch so groß sein, daß auch bei aufgezogenen Rissen noch ein deutliches Erkennen aller Einzelheiten und damit ein Nachzeichnen möglich wird.

168. Verkleinern und Vergrößern von Zeichnungen

Sind aus einer Zeichnung nur wenige Punkte in eine Darstellung kleineren oder größeren Maßstabes zu übertragen, so geschieht das am einfachsten mit einem *Reduktionszirkel*, s. Abb. 312. Dies ist ein mit doppelten Schenkeln versehener Zirkel, dessen verschiebbarer Drehpunkt so eingestellt werden kann, daß das Verhältnis des Spitzenabstandes auf beiden Seiten des Drehpunktes der gewünschten Verkleinerung oder umgekehrt der Vergrößerung entspricht. Zum Abgreifen der Punktabstände mit dem einen und zum Abtragen mit dem anderen Zirkelende muß man von Netzlinien mit gleichen Nord-Süd- und Ost-West-Entfernungen ausgehen.

Ein Gerät zum maßstabgetreuen Umzeichnen von Plänen und Rissen ist der *Pantograph*, Abb. 313. Er besteht aus vier in Verhältniswerte und in Millimeter geteilten Metallstangen, die zu einem beweglichen, waagerechten Parallelogramm verbunden sind. In einem äußeren Gelenkpunkt liegt der

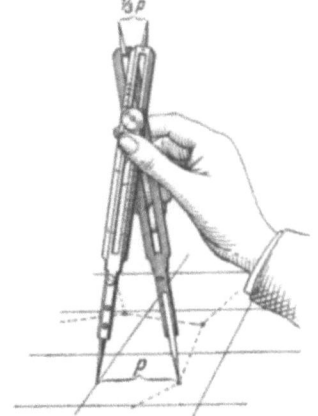

Abb. 312. Reduktionszirkel

Pol P, um den das ganze System drehbar ist, und der zwecks unverrückbarer Festlegung in einem durch Gewichte beschwerten Traggestell eingelassen ist. Zwei von einem Punkt über dem Pol ausgehende Drähte

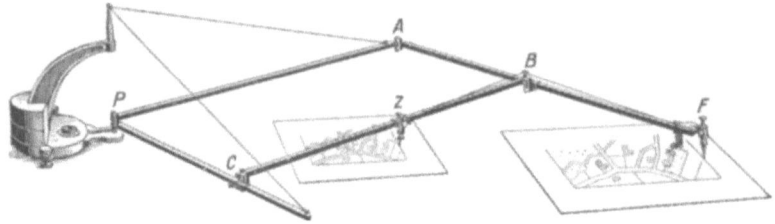

Abb. 313. Pantograph

halten das Gestänge freischwebend, so daß die Reibung auf dem Zeichentisch oder Zeichenbogen aufgehoben ist. Dem Pol gegenüber liegt im Gelenksystem bei Verkleinerungen der Fahrstift F, während auf der Verbindungslinie dieses Punktes mit dem Pol sich jetzt der Zeichenstift Z befindet. Für Verkleinerungen auf $1/n$ der Urzeichnung werden zunächst die Punkte B und C auf $1/n$ der Stangenlänge AF und alsdann Z auf $1/n$ der gleich großen Länge CB eingestellt. Es verhalten sich dann in jeder Lage des Gelenksystems

$$PC:AF = CZ:CB = PZ:PF = 1:n.$$

Daher wird auch jede von Z zurückgelegte Strecke gleich $1/n$ des von F beschriebenen Weges sein. Man braucht also mit dem Fahrstift nur die Gegenstände der Urzeichnung zu umfahren, um auf der gleichgerichtet liegenden Abzeichnung durch den Zeichenstift die maßstäbliche Verkleinerung zu erhalten. Um das Einsetzen des Zeichenstiftes gleichzeitig mit dem Aufsetzen des Fahrstiftes zu beginnen und zu beenden, ist zwischen beiden eine Schnurverbindung angebracht, mit welcher der Zeichenstift beim Niederdrücken des Fahrstiftes herabgelassen, beim Aufheben des Druckes hochgezogen wird. Statt der Umfahrung der einzelnen Gegenstände kann bei geradlinigen Gebilden eine schärfere Übertragung der Eckpunkte stattfinden, wenn beim Aufsetzen des Fahrstiftes durch eine an Stelle des Zeichenstiftes eingesetzte Nadel ein Einstechen der Punkte vorgenommen wird. Bei Vergrößerungen sind Original und Abzeichnung sowie Fahr- und Zeichenstift gegeneinander zu vertauschen.

Für Umzeichnungsverhältnisse, die nahe bei 1:1 liegen, rückt der Zeichenstift zu nahe an den Fahrstift heran. Man kann in solchem Falle den Pol gegen den Zeichenstift auswechseln, hat also den Drehpunkt dann zwischen Zeichen- und Fahrstift liegen.

169. Lichtpausverfahren

Zur Vervielfältigung *lichtdurchlässiger* (transparenter) Zeichenvorlagen dient das *Lichtpausverfahren*, bei dem die Urzeichnung unter Glas auf ein mit einer lichtempfindlichen Schicht versehenes Papier gepreßt und kurze Zeit belichtet wird. Das lichtempfindliche Papier wird sodann mittels Ammoniakdämpfen auf trockenem Wege entwickelt. Die Trokkenentwicklung hat den Vorteil, daß das benutzte Lichtpauspapier weitgehend maßhaltig bleibt.

Zur Schonung der transparenten Zeichenvorlagen empfiehlt es sich, zunächst auf einer Lichtpaus-Folie einen Abzug — Zwischenoriginal — herzustellen und diesen für die weitere Anfertigung der Lichtpausen zu benutzen.

Als Geräte stehen heute durchweg *Lichtpausmaschinen* in jeder Größe und verschiedenartiger Ausführung zur Verfügung. Sie sind meist mit Spezial-Leichtstoffröhren und elektrischem Antrieb ausgerüstet und gewährleisten eine gleichmäßige Belichtung und gleichbleibende Durchgangsgeschwindigkeit des Lichtpauspapiers. Die Trockenentwicklung der belichteten Pausen erfolgt entweder in einfachen Holzkästen, in die man Schalen mit Ammoniakwasser hineinstellt, oder auch in kleinen *Entwicklungsmaschinen*, in denen die Pausen mit regelbarer Durchlaufgeschwindigkeit über ein Transportband geführt werden. In beiden Fällen ist eine Ent-

Abb. 314. Kombinierte Lichtpaus- und Trockenentwicklungsmaschine „Metem 222"

lüftungsvorrichtung mit einem kleinen Ventilator zum Absaugen der Ammoniakdämpfe vorzusehen. Als Beispiel zeigt die Abb. 314 eine kombinierte Lichtpaus- und Trockenentwicklungsmaschine der Firma Meteor-Apparatebau Siegen.

Sind die zu vervielfältigenden Zeichnungen (Risse) auf *undurchsichtigem* Papier gezeichnet, so können hiervon Lichtpausen durch das „Reflexverfahren" hergestellt werden. Bei der Belichtung entsteht durch Reflexion der Lichtstrahlen zunächst ein negatives Bild der Zeichnung, von dem nach erfolgter Entwicklung und Fixierung erst wieder eine positive Kontaktkopie auf durchsichtigem Pauspapier hergestellt werden muß, bevor mit dem eigentlichen Lichtpausen begonnen werden kann. Die Anfertigung des Negativbildes wird vermieden, wenn man ein besonderes Papier, das Agfa-Direktoflex-Transparentpapier, verwendet.

Je nach der Sorte des verwendeten Lichtpauspapiers erscheint die Zeichnung in der Lichtpause in schwarzer, blauer, roter oder brauner Farbe. Ein Spezialpapier, das Zweifarben-Ozalid-Papier, erlaubt die Herstellung von zweifarbigen Lichtpausen mit den Farben rot und blau. Unter Zwischenschaltung entsprechender Filter ist hierbei zweimalige Belichtung und zwar unterschiedlicher Dauer notwendig. Es empfiehlt sich, die Gebrauchsanweisung der Herstellerfirma Kalle & Co. genau zu beachten.

170. Photographische Verfahren

Während das Lichtpausverfahren nur die Herstellung *gleichmaßstäblicher* Vervielfältigungen gestattet, können durch *photographische Verfahren* auch Verkleinerungen und Vergrößerungen der Urzeichnungen maßstäblich angefertigt werden. Man benutzt hierbei *Photokopiergeräte*, auch *Kontophote* genannt. Bei diesen Geräten wird für jede Aufnahme eine genaue und einfach zu regelnde Verbindung zwischen Gegenstands- und Bildträger hergestellt, und man erhält durch Einschalten eines Umkehrprismas oder -spiegels ein seitenrichtiges negatives Bild auf zeichen- oder pausfähigem Papier.

Aus der großen Zahl der zur Verfügung stehenden *Reproduktionsgeräte* verschiedener Firmen sei hier als Beispiel nur das Gerät *Fotokopist-Ultraplex* der Firma Fotokopist, Essen-Werden, angeführt. Wie aus Abb. 315, hervorgeht, besteht das Gerät aus der Aufnahmekamera, dem

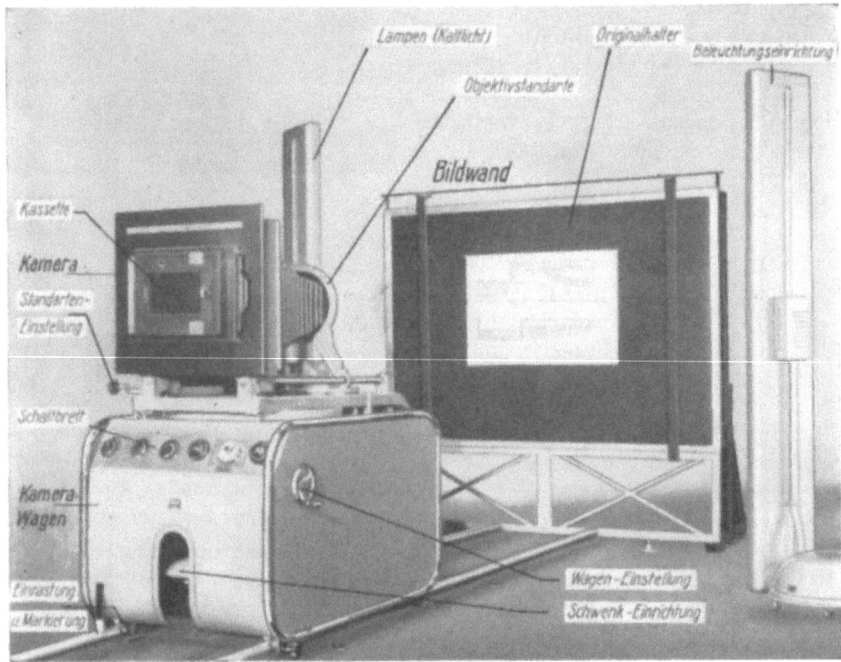

Abb. 315. Reproduktionsgerät „Fotokopist-Ultraplex"

Kamerawagen mit festen Einstellstufen, einer Beleuchtungseinrichtung und einer Magnet- oder Saugwand, in deren Rahmen Zeichnungen bis 140×190 cm eingelegt werden können. Für seitenrichtige Aufnahmen ist die Kamera um 100^g verschwenkbar eingerichtet. Obwohl unter Benutzung einer an die Kamera anlegbaren Mattscheibe und einiger Transportgriffe jedes gewünschte Vergrößerungs- oder Verkleinerungsverhältnis mit großer Schärfe eingestellt werden kann, arbeitet man oft zweckmäßiger mit einer stufenweisen Verkleinerung oder Vergrößerung der Zeichnungen. Will man z. B. einen Grubenriß 1:2000 in einen Übersichtsriß 1:5000 verkleinern, so verkleinert man das zunächst herzustellende Negativ in 5:1, d. h. in 1:10000, und rückvergrößert sodann das Negativ in 1:2. um den positiven Übersichtsriß 1:5000 zu erhalten.

Im Anhang sind zwei weitere große Reproduktionsgeräte mit einigen technischen Daten wiedergegeben, und zwar auf Tafel 28 das Gerät „Pantophot III" der Firma Macop, Goslar, und auf Tafel 29 das Gerät „Klimsch-Variograph" der Firma Klimsch, Frankfurt/Main.

171. Drucktechnische Verfahren

Die vorstehend beschriebenen photomechanischen Verfahren bieten ebenso wie das Lichtpausverfahren neben großer Zeit- und Arbeitsersparnis den Vorteil der unbedingten Übereinstimmung von Kopie und Original, was bei inhaltsreichen Darstellungen besonders wertvoll ist. Diese beiden Verfahren reichen im Markscheidewesen in den meisten Fällen aus, wenn es sich um die Vervielfältigung von nur wenigen Exemplaren einer Urzeichnung in gleichem, vergrößertem oder verkleinertem Maßstab handelt. Wird z. B. für Übersichtskarten kleinen Maßstabs oder für Betriebspunktrisse u. ä. eine höhere Auflage verlangt, so ist es zweckmäßig, die Karten bei leistungsfähigen Firmen drucken zu lassen. Die Markschereien einiger größerer Bergwerksgesellschaften haben in der letzten Zeit eigene Druckereien eingerichtet, um diese Aufgaben der Vervielfältigung selbst ausführen zu können. Allerdings werden die Einrichtungen meist auch für andere Druckarbeiten der Gesellschaften mitbenutzt. Auf die hierbei anzuwendenden Druckverfahren soll hier jedoch nicht mehr eingegangen werden.

Schließlich sei noch erwähnt, daß für vielfarbige Darstellungen, wie z. B. Wetterführungspläne, die in größerer Zahl benötigt werden, auf die Vervielfältigung mit Hilfe der Farbphotographie mit Erfolg ausgeführt wird. Da dieses Verfahren nur vereinzelt verwendet wird, soll es hier nicht weiter behandelt werden.

VI. Sonderkonstruktionen

Die folgenden Abschnitte enthalten Aufgaben, die in den vorausgegangenen Hauptabschnitten nicht behandelt werden, die aber im Markscheidewesen in dieser oder ähnlicher Form vorkommen.

172. Herstellung von Schichtlinienplänen

Wenn durch Flächennivellement oder Tachymetermessung eine ausreichende Anzahl von Bodenpunkten im Gelände der Lage und auch der Höhe nach bestimmt worden ist, so kann die Bodengestaltung im Grundriß durch Einzeichnen von *Schichtlinien*, auch *Höhenkurven* genannt, veranschaulicht werden, s. S. 187, Abb. 145. Schichtlinien sind Schnittkurven von waagerechten, in bestimmten Abständen gelegten Ebenen mit dem Gelände. Sie verbinden also Punkte gleicher Höhe miteinander. Die Höhe wird gewöhnlich in runden Meterzahlen über oder unter dem Meeresspiegel (NN.) angegeben.

Die Konstruktion der Schichtlinien über Tage geht in folgender Weise vor sich: Sind die Geländepunkte in den Grundriß eingetragen und mit Höhenzahlen versehen, so verbindet man durch dünne Bleistiftlinien je zwei benachbarte Punkte, die in der Höhenlage möglichst voneinander abweichen, also genähert in der Fallrichtung des Geländes liegen. Auf diesen Verbindungslinien werden dann Punkte in Höhe der vorgesehenen Schichtlinien unter der Annahme gleichmäßiger Neigungen ermittelt. Man kann hierbei z. B. so verfahren, daß man von einem Endpunkt die söhligen Entfernungen der Zwischenpunkte aus der Länge der Verbindungslinie, dem Höhenunterschied ihrer Endpunkte und demjenigen des jeweils gesuchten Punktes gegen den Anfangspunkt mit dem Rechenschieber ermittelt. Sind die Entfernung der Punkte A bis E in Abb. 316 zu s Millimeter, ihr Höhenunterschied zu h Meter, die Höhenunterschiede der Punkte B, C und D gegen A zu h_1, h_2 und h_3 Meter bestimmt worden, so ergeben sich die Entfernungen

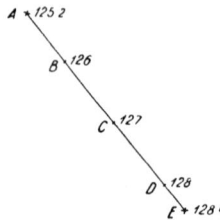

Abb. 316. Ermittlung von Schichtlinienpunkten durch Rechnung

$$AB = \frac{s \cdot h_1}{h}, \qquad AC = \frac{s \cdot h_2}{h} \quad \text{und} \quad AD = \frac{s \cdot h_3}{h} \text{ in mm.}$$

Ohne Rechnung lassen sich die Zwischenpunkte mit einer auf einem Stückchen Pauspapier gezeichneten Schar von gleichabständigen, parallelen Linien, denen die Höhen der gesuchten Schichtlinien beigeschrieben sind, einschalten. Hält man in Abb. 317 einen in 127,5 m gelegenen Punkt der Teilung auf dem Punkt F mit einer Zirkelspitze fest und dreht das Pauspapier so lange, bis Punkt M auf 132,8 m der Teilung liegt, so kann man die Zwischenpunkte als Schnittpunkte der Verbindungslinie F bis M mit den Parallelen 128 bis 132 m durchstechen. Sind auf eine dieser Arten genügend Zwischenpunkte festgelegt worden, so wird man, gegebenenfalls mit Benutzung der Handzeichnung, in der bei der Aufnahme die Geländeformen in ihren wesentlichen Zügen schon skizziert wurden, alle Punkte gleicher Höhe miteinander verbinden. Dabei ist darauf zu achten, daß fortlaufend gekrümmte Linien entstehen und keine scharfen Knickpunkte oder sonstige, in der Natur unmögliche Formen auftreten. Die richtige Wiedergabe der Geländeformen durch Schichtlinien hängt im wesentlichen von der zweckmäßigen Auswahl der Punkte bei der Messung ab. Jeder Wechsel im Gefälle muß erfaßt werden.

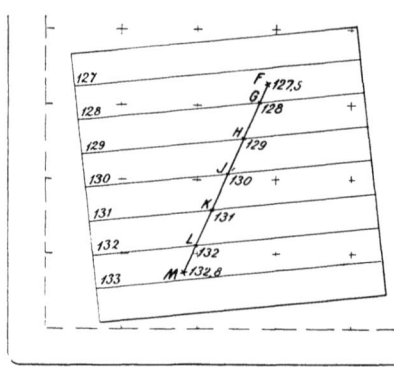

Abb. 317. Einschalten von Schichtlinienpunkten mittels paralleler Linien

Die Entfernung der Schichtlinien voneinander kennzeichnet die Neigung des Geländes. An steilen Hängen rücken diese Linien im Grundriß dichter zusammen, während sie in flachen Gebieten größeren Abstand aufweisen. Man kann mit Hilfe der Schichtlinien die Neigungswinkel in

Sonderkonstruktionen

jedweder Richtung leicht ermitteln, die Höhelagen beliebiger Punkte entnehmen und das Ausgehende von Gebirgsschichten an der Tagesoberfläche, wie im folgenden Abschnitt gezeigt werden soll, feststellen.

Auch bei der Darstellung der Lagerungsverhältnisse von Gebirgsschichten läßt sich die Wiedergabe durch Schichtlinien mit Vorteil verwenden. Insbesondere kann der Verlauf der Unterfläche des Deckgebirges, das Hangende und Liegende von flachwelligen und sehr mächtigen Flözen in dieser Art veranschaulicht werden, wenn durch Bohrlöcher oder sonstige Aufschlüsse eine genügende Anzahl von Punkten in diesen Schichten der Lage und Höhe nach bekannt ist.

Besonders wichtig ist die Einzeichnung von Höhenschichtlinien in Abbaurissen, die Flöze mit streichendem und schwebendem Strebbau in flacher Lagerung darstellen. Fehlen hier die Schichtlinien, so ist es nur sehr schwer möglich, aus dem Riß das Streichen und Einfallen des Flözes zu entnehmen, zumal die beim Strebbau aufzufahrenden Band- und Kopfstrecken kein richtiges Bild von der hier meist flachwelligen Ablagerung des Flözes vermitteln.

173. Ermittlung des Ausgehenden einer Gebirgsschicht

In Schichtlinienplänen werden häufig die Ausbißlinien von Gebirgsschichten, Gebirgsstörungen, Leitschichten und Formationsgrenzen eingetragen. Diese Ausbißlinien sind die Schnittlinien der Schichten und

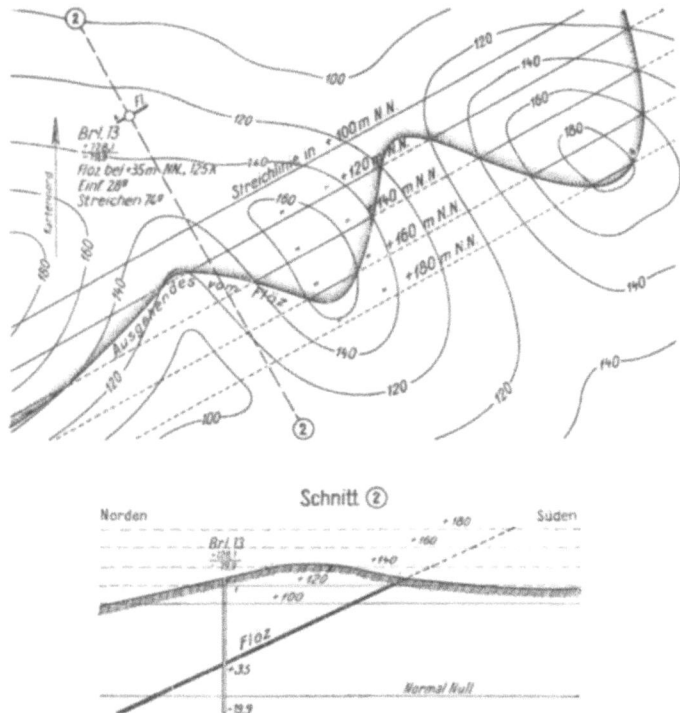

Abb. 318. Ermittlung des Ausgehenden eines Flözes

Grenzflächen mit der Tagesoberfläche. Man erhält sie, wenn man die Schnittpunkte der Höhenkurven des Geländes und der in gleichen Höhen gezogenen Streichlinien der Schichten miteinander verbindet. Bei geneigten ebenen Schichten kann man, sofern eine Streichlinie in beliebiger, aber bekannter Höhe und das Einfallen nach Richtung und Größe gegeben ist, die Lage der für die Tagesoberfläche in Betracht kommenden Streichlinien durch Konstruktion oder Rechnung ermitteln.

In Abb. 318, oben, sind ein Flözaufschluß in einem Bohrloch und die Bodengestaltung über Tage durch Höhenkurven grundrißlich wiedergegeben. Legt man durch das Bohrloch rechtwinklig zum Streichen des Flözes im Maßstab des Grundrisses einen Querschnitt, s. Abb. 318, unten, und trägt die Höhenlinien $+100$, $+120$, $+140$, $+160$ und $+180$ m in diesen Schnitt ein, so ergeben die söhligen Entfernungen der Schnittpunkte des Flözes mit diesen Höhenlinien vom Bohrloch aus die Lage der entsprechenden Streichlinien des Flözes im Grundriß.

Ohne Schnittkonstruktion sind diese Entfernungen aus $s = h \cdot \cot 28°$ zu berechnen, wenn h der jeweilige Höhenunterschied gegen $+35$ m, also gleich 65, 85 usw. bis 145 m ist. Die in den Höhenlagen $+120$ m bis $+180$ m parallel zum Aufschlußstreichen gezogenen Streichlinien liegen teilweise über dem Gelände — in Abb. 318 die gestrichelten Stücke — und sind dann lediglich als Konstruktionslinien anzusehen.

174. Ermittlung des Streichens und des Einfallens einer Schicht aus 3 Bohrlochaufschlüssen

Ist eine Schicht nahezu ebenflächig und ungestört abgelagert, so läßt sich ihr Streichen und Einfallen aus drei, nicht in einer Geraden liegenden Aufschlußpunkten ermitteln, wenn deren Lage und Höhe bekannt ist.

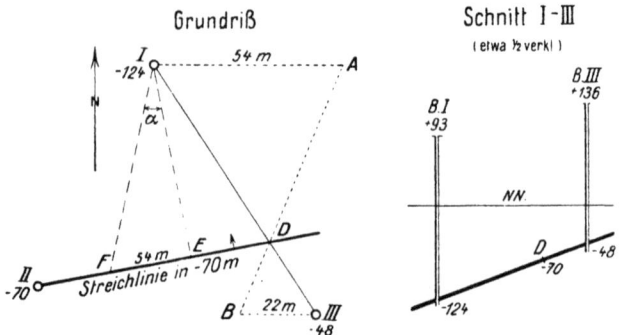

Abb. 319. Ermittlung des Streichens und Einfallens einer Schicht aus 3 Bohrlochaufschlüssen

In Abb. 319 ist angenommen, daß 3 Bohrlöcher I, II und III in 217, 225 und 184 m Teufe die ebene Unterfläche des Deckgebirges in einem Grubenfeld durchstoßen haben. Die grundrißliche Lage der Bohrlöcher wurde in eine mit Schichtlinien versehene Karte 1:5000 eingetragen, aus der dann die Höhen der Tagesöffnungen des Bohrlochs I zu $+93$ m, des Bohrlochs II zu $+155$ m und des Bohrlochs III zu $+136$ m entnommen worden sind. Durch Abzug der Teufen von den entsprechenden Höhenzahlen an der Tagesoberfläche erhält man die Höhen der Aufschlußpunkte in den Bohrungen *I*, *II* und *III* zu —124, — 70 und —48 m NN. Wie man sieht, liegt die Deckgebirgsunterfläche im Bohrloch *I* am tiefsten, im Bohrloch *III* am höchsten. Eine durch den Aufschluß im Bohrloch *II*, also in — 70 m Höhe, gezogene Streichlinie muß daher zwischen den Bohrungen *I* und *III* durchsetzen, d. h. die auf der Deckgebirgsunterfläche von *I* nach *III* gezogene Linie in einem Punkt schneiden, der auch die Höhe — 70 m NN hat. Dieser Punkt wird gefunden, wenn man die söhlige Entfernung *I* bis *III* im Verhältnis der Höhenunterschiede *I* bis *II* = 54 m und *II* bis *III* = 22 m teilt. Zu dem Zweck zieht man durch *I* und *III* zwei beliebig gerichtete, parallele Linien, auf denen man im beliebigen, aber gleichen Maßstab die Werte 54 m und 22 m, und zwar den einen nach rechts, den andern nach links abträgt. Verbindet man die Endpunkte *A* und *B* der Parallelen miteinander, so schneidet diese Gerade die Linie *I* bis *III* in dem Punkt *D*, der, wie aus der Ähnlichkeit der Dreiecke *I-A-D* und *III-B-D* leicht nachzuweisen ist, in — 70 m Höhe liegt. Die Linie *II* bis *D* ist die Streichlinie der Deckgebirgsunterfläche, und man kann nun mittels Gradscheibe den Streichwinkel dieser Linie entnehmen. Die rechtwinklig zur Streichlinie *II* bis *D* nach dem tiefer gelegenen Punkt *I* gezogene Linie *E* bis *I* ist die Fallinie der Schicht im Grundriß. Trägt man den Höhenunterschied zwischen den Punkten *II* und *I*, also 54 m, im Maßstab 1:5000 von *E* aus auf der Streichlinie ab und verbindet den Endpunkt *F* dieser Strecke mit *I*, so ist das rechtwinklige Dreieck *I-E-F* ein in die Grundrißebene umgeklapptes Falldreieck der Deckgebirgsunterfläche und der in diesem Dreieck bei *I* auftretende Winkel der Einfallwinkel α, dessen Größe mit einer Gradscheibe aus der Darstellung entnommen werden kann.

Die Lage des Punktes *D* und der Einfallwinkel der Schicht lassen sich auch aus der Ähnlichkeit der Dreiecke *I-D-A* und *III-D-B* rechnerisch ermitteln. Aus der in Abb. 319 abzulesenden Beziehung

$$\frac{I\text{-}D}{III\text{-}D} = \frac{54}{22} \text{ ergibt sich weiter } \frac{I\text{-}D}{I\text{-}D + III\text{-}D} = \frac{54}{54 + 22}$$

oder $\quad \dfrac{I\text{-}D}{I\text{-}III} = \dfrac{54}{76}\quad$ und daraus $\quad I\text{-}D = \dfrac{54}{76} \cdot I\text{-}III$,

wobei *I* bis *D* in Millimetern erhalten wird, wenn man *I* bis *III* in Millimetern einsetzt. Den Einfallwinkel bekommt man aus der Gleichung $\tan \alpha = \dfrac{54}{I\text{-}E}$, wobei *I* bis *E* in Metern aus dem Maßstab des Grundrisses festgestellt werden muß.

Wenn mehr als 3 Aufschlußpunkte vorhanden sind, kann man vorstehendes Verfahren wiederholt anwenden und muß dann bei ebenen Schichten parallele Streichlinien und gleiche Fallwinkel erhalten. Da aber auf größere Erstreckung auch in den als ebenflächig bezeichneten Schichten zum mindesten geringe Unregelmäßigkeiten auftreten, ist es zweckmäßiger, in diesem Falle wie bei der Schichtlinienkonstruktion, s. S. 374 vorzugehen, also ungefähr im Einfallen verlaufende Linien zwischen den

Aufschlußpunkten zu ziehen, auf diesen Linien die Punkte runder Höhenzahlen zu ermitteln und gleichhochliegende Punkte auf allen Linien durch Kurven zu verbinden. Das Einfallen kann dann an jeder beliebigen Stelle aus der kürzesten söhligen Entfernung der Schichtlinien und ihrem Höhenunterschied bestimmt werden.

175. Ermittlung des Streichens einer Störung aus 2 Bohrlochaufschlüssen und dem Einfallwinkel

Mitunter sind steilstehende Schichten, insbesondere Störungen, nur in 2 Bohrlöchern, die annähernd im Streichen der Störung stehen, aufgeschlossen. Auch hier kann man die Streichlinie ermitteln, wenn die allgemeine Himmelsrichtung und die Größe des Einfallens aus Bohrkernen oder entfernteren Aufschlüssen bekannt sind.

In den Bohrungen A und B, deren Lage in einem Grundriß 1:2000 eingetragen ist, seien aus Teufenmessungen und Höhenzahlen über Tage die Aufschlußpunkte eines Sprunges, der mit 72^g in ungefähr westlicher Richtung einfällt, bei -176 m und -268 m festgestellt, s. Abb. 320.

Aus dem Höhenunterschied der Aufschlüsse von 92 m und dem Einfallwinkel von 72^g bestimmt man die Sohle des Falldreiecks der Störung zeichnerisch und rechnerisch nach der Formel

$$s = \frac{92}{\tan 72^g} \approx 43 \text{ m}.$$

Da Streich- und Einfallrichtung rechtwinklig zueinander verlaufen, so muß der Schnittpunkt der Streichlinie durch Bohrloch B mit der Fallinie durch Bohrloch A im Grundriß auf dem über die beiden Bohrungen nach Westen geschlagenen Halbkreis liegen. Im vorliegenden Falle ist vom Bohrloch A aus der Betrag von 43 m als

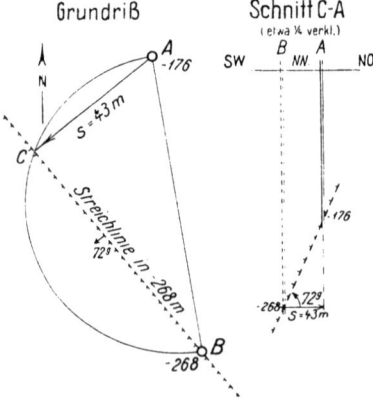

Abb. 320. Ermittlung des Streichens einer Störung aus 2 Bohrlochaufschlüssen und dem Einfallwinkel

Sehne im Maßstab 1:2000 auf dem Halbkreis abzutragen, um den Punkt C zu erhalten, der mit B verbunden die Streichlinie der Störung in -268 m ergibt.

176. Ermittlung des Schnittwinkels

Wenn eine Schicht — Lagerstätte oder Störung — in streichender Richtung durch eine seigere Schnittebene geschnitten wird, so ist sie im Schnitt söhlig einzuzeichnen. Schneidet die Schnittebene die Schicht dagegen rechtwinklig zum Streichen, so muß man im Schnitt den Einfallwinkel eintragen, um die richtige Neigung der Schicht gegen die Horizontale zu erhalten. In vielen Fällen ist nun bei der Darstellung von Lagerstätten, die durch spießwinklig verlaufende Störungen verworfen werden, die Eintragung der in schräger Richtung geschnittenen Störung in den Quer- oder Längsschnitten der Lagerstätte notwendig, wie auch umgekehrt die Wiedergabe einer schräg geschnittenen Lagerstätte in einem quer zum Streichen der Störung gelegten Schnitt in Betracht kommt. Den Neigungswinkel der schrägen Schnittlinie der Schicht, der immer kleiner ist als ihr Einfallwinkel, bezeichnet man als *Schnittwinkel*. Sind im Grundriß mehrere Streichlinien der schräg geschnittenen Schicht in verschiedener Höhenlage wiedergegeben, so erhält man den Schnittwinkel zeichnerisch jeweils aus dem durch 2 Streichlinien begrenzten Abschnitt der Schnittlinie — in Abb. 321, oben, A bis E — und dem Höhenunterschied der Streichlinien, wenn man mit ersterem als söhlige und mit letzterem als seigere Kathete ein rechtwinkliges Dreieck zeichnet, s. Abb. 321, unten.

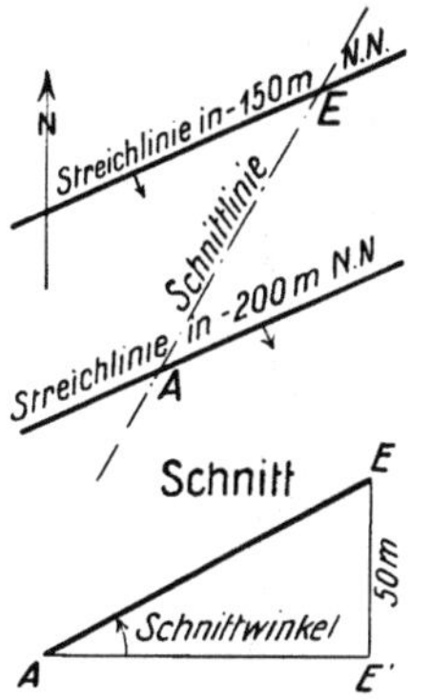

Abb. 321. Konstruktion des Schnittwinkels

Man kann aber auch den Schnittwinkel, der nur vom Einfallen der Schicht und der Richtung der Schnittlinie abhängt, berechnen. In Abb. 322 sind α das Einfallen der Schicht, β der söhlige Winkel zwischen der Schnittlinie, d. h. hier der Projektion der Diagonalen, und der Streichlinie der Schicht und γ der Schnittwinkel, ferner sind h der Höhenunterschied der Streichlinie, s_1 und s_2 die söhligen Projektionen der Fallinie und der Diagonalen.

Aus

$$\tan \gamma = \frac{h}{s_2} \quad \text{und} \quad \tan \alpha = \frac{h}{s_1}$$

ergibt sich

$$\frac{\tan \gamma}{\tan \alpha} = \frac{s_1}{s_2}.$$

Ferner ist

$$\sin \beta = \frac{s_1}{s_2},$$

also $\frac{\tan \gamma}{\tan \alpha} = \sin \beta$ oder $\tan \gamma = \tan \alpha \cdot \sin \beta$.

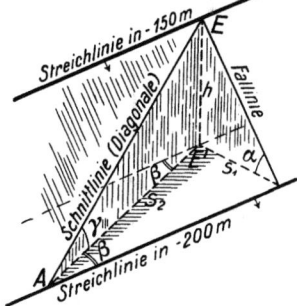

Abb. 322. Berechnung des Schnittwinkels

Für die Angabe der Richtung einer unter bestimmtem Winkel geneigten Diagonalen läßt sich aus der Gleichung $\sin \beta = \frac{\tan \gamma}{\tan \alpha}$ auch der Winkel β berechnen, während zur Ermittlung des Einfallens einer Lagerstätte aus einer nach Richtung und Neigung bekannten Diagonalen die Formel $\tan \alpha = \frac{\tan \gamma}{\sin \beta}$ dient.

Die Schnittwinkel γ sind für alle Einfallwinkel α und alle Werte von β aus dem Rechenbild im Anhang, Tafel 7 oben, zu entnehmen, das zugleich auch die gesuchten Winkel β bei bekannten α und γ oder die Winkel a bei bekannten β und γ abzulesen gestattet.

177. Ermittlung der Angaben für einen Schrägstoß

Beim Einrichten eines Schrägbaues in Flözen der steilen Lagerung sollen die Richtung des unter vorgeschriebenen Neigungswinkel anzusetzenden Abbaustoßes und seine Länge, sowie gegebenenfalls auch noch die Länge der unteren Ladestrecke zu Beginn der vollen Entwicklung des Betriebes, d. h. bei Erreichung der oberen Kopfstrecke mit dem Schrägstoß, durch Zeichnung oder Rechnung bestimmt werden.

Von den in Abb. 323 eingetragenen Größen sind in der Regel das Einfallen α des Flözes, der Böschungswinkel γ (= Neigung des Abbaustoßes) und der Höhenunterschied h zwischen Lade- und Kopfstrecke gegeben. Aus dem Höhenunterschied h als lotrechter Kathete und dem gegenüberliegenden Winkel α läßt sich das rechtwinklige Falldreieck des Flözes zeichnen, dessen Hypotenuse gleich der Länge des Aufhauens bzw. der flachen Bauhöhe f ist. Das in gleicher Weise aus der lotrechten Kathete h und dem gegenüberliegenden Winkel γ gezeichnete rechtwinklige Dreieck ergibt als Hypotenuse die Länge des Abbaustoßes l. Wird aus den so ermittelten Größen l als Hypotenuse und f als Kathete ein drittes rechtwinkliges Dreieck konstruiert, so ist in diesem der der Kathete f gegenüberliegende Winkel der gesuchte Schrägwinkel ε und die andere Kathete s_v die Vorsetzlänge.

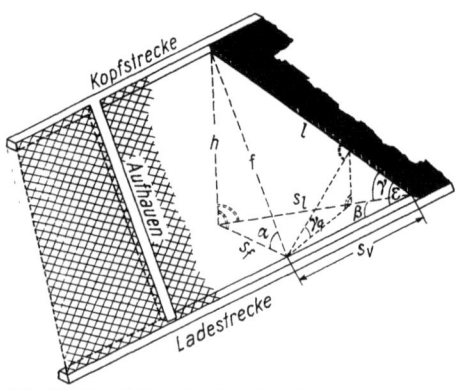

Abb. 323. Ermittlung der Angaben für einen Schrägstoß

Für die Betriebsüberwachung und für die Abbauplanung sind folgende Winkel und Längen der Schrägbaupyramide von Interesse (s. Abb. 323):

Böschungswinkel γ, Schrägwinkel ε, Querneigung γ_q, Länge des Abbaustoßes l, Vorsetzlänge s_v.

Zu deren rechnerischer Ermittlung können dem Abbaugrundriß die Werte für s_f (= Spur der flachen Bauhöhe), für s_l (= Spur der Schrägstoßlänge), für den Höhenunterschied h zwischen Kopf- und Ladestrecke und für den Winkel β entnommen werden. Nach Abb. 323 ergibt sich

$$\underline{\tan \gamma = \frac{h}{s}}.$$

Weiterhin ist $\quad \sin \gamma = \dfrac{h}{l} \quad$ und $\quad \sin \alpha = \dfrac{h}{f}$,

also $\quad \dfrac{\sin \gamma}{\sin \alpha} = \dfrac{f}{l} \quad$ und $\quad \underline{l = \dfrac{h}{\sin \gamma}}$.

Da ferner $\quad \sin \varepsilon = \dfrac{f}{l} \quad$ und $\quad \cos \varepsilon = \dfrac{s_v}{l}$,

so ist auch $\quad \underline{\sin \varepsilon = \dfrac{\sin \gamma}{\sin \alpha}} \quad$ und $\quad \underline{s_v = l \cdot \cos \varepsilon - h \cdot \dfrac{\cos \varepsilon}{\sin \gamma}}$.

Sonderkonstruktionen 381

Schließlich errechnet sich die Querneigung aus

$$\sin \gamma_q = \cos \varepsilon \cdot \sin \alpha.$$

Der Winkel ε kann auch aus dem Nomogramm im Anhang, Tafel 7, unten, unmittelbar entnommen werden.

Über die Berechnung weiterer Größen bei den verschiedenen Schrägbauarten, wie Firstenbreite, Firstenhöhe usw., haben WOHLRAB und LASSONCZYK in [88] ausführlich berichtet.

178. Darstellung von Schutzbereichs- und Einwirkungsgrenzen

Zum Schutz gegen das Eindringen von Wasser aus dem Deckgebirge in die Grubenräume und zum Schutz gegen den Durchbruch von Standwassern oder schädlichen Gasen aus den alten Bauen der eigenen oder der benachbarten Grubenbetriebe sowie gegen Störungen der Wetterführung ist gemäß § 122 BVOSt. [8] die Berücksichtigung von *Schutzbereichen* vorgeschrieben. In solchen Schutzbereichen dürfen Grubenbaue nur mit Bewilligung der Bergbehörde angelegt werden.

Unter *Einwirkungsgrenzen* sollen hier solche Grenzen im Gebirgskörper verstanden werden, *außerhalb* derer Einwirkungen — d. h. durch den Abbau ausgelöste Gebirgsbewegungen — auf zu schützende Objekte unter oder über Tage keinen schädigenden Einfluß mehr ausüben. Ein Gebiet, das von Einwirkungsgrenzen umschlossen wird, ist also eine Art „*Schutzzone*", in deren Bereich nicht oder nur unter bestimmten Bedingungen abgebaut wird, z. B. zum Schutz eines Schachtes, s. S. 384. Solche Zonen können zu *Sicherheitspfeilern* oder *Schutzbezirken* werden, wenn sie von der Bergbehörde angeordnet werden.

Da die Grenzen der Schutz- und Einwirkungsbereiche weder vermessen noch sonst irgendwie in der Örtlichkeit sichtbar gemacht werden können, kann es im Einzelfall zweckmäßig sein, sie auf den in Betracht kommenden Grubenrissen darzustellen. Sicherheitspfeiler und Schutzbezirke müssen gemäß § 116 BVOSt. auf dem Grubenbild eingetragen werden. Hierfür sollen einige einfache Beispiele behandelt werden.

1. Schutzbereich gegen das Deckgebirge. Hierunter ist nach Abs. 1 des § 122 BVOSt. der Bereich von 20 m unmittelbar unterhalb der Deckgebirgsschichten zu verstehen, und zwar *rechtwinklig* zur Auflagerungsfläche gemessen. Die Darstellung der Grenzen dieses Schutzbereichs wird nachstehend beschrieben.

In der Abb. 324, oben, sind in einem Abbaugrundriß für den Bereich von −20 m NN bis −60 m NN aus Aufschlüssen, die der Übersichtlichkeit wegen hier weggelassen wurden, Höhenlinien im Abstand von 10 zu 10 m konstruiert worden, s. Abschn. 172, S. 373, und zwar zunächst für das Flöz (ausgezogene Linien) und für die Deckgebirgsunterfläche (gestrichelte Linien). Verbindet man nun die Schnittpunkte je zweier Höhenlinien gleichen Niveaus von Flöz und Deckgebirgsunterfläche miteinander, so erhält man die Kreuzlinie zwischen diesen beiden Flächen.

Die Grenze des Schutzbereichs im Flöz wird aber durch die Kreuzlinie zwischen Flöz und Schutzbereichsgrenzfläche dargestellt. Die Konstruktion dieser Kreuzlinie wird grundsätzlich in der gleichen Weise wie oben geschildert durchgeführt. Allerdings werden hierbei Höhenlinien gleichen Niveaus von Flöz und *Schutzbereichsgrenzfläche* zum Schnitt gebracht; es ist also zunächst notwendig, Höhenlinien für die Schutzbereichsgrenzfläche zu konstruieren. Hierzu bedient man sich eines Hilfsschnittes, der rechtwinklig zum Streichen des Deckgebirges liegen muß,

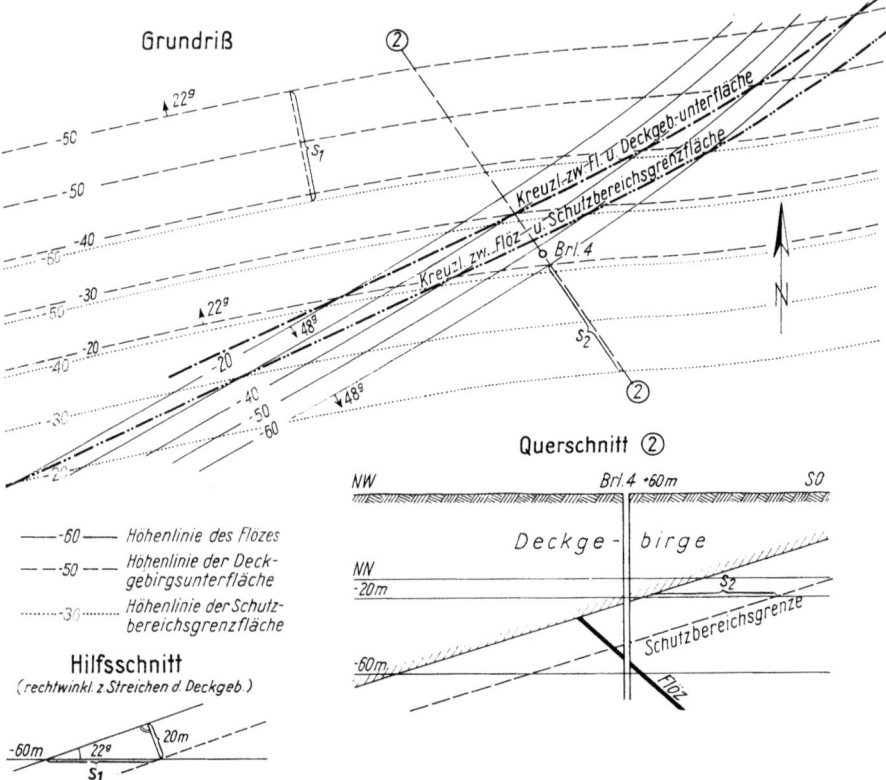

Abb. 324. Konstruktion des Schutzbereichs gegen das Deckgebirge

s. Abb. 324, links unten. Hierin wird im geforderten Abstand von 20 m die Schnittlinie der Schutzbereichsgrenzfläche als Parallele zur Deckgebirgsunterfläche eingetragen. Der söhlige Abstand s_1 — hier für die Höhenlinien bei -60 m NN — wird in den Grundriß übertragen. Die Höhenlinie -60 der Schutzbereichsgrenzfläche (punktierte Linie) ergibt sich sodann als Parallele im Abstand s_1 zur entsprechenden Höhenlinie der Deckgebirgsunterfläche.

In ähnlicher Weise verfährt man für die weiteren Höhenlinien der Schutzbereichsgrenzfläche. In unserem Beispiel kann hierfür das Maß s_1 jeweils verwendet werden. Ändert sich jedoch das Einfallen der Deckgebirgsunterfläche, so ist die Hilfsschnittkonstruktion für Abschnitte gleichen Einfallens an entsprechenden Stellen zu wiederholen.

Zur Konstruktion der Schutzbereichsgrenze im Querschnitt ② ist der *söhlige* Abstand s_2 zwischen Höhenlinien gleichen Niveaus von Deckgebirgsfläche und Schutzbereichsgrenzfläche im Grundriß an der Schnittspur abzugreifen. Dieses Maß wird sodann im Querschnitt abgetragen — in unserem Beispiel an der Niveaulinie —20 m von der Schnittlinie der Deckgebirgsunterfläche nach Südosten. Durch den Endpunkt von s_2 zeichnet man schließlich zur Deckgebirgsunterfläche eine Parallele, die die Schutzbereichsgrenze im Querschnitt ② darstellt.

2. Schutzbereich an Markscheiden usw. Nach § 122, Abs. 3, BVOSt. ist hierunter ein Bereich von 20 m an Markscheiden, Pachtfeldgrenzen und sonstigen Grenzen zwischen benachbarten Bergwerksbetrieben zu verstehen, und zwar rechtwinklig zu solchen Grenzflächen gemessen. In den Grubenrissen, in denen Markscheiden usw. eingezeichnet sind, werden zweckmäßigerweise die Begrenzungslinien des Schutzbereichs durch gestrichelte Linien gekennzeichnet. Dadurch ist es möglich, den Stand der Grubenbaue zum Schutzbereich jederzeit aus den Rissen zu ermitteln. Bei söhligen Grubenbauen geschieht dies im Grundriß durch Abgreifen der Entfernung vom Endpunkt des jeweiligen Baues bis zur Schutzbereichsgrenze. Bei in Einfallrichtung der Flöze aufgefahrenen Grubenbauen greift man entweder direkt die flache Entfernung in einem entsprechenden Querschnitt ab, oder man entnimmt dem Grundriß die zugehörige *söhlige* Entfernung, die dann aber noch durch den Cosinus des Einfallwinkels dividiert werden muß, um die wirkliche flache Länge zu erhalten. Bei diagonal aufgefahrenen Bauen läßt sich die geneigte Entfernung bis zur Schutzbereichsgrenze am einfachsten aus einer Schnittzeichnung ermitteln.

3. Sicherheitspfeiler für besonders zu schützende Bauwerke. Für wichtige Bauwerke über Tage, die vor den Einwirkungen des Abbaues geschützt werden sollen, kann die Bergbehörde Sicherheitspfeiler anordnen. Derartige Schutzmaßnahmen für besonders wertvolle Tagesgegenstände — wie z. B. Kanalschleusen, Krankenhäuser, Kirchen — werden aber auch ohne bergbehördliche Anordnung häufig von den Bergwerksgesellschaften aus wirtschaftlichen Erwägungen getroffen.

Die Grenzen der Sicherheitspfeiler für Bauwerke über Tage werden in den Grund- und Schnittrissen in gleicher Weise festgelegt wie für Schächte; hierüber wird im nächsten Abschnitt gesprochen.

4. Schutzzonen für Schächte. Zum Schutz der Schächte gegen Abbaueinwirkungen war es früher allgemein üblich, kegelförmige ,,Schachtsicherheitspfeiler" von sehr verschiedenen Abmessungen stehenzulassen. Die dadurch bedingten Verluste an stehenbleibenden Kohlenmengen sind um so größer, je tiefer die Schächte sind. Man ist deshalb heute bestrebt, wenn die betrieblichen Verhältnisse und die Lagerstätte es irgendwie zulassen, die in der Schachtschutzzone liegenden Flözflächen nach besonderen Abbau- und Versatzverfahren abzubauen, wodurch schädigende Einwirkungen auf die Schachtsäule weitgehend vermieden werden sollen. In beiden Fällen ist es zweckmäßig, den möglichen Einwirkungsbereich für jedes in der Schutzzone liegende Flöz festzulegen, damit in den entsprechenden Abbaurissen die jeweilige Fläche abgegrenzt werden kann, in der entweder nicht gebaut werden soll, oder aber nach dem besonderen Abbauverfahren. Form und Größe dieser Fläche hängen ab von der Teufe des abzubauenden Flözes, von den Lagerungsverhältnissen und von der Größe der vorzusehenden Neigungswinkel der seitlichen Einwirkungsgrenzen des Abbaues.

Für diese Neigungswinkel kann man keine allgemeingültigen Werte angeben, da sie sowohl von der Zusammensetzung der Gebirgsschichten als auch vom Einfallen der Flöze abhängig sind.

Im Deckgebirge und im Steinkohlengebirge bei flacher Lagerung bis etwa 15^g Einfallen kann man nach allen Seiten gleichbleibende Neigung der Grenzen annehmen, wobei die Werte im Deckgebirge meist kleiner sind als im Karbon. Unter der Annahme einer annähernd waagerechten Deckgebirgsunterfläche wird die in der Schutzzone liegende Flözfläche bei söhliger Lagerung von einem Kreis, bei schwachem, aber gleichmäßigem Einfallen von einer Ellipse begrenzt.

Mit zunehmendem Einfallen werden im Karbon für den oberen Teil der Flöze kleinere Neigungswinkel angenommen, während für den unteren Teil der Flöze der Neigungswinkel für die flache Lagerung beibehalten oder sogar steilere Winkel benutzt werden. Im Streichen behält man meist den für die flache Lagerung gültigen Wert bei. Da die Mantelfläche der Schachtschutzzone durch die Verwendung unterschiedlicher Neigungswinkelwerte nun nicht mehr einem Kegelmantel entspricht, so ist auch ihre Begrenzung im Flöz nicht mehr eine Ellipse oder ein Kegelschnitt.

An einem Beispiel soll gezeigt werden, wie man die Begrenzung der Schachtschutzzone für ein Flöz im Grundriß ermitteln kann.

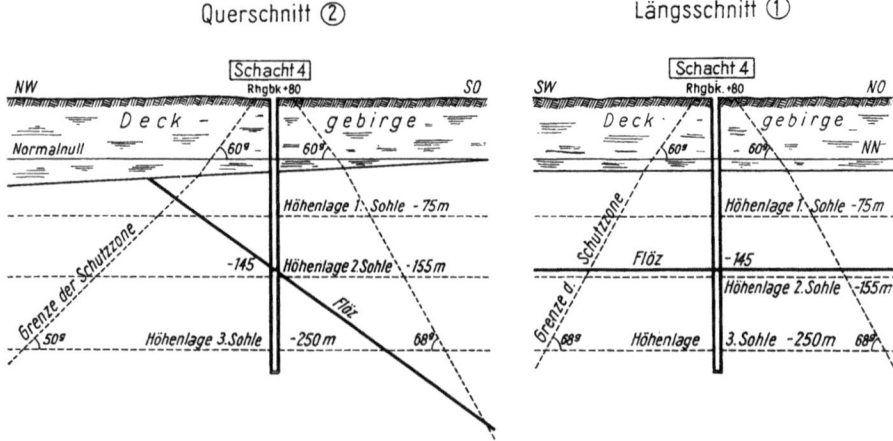

Abb. 325. Schachtschutzzone im Quer- und Längsschnitt

In Abb. 325 sind ein Quer- und ein Längsschnitt durch einen Schacht und durch ein Flöz gezeichnet, das mit 48^g etwa nach SO einfällt. Im

Abbaugrundriß, Abb. 326, werden zunächst der Schacht, die Schnittspuren und die Streichlinien des Flözes in den Höhenlagen der 3 Sohlen eingezeichnet, außerdem eine kreisrunde Schutzzone über Tage, für die hier ein Halbmesser von 25 m angenommen ist. In den Schnitten wird an der Tagesoberfläche ebenfalls dieser Halbmesser abgetragen, und zwar vom Schacht jeweils nach beiden Seiten. Sodann werden die Schutzzonengrenzen gemäß den örtlich zutreffenden Neigungswinkelwerten in den Schnitten gezogen. In unserem Beispiel wurden im Deckgebirge 60^g, im Steinkohlengebirge nach SO, SW und NO 68^g, nach NW 55^g benutzt.

Sowohl im Querschnitt als auch im Längsschnitt ergeben sich zwischen den Grenzen der Schachtschutzzone und dem Flöz je zwei Schnittpunkte; deren söhlige Abstände von der Schachtachse werden im Grundriß auf den Schnittspuren vom Schachtmittelpunkt aus abgetragen. Durch diese 4 Punkte ist aber die Form der Schutzzone im Abbaugrundriß noch nicht genügend bestimmt.

Es ist jedoch leicht zu erkennen, daß die Schnittlinie zwischen der Mantelfläche der Schutzzone und einer Sohlenebene eine Schnittfigur ergeben muß, die in der südlichen Hälfte aus einem Halbkreis, in der nördlichen Hälfte aus einer halben Ellipse besteht.

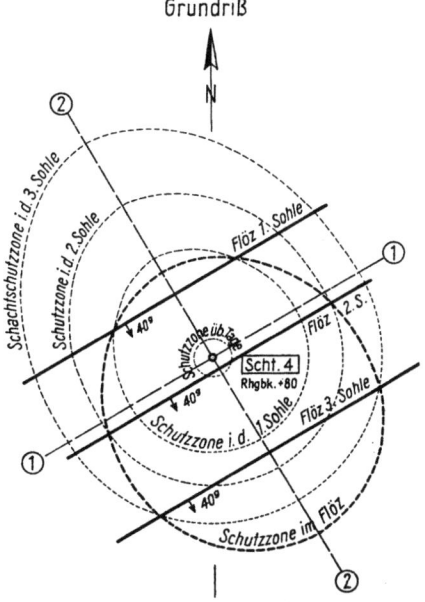

Abb. 326. Konstruktion der Schachtschutzzone im Abbaugrundriß eines Flözes

Diese Schnittfiguren kann man für jede Sohle grundrißlich konstruieren, indem man den Schnitten die söhligen Abstände der Schutzzonengrenzen von der Schachtachse im jeweiligen Sohlenniveau entnimmt und sie im Grundriß auf den Schnittspuren abträgt. Die Schnittpunkte der Streichlinien des Flözes mit den Schnittfiguren der betreffenden Sohlen — beide jeweils in der gleichen Höhenlage — liefern schließlich die erforderlichen weiteren Punkte für den Verlauf der Schutzzone im Flöz. Die Punktdichte im Abbaugrundriß läßt sich noch steigern, wenn man weitere söhlige Hilfsebenen benutzt.

Das beschriebene Verfahren kann in gleicher Weise bei gefalteten und gestörten Flözen angewendet werden. Die Gestalt des Sicherheitspfeilers ist in diesen Fällen mitunter recht unregelmäßig. So treten z. B. bei gefalteten Flözen Einschnürungen an den Sätteln und Ausbuchtungen an den Mulden auf.

Bei Doppelschachtanlagen wählt man als Schutzbezirk über Tage gewöhnlich eine Form, die von 2 Halbkreisen um die beiden Schächte und von parallel zur Verbindungslinie der Schachtmitten verlaufenden Geraden begrenzt wird. Dementsprechend werden auch die Hilfskurven auf den einzelnen Sohlen durch gerade Stücke unterbrochen. Im übrigen kann es hier notwendig sein, statt der kreisförmigen oder elliptischen Bogenstücke, andere Kurven zu konstruieren, wenn nämlich die Verbindungslinie der Schachtmitten nicht annähernd mit der Streich- oder der Fallrichtung des Flözes zusammenfällt.

VII. Vorratsberechnungen

Die Inangriffnahme eines noch unerschlossenen Feldesteiles, einer tieferen Sohle oder auch nur eines neuen Abbaufeldes in einer Lagerstätte setzt zunächst die Ermittlung der anstehenden bauwürdigen Mineralmenge voraus. von der u. a. die Bemessung der Baufeldgröße, die Festsetzung der Förderkapazität sowie die Lebensdauer des geplanten Betriebes abhängen.

179. Ermittlung des Kohlenvorrats in einem begrenzten Flözteil

Die Berechnung des Vorrats eines geradlinig begrenzten Flözabschnittes erfolgt bei regelmäßigen Lagerungsverhältnissen im einfachsten Fall durch Multiplikation der streichenden Baulänge a mit der flachen Bauhöhe f, wodurch zunächst der *Inhalt der Flözfläche in m^2* erhalten wird. Multipliziert man diesen Wert mit einer mittleren Mächtigkeit m, so erhält man den *Rauminhalt des Flözteiles in m^3*. Um schließlich den *Vorrat in Tonnen* zu erhalten, ist der Rauminhalt noch mit der Dichte ϱ des Minerals zu multiplizieren. Die Formel für die Berechnung des Kohlenvorrats in t lautet also ganz allgemein

$$V = a \cdot f \cdot m \cdot \varrho.$$

Im Einzelfall werden Vorratsberechnungen immer unter ganz bestimmten Voraussetzungen und unter verschiedenen Gesichtspunkten angestellt werden. Infolgedessen können die in der obigen Formel enthaltenen Faktoren auf unterschiedliche Weise gewonnen werden und z. T. sogar verschiedene Bedeutung erlangen. Hierzu werden nachstehend einige Erläuterungen gegeben.

Die mittlere streichende Baulänge a erhält man bei geradlinigem Verlauf der beiden den Bauabschnitt begrenzenden söhligen Flözstrecken, z. B. einer Kopf- und einer Ladestrecke, aus der halben Summe der unmittelbar gemessenen oder aus dem Abbaugrundriß des Flözes zu entnehmenden streichenden Längen dieser beiden Strecken.

Die flache Bauhöhe f ist die rechtwinklig zum Streichen, also in der Fallrichtung des Flözes, zu ermittelnde flache Länge zwischen der unteren und oberen Grenze des Bauabschnittes, z. B. zwischen den vorgenannten söhligen Abbaustrecken.

Die flache Bauhöhe ist entweder aus einem Querschnitt durch den in Betracht kommenden Bauabschnitt oder aus einem Falldreieck des Flözes unmittelbar zu entnehmen. Sie läßt sich aber auch aus der im

Abbaugrundriß zwischen der oberen und unteren Abbaugrenze rechtwinklig zum Streichen des Flözes abzugreifenden söhligen Entfernung s oder aus dem im Abbauseigerriß zu entnehmenden lotrechten Abstand h der Baugrenzen und dem Einfallwinkel α des Flözes nach der Formel

$$f = \frac{s}{\cos \alpha} \quad \text{oder} \quad f = \frac{h}{\sin \alpha}$$

berechnen.

Ist die zu bestimmende Flözfläche *unregelmäßig* begrenzt, so läßt sich ihr Flächeninhalt nicht mehr einfach aus dem Produkt $a \cdot f$ berechnen. Er muß sodann aus den jeweils in Betracht kommenden Abbaurissen durch Aufteilung der Fläche in leicht zu berechnende Dreiecke, Trapeze usw. oder mit Hilfe eines Planimeters ermittelt werden. Aus einem Abbaugrundriß erhält man jedoch nur die söhlige Fläche, die durch $\cos \alpha$ dividiert werden muß, um die *flache* Flözfläche zu erhalten. Aus der in einem Abbauseigerriß ermittelten lotrechten Fläche gewinnt man die flache Flözfläche, indem man erstere durch $\sin \alpha$ dividiert. Dabei ist α der Einfallwinkel des Flözes. Ändert sich das Einfallen, so ist die Flözfläche ebenfalls dem jeweiligen Einfallensabschnitt entsprechend in Teilflächen zu ermitteln.

Es sei hier nochmals darauf hingewiesen, daß bei Entnahme von Maßzahlen aus Rissen der Maßstab zu berücksichtigen ist, s. Abschn. 150, Abs. 1, S. 313.

Die Mächtigkeit m* eines Flözes ist die kürzeste Entfernung zwischen Flözhangendem und -liegendem bezogen auf einen bestimmten Punkt. Sie kann durch Messung, Berechnung oder Schätzung ermittelt werden. Beim Abbau eines Flözes wird das *betriebliche* Hangende oder Liegende nicht immer mit dem durch petrographische oder stratigraphische Merkmale bestimmten *geologischen* Hangenden oder Liegenden übereinstimmen, z. B. wenn ein Nachfallpacken am Hangendem mitgewonnen werden muß. Man unterscheidet deshalb zwischen der *geologischen Mächtigkeit* m und der tatsächlich abgebauten oder beim Abbau zu erwartenden *Abbaumächtigkeit* m'. Für die Kennzeichnung einzelner Kohlen- oder Bergeschichten eines Flözes sind Indizes üblich, wie z. B. $m_K = 108$ cm oder $m_B = 16$ cm. In rißlichen Darstellungen verwendet man dagegen die Kurzform 108 K bzw. 16 B.

Bei der Vorratsberechnung wird die mittlere Mächtigkeit benutzt. Diese erhält man, indem man aus allen gemessenen bzw. aus den Rissen des Grubenbildes oder des Flözarchivs entnommenen Flözmächtigkeiten das einfache oder gewogene arithmetische Mittel bildet.

Die Dichte ϱ (t/m³) beträgt etwa für Magerkohle 1,38, für Fettkohle 1,3 und für Gasflammkohle 1,27. Im gewogenen Mittel aller Kohlen-

---

* Für die „Mächtigkeit" bei bergbaulichen Lagerstätten wird z. Z. ein Norm-*Entwurf* DIN 21953 erarbeitet. Hierin sind weitere Einzelheiten über die Art der Ermittlung, der Mittelwertbildung, der Geltungsbereiche, der gebräuchlichen Einheiten, der zu den verschiedenen Mächtigkeitsangaben gehörigen Zeichen und deren Anwendung enthalten. In diesem Entwurf ist M als Grundzeichen für alle Mächtigkeitsangaben vorgesehen.

arten kann man den Wert 1,3 benutzen. Müssen Bergemittel mit abgebaut werden, so sind die entsprechenden Werte für ϱ aus Schlitzproben zu ermitteln.

Will man den *anstehenden Vorrat an Rohkohlen* in t berechnen, so ist die entsprechende Flözfläche mit der *Abbaumächtigkeit* des Flözes und mit seiner durchschnittlichen Dichte zu multiplizieren.

Wird nach der *verwertbaren Fördermenge* in t gefragt, so kann man statt der Dichte eine betriebliche Erfahrungszahl für das *Förderausbringen* η_F einsetzen. Diese Zahl ist das Verhältnis von 1 t verwertbarer Fördermenge zu 1 m³ anstehenden Flözraumes; sie berücksichtigt den Bergegehalt des Flözes sowie alle Abbau-, Gewinnungs-, Förder- und Aufbereitungsverluste. Die Werte für η_F schwanken je nach Flözreinheit und Abbau- bzw. Gewinnungsverfahren von 0,8 bis 1,1 t/m³. Die *Abbauverluste* werden durch Stehenlassen von Pfeilern aller Art, durch Gebirgsstörungen sowie sonstige Flözunregelmäßigkeiten, wie z. B. Mächtigkeitsschwankungen, Auswaschungen, Vertaubungen und Verdrückungen verursacht. *Gewinnungsverluste* sind durch die technischen Einrichtungen oder durch wirtschaftliche Überlegungen bedingt, wie z. B. beim Hobeln das Stehenlassen von Kohlen in örtlichen Vertiefungen des Liegenden. Unter *Förderverlusten* werden alle auf dem Weg vom Gewinnungsstoß bis zur Aufbereitung eintretenden Verluste verstanden. Die *Aufbereitungsverluste* entstehen auf dem Wege des Fördergutes durch die Aufbereitung.

Den *anstehenden Vorrat an verwertbarer Kohle* in t kann man berechnen, indem man als Mächtigkeit die *mittlere reine Kohlenmächtigkeit* und als Dichte einen der Kohlenart entsprechenden Wert einsetzt. Hierbei sind allerdings die oben genannten Verluste noch nicht berücksichtigt.

Nach der oben angegebenen Berechnungsformel wird auch allgemein die aus einem Streb *täglich* zu *gewinnende Fördermenge* in t berechnet. Hierbei werden für a der tägliche Abbaufortschritt, für m die Abbaumächtigkeit des Flözes und für ϱ die durchschnittliche Dichte eingesetzt.

Um zur Berechnung von Fördermitteln oder -vorgängen den *Rauminhalt des hereingewonnenen Flözhaufwerks* zu ermitteln, muß der Rauminhalt des anstehenden Flözes mit der *Schüttungszahl* σ multipliziert werden. Die Werte für σ schwanken zwischen 1,2 und 1,5.

180. Ermittlung des Kohlenvorrats in mächtigen Flözen

Bei flachwellig abgelagerten mächtigen Flözen kann die Ermittlung des Kubikinhaltes auch auf Grund von Schichtlinienplänen, s. Abschn. 172, S. 373, dieser Flöze ausgeführt werden. Nachdem man durch Umfahrung aller Höhenlinien mit dem Planimeter die von den Schichtlinien eingeschlossenen Flächen ermittelt hat, errechnet man stufenweise den Inhalt der zwischen 3 Schichten liegenden Teile nach der SIMPSONschen Regel

$$J = \frac{h}{6} \cdot (A_1 + 4A_2 + A_3),$$

wenn A_1 die untere, A_2 die mittlere, A_3 die obere Schichtenfläche und

h der Seigerabstand zwischen A_1 und A_3 bedeuten. Die gleiche Formel verwendet man auch für die Berechnung von Haldenbeständen der über Tage auf Halden gekippten Kohle oder Berge.

181. Kohlenvorratsberechnungen für ein ganzes Grubenfeld

Die Berechnung der in einem Grubenfeld anstehenden und verwertbaren Kohlenmengen kann z. B. im Ruhrbezirk nach den vom Steinkohlenbergbauverein herausgegebenen „Richtlinien zur Kohlenvorratsberechnung" in Verbindung mit den im Jahre 1953 für die Anlage des Flözarchivs aufgestellten Normen DIN 21941, s. Abschn. 190, S. 408 u. f. vorgenommen werden. Es sind hierbei u. a. folgende Gesichtspunkte zu beachten.

Zunächst ist das Grubenfeld für die Vorratsberechnung auf Grund der tektonischen Karten des Flözarchivs sowohl in streichender als auch querschlägiger Richtung in große Abschnitte aufzuteilen, die möglichst in nordsüdlicher Richtung mit den im Grubenfeld vorkommenden großen steichenden Falten (Hauptsättel und -mulden) und in westöstlicher Richtung mit den durch große Querstörungen entstandenen Schollen des Steinkohlengebirges zusammenfallen. Auch die in westöstlicher Richtung streichenden, großen Wechsel können gegebenenfalls als Grenzen benutzt werden. Die gleichfalls vorzunehmende Einteilung in einzelne Baufelder und Abteilungen schließt sich zweckmäßig der geologischen Aufteilung an.

Sodann sind die *Bauwürdigkeitsstufen* der in den ausgerichteten Teilen des Grubenfeldes aufgeschlossenen Flöze auf Grund der Angaben des Flözarchivs zu ermitteln. *Wo diese Archivunterlagen nicht ausreichen oder fehlen*, kann die Bauwürdigkeit insbesondere in den noch nicht aufgeschlossenen Feldesteilen nach folgenden Feststellungen gemäß DIN 21941 bestimmt werden:

„bauwürdig" (*b*) sind Flöze, die sich nach dem jeweiligen und absehbaren Stand der Abbautechnik wirtschaftlich bauen lassen;

„bedingt bauwürdig (bb)" sind Flöze, die zwar abbautechnisch gewinnbar sind, aber aus wirtschaftlichen Gründen nicht oder nur zu bestimmten Zeiten, nämlich bei geeigneter Preis- und Lohngestaltung gebaut werden können;

„unbauwürdig (ub)" sind alle Flöze ohne Rücksicht auf ihre Mächtigkeit, die weder bauwürdig noch bedingt bauwürdig sind.

In der Gruppe (bb) können noch unterschieden werden:

„bedingt bauwürdig I (bb I)", das sind Flöze und Flözteile an der Grenze der Bauwürdigkeit, die in der Vergangenheit bereits gebaut wurden und deren Bauwürdigkeit von anderen als den unter II genannten Bedingungen abhängt,

„bedingt bauwürdig II (bb II)", das sind früher im allgemeinen nicht gebaute Flöze und Flözteile, deren Bauwürdigkeit hauptsächlich durch stärkere Verunreinigungen in Frage gestellt ist, die also entweder nur mit einem beschränkten Prozentsatz der übrigen Kohle beigemischt werden können oder getrennt gefördert und als Kesselkohle verwendet werden müssen oder ein leistungsfähigeres Aufbereitungsverfahren erfordern.

Bei der Frage nach der Bauwürdigkeit stehen neben geologischen, technischen und sicherheitlichen Gesichtspunkten die wirtschaftlichen Belange im Vordergrund. Als Maßstab hierfür wird vielfach die *Flözwirtschaftlichkeit* herangezogen. Sie ist ein Erfahrungswert, der sich aus einem Vergleich der *Flözbetriebskosten* mit dem *Flözerlös* ergibt.

Man kann eine Aufteilung des Gesamtvorrates auch in *sicher, wahrscheinlich* und *möglicherweise* anstehende Mengen vornehmen und sie nach der Zugänglichkeit in „heute oder in Zukunft zugängliche Vorräte", ferner in „in Sicherheitspfeilern blockierte Vorräte" und in „nicht erreichbare Reste" einteilen.

Auch lassen sich die Vorräte nach dem Einfallen in folgende 4 Gruppen nach DIN 21952 [20] ordnen:

0^g bis 20^g flach   über 40^g bis 60^g stark geneigt
über 20^g bis 40^g mäßig geneigt   über 60^g bis 100^g steil.

Die der Vorratsberechnungsformel zugrunde liegenden Faktoren werden aus folgenden Riß- und sonstigen Unterlagen des Flözarchivs entnommen:

1. Die *Flächen* aus den tektonischen und Flözeigenschaftskarten,
2. die *Mächtigkeiten* aus den Grobstrukturkarten der Flöze,
3. die *Durchschnittsdichte* durch Mittelbildung aus den Einzeldichten von Schlitzproben der Flöze.

Durch Multiplikation dieser Faktoren erhält man den „*anstehenden Vorrat an Rohkohlen*", von dem noch die Bergeanteile abzuziehen sind, um den „*anstehenden Vorrat an verwertbarer Kohle*" zu erfassen.

Wenn die „*verwertbare Fördermenge*" berechnet werden soll, müssen noch die bei der Gewinnung und Förderung der Kohle entstehenden Verluste, die man aus den Ergebnissen der Förderwagenproben berechnen kann, abgezogen werden.

Stehen die vorgenannten Archivunterlagen oder Näherungswerte für das Ausbringen und für die Dichte nicht zur Verfügung, so kann man nach LEHMANN [49] für die Umrechnung von m³ in t folgende Angaben verwenden:

1 m³ Flözraum $\triangleq$ 1,39 t anstehende Rohkohle
1 m³ Flözraum $\triangleq$ 1,18 t anstehende verwertbare Kohle
1 m³ Flözraum $\triangleq$ 1,25 t Rohförderung
1 m³ Flözraum $\triangleq$ 1,00 t verwertbare Fördermenge.

Der Wert 1 m³ $\triangleq$ 1 t wird in der Praxis allgemein bei den Vorratsberechnungen großer Bauabteilungen oder ganzer Grubenfelder zugrunde gelegt. In manchen Fällen wird jedoch der Zahlenwert noch niedriger anzunehmen sein, z. B. bei unreiner Kohle oder wenn besonders hohe Abbauverluste zu erwarten sind.

Die Vorratsberechnungen eines Grubenfeldes werden nach den Richtlinien für das Flözarchiv in 3 Teufenstufen bis zu einer Teufe von -1200 m NN. durchgeführt.

Es sind zu ermitteln:
1. die noch anstehenden Kohlenmengen *oberhalb* der tiefsten Bausohle einschließlich Unterwerksbau,
2. die Kohlenmengen *unterhalb* der tiefsten Bausohle bis zur geplanten nächsten Bausohle,
3. die Kohlenmengen *unterhalb* der geplanten nächsten Bausohle bis zur Teufe von -1200 m NN.

Hinzu kommen noch die in Sicherheitspfeilern und Restpfeilern anstehenden Kohlenmengen, die getrennt zu berechnen sind.

Man kann der Vorratsberechnung auch noch zwei weitere Teufenstufen hinzufügen, in denen die ,,oberhalb der Hauptwettersohle" und ,,unterhalb des Niveaus -1200 m NN bis zum Niveau -1500 m NN" anstehenden Mengen erfaßt werden.

Es empfiehlt sich, für die Vorratsberechnungen die in den ,,Richtlinien" enthaltenen Formulare zu benutzen.

VIII. Riß-, Karten- und Planwerke für den Bergbau

Das Berechtsamsrißwerk

Unter der *Berechtsame* versteht man im Bergbau das im wesentlichen aus einem oder mehreren Grubenfeldern bestehende Bergwerkseigentum. Sie umfaßt aber auch die mit der Aufsuchung und Gewinnung der Mineralien in den Grubenfeldern verbundenen Rechte. Während der Begriff ,,Berechtsame" sich lediglich auf bergbauliche Belange bezieht, betreffen die Begriffe ,,Gerechtsame" und ,,Gerechtigkeit" auch andere Rechtsgebiete. So spricht man z. B. von einer Wasser- oder einer Fischerei-Gerechtsame oder im Grundeigentümerbergbau von einer Kohlenbergbau- oder Schachtbaugerechtigkeit. Diese rechtlichen Begriffe ,,Berechtsame, Gerechtsame, Gerechtigkeit" werden, soweit sie den Bergbau betreffen, unter der gemeinsamen Bezeichnung ,,Bergbauberechtigungen" zusammengefaßt.

182. Risse, Karten und Pläne der Bergbauberechtigungen

Auf den Rissen, Karten und Plänen der Bergbauberechtigungen sind in erster Linie Lage, Größe und Begrenzung der gemuteten, verliehenen, umgewandelten, geteilten, vereinigten (konsolidierten) und zugelegten Grubenfelder dargestellt. Der Maßstab dieser Risse beträgt für kleine Geviertfelder bis zu 110000 m² Größe 1:2000, für alle übrigen Geviertfelder 1:10000. Bei Zusammenlegungen großer Felder ist auch der Maßstab der Meßtischblätter 1:25000 zugelassen.

Je nach dem Vorgang der Mutung, Verleihung, Umwandlung, Teilung, Vereinigung und Zulegung unterscheidet man folgende Berechtsamsrisse:

1. Mutungs- und *Verleihungsrisse.* Auf Grund der §§ 17 bis 20 des Allgemeinen Berggesetzes für die Preußischen Staaten vom 24. Juni 1865 (ABG) muß der Bergbehörde spätestens 6 Monate nach Einlegung der

Mutung ein „Lageriß für Mutungen" in 2 Ausfertigungen eingereicht werden. Auf diesem Riß werden der Fundpunkt, die Feldesgrenzen, die Feldesgröße und die hauptsächlichsten Tagesgegenstände nebst den politischen Grenzen — i. w. Kreis- und Gemeindegrenzen — eingetragen. Das begehrte Feld wird dann in die beim Oberbergamt geführte *Mutungsübersichtskarte* übernommen. Der Fundpunkt ist durch eine an das Landesdreiecksnetz angeschlossene Messung aufzunehmen und gegen benachbarte Tagesgegenstände, wie Gebäudeecken, Kilometersteine usw. so einzumessen, daß er jederzeit im Gelände wieder leicht aufgefunden werden kann. Die Fundpunktaufnahme wird in einer Sonderdarstellung in größerem Maßstabe auf dem Mutungsriß wiedergegeben. Die übrigen Tagesgegenstände und politischen Grenzen können aus topographischen Karten oder Katasterplanwerken entnommen werden. Die GAUSS-KRÜGERschen Koordinaten des Fundpunktes müssen ebenso wie seine Höhenlage auf dem Mutungsriß vermerkt sein; auch wird die kleinste und größte Entfernung zwischen Fundpunkt und Feldesgrenze eingeschrieben. Diese Maße dürfen die gesetzlich festgesetzten Maße nicht unter- bzw. überschreiten. Ferner werden die Grenzen des begehrten, gemuteten Feldes in schwarzen gerissenen Linien mit leichter Verwaschung nach innen in roter Farbe angegeben. Die Grenzlinien werden ausgezogen, wenn das Feld an bereits verliehene Felder angrenzt. Die Feldeseckpunkte werden durch Zirkelstiche mit kleinen schwarzen Kreisen gekennzeichnet. Innerhalb dieser Grenzen werden der Name des begehrten Feldes und des Minerals, die Bezeichnung der Eckpunkte nach Buchstaben oder Zahlen und die Größe in Quadratmetern rot eingetragen. Bereits verliehene Geviertfelder oder überdeckende Felder anderer Mineralien werden in folgenden Farben ausgezogen und beschriftet: Steinkohlenfelder grau, Braunkohlenfelder dunkelbraun, Eisenerzfelder rot, sonstige Erzfelder ublau, Salzfelder laubgrün und Solefelder gelb, Steine und Erden wie z. B. Dachschiefer-, Marmor- und Schwerspatfelder seegrün, Erdöl, Ölschiefer, Asphalt kreß (hell), alle übrigen Mineralien veil. Die Grenzen der Längenfelder werden in gestrichelten, durch aufrechte Kreuze unterbrochenen schwarzen Linien dargestellt. Die Koordinaten der Eckpunkte des Mutungsfeldes, aus denen die Feldesgröße errechnet wird, s. Abschn. 80, S. 149, unten, sind in einer Tabelle auf dem Rande des Risses aufzuführen.

Nach der Beglaubigung des Mutungsrisses bei der Verleihung durch das Oberbergamt bezeichnet man den mit einem entsprechenden Stempel des OBA versehenen Riß als *Verleihungsriß*. Die eine Ausfertigung dieses Risses bleibt gemäß § 33 ABG bei der Bergbehörde, die andere erhält der Bergwerkseigentümer.

2. *Lageriß für die Vereinigung von Bergwerken* (Konsolidationsriß). Nach § 42 des ABG ist bei der Vereinigung zweier oder mehrerer Bergwerke dem Oberbergamt ein „Lageriß für die Vereinigung von Bergwerken" in 2 Ausfertigungen einzureichen. Er soll eine Übersicht über die zu vereinigenden Einzelfelder und das daraus zu bildende neue Grubenfeld geben. Die Risse müssen außer den Einzelfeldern und den hauptsächlichsten Tagesgegenständen, die politischen Grenzen, die

Bezeichnungen der politischen Bezirke, den Flächeninhalt der Einzelfelder und des durch Farbstreifen umrandeten Gesamtfeldes sowie den Gegenstand der Verleihung enthalten. Im übrigen werden die Konsolidationsrisse nach den Vorschriften für Mutungsrisse ausgeführt, doch kann, wenn die Eckpunkte der Einzelfelder auf den Verleihungsrissen nur in einem Bezirkskoordinatensystem angegeben sind, dieses System mit Genehmigung des zuständigen Oberbergamtes vorerst für die neu anzufertigenden Risse beibehalten werden.

Zusammengelegte Felder mit nur einem Mineral oder einer Mineralgruppe erhalten an der Innenseite des neuen vereinigten Feldes einen breiten Rand in der Mineralfarbe. Die untergegangenen Feldernamen, die Mineralangabe und Feldesumschreibung werden in der Mineralfarbe durchgestrichen. Felder mit mehreren, durch besondere Farben gekennzeichneten Mineralien werden durch Randschraffung an der Innenseite der neuen Grenze gekennzeichnet.

3. Lagerisse für die Teilung eines Bergwerkes und für den Austausch von Feldesteilen. Bei der *Teilung* eines Grubenfeldes in selbständige Felder sowie beim *Austausch* von Feldesteilen zwischen angrenzenden Bergwerken gemäß § 51 ABG sind für jede Partei eine Ausfertigung des Teilungs- oder Austauschrisses und für das Oberbergamt so viele Ausfertigungen erforderlich als Bergwerke beteiligt sind.

In der Ausführung entsprechen die vorgenannten Risse den Mutungs- bzw. Verleihungsrissen.

4. Lageriß für die Umwandlung von Längenfeldern. Nach § 215 ABG ist die Umwandlung von Längenfeldern in Geviertfelder oder die Ausdehnung der vor 1865 verliehenen kleinen Geviertfelder bis zur jetzt zulässigen Maximalgröße vorgesehen.

Die hierzu erforderlichen Risse sind ebenfalls nach den Bestimmungen für Mutungsrisse, unter Wegfall des auf den Fundpunkt sich beziehenden Teiles, anzufertigen.

5. Lageriß für die Zulegung eines Bergwerksfeldes. Die ganze oder teilweise *Zulegung* überdeckender Längenfelder sowie von benachbarten Geviertfeldern, deren Flächeninhalt die für eine Verleihung zulässige Größe nicht überschreitet, kann zwecks Mitgewinnung des noch anstehenden Minerals oder zwecks Feldesbereinigung beantragt werden. In diesem Fall sind für die Partei des Hauptfeldes, ferner für die Partei des Feldes, aus dem das Zulegungsfeld stammt, und für das Oberbergamt unter Zugrundelegung der Verleihungsrisse je ein „Lageriß für die Zulegung" anzufertigen, aus dem die geänderten Feldesgrenzen und die Lage des Zulegungsfeldes zu seinem bisherigen Stammfeld sowie zum neuen Hauptfeld zu ersehen sind.

6. Lagerisse für die Streckung von Erdöl- und Erdgasgewinnungsfeldern. Die Streckung der Erdölgewinnungsfelder erfolgt nach den Richtlinien des früheren Reichswirtschaftsministeriums vom 5. 8. 1940. Danach ist ein Lageriß in 2 oder 3 Ausfertigungen im Maßstab 1:25000 oder 1:10000 anzufertigen*. In den Lagerissen müssen die zur Orientierung notwendigen Tagesgegenstände, die Lage der Fundbohrungen, die Feldesgrenzen des in Form eines Rechteckes zu streckenden Erdölgewinnungsfeldes, die Bezeichnung des Untersuchungsgebietes und des Aufsuchungsgebietes, die politischen Bezirke (Gemeinde, Kreis, Regierungsbezirk) und die Größe des Feldes in qm dargestellt sein. Für die Herstellung des Lagerisses können auch auf Leinen aufgezogene Blätter der Topographischen Karte 1:25000 oder Vergrößerungen dieser Karte benutzt werden.

Wenn notwendig, wird von den vorgenannten Berechtsamsrissen auch eine Ausfertigung für das Grundbuchamt hergestellt.

Zu den Berechtsamsrissen und -karten, die nicht behördlich vorgeschrieben sind, gehören ferner

1. Schürfrisse, aus denen die Lage der bei der Aufsuchung nutzbarer Mineralien angelegten Schürfstellen mit allen die Lagerstätte betreffenden Angaben zu ersehen ist.

2. Grenzrisse, die außer den Markscheiden i. w. die Grenzen der Pachtfelder usw. veranschaulichen.

3. Berechtsamsübersichtskarten, die eine umfassende Übersicht z. B. über vorhandene Schürfgebiete, eingelegte Mutungen, Gewinnungsrechte, über Sonderrechtsgebiete und Bergordnungsbereiche, ferner über Wasserregale und Sperrgebiete für Wasserverleihungen sowie über die gesamten Grubenfelder eines ganzen Bergbaubezirkes geben sollen.

Das Zulegerißwerk

Unter einem *Zulegerißwerk* versteht man die Zusammenfassung aller urkundlichen Unterlagen und Belege, die sich auf die mit der Inangriffnahme, Fortführung und Überwachung eines Bergwerksbetriebes zusammenhängenden markscheiderischen Messungen, Berechnungen und rißlichen Darstellungen beziehen.

183. Risse, Pläne und Unterlagen des Zulegerißwerks

Das Zulegerißwerk soll das gesamte Grubengebäude, die geologischen Aufschlüsse und die für den Betrieb eines Bergwerks in Betracht kommenden Tagesgegenstände vollständig und geometrisch richtig darstellen. Es umfaßt folgende Risse und Pläne sowie Messungs- und Berechnungsunterlagen:

1. Zulegerisse. Das sind großmaßstäbliche Risse, die durch Zulage der Messungen, Aufnahmen, Beobachtungen und Berechnungen entstanden

---

* In den Bundesländern weichen die Bestimmungen im einzelnen geringfügig voneinander ab. Als Beispiel sei hier die im Bezirk des OBA Clausthal-Zellerfeld gültige Regelung wiedergegeben:
Der Lageriß ist in 2 Ausfertigungen erforderlich; er muß einen Schichtenschnitt der Fundbohrung in geeignetem Maßstab enthalten. Ist die Bohrung auf Erdöl fündig geworden, so umfaßt die Gewinnungsberechtigung Erdöl und Erdgas. Ist die Bohrung auf Erdgas fündig geworden, so wird die Berechtigung auf die Gewinnung von Erdgas beschränkt. Die Größe eines Gewinnungsfeldes für Erdöl *und* Erdgas soll 4,4 km^2 nicht überschreiten. Erdgasgewinnungsfelder können bis zu einer Größe von 25 km^2 gestreckt werden.

sind. Sie bilden als Arbeits- oder *Urrisse* in Verbindung mit den Berechtsamsrissen den Ausgang und die Grundlage (Fundament) für die Herstellung und Vervielfältigung der meisten Risse und Karten des Grubenrißwerkes, insbesondere der Grubenbilder, deren Anordnung, Aufbau, Anzahl, Blattgröße und Darstellungsart mit den Zulegerissen völlig übereinstimmen muß. Sie wurden daher früher auch als Fundamentalrisse bezeichnet. Ihre Anfertigung darf nur am Niederlassungsort des Markscheiders, aus dem sie nicht entfernt werden dürfen, erfolgen.

Für die zeichnerische Ausgestaltung der Zulegerisse sind die Richtlinien DIN 21900 maßgebend. Die Farbengebung wird auf diesen Rissen im Gegensatz zu den Rissen des Grubenrißwerkes möglichst vermieden oder doch stark eingeschränkt. So werden z. B. Flächenfärbungen, wo angängig, durch farbige Ränderung oder Schraffung ersetzt. Dagegen werden die durchörterten Gebirgsschichten an den Stößen der Gesteinsstrecken, der Bohrlöcher und Schächte, die auch vielfach durch Zahlen, Zeichen oder Abkürzungen unterschieden werden, soweit die Deutlichkeit der rißlichen Wiedergabe es zuläßt, farbig dargestellt. Unrichtigkeiten in der Darstellung dürfen nicht durch Rasur beseitigt, sondern müssen durchkreuzt werden. Bei der Übernahme fremder Unterlagen oder älterer Grubenbaue von vorhandenen Grubenbildern muß deren Richtigkeit möglichst durch Verbindung mit neuen Aufnahmen geprüft werden. Läßt sich die Lage von darzustellenden Grubenbauen nicht mehr nachprüfen oder sind derartige Baue nach den Angaben von Betriebsbeamten auf den Riß aufgetragen worden, so werden sie in gerissenen Linien dargestellt und mit dem Vermerk „nach Angabe" versehen.

Der Maßstab der Zulegerisse entspricht im allgemeinen dem für Grubenbilder meist verwendeten Maßstab 1:2000 und darf nicht kleiner sein als dieser. Erweist sich dieser Maßstab jedoch für die Darstellung aller erforderlichen Einzelheiten zu klein, so werden die Zulegerisse nicht selten auch im Maßstab 1:1000 oder gar im Maßstab 1:500 angefertigt.

Sämtliche Risse und Karten des Zulegerißwerkes müssen in kurzen, meist regelmäßigen Zeitabständen sorgfältig ergänzt oder, wie man sagt, nachgetragen werden, um den jeweiligen Stand z. B. der Auffahrungen und des Abbaues unter Tage aber auch der Anlagen über Tage in jedem Zeitpunkt des Betriebsablaufes aus den Rissen entnehmen zu können. Die Fristen für die Nachtragung der Grubenbilder werden von dem zuständigen Oberbergamt festgelegt, s. Abschn. 187, S. 405 u. f.

Von allen Zulegerissen werden zwecks Herstellung von Vervielfältigungen Abzeichnungen auf durchsichtigen Zeichenstoffen angefertigt, die man als *Urpausen* bezeichnet. Sie bilden die Grundlage für alle betrieblichen Risse und Pläne, s. Abschn. 191 u. f., S. 410 u. f.

2. Netzpläne. Sie sollen eine größere Übersicht über die Anlage und den Zusammenhang der über und unter Tage ausgeführten trigonometrischen, polygonometrischen und Höhenmessungen geben. Für die zeichnerische Ausgestaltung derartiger Netzpläne sind wieder die Richtlinien von DIN 21900 maßgebend.

3. Beobachtungsbücher, Berechnungshefte und Reinschriften. Sie enthalten sämtliche Messungen, Aufnahmen und Berechnungsvorgänge, die für die Zulage der Risse und Pläne des Zulegerißwerkes benutzt worden sind. Auch die von anderen Vermessungsstellen und Ämtern für die Herstellung der Zulegerisse übernommenen Vermessungsunterlagen werden hier untergebracht.

Zu den *Belegen* des Zulegerißwerkes gehören vielfach auch ein *Abriß* über die Entstehung und Entwicklung sowohl des ganzen Bergwerksunternehmens wie auch der angefertigten Riß-, Plan- und Kartenwerke mit allen sich hierauf beziehenden Unterlagen und behördlichen Feststellungen, sowie schließlich eine Sammlung der *Grenzbaurisse* mit allen Verhandlungen der in Betracht kommenden Bergwerke und der behördlichen Entscheidungen.

4. Die Rißarten des Zulegerißwerks. Ein vollständiges Zulegerißwerk besteht aus folgenden Rissen:

1. Titelblätter
2. Tagerisse
3. Bohrrisse
   a) Bohrgrundrisse
   b) Bohrschnittrisse
4. Sohlenrisse
   a) Sohlengrundrisse
      (Hauptgrundrisse)
   b) Sohlenseigerrisse
      (Hauptseigerrisse)
   c) Sohlenübersichtsriß
      (Hauptsohlengrundriß)
5. Abbaurisse
   a) Abbaugrundrisse
   b) Abbauseigerrisse
   c) Abbauflachrisse
   d) Abbauschnittrisse
6. Schnittrisse
   a) Querschnitte
   b) Längsschnitte
   c) Längenschnitte

Der *Inhalt* der vorstehend angeführten Rißarten soll im folgenden Abschnitt „Grubenbild" im einzelnen behandelt werden, zumal die Risse des Amts- und Werkgrubenbildes getreue Kopien der Risse des Zulegerißwerkes sind. Nur das Maßstabverhältnis kann geändert werden.

Das Grubenrißwerk

Das Grubenbild

184. Begriff, Einteilung und Zweck

Die gesetzliche Grundlage für das Grubenbild ist der § 72 des ABG vom 24. 6. 1865, der nachstehend auszugsweise wiedergegeben wird:

„Der Bergwerksbesitzer hat auf seine Kosten ein Grubenbild in zwei Exemplaren durch einen konzessionierten Markscheider anfertigen und regelmäßig nachtragen zu lassen.

In welchen Zeitabschnitten die Nachtragung stattfinden muß, wird durch das Oberbergamt vorgeschrieben.

Das eine Exemplar des Grubenbildes ist an die Bergbehörde zum Gebrauch derselben abzuliefern, das andere auf dem Bergwerk oder, falls es daselbst an einem geeigneten Ort fehlt, bei dem Betriebsführer aufzubewahren.

In einem Ministererlaß vom 4. 11. 1887 wird der Begriff „Grubenbild" wie folgt erläutert:

„Unter dem Grubenbild sind alle rißlichen Darstellungen zu verstehen, welche nötig sind, um ein richtiges, vollständiges, übersichtliches und verständliches Bild von einer bestimmten Grube und ihren bergbaulichen Verhältnissen, und zwar nicht bloß in Beziehung auf die Grubenbaue selbst, sondern auch in Beziehung auf die Gegenstände der Oberfläche zu gewähren, auf deren Erhaltung bei dem Grubenbetrieb Rücksicht genommen werden muß."

Auf Grund der gesetzlichen Bestimmungen unterscheidet man zwei Ausfertigungen, und zwar ein *Amtsgrubenbild*, das der Bergbehörde in erster Linie zur amtlichen Überwachung des Bergwerksbetriebes dient, und ein *Werksgrubenbild*, das für die örtliche Werksleitung bestimmt ist.

Hinzu kommt noch vielfach ein Übersichtsgrubenbild, das lediglich eine Verkleinerung des Werksgrubenbildes auf den Maßstab 1:4000, 1:5000 oder 1:10000 darstellt, und das gleichfalls nur betrieblichen Zwecken dient.

Das Amtsgrubenbild und das Werksgrubenbild müssen in allen Teilen völlig übereinstimmen. Der Maßstab dieser beiden Grubenbilder ist meist 1:2000. Er soll möglichst mit dem der Zulegerisse übereinstimmen. Ausnahmen bedürfen der Zustimmung des Oberbergamtes.

185. Die Rißarten des Grubenbildes

Man unterscheidet beim Grubenbild folgende Rißarten:

1. Titelblätter (Musterrisse 1, 17 und 23 des Rißmusteratlasses*. Sie sollen eine allgemeine Übersicht und einen kurzen Abriß über die Entstehung der Berechtsame und die Geschichte des Bergwerks sowie über die Lagerungsverhältnisse und die Ausrichtung des Grubenfeldes geben.

Die Titelblätter enthalten daher außer dem Namen des Bergwerks, des Berg- und Oberbergamtes eine Übersichtskarte, auf der die Lagerungsverhältnisse im Grubenfeld, ein Hauptschichtenschnitt, die Berechtsamsgrenzen und die Koordinaten der Feldeseckpunkte sowie die Schächte und Hauptausrichtungsbaue dargestellt sind, ferner eine Blatteinteilung.

Als Übersichtskarte können Ausschnitte aus anderen geeigneten Kartenwerken 1:5000, 1:10000 oder 1:25000 verwandt werden. Sodann ist auf einer besonderen Platte eine *Liste* über die vorhandenen und vermuteten *Standwasser* zu führen. Die Liste muß laufend nachgetragen und dem Bergamt vierteljährlich, erforderlichenfalls auch zwischenzeitlich vorgelegt werden. Das gleiche gilt sinngemäß auch für eine Liste der Brandfelder.

Falls notwendig, wird den Titelblättern auch ein besonderer *Grenzriß* (Musterriß 5) mit einem Koordinatenverzeichnis aller Feldeseckpunkte beigefügt, der eine klare Übersicht über die Grenzverhältnisse des Grubenfeldes unter Angabe der Verfügung über die aufgehobenen Schutzbereiche und der mit den markscheidenden Zechen getroffenen

---

* Der Rißmusteratlas [66] ist zwar in einigen Dingen überholt durch neuere Vorschriften, wie z. B. DIN 21900 [16]; nach wie vor kann er aber wohl als Anhalt dienen für die Herstellung der verschiedenen Rißarten.

Vereinbarungen vermitteln soll. Die Anfertigung eines Grenzrisses ist besonders dann erforderlich, wenn die Grenzen des Grubenfeldes nicht überall mit den koordinatenmäßig festgelegten Markscheiden zusammenfallen, sondern durch Abbau- und Schutzbereichsgrenzen bestimmt werden, die durch Austausch-, Erwerbs- oder Pachtverträge mit den Nachbarzechen oder durch behördliche Anordnungen entstanden sind.

Weiter muß das Titelblatt einen Anfertigungsvermerk des Markscheiders und eine Tabelle der vorgenommenen Nachtragungen des Grubenbildes aufweisen.

2. Tagerisse (Musterriß 6). Auf diesen Rissen sollen alle *Tagesgegenstände*, auf die der Bergbau wegen seiner Einwirkung im Interesse der öffentlichen Sicherheit Rücksicht zu nehmen hat, dargestellt werden. Sie enthalten daher sämtliche Gebäude, Verkehrswege, wie Eisenbahnen, Autobahnen, Straßen und öffentliche Wege, ferner Gewässer, insbesondere Brunnen, Quellen, Wasserwerke und Vorflutanlagen, sodann Gas-Dampf-, Flüssigkeits-, Kabel- und Starkstromleitungen, ferner Markscheiden und sonstige Berechtsamsgrenzen sowie Schutzbezirke, Pingen, Bergehalden und Schlammgruben, das erschürfte Ausgehende der Flöze und Leitschichten, alle Schächte, Stollenmundlöcher, Bohrlöcher, Schürfe und übertägige Sprengstofflager sowie schließlich Kreis- und Gemeindegrenzen.

Die Oberflächengestaltung wird im Tageriß durch Höhenangaben (Höhenzahlen bez. auf NN) ausreichend kenntlich gemacht. Auch können die wichtigsten Bodenbewachsungsarten (Kulturen) wie z. B. Acker und Grünland (Wiesen, Weiden, Gärten) sowie Laub-, Nadel- und Mischwald dargestellt werden.

Von der Vermessung der Tagesoberfläche werden möglichst sämtliche trigonometrischen und polygonometrischen Festpunkt auf dem Tageriß aufgetragen.

Die zeichnerische Wiedergabe der vorgenannten Gegenstände ist im einzelnen aus der „Zeichenerklärung für den Tageriß", Tafel 30 des Anhanges, zu ersehen.

3. Bohrrisse. Sie sollen eine Darstellung der durchbohrten Gebirgsschichten mit allen geologischen Einzelheiten geben. Sie enthalten die genaue Lage und Höhe der Bohrlochansatzpunkte, die Zeit der Fertigstellung, der Vertiefung und der etwaigen Verfüllung der Bohrlöcher sowie ihre Abweichung von der Vertikalen, ferner die erkannten Grundwasserhorizonte, die Höhe des Grundwasserspiegels, die Teufen der Bohrlöcher und bei Durchbohrung von Flözen ihre Mächtigkeit, Analysenergebnisse und ihre Verwertbarkeit. Sodann ist für jedes Bohrloch zu vermerken, welches Bohrverfahren angewandt wurde, und ob zur Identifizierung der Gebirgsschichten geophysikalische Meßverfahren herangezogen worden sind.

Die Ergebnisse der *geophysikalischen* Messungen sollen gleichfalls auf den Bohrrissen dargestellt und die ausgewerteten Diagramme den Messungsunterlagen des Zulegerißwerks beigefügt oder im Lagerstättenarchiv aufbewahrt werden.

4. **Sohlenrisse** (Musterrisse 7 und 24). In den Sohlengrundrissen (evtl. auch Sohlenzeigerrissen) soll die söhlige Erschließung der Baufelder sowie die Lage der Aufschlußbaue zueinander und zu den natürlichen und künstlichen Grenzen in der Grube gezeigt werden. Sie veranschaulichen daher grundrißlich (gegebenenfalls seigerrißlich) die in den Sohlen aufgefahrenen Grubenbaue, die hier erschlossenen Lagerungsverhältnisse der Gebirgsschichten und Gebirgsstörungen sowie bergrechtliche und sicherheitliche Grenzen. Im einzelnen werden Haupt- und Abteilungsquerschläge, Auslenkungs-, Richt-, Grund- und Sumpfstrecken sowie die Querschnitte der Schächte und Blindschächte mit der Sohle, ferner die Markscheiden, sonstige Berechtsams-, Bau- und Pachtfeldgrenzen sowie Grenzen der in Betracht kommenden Schutzbereiche und untertägige Sprengstofflager dargestellt.

Bei den Hauptschächten sind die Bezeichnung des Schachtes (Nummer, Förder- oder Wetterschacht) und die Höhenzahl der Rasenhängebank anzugeben. Abgeworfene Schächte erhalten die Bezeichnung „stillgelegt" oder ein umgekehrtes Schlägel und Eisen mit der Angabe, ob der Schacht zugefüllt oder nur abgeschlossen ist. Bei den Blindschächten, von denen meist auch die Höhenzahlen des oberen und unteren Anschlages angegeben werden, unterscheidet man niedergehende, aufwärtsgehende und durchgehende Blindschächte durch entsprechende Zeichen, s. Tafel 31 des Anhanges. Ihre Benennung erfolgt in der Regel sohlenweise nach der örtlichen Lage (Himmelsrichtung, Sohle, Abteilung, Blindschacht-Nummer) z. B. SW 215.

Die in den einzelnen Sohlen aufgefahrenen Grubenbaue werden durch genormte Sohlenfarben voneinander unterschieden, s. Abschn. 150, Abs. 4, S. 316. Die Grundstrecken im Flöz erhalten außerdem am liegenden Stoß einen kräftigen Strich in der Sohlenfarbe, während alle Gesteinsstrecken links bzw. oben mit einer schwarzen „Gesteinslinie" versehen werden. Im übrigen wird die Kennzeichnung der einzelnen Strecken durch entsprechende Beschriftung vorgenommen, wobei von verständlichen Abkürzungen Gebrauch gemacht wird. Wasserdämme in den Strecken werden blau, Branddämme rot dargestellt.

Die Darstellung der Lagerungsverhältnisse in den Sohlengrundrissen ist bereits in den Abschn. 162 bis 163, S. 355 u. f. behandelt.

Von den Gebirgsstörungen werden nur die Streichlinien mit Einfallpfeilen und Gradzahlen sowie einem Farbstrich am Hangenden in der jeweiligen Sohlenfarbe und gegebenenfalls Angaben über die Verwurfsgröße eingetragen.

Von der Vermessung der Sohlen werden nur die Endpunkte der Hauptpolygonmessungen mit Angabe ihrer Nummer durch kleine Kreise in der Sohlenfarbe sowie die sich meist auf die Schienen-Oberkante der Sohle (SO) beziehenden Höhenzahlen in blauer Farbe eingezeichnet.

Die Spuren der Quer- und Längsschnitte werden durch gestrichelte schwarze Linien mit geraden Ziffern für Querschnitte und ungeraden Ziffern für Längsschnitte gekennzeichnet.

Einen Ausschnitt aus einem Sohlengrundriß zeigt Tafel 35 des Anhanges.

5. **Abbaurisse** (Musterriß 8 und 15). Sie sollen *sämtliche* Baue sowie das Verhalten der Lagerstätte (z. B. eines Flözes) mit allen Einzelheiten wiedergeben und den Stand des Abbaues mit und ohne Versatz erkennen lassen. Man unterscheidet Abbaugrundrisse, Abbauseigerrisse und Abbauflachrisse.

Der *Abbaugrundriß* zeigt alle in *einem* Flöz aufgefahrenen streichenden und schwebenden Strecken und die abgebauten Flächen. Die Querschläge werden im allgemeinen nur ein kurzes Stück an den Stellen, an denen sie das Flöz durchfahren haben, gestrichelt dargestellt. Jedoch gibt man auch stets die Verbindung des Flözes mit dem Schacht durch Einzeichnung der Hauptförder- und Wetterwege an. Schächte und Blindschächte erscheinen im Querschnitt. Abb. 327 zeigt einen Ausschnitt aus einem Abbaugrundriß allerdings in unbunter Darstellung.

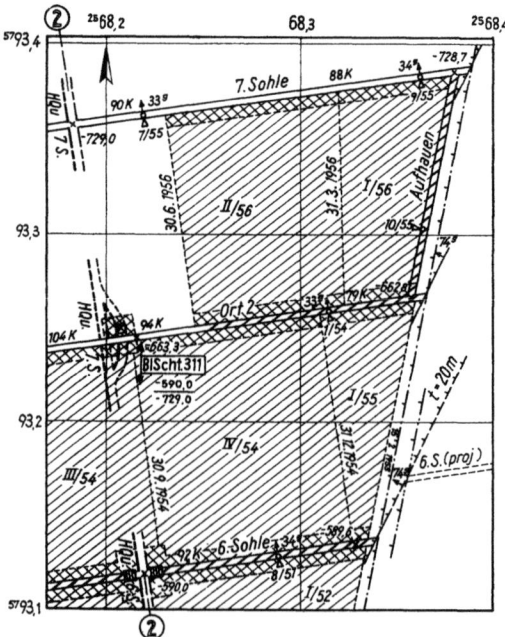

Abb. 327. Ausschnitt aus einem Abbaugrundriß, M 1:4000

Die Grundstrecken werden in den Sohlenfarben mit einer kräftigen Farblinie am Liegenden gekennzeichnet. Die söhligen Strecken zwischen den Sohlen, wie Teil-, Sumpf-, Wetter-, Wasserlösungsstrecken sowie Abbauörter, erhalten die Farbe der nächsttieferen Sohle, aber keine Sohlenfarblinie. Schwebend und diagonal im Flöz verlaufende Strecken, z. B. Überhauen, Abhauen, Aufhauen, Förderberge, werden grau angelegt, wobei man die schwebenden Hauptförderstrecken (z. B. Bandberge) durch doppelte Stoßlinien besonders hervorhebt. Schwebende Baue außerhalb des Flözes erhalten eine schwarze Gesteinslinie und werden mit Angaben über Neigung und Höhe versehen.

Im Gegensatz zu den durch Messung festgelegten Strecken, deren Stöße in vollen Linien auszuziehen sind, werden die durch behelfsmäßige Messungen aufgenommenen Strecken im Flöz gestrichelt begrenzt und farbig angelegt, während die nur nach Angaben, z. B. von Grubenbeamten, übernommenen Strecken gleichfalls in gestrichelten Linien wiedergegeben, aber nur in halber Breite farbig angelegt werden.

In *flacher* und *halbsteiler* Lagerung werden in den Abbaugrundrissen, besonders dann, wenn keine streichenden Strecken im Flöz aufgefahren worden sind. *Höhenschichtlinien* in Abständen von meist 5 zu 5 m eingezeichnet, s. auch Abschn. 172, S. 373 u. f.

Die bei dieser Lagerung vielfach geradlinig vorgetriebenen *Bandstrecken* werden in der Darstellung, wenn sie söhlig aufgefahren sind, wie söhlige Grubenbaue, wenn sie dagegen schwebend aufgefahren sind, wie schwebende Baue behandelt, s. Tafel 32 des Anhanges.

Ebenso werden *Breitstrecken* und *Breitörter* wie Strecken im Flöz dargestellt und die sie begleitenden Dämme mit dem Zeichen für Handversatz versehen. In kleinmaßstäblichen Rissen genügt die Farbgebung ohne Versatzschraffung, s. Tafel 32 des Anhanges.

Blindörter werden dagegen, wenn der Rißmaßstab ihre Darstellung erlaubt, in feinen gestrichelten Begrenzungslinien ohne Farbgebung wiedergegeben.

Bei *steiler* Lagerung (über 60^g) werden im Abbaugrundriß nur die Sohlenstrecken mit ihren Wetterstrecken sowie die Sohlenquerschläge und Aufhauen angegeben. Auch müssen hier in der Nähe eines Schutzbereichs die Abbaustrecken stets so weit zugelegt werden, daß die rechtzeitige Berücksichtigung der entsprechenden Schutzmaßnahmen gewährleistet ist.

Beim Abbau eines Flözes in flachen *Scheiben* ist, wenn nötig, für jede Scheibe ein besonderer Abbaugrundriß zu führen. Die in der unteren Scheibe aufgefahrenen Lösungs- und Förderstrecken werden in den Rissen der oberen Scheiben in gestrichelten Linien angegeben.

Liegen Flözteile infolge einer Gebirgsstörung in größerem Umfange übereinander, so werden für die überdeckenden Teile besondere Abbaurisse angelegt und im Titel durch eine zusätzliche Bezeichnung, z. B. ,,Flöz Sonnenschein, hangender Teil" unterschieden. Unter Umständen werden auch Deckrisse auf durchsichtigem Zeichenstoff (Musterriß 31) für die Wiedergabe der Baue im überdeckenden Teil verwendet. Bei geringem Umfang der überdeckten Flözteile können ausnahmsweise die sich überdeckenden Baue auf demselben Abbauriß, aber in verschiedener Farbe, dargestellt werden. Die Gebirgsstörungen werden meist durch eine Schnittzeichnung auf dem Rande des Abbaurisses erläutert.

Wird ein Flöz nur stellenweise für sich, im übrigen aber mit einem anderen Flöz zugleich abgebaut, so werden die Flächen des gemeinschaftlichen Abbaues durch Ränderung in der Sohlenfarbe und erläuternde Aufschrift auf den Abbaugrundrissen beider Flöze ersichtlich gemacht.

Ferner werden auf den Abbaugrundrissen und teilweise auch auf den Abbauseigerrissen die Markscheiden, sonstige Berechtsamsgrenzen, die Baugrenzen, die Grenzen der Schutzbereiche, die das Flöz durchörternden oder in ihrer Nähe liegenden Bohrungen und Aufschlußbaue dargestellt.

Auch werden außer den Punkten der Hauptpolygon- und Höhenmessung die Endpunkte der Nachtragsmessungen unter Angabe des Monats und Jahres der Messung und damit der Auffahrung z. B. ⚒ 6/67 eingetragen. Auch die Spuren der Schnitt- und Seigerrißebenen werden wie in den Sohlengrundrissen eingezeichnet.

Der *Abbau* des Flözes wird in allen Abbaurissen durch Flächenzeichen (Schraffen) für den Bruchbau und für die verschiedenen *Versatzarten* — Teil- und Vollversatz — in der auf Tafel 31 des Anhanges angegebenen Weise in grauer Farbe kenntlich gemacht. Dabei werden zur Kennzeichnung der *Versatzverfahren* die in derselben Tafel angeführten Abkürzungen in die abgebauten Flächen eingeschrieben. Die Schrägschraffung wird unter einem Winkel von 50^g gegen den Blattrand, die Gegenschraffung rechtwinklig dazu eingezeichnet.

In die Abbaufelder werden auch die *Abbau-* und *Versatzstandgrenzen* in schwarzen Strichlinien mit *Abbaujahreszahlen* (z. B. 1962) bzw. *Versatzjahreszahlen* (z. B. 1962 vers.), in schwarzer Schrift eingetragen. Ebenso werden nähere Zeitangaben für den Abbau durch Einschreiben von Monatszahlen (z. B. 2/65) und Vierteljahreszahlen (z. B. III/65) gemacht.

Für die Abbau- und Versatzdarstellung beim Abbau von zwei übereinanderliegenden Flözen oder beim Abbau eines flachgelagerten oder steileinfallenden Flözes in mehreren Scheiben kann nach den in DIN 21 900, Abschn. 2.092, angegebenen Möglichkeiten verfahren werden.

Für die Sicherheit in der Grube ist die Darstellung von *Gefahrenzonen*, s. Tafel 32 des Anhanges, auf den Abbaurissen von Bedeutung. Sie entstehen durch Ansammlung von Standwassern und Gasen in abgebauten Flözteilen sowie durch schwelende Brände in abgeriegelten Baufeldern oder durch Zonen erhöhten Gebirgsdruckes beim Abbau gebirgsschlaggefährdeter Flöze. Die Kennzeichnung dieser Gefahrenzonen ist in folgender Weise möglich:

1. Baue, in denen *Standwasser* vorhanden oder zu vermuten ist, können mit einem 2 mm breiten *blau* ausgezogenen bzw. gestrichelten Farbstreifen umrandet und mit einem in das Standwasserfeld geschriebenen großen Buchstaben W sowie Angabe der Jahreszahl der Wasseransammlung gleichfalls in blauer Farbe versehen werden.

Ist dagegen bekannt oder wird vermutet, daß die Standwässer unter Druck stehen, so kann man dieses zusätzlich durch ein D ebenfalls in blauer Farbe hervorheben.

Bei späterer Sümpfung werden Umrandung und Jahreszahl rot durchkreuzt und die Jahreszahl der Sümpfung mit roter Farbe neu eingetragen.

2. Bestehende *Brandfelder* kann man mit einem mindestens 2 mm breiten *roten* Farbstreifen in ihrer ganzen Ausdehnung kenntlich machen. Ihre Abgrenzung wird soweit sie bekannt ist, ausgezogen, wenn nur vermutet, gestrichelt.

In das Brandfeld werden rot eingezeichnet:

a) der festgestellte oder vermutete Brandherd durch ein liegendes Kreuz mit der Bezeichnung „Brandherd" oder „vermuteter Brandherd",

b) die Buchstaben Br und daneben die Jahreszahl der Entstehung des Brandes.

Nach dem Erlöschen des Grubenbrandes werden sämtliche sich auf den Brandherd und das Brandfeld beziehenden roten Eintragungen mit schwarzer Farbe durchkreuzt und das Jahr, in dem der Brand erloschen ist, in schwarz eingetragen.

3. Punkte und Zonen erhöhten *Gebirgsdruckes* kann man, sofern sie bekannt sind, durch Strichlinien begrenzen und mit einem gelben Farbstreifen versehen, gegebenenfalls unter Hervorhebung der besonders gefährdeten Kernzone.

Randzonen bei Abbaueinwirkungen von Nachbarflözen werden auf besonderen Deckrissen aufgetragen.

Die in die Abbaurisse einzuzeichnenden *Wasserdämme* werden in blauer Farbe, die *Branddämme* in roter Farbe dargestellt.

Meldepflichtige Strecken- und Strebbrüche können auf den Abbaugrundrissen durch gestrichelte Umrandung und entsprechenden Vermerk gekennzeichnet werden.

Auf allen Sohlen und Abbaugrundrissen müssen diejenigen Tagesgegenstände, auf die der Bergbau Rücksicht zu nehmen hat, aufgetragen werden, wenn nicht vom Tageriß ein Deckriß auf maßbeständigem durchsichtigem Zeichenstoff angefertigt ist.

Beim Fehlen des Deckrisses kann von der Zeichengebung für die Unterscheidung der Gebäudearten und vom farbigen Anlegen der Gebäudeflächen und Gemeindegrenzen abgesehen werden.

Ein Ausschnitt aus einem Abbaugrundriß ist auf der Tafel 35 des Anhanges wiedergegeben.

Bei *steiler* Lagerung (60^g bis 100^g) müssen für Baue, deren Darstellung im Abbaugrundriß nicht mehr bzw. nicht mehr genügend möglich ist, Abbauseigerrisse angefertigt werden.

Der *Abbauseigerriß* (Musterriß 13) zeigt im Gegensatz zum Abbaugrundriß nur die in *einem* Flözflügel aufgefahrenen Strecken und abgebauten Flächen. Die Herstellung (Konstruktion) der Abbauseigerrisse im einzelnen ist bereits in den Abschn. 152, S. 326, u. 155, S. 332, näher behandelt worden. Die Zeichen- und Farbengebung der Grubenbaue, Gebirgsaufschlüsse und Grenzen erfolgt im Abbauseigerriß in gleicher Weise wie beim Abbaugrundriß. Die Querschläge erscheinen jedoch als Querschnitte, die je nachdem, ob der Querschlag ins Liegende oder ins Liegende und Hangende oder nur ins Hangende des Flözes getrieben ist, die gleichen Füllzeichen erhalten, wie sie bei den Blindschächten in den Sohlengrundrissen angewendet werden, s. Tafel 31 des Anhanges. Als obere oder untere Grenze des darzustellenden Abbaues werden das Sattelhöchste bzw. das Muldentiefste auf die Bildebene des Abbauseigerrisses rechtwinklig übertragen, s. Abb. 266, S. 328, die einen Ausschnitt aus einem Abbauseigerriß wiedergibt.

6. Schnittrisse (Musterriß 11). Sie sollen in vertikalen Schnitten in erster Linie den Aufbau und das Verhalten des Steinkohlengebirges, vorwiegend in der Einfallrichtung der Gebirgsschichten und nur in Sonderfällen auch in der Streichrichtung derselben, veranschaulichen. Man

unterscheidet, wie bereits auf S. 309, oben ausgeführt, Quer-, Längs- und Längenschnitte sowie söhlige und bankrechte Schnitte.

Die wesentliche Aufgabe der beim Grubenbild am häufigsten verwendeten Quer- und Längsschnitte ist im Abschn. 148, S. 308 u. f., näher beschrieben.

Die Quer- und Längsschnitte zeigen außer den Lagerungsverhältnissen die in den Schnittebenen gelegenen Grubenbaue, die Grenzbaue, die Markscheiden, die Grenzen der Schutzbereiche und, falls vorhanden, die Mächtigkeit und Zusammensetzung des Deckgebirges sowie in den Hauptschnitten auch die Tagesoberfläche.

In den *Querschnitten* werden von den Grubenbauen Schächte, Blindschächte und Querschläge in der Längserstreckung, alle streichenden Flözstrecken jedoch quer geschnitten dargestellt, wobei zu beachten ist, daß alle in der Schnittebene gelegenen Grubenbaue und Aufschlüsse in vollen Linien, die vor oder hinter dem Schnitt liegenden, wie z. B. Schächte und Blindschächte, in gerissenen Linien ausgezogen werden müssen.

In den *Längsschnitten* werden dagegen die Querschläge quer und die streichenden Flözstrecken, wie z. B. Sattel- und Muldenörter sowie gegebenenfalls auch Richtstrecken, in der Längserstreckung geschnitten.

In allen *Quer- und Längsschnitten* ist die Zeichen- und Farbengebung für söhlige und flache Baue die gleiche, wie sie in den Grundrissen üblich ist.

Ebenso werden Vermessungspunkte und Höhenzahlen wie in den Grundrissen dargestellt.

Die im Schnitt zur Darstellung kommenden *Gebirgsschichten* nebst Einschlüssen werden wieder durch genormte Zeichen und Farben kenntlich gemacht. So werden z. B. Schieferton ublau, sandiger Schieferton veil, Sandstein kreß, Toneisensteinflöze rot dargestellt, während Kohleneisensteinflöze abwechselnd schwarz und rot gezeichnet werden. Bei den Konglomeraten unterscheidet man Toneisensteinkonglomerate — kreß mit dicken roten Punkten — und Quarzkonglomerate — kreß mit schwarzen Kreisen. Marine Fossilien werden durch blaue Muschelzeichen, nichtmarine Fossilien dagegen durch rote Zeichen gekennzeichnet, s. Tafel 33 des Anhanges, die auch die wichtigsten geologischen und petrographischen Zeichen veranschaulicht.

Das aus Kreideschichten bestehende Deckgebirge wird laubgrün, Tertiär gelb, Buntsandstein violett und Zechstein ublau angelegt.

Ausschnitte aus Quer- und Längsschnitten sind auf der Tafel 35 des Anhanges wiedergegeben.

186. Kenntlichmachung befahrbarer und nichtbefahrbarer Grubenbaue

In den Rissen der Grubenbilder werden die verbrochenen, abgeworfenen und endgültig stillgelegten Grubenbaue durch kräftige Überschraffung und dem jeweiligen Zeichen für Bruchbau oder Versatz gekennzeichnet, wie es die Tafel 32 des Anhanges zeigt. In den ausgeraubten Grubenbauen wird ein rotes R eingeschrieben.

Wenn von den Rissen des Grubenbildes jedoch für den Gebrauch im Betrieb Verfielfältigungen (Lichtpausen) hergestellt worden sind, dann können zur Kennzeichnung der Befahr- oder Nichtbefahrbarkeit alle befahrbaren Grubenbaue eine unterbrochene, alle unbefahrbaren eine geschlossene Farbengebung erhalten, s. Tafel 32 des Anhanges, oder aber man legt grundsätzlich nur die befahrbaren Grubenbaue mit den üblichen Sohlenfarben an, um so besonders in den Abbaurissen der Grubenbilder oder den Betriebspunktrissen des Flözarchivs auch bei den außerhalb des Flözes aufgefahrenen Hauptförder- und Wetterwegen den Zugang zu den verschiedenen Betriebspunkten bzw. Abbaubetrieben vom Schacht bis vor Ort deutlich erkennbar zu machen. Im Vortrieb befindliche Streben werden dabei von der letzten Jahresgrenze aus zweckmäßig durch Anlegen der Abbauflächen in den Sohlenfarben gekennzeichnet.

187. Nachtragung der Grubenbilder

Unter Nachtragung sind alle Arbeiten zu verstehen, die für die mit dem Fortschreiten der Grubenbaue eines Bergwerks erforderliche Ergänzung der Grubenbilder durchgeführt werden müssen. Hierzu gehören sowohl die Nachtragungs*messungen* als auch die *zeichnerische* Nachtragung. Vor jeder Nachtragung der Grubenbilder müssen die Zulegerisse nachgetragen werden.

Die Fristen für die Nachtragung werden von den einzelnen Oberbergämtern in Bergverordnungen (BVO) festgelegt. So bestimmt z. B. die „Bergverordnung für die Steinkohlenbergwerke im Verwaltungsbezirk des Oberbergamtes in Dortmund vom 18. Dezember 1964 (BVOSt) [8] im Abschn. 9 „Eintragungen und Nachtragungen", und zwar im § 116, daß

Sicherheitspfeiler,   Wasserdämme,
Schutzbezirke,   Branddämme,
Standwässer   Brandherde

unverzüglich eingetragen werden müssen. Dagegen sind

Veränderungen der Markscheiden,
Pachtfeldgrenzen und sonstige Grenzen zwischen benachbarten Bergwerksbetrieben,
Sprengstofflager unter Tage,
feste Dämme zum Abschluß von Grubenbauen,
Gebirgsaufschlüsse,
wasserführende Schichten und Klüfte,
Bläser,
Stand der Grubenbaue,
verfüllte Grubenbaue,
Versatzarten in abgebauten Flözteilen

mindestens vierteljährlich nachzutragen.

In jüngster Zeit hat das Oberbergamt Dortmund in Einzelfällen einem Verfahren zugestimmt, das die vierteljährliche *zeichnerische* Nachtragung mittels transparenter Deckblätter, wie sie vielfach für betriebliche

Zwecke ohnehin benötigt werden, ermöglicht. Die Deckblätter haben hinsichtlich des Inhalts die gleichen Anforderungen zu erfüllen, die auch an das Grubenbild gestellt werden. Sie müssen einen Nachtragungsvermerk des Markscheiders enthalten und eine Angabe über den Vierteljahresabschnitt, für den das jeweilige Deckblatt die zeichnerische Nachtragung des Grubenbildes ersetzt. Die Grubenbildplatten müssen bei Anwendung dieses Verfahrens mindestens jährlich zeichnerisch nachgetragen werden.

Im allgemeinen sind alle Grubenbaue, bevor sie unbefahrbar werden, markscheiderisch aufzunehmen. Die Lage von Bauen, die wider Erwarten unbefahrbar geworden sind, ist dem Markscheider möglichst genau vom Bergwerksbesitzer anzugeben (§ 117). Auch bei Einstellung des Betriebes einer Schachtanlage ist das Grubenbild vorher vollständig nachzutragen und in allen Teilen und Unterlagen abzuschließen (§ 116).

Weiter bestimmt die BVOSt im § 116, daß zum Schutz von Bauen an der Markscheide und an Pachtfeldgrenzen zwischen benachbarten Bergwerksbetrieben der Besitzer des Nachbarbergwerkes gestatten muß, daß seine Baue und die oben bezeichneten Tagesgegenstände im Bereich von mindestens 200 m — rechtwinklig zur Markscheide oder Pachtfeldgrenze gemessen — auf das Grubenbild des anderen Bergwerkes rechtzeitig aufgetragen werden.

Bohrungen zur Ermittlung der Lage und zum Lösen von Standwassern dürfen gemäß § 124 nur nach Angaben des Markscheiders durchgeführt werden.

Der Bergwerksbesitzer oder die von ihm bestimmte Person ist verpflichtet, dem Markscheider vor jeder Nachtragung schriftlich mitzuteilen, was auf dem Grubenbild aufgetragen werden muß (§ 117). Zu diesem Zweck werden auf den Schachtanlagen *Nachtragebücher* oder *Nachtragezettel* geführt.

Zu beachten ist schließlich, daß die bei den Nachtragungsmessungen und bei sonstigen Messungen angebrachten Festpunkte und Zeichen nicht durch Unbefugte beseitigt oder verändert werden dürfen, s. § 6 BVOSt.

188. Die Grubenbilder in den verschiedenen Bergbauzweigen

Der Bedeutung des westdeutschen Steinkohlengebietes entsprechend berücksichtigen die vorangegangenen Abschnitte insbesondere die Verhältnisse des dort üblichen Flözbergbaus. Es muß jedoch festgestellt werden, daß der größte Teil der Ausführungen auch auf die anderen Bergbauzweige — vor allem soweit sie den Tiefbau betreffen — angewendet werden kann. Allerdings werden z. B. beim *Gangerzbergbau* die Seiger- und Flachrisse an Bedeutung gewinnen, während bei mächtigen und unregelmäßigen *Erzlagern* die Zahl der Schnitte höher sein wird, um sowohl die Form der Lagerstätten als auch den jeweiligen Stand des Abbaues besser verdeutlichen zu können. Im *Salzbergbau* wird man jenen Rissen besondere Aufmerksamkeit schenken, mit denen die erforderlichen Maßnahmen zum Schutz vor Wasser- und Laugeneinbrüchen getroffen und überwacht werden können.

Wieder andere Belange sind bei der *Erdöl- und Erdgasgewinnung* durch Bohrlochbetrieb zu beachten. Hier besteht das Grubenbild nur aus Titelblatt, Tageriß und Bohrriß, wobei letzterem besondere Beachtung geschenkt und der hierzu im Abschn. 185, Abs. 3, S. 398, angegebene Inhalt u. U. zweckentsprechend erweitert werden muß.

Ganz andere Verhältnisse liegen bei *Tagebaubetrieben* vor und hier insbesondere bei den modernen Tieftagebauen — z. B. im Rheinischen Braunkohlengebiet — mit ihren großen Abmessungen und verhältnismäßig großräumigen und schnellen Veränderungen. Beim Grubenbild für Tagebaubetriebe treten an die Stelle des Sohlenrisses und des Abbaurisses ein Tagebaugrundriß und ein Wasserstreckenriß. Der Tagebaugrundriß muß u. a. Auskunft geben über den Stand des Abraums, des Abbaus, der Verkippung und der Wiedernutzbarmachung der Tagesoberfläche, wobei gegebenenfalls weitere Risse notwendig sind, um die Übersichtlichkeit zu gewährleisten. Der Wasserstreckenriß muß alle Grubenbaue und Bohrlöcher enthalten, die zum Zwecke der Entwässerung angelegt worden sind.

Abschließend sei noch darauf hingewiesen, daß es aus naheliegenden Gründen zweckmäßig erscheint, auch *unterirdische Speicher* für Gas, Flüssiggas und Atommüll markscheiderisch aufzunehmen und darzustellen. Auf diese Weise könnten die auch hierbei erforderlichen Belange der Sicherheit unter Anwendung der entsprechenden Sachkenntnis wahrgenommen werden.

Das Lagerstättenarchiv

189. Zweck und Inhalt

Im Lagerstättenarchiv sollen alle geologischen, lagerstättenkundlichen und rohstoffkundlichen Aufnahmen und Darstellungen, ferner alle sonstigen Untersuchungen aufbereitungstechnischer, chemischer und technologischer sowie bergtechnischer und bergwirtschaftlicher Art zusammengefaßt werden, die geeignet sind, ein genaues Bild vom Verhalten der Lagerstätte in allen für die wirtschaftliche Gewinnung und Verwertung erforderlichen Einzelheiten zu vermitteln.

Die für diesen Zweck für den Steinkohlenbergbau von den Fachabteilungen Markscheidewesen, Bergtechnik, Kohlenaufbereitung, Kohleveredlung und Bergwirtschaft auszuführenden Untersuchungs- und Auswertungsverfahren sind eingehend in den 1953 von der früheren Deutschen Kohlenbergbau-Leitung herausgegebenen ,,Richtlinien und Vorschläge zur Anlegung des Flözarchivs für den Steinkohlenbergbau'' beschrieben. Die Ergebnisse dieser Untersuchungen bilden wertvolle Unterlagen für die Beurteilung der Bauwürdigkeit der Flöze — auch in den unverritzten Feldesteilen — und der anstehenden Kohlenvorräte sowie für die Abbauplanung und Betriebsüberwachung.

Für die Durchführung der *markscheiderischen* Arbeiten am Flözarchiv ist ein Normenheft DIN 21941 [17] aufgestellt. Für das Lagerstättenarchiv des Braunkohlenbergbaus wurde das Normenheft DIN 21942 [18] und für den Eisenerzbergbau DIN 21943 [19] geschaffen, die jedoch hier nicht behandelt werden. Nachstehend soll lediglich der Inhalt von DIN 21941 kurz erläutert werden. Dieses Normenheft enthält genaue, durch Zahlenbeispiele, Vordrucke und Musterrisse erläuterte Angaben über die markscheiderischen Flözuntersuchungen und die Anfertigung stratigraphischer und tektonischer Karten. Ferner wurde bestimmt, daß „alle das Flözarchiv aufbauenden Beobachtungen, Darstellungen und Auswertungen in der Markscheideabteilung zu sammeln und, soweit als möglich, zusammengefaßt darzustellen" sind.

Auf Einzelheiten der geologischen und rohstofflichen Untersuchungen, z. B. durch Entnahme von Schlitz- und Förderwagenproben nebst nachfolgender Verarbeitung durch Wägungen und analytische Bestimmungen soll hier nicht näher eingegangen werden.

In jüngster Zeit gehen Bestrebungen dahin, das Flözarchiv über den im DIN 21941 gegebenen Rahmen hinaus unter Verwendung der elektronischen Datenverarbeitung weitergehend auszunutzen. Die für die Beschreibung der Flözeigenschaften wichtigen Daten können auf Lochkarten festgehalten werden. Dabei kann man nach einer Vielzahl von Gesichtspunkten ordnen, wie z. B. nach Mächtigkeit, Einfallen, Gehalt an flüchtigen Bestandteilen, Schwefelgehalt, betrieblichen und wirtschaftlichen Kennziffern u. a. m. Außerdem ist es durch entsprechende Sortiervorgänge möglich, die jeweils gewünschten Angaben vom Elektronenrechner ausdrucken zu lassen. Dies kann sowohl für das einzelne Flöz geschehen, als auch für Flözabschnitte; diese lassen sich schließlich wiederum nach ihrer tektonischen Lage — z. B. für einen Sattelflügel oder für einen Abschnitt zwischen zwei größeren Sprüngen — oder nach der Lage im Grubengebäude — z. B. zwischen zwei bestimmten Sohlen — zusammenfassen. Dadurch ergeben sich schnelle und vielfältige Informationsmöglichkeiten für die Abbauplanung.

Untersuchungen zur Auswertung von lagerstättenkundlichen und rohstofflichen Daten und insbesondere zu deren Darstellung in Wertlinien und Rasterplänen beschreibt G. HANSEL in [30]; auf diese Weise wird eine Beurteilungsmöglichkeit geschaffen, „die auf einer großen Anzahl von Daten aufbaut und die in der herkömmlichen Art der Darstellung eine verwirrende Fülle von Einzelplänen nötig machen würde".

Voraussetzung hierfür wie überhaupt für die sinnvolle Ausnutzung des Flözarchivs ist eine möglichst dichte Aufnahme aller notwendigen Daten. Denn nur dann ist es möglich, Voraussagen für neu in Angriff zu nehmende Bauabschnitte oder Feldesteile mit der wünschenswerten Sicherheit zu machen.

190. Risse und Karten des Flözarchivs

Für die Darstellung der Erkenntnisse, die sich aus den Aufnahmen und Untersuchungen des Flözarchivs und deren Auswertung ergeben, sind in DIN 21941 einige Muster für Risse und Karten enthalten; diese sollen in Größe, Form und Ausgestaltung (Zeichen- und Farbgebung) möglichst weitgehend dem Grubenrißwerk angepaßt sein.

1. Der Betriebspunktriß. Dieser Riß soll möglichst von jedem in Angriff genommenen Flözbetriebspunkt und dem zu ihm gehörenden

Abbaubereich je nach dem Einfallen des Flözes als Grund-, Flach- oder Seigerriß i. M. 1:500 oder 1:1000 angefertigt werden. Auf ihm werden von den aufzufahrenden Grubenbauen die Zeit der Auffahrung (Monat und Jahr), die Ausbauregel, die Wetterführung und die Befahrbarkeit vermerkt sowie vom Abbau die mit und ohne Versatz abgebauten Teile, die Versatzart und die Zeit des Abbaues mit vierteljährlichen Abbaugrenzen angegeben. Auch die Hauptförder- und Wetterwege zum Schacht sind mit darzustellen. Ferner sind zahlreiche Flözschnitte, die im wesentlichen die Mächtigkeit und Zusammensetzung des Flözes, getrennt nach Kohlenbänken und Bergemitteln, veranschaulichen, an den jeweiligen Aufnahmestellen einzutragen und Bereiche gleichbleibender Flözausbildung durch stark punktierte Linien abzugrenzen.

Von den Lagerungsverhältnissen sind außer dem Streichen und Einfallen des Flözes auch der Verlauf seiner Schlechten, ferner sämtliche Mulden- und Sattellinien und jede angetroffene Gebirgsstörung darzustellen.

Auf dem rechten und dem unteren Rand des Rißblattes werden erläuternde Querschnitte, die das Verhalten des abzubauenden Flözes nach der Teufe zu zeigen, und stratigraphische Schichtenschnitte, die über die hangenden und liegenden Gebirgsschichten des jeweiligen Flözes Auskunft geben, eingetragen. Betriebstechnische Angaben über Förderung, Belegung, verfahrene Schichten, Leistung und ähnliches ergänzen die Darstellung.

Der Riß ist zweckmäßig zu vervielfältigen, um ihn im Betrieb als Gebrauchsriß zu verwenden. In den Riß können auch sonstige betriebliche Angaben, wie z. B. Kettenförderer, Bänder, Rutschen, Häspel, Antriebe, Gewinnungs- und Versatzmaschinen usw. als Sinnbilder, s. Anhang, Tafel 34, rechts, eingezeichnet werden.

2. **Stratigraphische-, Grob- und Feinstrukturkarten.** Während die Betriebspunktrisse die Ausbildung eines bestimmten Flözes nur im Abbaubereich des Betriebspunktes darstellen, soll in den stratigraphischen und in den Grob- und Feinstrukturkarten die Flözausbildung im *ganzen Grubenfeld* und möglichst noch darüber hinaus, außerhalb der Feldesgrenzen bis zu 1 km entfernt, im kleinen Maßstab, z. B. 1:10000, gezeigt werden.

In die *stratigraphischen* Karten werden daher außer den Feldesgrenzen, den Schächten, den Faltenlinien der Flöze und den Kreuzlinien der Hauptstörungen möglichst alle aufgenommenen *Schichtenschnitte* derjenigen Schichtenfolge, in der das betreffende Flöz abgelagert ist, bis zum nächsten Flöz im Liegenden und Hangenden eingezeichnet. Die i. M. 1:1000 anzufertigenden Schnitte sollen alle Beobachtungen enthalten, die für die Wahl der Abbau-, Ausbau- und Versatzarten des Flözes sowie für die Flözgleichstellung wichtig sind, z. B. die physikalisch-technischen Eigenschaften der Gesteinsarten sowie die Mineral-, Fossil- und Wasserführung der Gebirgsschichten.

In die *Grobstrukturkarten* werden dagegen nur einfache Flözschnitte i. M. 1:100 eingetragen. Sie sollen im wesentlichen einen Überblick über die Flözmächtigkeit und die Art ihrer Aufteilung in Kohle, unreine Kohle mit Brandschiefer und in Berge geben. Dagegen sollen die *Feinstrukturarten* durch Einzeichnung von petrographischen Flözschnitten i. M. 1:40 einen Einblick in den petrographischen Flözaufbau vermitteln.

Die breiten Ränder dieser stratigraphischen Kartenblätter dienen zur Aufnahme von Zeichenerklärungen und Blatteinteilungen, ferner zur Darstellung von größeren Schichtenschnitten, die von dem betreffenden Flöz etwa 150 m weit ins Hangende und ins Liegende reichen.

3. Tektonische Karten. Sie zeigen neben den Markscheiden und Schächten alle tektonischen Linien, d. h. sämtliche Sattel- und Muldenlinien, die Kreuzlinien der großen und kleinen Gebirgsstörungen sowie von der Kleintektonik das Streichen und Einfallen der Haupt- und Nebenschlechten des darzustellenden Flözes. Die Karten sollen die gesamte aufgeschlossene und vermutete Ablagerung des Flözes möglichst durch Einzeichnen von Höhenlinien, die sich auf das Liegende des Flözes beziehen, veranschaulichen.

Auf den Blatträndern ist ein Querschnitt und ein Längenschnitt durch die Flözablagerung bis zu einer Teufe von — 1200 m NN untergebracht.

Die vorstehend beschriebenen stratigraphischen und tektonischen Karten können auch als Deckblätter auf durchsichtigem Papier gezeichnet werden.

4. Flözeigenschaftskarten. Sie stellen im wesentlichen eine Zusammenfassung der einzelnen Betriebspunktrisse eines bestimmten Flözes i. M. 1:10000 dar. Sie sollen eine Gesamtbeurteilung der Eigenschaften dieses Flözes ermöglichen. Die Karten enthalten daher außer den Grubenfeldgrenzen, den Schächten, den tektonischen Leitlinien und den abgebauten, möglichst durch Sohlenfarben unterschiedenen Flächen alle Einzelheiten, die zur Deutung der Lagerungsverhältnisse und der Abbaumöglichkeiten des Flözes notwendig sind.

In die rißlichen Darstellungen werden möglichst viele Flözquerschnitte und auf dem unteren Blattrand die Ergebnisse der Schlitz- und Förderwagenproben eingetragen. Auch werden im Riß die Stellen der Entnahme dieser Proben durch kleine Kreise bzw. Rechtecke mit entsprechender Numerierung kenntlich gemacht. Auf dem rechten Blattrand sind Schichtenschnitte, ferner die aufgeschlossenen Kohlenvorräte der einzelnen Baufelder mit Zeitangabe und weitere betriebliche Angaben über das Abbauverfahren, den Schichtenaufwand je 100 t, die Schichtleistung in den einzelnen Betriebspunkten u. a. aufgenommen.

Betriebliche Risse Karten und Pläne

191. Zweck, Einteilung und rißliche Grundlagen

Unter *betrieblichen Rissen, Karten und Plänen* werden rißliche Darstellungen verstanden, die in erster Linie betrieblichen Planungen oder einem ganz bestimmten technischen Zweck dienen. Man unterscheidet Betriebspläne, die auf Grund des § 67 des ABG aufgestellt werden, und abbautechnische, betriebstechnische sowie betriebswirtschaftliche Risse, Karten und Pläne.

Die rißliche Grundlage aller betrieblichen Darstellungen bilden die Risse des Zulegerißwerkes bzw. die davon hergestellten Urpausen, s. Abschn. 183, S. 394. Für die Ausführung gelten bezüglich Blattgestaltung sowie Zeichen- und Farbengebung die gleichen Bestimmungen, wie sie im Abschn. 150, S. 313 u. f., kurz beschrieben sind.

192. Pläne gemäß § 67 ABG

Nach § 67 des Berggesetzes darf der Betrieb nur auf Grund eines Betriebsplanes geführt werden, der *vor* seiner Ausführung der Bergbehörde zur Prüfung und Genehmigung vorgelegt werden muß. Im Land Nordrhein-Westfalen sind hierzu „Richtlinien für die Handhabung des Betriebsplanverfahrens (ohne Tagebaue)" [64] erlassen worden, in denen folgende Betriebsplanarten unterschieden werden:

„*Hauptbetriebspläne* bilden die Grundlage des Bergwerksbetriebes; sie sollen in der Regel für die Dauer von 2 Jahren aufgestellt werden und einen Überblick über die in diesem Zeitraum geplanten Arbeiten und Anlagen vermitteln.

In *Einzelbetriebsplänen* sollen insbesondere die regelmäßig wiederkehrenden Betriebsvorgänge im Rahmen des Hauptbetriebsplanes ausführlich dargestellt werden.

In *Sonderbetriebsplänen* werden besondere Arbeiten und Anlagen behandelt, die sich für die Aufnahme in den Hauptbetriebsplan oder in einen Einzelbetriebsplan nicht eignen.

Rahmenbetriebspläne werden für die Neuerrichtung eines Bergwerks oder wesentlicher Betriebsteile aufgestellt; sie sollen insbesondere eine Prüfung in planerischer Hinsicht ermöglichen.

Abschlußbetriebspläne sind bei Stillegung eines Bergwerks oder wesentlicher Betriebsteile vorzulegen; sie sollen insbesondere die zum Schutz der Allgemeinheit gegen schädliche Auswirkungen des Bergwerksbetriebes vorgesehenen Maßnahmen erkennen lassen.

Nachtragsbetriebspläne enthalten spätere Änderungen oder Ergänzungen der vorgenannten Betriebspläne."

Den Betriebsplänen werden in der Regel neben den technischen Unterlagen und Angaben zur weiteren Erläuterung je nach Bedarf rißliche Darstellungen beigegeben, s. hierzu auch die Muster in den obengenannten „Richtlinien". Dies gilt insbesondere für den Hauptbetriebsplan, für den die wichtigsten Anlagen nachfolgend aufgeführt werden:

Übersicht über neu- oder weiterabzuteufende Schächte, die in schnittrißlicher Darstellung den geplanten Schachtausbau (i. M. 1:5000) und die zugehörigen Schachtscheiben (i. M. 1:100) zeigen soll.

Ausrichtungsplan, der neben den in den Sohlen aufgefahrenen Ausrichtungsstrecken die geplanten Ausrichtungsbaue, in erster Linie projektierte Querschläge und Blindschächte, möglichst mit Angabe der wahrscheinlich zu durchfahrenden Gebirgsschichten, wiedergibt,

Tageriß (i. M. 1:10000) für das gesamte Grubenfeld mit Angaben über die zu schützenden Tagesanlagen, wie Verkehrsbänder, Bauwerke, Gewässer usw.,

Abbaurisse der einzelnen Flöze i. M. 1:10000, in die der geplante Abbau mit Versatzart einzutragen ist,

Plan der Hauptstreckenförderung, der die Förderung in den Querschlägen und Richtstrecken der einzelnen Sohlen mit Druckluft-, Diesel-, Fahrdraht- und Akkumulatoren-Lokomotiven veranschaulicht,

Plan der Wetterführung, in dem die Wetterverhältnisse mit allen Einzelheiten darzustellen sind, s. S. 413,

Schaubild der Kennlinien des Hauptgrubenlüfters mit Eintragung der derzeitigen Grubenweite, der Meßpunkte, der Höchst- und Betriebsdrehzahl des Lüfters und ähnlicher Angaben,

Plan der Wasserhaltung, in dem schematisch die Wasserhaltungsanlagen mit den zugehörigen Betriebsdaten dargestellt sind,

Feuerlöschplan, der alle zur Brandbekämpfung in der Grube notwendigen Angaben enthält, s. auch S. 414,

Rohrpläne für Druckluftleitungen, Wasserleitungen und Gasabsaugung für den Brandschutz *unter* Tage, s. auch S. 414,

Lageplan der Schachtanlagen i. M. 1:2000, in den die geplanten Neu- und Umbauten der Tagesanlagen rot eingezeichnet werden,

Wasserleitungsplan der Schachtanlagen für den Brandschutz *über* Tage,

Darstellung der feuer- und explosionsgefährdeten Bereiche bei den Tagesanlagen.

Die Pläne der Ausrichtung, der Hauptstreckenförderung und der Wetterführung sowie den Feuerlöschplan und die Rohrleitungspläne werden zweckmäßigerweise in einfacher Parallelperspektive (Militärperspektive) angefertigt.

193. Abbautechnische, betriebstechnische und betriebswirtschaftliche Risse, Karten und Pläne

Die *abbautechnischen Pläne* umfassen alle Darstellungen, die sich im weitesten Sinne auf den Abbau der Flöze, beginnend mit ihrem Aufschluß bis zu ihrer Gewinnung, beziehen. Zu diesen Plänen gehören daher sämtliche Pläne der Ausrichtung, der Vorrichtung und des Abbaus, ferner Ausbaupläne, Ausbauregeln und Schießpläne, Zeit- und Fördermengenpläne, sodann Pläne der Versorgungsleitungen, des Maschineneinsatzes sowie Wetterführungspläne und graphische Darstellungen über Belegschaftsbewegung, Leistung, Förderung, Bergeversatz, Streckenunterhaltung, Kosten, Unfallwesen u. ä.

Für den praktischen Gebrauch werden die angeführten abbautechnischen Pläne vielfach zu einem besonderen *Betriebsplanwerk* zusammengefaßt, das im wesentlichen aus Lage- und Zeitplänen besteht.

Unter *Lageplänen* werden hier außer den bereits genannten Ausrichtungs-, Vorrichtungs- und Abbauplänen weiter Flözentwurfs- und Betriebspunktpläne verstanden, die neben den geplanten Ausrichtungs- und Vorrichtungsbauen, den Abbau und den aufgeschlossenen und vermuteten (projektierten) Verlauf sowohl der gesamten Flözablagerung als auch der einzelnen Flöze wiedergeben. Die erwähnten Betriebspunktpläne entsprechen in etwa den auf S. 408 beschriebenen Betriebspunktrissen, nur überwiegen bei ersteren die betrieblichen Angaben. Als Beispiel hierfür ist in der Tasche am hinteren Buchdeckel ein mehrfarbiger Druck enthalten, der auf der Vorderseite eine *Betriebspunkteigenschaftskarte* im Maßstab 1:3000 und auf der Rückseite den zugehörigen Abbaugrundriß im Maßstab 1:1000 zeigt. Die beigegebene Zeichenerklärung erlaubt es, diese vor allem für die ,,*Produktionsüberwachung*" bedeutsame Darstellung ohne weiteres zu lesen. Ihr vielfältiger Inhalt kann hier nicht im einzelnen beschrieben werden. Dies ist aber in einer Arbeit von K. H. BUSCHMANN [13] geschehen, in der darüber hinaus noch andere Maßnahmen zur Rationalisierung markscheiderischer Arbeiten vorgeschlagen werden.

Die kurz- und langfristig aufzustellenden *Zeitpläne* sollen den zeitlichen Ablauf der betriebstechnischen Vorgänge, z. B. der Ausrichtung, der Vorrichtung und des Abbaus, für einen vorausliegenden Zeitabschnitt festlegen.

Falls aus irgendwelchen unvorhergesehenen Gründen Änderungen in der späteren betrieblichen Ausführung der Pläne eintreten, ist es unbedingt erforderlich, auch die Zeitpläne zu berichtigen bzw. sie den veränderten Verhältnissen anzupassen.

Eine vorausschauende Auswertung der Lage- und Zeitpläne nach verschiedenen betriebstechnischen und betriebswirtschaftlichen Sachgebieten, wie z. B. nach dem Kohlenvorrat, der Fördermenge, der Aus- und Vorrichtung, dem Energie- und Materialbedarf, der Bergewirtschaft usw. kann in Form von Schaubildern erfolgen. So werden z. B. in der ,,Ausrichtungsvorschau" die voraussichtlich in den kommenden Jahren in den Ausrichtungsbetrieben anfallenden Mengen an Festgestein in m^3, geordnet nach Baufeldern, Abteilungen und Sohlen, sowie nach ihrer Herkunft aus Abteilungs- und Ortsquerschlägen, Richtstrecken, Blindschächten, Füllörtern und Kammern schaubildlich dargestellt.

Ein *Wetterführungsplan* in parallelperspektivischer Darstellung ist gemäß § 167 BVOSt für jede selbständige Betriebsanlage anzufertigen und mit einem Wetterbericht (§ 168) halbjährlich dem zuständigen Bergamt einzureichen.

Dieser Plan soll alle befahrbaren Strecken enthalten sowie eine Übersicht über den Verlauf der Wetterströme im ganzen und in den einzelnen Bauabteilungen geben. Im einzelnen muß er gem. § 167 enthalten:

,,Hauptlüfter, Zusatzlüfter, Richtung der Wetterströme, Ergebnisse der Wetterdruckmessungen, Bezeichnungen und Abgrenzung der Wetterabteilungen, Abbaubetriebe und ihre Verhiebsrichtungen, sonderbewetterte Grubenbaue, Fahrdraht- und Diesellokomotivstrecken, Gasabsaugeleitungen, Wettertüren, Drosseltüren, Explosionssperren, befahrbare feste Mauern, Branddämme, Wasserdämme und sonstige Dämme sowie Menge, CH_4- und CO_2-Gehalt der Wetter an den Meßstellen."

Sämtliche Wettermeßstellen werden numeriert; man kann z. B. die Meßstellen im Wetterkanal, an der Rasenhängebank und im Schacht mit *einstelligen*, die Meßstellen auf den Sohlen in unmittelbarer Schachtnähe mit *zweistelligen* und alle übrigen Meßstellen mit *dreistelligen Zahlen* bezeichnen, wobei die erste Ziffer stets die Sohle angibt.

Für die zeichnerische Ausführung des Wetterführungsplanes sind einheitliche Zeichen und Farben festgelegt, s. DIN 21 900, Abschn. 2.101, und Tafel 34 des Anhangs*.

Eine Ausfertigung des Wetterführungsplans muß in der Steigerstube ausgehängt werden. Auf dieser Ausfertigung sind die Änderungen der o. a. Angaben wenigstens innerhalb einer Woche einzutragen. Hierfür ist meist der Wetteringenieur zuständig.

Für den *Brandschutz* unter und über Tage sind gemäß § 92 BVOSt Pläne aufzustellen. Hierzu gehören nach den „Richtlinien für den Brandschutz unter Tage auf den Steinkohlenbergwerken im Oberbergamtsbezirk Dortmund" [65] neben dem Wetterführungsplan der *Feuer, löschplan* sowie *Rohrleitungspläne* für *Druckluft, Wasser* und *Gasabsaugung*. Diese Pläne sind in einfacher Parallelperspektive (Militärperspektive) anzufertigen.

Der Feuerlöschplan soll folgende Angaben enthalten:

Löscheinrichtungen für Tagesschächte, Lage der Löschkammern mit Angabe der vorhandenen Geräte, Abstellplätze von Löschwagen, Lager für Abdämmungsmaterial, feuersichere Zonen in Strecken mit Angabe der Länge, Lage der Brand-, Wetter- und Drosseltüren, Aufstellorte der Feuerlöschgeräte, selbsttätige Feuerlöscheinrichtungen in Strecken, Blindschächten und sonstigen Räumen, sämtliche Fernsprechstellen unter Tage, Sprengstofflager, Haupt- und Zwischenlager, Räume, in denen brennbare Flüssigkeiten aufbewahrt werden.

Die Rohrleitungspläne für Druckluft und für Wasser müssen enthalten:

das Druckluftleitungsnetz mit Angabe der Rohrdurchmesser, der Schieber und Ventile, das Druckwasserleitungsnetz mit Angabe der Durchmesser der Rohre und Angabe des Wasserdrucks, die Hauptschieber und -ventile, die Umschaltstellen zwischen Druckluft- und Wasserleitung, die vorhandenen Wasserbehälter mit Angabe ihres Fassungsvermögens, die Reduzierventile mit Angabe der Druckstufen sowie die selbsttätigen Feuerlöscheinrichtungen.

Der Plan für die Gasabsaugleitungen muß enthalten:

das Absaugleitungsnetz mit Angabe der Rohrdurchmesser, Lage der Schieber, Lage der Sauger (Gebläse, Strahldüsen u. ä.).

Es kann zweckmäßig sein, den Feuerlöschplan mit dem Plan für das

---

* Diese Zeichen sind z. T. überholt bzw. nicht mehr ausreichend, um die oben angeführten Forderungen der neuen BVOSt erfüllen zu können. Es kommt hinzu, daß aus Rationalisierungsgründen angestrebt wird, den Wetterführungsplan in schwarz-weißer Darstellung auszuführen. Deshalb werden z. Z. neue Vorschläge für die Zeichengebung ausgearbeitet. Das gleiche gilt auch für die nachstehend behandelten Feuerlöschpläne und Rohrleitungspläne. Als Beispiel für die neuen Zeichen ist in der Tasche am hinteren Buchdeckel ein *Entwurf* wiedergegeben, der seit einiger Zeit erprobt wird.

Wasserleitungsnetz und den Wetterführungsplan mit dem Rohrleitungsplan für die Gasabsaugung zu kombinieren.

Als *betriebstechnische Pläne* bezeichnet man Darstellungen von betrieblichen Einzelheiten, die nicht unmittelbar zum Begriff „Abbau" gehören, z. B. Pläne der Schächte und Blindschächte, der Füllörter, der Rohrleitungen für Druckluft, Wasser, Öl usw., der elektrischen Kraftleitungen, der Fluchtwege und Sumpfanlagen, ferner Durchschlagspläne und Kurvenauffahrungspläne.

Auf den *betriebswirtschaftlichen Karten und Plänen* werden vorwiegend betriebswirtschaftliche Dinge dargestellt. Hierzu zählen Karten der betriebenen und verlassenen Bergwerke, Felderbesitzkarten, Grundstückskarten, Eigentums-, Pacht- und Oberflächenvertragskarten sowie Grundentschädigungskarten. Auch Raumordnungs- und Wirtschaftspläne, in welche die Aufschließung von Wohnsiedlungsgebieten, die Anlage von Verkehrsbändern und Grünflächen, die Regelung der Bebauung und Baubeschränkung zur Sicherung der Gewinnung von Bodenschätzen und Bergbauschutzflächen projektiert werden, gehören zu dieser Gruppe. Schließlich seien hier noch Siedlungs- und Bebauungspläne, Ent- und Bewässerungspläne sowie Abwasser- und Laugenversenkungspläne aufgeführt.

Der Gebrauch des Grubenrißwerks

194. Die Anwendung des Grubenrißwerks bei markscheiderischen Arbeiten und bei betrieblichen Maßnahmen

Das Grubenrißwerk stellt in Verbindung mit dem Zulegerißwerk für den Markscheider die Grundlage dar für seine Tätigkeit als Berater der Betriebsleitung bei der zweckmäßigen Gestaltung des Grubengebäudes und bei der planmäßigen Führung des Betriebs nach sicherheitlichen, technischen und wirtschaftlichen Grundsätzen.

So ist z. B. das Festlegen und Einhalten der zur Sicherung der Grubenbaue oder der Tagesoberfläche notwendigen Schutzbereiche, Sicherheitspfeiler und der Abbaugrenzen, die ja in der Grube nicht sichtbar gemacht werden können, nur mit Hilfe dieser Rißwerke durchführbar. Das gleiche gilt für Gefahrenzonen, wie sie z. B. durch Standwasser- und Brandfelder oder durch gebirgsschlaggefährdete Zonen entstehen.

Auch eine Beurteilung der Einwirkungen des Abbaus auf die Tagesoberfläche oder auf andere Grubenbaue ist nur auf Grund der in den entsprechenden Rissen dargestellten Abbauflächen und ihrer Versatzart, Teufe und Abbaumächtigkeit möglich.

Aber auch der Betriebsleiter selbst und viele seiner Mitarbeiter benötigen das Grubenrißwerk und hiervon insbesondere die Risse, Karten und Pläne des Betriebsrißwerkes sowie das Grubenbild als Informationsquelle. So muß z. B. jede Aufschließung eines neuen Baufeldes die schon vorhandenen Baue in höheren Sohlen oder benachbarten Abteilungen, die im Grubenrißwerk lückenlos dargestellt sind, berücksichtigen, so daß nur auf Grund dieser Unterlagen die Anfertigung der Aus- und Vorrichtungspläne nebst Aufstellung der erforderlichen Zeit- und Kostenpläne möglich ist. Auch die an die Bergbehörde einzureichenden „Betriebspläne" werden an Hand des Grubenrißwerks aufgestellt.

Bei wichtigen Betriebsmaßnahmen, wie z. B. bei Neuauffahrungen von Querschlägen, Richtstrecken, Bandstrecken usw., oder beim Abteufen bzw. Aufbrechen von Schächten und Blindschächten, müssen die Wahl des Ansatzpunktes und der Richtung sowie die Bestimmung der Länge und Höhe der geplanten Baue und gegebenenfalls auch die Wahl des Ansteigeverhältnisses nach den im Betriebsrißwerk gegebenen Unterlagen getroffen werden. Das gilt in erhöhtem Maße von Gegenortsbetrieben und von Schachtunterfahrungen. Auch für Fragen des Abbaues der Flöze, wie Stellung des Strebstoßes, Verhiebrichtung, Abbaufortschritt, gleichzeitiger Abbau mehrerer Flöze usw., bieten z. B. die Abbaurisse wichtige Anhaltspunkte. Ferner ist die Ausrichtung der Gebirgsstörungen von dem im Rißwerk eingetragenen Streichen und Einfallen der Aufschlüsse und den bei der Durchörterung dieser Störungen an anderen Stellen ermittelten Seigerverwürfen abhängig.

Zusammenfassend kann gesagt werden, daß das Grubenrißwerk die Grundlage für viele Maßnahmen bildet, von denen einige nachfolgend genannt sind:

Ermittlung der anstehenden Mineralmengen,
Beurteilen des Inhalts und der Güte der Lagerstätte,
Aufstellen der Betriebspläne nach § 67 ABG,
Ermittlung der durch Gebirgsstörungen hervorgerufenen Gesteinsgrenzen,
Festlegen der Schutzbereiche und Sicherheitspfeiler,
Einhalten der Abbaugrenzen,
Kenntlichmachen und Berücksichtigen der Gefahrenzonen,
Feststellen und Beurteilung der Abbaueinwirkungen auf Grubenbaue und Tagesoberfläche.

Risse, Karten und Pläne für Sonderzwecke

195. Zweck, Einteilung und Inhalt

Die Risse und Karten dieser Sondergruppe enthalten Darstellungen, die besonderen Zwecken, wie z. B. der Lösung von geologischen, hydrologischen, geophysikalischen, abbaudynamischen, bergschadenkundlichen, organisatorischen und anderen Sonderaufgaben dienen. Hierunter fallen:

1. **Darstellungen der Boden- und Gebirgsbewegungsvorgänge.** Sie umfassen Pläne der Senkungen, Zerrungen und Pressungen sowie Karten der Senkungsgebiete und Bergschäden an Gebäuden, Straßen, Eisen- und Straßenbahnanlagen, Kanälen, Vorflutern und Flußläufen, ferner abbaudynamische Risse.

2. **Lagerstättenkundliche Risse und Karten.** Hierher gehören, sofern sie nicht schon beim Flözarchiv oder den betrieblichen Plänen

vorhanden sind, Risse der geologischen Tages- und Grubenkartierung, Gebirgsschichtenaufnahmen, Flözentwurfsrisse, Facies- und Strukturkarten, Karten der Wasser- und Gasführung im Deck- und Steinkohlengebirge sowie geophysikalische Aufschlußkarten.

3. Verwaltungskarten. In dieses Gebiet fallen Zuständigkeitskarten von Behörden, Dienststellen und Körperschaften, Karten der politischen und Verwaltungsbezirksgrenzen, der Schutzbezirke, wie z. B. des Wasser- und Quellenschutzes, des Natur- und Denkmalschutzes und der Sperrgebiete, ferner Organisationskarten, z. B. Karten der Energieverteilung, der Wasserversorgung, der Transport- und Verkehrseinrichtungen sowie des Grubenrettungswesens u. a.

196. Übersichts- und Lagerstättenkarten der deutschen Bergbaugebiete

In allen Hauptbergbaugebieten werden seit langem Übersichtskarten in kleinem Maßstab, meist 1:10000, angefertigt und veröffentlicht, in denen die in den Rißwerken des Bergbaus wiedergegebenen Verhältnisse zusammengefaßt werden. Außer der Tagesoberfläche, den Feldesgrenzen und der Lage der Schächte werden die aufgeschlossenen und unverritzten Lagerstätten mit ihrem Nebengestein sowie ihren Falten und Störungen im Zusammenhang dargestellt. Die Karten sollen u. a. zur Klärung der Lagerungsverhältnisse großer Gebiete sowohl in streichender als auch einfallender Richtung beitragen, ferner die anstehenden Kohlenvorräte großer Bezirke im ganzen erfassen, die Identifizierung und damit die einheitliche Bezeichnung der aufgeschlossenen Lagerstätten sowie die Einpassung neuer Vorkommen in den Schichtenaufbau erleichtern und schließlich eine großzügige Planung zur Erschließung der unverritzten Grubenfelder ermöglichen.

In den letzten Jahrzehnten sind u. a. folgende Übersichtskartenwerke entstanden:

Übersichtskarten des rheinisch-westfälischen Steinkohlenbezirks 1:10000, 1:25000 und 1:50000.
Übersichtskarte des linksrheinischen Bergbaubezirks 1:50000.
Übersichtskarte des Aachener Steinkohlenbezirks 1:10000 und 1:50000.
Waldenburger Flözkarte 1:10000.
Topographische und Flözkarte der Steinkohlenvorkommen an der Saar 1:5000.
Neuroder Flözkarte 1:10000.
Übersichtskarte des oberschlesischen Steinkohlenbezirks 1:10000 und 1:50000.
Übersichtskarte des oberschlesischen Erzbergbaus 1:10000.
Siegerländer Gangkarte 1:10000.
Flözkarte des Lugau-Ölsnitzer Steinkohlenvereins 1:7500.

Von den vorstehend aufgeführten Übersichtskarten sollen hier nur zwei Kartenwerke des rheinisch-westfälischen Steinkohlenbezirks kurz beschrieben werden.

Bergmännisch - geologisches Übersichtskartenwerk des rheinisch-westfälischen Steinkohlenbezirks i. M. 1:10000*. Dieses Kartenwerk wird seit 1948 unter Mitwirkung der Markscheider des Bezirks und des Geologischen Landesamtes Nordrhein-Westfalen von der Westfälischen Berggewerkschaftskasse bearbeitet und herausgegeben. Es wird im Endzustand ein Gebiet von rd. 5000 km² überdecken und maximal 130 einzelne Sektionen enthalten, von denen jede je nach Blattgröße etwa 17 bzw. 24 Normalfelder umfaßt. Zu jeder Sektion gehören folgende Kartenblätter:

1. ein *topographisches Blatt*, das die Tagesoberfläche des Sektionsgebietes mit sämtlichen Tagesgegenständen, Aufschlüssen, Schachtanlagen und Grubenfeldgrenzen veranschaulicht, s. auch S. 422,

2. ein *Aufschlußblatt*, das die in den einzelnen Grubenfeldern der Sektion in den Stollen- und Hauptsohlen gewonnenen Aufschlüsse der Flöze und Störungen wiedergibt, soweit sie in der Nachbarschaft der jeweiligen Darstellungsebene (siehe 3.) liegen,

3. ein *tektonisches Grundrißblatt* (*Horizontalschnitt*), das ein zusammenhängendes tektonisches Bild der Flözablagerung mit ihren stratigraphisch festgelegten Grenzhorizonten im Sektionsgebiet in den Darstellungsebenen — 500 m, — 750 m und — 1000 m NN vermitteln soll,

4. ein *tektonisches Querschnittsblatt*, auf dem in zwei oder drei zum jeweiligen Grundrißblatt gehörigen Querschnitten die Faltung des Steinkohlengebirges bis zu einer Teufe von — 1200 m NN. dargestellt ist,

5. mehrere *stratigraphische Blätter*, die in zahlreichen Schichtenschnitten den Aufbau und die Veränderungen der im Sektionsbereich zur Ablagerung gekommenen Karbonschichten zeigen,

6. mehrere *Flözstrukturblätter*, die in vielen kleinen Flözschnitten die Zusammensetzung und die örtlichen Veränderungen der im Sektionsgebiet anstehenden bauwürdigen Flöze veranschaulichen,

7. *Hydrologische Karten*, die mit vier Teilblättern je Sektion — Teilblatt a: Grundwasserhöhenkarte, Teilblatt b: 5 Nord-Süd-Schnitte, Teilblatt c: 3 Ost-West-Schnitte, alle i. M. 1:10000, sowie Teilblatt d: 3 Nebenkarten i. M. 1:25000 — einen Einblick in den Grundwasserhaushalt, die chemische Beschaffenheit des Wassers und die wasserwirtschaftlichen Verhältnisse gestatten.

Außerdem sind weitere Karten in kleineren Maßstäben erschienen, z. B. *Deckgebirgskarten*, i. M. 1:25000, *Grubengas- und Inkohlungskarten* i. M. 1:25000. Die *tektonischen Karten* (Horizontalschnitt bei — 500 m NN., Querschnitte und Längsschnitte) wurden auch i. M. 1:50000 herausgebracht.

Geologische Übersichtskarte des niederrheinisch-westfälischen Steinkohlenbezirks i. M. 1:10000. Dieses Kartenwerk wurde

---

* Hierzu hat die Westf. Berggewerkschaftskasse, Bochum, einen ausführlichen Katalog herausgebracht [85].

in den Jahren 1946 bis 1956 vom Geologischen Landesamt Nordrhein-Westfalen herausgegeben. Es besteht aus insgesamt 50 Grundriß- und 45 Querschnittsblättern. Es paßt sich in seiner Ausdehnung (2700 km^2) und in seiner äußeren Form (Einzelblattgröße 60×90 cm) sowie in seinen geodätischen Grundlagen (GAUSS-KRÜGERsches Koordinatennetz) und seiner Darstellungsweise den entsprechenden Blättern des bergmännischen Übersichtskartenwerkes im wesentlichen an, so daß ein Vergleich der Karteninhalte dieser beiden Übersichtskartenwerke des Bezirks ohne weiteres gegeben ist.

Die geologischen Übersichtskarten des Landesamtes zeigen in den Grundrissen wieder in erster Linie im Zusammenhang die Lagerungsverhältnisse der Schichten des Steinkohlengebirges mit ihren typischen Sandstein- und Konglomeratbänken, den Eisenstein,- Marine- und Lingula-Horizonten in streichender Richtung, und zwar an der Oberfläche des Steinkohlengebirges, d. h. im südlichen Bergbaubezirk, am Ausgehenden der Schichten und im nördlichen Teil des Gebietes an der Grenzfläche zwischen Steinkohlen- und Deckgebirge. Man bezeichnet diese geologischen Grundrißkarten daher auch als *Karbonoberflächenkarten*, während in den zugehörigen Querschnitten die Ablagerung, soweit sie durch Aufschlüsse belegt ist, in ihrem Verlauf nach der Teufe zu wiedergegeben ist. Das geologische Kartenwerk bildet somit in seiner Gesamtheit eine wertvolle Ergänzung der Übersichtskarten der Westfälischen Berggewerkschaftskasse.

IX. Das Liegenschaftskataster

197. Katasterkarten

In den großmaßstäbigen Katasterkarten wird jedes Grundstück mit Lagebezeichnung und Nutzungsart in seinen Grenzen nachgewiesen. Die Aufnahme des Karteninhaltes erfolgt gemäß den Bestimmungen der Vermessungsanweisung VIII [6] und den zugehörigen Ergänzungsbestimmungen.

Eine Gemarkung ist so in mehrere Teilgebiete — die sogenannten Fluren — aufgeteilt, daß ursprünglich jede Flur inselartig ganz auf einem Kartenblatt dargestellt werden konnte (Flurkarte). Da Inselkarten für planerische Zwecke wenig geeignet sind, werden diese nach und nach als Katasterrahmenkarten erneuert.

Jedes in einer Flur befindliche Grundstück, das auf der Karte durch Grenzlinien umschlossen ist, hat eine eigene Nummer und heißt Flurstück (früher Parzelle). Die verschiedenen Nutzungsarten der Flurstücke werden durch Buchstaben angegeben. Eine Darstellung der Geländeform findet im allgemeinen nicht statt.

Als Maßstab der Katasterkarten war früher 1:2500, 1:1250 oder 1:625 vorgeschrieben. Er richtet sich nach der Größe der einzelnen Flurstücke. Bevorzugt werden in den neueren Kartenwerken die Maßstäbe 1:2000 für Flurkarten in ländlichen Bezirken und 1:1000 oder 1:500 in Stadtgebieten. Der Kartierung liegt das GAUSS/KRÜGERsche Meridianstreifensystem zugrunde. Die zeichnerische Ausgestaltung erfolgt nach den „Zeichenvorschriften für Katasterkarten und Vermessungsrisse in Nordrhein-Westfalen", s. Abschn. 73, S. 135/136.

Mit der Neuherstellung von Katasterkarten befassen sich auch die Behörden für Flurbereinigung und Siedlung (früher Landeskulturbehörden). Deren Hauptaufgabe besteht darin, durch Neugestaltung der ländlichen Besitz-, Wege- und Vorflutverhältnisse den Flurstücken eine für die Bewirtschaftung günstige Lage, Form und Größe zu geben, um die Ertragsfähigkeit von Grund und Boden zu steigern. Dabei soll insbesondere auch der Kleinbesitz durch Landzulage gestärkt, die Gründung neuer Bauernhöfe ermöglicht und eine notwendige Auflockerung der Ortschaften durch Verlegung einzelner Besitzungen verwirklicht werden. In gleicher Weise ist auch eine Umlegung des Grundbesitzes bei der Anlage großer gemeinnütziger Bauwerke, z. B. von Autobahnen, Flugplätzen u. a. erforderlich. Gesetzesgrundlage für diese Arbeiten ist das Flurbereinigungsgesetz vom 14. 7. 1953.

Verkleinerungen der Katasterkarten werden für die Herstellung der Katasterplankarten i. M. 1:5000 benutzt, die wiederum eine Vorstufe der Deutschen Grundkarte i. M. 1:5000, s. Abschn. 200, S. 421, ist.

198. Katasterbücher

Die Flurkarten werden ergänzt durch beschreibende Nachweise, die Katasterbücher. Beide zusammen bilden das Kataster. Folgende Bücher sind von den Katasterämtern zu führen:

1. das *Flurbuch*, ein nach Fluren und Nummern der Flurstücke geordnetes Verzeichnis jeder Gemarkung mit der zugehörigen Nummer des Liegenschaftsbuches sowie mit Angaben der Wirtschaftsart, der Lage und des Flächeninhaltes;

2. das *Liegenschaftsbuch* (früher Grundsteuermutterrolle), ein Verzeichnis, in dem die jedem Eigentümer in einem Gemeindebezirk gehörenden Flurstücke unter einer Liegenschaftsnummer mit Flächengröße, Nutzungsart und Ertragsmeßzahl erfaßt sind;

3. das *alphabetische Namensverzeichnis*, als Schlüssel zum Auffinden der einem Eigentümer gehörenden Flurstücke in den Katasterbüchern und -karten.

Die unter 2. und 3. angeführten Verzeichnisse werden heute in Karteiform angelegt.

Unter der *Fortführung* des Katasters versteht man die Aufnahme von Veränderungen (z. B. Teilung von Grundstücken, Eigentumswechsel, Änderung der Nutzungsart) in die Katasterkarten und -bücher. Grundlage hierfür ist der in Nordrhein-Westfalen gültige Fortführungserlaß [4]. Soweit hierfür Messungen (Fortführungsmessungen) erforderlich sind, werden diese gemäß den Bestimmungen der Fortführungsanweisung II [5] ausgeführt.

Die durch das Gesetz vom 3. 7. 1934 eingeleitete Neuordnung des Vermessungswesens über Tage sah auch die Vereinheitlichung der vielgestaltigen Kataster aller deutschen Länder in einem Reichskataster

(Neues Liegenschaftskataster) vor, das alle Bedürfnisse der Steuer, der Wirtschaft, der Planung sowie der Statistik erfüllen und als Grundlage für die Erneuerung und Laufendhaltung topographischer Karten dienen sollte. Die ersten Maßnahmen hierzu waren durch die Übernahme der Schätzungsergebnisse in das Kataster nach dem Bodenschätzungsgesetz vom 16. 10. 1934 bedingt. Hierdurch wurde der Anstoß zur Neuanlage der Katasterbücher nach einheitlichem Muster und nach einheitlicher Bezeichnung für ganz Deutschland gegeben. Außerdem wird seitdem zur eigentlichen Katasterkarte eine Deckpause mit Eintragung der bei der Bodenschätzung ermittelten Klassengrenzen, Klassenzeichen und Wertzahlen geführt.

X. Topographische Karten

199. Allgemeines

Topographische Karten stellen im wesentlichen den Grundriß der Tagesoberfläche und die Geländeformen dar. Durch zusätzliche Wiedergabe oder Hervorhebung bestimmter Einzelheiten entstehen viele Arten von Haupt- und Sonderkarten in Maßstäben von 1:5000 bis 1:1000000. Die Karten 1:5000 werden von den zuständigen Kataster- und Vermessungsämtern geliefert. Für die amtlichen Karten in den Maßstäben 1:25000, 1:50000 und 1:100000 sowie für einige Übersichtskarten kleinerer Maßstäbe bis 1:500000 sind die Landesvermessungsämter zuständig. Karten der Maßstäbe 1:200000 und kleiner sowie Luftfahrtkarten aller Maßstäbe liefert das Institut für Angewandte Geodäsie, Frankfurt am Main. Sowohl dieses Institut als auch die Landesvermessungsämter stellen Kartenverzeichnisse zur Verfügung, aus denen Angaben über Blatteinteilung, Bildgröße, Ausgabearten u. a. zu entnehmen sind.

200. Die topographischen Kartenwerke

Von der Vielzahl der topographischen Kartenwerke sind für das Bergvermessungswesen und die verwandten Wissensgebiete die Karten 1:5000, 1:10000, 1:25000 und 1:50000 von Bedeutung. Alle diese Karten, also auch die nach geographischen Koordinaten begrenzten, tragen ein Gitterwerk nach dem GAUSS-KRÜGERschen Meridianstreifensystem, s. Abschn. 58, S. 91. Auf den Rändern jedes Kartenblattes sind Zeichenerklärungen wiedergegeben. Zu den einzelnen Kartenwerken werden nachstehend einige kurze Erläuterungen gegeben.

1. Deutsche Grundkarte 1:5000 — DGK 5. Die Abgrenzung der einzelnen Blätter erfolgt nach geraden Kilometerwerten der GAUSS-KRÜGER-Koordinaten. Jedes Blatt überdeckt also eine Fläche von 2×2 km, entsprechend einer Bildgröße von 40×40 cm. Grundriß und Schrift sind schwarz, Höhenlinien braun gedruckt. Der Karteninhalt entspricht dem der Katasterkarten, s. Abschn. 197, S. 419, jedoch ohne Flurstücksnummern; er ist ergänzt durch Angaben über Bodenbewachsung, Eintragung von Böschungen, Verkehrsanlagen usw. sowie durch die Darstellung der Geländeformen mit Hilfe von Höhenlinien. Zur DGK 5 gibt es einige Vorstufen und Sonderausgaben, von denen hier nur die Ausgabe ohne Höhenlinien als Deutsche Grundkarte (Grundriß) — DGK 5 G — sowie die Bodenkarte 1:5000 — DGK 5 Bo —, auf der die Ergebnisse der Bodenschätzung in grün eingedruckt sind, erwähnt werden sollen.

2. *Vergrößerung 1:10 000 aus der topographischen Karte 1:25 000 — TKV 10.* Diese Vergrößerungen sind so begrenzt, daß jeweils vier gleichgroße Teilblätter dem Gebiet eines Blattes der topographischen Karte 1:25000 (s. unter 4.) entsprechen. Die Teilblätter werden als einfarbige Lichtpausen geliefert. Als Folge der starken Vergrößerung wirkt die Karte verhältnismäßig grob und ist auch hinsichtlich ihrer geringen Lagegenauigkeit nur beschränkt verwendbar.

Seit vielen Jahrzehnten sind deshalb für das Ruhrgebiet spezielle Karten dieses Maßstabs angefertigt worden, die für die Bergwerksgesellschaften und andere Unternehmen von besonderer Bedeutung sind, s. Abschn. 196, S. 418. Zur Zeit gibt die Westfälische Berggewerkschaftskasse, Bochum, folgendes Kartenwerk heraus:

3. *Topographische Karte des rheinisch-westfälischen Steinkohlenbezirks 1:10000.* Diese Karte wird durch Verkleinerung und Montage aus der DGK 5 G gewonnen. Der Grundriß ist schwarz, die Gewässer sind blau, politische Grenzen grün und Markscheiden sowie Zechen rot gedruckt. Die zusätzlichen Eintragungen, die Nahtkorrektur und die Farbauszüge führt das Institut für Markscheidewesen der Westfälischen Berggewerkschaftskasse aus; Verkleinerung, Montage und Druck erfolgen bei der Außenstelle Münster des Landesvermessungsamtes Nordrhein-Westfalen. Der Blattschnitt richtet sich nach DIN 21000, Abschn. 1.09; er umfaßt ein Gebiet von 5 km in nordsüdl. und 7,5 km in ostwestl. Richtung. Da keine Generalisierung erfolgt, entspricht der Inhalt voll und ganz dem der DGK 5 G. Strich und Schrift sind infolge der Verkleinerung verhältnismäßig fein bzw. klein, aber dennoch sehr gut lesbar. Die Karte ist deshalb für planerische Zwecke, z. B. für das Einzeichnen irgendwelcher Projekte wie Verkehrsbänder, Versorgungssysteme, Siedlungen usw., in besonderem Maße geeignet.

4. *Topographische Karte 1:25000 — TK 25.* Jedes Blatt dieser Karte überdeckt ein Gebiet von 6' in der geographischen Breite und von 10' in der geographischen Länge, das sind etwa 11,1 km in nordsüdlicher und — bei 51,5° geographischer Breite — etwa 11,6 km in ostwestlicher Richtung. Der Karteninhalt entspricht in etwa dem der DGK 5, jedoch fehlen die Flurstücksgrenzen. Manche Gegenstände können nicht mehr maßstäblich wiedergegeben werden, wie z. B. Wege, Straßen, Bahnlinien, und es müssen unmaßstäbliche Kartenzeichen verwendet werden. Die Normalausgabe — TK 25 N — ist 3farbig, Grundriß schwarz, Gewässer blau, Höhenlinien braun; außerdem ist eine 4farbige Normalausgabe mit Waldflächen (hellgrün) — TK 25 NW — lieferbar.

5. *Topographische Karte 1:50000 — TK 50.* Jedes Blatt dieser Karte überdeckt das Gebiet von 4 Blättern der TK 25. Die Normalausgabe — TK 50 N — ist 5farbig gedruckt, und zwar Grundriß schwarz, Gewässer blau, Höhenlinien braun, Bodenbewachsung dunkelgrün, Wald-

flächen hellgrün. Weitere Ausgaben sind in den auf S. 421 erwähnten Kartenverzeichnissen beschrieben.

XI. Grubenfelder

Seit Erlaß des Allgemeinen Berggesetzes vom 24. Juni 1865 sind in Preußen nur noch *Geviertfelder* verliehen worden. Darunter versteht man Ausschnitte aus dem Erdkörper, die von geraden Linien an der Tagesoberfläche und lotrechten Ebenen nach der Teufe zu begrenzt werden. Die Lage der Grenzen dieser Felder zum Fundpunkt und damit ihre Form ist vom Verlauf und Verhalten der Lagerstätten unabhängig. Im Gegensatz hierzu sind bis zum Jahre 1865 *Längenfelder* verliehen worden, die an die Fundlagerstätte vollständig gebunden waren, also auch alle Unregelmäßigkeiten dieser Lagerstätte mitmachen mußten.

201. Geviertfelder

1. Die Größe des jetzigen, auf einen Fundpunkt zur Verleihung kommenden Geviertfeldes, das auch als Maximal- oder *Normalfeld* bezeichnet wird, ist durch die Berggesetznovelle vom 18. Juni 1907 festgelegt. Hiernach beträgt der Flächeninhalt im allgemeinen bis zu 2 200 000 m², dagegen in den Kreisen Siegen, Olpe, Altenkirchen und Neuwied nur bis zu 110 000 m². Die geradlinig begrenzte Form des Feldes ist beliebig, doch dürfen freibleibende Flächen nicht umschlossen werden, s. Abb. 328. Die Feldesgrenzen müssen in den größeren Feldern mindestens 100 m, höchstens aber 2000 m, in den kleineren Feldern 25 bzw. 500 m vom Fundpunkt entfernt bleiben.

2. Die Mehrzahl der bestehenden Grubenfelder ist nach den Bestimmungen des Allgemeinen Preußischen Berggesetzes vom 24. Juni 1865 verliehen worden. Dieses Gesetz sah eine Maximalgröße von 500 000 Quadratlachtern* = 2 189 000 m², in den Kreisen Siegen, Olpe, Altenkirchen und Neuwied eine solche von 25 000 Quadratlachtern = 109 450 m² vor. Der Fundpunkt mußte im Felde liegen, war aber nicht an einen Mindestabstand von den Grenzen gebunden. Als größte Entfernung zweier Punkte der Feldesbegrenzung waren 2000 Lachter = 4185 m, bei den kleineren Feldern 500 Lachter = 1046 m vorgeschrieben.

3. Als Geviertfelder *alten Rechts* werden die nach dem Gesetz vom 1. Juli 1821 verliehenen Geviertfelder für Flöze bezeichnet, die eine Fundgrube und bis zu 1200 Maßen umfassen. Eine Maße ist hierbei einheitlich als Quadrat von 14×14 Lachtern = 196 Quadratlachter festgesetzt worden, während die Fundgrube, in deren Mitte der Fundpunkt liegt, in den Geltungsbereichen der verschiedenen Provinzial-Bergordnungen und des Allgemeinen Preußischen Landrechts wechselnde Größe hat. So gewährten die revidierte Schlesische (1769), die Magdeburger (1772) und die Kleve-Märkische Bergordnung (1766) für Flöze eine Fundgrube von 28×28 Lachtern = 784 Quadratlachter, das Allgemeine Landrecht (1794) von 50×50 Lachtern = 2500 Quadratlachter.

---

* Wegen der Größe alter Maße siehe Tafel S. 431.

Im Bereich der Kurkölnischen (1669) und der Kurtrierschen Bergordnung (1564) kamen für flözartige Lagerstätten Fundgruben von 42×42 Lachtern = 1764 Quadratlachter, im Bereich der Jülich-Bergischen Bergordnung (1719) solche von 80×80 Lachtern = 6400 Quadratlachter in Betracht.

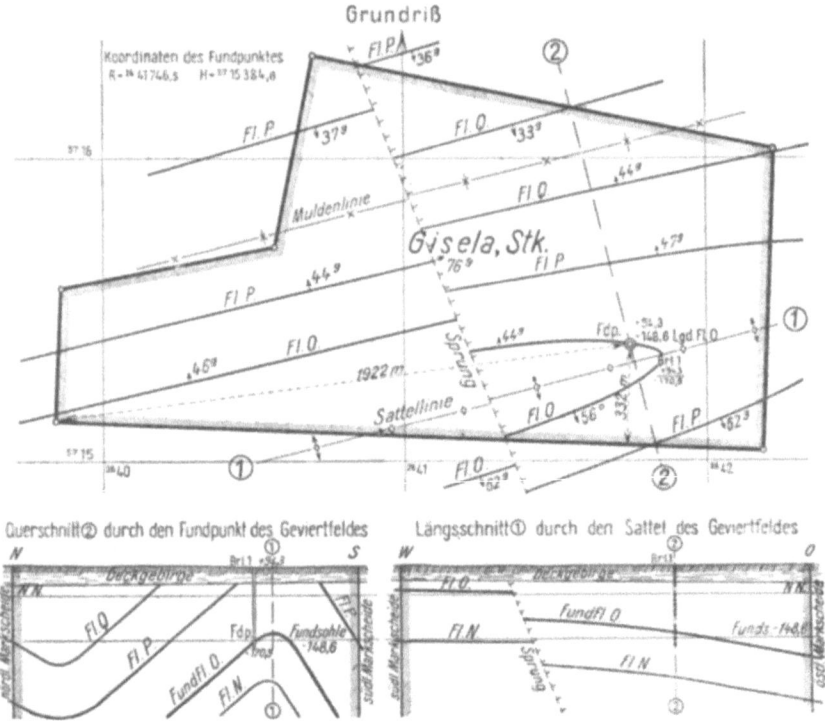

Abb. 328. Geviertfeld nach der Berggesetznovelle vom 18. 6. 1907

202. Längenfelder

1. *Längenfelder mit kleiner Vierung.* Die nach älterem Recht zunächst auf Gänge beschränkten Längenfelder sind auch für andere Lagerstätten verliehen worden, deren Einfallen mehr als 20° oder nach dem Allgemeinen Landrecht mehr als 15° betrug. Im Bereich der Kleve-Märkischen Bergordnung an der Ruhr war diese Art der Feldesstreckung, entgegen dem Wortlaut der Bergordnung, auch für alle Steinkohlenflöze üblich. Ein Längenfeld hatte eine im Streichen der Fundlagerstätte gemessene Länge, die in den älteren Bergordnungen und im Allgemeinen Landrecht zu 1 Fundgrube und 6 bis 12 Maßen festgelegt war, und die für Steinkohlenvorkommen im Bereich der Kleve-Märkischen Bergordnung an der Ruhr zu 1 Fundgrube und bis zu 20 Maßen gewährt wurde. Dabei waren die beiderseits des Fundpunktes gelegene Fundgrube allgemein 42 Lachter — Ausnahme: Jülich-Bergische Bergordnung = 80 Lachter — und die

beliebig verteilten Maßen einheitlich je 28 Lachter lang. Als gesamte streichende Länge kamen danach z. B. beim Flözbergbau an der Ruhr 42 + 20×28 Lachter = 602 Lachter ≈ 1260 m in Betracht. Im Einfallen der Lagerstätte ist fast immer die Ausdehnung bis zur ewigen Teufe gewährt worden, die bei gefalteten Lagerstätten allerdings im

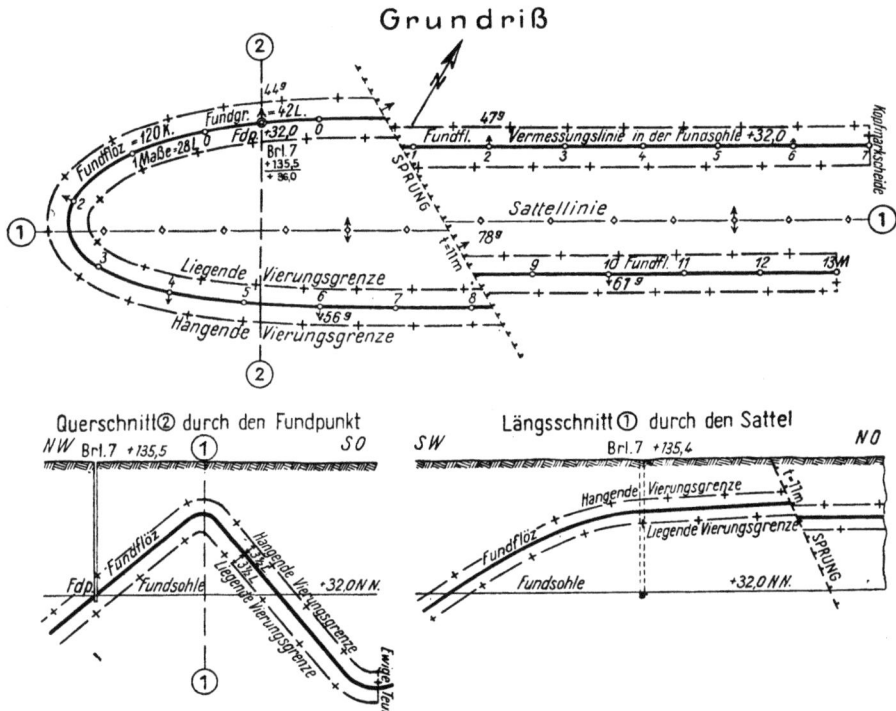

Abb. 329. Längenfeld mit kleiner Vierung

Muldentiefsten der Lagerstätte erreicht war. Nach oben erstreckte sich das Feld bis zum Ausgehenden oder bei gefalteter Ablagerung des Fundflözes bis zur Sattelkuppe. Der zuletzt genannte Grundsatz wurde allerdings dann durchbrochen, wenn das Fundflöz umlaufendes Streichen hatte (Sattelwendung) und die Längserstreckung über die Sattelwendung hinaus bis in den Gegenflügel reichte, s. Abb. 329. Das gleiche galt auch entsprechend bei Mulden. Als dritte Ausdehnung wurde zur Mächtigkeit der Lagerstätte später eine Vierung verliehen, die allgemein 7 Lachter — Ausnahme: Jülich-Bergische Bergordnung 8 Lachter — betrug und die rechtwinklig zum Einfallen an allen Punkten des Hangenden und Liegenden der Fundlagerstätte gewöhnlich je zur Hälfte nach oben und unten anzulegen war. Die Begrenzung im Streichen erfolgte durch rechtwinklig zur Streichlinie gelegte Kopfmarkscheiden. Ein solches Längenfeld bezeichnet man als Längenfeld mit *kleiner Vierung*, s. Abb. 329.

Alle innerhalb des verliehenen Feldes auftretende Lagerstätten, die das gleiche Mineral enthielten wie die Fundlagerstätte, konnten mitgewonnen werden. An Störungen hörte das Bergwerkseigentum auf, wenn nach Anlegung der Vierung an die verworfenen Lagerstättenteile kein zusammenhängendes Feld mehr vorhanden war, sonst trat nur eine Verschiebung der Vierungsgrenzen ein, s. Abb. 329.

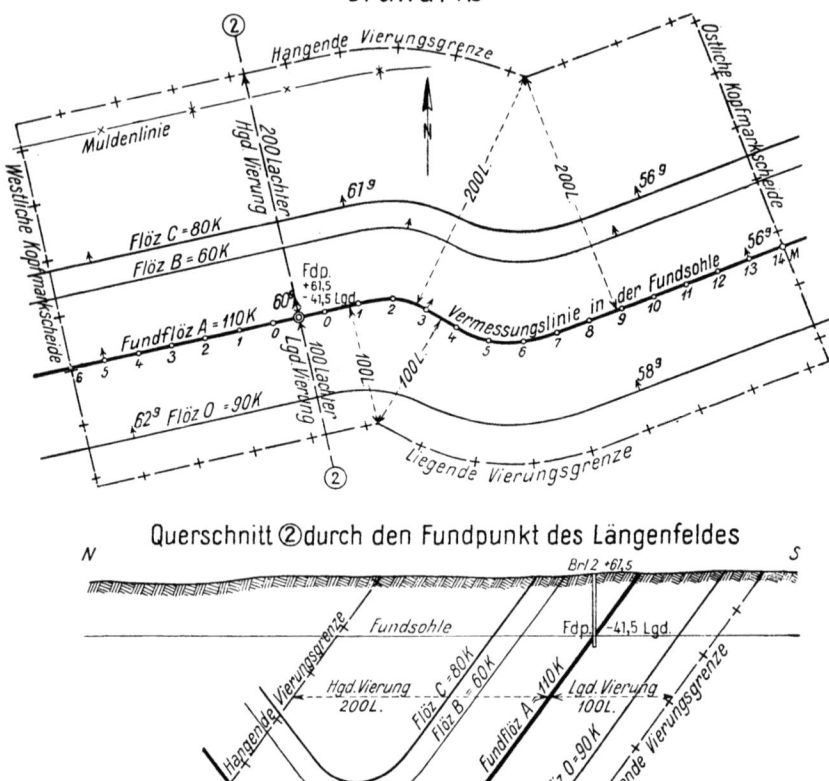

Abb. 330. Längenfeld mit großer Vierung

2. *Längenfelder mit großer Vierung.* Im Gesetz vom 1. Juli 1821 ist neben den hier für Steinkohlenvorkommen festgelegten, wesentlich vergrößertem Geviertfeldern für die gleiche Mineralart auch die gestreckte Vermessung weiterhin zugelassen worden, doch wurde die bisherige Vierung bis zu 500 Lachtern ausgedehnt, wodurch die Möglichkeit gegeben war, innerhalb dieses nunmehr über 1000 m breiten Feldes

mehrere bauwürdige Flöze zu gewinnen. Bei der von 1821 bis 1865 auf Steinkohle verliehenen Längenfeldern mit *großer* Vierung war letztere jedoch waagerecht und nicht mehr rechtwinklig zum Einfallen anzulegen. Die Erstreckungen im Streichen — 1 Fundgrube und 20 Maßen — und im Einfallen — ewige Teufe — blieben bestehen, s. Abb. 330.

Bei flacher Ablagerung konnte aber auch dieses große Längenfeld unter ungünstigen Umständen nur auf die Fundlagerstätte beschränkt sein.

3. *Gesetz zur Bereinigung der Längenfelder vom 1. 6. 1954.* Die Verleihung von Längenfeldern hat von jeher zu vielfachen Berechtsamsstreitigkeiten Veranlassung gegeben. Auch ist der in den Feldern anstehende Kohlenvorrat selbst bei Längenfeldern mit großer Vierung verhältnismäßig gering und der Feldesbesitz meistens in sehr kleine Anteile aufgeteilt, so daß ein wirtschaftlicher Abbau der Kohle in den Längenfeldern nur sehr schwer durchgeführt werden konnte. Diese und ähnliche Nachteile führten zum Erlaß eines ,,Gesetzes zur Bereinigung der Längenfelder vom 1. Juni 1954".

Die wichtigsten Bestimmungen dieses Gesetzes lauten:

,,Bestehende Längenfelder werden vom 1. 1. 1955 ab Teile der auf dasselbe Mineral verliehenen Geviertfelder, von denen sie ganz überdeckt werden.

Wird ein bestehendes Längenfeld von einem Geviertfeld nicht überdeckt, so wird durch Beschluß des Oberbergamtes entweder das angrenzende Geviertfeld entsprechend erweitert oder das Längenfeld in ein neues Geviertfeld unter Festsetzung der Markscheiden umgewandelt.

Der Eigentümer des Geviertfeldes hat dem Eigentümer des Längenfeldes vollständige Entschädigung in Geld zu leisten."

Diese Entschädigungspflicht bedingt eine Festlegung der Grenzen des Längenfeldes, ohne die eine Berechnung des anstehenden Kohlenvorrats nicht erfolgen kann. Da viele der jetzt fortfallenden Längenfelder zwar verliehen, aber noch nicht endgültig gestreckt sind, hat der beim Steinkohlenbergbauverein bestehende Ausschuß für Markscheidewesen in Ergänzung der alten Bergordnungen und Gesetz folgende ,,Leitsätze für die Streckung der Längenfelder" aufgestellt:

1. Der Fundpunkt. Eine Mutung ist gegenstandslos und nichtig, wenn sich nachträglich ergibt, daß das gemutete Feld zur Zeit der Mutung nicht im Bergfreien lag.

2. Die Fundsohle. Die Fundsohle liegt in der Höhe des Fundpunktes, auch wenn sie in der Natur stellenweise nicht vorhanden ist, z. B. in Taleinschnitten über Tage.

3. Die Fundgrube. Das Ausmaß der Fundgrube richtet sich nach den Bestimmungen der für die Lage des Fundpunktes in Betracht kommenden Bergordnungen bzw. Gesetze in Verbindung mit dem Wortlaut der Verleihungsurkunde und der Feldesbeschreibung.

4. Die Maßen. Von den Maßen gilt das gleiche, wie vom Ausmaß der Fundgrube (s. Leitsatz 3).

5. Die Vermessungslinie. Die Vermessungslinie verläuft stets in der Höhe der Fundsohle und nur in der Fundlagerstätte, *nicht* in den Störungsklüften.

Die streichenden Längen der Fundgrube und der Maße sind nur auf dieser Vermessungslinie abzutragen.

6. *Die Kopfmarkscheiden.* Die Kopfmarkscheiden werden rechtwinklig zum Streichen des letzten Stückes des Fundflözes in den beiden Endpunkten der Vermessungslinie angelegt.

Wenn die Vermessungslinie auf eine Störung trifft, und das Längenfeld sich hinter der Störung nicht weiter fortsetzt, ist die Kopfmarkscheide im Schnittpunkt der Vermessungslinie mit der Störung rechtwinklig zum ungestörten Streichen des letzten Stückes der Vermessungslinie anzulegen, sofern nicht nach der Teufe zu die Kreuzlinie zwischen Flöz und Störung das Feld begrenzt.

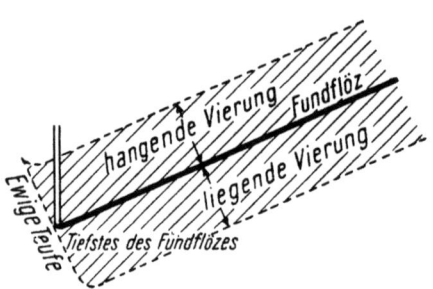

Abb. 331. Streckung eines Längenfeldes im Tiefsten einer Mulde

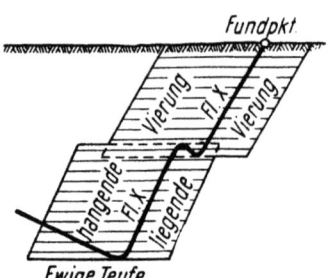

Abb. 332. Streckung eines Längenfeldes bei kurzem Gegeneinfallen

7. *Die Vierung.* a) Die kleine Vierung. Bei der kleinen Vierung wird stets rechtwinklig zum Streichen und Einfallen des Fundflözes gestreckt, auch im Tiefsten der Mulde, so daß ein Eingreifen in den Gegenflügel möglich ist (s. Abb. 331).

b) Die große Vierung. Nach dem Gesetz vom Jahre 1821 ist für Längenfelder mit großer Vierung die *geodätische* Vierung maßgebend. Nur wenn aus der Verleihungsurkunde klar hervorgeht, daß etwas anderes als die geodätische Vierung verliehen werden sollte, kann von dieser ausnahmsweise abgewichen werden.

8. *Die Hilfsvierung.* Die Hilfsvierung (quadratura principalis) ist *nur* im Streichen und nicht im Einfallen des Fundflözes anzulegen.

Ein Nachweis der Flözidentität ist in der Hilfsvierung nicht erforderlich.

In der Hilfsvierung tritt jenseits der Störung das dem ursprünglichen Fundflöz *nächstliegende* bauwürdige Flöz an die Stelle des Fundflözes.

Flözverleihungen, die in der Verleihungsurkunde ausdrücklich ohne Vierung erteilt worden sind, setzen über eine das Fundflöz abschneidende Störung hinaus nicht fort. Flözverleihungen, deren Urkunde, eine Vierung nicht erwähnt, reichen ebenfalls über die das Fundflöz abschneidende Störung nicht hinaus, es sei denn, daß im Fundflöz über die Störung hinaus gebaut worden oder aus dem Inhalt der Verleihungsurkunde zu ersehen ist, daß die verleihende Behörde über die Störung hinaus strecken wollte.

9. *Die Ewige Teufe.* Das Tiefste und Höchste des Längenfeldes beim Flözbergbau ist gegeben, wenn das Einfallen in das Gegeneinfallen des Fundflözes übergeht. Das gilt jedoch nicht, wenn ein Gegeneinfallen von sehr kurzer Erstreckung (etwa im Rahmen der kleinen 7-Lachter-Vierung) vorliegt. In diesem Falle soll die Vierung nur an das normale Haupteinfallen des Flözes angelegt werden. Das Anlegen an das kurze Gegeneinfallen ist unstatthaft (s. Abb. 332).

Verschwindet innerhalb der Längenfeldgrenzen die nächst vorliegende Mulde im Streichen, so liegt von dieser Stelle ab das Tiefste des Fundflözes in der nächstfolgenden Mulde.

Wenn das Feld im Streichen um einen Sattel herum gestreckt werden muß, so ist die Streckung auch in der Einfallinie des Sattelhöchsten bis zur nächsten Quersenke vorzunehmen. Die Quersenke bildet in diesem Falle die Ewige Tiefe, sofern nicht schon vorher durch eine Störung die Grenze des Längenfeldes erreicht ist (s. Abb. 333).

10. Alter im Felde. Für das Alter im Felde ist der Tag der Mutung maßgebend.

11. Abmachungen in der Vergangenheit. In der Vergangenheit rechtsgültig geschlossene Abmachungen oder Urteile in Rechtsstreiten über die Streckung von Längenfeldern sollen unberührt bleiben, auch wenn diese den jetzt aufgestellten Leitsätzen widersprechen.

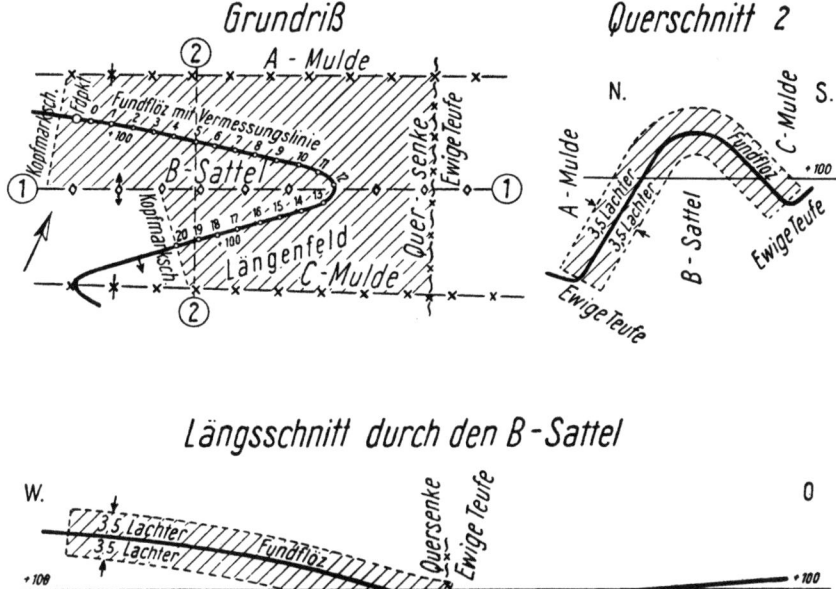

Abb. 333. Streckung eines Längenfeldes auf einem nach Nordosten sich einsenkenden Sattel

12. Entschädigung. Die Entschädigung gemäß § 3 des Gesetzes vom 1. Juni 1954 soll im allgemeinen die Zulegungssätze des Oberbergamtes nicht überschreiten.

13. Bergschäden. Es empfiehlt sich, schon bei der Festsetzung der Entschädigung die Bergschädenhaftung mit zu regeln.

Anhang

Maße

I. Metrisches System

Längenmaße

1 Meter	= 1 m = 10 dm = 100 cm = 1000 mm
1 Dezimeter	= 0,1 m = 1 dm = 10 cm = 100 mm
1 Zentimeter	= 0,01 m = 0,1 dm = 1 cm = 10 mm
1 Millimeter	= 0,001 m = 0,01 dm = 0,1 cm = 1 mm
1 Mikrometer	= 0,001 mm = 1 μm

Flächenmaße

1 Quadratmeter	= 1 m^2 = 100 dm^2 = 10000 cm^2 = 1 000 000 mm^2
1 Quadratdezimeter	= 0,01 m^2 = 1 dm^2 = 100 cm^2 = 10000 mm^2
1 Quadratzentimeter	= 0,0001 m^2 = 0,01 dm^2 = 1 cm^2 = 100 mm^2
1 Quadratmillimeter	= 0 000001 m^2 = 0,0001 dm^2 = 0,01 cm^2 = 1 mm^2
1 Ar	= 1 a = 100 m^2
1 Hektar	= 1 ha = 100 a = 10000 m^2
1 Quadratkilometer	= 1 km^2 = 100 ha = 1 000 000 m^2

Raummaße

1 Kubikmeter = 1 m^3 = 1000 dm^3 = 1 000 000 cm^3 = 1 000 000 000 mm^3 = 1000 Liter
1 Kubikdezimeter = 0,001 m^3 = 1 dm^3 = 1000 cm^3 = 1 000 000 mm^3 = 1 Liter
1 Kubikzentimeter = 0,000001 m^3 = 0,001 dm^3 = 1 cm^3 = 1000 mm^3 = 0,001 Liter
1 Kubikmillimeter = 0,000 000 001 m^3 = 0,000001 dm^3 = 0,001 cm^3 = 1 mm^3
= 0,000001 Liter

II. Alte Maße[1]

Längenmaße

1 preuß. oder rhein. Fuß = 12 Zoll = 0,31385 m
1 Zoll = $^1/_{12}$ Fuß = 2,615 cm
1 Pariser Linie = $^1/_{12}$ Zoll = 2,26 mm
1 preuß. Rute = 12 Fuß = 144 Zoll = 3,766 m
1 Lachter = 80 Zoll = 2,0924 m

Flächenmaße

1 Quadratrute = 14,185 m^2
1 Quadratlachter = 4,378 m^2
1 preuß. Morgen
= 180 Quadratruten
= 2553,2 m^2

III. Andere Längenmaße

1 Seemeile = 1 Knoten = 1 Äquatorminute = 1,855 km
1 deutsche Meile = 4 Seemeilen = 7,420 km
1 engl. Meile = 1760 Yards (je 3 engl. Fuß zu 0,3048 m) = 1,609 km

IV. Winkelmaße

Alte Kreisteilung

1 Grad = 1° = $^1/_{360}$ des Vollkreises = 60' = 3600'' $\quad \varrho° = \dfrac{360°}{2\pi} = 57,3°; \pi = 3,14$

1 Minute = $^1/_{60}$° = 1' = 60'' $\quad \varrho' = \dfrac{360 \cdot 60}{2\pi} = 3438'$

1 Sekunde = $^1/_{3600}$° = $^1/_{60}$' = 1'' $\quad \varrho'' = \dfrac{360 \cdot 60 \cdot 60}{2\pi} = 206265''$

---

[1] Siehe hierzu H. SCHARF [72].

Neue Kreisteilung

1 Neugrad = 1^g = $1/_{400}$ des Vollkreises = 100^c = 10000^{cc} $\quad \varrho^g = \dfrac{400^g}{2\pi} = 63{,}7^g;\ \pi = 3{,}14$

1 Neuminute = $0{,}01^g = 1^c = 100^{cc}$ $\hspace{4.5cm} \varrho^c = \dfrac{40000^c}{2\pi} = 6366^c$

1 Neusekunde = $0{,}0001^g = 0{,}01^c = 1^{cc}$ $\hspace{3.7cm} \varrho^{cc} = \dfrac{4\,000\,000^{cc}}{2\pi} = 636\,620^{cc}$

V. Kleines griechisches Alphabet

α	alpha	ε	epsilon	ι	jota	ν	ny	ϱ	rho	φ	phi
β	beta	ζ	zeta	$\varkappa$	kappa	ξ	xi	σ	sigma	χ	chi
γ	gamma	η	eta	λ	lambda	o	omikron	τ	tau	ψ	psi
δ	delta	ϑ	theta	μ	my	π	pi	υ	ypsilon	ω	omega

Literaturverzeichnis

[1] ACKERL, F.: Bemerkungen zum Basis-Entfernungsmesser „Todis". Instrumentk. 66 (1958) 175—181.
[2] Anweisung für die Bestimmung von Vermessungspunkten in Nordrhein-Westfalen, Teil I (Text, Tafeln und VermVordrucke) vom 1. 12. 1958 (Vermessungspunktanweisung I). Herausgegeben vom Innenminister des Landes Nordrhein-Westfalen, Vertrieb LVA Nordrhein-Westfalen.
[3] Anweisung für die Bestimmung von Vermessungspunkten in Nordrhein-Westfalen, Teil II (Bemerkungen zu den VermVordrucken, Rechenbeispiele) vom 1. 10. 1960 (Vermessungspunktanweisung II). Herausgegeben vom Innenminister des Landes Nordrhein-Westfalen, Vertrieb LVA Nordrhein-Westfalen.
[4] Anweisung für das Verfahren bei der Fortführung des Liegenschaftskatasters in NRW, Ausgabe 1965 (Fortführungserlaß). RdErl. des Ministers für Landesplanung, Wohnungsbau und öffentliche Arbeiten vom 9. 7. 1962. Vertrieb LVA Nordrhein-Westfalen.
[5] Anweisung für das Verfahren bei den Fortführungsvermessungen in NRW vom 1. 7. 1955 in Fassung vom 1. 7. 1964 (Fortführungsanweisung II). RdErl. des Ministers für Landesplanung, Wohnungsbau und öffentliche Arbeiten vom 1. 7. 1964. Vertrieb LVA Nordrhein-Westfalen.
[6] Anweisung für das Verfahren bei Erneuerung der Karten und Bücher des Grundsteuerkatasters (Vermessungsanweisung VIII) vom 25. 10. 1881. Ergänzungsbestimmungen I. Teil v. 1. 6. 1931 zu den Anweisungen VIII, IX und X für das Verfahren bei den Katasterneumessungen.
[7] BARTNIG, O.: Tafeln zur Umformung konformer Koordinaten des Bochumer Systems in den 2. Meridianstreifen des Gauß-Krügerschen Koordinatennetzes und umgekehrt Gauß-Krügerscher Koordinaten in konforme Koordinaten des Bochumer Systems für den Steinkohlenbergbaubezirk des Ruhrgebietes. Vertrieb: Gerh. Pannen KG, Moers-Ndrrh. (1954).
[8] Bergverordnung für die Steinkohlenbergwerke (BVOSt.) im Verwaltungsbezirk des Oberbergamts in Dortmund vom 18. Dezember 1964, Dortmund: Hermann Bellmann.
[9] BRENTRUP, F.-K., u. F. HEINE: Die Aufnahme von Trennfugen im Gebirgsverband. Mitt. Markscheidew. 72 (1965) 193—212.
[10] BURGER, K.: Betrachtungen zur Form- und Eigenschaftsbeschreibung tektonischer Störungsflächen und Störungskörper. Mitt. Markscheidew. 73 (1966) 99—115.
[11] —: Der Flachriß am Wendepunkt der rißtechnischen Entwicklung. Festschrift „25 Jahre Vermessungssteiger-Lehrgänge an der Bergschule zu Bochum", Herne: Verlag C. Th. Kartenberg 1951.
[12] —: Zur Formbeschreibung tektonischer Störungsflächen und Störungskörper. Mitt. Markscheidew. 76 (1969) 1—54.
[13] BUSCHMANN, K. H.: Ein Beitrag zur Rationalisierung der Markscheiderei durch Umgestaltung des Rißwerks und Einbeziehung elektronischer Berechnungen. Diss. TU Berlin, 1967.
[14] CHILIAN, J.: Beitrag zur astronomischen und kreiseltechnischen Richtungsbestimmung. Mitt. der Westf. Berggew.Kasse 18 (1960).
[15] DRODOFSKY, M.: Präzisionsnivellement mit Zeiss Ni 2. Z. Vermessungsw. 1957, 430—434.
[16] DIN 21900 Bergmännisches Rißwerk, Richtlinien für Herstellung und Ausgestaltung. Fachnormenausschuß Bergbau im Deutschen Normenausschuß. Beuth-Vertrieb GmbH, Berlin u. Köln, 1951.

Literaturverzeichnis

[17] DIN 21941 Lagerstättenarchiv Steinkohlenbergbau, Flözarchiv, „Markscheiderische Arbeiten". Fachnormenausschuß Bergbau im Deutschen Normenausschuß. Beuth-Vertrieb GmbH, Berlin u. Köln, 1953.

[18] DIN 21942 Lagerstättenarchiv Braunkohlenbergbau. Fachnormenausschuß Bergbau im Deutschen Normenausschuß. Beuth-Vertrieb GmbH, Berlin u. Köln, 1961.

[19] DIN 21943 Lagerstättenarchiv Erzbergbau. Fachnormenausschuß Bergbau im Deutschen Normenausschuß. Beuth-Vertrieb GmbH, Berlin u. Köln, 1964.

[20] DIN 21952 Bergbauliche Lagerstätten — Einteilen nach dem Einfallen. Fachnormenausschuß Bergbau im Deutschen Normenausschuß. Beuth-Vertrieb GmbH, Berlin u. Köln 1958.

[21] FÖRSTNER, G.: Genauigkeit der optischen Streckenmessung mit Theodolit und Basislatte. Veröffentlichung der Deutschen Geodätischen Kommission bei der Bayerischen Akademie der Wissenschaften, Reihe B: Angewandte Geodäsie, München, H. 20 (1955).

[22] FOX, E.: Die Richtungsübertragung durch tiefe Schächte mit exzentrischer Mehrgewichtslotung. Festschrift zur 150-Jahrfeier der Bergakademie Clausthal, 1925.

[23] GEISSLER, E.: Der neue Breithaupt-Hängetheodolit „TEMIN". Mitt. Markscheidew. 64 (1957) 98—105.

[24] GRAF, A.: Ein neues Meß- und Schreibgerät für mikrobarometrische Untersuchungen, insbesondere Höhenmessungen. Z. f. angew. Physik 1951, H. 3/4.

[25] HAIBACH, O.: Der Gebrauch des Flachrisses, gezeigt an der Steigungslinie im Flachriß $F_\alpha = 60{,}8173^g$ = isometrischer Achsenriß $I_{1:1:1}$. Bergbauwiss. 13 (1966) 145—152.

[26] —: Der Gebrauch des Seigerrisses, gezeigt an der Steigungsgeraden bzw. Steigungslinie. Mitt. Markscheidew. 74 (1967) 30—43.

[27] —: Die Anfertigung orthogonaler und plagiogonaler rißlicher Darstellungen durch Einsatz elektronischer Rechenanlagen statt der bisher üblichen rechnerischen und konstruktiven Verfahren. Bergbauwiss. 1962, H. 6.

[28] —: Inwieweit kann ein schiefer Grundriß Winkel-, Längen- und Flächentreue besitzen und wie ist der Gebrauch eines solchen Risses? Bergbauwiss. 13 (1966) H. 6.

[29] —: Über die gegenwärtigen Strömungen im deutschen bergmännischen Karten-, Riß- und Planwesen. Mitt. Markscheidew. 72 (1965) 111—121.

[30] HANSEL, G.: Untersuchungen über markscheiderische Verfahren der Auswertung von lagerstättenkundlichen und rohstofflichen Daten zur quantitativen und qualitativen Mineralerfassung am Beispiel des Steinkohlen-Verbundbergwerks Bergmannsglück-Westerholt in Gelsenkirchen-Buer. Diss. TH Clausthal 1967.

[31] HEYLL, H.: Massenermittlung im Rheinischen Braunkohlentagebau mittels Luftbildmessung und elektronischer Rechentechnik. Mitt. Markscheidew. 67 (1960) 154—165.

[32] HILBIG, P., u. H. KRATZSCH: Die wirtschaftliche Meßgenauigkeit bei Nachtragungsmessungen. Mitt. Markscheidew. 68 (1961) 39—54.

[33] HORST, M.: Ergebnisse von geomagnetischen Messungen im Nord-West-Harz und seinem Vorland sowie Untersuchungen über die Konstruktion und Verwendbarkeit eines Kreiseldeklinatoriums. Bergbauwiss. 14 (1967) 66—80.

[34] Hütte, Verkehrstechnik, Teil B und Vermessungstechnik, 28. Aufl. Berlin: Ernst & Sohn 1955.

[35] JORDAN/EGGERTH/KNEISSL: Handbuch der Vermessungskunde, Bd. I: Mathematische Grundlagen, Ausgleichsrechnung und Rechenhilfsmittel, Stuttgart: Metzler und Poeschel 1961.

[36] —: Handbuch der Vermessungskunde, Bd. Ia: Geländeformen, Reproduktion, Topographische Karten und Karten-Abbildungen, 1957.

[37] —: Handbuch der Vermessungskunde, Bd. II: Feld- und Landmessung, Absteckungsarbeiten, 1963.

[38] —: Handbuch der Vermessungskunde, Bd. III: Höhenmessung, Tachymetrie, 1956.

[39] —: Handbuch der Vermessungskunde, Bd. IV: Mathematische Geodäsie (Landesvermessung), 1959.

[40] JORDAN/EGGERTH/KNEISSL: Handbuch der Vermessungskunde, Bd. VI: Die Entfernungsmessung mit elektro-magnetischen Wellen und ihre geodätische Anwendung, 1966.
[41] JUNG, A.: Teufenmessung unter Zuhilfenahme der Schwingungsdauer von Schachtloten. Mitt. Markscheidew. 58 (1951) 97—123.
[42] Koordinaten der Neutriangulation des Ruhrgebiets vom Jahre 1920. Ausgef. von der Trigonometrischen Abteilung d. Reichsamts für Landesaufnahme. Westf. Berggew.-Kasse, 1922.
[43] KRATZSCH, H.: Beiträge zur Vereinfachung der exzentrischen Schachtlotung. Mitt. Markscheidew. 68 (1961) 126—138.
[44] —: Neuerungen auf dem Gebiete der Punktvermarkung, der Meßausrüstung und Polygonierung unter Tage. Mitt. Markscheidew. 66 (1959) 1—18.
[45] —: Untersuchungen zur mittelbaren Entfernungsbestimmung bei Nachtragsmessungen mit dem Hängetheodolit. Bergbauwiss. 7 (1960) 517ff. u. 575ff.
[46] KRÜGER, L.: Formeln zur konformen Abbildung des Ellipsoids in der Ebene. Herausgeg. von der Preußischen Landesaufnahme, Berlin 1919.
[47] LAUTSCH, H.: Ein Beitrag zur Frage der optimalen Linienführung für die Schachtförderung in Schächten, deren Querschnitt verformt und deren Schachtröhre aus der Senkrechten abgewichen ist. Mitt. Markscheidew. 68 (1961) 17—22.
[48] — u. B. THIEME: Helium-Neon-Laser als Lichtquellen für Leitstrahlverfahren zur Richtungsangabe in Streckenvortrieben. Glückauf (1968) 555—561.
[49] LEHMANN, K.: Kritik und Durchführung von Kohlenberechnungen. Glückauf 77 (1941) 213ff.
[50] —: Vom Magnetkompaß über den Kreiselkompaß zum Meridianweiser. Mitt. Markscheidew. 74 (1967) 1—13.
[51] LÜDEMANN, K.: Über die Genauigkeit von Teufenbändern aus Stahl und der damit ausgeführten Teufenmessungen. Mitt. Markscheidew. 1923, 8—23.
[52] MEISSER, O.: Sehr genaue Schlauchwaagenmessungen und praktische Anwendungen. Mitt. techn. Univ.-Fak. Sopron, Budapest 19 (1956) 69—79.
[53] NEUBERT, K., u. W. STEIN: Plan- und Rißkunde, Bd. I, Berlin: Deutscher Verlag der Wissenschaften, 1958.
[54] NIEMCZYK, O.: Bergmännisches Vermessungswesen. Ein Handbuch des Markscheidewesens. Erster Band: Mathematisch-markscheiderische Grundlagen, Ausgleichsrechnung, Landesvermessung. Berlin: Akademie-Verlag 1951.
[55] — u. O. HAIBACH: Bergmännisches Vermessungswesen. Ein Handbuch des Markscheidewesens. Zweiter Band: Darstellungen, Grundlagen, Berlin: Akademie-Verlag 1956.
[56] — u. O. HAIBACH: Bergmännisches Vermessungswesen. Ein Handbuch des Markscheidewesens. Dritter Band (1. Halbband): Darstellungen, Anwendungen, Berlin: Akademie-Verlag 1963.
[57] OERTGEN, F. J.: Die Durchschlagsangabe von Schächten bei langen Meßwegen zwischen Ansatz- u. Durchschlagspunkt. Mitt. Markscheidew. 70 (1963) 133—142.
[58] PAUS, H.: Unmittelbare Seigerlagenberechnung und Zweigewichtslotung. Mitt. Markscheidew. 61 (1954) 27—47.
[59] RACK: Bestimmung der Lotruhelage durch Richtungsmessungen und der Einfluß dieses Verfahrens auf die exzentrischen Schachtlotungen. Mitt. Markscheidew. 68 (1961) 105—125.
[60] RACK, P.: Die Längung freihängender Meßbänder durch Eigengewicht. Mitt. Markscheidew. 63 (1956) 103—107.
[61] RELLENSMANN, O.: Der heutige Stand der Orientierungsmessungen im Bergbau. Mitt. Markscheidew. 57 (1950) 57—63.
[62] — u. B. MERTENS: Über Fortschritte in der Anwendung von Kreiselmessungen im Bergbau, in der angewandten Geodäsie und in der angewandten Geophysik. Bergbauwiss. 9 (1962) 374—377.
[63] REICHENBACH, K.: Moderne Vermessungs- und Rechentechnik im Rheinischen Braunkohlenrevier. Revier und Werk H. 61 (1961).
[64] Richtlinien für die Handhabung des Betriebsplanverfahrens (ohne Tagebaue). RdErl. d. Ministers für Wirtschaft, Mittelstand und Verkehr v. 9. 2. 1966. Ministerialblatt für das Land Nordrhein-Westfalen, Ausgabe A, 19. Jahrg., Nr. 85 (1966).

[65] Richtlinien für den Brandschutz unter Tage auf den Steinkohlenbergwerken im Oberbergamtsbezirk Dortmund (Brandschutzrichtlinien) (1963), Dortmund: Verlag Hermann Bellmann (Verlagsnummer 120).
[66] Rißmuster für Markscheidewesen zu den Normen DIN Berg 1901—1940, herausgegeben vom Fachnormenausschuß für Bergbau (Faberg) Essen, Essen: Verlag Glückauf 1942.
[67] ROSE, W.: Eine Präzisionsschlauchwaage zur genauen Erfassung kleiner Höhenveränderungen. Mitt. Markscheidew. 63 (1956) 81—84.
[68] RYMARZYK, H.: Ermittlung der Meridiankonvergenz für das Bochumer, Kölner und Gauß-Krügersche Koordinatensystem. Bergverm.Bl. 7 (1958)13—21.
[69] —: Über die Praxis von astronomischen Azimut- und Ortsbestimmungen mit Sekundentheodoliten. Mitt. Markscheidew. 70 (1963) 98—132.
[70] HÖFER, M.: Taschenbuch zum Abstecken von Kreisbogen mit und ohne Übergangsbogen, 8. Aufl., Berlin/Heidelberg/New York: Springer 1968.
[71] SCHÄFER, W.: Untersuchung der Punktgenauigkeit bei Schachtabseigerungen unter Benutzung eines Schachtvermessungsgerätes mit polarisiertem Licht. Mitt. Westf. Berggew.-Kasse H. 19 (1960).
[72] SCHARF, H.: Historische Notizen über die Festlegung der Markscheiden. Bergverm.Bl. H. 2 (1954).
[73] SCHMIDT, G.: Die Vermessung von Schächten nach dem SVP-Verfahren. Mitt. Markscheidew. 70 (1963) 89—97.
[74] SCHWENDENER, H. R.: Beobachtungsmethoden für den Aufsatzkreisel. Schweizerische Zeitschrift für Vermessungswesen, Kulturtechnik und Photogrammetrie 1964, H. 9.
[75] SEELIS, W.: Theorie des an einer biegsamen Schnur hängenden Gradbogens. Mitt. Markscheidew. 1928, H. 2.
[76] STIER, K. H.: Aufbau und Aufgaben der Kreiselmeßstelle, Richtung und Ergebnisse ihrer instrumentellen Forschungs- und Entwicklungsarbeiten. Mitt. Markscheidew. 70 (1963) 81—88.
[77] —: Verzeichnis des einschlägigen Schrifttums über den Vermessungskreiselkompaß und die Schachtvermessung. Mitt. Markscheidew. 70 (1963) 143—151.
[78] SPETTMANN, J.: Setzungsbeobachtungen mit der „Metron-Schlauchwaage 55 nach Prof. Dr. Niemczyk". Mitt. Markscheidew. 63 (1956) 121—129.
[79] —: Anwendung und Nutzen der Präzisions-Schlauchwaage auf bautechnischem und bergbaulichem Gebiet. Mitt. Markscheidew. 65 (1958) 145—199.
[80] STRASSBURG, L.: Optische Punktabseigerung und optische Richtungsübertragung in Schächten. Glückauf 92 (1956) 1233—1243.
[81] THEBIS, E.: Das Askania-Präzisionsdeklinatorium. Ein neues magnetisches Meßinstrument. Askaniawarte 19 (1962) H. 60.
[82] Verordnung über die Geschäftsführung der Markscheider und die technische Ausführung der Markscheiderarbeiten (Markscheiderordnung) in NW vom 27. Juni 1968. GV. NW. 1968, S. 207.
[83] Verordnung über die Geschäftsführung der Markscheider und die technische Ausführung der Markscheiderarbeiten (Markscheiderordnung) im Saarland v. 3. Sept. 1968. Amtsblatt des Saarlandes 1968, Nr. 32.
[84] WESEMANN, H.: Beitrag zur Frage der Wiederherstellung des trigonometrischen Festpunktfeldes in geschlossenen, umfangreichen Bergbaugebieten. Diss. TU Berlin 1961.
[85] Westfälische Berggewerkschaftskasse: Bergmännisch-Geologisches Übersichtskartenwerk des rheinisch-westfälischen Steinkohlenbezirks (Kartenkatalog), Herne: Verlag C. Th. Kartenberg 1969.
[86] WIJNANDS, J. J. H.: Bericht über die mit dem Schachtlotgerät der Firma Breithaupt errechneten Meßergebnisse. Mitt. Markscheidew. 1962, H. 3.
[87] WITTKE, H.: Vademecum für Vermessungstechnik, Stuttgart: Metzler 1948.
[88] WOHLRAB, E., u. LASSONCZYK: Die mathematischen Grundlagen bei der Planung des Schrägbaues. Bergverm.Bl. 5 (1956) 39—48.
[89] WOLTER, J.: Zur Genauigkeit von Präzisionsnivellements mit Zeiss Ni 2. Z. Vermessungsw. 85 (1960) 466—473.
[90] Zeichenvorschriften für vermessungstechnische Karten und Risse in Nordrhein-Westfalen (Rd. Erl. IM. NW. v. 20.12.1954 — I/23 — 71.20).

Sachverzeichnis

Abbau-flachriß 312, 328f.
— -grenzen 364
— -grundriß 312, 400f.
— -risse 312, 396, 400f., 411
— -seigerriß 312, 403
Abbildung der Erdoberfläche 88
Abgesunkener Teil 358
Ablenkung bei Kompaßmessungen 259/60
Ablese-einrichtungen 40
— -fehler 82
— -lupe 40
— -mikroskop 40
— -okular 41
Abloter 61
Abriß 396
Abschlußfehler, Berechnung 123
Absteckung 269f.
— von Achsen 270
— — Kurven über Tage 270f.
— — Querlinien 279
— eines Übergangsbogens 277
Abszisse 92
Abtauchen 356
Abtrift des Schachtlotes 222, 224
Additionskonstante 200, 213
Affinzeichner Fox-Breithaupt 347
Allgemeines Berggesetz (ABG) 1, 410, 423
— Preußisches Landrecht 423
Anaglyphen-Bild 350
— -Raumbild 351
Anallaktischer Punkt 200, 213
Analysator 139, 236
Angaben 269f.
— für den Bahnbau 283
— für Tagesschächte und Blindschächte 295f.
— unter Tage 284f.
Anlegemaßstab 320
Anschlaglibelle 19
Anschluß an das Dreiecknetz 102f., 117
— -richtung, Berechnung 123
Anschluß-bahnen, Vorarbeiten für 279
— -dreieck bei Doppellotung 227
— -messungen 220
Anstehender Vorrat 388
Ansteigeverhältnis in Strecken 289
Äquator 86
Astronomische Messung 87, 240
Aufbereitungsverluste 388

Aufgeschobener Teil 358
Aufhängevorrichtungen 34
Aufnahmelinie 133
Aufnahmenetz 101
Aufsatz-geräte zur Neigungswinkelmessung 49
— -kreiselgeräte 239
Aufschlußkarten 418
Aufstell- und Aufhängevorrichtungen 33
Aufstellung der Nivelliere 177f.
— — Theodolite 61f.
Auftragen von Polarkoordinaten 322
— — rechtwinkligen Koordinaten 320
— — Richtungs- und Streichwinkel 322
Ausfluchten von Meßlinien 25
Ausgehendes einer Gebirgsschicht 375
Ausgleich von Meß- und Zulagefehlern 325
Ausrichtung von Gebirgsstörungen 365
Ausrichtungs-plan 411
— -regeln 367
Azimut 4, 240f., 243

Bankabstandslinien 336
Bankrechte Schnitte 311
Barometer, Aneroid- 196
—, Mikro- 196
Barometrische Höhenmessung 195f.
— Höhenstufe 196
Basis 102
— -entfernungsmesser 210
— -latte, Messung mit 214
— -messung 102f.
Bau-höhe, flache 380, 386
— -länge, streichende 386
— -würdigkeitsstufen 389
Beleuchtungsvorrichtung, für Theodolite 53, 56, 57, 60
Beobachtungs-bücher 396
— -differenz 14
— -linien 193
Berechnungshefte 396
Berechtsame 391
Berechtsams-rißwerk 304, 391f.
— -übersichtskarten 394
Bergbauberechtigungen 391
Berggesetze 423
Bergwerkseigentum 1, 391f.
Berichtigung des Nivellierinstruments 178f.
Berichtigungsschrauben 35

Sachverzeichnis

Betriebsplan 411 f.
Betriebs-punkt-eigenschaftskarte 413
— —-riß 408
— -rißwerk 305, 410 f.
— -technische Risse, Karten, Pläne 412
— -wirtschaftliche Risse, Karten, Pläne 413
Bezugsfläche 3
Bildgröße 316
Bildmessungen 298 f.
—, Erd- 302 f.
—, Luft- 298 f.
—, Raum- (Stereo-) 301
Bildweite 39 f.
Blatt 358
Blatt-bezeichnung 314
— -einteilung 314
— -größe 316
Bodensenkungs-nivellement 192
— -plan 193
Bogenmaß 32
Bohrrisse 396, 398
Böschungswinkel beim Schrägstoß 380
Bosshardt-Zeiss-Tachymeter 208
Branddämme 403, 405
Brandfelder 402
— -liste 397
Brandschutzplan 414
Brechungs-gesetz 38
— -winkel 5 f.
Breitenkreis 84
Brennweite 39 f.
Bussole 254
—, Messungen mit 260

COLLINscher Hilfspunkt 110 f.

Darstellung der Faltung 355
— — Gebirgsschichten 367
— — Gebirgsstörungen 357
— — Lagerungsverhältnisse 354 f.
Darstellungen 304 f.
Darstellungsarten 305
Deckgebirgskarten 418
Deklination 5, 242 f.
—, Ermittlung und Änderung 242 f.
Deklinatorium, Kreisel- 239
—, Präzisions- 243, 246
—, Spiegel- 242
Deutsche Grundkarte 421
Diopter 41
Doppelbildvorsatz 207, 209
— für Hängetheodolit 210
Doppel-lagerung 363
— -lotung 222, 225 f.
— —, Genauigkeit 230
— -messung 14
Dreiecks-kette 104
— -messung 98 f.
— -netz 100, 312

Dreieckspunkte 98
Drucktechnische Verfahren 373
Durchleuchtungstisch 369
Durchschlagsangaben 286

Einfallen 264
—, Ermittlung 265, 376
—, Gruppen 390
Einfall-richtung 264
— -stärke 264
Einrechnungszug 115
Einschneideverfahren 105 f.
Einsinken von Gebirgsfalten 356
— der Nivellierlatte 194
Einstandentfernungsmesser 210
Einwirkung des Abbaus 193
Einwirkungs-grenze 193
— -grenzen 381 f.
Elektronische Datenverarbeitung 141, 337, 408
— Entfernungsmessung 103, 216
Elektrooptische Entfernungsmessung 216
Ellipsoid 84
Entfernungsmessendes Strichkreuz 199
Entzerrungsgerät 299
Erdbildmessung 302
Erde, Gestalt 84
—, Größe 84
—, Krümmung 86, 157
—, Radius 85
—, Umfang 85
Ergänzungswinkel 65, 66, 71
Ewige Teufe 425, 427, 428
Exzentrisch gemessene Winkel 78 f.
Exzentrisches Fernrohr 57
Exzentrische Lotung 225
Exzentrizitätsfehler 63, 81

Fallinie 264
Farbgebung 316
Faltung, Darstellung der 355
Fehler-fortpflanzung in Kompaß- und Theodolitzügen 262
— -fortpflanzungsgesetz 10
— -grenzen 19
— der Kompaßinstrumente 255
— — Längenmeßgeräte 22 f.
— — Längenmessungen 28 f.
—, mittlerer, scheinbarer, wahrer 11
— des Nivellements 193 f.
— — Theodolits 62 f.
— der Winkelmessung 81 f.
Feinmeßtheodolite 53
Feinmessungen 17
Feinnivellement 187
Feinstellschrauben 35, 52
Feinstrukturkarten 409
Feldmitteneinstellung 46
Fernrohr 41 f., 52

Fernrohrlage 65
—-träger 52
Festpunktbeschreibung 313
Festpunkte 3, 17f., 98
Festpunktnivellement 181
Feststellschrauben 35
Feuerlöschplan 412, 414
Firstpflock 17f.
Flächen-aufnahme 142
—-berechnung 142f.
—-bestimmung 142
—-bilder 359f.
—-formel nach GAUSS 144
— — — SIMPSON 146
—-inhaltsermittlung 144
—-nivellement 186
—-teilung 150
Flachrisse 307
—, Herstellung der 328ff., 332f.
Flachrißebene 308, 334
Flöz-archiv 407f.
— — und Datenverarbeitung 408
—-eigenschaftskarten 410
—-schnitte 268, 368
—-strukturkarten 418
—-wirtschaftlichkeit 390
Fluchtstäbe 19
Flur-bereinigung 420
—-buch 420
—-karten 419
—-stück 419
Fokussieren 42
Förder-ausbringen 388
—-menge 388
—-verluste 388
Formbeschreibung durch Wertlinien 336
Fortführung 420
Fund-grube 424, 427
—-punkt 392, 423, 427
—-sohle 427

Gasabsaugeleitungen 414
GAUSS-KRÜGERsche Koordinaten 91
GAUSSsche Flächenformel 149
— Koordinaten 89f.
Gebirgsschichten, Darstellung 357
—, Lage und Erstreckung 263
Gebirgsschichtenaufnahme 265f.
Gebirgsstörungen, Aufnahme 265
—, Ausrichtung 365
—, Darstellung 357, 399
Gefällmesser 49
Gegenstandsweite 39f.
Geodätische Grundlagen 312
Geographische Breite 87
— Koordinaten 86
— Länge 87
Geoid 84
Geologische Aufnahme unter Tage 263f.
— Flächen, Lagebestimmung von 265

Geometrische Darstellungen 307f.
Genauigkeit 10
— der Längenmessungen 28f.
— — Nivellements 193
— — Tachymetermessungen 212
— — Winkelmessungen 81
Geophysikalische Messungen 398
Geviertfelder 423
Gewichte 12f.
Gewichtseinheitsfehler 13
Gewinnungsverluste 388
Grad-bogen 50
— —-messung 160f.
— — —, Genauigkeit 161
—-maß 31
—-messung 84
—-scheibe 322
Gravierung 317
Grenzrisse 394, 396, 397
Grobstrukturkarten 409
Grubenbild 397f.
Gruben-bilder 396f.
— — — in verschiedenen Bergbauzweigen 406
—-felder 423
—-gaskarten 481
—-rißwerk 304, 396f., 415
Grund-kreis 51
—-linie 102
—-riß 307, 319

Hakenlinie 50
Haldenberechnung 389
Handzeichnungen 28, 29, 67, 69, 71, 73, 79, 135
Hangender Teil 358
Hängetheodolite 57f.
Hängetheodolitmessung 72f.
Hängezeug 50, 57, 250
Hammer-Fennel-Tachymeter 205
Haupt-schichtschnitt 312
—-zugnetz 116f., 119
Hochbilder 306
Hilfsbasis 215f.
Höchstenlinien 355
—-fläche 355
Hochwert 92
Höhen 9
—-bolzen 18, 181
—-festpunkte 181
—-kreis 43, 52
— —-bezifferung 43
— —-index, automatischer 53
— —-libelle 52, 75
—-linien 373, 401
— —-plan 187, 198
Höhenmessung, barometrische 195f.
—, mit Gefällmessern 49
—, geometrische 164f.
—, mit Nivellierinstrumenten 177f.

Höhenmessung, mit Schlauchwaagen 165f.
—, — Staffelzeug 164
—, trigonometrische 156f.
—, unmittelbare 152f.
Höhen-netze 190
—-zahlen 9
—-zeigerkreislibelle 52, 60, 75
Horizontalwinkel 64
Horizontierung 60, 61
Horizontschräge 194
Hydrologische Karten 418
Hyperbeltafel 145
Hypotenusenprobe 135

Inkohlungskarten 418
Instrumentenhöhe 156f., 201
Invar-bandlatten 176
—, Meßbänder aus 21
Isometrische Darstellung 340f.

Jülich-Bergische Bergordnung 424

Kanalwaage 165
Karbonoberflächenkarte 419
Karte 304
Karten-ebene 88
—-projektion 88
—-verzeichnisse 418, 421
Kartiergeräte 321
Kataster-bücher 420
—-karten 419
Keilstrich 171
Kippachsen 52, 62
—-fehler 63
Kippschraube 169, 178
Klein-aufnahme 136
—-dreiecksmessung 101f.
—-punktberechnung 129
Klemmschrauben 35, 52
Kleve-Märkische Bergordnung 423
Klüfte, Aufnahme der 269
Kohlenvorratsermittlung 386
Koinzidenz-libelle 170
—-mikroskop 44, 46, 53
Komparator 23
Kompaß, Aufstell- 252, 254
—-büchse 250
—, Fehler 255
—, Hänge- 250
—-messungen 250f.
—, Setz- 251
Kompensator 173f.
Kontophote 372
Koordinaten 7, 9, 86f.
—-Auswertegerät „Coorapid" 132
—-berechnung 120f.
—, Gausssche 89
—, Gauss-Krügersche 91
—, geographische 86

Koordinaten-netze 319
—-nullpunkt 8
—, rechtwinklig-sphärische 89
—, Soldnersche 89
—-system 9, 86f.
—-umformung 94f.
—-unterschiede, Berechnung 121
—-verzeichnis 313
Koordinatograph 321
Kopfmarkscheide 425, 428
Kreisel-deklinatorium 239, 242
—-theodolit 239
Kreis-teilungen 43
—-teilungsfehler 63
Kreuz-libellen 52
—-linien 364
Kuhlmannsche Zeichenmaschine 324
Kur-kölnische Bergordnung 424
—-triersche Bergordnung 424
Kurvenabsteckung über Tage 270f.
— unter Tage 293f.
Kurvenzeichnung 293

Lachter 431
—, Quadrat- 423, 431
Lageaufnahmen 133f.
—, Zulage der 321f.
Lagemessungen 17, 84f.
Lageriß für Erdöl- und Erdgasgewinnungsfelder 393
— — Mutungen 392
— — Teilung und Austausch 393
— — Vereinigung von Bergwerken 392
— — die Zulegung 393
Lagerstätten-archiv 2, 318, 407f.
—-entwurfsriß 310
—-karten 417
Lagerungsverhältnisse 2
—, Aufnahme 263f.
—, Darstellung 354f.
Landes-aufnahme 98
—-dreiecksnetz 101
—-vermessung 98f.
—-vermessungsamt 101
Längenänderung infolge Abbaus 193
Längen-einheit 20
—-fehler in Polygonzügen 120
—-felder 424
—-kreis 84
—-meßgeräte 20
—-messungen 19f., 26f.
—-nivellement 184
—-schnitte 310
Längsschnitte 310, 404
Laserlicht als Leitstrahl 138, 289
Laserlot 138
Leitnivellement 191
Lichtpausverfahren 370
Libellen 35
—-achse 35, 178

Libellen-angabe 37
—-berichtigung 36
—-blase 35
—, Dosen- 36
—-empfindlichkeit 37
—, Koinzidenz- 170
—, Kreuz- 52
—-prüfung 36
—, Röhren- 35, 52, 168
Liegender Teil 358
Liegenschafts-buch 420
—-kataster 419
Linsen 38f.
Lotdraht 221
Lote 19
Lot-gewicht 221
—-haspel 221
—-konvergenz 234
—-schwingung 154, 222
— —, Dauer der 154f.
—-signal 59
—-skalen 223
—-stange 221
—-umkehren 223
—-verfahren 225
Luftbild-auswertung 301f.
—-messung 298f.
Lupe 40

Mächtigkeit 367, 387
—, Messung der 266
Magdeburger Bergordnung 423
Magnet-orientierung 247f.
—-theodolit 242
—-warten 245
Magnetische Messungen 242f.
Markscheide 1
Markscheidekunde, Begriff u. Aufgabe 1
Markscheider-Ordnung 1
Markscheiderische Arbeiten 1
— Vermessungsgrundlagen 313
Maßen 425, 427, 431
Massenberechnung 281
Maßstäbe 313
Maßstabsfehler 104
Mauerbolzen 181
Mehrgewichtslotung 224
Meridian 4, 84
—-konvergenz 5, 92, 240, 247, 249
—, magnetischer 242
—, Null- 86
—-streifen 92
— —-system 91f.
Meridianweiser 239f.
—-messungen 120, 240
Meß-band 20f.
—-fehler 10
—-kette 21
—-latte 20f.
—-linien 3

Meß-punkte 3
Messungen, Einteilung 17
—, Grundbegriffe 3
Mikrometer, optische 45
—-trommel 171
Mikroskop 40
Militärperspektive 339
Mittelbare Entfernungsmessung 214f.
Mittelbildung, optische 46
Mittlerer Fehler 11
Modelle 306
Mulden-achse 356
—-achsenfläche 355
—-linie 356
—-tiefstenlinie 355
—-tiefstes 355
—-umfahrung 310
—-wendung 310
Multiplikationskonstante 199, 211, 213
Mutungsriß 391
Mutungsübersichtskarte 392

Nachtrage-bücher 406
—-fristen 405
—-theodolite 57
Nachtragsmessung 17, 120, 210
Nachtragung 405
Nadelabweichung 5, 249, 253
—, Ermittlung der 261
Nebenzug 117, 120
Neigungswinkel 7
—, Messung von 49, 50, 75f., 160. 161
Netz-linien 319
—-pläne 395
Neugradteilung 31
Nivellement, Ausführung und Berechnung 180f.
— aus der Mitte 179
Nivelliere 168f.
—, Bau- 170, Tafeln 24 und 25
—, Fein- 170f., 174, Tafeln 21 und 22
—, Ingenieur- 170, Tafel 23
Nivellierinstrumente 168f., Tafeln 21 bis 25
— mit festen Teilen 168
— — Kippschraube 169
— — Planplattenmikrometer 171
— — Röhrenlibellen 168f.
— — Selbsteinwägung 172f., 180
Nivellierlatten 175
— mit Invarband 176f.
Nivellierzollstock 177
Nonienmikroskop 44
Nonius 44
Normal-feld 423
—-meter 20, 23
—-Null (NN.) 9, 312
—-Nullfläche 3, 85
Normen 318
Nullpunktfehler bei Nivellierlatten 177

Oberbau des Theodolits 51f.
Objektiv 39, 41
— -linse 42
Okular 39, 41
Optische Punkt- und Richtungsübertragung 235f.
Optisches Lot 55, 57
Ordinate 92
Orientierungsmessungen 220f.
— mit optischen Verfahren 235f.
— — Vermessungskreiselgeräten 238f.
Orthogonale Projektion 307, 333
Orthogonalverfahren 134
Ortung 235
Ortungszahl bei Schachtlotung 223

Parallaktisches Dreieck 198, 201
Parallaktischer Winkel 198, 214
Parallelglastafel 145
Parallelperspektive 338f.
Paßpunktbestimmung 219
Perspektivische Darstellungen 338f.
Pentagonprisma 48f.
Pfriem 18, 58
Photo-grammetrie 298f.
— -graphische Verfahren 371f.
— -kopiergeräte 372
— -theodolit 303
Plagionale Projektion 333
Plan 304
Planimeter 146f.
— -harfe 145
—, Kompensations- 146
—, Polar- 146
—, Roll- 148
Plan-plattenmikrometer 171
— -quadrate 320
Pantograph 369
Polarisator 139, 236
Polar-koordinaten 7
— — -verfahren 134
— -koordinatograph 324f.
— -perspektive 346
Polhöhe 87
Polygon-punkte 17f., 117
— -messung 115f.
— -zug 115
— —, offener 118
— — über Tage 117
— — unter Tage 119
Pressung 193
Prismen 37
—, Doppel- 49
—, Pentagon- 48
— -trommel 49
Produktionsüberwachung 413
Projektion 89
Projektionen 307f.
Projektions-ebenen 307
— -strahlen 307

Projektions-verbesserung 90, 116
— -zeichengerät HAIBACH 350
Prüfmeter 20
Prüfung der Längenmeßgeräte 23f.
— des Nivellierinstruments 178f.
— der Tachymeter 212f.
— des Theodolits 62f.
Prüfung von Nivellierlatten 25
Punktbezeichnung 19
Punktübertragung 221
— durch Laserstrahl 235
—, optische 235
Punktvermarkung 17

Quadranten 9
Quadratnetz 319, 327, 331
Quer-abstandslinien 336
— -abweichung 128
— -neigung 380
— -schnitte 309, 404
— -verschwenkung 120

Rasterpläne 408
Raumbildliche Darstellungen 351f.
Rechtswert 92
Reduktionszirkel 369
Reduziertes Mittel 67f., 71
Regler 173f.
Reichsfestpunktfeld 101
Reihenbildmeßkammer 299
Repetitions-klemme 57, 71
— -winkelmessung 68f.
Reproduktionsgeräte 372
Richtungen 4
Richtungsangaben für Grubenbaue 284f
Richtungsübertragung 225f.
—, Berechnung 121
— durch Doppellotverfahren 225f.
— — Einrechnungsverfahren 230f.
—, optische 235f.
— mit polarisiertem Licht 236
— — Vermessungskreiselgeräten 238f.
Ringeisen 17, 19
Riß 304
— -arten 307f.
— -, Karten- und Planwerke 391
— -muster 378, 397
Rohkohlenvorrat 388
Röhrenlibelle 35, 52, 61, 168f.
Rohr-leitungspläne 414
— -pläne 412
Rollbandmaß 21
Rollenschiefe 148
Rückwärtseinschneiden 108f.
Ruhelage der Lote, Ermittlung 222

Sammellinsen 38
Sattel-achse 356
— -achsenfläche 355
— -höchstenlinie 355

Sattel-höchstes 355
— -linie 356
— -umfahrung 310
— -wendung 310
Satzmessung 67 f.
Schachtausbau, Einmessung 137 f.
Schächte, Angaben für 295 f.
Schacht-einbauten, Einmessung 138
— -lotgerät 221, 235
— -lotung 221 f.
— -meßband 21, 153
— -scheiben 138
Schachtteufenmessung 152 f.
—, Genauigkeit 155
Schachtvermessung 137
— mit polarisiertem Licht 138 f.
— — zwei Loten 138
Schaltlinse 42
Schätzmikroskop 44
Schaubilder 306
Schichtenschnitte 311, 368
Schichtlinien 373, 401
— -plan 187, 198, 373
Schieflagemessung 166
Schienenoberkante (S. O.) 9
Schlauchwaage 165
—, Genauigkeit 166, 168
—, Präzisions- 167
Schlesische (revidierte) Bergordnung 423
Schlechten, Aufnahme von 269
Schnitte 308 f.
—, Konstruktion der 331 f.
Schnitt-linien (Spuren) 308, 316, 331, 399
— -risse 396, 403
— -winkel 378
Schnurlot 19
Schrägstoßangaben 379
Schrägwinkel 380
Schriftart 316
Schubweite 358
Schürfrisse 394
Schüttungszahl 388
Schutzbereich gegen das Deckgebirge 381
— an Markscheiden 383
Schutz-bereiche 381 f.
— -bezirke 381 f., 405
Schutzzonen für Schächte 383
Schwebende Messung 28
Schwingungsbeobachtungen bei Schachtlotungen 222
Seiger-abstandslinien 336
— -lage des Schachtlotes, Berechnung der 222
— -risse 307
— —, Konstruktion der 326 f., 332 f.
Seigerriß-ebene 327, 334
— -spur 327
Seigerteufe 8, Tafeln 1 und 6

Seigerteufe, Berechnung 161, Tafel 1
Seitwärtseinschneiden 105
Selbsteinwägung 172 f.
Senkungs-mulde 193
— -plan 193
Sexagesimalteilung 31
Sicherheitspfeiler 381, 383, 405
Sicherungsrechnungen 126
Signaltürme 99
SIMPSONsche Flächenformel 146
— Regel 388
Skalenmikroskop 44
Sohle 8, Tafeln 1 und 6
—, Berechnung 161, Tafel 1
Sohlenfarben 317
Sohlenrisse 312, 396, 399
Söhlige Schnitte 311
SOLDNERsche Koordinaten 89 f.
Sonderkonstruktionen 373 f.
Sonderrisse, -karten und -pläne 416
Spannungsmesser 23, 116
Speicher, unterirdische 407
Sphärischer Exzeß 100
Spiegel 37
Spiegeldeklinatorium 242
Sprung 357 f.
Sprung-höhe (Seigerverwurf) 358
— -weite (flache Sprunghöhe) 358
Staffelmessung 27, 164
—, Genauigkeit 164
Stahlmeßband 20
Standwasser 402, 405
— -liste 397
Stativ 33
—, Aufstellung 61
Steckhülse 53, 82
Stehachsen 52, 61, 62, 178
— -fehler 62
Stehengebliebener Teil 358
Steilsichtfernrohr 139
Stereo-bildmessung 299 f.
— -komparator 303
— -planigraph 302
— -top 301
Stereoskopische Raumbilder 351
Störungsflächen 357
Strahlenbrechung 38, 157, 194
Strahlengang bei Fernrohren 41 f.
— — Linsen 39 f.
Stratigraphische Feinaufnahme 267
— Karten 409, 418
Streichen 263
—, Ermittlung 264, 376
Streich-linie 264
— -winkel 5, 263
Strichkreuz 41 f.
—, Keil- 171
Strichmaßstab 314
Stückvermessung 133
Stufen 18

Stunde 284
Stunden-hängen (Richtungsangaben) 284 f.
—-punkte 284
SVP-Gerät 139

Tachymeter 198
—, Diagramm- 205
—, Doppelbild- 207 f.
—-formeln 199 f.
—-messungen 197 f.
—, selbstreduzierende 203 f.
— mit veränderlichem Strichabstand 204
Tagebaugrundriß 407
Tageriß 312, 396, 398, 411
Teilkoordinaten 7
Teilkreis 51 f.
—-fehler 63
Teilung eines Grubenfeldes 150
Tektonische Karten 410, 418
Temperaturmeßgeräte 22
Teufenmessung 152 f.
—, Genauigkeit 155
— mit Lotschwingungen 154
— — Stahlmeßbändern 152
Theodolite 51 f., Tafeln 9 bis 20
—, Aufstellung 61
—, Berichtigung 62 f.
—, Einrichtung 51 f.
—, Einteilung 51
—, Fehler 62 f.
—, Feinmeß- 53 f.
—, Hänge- 57 f.
—, Mikroskop- 51, 53 f.
—, Nachtrage- 57 f.
—, Nonien- 51 f.
Theodolitkreisel (Aufsatzgerät) 239
Tiefstenlinien 355
—-fläche 355
Titelblätter 396, 397
Topographische Karten 418, 421
Transversalmaßstab 314
Trassierungen 279
Triangulierung 98 f.
Trigonometrische Höhenmessung 156 f.
— Punkte 98
Trilateration 219

Übergangsbogen, Absteckung und Berechnung 277 f.
Überschiebung 358
Überschobener Teil 358
Übersichtskarten 417 f.
—-werke 305, 417, 421
Unfallbilder 307
Universal-darstellungsgerät nach ROUTSCHEK 350
—-Perspektivzeichner SCHARF-RELLENSMANN 348
Unterbau des Theodolits 51

Urmeter 20
Ursprungsrisse 332

Variationen der Deklination 244
Verbindungszug 117, 120
Vergrößern von Zeichnungen 369, 371
Vergrößerung 40, 41, 43
Vergrößerungsnetz 99, 102
Verkleinern von Zeichnungen 369, 371
Verleihungsrisse 391
Vermarkung 17 f.
Vermessungs-grundlagen 312
—-horizonte 85
—-kreiselgeräte 238 f.
—-linie 427
Versatzdarstellung 402, 405
Verschiebung 193, 358
Verschiebungsweite 358
Verschobener Teil 358
Vervielfältigung 368 f.
Verwerfung 357
Verwertbare Fördermenge 388
Verzerrung der Längen 90, 116
— — Winkel 90
Vierung 424, 428
Vorratsberechnungen 386 f.
Vorsetzlänge 380
Vorwärtseinschneiden 105 f.

Wandarme 34
Wasser-dämme 403, 405
—-haltungsplan 412
—-leitungsplan 412
—-streckenriß 407
Wechsel 357
—-punkt 181
Wendelatten 177
Wertlinien 336
Wetterführungsplan 319, 413
Wiederholungswinkelmessung 68 f.
Winkel 4
—-abschlußfehler, Berechnung 123
—-einheit 31
—, Fehler 81 f.
—-fehler in Polygonzügen 120
—-meßinstrumente 33
—-messung 30, 64 f.
— — im Dreieck 76 f.
— — mit exzentrischem Fernrohr 80 f.
— — — dem Hängetheodolit 72
—-prisma 47
—-spiegel 47

Zeichengrundstoffe 317
Zeichentechnische Grundlagen 313 f.
Zeiger 44
—-fehler am Höhenkreis 64
—-kreis 51 f.
Zeitpläne 413
Zenitdistanz 43

Zenit-okulare für Steilsichten 55
— -winkel 7
Zentesimalteilung 31
Zentral-perspektive 346
— -schraube 35, 61
Zentrier-elemente 79 f.
— -fehler 81
— -marke 53, 64
Zentrierung exzentrisch gemessener Winkel 78 f.
— des Theodolits 52, 61
Zentrische Lotung 225
Zerrung 193
Zerstreuungslinse 38

Ziel-achsen 62, 179
— — -fehler 62
— -fehler 81
— -vorrichtungen 41 f.
— -weiten bei Nivellements 183
— -zeichen 53, 58, 82
Zulage 321 f.
— einer Schachtvermessung 141
— -transporteur 323
Zulegerißwerk 304, 394 f.
Zwangszentrierung 53, 59. 62. 82 f., 103
Zweifarben-Lichtpausen 371
Zwischenpunkt 182

Tafel-Anhang

I. Zahlentafeln
1 bis 3

Tafel 1
(links)

Seigerteufe

Gon	0,0g	0,1	0,2	0,3	0,4	0,5	0,6	0,7	0,8	0,9	1,0	
						Sinus						
0	0,000	0,002	0,003	0,005	0,006	0,008	0,009	0,011	0,013	0,014	0,016	99
1	0,016	0,017	0,019	0,020	0,022	0,024	0,025	0,027	0,028	0,030	0,031	98
2	0,031	0,033	0,035	0,036	0,038	0,039	0,041	0,042	0,044	0,046	0,047	97
3	0,047	0,049	0,050	0,052	0,053	0,055	0,056	0,058	0,060	0,061	0,063	96
4	0,063	0,064	0,066	0,068	0,069	0,071	0,072	0,074	0,075	0,077	0,078	95
5	0,078	0,080	0,082	0,083	0,085	0,086	0,088	0,089	0,091	0,092	0,094	94
6	0,094	0,096	0,097	0,099	0,100	0,102	0,104	0,105	0,107	0,108	0,110	93
7	0,110	0,111	0,113	0,114	0,116	0,118	0,119	0,121	0,122	0,124	0,125	92
8	0,125	0,127	0,128	0,130	0,132	0,133	0,135	0,136	0,138	0,139	0,141	91
9	0,141	0,142	0,144	0,146	0,147	0,149	0,150	0,152	0,153	0,155	0,156	90
10	0,156	0,158	0,160	0,161	0,163	0,164	0,166	0,167	0,169	0,170	0,172	89
11	0,172	0,174	0,175	0,177	0,178	0,180	0,181	0,183	0,184	0,186	0,187	88
12	0,187	0,189	0,190	0,192	0,194	0,195	0,197	0,198	0,200	0,201	0,203	87
13	0,203	0,204	0,206	0,207	0,209	0,210	0,212	0,214	0,215	0,217	0,218	86
14	0,218	0,220	0,221	0,223	0,224	0,226	0,227	0,229	0,230	0,232	0,233	85
15	0,233	0,235	0,236	0,238	0,240	0,241	0,243	0,244	0,246	0,247	0,249	84
16	0,249	0,250	0,252	0,253	0,255	0,256	0,258	0,259	0,261	0,262	0,264	83
17	0,264	0,265	0,267	0,268	0,270	0,271	0,273	0,274	0,276	0,278	0,279	82
18	0,279	0,280	0,282	0,284	0,285	0,286	0,288	0,290	0,291	0,292	0,294	81
19	0,294	0,296	0,297	0,298	0,300	0,302	0,303	0,304	0,306	0,308	0,309	80
20	0,309	0,310	0,312	0,314	0,315	0,316	0,318	0,320	0,321	0,322	0,324	79
21	0,324	0,325	0,327	0,328	0,330	0,331	0,333	0,334	0,336	0,337	0,339	78
22	0,339	0,340	0,342	0,343	0,345	0,346	0,348	0,349	0,350	0,352	0,354	77
23	0,354	0,355	0,356	0,358	0,359	0,361	0,362	0,364	0,365	0,367	0,368	76
24	0,368	0,370	0,371	0,372	0,374	0,375	0,377	0,378	0,380	0,381	0,383	75
25	0,383	0,384	0,386	0,387	0,388	0,390	0,391	0,393	0,394	0,396	0,397	74
26	0,397	0,399	0,400	0,402	0,403	0,404	0,406	0,407	0,409	0,410	0,412	73
27	0,412	0,413	0,414	0,416	0,417	0,419	0,420	0,422	0,423	0,424	0,426	72
28	0,426	0,427	0,429	0,430	0,432	0,433	0,434	0,436	0,437	0,438	0,440	71
29	0,440	0,441	0,443	0,444	0,446	0,447	0,448	0,450	0,451	0,453	0,454	70
30	0,454	0,455	0,457	0,458	0,460	0,461	0,462	0,464	0,465	0,466	0,468	69
31	0,468	0,469	0,471	0,472	0,474	0,475	0,476	0,478	0,479	0,480	0,482	68
32	0,482	0,483	0,484	0,486	0,487	0,489	0,490	0,491	0,493	0,494	0,496	67
33	0,496	0,497	0,498	0,500	0,501	0,502	0,504	0,505	0,506	0,508	0,509	66
34	0,509	0,510	0,512	0,513	0,514	0,516	0,517	0,518	0,520	0,521	0,522	65
35	0,522	0,524	0,525	0,526	0,528	0,529	0,530	0,532	0,533	0,534	0,536	64
36	0,536	0,537	0,538	0,540	0,541	0,542	0,544	0,545	0,546	0,548	0,549	63
37	0,549	0,550	0,552	0,553	0,554	0,556	0,557	0,558	0,560	0,561	0,562	62
38	0,562	0,563	0,565	0,566	0,567	0,569	0,570	0,571	0,572	0,574	0,575	61
39	0,575	0,576	0,578	0,579	0,580	0,581	0,583	0,584	0,585	0,586	0,588	60
40	0,588	0,589	0,590	0,592	0,593	0,594	0,595	0,597	0,598	0,599	0,600	59
41	0,600	0,602	0,603	0,604	0,605	0,607	0,608	0,609	0,610	0,612	0,613	58
42	0,613	0,614	0,615	0,617	0,618	0,619	0,620	0,622	0,623	0,624	0,625	57
43	0,625	0,626	0,628	0,629	0,630	0,631	0,633	0,634	0,635	0,636	0,637	56
44	0,637	0,639	0,640	0,641	0,642	0,644	0,645	0,646	0,647	0,648	0,649	55
45	0,649	0,651	0,652	0,653	0,654	0,655	0,657	0,658	0,659	0,660	0,661	54
46	0,661	0,662	0,664	0,665	0,666	0,667	0,668	0,670	0,671	0,672	0,673	53
47	0,673	0,674	0,675	0,676	0,678	0,679	0,680	0,681	0,682	0,683	0,685	52
48	0,685	0,686	0,687	0,688	0,689	0,690	0,691	0,692	0,694	0,695	0,696	51
49	0,696	0,697	0,698	0,699	0,700	0,702	0,703	0,704	0,705	0,706	0,707	50
						Cosinus						
	1,0	0,9	0,8	0,7	0,6	0,5	0,4	0,3	0,2	0,1	0,0g	Gon

Sohle

Tafel 1
(rechts)

Seigerteufe

Gon	0,0g	0,1	0,2	0,3	0,4	0,5	0,6	0,7	0,8	0,9	1,0	
						Sinus						
50	0,707	0,708	0,709	0,710	0,712	0,713	0,714	0,715	0,716	0,717	0,718	49
51	0,718	0,719	0,720	0,721	0,722	0,724	0,725	0,726	0,727	0,728	0,729	48
52	0,729	0,730	0,731	0,732	0,733	0,734	0,735	0,736	0,738	0,739	0,740	47
53	0,740	0,741	0,742	0,743	0,744	0,745	0,746	0,747	0,748	0,749	0,750	46
54	0,750	0,751	0,752	0,753	0,754	0,755	0,756	0,757	0,758	0,759	0,760	45
55	0,760	0,761	0,762	0,764	0,764	0,766	0,766	0,768	0,768	0,770	0,770	44
56	0,770	0,772	0,772	0,774	0,774	0,776	0,776	0,778	0,778	0,779	0,780	43
57	0,780	0,781	0,782	0,783	0,784	0,785	0,786	0,787	0,788	0,789	0,790	42
58	0,790	0,791	0,792	0,793	0,794	0,795	0,796	0,797	0,798	0,799	0,800	41
59	0,800	0,801	0,802	0,802	0,803	0,804	0,805	0,806	0,807	0,808	0,809	40
60	0,809	0,810	0,811	0,812	0,813	0,814	0,814	0,815	0,816	0,817	0,818	39
61	0,818	0,819	0,820	0,821	0,822	0,823	0,824	0,824	0,825	0,826	0,827	38
62	0,827	0,828	0,829	0,830	0,831	0,832	0,832	0,833	0,834	0,835	0,836	37
63	0,836	0,837	0,838	0,838	0,839	0,840	0,841	0,842	0,843	0,844	0,844	36
64	0,844	0,845	0,846	0,847	0,848	0,848	0,849	0,850	0,851	0,852	0,853	35
65	0,853	0,854	0,854	0,855	0,856	0,857	0,858	0,858	0,859	0,860	0,861	34
66	0,861	0,862	0,862	0,863	0,864	0,865	0,866	0,866	0,867	0,868	0,869	33
67	0,869	0,869	0,870	0,871	0,872	0,872	0,873	0,874	0,875	0,876	0,876	32
68	0,876	0,877	0,878	0,879	0,879	0,880	0,881	0,882	0,882	0,883	0,884	31
69	0,884	0,884	0,885	0,886	0,887	0,887	0,888	0,889	0,890	0,890	0,891	30
70	0,891	0,892	0,892	0,893	0,894	0,894	0,895	0,896	0,897	0,897	0,898	29
71	0,898	0,899	0,899	0,900	0,901	0,902	0,902	0,903	0,904	0,904	0,905	28
72	0,905	0,906	0,906	0,907	0,908	0,908	0,909	0,909	0,910	0,911	0,911	27
73	0,911	0,912	0,913	0,913	0,914	0,915	0,915	0,916	0,916	0,917	0,918	26
74	0,918	0,918	0,919	0,920	0,920	0,921	0,922	0,922	0,923	0,923	0,924	25
75	0,924	0,924	0,925	0,926	0,926	0,927	0,927	0,928	0,929	0,929	0,930	24
76	0,930	0,930	0,931	0,932	0,932	0,933	0,933	0,934	0,934	0,935	0,935	23
77	0,935	0,936	0,937	0,937	0,938	0,938	0,939	0,939	0,940	0,940	0,941	22
78	0,941	0,941	0,942	0,942	0,943	0,944	0,944	0,945	0,945	0,946	0,946	21
79	0,946	0,947	0,947	0,948	0,948	0,949	0,949	0,950	0,950	0,951	0,951	20
80	0,951	0,952	0,952	0,952	0,953	0,953	0,954	0,954	0,955	0,955	0,956	19
81	0,956	0,956	0,957	0,957	0,958	0,958	0,958	0,959	0,959	0,960	0,960	18
82	0,960	0,961	0,961	0,962	0,962	0,962	0,963	0,963	0,964	0,964	0,965	17
83	0,965	0,965	0,965	0,966	0,966	0,967	0,967	0,967	0,968	0,968	0,969	16
84	0,969	0,969	0,969	0,970	0,970	0,970	0,971	0,971	0,972	0,972	0,972	15
85	0,972	0,973	0,973	0,974	0,974	0,974	0,974	0,975	0,975	0,976	0,976	14
86	0,976	0,976	0,977	0,977	0,977	0,978	0,978	0,978	0,979	0,979	0,979	13
87	0,979	0,980	0,980	0,980	0,980	0,981	0,981	0,981	0,982	0,982	0,982	12
88	0,982	0,983	0,983	0,983	0,983	0,984	0,984	0,984	0,985	0,985	0,985	11
89	0,985	0,985	0,986	0,986	0,986	0,986	0,987	0,987	0,987	0,987	0,988	10
90	0,988	0,988	0,988	0,988	0,989	0,989	0,989	0,989	0,990	0,990	0,990	9
91	0,990	0,990	0,990	0,991	0,991	0,991	0,991	0,992	0,992	0,992	0,992	8
92	0,992	0,992	0,992	0,993	0,993	0,993	0,993	0,993	0,994	0,994	0,994	7
93	0,994	0,994	0,994	0,994	0,995	0,995	0,995	0,995	0,995	0,995	0,996	6
94	0,996	0,996	0,996	0,996	0,996	0,996	0,996	0,996	0,997	0,997	0,997	5
95	0,997	0,997	0,997	0,997	0,997	0,998	0,998	0,998	0,998	0,998	0,998	4
96	0,998	0,998	0,998	0,998	0,998	0,998	0,999	0,999	0,999	0,999	0,999	3
97	0,999	0,999	0,999	0,999	0,999	0,999	0,999	0,999	0,999	1,000	1,000	2
98	1,000	1,000	1,000	1,000	1,000	1,000	1,000	1,000	1,000	1,000	1,000	1
99	1,000	1,000	1,000	1,000	1,000	1,000	1,000	1,000	1,000	1,000	1,000	0
						Cosinus						
	1,0	0,9	0,8	0,7	0,6	0,5	0,4	0,3	0,2	0,1	0,0g	Gon

Sohle

Tafel 2
(links)

Zahlentafel zur Verwandlung

0	g	c	cc	0	g	c	cc	0	g	c	cc	0	g	c	cc	0	g	c	cc
1	1	11	11	46	51	11	11	91	101	11	11	136	151	11	11	181	201	11	11
2	2	22	22	47	52	22	22	92	102	22	22	137	152	22	22	182	202	22	22
3	3	33	33	48	53	33	33	93	103	33	33	138	153	33	33	183	203	33	33
4	4	44	44	49	54	44	44	94	104	44	44	139	154	44	44	184	204	44	44
5	5	55	56	50	55	55	56	95	105	55	56	140	155	55	56	185	205	55	56
6	6	66	67	51	56	66	67	96	106	66	67	141	156	66	67	186	206	66	67
7	7	77	78	52	57	77	78	97	107	77	78	142	157	77	78	187	207	77	78
8	8	88	89	53	58	88	89	98	108	88	89	143	158	88	89	188	208	88	89
9	10	00	00	54	60	00	00	99	110	00	00	144	160	00	00	189	210	00	00
10	11	11	11	55	61	11	11	100	111	11	11	145	161	11	11	190	211	11	11
11	12	22	22	56	62	22	22	101	112	22	22	146	162	22	22	191	212	22	22
12	13	33	33	57	63	33	33	102	113	33	33	147	163	33	33	192	213	33	33
13	14	44	44	58	64	44	44	103	114	44	44	148	164	44	44	193	214	44	44
14	15	55	56	59	65	55	56	104	115	55	56	149	165	55	56	194	215	55	56
15	16	66	67	60	66	66	67	105	116	66	67	150	166	66	67	195	216	66	67
16	17	77	78	61	67	77	78	106	117	77	78	151	167	77	78	196	217	77	78
17	18	88	89	62	68	88	89	107	118	88	89	152	168	88	89	197	218	88	89
18	20	00	00	63	70	00	00	108	120	00	00	153	170	00	00	198	220	00	00
19	21	11	11	64	71	11	11	109	121	11	11	154	171	11	11	199	221	11	11
20	22	22	22	65	72	22	22	110	122	22	22	155	172	22	22	200	222	22	22
21	23	33	33	66	73	33	33	111	123	33	33	156	173	33	33	201	223	33	33
22	24	44	44	67	74	44	44	112	124	44	44	157	174	44	44	202	224	44	44
23	25	55	56	68	75	55	56	113	125	55	56	158	175	55	56	203	225	55	56
24	26	66	67	69	76	66	67	114	126	66	67	159	176	66	67	204	226	66	67
25	27	77	78	70	77	77	78	115	127	77	78	160	177	77	78	205	227	77	78
26	28	88	89	71	78	88	89	116	128	88	89	161	178	88	89	206	228	88	89
27	30	00	00	72	80	00	00	117	130	00	00	162	180	00	00	207	230	00	00
28	31	11	11	73	81	11	11	118	131	11	11	163	181	11	11	208	231	11	11
29	32	22	22	74	82	22	22	119	132	22	22	164	182	22	22	209	232	22	22
30	33	33	33	75	83	33	33	120	133	33	33	165	183	33	33	210	233	33	33
31	34	44	44	76	84	44	44	121	134	44	44	166	184	44	44	211	234	44	44
32	35	55	56	77	85	55	56	122	135	55	56	167	185	55	56	212	235	55	56
33	36	66	67	78	86	66	67	123	136	66	67	168	186	66	67	213	236	66	67
34	37	77	78	79	87	77	78	124	137	77	78	169	187	77	78	214	237	77	78
35	38	88	89	80	88	88	89	125	138	88	89	170	188	88	89	215	238	88	89
36	40	00	00	81	90	00	00	126	140	00	00	171	190	00	00	216	240	00	00
37	41	11	11	82	91	11	11	127	141	11	11	172	191	11	11	217	241	11	11
38	42	22	22	83	92	22	22	128	142	22	22	173	192	22	22	218	242	22	22
39	43	33	33	84	93	33	33	129	143	33	33	174	193	33	33	219	243	33	33
40	44	44	44	85	94	44	44	130	144	44	44	175	194	44	44	220	244	44	44
41	45	55	56	86	95	55	56	131	145	55	56	176	195	55	56	221	245	55	56
42	46	66	67	87	96	66	67	132	146	66	67	177	196	66	67	222	246	66	67
43	47	77	78	88	97	77	78	133	147	77	78	178	197	77	78	223	247	77	78
44	48	88	89	89	98	88	89	134	148	88	89	179	198	88	89	224	248	88	89
45	50	00	00	90	100	00	00	135	150	00	00	180	200	00	00	225	250	00	00

Tafel 2 (rechts)

von alter in neue Winkelteilung

°	g	c	cc	°	g	c	cc	°	g	c	cc	′	g	c	cc	″	c	cc
												1		1	85	1		3
226	251	11	11	271	301	11	11	316	351	11	11	2		3	70	2		6
227	252	22	22	272	302	22	22	317	352	22	22	3		5	56	3		9
228	253	33	33	273	303	33	33	318	353	33	33	4		7	41	4		12
229	254	44	44	274	304	44	44	319	354	44	44	5		9	26	5		15
230	255	55	56	275	305	55	56	320	355	55	56	6		11	11	6		19
												7		12	96	7		22
												8		14	81	8		25
231	256	66	67	276	306	66	67	321	356	66	67	9		16	67	9		28
232	257	77	78	277	307	77	78	322	357	77	78	10		18	52	10		31
233	258	88	89	278	308	88	89	323	358	88	89	11		20	37	11		34
234	260	00	00	279	310	00	00	324	360	00	00	12		22	22	12		37
235	261	11	11	280	311	11	11	325	361	11	11	13		24	07	13		40
												14		25	93	14		43
												15		27	78	15		46
236	262	22	22	281	312	22	22	326	362	22	22	16		29	63	16		49
237	263	33	33	282	313	33	33	327	363	33	33	17		31	48	17		52
238	264	44	44	283	314	44	44	328	364	44	44	18		33	33	18		56
239	265	55	56	284	315	55	56	329	365	55	56	19		35	19	19		59
240	266	66	67	285	316	66	67	330	366	66	67	20		37	04	20		62
												21		38	89	21		65
241	267	77	78	286	317	77	78	331	367	77	78	22		40	74	22		68
242	268	88	89	287	318	88	89	332	368	88	89	23		42	59	23		71
243	270	00	00	288	320	00	00	333	370	00	00	24		44	44	24		74
244	271	11	11	289	321	11	11	334	371	11	11	25		46	30	25		77
245	272	22	22	290	322	22	22	335	372	22	22	26		48	15	26		80
												27		50	00	27		83
												28		51	85	28		86
246	273	33	33	291	323	33	33	336	373	33	33	29		53	70	29		90
247	274	44	44	292	324	44	44	337	374	44	44	30		55	56	30		93
248	275	55	56	293	325	55	56	338	375	55	56	31		57	41	31		96
249	276	66	67	294	326	66	67	339	376	66	67	32		59	26	32		99
250	277	77	78	295	327	77	78	340	377	77	78	33		61	11	33	1	02
												34		62	96	34	1	05
												35		64	81	35	1	08
251	278	88	89	296	328	88	89	341	378	88	89	36		66	67	36	1	11
252	280	00	00	297	330	00	00	342	380	00	00	37		68	52	37	1	14
253	281	11	11	298	331	11	11	343	381	11	11	38		70	37	38	1	17
254	282	22	22	299	332	22	22	344	382	22	22	39		72	22	39	1	20
255	283	33	33	300	333	33	33	345	383	33	33	40		74	07	40	1	23
												41		75	93	41	1	27
256	284	44	44	301	334	44	44	346	384	44	44	42		77	78	42	1	30
257	285	55	56	302	335	55	56	347	385	55	56	43		79	63	43	1	33
258	286	66	67	303	336	66	67	348	386	66	67	44		81	48	44	1	36
259	287	77	78	304	337	77	78	349	387	77	78	45		83	33	45	1	39
260	288	88	89	305	338	88	89	350	388	88	89	46		85	19	46	1	42
												47		87	04	47	1	45
												48		88	89	48	1	48
261	290	00	00	306	340	00	00	351	390	00	00	49		90	74	49	1	51
262	291	11	11	307	341	11	11	352	391	11	11	50		92	59	50	1	54
263	292	22	22	308	342	22	22	353	392	22	22	51		94	44	51	1	57
264	293	33	33	309	343	33	33	354	393	33	33	52		96	30	52	1	60
265	294	44	44	310	344	44	44	355	394	44	44	53		98	15	53	1	64
												54	1	00	00	54	1	67
												55	1	01	85	55	1	70
266	295	55	56	311	345	55	56	356	395	55	56	56	1	03	70	56	1	73
267	296	66	67	312	346	66	67	357	396	66	67	57	1	05	56	57	1	76
268	297	77	78	313	347	77	78	358	397	77	78	58	1	07	41	58	1	79
269	298	88	89	314	348	88	89	359	398	88	89	59	1	09	26	59	1	82
270	300	00	00	315	350	00	00	360	400	00	00	60	1	11	11	60	1	85

Tafel 3
(links)

Zahlentafel zur Verwandlung

g	°	′	g	°	′	g	°	′	g	°	′	g	°	′	g	°	′
1	0	54	51	45	54	101	90	54	151	135	54	201	180	54	251	225	54
2	1	48	52	46	48	102	91	48	152	136	48	202	181	48	252	226	48
3	2	42	53	47	42	103	92	42	153	137	42	203	182	42	253	227	42
4	3	36	54	48	36	104	93	36	154	138	36	204	183	36	254	228	36
5	4	30	55	49	30	105	94	30	155	139	30	205	184	30	255	229	30
6	5	24	56	50	24	106	95	24	156	140	24	206	185	24	256	230	24
7	6	18	57	51	18	107	96	18	157	141	18	207	186	18	257	231	18
8	7	12	58	52	12	108	97	12	158	142	12	208	187	12	258	232	12
9	8	06	59	53	06	109	98	06	159	143	06	209	188	06	259	233	06
10	9	00	60	54	00	110	99	00	160	144	00	210	189	00	260	234	00
11	9	54	61	54	54	111	99	54	161	144	54	211	189	54	261	234	54
12	10	48	62	55	48	112	100	48	162	145	48	212	190	48	262	235	48
13	11	42	63	56	42	113	101	42	163	146	42	213	191	42	263	236	42
14	12	36	64	57	36	114	102	36	164	147	36	214	192	36	264	237	36
15	13	30	65	58	30	115	103	30	165	148	30	215	193	30	265	238	30
16	14	24	66	59	24	116	104	24	166	149	24	216	194	24	266	239	24
17	15	18	67	60	18	117	105	18	167	150	18	217	195	18	267	240	18
18	16	12	68	61	12	118	106	12	168	151	12	218	196	12	268	241	12
19	17	06	69	62	06	119	107	06	169	152	06	219	197	06	269	242	06
20	18	00	70	63	00	120	108	00	170	153	00	220	198	00	270	243	00
21	18	54	71	63	54	121	108	54	171	153	54	221	198	54	271	243	54
22	19	48	72	64	48	122	109	48	172	154	48	222	199	48	272	244	48
23	20	42	73	65	42	123	110	42	173	155	42	223	200	42	273	245	42
24	21	36	74	66	36	124	111	36	174	156	36	224	201	36	274	246	36
25	22	30	75	67	30	125	112	30	175	157	30	225	202	30	275	247	30
26	23	24	76	68	24	126	113	24	176	158	24	226	203	24	276	248	24
27	24	18	77	69	18	127	114	18	177	159	18	227	204	18	277	249	18
28	25	12	78	70	12	128	115	12	178	160	12	228	205	12	278	250	12
29	26	06	79	71	06	129	116	06	179	161	06	229	206	06	279	251	06
30	27	00	80	72	00	130	117	00	180	162	00	230	207	00	280	252	00
31	27	54	81	72	54	131	117	54	181	162	54	231	207	54	281	252	54
32	28	48	82	73	48	132	118	48	182	163	48	232	208	48	282	253	48
33	29	42	83	74	42	133	119	42	183	164	42	233	209	42	283	254	42
34	30	36	84	75	36	134	120	36	184	165	36	234	210	36	284	255	36
35	31	30	85	76	30	135	121	30	185	166	30	235	211	30	285	256	30
36	32	24	86	77	24	136	122	24	186	167	24	236	212	24	286	257	24
37	33	18	87	78	18	137	123	18	187	168	18	237	213	18	287	258	18
38	34	12	88	79	12	138	124	12	188	169	12	238	214	12	288	259	12
39	35	06	89	80	06	139	125	06	189	170	06	239	215	06	289	260	06
40	36	00	90	81	00	140	126	00	190	171	00	240	216	00	290	261	00
41	36	54	91	81	54	141	126	54	191	171	54	241	216	54	291	261	54
42	37	48	92	82	48	142	127	48	192	172	48	242	217	48	292	262	48
43	38	42	93	83	42	143	128	42	193	173	42	243	218	42	293	263	42
44	39	36	94	84	36	144	129	36	194	174	36	244	219	36	294	264	36
45	40	30	95	85	30	145	130	30	195	175	30	245	220	30	295	265	30
46	41	24	96	86	24	146	131	24	196	176	24	246	221	24	296	266	24
47	42	18	97	87	18	147	132	18	197	177	18	247	222	18	297	267	18
48	43	12	98	88	12	148	133	12	198	178	12	248	223	12	298	268	12
49	44	06	99	89	06	149	134	06	199	179	06	249	224	06	299	269	06
50	45	00	100	90	00	150	135	00	200	180	00	250	225	00	300	270	00

Tafel 3
(rechts)

von neuer in alte Winkelteilung

g	°	′	g	°	′	c	′	″	c	′	″	cc	″	cc	″
301	270	54	351	315	54	1	0	32,4	51	27	32,4	1	0,3	51	16,5
302	271	48	352	316	48	2	1	04,8	52	28	04,8	2	0,6	52	16,8
303	272	42	353	317	42	3	1	37,2	53	28	37,2	3	1,0	53	17,2
304	273	36	354	318	36	4	2	09,6	54	29	09,6	4	1,3	54	17,5
305	274	30	355	319	30	5	2	42,0	55	29	42,0	5	1,6	55	17,8
306	275	24	356	320	24	6	3	14,4	56	30	14,4	6	1,9	56	18,1
307	276	18	357	321	18	7	3	46,8	57	30	46,8	7	2,3	57	18,5
308	277	12	358	322	12	8	4	19,2	58	31	19,2	8	2,6	58	18,8
309	278	06	359	323	06	9	4	51,6	59	31	51,6	9	2,9	59	19,1
310	279	00	360	324	00	10	5	24,0	60	32	24,0	10	3,2	60	19,4
311	279	54	361	324	54	11	5	56,4	61	32	56,4	11	3,6	61	19,8
312	280	48	362	325	48	12	6	28,8	62	33	28,8	12	3,9	62	20,1
313	281	42	363	326	42	13	7	01,2	63	34	01,2	13	4,2	63	20,4
314	282	36	364	327	36	14	7	33,6	64	34	33,6	14	4,5	64	20,7
315	283	30	365	328	30	15	8	06,0	65	35	06,0	15	4,9	65	21,1
316	284	24	366	329	24	16	8	38,4	66	35	38,4	16	5,2	66	21,4
317	285	18	367	330	18	17	9	10,8	67	36	10,8	17	5,5	67	21,7
318	286	12	368	331	12	18	9	43,2	68	36	43,2	18	5,8	68	22,0
319	287	06	369	332	06	19	10	15,6	69	37	15,6	19	6,2	69	22,4
320	288	00	370	333	00	20	10	48,0	70	37	48,0	20	6,5	70	22,7
321	288	54	371	333	54	21	11	20,4	71	38	20,4	21	6,8	71	23,0
322	289	48	372	334	48	22	11	52,8	72	38	52,8	22	7,1	72	23,3
323	290	42	373	335	42	23	12	25,2	73	39	25,2	23	7,5	73	23,7
324	291	36	374	336	36	24	12	57,6	74	39	57,6	24	7,8	74	24,0
325	292	30	375	337	30	25	13	30,0	75	40	30,0	25	8,1	75	24,3
326	293	24	376	338	24	26	14	02,4	76	41	02,4	26	8,4	76	24,6
327	294	18	377	339	18	27	14	34,8	77	41	34,8	27	8,7	77	24,9
328	295	12	378	340	12	28	15	07,2	78	42	07,2	28	9,1	78	25,3
329	296	06	379	341	06	29	15	39,6	79	42	39,6	29	9,4	79	25,6
330	297	00	380	342	00	30	16	12,0	80	43	12,0	30	9,7	80	25,9
331	297	54	381	342	54	31	16	44,4	81	43	44,4	31	10,0	81	26,2
332	298	48	382	343	48	32	17	16,8	82	44	16,8	32	10,4	82	26,6
333	299	42	383	344	42	33	17	49,2	83	44	49,2	33	10,7	83	26,9
334	300	36	384	345	36	34	18	21,6	84	45	21,6	34	11,0	84	27,2
335	301	30	385	346	30	35	18	54,0	85	45	54,0	35	11,3	85	27,5
336	302	24	386	347	24	36	19	26,4	86	46	26,4	36	11,7	86	27,9
337	303	18	387	348	18	37	19	58,8	87	46	58,8	37	12,0	87	28,2
338	304	12	388	349	12	38	20	31,2	88	47	31,2	38	12,3	88	28,5
339	305	06	389	350	06	39	21	03,6	89	48	03,6	39	12,6	89	28,8
340	306	00	390	351	00	40	21	36,0	90	48	36,0	40	13,0	90	29,2
341	306	54	391	351	54	41	22	08,4	91	49	08,4	41	13,3	91	29,5
342	307	48	392	352	48	42	22	40,8	92	49	40,8	42	13,6	92	29,8
343	308	42	393	353	42	43	23	13,2	93	50	13,2	43	13,9	93	30,1
344	309	36	394	354	36	44	23	45,6	94	50	45,6	44	14,3	94	30,5
345	310	30	395	355	30	45	24	18,0	95	51	18,0	45	14,6	95	30,8
346	311	24	396	356	24	46	24	50,4	96	51	50,4	46	14,9	96	31,1
347	312	18	397	357	18	47	25	22,8	97	52	22,8	47	15,2	97	31,4
348	313	12	398	358	12	48	25	55,2	98	52	55,2	48	15,6	98	31,8
349	314	06	399	359	06	49	26	27,6	99	53	27,6	49	15,9	99	32,1
350	315	00	400	360	00	50	27	00,0	100	54	00,0	50	16,2	100	32,4

II. Graphische Tafeln
(Rechenbilder)
4 bis 8

Tafel 4

Verbesserungen der aus Messungen erhaltenen söhligen Längen infolge Lotkonvergenz. $v_1 = \dfrac{h}{r} \cdot s$

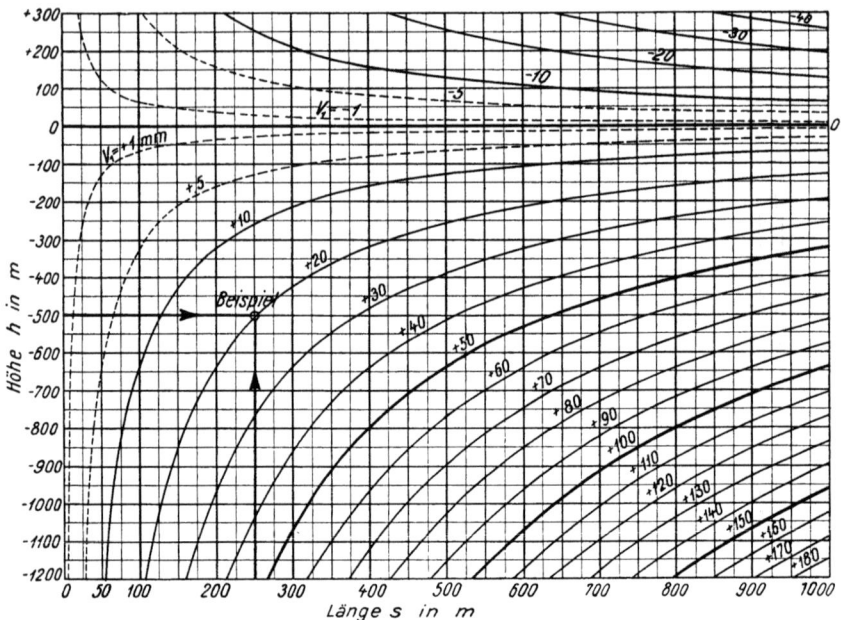

Verbesserungen der aus Messungen erhaltenen söhligen Längen infolge Verzerrung durch die GAUSSsche Abbildung. $v_2 = \dfrac{y^2}{2\,r^2} \cdot s$

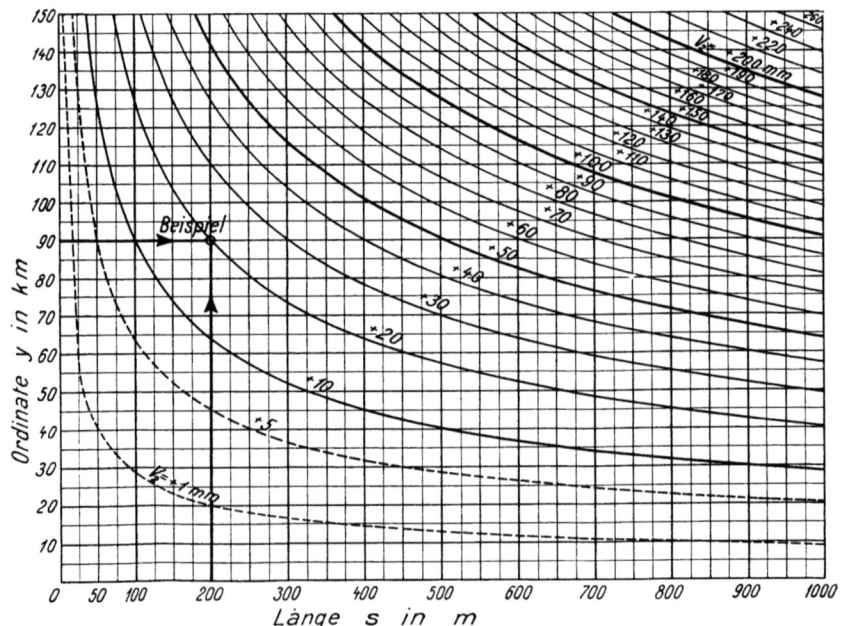

Tafel 5

Gesamtverbesserungen einer aus Messungen erhaltenen söhligen Länge von 1000 m infolge Lotkonvergenz und Verzerrung durch die GAUSSsche Abbildung. $v = \dfrac{h}{r} + \dfrac{y^2}{2\,r^2} \cdot 1000$

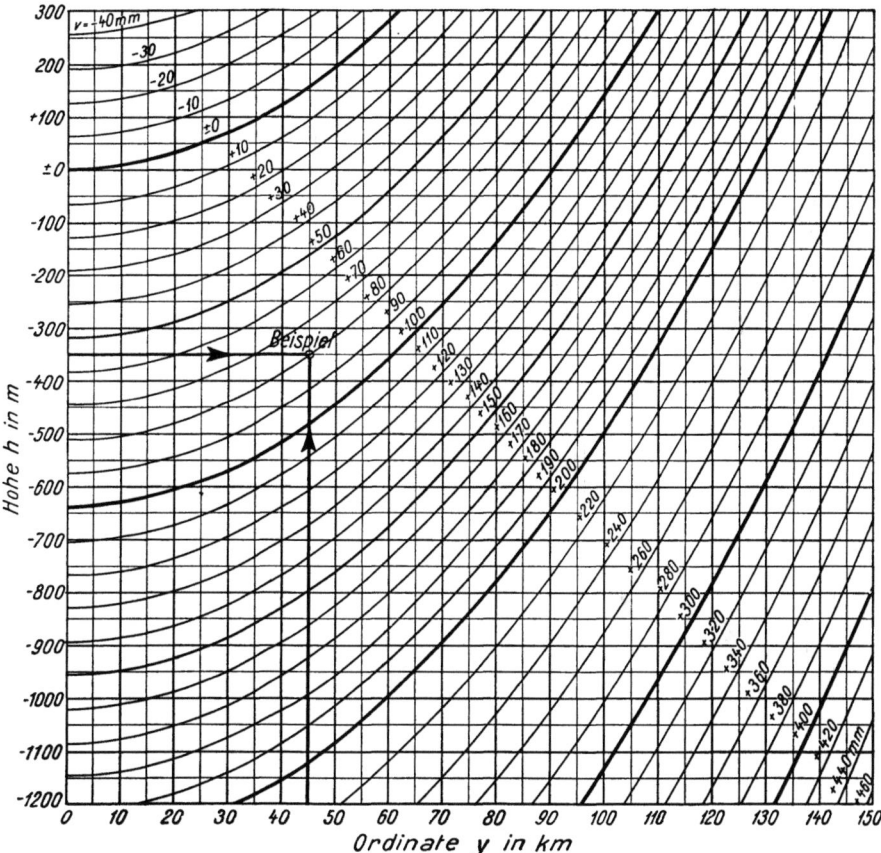

Beispiel zur Tafel 5: Für $y = 45$ km oder $R = {}^{2545}$ bzw. ^{2455} km, $h = -350$ m NN und $s = 1000$ m, ist $v = +80$ mm

Beispiel zur Tafel 4 oben: Für $s = 250$ m und $h = -500$ m NN, ist $v_1 = +20$ mm
Beispiel zur Tafel 4 unten: Für $s = 200$ m und $y = \pm 90$ km, ist $v_2 = +20$ mm

Tafel 6

Ermittlung von Seigerteufen und Sohlen

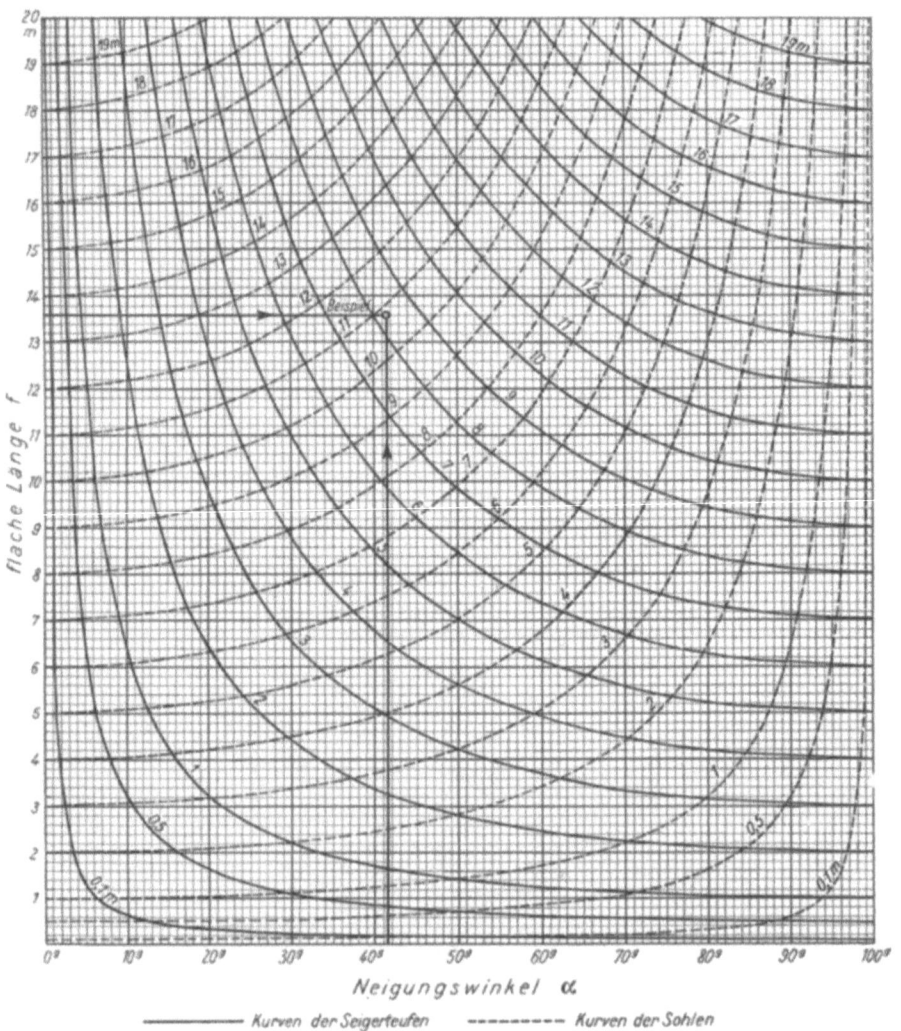

——— Kurven der Seigerteufen   --------- Kurven der Sohlen

Beispiel: Für $f = 13{,}60$ m und $\alpha = +41{,}5^g$ ist die Seigerteufe $h \approx +8{,}25$ m und die Sohle $s \approx 10{,}80$ m

Tafel 7

Ermittlung von Schnittwinkeln

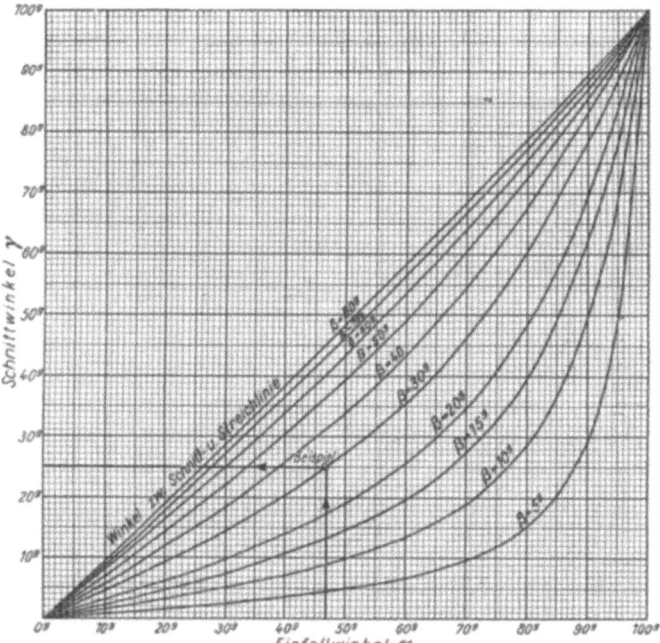

Beispiel: $\alpha = 47^g$, $\beta = 30^g$, dann ist $\gamma = 25^g$

Ermittlung von Schrägwinkeln

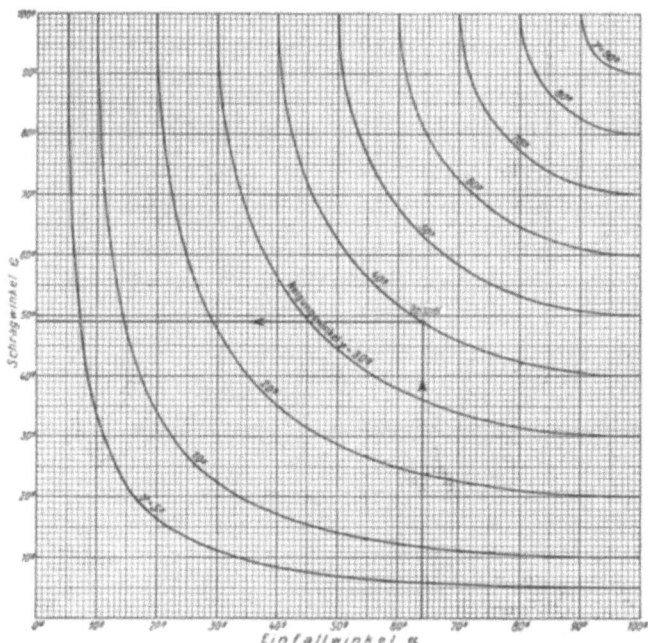

Beispiel: $\alpha = 64^g$, $\gamma = 40^g$, dann ist $\varepsilon = 49^g$

Tafel 8

Flächenverbesserungen für die Gausssche Abbildung

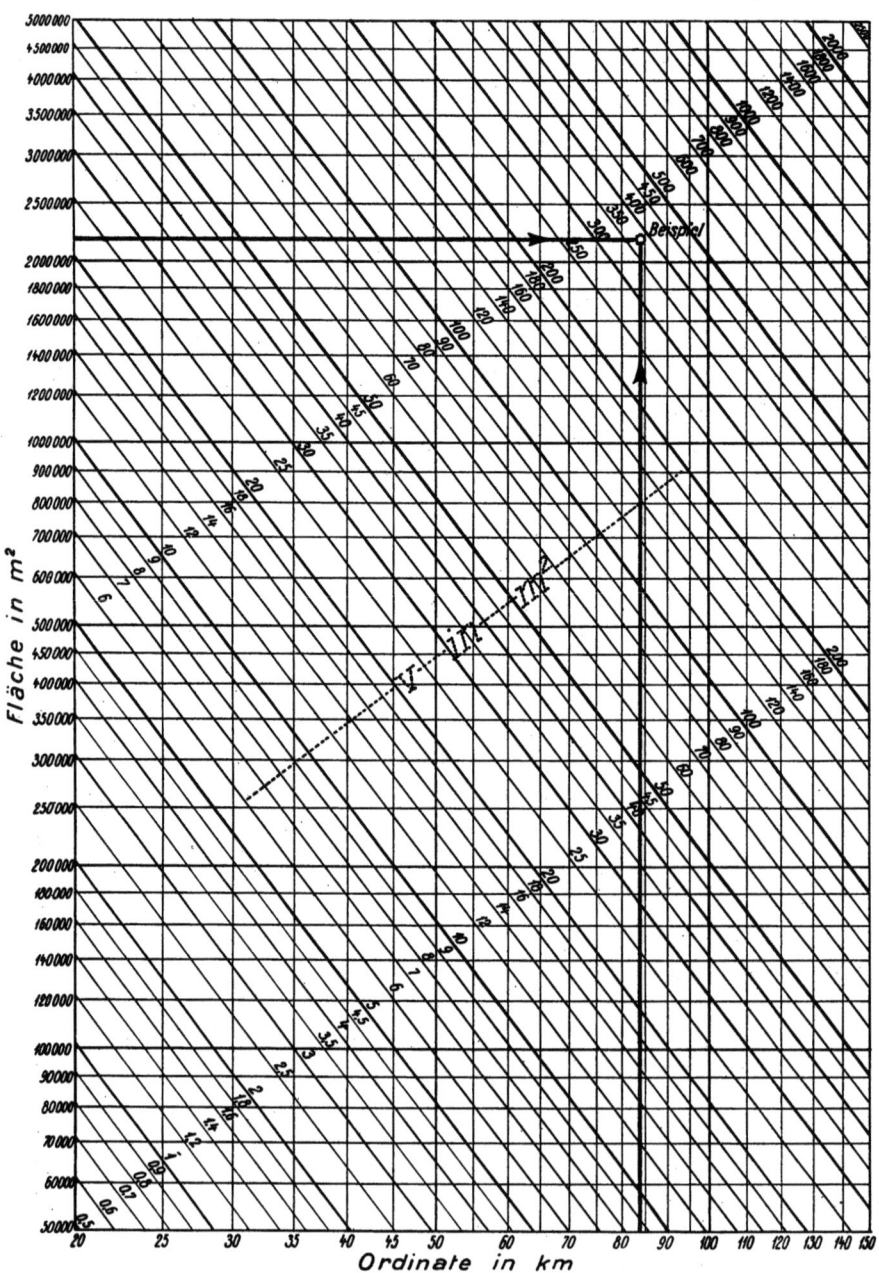

Beispiel: $y = 84$ km oder $R = {}^{2584}$ bzw. 2416 km
und $F = 2\,200\,000$ m² ist $v = 380$ m²

III. Instrumententafeln
9 bis 29

Tafel 9

Theodolite

Sekunden-Theodolit „Th 2" der Fa. Carl Zeiss, Oberkochen

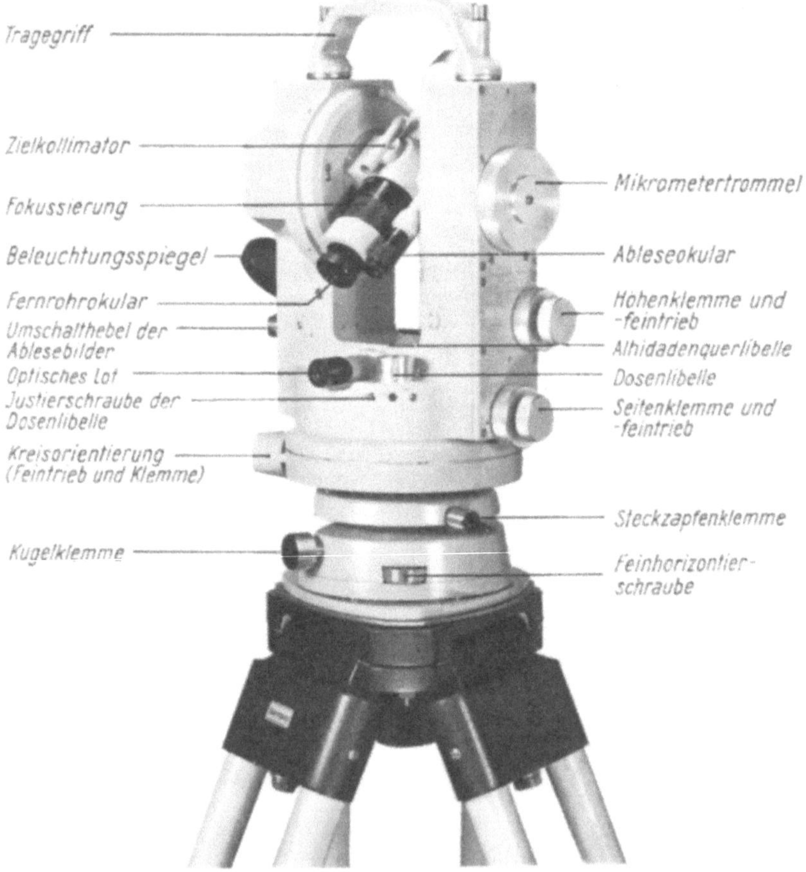

Labels on instrument (top to bottom, left side):
- Tragegriff
- Zielkollimator
- Fokussierung
- Beleuchtungsspiegel
- Fernrohrokular
- Umschalthebel der Ablesebilder
- Optisches Lot
- Justierschraube der Dosenlibelle
- Kreisorientierung (Feintrieb und Klemme)
- Kugelklemme

Labels (right side):
- Mikrometertrommel
- Ableseokular
- Höhenklemme und -feintrieb
- Alhidadenquerlibelle
- Dosenlibelle
- Seitenklemme und -feintrieb
- Steckzapfenklemme
- Feinhorizontierschraube

etwa ¹/₄ natürl. Größe

Technische Angaben:

Fernrohrvergrößerung	30 fach	Libellenempfindlichkeit
Objektivöffnung	40 mm	a) Röhrenlibelle 60ᶜᶜ/2 mm
Gesichtsfeld	2,4 m/100 m	b) Dosenlibelle 19ᶜ/2 mm
Kürzeste Zielweite	1,6 m	Optisches Lot 2fache Vergröß.
Teilungsintervall Hz u. V	10ᶜ	Gewicht d. Instrumentes 5,2 kg
Mikrometerablesung	1ᶜᶜ	

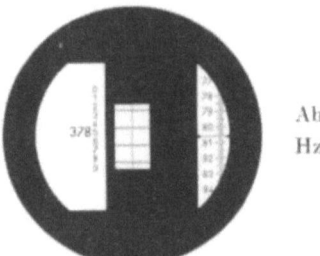

Ablesebeispiel:
Hz 378,5806ᵍ

ca. ³/₄ der scheinbaren Größe

Tafel 10

Theodolite

Sekunden-Theodolit „FT 2 N" der Firma Otto Fennel GmbH & Co., Kassel

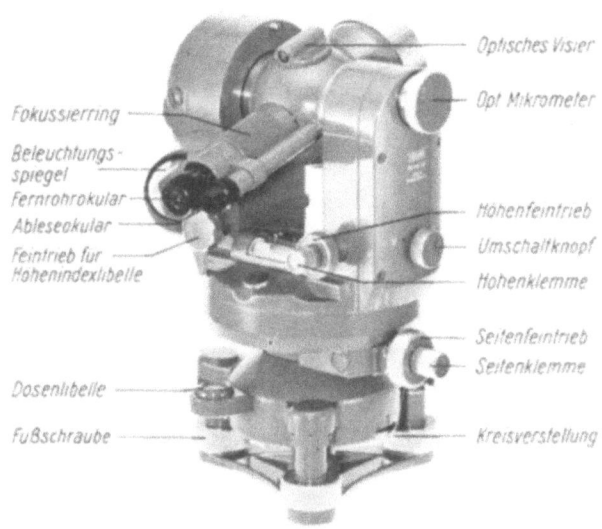

etwa ⅕ natürl. Größe

Technische Angaben:

Fernrohrvergrößerung	30 fach	Mikrometerablesung	2^{cc}
Objektivöffnung	45 mm	Schätzung am Mikrometer	1^{cc}
Gesichtsfeld	1,90 m/100 m	Dosenlibelle	$11^{c}/2$ mm
Kürzeste Zielweite	2 m	Horizontierlibelle	$60^{cc}/2$ mm
Teilungsintervall	20^{c}	Vertikalhidadenlibelle	$60^{cc}/2$ mm
Mikrometerintervall	2^{cc}	Gewicht des Instrumentes	5,5 kg

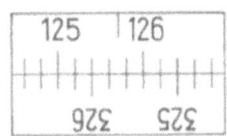

etwa 1:1 der scheinbaren Größe

Ablesebeispiel:

$$125^{g}$$
$$70^{c}$$
$$2^{c} \quad 25^{cc}$$
$$125^{g} \quad 72^{c} \quad 25^{cc}$$

Tafel 11

Theodolite

Sekunden-Theodolit „Theo 010" der Fa. Jenoptik Jena GmbH

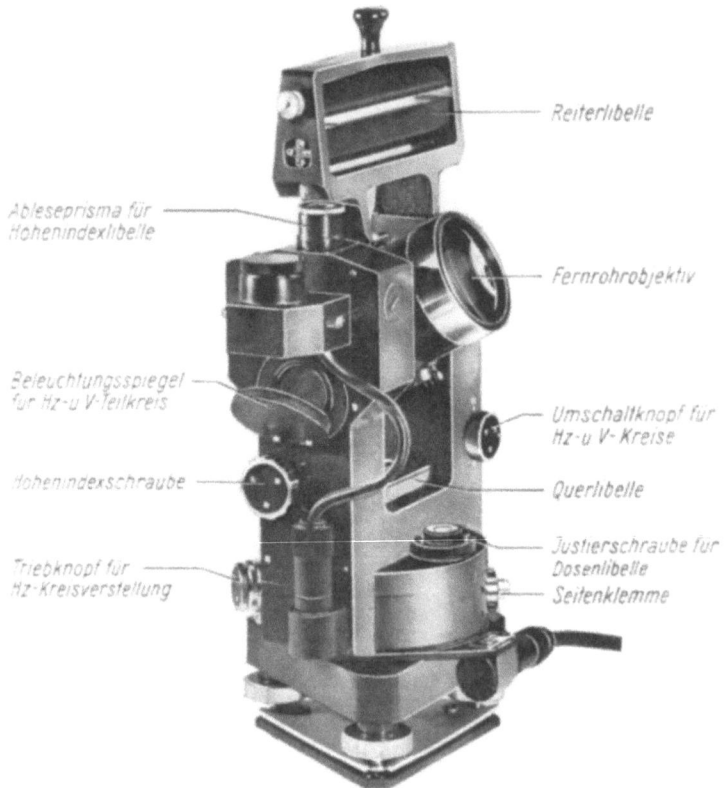

etwa ¹/₄ der natürl. Größe

Technische Angaben:

Fernrohrvergrößerung	31 fach	Schätzung am Mikrometer	1^{cc}
Objektivöffnung	53 mm	Libellenempfindlichkeit	
Gesichtsfeld	2,1 m/100 m	a) Querlibelle	60^{cc}/2 mm
Kürzeste Zielweite	2 m	b) Höhenindexlibelle	60^{cc}/2 mm
Teilungsintervall	20^c	c) Dosenlibelle	15^c/2 mm
Mikrometerablesung	2^{cc}	Gewicht des Instrumentes	5,3 kg

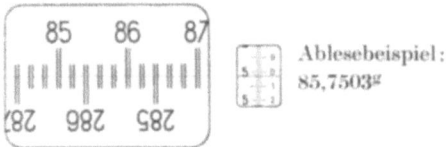

Ablesebeispiel: 85,7503^g

etwa ¹/₂ der scheinbaren Größe

Tafel 12

Theodolite
Universal-Theodolit „T 2" der Fa. Wild, Heerbrugg

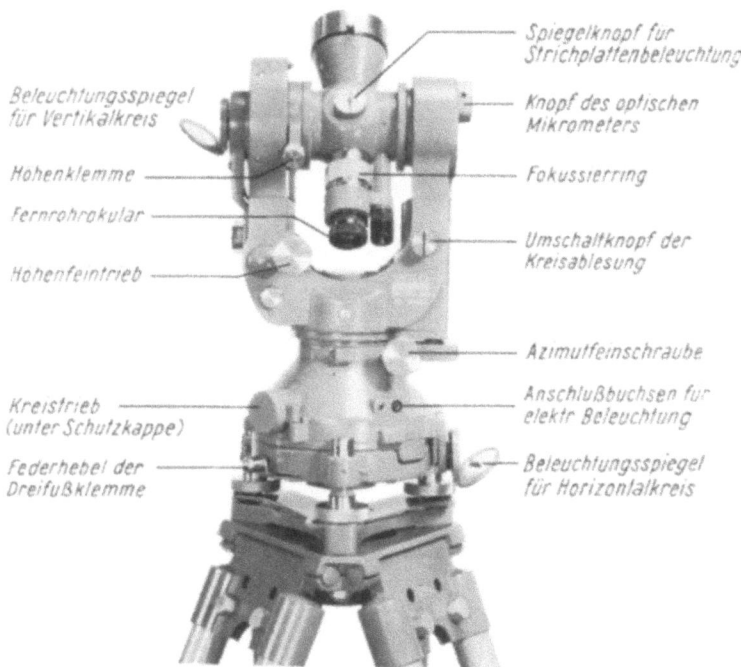

etwe ¹/₄ der natürl. Größe

Technische Angaben:

Fernrohrvergrößerung	28 fach
Objektivöffnung	40 mm
Gesichtsfeld	2,9 m/100 m
Kürzeste Zielweite	1,4 m
Teilungsintervall beider Kreise	20^c
Mikrometerablesung	2^{cc}
Schätzung am Mikrometer	1^{cc}
Libellenempfindlichkeit	
a) Querlibelle	60^{cc}/2 mm
b) Höhenkreislibelle	90^{cc}/2 mm
c) Dosenlibelle	15^c /2 mm
Gewicht	5,6 kg

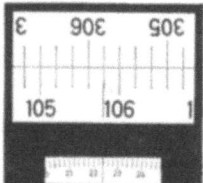 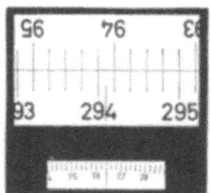

Ablesung des Grund- und Höhenkreises in gleicher Weise

Fernrohrlage I 105,8224^g Fernrohrlage II 294,1764^g

etwa ¹/₂ der scheinbaren Größe

Theodolite
Theodolit ,,Th 3" der Fa. Carl Zeiss, Oberkochen

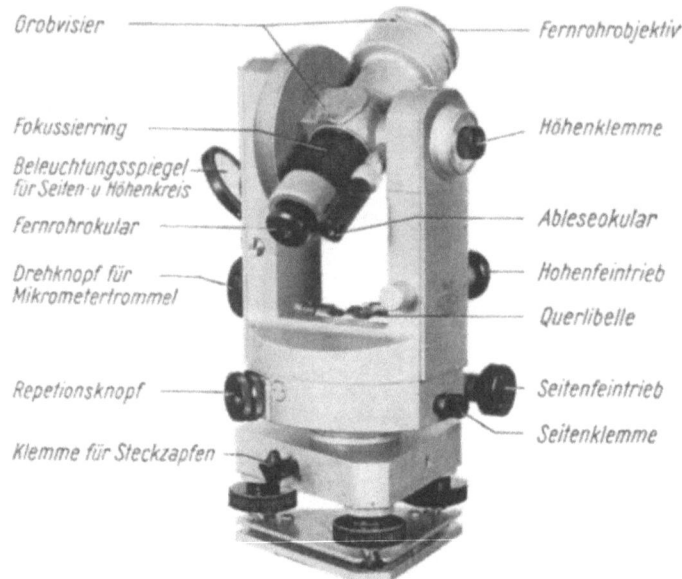

etwa ¹/₄ der natürl. Größe

Technische Angaben:

Fernrohrvergrößerung	25 fach	Ablesung am Mikroskop Hz	50ᶜᶜ
Objektivöffnung	35 mm	Ablesung am Mikroskop V	1ᶜ
Gesichtsfeld	3 m/100 m	Schätzung an Mikrometerteilg.	± 10ᶜᶜ
Kürzeste Zielweite	1,2 m	Libellenempfindlichkeit	
Teilungsintervalle Hz u. V	1ᶜ	a) Querlibelle	90ᶜᶜ/2 mm
Schätzung an Mikroskopskalen	± 1ᶜ	b) Dosenlibelle	30ᶜ/2 mm
		Gewicht	3,5 kg

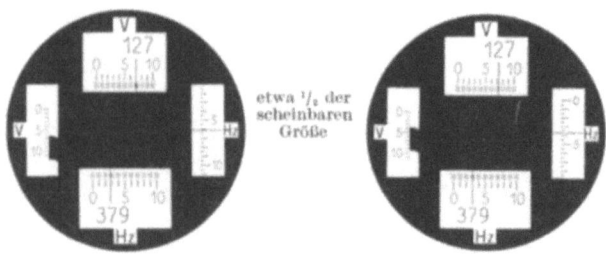

etwa ¹/₁ der scheinbaren Größe

Ablesebeispiel:
Hz = 379,337ᵍ   V = 127,764ᵍ

Tafel 14

Theodolite
Universal-Theodolit „FT 1 A" der Fa. Otto Fennel GmbH & Co., Kassel

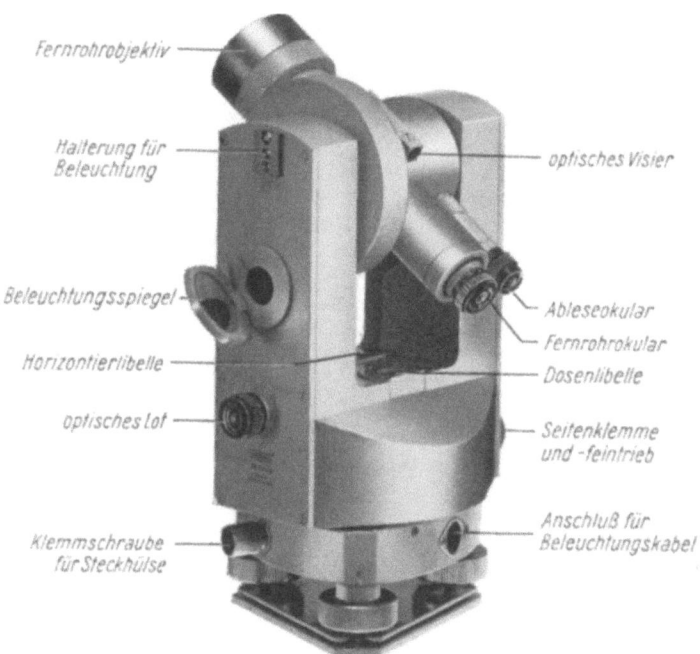

etwa $^1/_4$ der natürl. Größe

Technische Angaben:

Fernrohrvergrößerung	30 fach	Direkte Ablesung	1^c
Objektivöffnung	40 mm	Schätzung	$0,1^c$
Gesichtsfeld	2,6 m/100 m	Horizontierlibelle	$1,2^c/2$ mm
Kürzeste Zielweite	1,25 m	Dosenlibelle	$15^c/2$ mm
Teilungsintervall	1^g	Gewicht	4,0 kg

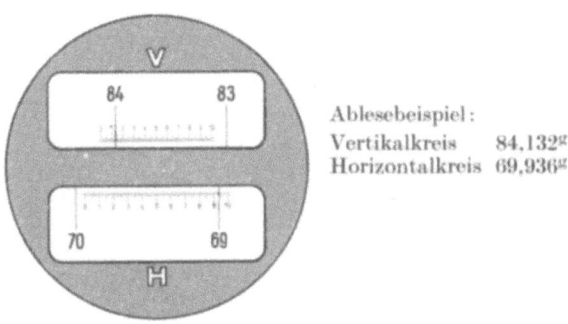

Ablesebeispiel:
Vertikalkreis 84,132^g
Horizontalkreis 69,936^g

etwa $^2/_3$ der scheinbaren Größe

Tafel 15

Theodolite
Skalen-Theodolit „Th 4" der Fa. Carl Zeiss. Oberkochen

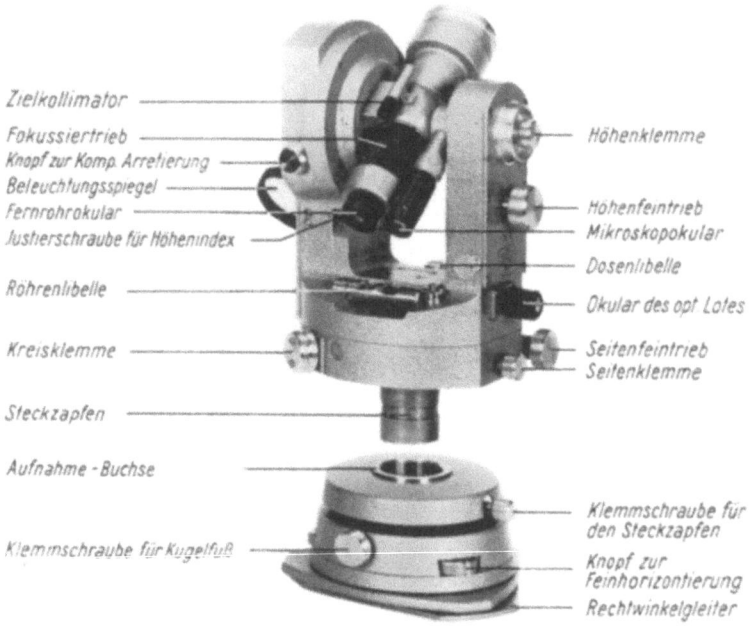

etwa ¹/₁ der natürl. Größe

Technische Angaben:

Fernrohrvergrößerung	25 fach	Mikroskopvergrößerung	70 fach
Objektivöffnung	35 mm	Empfindlichkeit der Libellen	
Gesichtsfeld	3 m/100 m	a) Röhrenlibelle	90^{cc}/2 mm
Kürzeste Zielweite	1,2 m	b) Dosenlibelle	30^{c}/2 mm
Teilungsintervall Hz u. V	1^g	Optisches Lot	2 fache Vergröß.
Skalenablesung	1^c	Gewicht des Instrument.	4,5 kg
Schätzung	0,2^c		

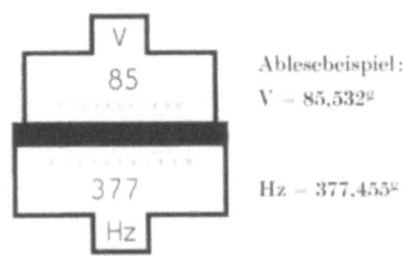

Ablesebeispiel:

V = 85,532^g

Hz = 377,455^g

etwa ⁵/₁ der scheinbaren Größe

Tafel 16

Theodolite

Kleiner Repetitionstheodolit „TEKAT" der Fa. F. W. Breithaupt & Sohn, Kassel

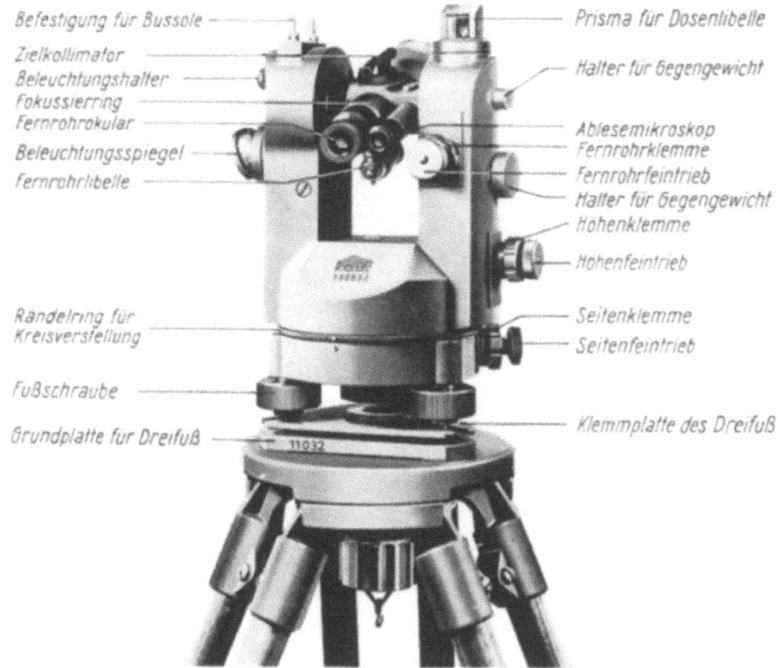

etwa $1/4$ der natürl. Größe

Technische Angaben:

Fernrohrvergrößerg.	18 fach	Skalenintervall	5^c
Objektivöffnung	30 mm	Ablesung einschl. Schätzung	1^c
Gesichtsfeld	2,36 m/100 m	Präzisionsdosenlibelle	$7{,}5^c/2$ mm
Kürzeste Zielweite	1,1 m	Fernrohrlibelle	$90^{cc}/2$ mm
Teilungsintervall	1^g	Gewicht d. Instrumentes	3,0 kg

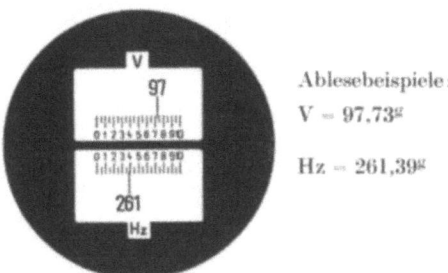

Ablesebeispiele:

V = $97{,}73^g$

Hz = $261{,}39^g$

etwa $1/2$ der scheinbaren Größe

Tafel 17

Theodolite
Kleintheodolit „Theo 120" der Fa. Jenoptik Jena GmbH

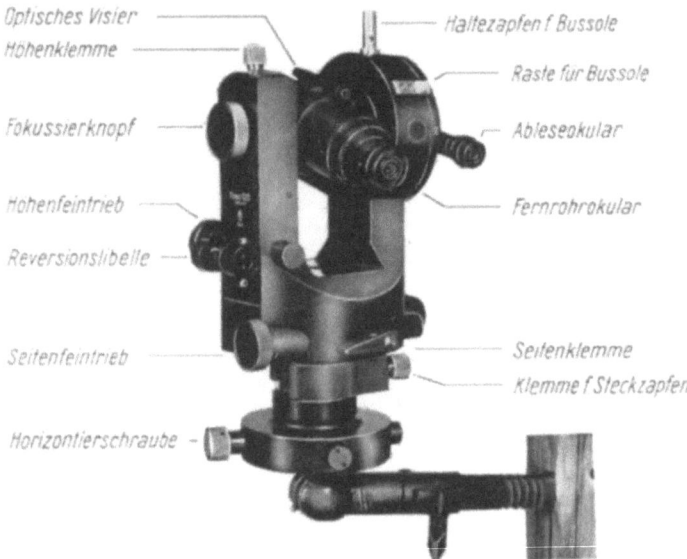

etwa 1/4 der natürl. Größe

Technische Angaben:

Fernrohrvergrößerung	16 fach
Objektivöffnung	32 mm
Gesichtsfeld	4,4 m/100 m
Kürzeste Zielweite	0,9 m
Teilungsintervall	10^c
Schätzung	1^c
Libellenempfindlichkeit	4^c/2 mm
Gewicht	2,8 kg

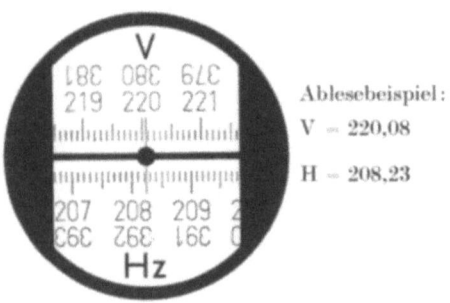

Ablesebeispiel:
V = 220,08
H = 208,23

etwa 1/1 der scheinbaren Größe

Tafel 18

Theodolite
Doppelkreis-Reduktionstachymeter „DK-RT" der Fa. Kern & Co. AG, Aarau

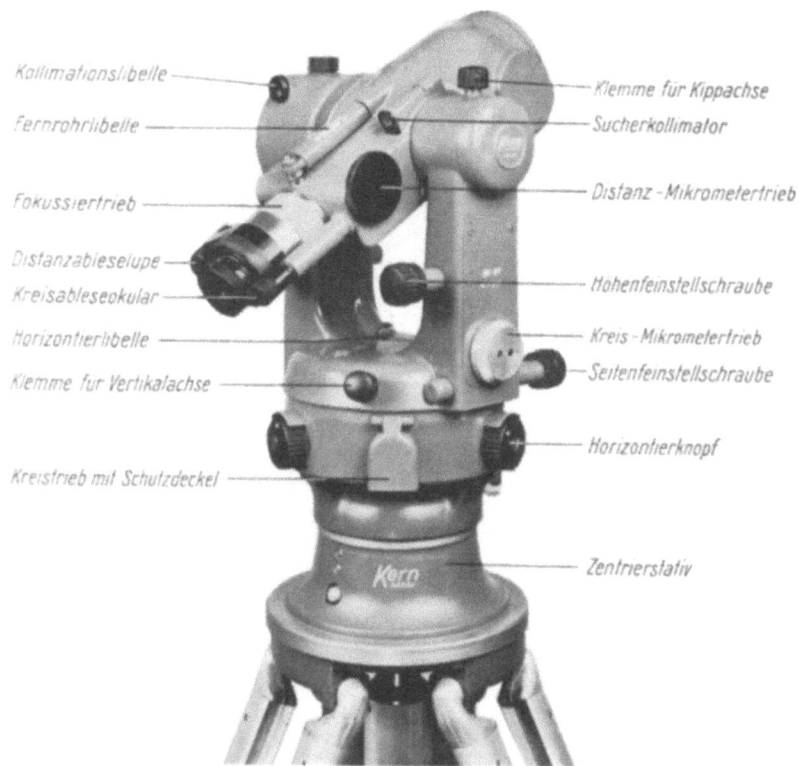

etwa $^1/_4$ der natürl. Größe

Technische Angaben:

Fernrohrvergrößerung	27 fach
Objektivöffnung	45 mm
Gesichtsfeld	2,20 m/100 m
Kürzeste Zielweite	2,50 m
Ablesung mit Mikrometer direkt	10^{cc}
Ablesung mit Mikrometer geschätzt	1^{cc}
Ablesung ohne Mikrometer direkt	10^c
Ablesung ohne Mikrometer geschätzt	1^c
Libellenangaben	$90^{cc}/2$ mm
Gewicht des Instrumentes	5,4 kg

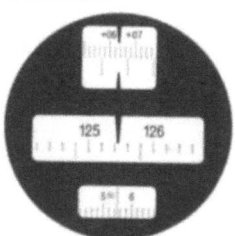

Ablesung Vertikalkreis:

$+ 6{,}34\%$

Tangens 0,0634

Ablesung Horizontalkreis:

$125^g\ 40^c$
$\underline{\ 5^c\ 75^{cc}}$
$125^g\ 45^c\ 75^{cc}$

etwa $^3/_2$ der scheinbaren Größe

Tafel 19

Theodolite

Reduktionstachymeter „Redta 002" der Fa. Jenoptik Jena GmbH

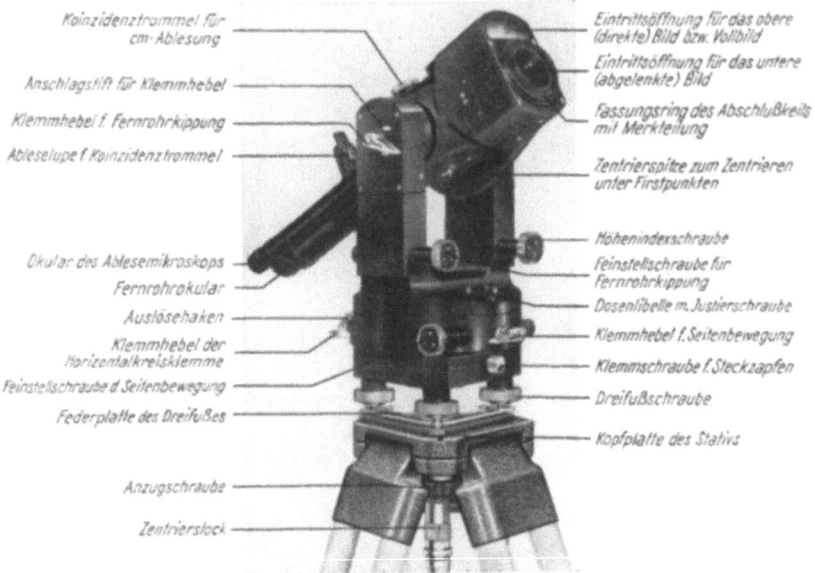

etwa $1/_6$ der natürl. Größe

Technische Angaben:

Fernrohrvergrößerung	25 fach
Objektivöffnung	42 mm
Gesichtsfeld	2,4 m/100 m
Kürzeste Zielweite	2,5 m
Teilungsintervall Hz und V	1^g
Schätzung am Horizontalkreis	0,2^c
Schätzung am Vertikalkreis	0,25^c
Libellenempfindlichkeit	
a) Querlibelle	90^{cc}/2 mm
b) Höhenindexlibelle	90^{cc}/2 mm
c) Nivellierlibelle	90^{cc}/2 mm
d) Dosenlibelle	15^c/2 mm
Gewicht	6,5 kg

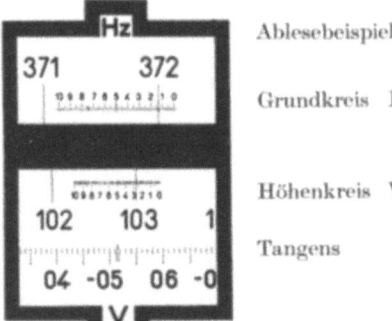

Ablesebeispiel:

Grundkreis Hz = 372,136^g

Höhenkreis V = 103,273^g

Tangens = − 0,0515

etwa $1/_3$ der scheinbaren Größe

Tafel 20

Theodolite

Bussolentheodolit „BT I" der Fa. Ertel, München

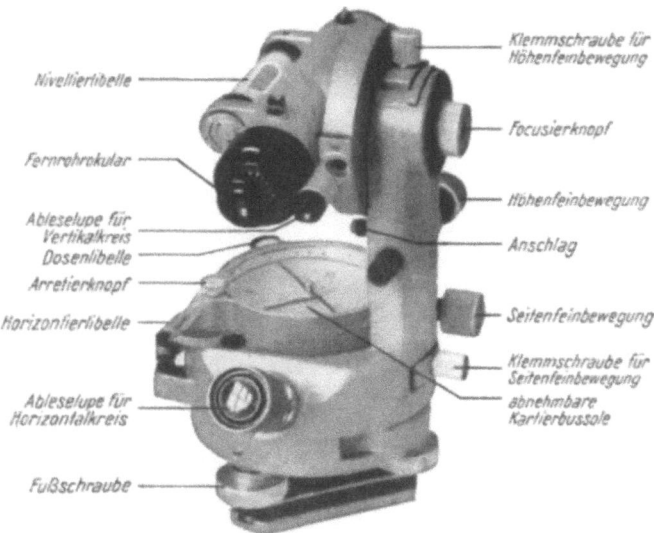

etwa ½ der natürl. Größe

Technische Angaben:

Fernrohrvergrößerung	18 fach
Objektivöffnung	25 mm
Gesichtsfeld	4,6 m/100 m
Kürzeste Zielweite	1,5 m
Teilungsintervall	20^c
Schätzstrichablesung	2^c
Horizontal- und Nivellierlibelle	1^c
Gewicht	2,5 kg

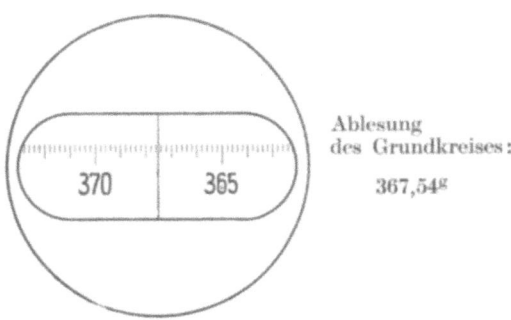

Ablesung des Grundkreises: 367,54^g

etwa ½ der scheinbaren Größe

Tafel 21

Nivellierinstrumente
Automatisches Feinnivellier „Ni 1" der Fa. Carl Zeiss. Oberkochen

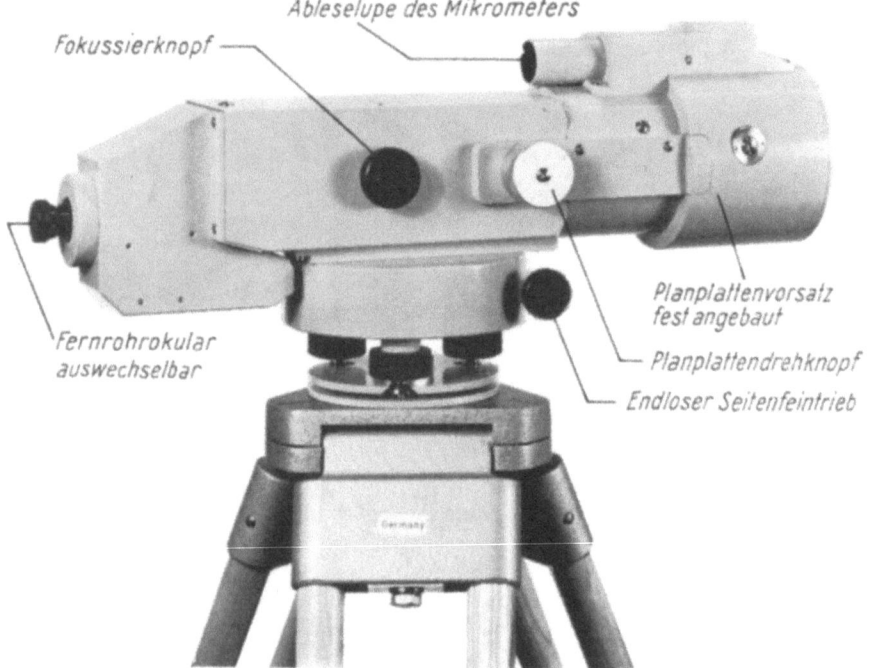

etwa $^1/_4$ der natürl. Größe

Technische Angaben:

Fernrohrvergrößerung	30-, 40- oder 50fach
Objektivöffnung	50 mm
Gesichtsfeld	1,80 m/100 m
Kürzeste Zielweite	1,40 m
Einspielgenauigk. d. Kompensat.	± 0,3^{cc}
Dosenlibellenangabe	10^c/2 mm
Gewicht des Instrumentes	5,2 kg

Mikrometerablesung
etwa $^1/_4$ der scheinbaren Größe

Ablesebeispiel:
an der Latte	2,43
am Mikrometer	623
	2,43623

Lattenablesung
etwa $^1/_4$ der scheinbaren Größe

Tafel 22

Nivellierinstrumente

Präzisionsnivellier „N 3" der Fa. Wild, Heerbrugg

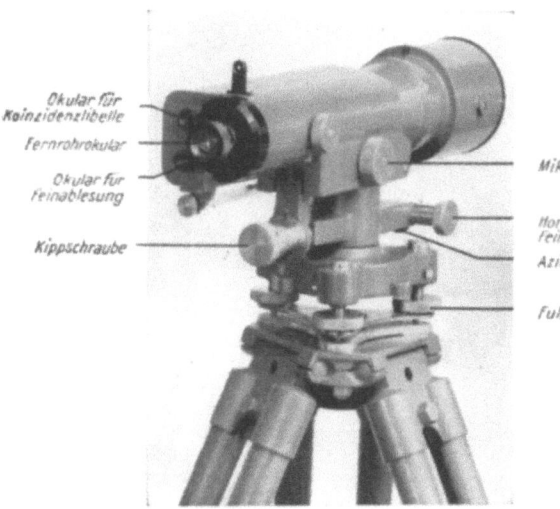

etwa $1/_5$ der natürl. Größe

Technische Angaben:

Fernrohrvergrößerung	42 fach
Objektivöffnung	50 mm
Gesichtsfeld	1,8 m/100 m
Kürzeste Zielweite	2 m
Empfindlichkeit der Röhrenlibelle	$30^{cc}/2$ mm
Gewicht	3,5 kg

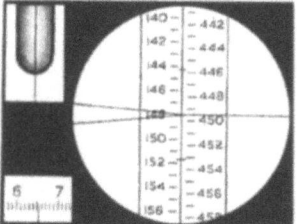

Ablesung 148,653 cm

etwa $1/_2$ der scheinbaren Größe

Tafel 23

Nivellierinstrumente

Automatisches Nivellierinstrument „NA 2" der Fa. Wild. Heerbrugg

etwa ¹/₄ der natürl. Größe

Technische Angaben:

Fernrohrvergrößerung	30 fach
Objektivöffnung	45 mm
Gesichtsfeld	2,4 m/100 m
Kürzeste Zielweite	2,15 m
Empfindlichkeit der Dosenlibelle	15^c/2 mm
Gewicht ohne Horizontalkreis	2,7 kg

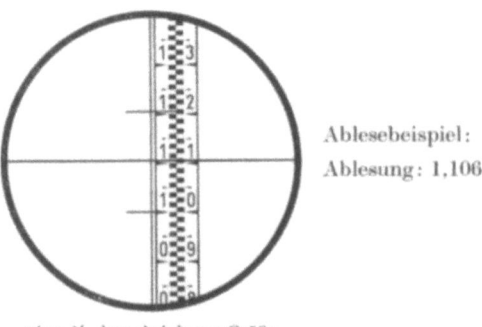

Ablesebeispiel:
Ablesung: 1,106

etwa ¹/₄ der scheinbaren Größe

Tafel 24

Nivellierinstrumente

Automatisches Baunivellier „Auban" der Fa. Otto Fennel GmbH & Co., Kassel

etwa 1/4 der natürl. Größe

Technische Angaben:

Fernrohrvergrößerung	20fach
Objektivöffnung	30 mm
Gesichtsfeld	3,6 m/100 m
Kürzeste Zielweite	2,2 m
Teilungsintervall Hz.-Kreis	1^g
Schätzung am Indexstrich	10^c
Empfindlichkeit d. Dosenlibelle	$15^c/2$ mm
Feinhorizontierung	automatisch
Gewicht	2,0 kg

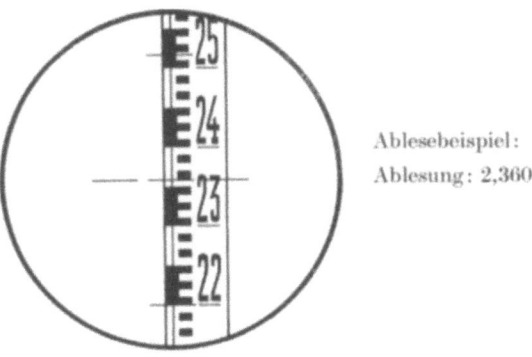

Ablesebeispiel:

Ablesung: 2,360

etwa 1/2 der scheinbaren Größe

Tafel 25

Nivellierinstrumente
Bauvillier „Ni 4" mit Automatik der Fa. Carl Zeiss, Oberkochen

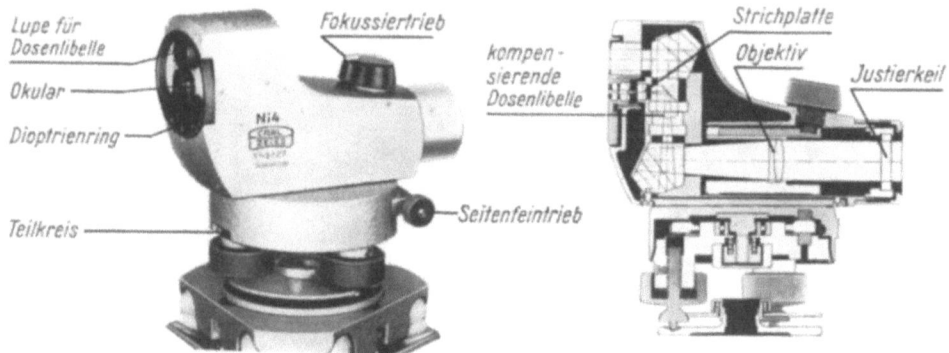

etwa ¹/₄ der natürl. Größe

Technische Angaben:

Fernrohrvergrößerung	16 fach
Objektivöffnung	20 mm
Gesichtsfeld	3.5 m/100 m
Kürzeste Zielweite	0.85 m
Teilungsintervall Hz.-Kreis	1^g
Schätzung am Indexstrich	10^c
Empfindlich. d. Kompensator-Dosenlibelle	35^c/2 mm
Feinhorizontierung	automatisch
Einspielgenauigkeit des Kompensators	$\pm 19^{cc}$
Gewicht	1.2 kg

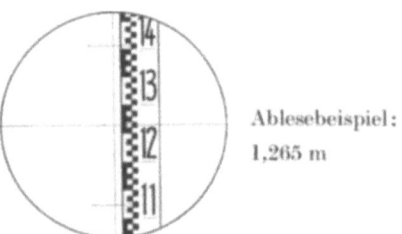

Ablesebeispiel:
1,265 m

etwa ³/₅ der scheinbaren Größe

Tafel 26

Kreiseltheodolit „KT 2" der Fa. Otto Fennel GmbH & Co., Kassel

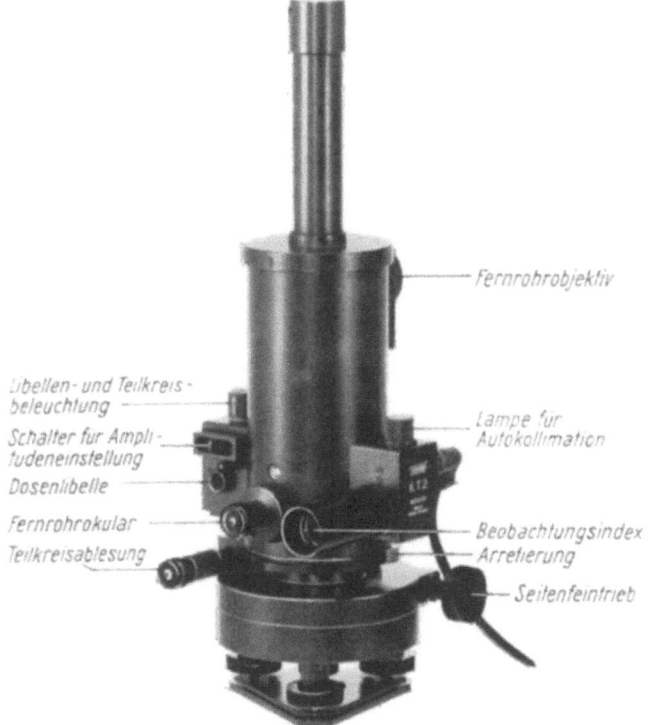

etwa ¹/₄ der natürl. Größe

Technische Angaben:

Kreisel-Läuferdurchmesser	50 mm
Frequenz; Kreiseldrehzahl	400 Hz; ca. 24 000 U/min.
Drehimpuls	$1,8 \cdot 10^6$ gcm² · sek⁻¹
Halbschwingzeit (f. mittl. Breiten)	ca. 4 min
Kippbereich d. Fernrohrziellinie	30g
Fernrohrvergrößerung	10 fach
Objektivöffnung	25 mm
Dosenlibellenangabe	11c/2 mm
Horizontalkreis-Durchmesser	90 mm
Teilung (360°, 400g, 6400⁻)	1°/1g/10⁻
Direkte Ablesung	1'/1c/1⁻
Ables. durch Schätzung	6''/10cc/0,5⁻
Eingangsspannung	24 V (a. Wunsch 12 V)
Stromverbr. f. ½ Std. Meßzeit u. Hochlauf	~0,6 Ah

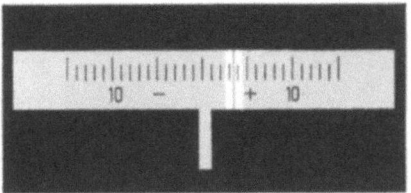

etwa ¹/₁ der scheinbaren Größe

Index mit wanderndem Lichtzeiger zur Beobachtung der Kreiselschwingungen

Tafel 27

Elektro-optischer Entfernungsmesser „SM 11" der Fa. Carl Zeiss, Oberkochen

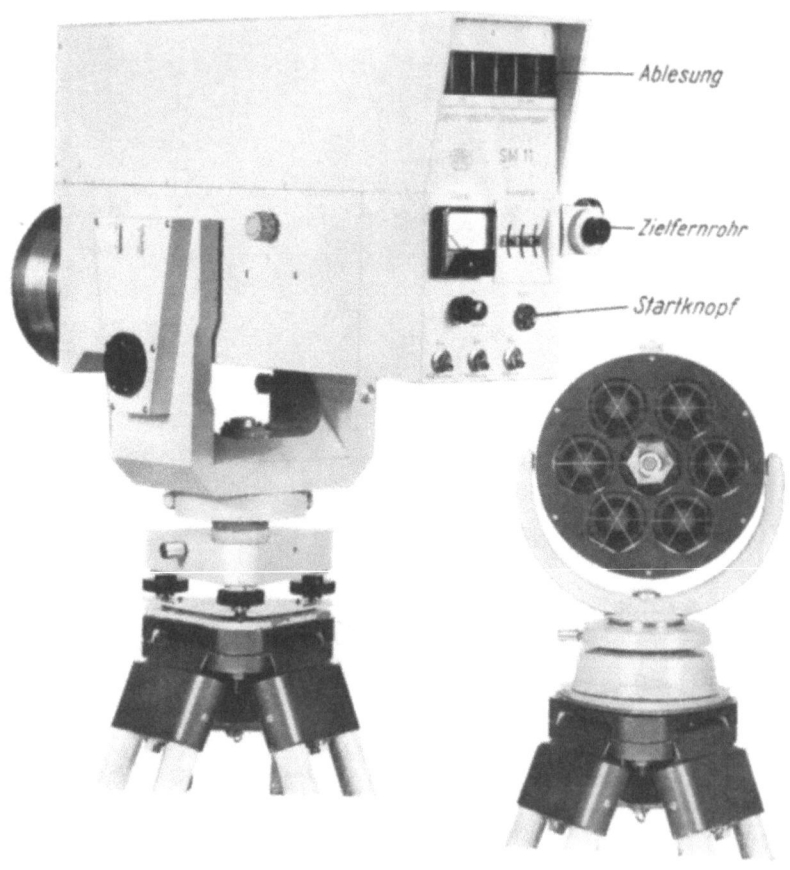

etwa ¼ der natürl. Größe

Technische Angaben:

Größte Reichweite	2000 m
Kürzeste Meßmöglichkeit	0,3 m
Kleinste Ableseeinheit	1 mm
Genauigkeit:	m = ± 1 cm unabhängig v. d. Entfernung
Gewicht einschl. eingebauten Batterien	12 kp
Leistungsaufnahme	18 Watt
Stromversorgung	12 V Gleichsp.
Zwangszentrierung	nach DIN 18719

Tafel 28

Reproduktionsgeräte

Optischer Umzeichner ,,Pantophot III" der Fa. Macop, Goslar

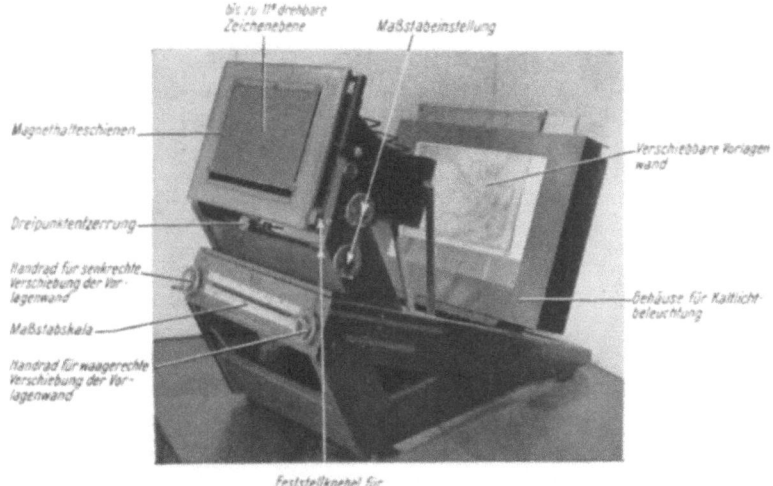

Technische Angaben:

Objektiv APO-RONAR, Brennweite 36 cm, für Umzeichnungen bis 3 : 1 bzw. 1 : 3

Objektiv SYMMAR, Brennweite 21 cm, für Umzeichnungen bis 6,5 : 1 bzw. 1 : 6,5

Sonderausstattung
Objektiv SYMMAR, Brennweite 15 cm, für Umzeichnungen bis 10 : 1 bzw. 1 : 10
14 Kaltlichtleuchtröhren

Zeichenfläche 42 × 60 cm, mit klemmbarer Gegenlichtlampe

Vorlagenwand 120 × 80 cm, in allen Richtungen verschiebbar

Raumbedarf für Gerät und Bedienung 2,50 × 3,00 m

Tafel 29

Reproduktionsgeräte
Umbildungsgerät „Klimsch-Variograph" der Fa. Klimsch & Co., Frankfurt/Main

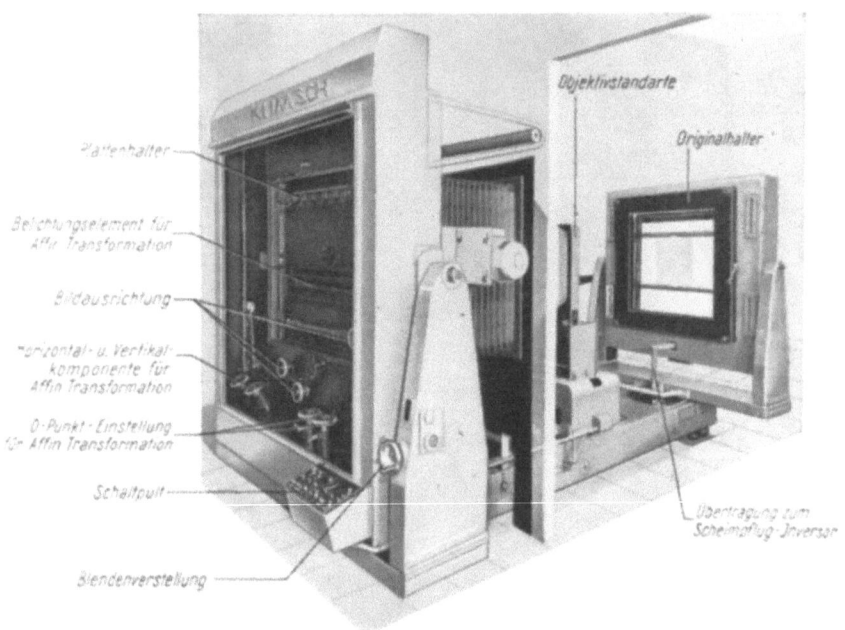

Technische Angaben:

Einstellen und Beobachten des Bildes in der Klimsch-Meßmattscheibe

Format der umzuzeichnenden Vorlage bis 80 × 100 cm

Format der umgezeichneten Aufnahme bis 80 × 100 cm

Maßstabsänderungen sind bis zu 3% möglich

Originalhalter für Zeichnungen auf Papier, Folie und Glas

Originalhalter für das Einstellen von Zeichnungen auf Glas

Aufnahmen auf Glasplatten und maßhaltigen Filmen

IV. Zeichen- und Rißtafeln
30 bis 35

MIX
Papier aus verantwortungsvollen Quellen
Paper from responsible sources
FSC® C105338

If you have any concerns about our products,
you can contact us on
ProductSafety@springernature.com

In case Publisher is established outside the EU,
the EU authorized representative is:
**Springer Nature Customer Service Center GmbH
Europaplatz 3, 69115 Heidelberg, Germany**

Printed by Libri Plureos GmbH
in Hamburg, Germany